# 冶金企业铁路规章汇编

## (中　册)

中国钢铁工业协会　编

中国铁道出版社有限公司

2021年·北　京

**图书在版编目(CIP)数据**

冶金企业铁路规章汇编. 中册/中国钢铁工业协会编. —北京:中国铁道出版社有限公司,2021.3
ISBN 978-7-113-27525-9

Ⅰ.①冶… Ⅱ.①中… Ⅲ.①冶金工业-铁路运输-规章制度-中国 Ⅳ.①TF086-81

中国版本图书馆 CIP 数据核字(2020)第 254322 号

**书　　名:** 冶金企业铁路规章汇编(中册)
**作　　者:** 中国钢铁工业协会

---

**策　　划:** 熊安春　赵　静
**责任编辑:** 陈若伟　　　　**编辑部电话:** (010)51873179
**封面设计:** 郑春鹏
**责任校对:** 焦桂荣
**责任印制:** 赵星辰

---

**出版发行:** 中国铁道出版社有限公司(100054,北京市西城区右安门西街 8 号)
**网　　址:** http://www.tdpress.com
**印　　刷:** 三河市兴博印务有限公司
**版　　次:** 2021 年 3 月第 1 版　2021 年 3 月第 1 次印刷
**开　　本:** 880 mm×1 230 mm 1/32　**印张:** 19.875　**字数:** 607 千
**书　　号:** ISBN 978-7-113-27525-9
**定　　价:** 60.00 元

---

# 编　委　会

# 前　言

中国钢铁工业协会《关于印发〈冶金企业铁路技术管理规程〉的通知》(钢协〔2018〕101号)已于2018年6月5日公布,自2018年7月1日起施行,并报国家铁路局备案。

为进一步加强《冶金企业铁路技术管理规程》的贯彻落实,强化冶金铁路运输企业各项规章制度的建设,在鞍钢、武钢、太钢、马钢、包钢、本钢、莱钢等钢铁企业铁路运输单位的大力支持下,各单位按照专业分工,完成了《冶金企业铁路规章汇编》的编写工作。2018年8月,冶金铁路运输专家组在贵阳组织召开年会,审议通过了《冶金企业铁路规章体系》。为确保高质量完成《冶金企业铁路规章汇编》的编写任务,2018年11月,中国钢铁工业协会聘请有关铁路规章专家,在北京召开第三方专家终审会,对《冶金企业铁路规章体系汇编》逐项审查并通过,中国钢铁工业协会关于印发《〈冶金企业铁路技术管理规程〉条文说明》等十二项冶金企业铁路规章的通知(钢协〔2020〕157号),2020年11月14日予以公布,并抄报国家铁路局。

《冶金企业铁路规章体系汇编》共计12个规章:《〈冶金企业铁路技术管理规程〉条文说明》《冶金企业铁路行车组织规则编写规范》《冶金企业铁路车站行车工作细则编写规范》《冶金企业铁路统计规程》《液力传动内燃机车检修规程》《电力传动内燃机车检修规程》《韶峰型电力机车检修规程》《GK1C型内燃机车检修规程》《冶金企业铁路车辆检修规程》《冶金企业铁路工务检修规程》《冶金企业铁路通信维护规则》《冶金企业铁路信号维护规

则》，分上册、中册、下册进行编制。

《冶金企业铁路规章汇编(中册)》内容包括:《液力传动内燃机车检修规程》《电力传动内燃机车检修规程》由鞍山钢铁集团有限公司铁路运输分公司组织编写;《韶峰型电力机车检修规程》由马鞍山钢铁股份公司铁路运输部组织编写;《GK1C型内燃机车检修规程》由本钢板材股份有限公司铁运公司组织编写;《冶金企业铁路车辆检修规程》由太钢物流中心组织编写。

中国钢铁工业协会组织编写《冶金企业铁路规章汇编》，填补了我国钢铁行业冶金铁路运输规章制度建设的一项空白，对加强企业管理，促进钢铁行业冶金企业铁路运输发展，将发挥重要作用，现由中国铁道出版社有限公司出版发行，供全国钢铁行业冶金企业铁路运输单位使用。

文中需解释或修改之处，由中国钢铁工业协会负责。

2020年11月

# 目　　录

液力传动内燃机车检修规程…………………………………… 1

电力传动内燃机车检修规程…………………………………… 175

韶峰型电力机车检修规程……………………………………… 317

$GK_{1C}$ 型内燃机车检修规程 ………………………………… 365

冶金企业铁路车辆检修规程…………………………………… 459

# 液力传动内燃机车检修规程

# 目　　录

1　范　　围 …………………………………………………… 3
2　引用标准 …………………………………………………… 3

**第一部分　液力传动内燃机车大修** ………………………… 3

1　总　　则 …………………………………………………… 3
2　大修管理 …………………………………………………… 4
3　柴油机及其辅助装置基本技术规定 …………………… 7
4　液力变速箱、万向轴及中间齿轮箱基本技术规定 ……… 21
5　电气部分基本技术规定 …………………………………… 29
6　车体、转向架及基础制动基本技术规定 ………………… 32
7　落成、试运及其他 ………………………………………… 43
8　机车监控及 GPS 设备 …………………………………… 44

**第二部分　液力传动内燃机车中修** ………………………… 44

1　总　　则 …………………………………………………… 44
2　中修管理 …………………………………………………… 45
3　基本技术规定 ……………………………………………… 46
附录 1　液力传动内燃机车大修限度表 ………………… 129
附录 2　大修探伤范围 …………………………………… 149
附录 3　DH 液力传动箱、$GK_{OB}$ 风扇耦合器传动箱
　　　　参数和限度汇总表 ………………………………… 150
附录 4　DH 液力传动箱滚动轴承汇总表 ……………… 155
附录 5　液力传动内燃机车中修限度 …………………… 158
附录 6　中修探伤范围 …………………………………… 171

## 1 范　围

本规程规定了液力传动内燃机车管理及检修工作总则、设备技术标准及质量标准等工作内容。主要由两大部分组成，第一部分液力传动内燃机车大修，第二部分液力传动内燃机车中修。

## 2 引用标准

下列标准所包含的条文，通过在本标准中引用构成本标准的条文。本标准出版时，所表示版本均为有效。所有标准都会被修订，使用本标准的各方应探讨使用下列标准最新版本的可能性。

《东方红 5 型内燃机车段修规程》鞍钢铁运公司 1989 年 6 月 1 日颁布，《冶金铁路技术管理规程》中国钢铁工业协会 2018 年 7 月 1 日颁布。

# 第一部分　液力传动内燃机车大修

## 1 总　则

1.1　机车大修的任务在于恢复机车的基本性能。根据机车厂现有设备和技术水平的实际情况，为了不断提高机车质量，保证安全运用，充分发挥机车厂的生产能力，适应铁路运输的需要，特制订东方红 5 型、东方红 5C型、东方红 7 型、$GK_1$ 型、$GK_{1L}$ 型、泰山型内燃机车大修规程。

1.2　机车大修是机车维修制度的整体，都必须贯彻质量第一的方针。机车大修时必须按规定进行检查修理，机车在运用中必须精心保养，定期检修。

1.3　机车检修周期是机车修理的一项重要的技术经济指标，根据机车技术状态及生产技术水平，检修周期大修公里或期限规定为：

检修周期结构：大修—中修—中修—大修

大修公里或期限：东方红 5 型、东方红 5C 型、东方红 7 型、$GK_1$ 型、$GK_{1L}$ 型、泰山型内燃机车为 6～8 年。

1.4　机车大修应以配件互换修为基础组织生产，为互换修创造条件，以达到均衡生产，不断提高质量，提高效率，缩短周期，降低成本。

1.5　经过大修的机车，在正常运用和保护维修的情况下，机车厂应于规定范围内，保证完成规定的走行公里或使用期限。机车因大修质量不良不能完成规定的保修期限时，应返厂修理或由机车厂派人赴送修单位修复或委托修理厂代为修理，并由机车厂负担修理费用，返厂修理的机车，机车厂应优先安排计划，抓紧修复，机车因大修质量不良引起事故损失时，按铁运公司事故处理规定办理。

1.6　必须贯彻执行以总工程师为首的技术负责制，各级技术管理人员必须认真履行自己的职责，及时处理生产过程中的技术问题。根据统一领导、分级管理的原则，机车检修承修单位必须对中、定修机车的生产任务和机车质量负全部责任。

1.7　凡本规程以外或规程内无明确数据和具体规定者，机车厂可根据具体情况，在保证质量和安全的前提下加以处理。

1.8　凡遇有本规程的规定与大修机车的实际情况不符，以及由于客观条件所限暂时不能达到技术要求者，厂、验双方可根据具体情况，在总结经验的基础上，实事求是地协商解决，并将双方商定的技术条件及解决问题的期限一并报铁运公司核备。如果双方意见不一致时，在保证行车安全和性能的前提下，由机车厂总工程师负责处理，并将分歧问题在履历簿上注明，经总工程师签章后，办理手续出厂。

1.9　验收人员应按照本规程规定的验收范围和标准验收机车。接车人员是验收员的助手，协助验收员工作。

1.10　本规程系东方红 5 型、东方红 5C 型、东方红 7 型、$GK_1$ 型、$GK_{1L}$ 型、泰山型内燃机车大修和验收工作的依据。本规程的限度表、零件探伤范围与规程条文有同等作用。

# 2　大修管理

2.1　计划

2.1.1　大修机车年度计划由机车厂在每年第四季度内报铁运公司，经铁运公司批准后，必须严格执行。

2.1.2　运用单位须按照批准的年度计划，编制大修机车型号一览表及机车加装改造项目申请书，按规定时间报机车厂，并将不良状态书在机车大修计划会议时提交承修单位。

2.1.3　各单位须按生产经营部确定的时间、地点，参加机车大修计划会议，审查机车不良状态书，落实加装改造项目和入、出厂日期等事项，并签定协议，共同遵守。

2.1.4　机车事故修、局部修应尽可能地纳入计划，计划外而又必须入厂修理的机车，由机车厂报铁运公司确定后，须认真填写不良状态书和检修范围，到承修单位签订协议，办理入厂手续。验收员根据检修范围和协议进行验收。

2.2　入厂

2.2.1　大修机车必须严格按照计划规定的日期有火回送入厂。无火回送时按机车厂《内燃机车回送办法》的规定办理，但机车（事故车除外）必须具备自行运转的技术状态。

入厂机车的所有零部件不得拆换，对违法修及非正常磨耗零部件按另行计价处理。

2.2.2　机车送厂后须做好下列工作：

2.2.2.1　生产经营部组织有关人员，会同驻厂检查室及本乘人员，共同作好接车鉴定，编制接车记录，落实加装改造项目，确认超修范围及拆换、缺件，异型配件等另行计价项目，共同签字作为交车依据。另行计价项目经机车厂、驻厂检查室代表签字，作为收费依据。

2.2.2.2　机车履历簿和补充技术状态资料等，须在机车入厂时一并交给检修单位。

2.2.2.3　机车入厂时，按厂规定将随车工具及备品交检修单位代保管。确需补充或修理的工具备品，应在大修合同中提出申请计划，厂与相关单位达成协议出厂时由检修单位补齐或修好，另行计价。

2.3　修理

2.3.1　机车互换修按照下列规定办理：

2.3.1.1　机车应以车体、车架为基础进行互换修，其零件、部件或机组均可以互换，但需达到规程的技术标准。

2.3.1.2　异型配件允许换装标准型配件；标准型配件不许换装异型配件，同一结构的异型配件之间可以互换，但必须符合简统化的过渡原则。

2.3.1.3　凡不属于机车厂规定，由运用单位自行加装改造的零部件及电路，在不影响互换的前提下，根据本乘人员在解体会提出的要求，并附有加装改造图纸，可以原状保留，否则检修单位有权取消。

2.3.2　大修机车采用新技术、新结构、新材料时，检修单位应直接与机车厂协商，确定试验项目和相关事宜。若涉及机车的基本结构性能，属于铁运公司审批范围时，应在试验前将试验方案报铁运公司批备。

2.3.3　大修机车使用代用的材料和配件时按照下列规定办理。

2.3.3.1　凡属标准件、通用件等影响互换的配件，应报机车厂批准。

2.3.3.2　需要变更原设计材质者，按有关规定办理。

2.3.3.3　原材质不变，仅变更材料规格者，应在保证产品质量和安全的前提下，由总工程师决定处理。

2.3.4　机车经大修后，在正常运用、保养及未经拆修调试的情况下，检修单位对机车在保修期内的质量实行“三包”。大修机车的保修期，统一从机车出厂日起，累计计算。

2.3.5　大修机车的保修范围及期限，规定如下：

2.3.5.1　4年半内

(1)柴油机新机体不发生裂纹；

(2)液力传动箱新一、二、三、四轴不发生裂纹；

(3)液力传动箱箱体不发生裂纹；

(4)车轴齿轮箱箱体不发生裂纹。

2.3.5.2　3年内

(1)柴油机新曲轴不断裂；

(2)新车轴新轮心不发生裂纹；

(3)车轴和轮心压装不发生松缓；

(4)新万向轴花键轴及花键轴套不发生裂纹。

2.3.5.3　1年半内

(1)柴油机机体、曲轴、凸轮轴不发生裂纹；

(2)液力变速箱一、二、三、四轴不发生裂纹；

(3)变扭器泵轮、涡轮、导向轮不发生裂纹；

(4)中间齿轮箱传动箱不发生裂纹；

(5)空气压缩机机体、曲轴不发生裂纹；

(6)轮心和轮轴不发生裂纹；

(7)车架及转向架不发生裂纹；

(8)转向架弹簧不折损；

(9)轮箍不松缓；

(10)制动装置的各杆和梁不发生裂纹；

(11)柴油机、液力变速箱中间齿轮箱与车轴齿轮箱各传动齿轮不发生裂纹。

2.3.5.4 自机车出厂日起、发电机、电动机、起动电机在6个月内，因大修质量不良而发生的损坏或不能正常工作时，承修单位负责修理或承担修理费用。

2.3.5.5 3个月内

(1)液力变速箱、中间齿轮箱、车轴齿轮箱滚动轴承不得有非正常磨耗；

(2)柴油机附属件：水泵、燃油输油泵、高压油泵、调速器、机油滤清器、燃油滤清器不得因大修质量不良而发生损坏。

2.3.5.6 上述保证项目，必须确系该出厂车零部件。

2.3.5.7 在上述规定项目以外的，承修单位应保证运用4个月。

2.4 出厂

2.4.1 机车试运时应由检修单位司机操纵，接车人员应根据机车厂生产进度计划，准时参加试运，如本乘人员未能按时参加试运则由驻厂检查员代理，并将试运情况转告接车人员。

2.4.2 机车试运后，如有不良处所，应由驻厂检查员提出，接车人员对机车质量有意见时，及时向检查员提出，经检查员审核，纳入检查员意见。经全部修好，检查员确认合格后，办理交接手续。

2.4.3 机车经检查员签认合格后，对于承修外单位机车，须将填好的履历簿、交车记录等移交接车人员，并自交车之时起，机车有火回送在48 h内出厂，无火回送机车在72 h内出厂。

2.4.4 机车在运用中发生故障时，由厂组织运用单位、检修单位及相关部门进行分析研究，判明责任，属检修单位责任者，必须返厂时，即按返厂修处理，属运用单位责任者，按局部修理，由责任单位承担修理费，在判明责任上有分歧意见时，报机车厂核批。

## 3 柴油机及其辅助装置基本技术规定

3.1 主要零件限期报废

3.1.1　使用限期

机体、曲轴、连杆、活塞销，限大修3次。

3.1.2　大修次数标志

机体、曲轴、连杆、活塞销的大修次数均用7号大写拉丁字母顺序表示，即分别为：A、B、C。

3.1.3　标志的位置

(1)机体大修次数的标志，打印在机体的左侧(由输出端视)铆装铭牌位置的区域之内；

(2)曲轴大修次数的标志，打印在曲轴自由端端面上的曲轴制造编号的上方或下方；

(3)连杆大修次数的标志，打印在连杆杆身侧面气缸编号的下方；

(4)活塞销大修次数的标志，第一次大修时打印在两端环状端面的任意一端；再次大修时，大修次数的标志应打在已有标志的一端。

3.1.4　大修所用的新机体、曲轴、连杆、活塞销不打大修次数标志。

3.1.5　大修限期的标志打印应清晰，排列整齐，不得随意涂改。

3.2　零部件修理、组装与试验

3.2.1　机体部件

3.2.1.1　机体的气缸套支承肩上端面不得有腐蚀斑点；支承气缸的下配合带，穴蚀延伸区域不得超过气缸套第一道密封环的中心位置，深度不得超过1 mm。

3.2.1.2　主轴承螺栓、气缸盖螺栓应进行检查，松动、损坏、穴蚀严重、拉长变形者应拆除更换。

3.2.1.3　机体组装过程中，应对油、水路进行密封性水压试验。水路在392 kPa(4 $kgf/cm^2$)压力下，10 min内不得渗漏。油路在980～1 176 kPa(10～12 $kgf/cm^2$)压力下，10 min内不得渗漏。

3.2.1.4　主轴瓦(包括止推轴瓦)应根据相配曲轴的主轴颈修理级别配镗，几何精度和表面粗糙度应符合产品设计图样要求。主轴瓦配镗后应打装配标记。

3.2.2　气缸盖部件

3.2.2.1　经过彻底清洗和装入封水堵、注油器护套等零件后的气缸盖，应进行水压（或气压）密封性试验，在 392 kPa（4 kgf/cm$^2$）压力下，3 min 内不得渗漏。

3.2.2.2 进、排气门座孔锥面应无划伤、裂纹。铰修后表面粗糙度 $Ra$ 最大允许值为 0.8 μm，锥面与气门（可为标准气门）配研后着色应均匀连续，不得漏气，着色宽度为 1～2 mm。

3.2.2.3 气缸盖定位止口端面不得有划伤、腐蚀斑、沟槽。止口凸缘高度不应低于 3.15 mm。

3.2.2.4 进、排气门均应进行无损探伤检查，不得有裂纹。气门工作表面不得有氧化皮、刻痕、麻坑、腐蚀斑点等缺陷。气门杆部圆柱度公差为 0.02 mm，锥面磨修后，排气门的阀盘圆柱高度不得小于 1.5 mm，进气门的（指 120°锥角者）不得小于 3 mm，表面粗糙度 $Ra$ 最大允许值为 0.4 μm；锥面对杆部轴心线的斜跳动公差为 0.04 mm。

3.2.3 曲轴部件

3.2.3.1 曲轴应进行无损探伤检查，主轴颈、连杆轴颈及各轴颈圆处不得有圆周方向的裂纹；在保证曲轴可靠性的前提下，其他性质的裂纹由大修单位作具体规定。

3.2.3.2 曲轴主轴颈和连杆轴颈可分级磨修，在一般情况下，一根曲轴同名轴颈磨修级别不多于两种。最小基本尺寸分别不得小于 $\phi$158 mm 和 $\phi$128 mm；第一主轴颈宽度亦可分级磨修，最大宽度不得大于 81.5 mm，经磨修后，轴颈表面硬度不得低于 HRC40，几何精度和表面粗糙度及配合要求均应符合产品设计图样要求。

3.2.3.3 组装后的曲轴须做动平衡试验，其不平衡量不得大于 150 g · cm。

3.2.3.4 曲轴部件应进行密封性油压试验。试验时，机油压力为 980 kPa（10 kgf/cm$^2$），5 min 内，两端油堵不得渗漏；中间部位油堵渗漏不得多于 7 处，且 1 min 内不得多于 2 滴。

注：各零部件密封性油压试验所用机油为四代柴油机机油，温度为 70～80 ℃；如用其他牌号机油，其黏度应与上述规定相当。

3.2.3.5 飞轮表面应平整光洁，无裂纹。飞轮和连接盘修理后，均应进行静平衡试验，不平衡量应符合产品设计图样要求。

3.2.3.6 连接器的橡皮与骨架的结合应牢固。同一台柴油机的 16

个橡皮组件相互间的高度差不大于 0.5 mm。

3.2.3.7 飞轮连接器与曲轴组装后,以曲轴主轴颈轴线为基准,飞轮最大外圆处的端面圆跳动公差为 0.5 mm。

3.2.3.8 减振器壳体与侧盖不得有裂纹和影响惯性体自由活动的磕碰损伤;甲基硅油不得老化变质,运动黏度在 20 ℃时应为 0.2 $cm^2/s$。

3.2.4 活塞、连杆部件

3.2.4.1 连杆、连杆螺栓、活塞销须经无损探伤检查,不得有裂纹。连杆不准焊补。

3.2.4.2 连杆大头孔轴线与连杆小头孔轴线距离为(410±0.25) mm,二轴线在公共平面内,平行度公差为 100∶0.2;在垂直平面内,平行度公差为 100∶0.15,超差者不予修复,作报废处理。

3.2.4.3 连杆轴瓦应与连杆、连杆盖合装,连杆与配套组件尺寸按附录 1 液力传动内燃机车大修限度表中附表 1-2 的相关规定扭紧,并按相配连杆轴颈尺寸配镗。

3.2.4.4 同一台柴油机的活塞相互间的质量差,不得大于 15 g。

3.2.4.5 活塞销工作表面不得有划伤、锈斑、铬层脱落等现象,磨修后应符合产品设计图样要求。

3.2.4.6 活塞销与活塞销座孔为过渡配合,应采用热装或冷装方法将活塞销自由推入。活塞环在活塞环槽内转动应灵活,无卡滞现象。

3.2.4.7 同一台柴油机各活塞、连杆部件相互间的质量差,对于自由锻坯连杆不得大于 65 g;对于模锻连杆不得大于 100 g,在同一台柴油机内,模锻连杆与自由锻连杆不得混用。

3.2.5 增压器

3.2.5.1 经彻底清洗后的支承体须进行水压密封性试验,压力为 980～1 470 kPa(10～15 $kgf/cm^2$),10 min 内,各部位不得渗漏。

3.2.5.2 两件轴承衬套与涡轮端密封环套符合免修条件时可不拆换;但如有一件损坏,则三件应同时更换,其几何精度、表面粗糙度应符合产品设计图样要求。

3.2.5.3 修理后的压气机叶轮须做动平衡试验,不平衡偏心距不大于 0.001 mm。

3.2.5.4 涡轮与转子轴的配合应牢固,浮动套轴颈表面粗糙度 $Ra$

最大允许值为 0.1 μm。

3.2.5.5　转子加工组和压气机叶轮均须进行单体动平衡试验，转子组总体不平衡偏心距应不大于 0.001 mm。

3.2.5.6　喷嘴环叶片与盘体接合应牢固，通道横截面宽度应调整至符合产品设计图样要求。

3.2.5.7　增压器组装后，转子组应转动灵活，无卡滞现象。

3.2.5.8　增压器应进行性能试验，其要求如表 1 所示。

**表 1　增压器性能要求**

| 型　　号 | 增压器转速<br>(r/min) | 压气机出口压力<br>(kPa)(mmHg) |
|---|---|---|
| 20GJB<br>20GJEA<br>20GJB-1<br>20GJB-2<br>20GJE<br>20GJE-B | 25 000 | 53.3(400) |
| | 30 000 | 66.6(500) |
| 20GJF | 27 500 | 66.6(500) |
| | 30 000 | 80(600) |
| | 32 500 | 93.3(700) |

3.2.6　凸轮轴

3.2.6.1　凸轮轴须经无损探伤检查，花键键齿表面及齿根部位不得有裂纹；凸轮及轴颈表面允许有轻微龟裂，但不允许有圆周方向裂纹。轴向裂纹的性质由大修工艺文件规定。

3.2.6.2　凸轮轴轴颈可分级磨修，最小基本尺寸不得小于 $\phi$71.5 mm，且各轴颈应磨修成同一种级别。经磨修后的轴颈、凸轮表面硬度不得低于 HRC50，进气、排气凸轮基圆分别不得小于 $\phi$47.5 mm 和 $\phi$47 mm，凸轮升程规律、几何精度、表面粗糙度及轴颈与轴瓦的配合要求均应符合产品设计图样要求。

3.3　系统和装置的修理与试验

3.3.1　润滑系统

3.3.1.1　机油泵

(1)机油泵体和盖的轴承衬套不得有裂纹，内表面应无拉毛、烧伤、偏磨，当超出免修要求时，两个相应衬套应同时更换，且应符合产品设计图样要求。

(2)组装后的机油泵应转动灵活、平稳，无卡滞现象。

(3)机油泵应做如下试验：

①性能试验：采用四代柴油机机油，油温 70～80 ℃，在转速为 2 032 r/min、机油压力为 784 kPa(8 kgf/cm$^2$)工况下，机油泵的输油量应不少于 200 L/min；

②密封性试验：机油泵在转速为 2 032 r/min、机油压力为 980 kPa (10 kgf/cm$^2$)工况下运转。5 min 内，除轴承间隙正常泄油外，各部位不得渗漏。

3.3.1.2　机油滤清器

(1)金属丝滤芯不得有裂纹和断丝；纸质滤芯均应更换。

(2)机油滤清器应进行密封性试验：机油压力为 784 kPa (8 kgf/cm$^2$)，5 min 内，各部位不得渗漏。

3.3.1.3　离心滤清器

(1)离心滤清器转子组应经静平衡试验，不平衡量为 5 g·cm。平衡后重新打装配印记。组装后应转动灵活。

(2)离心滤清器应做如下试验：

①密封及性能试验：机油压力为 588 kPa(6 kgf/cm$^2$)，转子转速不应低于 5 000 r/min，各部位不得渗漏。

②可靠性试验：机油压力为 882 kPa(9 kgf/cm$^2$)，稳定运转 3 min，转子应运转可靠，各部位不得渗漏。

3.3.1.4　机油泵支架

(1)机油泵支架组装后应转动灵活。

(2)安全阀工作应可靠；当机油压力为 980 kPa(10 kgf/cm$^2$)时，阀门应及时开启，阀门关闭后，密封应良好。

3.3.1.5　单向阀和调压阀

(1)单向阀和调压阀的密封配合面应无划伤、偏研，修理时须经研磨。

(2)调压阀组装后，在 490～784 kPa(5～8 kgf/cm$^2$)范围内应工作正常，不漏油。

3.3.2　燃油供给系统

3.3.2.1　输油泵

(1)输油泵组装后应转动灵活。

(2)输油泵应进行如下试验:

①密封性试验:柴油压力为 392 kPa(4 $kgf/cm^2$),3 min 内,除接泄油管处允许少量渗油外,其他部位不得渗漏。

②性能试验:当柴油压力为 147 kPa(1.5 $kgf/cm^2$)、输油泵转速为 1 500 r/min 时,柴油流量不少于 14.5 L/min。

3.3.2.2 喷油泵

(1)喷油泵上体柱塞套支承肩应平整无损伤;下体滚轮体孔柱面划伤深度,单面不得大于 0.4 mm,两侧面划伤深度和不大于 0.5 mm。

(2)调节齿杆直线度公差为 100∶0.25。两端轴颈与衬套配合间隙为 0.03~0.08 mm。更换衬套时,两衬套同时更换。

(3)凸轮轴须经无损探伤检验,不得有裂纹。

(4)柱塞和柱塞套配合的内外圆柱面直径公差为 0.001 mm;配合间隙应不大于 0.03 mm。配研后须经密封性试验。

(5)出油阀的工作面应无刻痕及锈蚀。出油阀偶件配研后,应符合产品设计图样要求,并须经密封性试验。

3.3.2.3 机械调速器

(1)调速弹簧及拉杆弹簧应无裂痕和损伤,其性能应符合产品设计图样要求。

(2)调速器转子组两飞锤质量差不大于 3 g,飞锤张开最大直径及合拢最小直径应符合产品设计图样要求。

(3)转子组装配后应转动灵活,无卡滞现象。

3.3.2.4 喷油泵与机械调速器的合装与试验

(1)两部件合装后,应转动灵活;两齿轮啮合间隙为 0.08~0.30 mm。喷油泵油量调节齿条应移动平稳,无阻滞,拉力应小于4.9 N(0.5 kgf)。

(2)喷油泵与机械调速器合装后,进行如下性能高速试验:

①供油顺序、各缸开始供油时间和油量均匀度调整试验:应符合原制造厂技术文件要求。

②调速器性能试验:应符合原制造厂技术文件要求。

3.3.2.5 喷油泵、机械调速器和喷油泵传动装置合装与调试。

(1)喷油泵传动装置须按装配标记组装,应转动灵活。

(2)喷油泵、机械调速器与传动装置合装后,应调整喷油泵与传动装置支撑弧面的垂直度,调整两排缸供油量均匀性,具体方法和要求由大修技术文件规定。

3.3.2.6　喷油器

(1)喷油器体、针阀体和针阀应无退火现象,工作面不允许有任何刻痕、腐蚀。调压弹簧的性能应符合产品设计图样要求。

(2)喷油器针阀偶件的针阀与针阀配研后,须经密封性试验。

(3)喷油器组装后,必须进行调试。喷射压力应为 19.11～20.09 MPa(195～205 kgf/cm$^2$),喷出的油应均匀,雾化良好,喷射声音应清脆,断油应及时。

3.3.3　冷却系统

3.3.3.1　水泵

(1)水泵叶轮的叶片表面应无腐蚀坑。叶轮修理后须做静平衡试验,不平衡量在外圆上允许 5 g·cm。

(2)水泵组装后应转动灵活,无卡滞现象。

(3)水泵应进行性能及密封性试验:当水泵转速为 2 863 r/min,扬程 20 m 时,供水量不得小于 1 000 L/min,各密封部位不得渗漏。

3.3.3.2　机油冷却器

(1)芯子组应无裂纹,无渗漏。冷却水管内腔应清洁,无水垢并畅通。冷却水管渗漏或堵塞无法排除者,允许焊堵,堵管数目不得超过 10 根,散热片应理直、平行、间距均匀,表面应清洁,无油垢。

(2)芯子组不得有严重的变形,两端法兰定位面的同轴度公差为 0.2 mm。经过调整和修理后,管子须经外加水压 980 kPa(10 kgf/cm$^2$),5 min 内不得渗漏。

(3)外壳组不得有影响装配的变形或磕碰损伤。

(4)机油冷却器应按装配标记组装,并应进行密封性试验:水系统试验水压 294 kPa(3 kgf/cm$^2$),油系统试验水压 980 kPa(10 kgf/cm$^2$),5 min 内,各部位不得渗漏。

3.3.3.3　中冷器

(1)芯子组应无裂纹,无渗漏。冷却水管内腔应清洁,无水垢并畅通。冷却水管渗漏或堵塞无法排除者,允许焊堵,每个芯子组堵管数目不得超过15根。散热片应理直、平行、间距均匀，表面无油污、泥砂。

(2)芯子组修理后，须进行水压密封试验。试验压力294 kPa (3 $kgf/cm^2$)，5 min内，不得渗漏。

(3)中冷器组装后，须进行密封性水压试验。试验压力196 kPa (2 $kgf/cm^2$)，5 min内，各部位不得渗漏。

3.3.4　安全装置

3.3.4.1　油压低自动停车装置

(1)油缸和盖应保持原配。组装后，两个轴孔应符合产品设计图样要求。

(2)油缸内表面与活塞外表面不得有划伤、拉毛。表面粗糙度 $Ra$ 最大允许值0.8 μm。

(3)油压低自动停车装置组装后，各连接部位应灵活，无卡滞现象。

(4)油压低自动停车装置应进行如下试验：

①性能调整试验：调整弹簧弹力，当进油压力降至343～392 kPa(3.5～4 $kgf/cm^2$)时，拨叉应开始动作(向减油方向)。拨叉中心点移动的水平距离(弦长)不得小于65 mm。

②密封性能试验：当机油压力为980 kPa(10 $kgf/cm^2$)时，3 min内各部位不得渗漏。

3.3.4.2　超速安全装置

(1)滑阀与壳体孔须经配研，径向间隙与表面粗糙度均应符合产品设计图样要求。

(2)超速安全装置组装后，应达到下列要求：

①组装时应将轴承外圈与孔用弹性挡圈的轴向间隙调整至0～0.10 mm，组装后，飞锤应转动灵活、无卡滞现象。

②飞锤弧面与钩栓弧面间隙应调整至0.5～1 mm。

(3)超速安全装置的性能，在机油压力不低于784 kPa (8 $kgf/cm^2$)的工况下试验，应达到如下要求：

①调整飞锤弹簧，当飞锤轴转速达到大修技术文件规定转速时，飞锤应能推动钩栓释放阀芯。调整好后，将飞锤锁紧。

②滑阀通、断性能应良好，阀芯在锁紧状态下，机油不得渗漏。

③单向阀通、断性能应良好，无渗漏。

3.4 整机总装

3.4.1 各零部件必须检验合格(主要零部件应附有修理记录卡),清洗干净后,方可进行总装。

3.4.2 各间隙配合面应涂润滑油。密封结合面可涂密封胶,然后进行装配。

3.4.3 带有装配标记的零部件,应按要求装配。

3.4.4 各主要配合件的配合状态(间隙或过盈)应符合本标准附录1液力传动内燃机车大修限度表中附录表1-2的要求。

3.4.5 各主要螺栓、螺母应涂润滑油装配,扭紧力矩应符合本标准附录1液力传动内燃机车大修限度表中附表1-3的要求。

3.4.6 各齿轮的啮合间隙应符合本标准附录1液力传动内燃机车大修限度表中附表1-4的要求。

3.4.7 调整检查气门间隙、配气相位和供油前角,使之符合附录1液力传动内燃机车大修限度表中附表1-1的要求。

3.4.8 调整检查压缩余隙,使之达到1.8~2.5 mm。

3.5 整机技术要求

3.5.1 性能和有关参数

柴油机主要性能和有关参数应符合附录1液力传动内燃机车大修限度表中附表1-1的规定。

3.5.2 标准环境状况

3.5.2.1 标准环境状况包括:环境温度 $t_r$=25 ℃;环境气压与标准大气压之和 $p_r$+1 atm=100 kPa (750 mmHg);环境相对湿度 $\phi_r$=30%;中冷器进水温度 $t_{cr}$=25 ℃。

3.5.2.2 在标准环境状况下,柴油机应发出铭牌上规定的标定功率。

3.5.2.3 若试验环境状况与标准环境状况不符时,其功率、燃油消耗应参照"3.8条"换算成标准环境状况下的功率和燃油消耗率。

3.5.2.4 柴油低热值按42.7 MJ/kg(10 200 kcal/kg)为基准计算。

3.5.2.5 Z12V190BYM-1型柴油机功率是指在海拔为3 000 m,大气压强为71 kPa(530 mmHg),环境温度为25 ℃,环境相对温度为30%,中冷器进水温度为25 ℃时所发出的功率。

3.5.3　各缸排温不均匀度

柴油机在标定工况下运转时，各缸排气温度与各缸排气温度平均值的最大差值不大于平均值的4%。

3.5.4　起动性能

3.5.4.1　柴油机在周围环境温度不低于5 ℃时连续起动三次，应至少有两次顺利起动，且每次起动时间不超过5 s(燃油系统内的空气预先排除)。

3.5.4.2　环境温度在－40～5 ℃范围内时，水、油经预热后，应能顺利起动。

3.5.5　安全装置

3.5.5.1　油压低自动停车装置

当柴油机主油道压力降至343～392 kPa(3.5～4 kgf/cm$^2$)范围内时，油压低自动停车装置应能自动减少燃油供给量，当主油道压力再继续下降时，能迫使柴油机停机。

3.5.5.2　超速安全装置

装有超速安全装置的柴油机，当转速达到示定转速的112%～115%时，超速安全装置应迫使柴油机在35 s内自动停机。

3.5.6　防止“三漏”

柴油机各密封面及各管接处，不允许漏气、漏油、漏水(允许使用密封胶)。

3.5.7　大修期

大修柴油机的大修期应不低于8 000 h(装有当量转速计时器的柴油机不低于6 500当量小时)。

3.5.8　封存

在正常储存条件下，于交验之日起，柴油机及其随机附件、备件的封存有效期不得多于12个月。

3.5.9　油漆

柴油机表面漆层应牢固、均匀，不得有起层和剥落等缺陷。

3.5.10　保用期

在遵循SY 5048—84《石油钻机用190系列柴油机安装、操作和维护规范》和制造厂编制的“使用维护说明书”规定的情况下，柴油机自交货之日起 12 个月内(但累计运转时间不超过 1 000 h(800 当量小时),确因大修质量不良而引起损坏,并有技术记录可查时,大修厂应免费给予更换或修理。

3.6 整机试验与交货

3.6.1 一般规定

柴油机试验时,所用测试设备及仪表,其精度应符合 GB 1105.1～3—1987《内燃机台架性能试验方法》的规定。

3.6.2 清洁度测量

整机清洁度测量方法应符合 GB 3821—1983《中小功率内燃机清洁度测量方法》的规定。

3.6.3 噪声测量

柴油机噪声测量方法应按 GB 1859—2000《内燃机噪声测定方法》的规定执行。

3.6.4 烟度测量

柴油机排气烟度测量方法可参照执行 NJ 263—1982《柴油机排气烟度及测定方法》的规定。

3.6.5 出厂试验

3.6.5.1 一般规定

交货的柴油机均应进行出厂试验,记录必要的参数,并经技术检验部门检查合格,发给出厂技术证明书及合格证。“出厂试验规范”由大修厂根据本标准规定编制。

3.6.5.2 试验内容

出厂试验应进行单机磨合试验、单机验收试验(包括调速性能试验、安全装置试验)和配套机试验。

(1)单机磨合试验

在试验中,允许对柴油机进行必要的调整,但不得减少规定的累计运转时间。磨合试验完成后,须停机更换或清洗机油滤清器芯子;清洗离心滤清器、喷油器,并检查调整喷油器的雾化情况和喷油压力、进排气门间隙及供油提前角。

(2)单机验收试验

试验应包括持续功率和标定功率试验,装有油量校正器的柴油机还应进行最大矩值和相应转速的试验；在试验中，各规定程序必须连续进行，中途不得停机，否则应重新复试。

调速性能试验中，应测定稳定调速率、最低稳定转速下的稳定时间和机油压力。

进行安全装置试验时，应对装有油压低自动停车装置、防爆装置、超速安全装置的柴油机分别进行各装置的性能试验，并符合 3.5.5 条的要求。

3.6.5.3　试验中故障处理及重新组装后的试验

（1）试验中，若机体、气缸套、主轴瓦、曲轴、活塞、活塞环、活塞销、连杆、连杆瓦、主轴承等零件之一因故障而更换，均应重新复试。

（2）若喷油泵、喷油器、机油泵、增压器和传动齿轮等部件在磨合试验中发生故障，排除故障和更换零件后，试验可继续进行；若在验收试验中发生故障，排除故障和更换零件后，应重新进行验收试验。

（3）更换或拆检气缸盖、气缸垫、减振器、连接器等零部件后，应在标定工况下运转检查，运转时间不得少于 30 min。

（4）在标定工况下试验时，水泵、中冷器、机油冷却器、离心滤清器、机油滤清器、燃油滤清器、油底壳和各种仪表若发生故障，在不影响试验的前提下，允许试验完成后排除或更换，但须在标定转速下，空负荷运转检查有无异常现象，运转时间不得少于 15 min。

（5）在各试验过程中，若发生不影响试验正常进行的故障（不停机故障）或“三漏”时，应随时予以排除，在排除故障后，如柴油机在标定工况下，运转时间不少于 20 min 时，可不再延长试验时间。

（6）试验合格的柴油机，全部解体不更换零件时，只须重新进行验收试验；仅拆检连杆瓦、主轴瓦或活塞时，应在标定工况下运转不少于 60 min；只拆检气缸盖时，应在标定工况下运转不少于 30 min。上述试验均应先在空负荷下运转 20 min 进行暖机，且转速由低到高，缓慢增加，油、水温度均应符合要求。

3.7　机油性能

柴油机机油性能参照表 2 的规定执行，也可采用性能相近的其他牌号的机油。

**表 2　柴油机机油性能指标**

| 项　目 | 质量指标 | |
|---|---|---|
| | 15W40CD | 15W40CC |
| 运动黏度(100 ℃)($m^2/s$) | $12.5\times10^{-6}\sim16.3\times10^{-6}$ | $12.5\times10^{-6}\sim16.3\times10^{-6}$ |
| 黏度指数 | ≥90 | ≥90 |
| 闪点(开口) | ≥230 ℃ | ≥220 ℃ |
| 倾点 | ≤−10 ℃ | ≤−10 ℃ |
| 水分 | ≤痕迹 | ≤痕迹 |
| 残碳(未加添加剂) | ≤0.25% | ≤0.2% |
| 总碱值 | 9.0 mgKOH/g | 4.5 mgKOH/g |
| 机械杂质 | 0.01% | 0.01% |

3.8　190 系列柴油机标定功率及燃油消耗率换算方法(参考件)

(1)标准状况规定如下：

环境温度:25 ℃

环境大气压强:100 kPa(750 mmHg)

环境大气相对湿度:30%

中冷器进水温度:25 ℃

(2)功率换算公式如下：

$$N_{eo}=\frac{N_e}{\alpha}$$

$$\alpha=K-0.7(1-K)\cdot\left(\frac{1}{\eta_m}-1\right)$$

$$K=\left(\frac{p}{p_0}\right)^{0.7}\cdot\left(\frac{T_0}{T}\right)^{1.2}\cdot\left(\frac{T_{co}}{T_c}\right)$$

式中　$N_e$——现场环境状况下实测有效功率,kW;

$N_{eo}$——换算到标准状况下的有效功率,kW;

$\alpha$——功率换算系数；

$K$——指标功率比；

$p$——现场环境状况下的大气压强,Pa;

$p_0$——标准状况下的大气压强,Pa;

$T$——现场环境状况下的环境温度,K;

$T_0$——标准状况下的环境温度,K;

$T_c$——现场环境状况下的中冷器进水温度,K;

$T_{co}$——标准状况下的中冷器进水温度,K;

$\eta_m$——机械效率。

(3)燃油消耗率换算公式:

$$g_{eo}=\frac{g_o}{\beta}$$

$$\beta=\frac{K}{\alpha}$$

式中 $g_{eo}$——换算到标准状况下的燃油消耗率,g/(kW·h);

$g_o$——现场状况下的燃油消耗率,g/(kW·h);

$\beta$——燃油消耗率换算系数。

其余符号的意义和(2)中公式相同。

## 4 液力变速箱、万向轴及中间齿轮箱基本技术规定

液力变速箱及传动万向轴各零部件须解体、清洗干净,按规定检修、组装。经试验调整后,恢复基本性能。

4.1 滚动轴承

4.1.1 轴承检修须符合下列要求。

4.1.1.1 轴承滚动体、内外圈不许有变形、裂纹、破损、麻坑、剥离、腐蚀、压痕、擦伤及过热变色。

4.1.1.2 轴承保持架不许有变形、裂纹,铆钉不许松弛和折断。

4.1.1.3 轴承组装时须选配,轴承与轴、轴承座孔配合公差须符合设计要求。

4.1.1.4 轴承检修须符合限度要求。

4.2 锥度配合

4.2.1 锥度配合面须符合下列要求。

4.2.1.1 配合锥面不得有裂纹及影响油压建立的拉伤。

4.2.1.2 锥度配合面压入行程的减少量:压入行程小于等于 5 mm 的为 1 mm,压入行程大于 5 mm 小于等于 10 mm 的为 2 mm,压入行程大于 10 mm 小于等于 15 mm 的为 3 mm,压入行程大于 15 mm 的为

4 mm,压入行程不足时,允许按规定修复到配合要求。

4.2.1.3　锥度配合接触面装配时须建立油压,配合接触面积不少于80%,并须均匀分布。

4.3　传动齿轮

4.3.1　齿轮检修须符合下列要求。

4.3.1.1　齿轮不许有裂纹,齿面不许有剥离。

4.3.1.2　齿轮各齿工作面腐蚀面积不超过10%。

4.3.1.3　齿轮厚度须符合限度要求。

4.3.1.4　齿轮顶部有破损、掉角允许齿高方向不大于1/4,沿齿长方向不大于1/10,经探伤检查无裂纹,打磨光滑允许使用。

4.4　箱体及管路

4.4.1　箱体及管路检修须符合下列要求。

4.4.1.1　箱体及管路须彻底清洗,清除油垢及垢锈。

4.4.1.2　箱体不许有裂纹。

4.4.1.3　滤清器、滤网无破损。

4.4.1.4　管路组成后须畅通,部位正确连接可靠无泄漏。

4.4.1.5　更换各防松件、密封垫圈及橡胶组合件。

4.5　二轴组成

4.5.1　二轴检修须符合下列要求。

4.5.1.1　第二轴须清洗干净。

4.5.1.2　第二轴(中间轴、输出轴组成一起)进行弯曲检查,各轴颈对轴中心线的同轴度偏差不大于0.04 mm。

4.5.2　变扭器检修须符合下列要求。

4.5.2.1　泵轮、涡轮、导向轮变扭器外盖及排油壳不许有裂纹。

4.5.2.2　泵轮、涡轮叶片铆钉不得松缓。

4.5.2.3　泵轮、涡轮、导向轮叶片遇有下列情况可修整。

(1)泵轮叶片出口处有破损,沿叶片方向不超过5 mm,面积不超过50 mm$^2$,不连续3片,允许修整使用。

(2)涡轮叶片出口处有破损,沿叶片方向不超过5 mm,面积不超过50 mm$^2$,数量不超过总叶片数1/10并不连续,允许修整使用。

(3)导向轮叶片破损,沿叶片方向不超过5 mm,面积不超过50 mm$^2$,

叶片数不超过5片,允许修整使用。

4.6 其他各轴组成

4.6.1 液力变速箱的其他各轴(第一轴、第二轴、第三轴、换向轴、惰行泵传动轴)的检修须符合下列要求:

4.6.1.1 换向轴与齿形离合器花键配合须符合限度要求。

4.6.1.2 检查第一轴的弯曲,检查各轴颈对轴中心线的同轴度偏差不得大于0.05 mm。

4.6.1.3 各防松垫及橡胶制品更换。

4.6.2 各轴组成后须符合以下要求。

4.6.2.1 各轴的轴向移动量须符合限度要求。

4.6.2.2 各轴油封无接磨、转动灵活、平稳,运转状态良好。

4.7 泵类

4.7.1 供油泵、齿轮泵、控制泵、惰行泵检修须符合下列要求。

4.7.1.1 各泵体、螺壳及轴、齿轮不得有裂纹。

4.7.1.2 供油泵滤网器不得有破损。

4.7.1.3 各防松垫片须更换。

4.7.1.4 齿端面与泵底及泵盖的配合间隙须符合限度要求。

4.7.1.5 各泵组成后转动灵活,无沉点。

4.7.2 各泵组成后须做性能试验,须符合试验大纲要求(供油泵除外)。

4.8 风扇耦合器

4.8.1 风扇耦合器检修须符合下列要求。

4.8.1.1 耦合器泵轮、涡轮及输出法兰不许损坏和裂纹。

4.8.1.2 泵轮与涡轮径向间隙须符合限度要求。

4.8.1.3 耦合器组装后转动灵活,无接磨。

4.9 万向轴

4.9.1 万向轴检修须符合下列要求。

4.9.1.1 花键轴、花键套、十字销、轴承体及法兰叉头不得有裂纹。

4.9.1.2 滚柱、轴承体滚道、十字销颈不许有锈蚀麻点、压痕及剥离。

4.9.1.3 轴承体外径与耳孔配合间隙须符合设计要求,过盈量不足时，扩大耳轴孔直径，配合符合设计要求。

4.9.1.4 法兰孔进行等级检修。

4.9.1.5 万向轴组装须符合下列要求。

(1)万向轴检修后须做动平衡校验，不平衡量须符合要求。

(2)润滑油孔须干净、畅通，装配时轴承和花键配合处涂润滑脂。

4.10 中间齿轮箱

4.10.1 中间齿轮箱的检修须符合下列要求。

4.10.1.1 轴承、锥度配合、齿轮及油泵的检修须符合4.1、4.2、4.3、4.7条和有关的规定。

4.10.1.2 箱体、轴、法兰、离合器不得有裂纹。

4.10.1.3 同一中心线上轴孔不同轴度不得大于0.05 mm。

4.10.1.4 组装后转动灵活，分箱面及管路无泄漏。

4.10.1.5 组装后按试验大纲要求进行试验，零部件作用良好，工况变换灵活准确，温升正常，无异音、无泄漏。检查油底壳，不许有非正常磨耗的异物。

4.11 液力变速箱试验

4.11.1 液力变速箱组装完整后，按试验大纲进行试验。

并消除漏油，排除故障，轴承不过热，工作油温度不超过100 ℃，运动状态正常无接磨异音，检查油底壳，不许有非正常磨耗的异物。

4.12 DH型液力传动箱大修

4.12.1 齿轮检修要求。

4.12.1.1 齿轮不许有裂纹(不包括端面热处理毛细裂纹)和剥离。

4.12.1.2 齿面允许有轻微腐蚀、点蚀或局部硬伤，但每个齿面腐蚀、点蚀面积不得超过该齿齿面的30%，硬伤面积不得超过该齿齿面的10%。

4.12.1.3 齿轮破损属于如下情况者，允许打磨后使用(不包括齿轮油泵的打油齿轮)：

(1)模数大于或等于5的，齿轮齿顶破损掉角，沿齿高方向不大于1/4，沿齿宽方向不大于1/8；模数小于5的齿轮，其齿顶破损掉角，沿齿高方向不大于1/3，沿齿宽方向不大于1/5。

(2)齿轮破损掉角，每个齿轮不得超过3个齿，每齿不得超过1处，破损齿不许相邻。

4.12.1.4　齿圈和轮心的连接螺栓不得有裂纹。在不拆换齿圈或轮心时，允许在每个齿轮的连接螺栓中抽检4条，若发现裂纹时，应检查全部螺栓。

4.12.1.5　人字齿轮装配后，两片齿圈的间距不许小于3 mm。

4.12.1.6　更换螺旋锥齿轮时必须成对更换。

4.12.1.7　更换的新齿轮须做动平衡试验。

4.12.1.8　齿轮啮合状态须良好。

4.12.1.9　齿轮啮合间隙超过限度须更换。

4.12.2　滚动轴承检修要求

4.12.2.1　轴承内外圈、滚动体、工作表面及套圈的配合面必须光洁，不许有裂纹、磨伤、压坑、锈蚀、剥离、疲劳起层、过热变色等缺陷。

4.12.2.2　轴承保持架不许有裂纹、飞边、变形。铆钉或螺钉不许折断或松动，防缓件应作用良好，隔离部厚度应不小于原形厚度的80%。

4.12.2.3　清洗轴承应采用能在轴承表面留下油膜的清洗剂。

4.12.2.4　轴承清洗后应转动灵活，无松旷或异音。

4.12.2.5　拆装轴承时严禁直接锤击轴承。

4.12.2.6　轴承内外圈与机组安装面的配合须符合设计要求。对于不解体内圈而需检查其与相关件的过盈配合状态时，允许以接触电阻法进行测量，其接触电阻值应不大于统计平均值的2倍。

4.12.2.7　内圈热装时，加热温度不许超过100 ℃，但轴承型号带“T”字标记者允许加热至120 ℃，或按制造厂规定的温度加热。采用电磁感应加热时，剩磁感应强度应不大于$3\times10^{-4}$ T。

4.12.2.8　轴承游隙超过磨耗限度须更换。

4.12.3　锥度过盈联结检修要求

4.12.3.1　锥度配合面不得有裂纹及影响建立油压的拉伤等缺陷。

4.12.3.2　锥度配合的压入行程应符合限度要求，超出时允许修复。

4.12.3.3　装配锥度过盈联结件时，应保证建立起油压，不泄漏。

4.12.3.4　更换新件时，其配合接触面积不得少于80%，并应均匀分布。

4.12.4 箱体及管路检修要求

4.12.4.1 箱体及管路应彻底清理，清除油垢及金属磨屑。

4.12.4.2 更换密封垫及胶圈。

4.12.4.3 箱体不许有裂纹和漏泄。

4.12.4.4 箱体各传动轴孔的同轴度、圆度的偏差超出图纸规定值时应修复。

4.12.4.5 各管路须安装牢固。箱体的控制油路须进行 1.0 MPa 油压试验，历时 5 min，不许泄漏。润滑油路须进行 0.2 MPa 油压试验，各润滑点应畅通，各连接处不许渗漏。

4.12.4.6 各截止阀（含放油阀）应作用良好。

4.12.4.7 箱体及铸铁件非受力处的局部漏泄处或缺陷，可采用黏结剂修补。

4.12.5 液力变矩器检修要求

4.12.5.1 变矩器体和盖不许有裂纹。

4.12.5.2 泵轮、涡轮不许有裂纹，端面花键部分不得有裂纹，接触面积不得少于 60%。组装时应对准原基准刻印。螺钉紧固力矩，M16 的为 0.18 kN·m，M14 的为 0.12 kN·m。

4.12.5.3 泵轮、涡轮、导轮各钎焊处不许开焊。叶片出口处沿叶片流道方向的卷边、破损不大于 5 mm，面积不大于 100 $mm^2$，损坏的叶片数不超过该轮叶片总数的 10%时，允许锉修使用。

4.12.5.4 泵轮、涡轮锉修后应进行动平衡试验，其平衡度须符合原设计规定。

4.12.5.5 涡轮油封盖、导轮的连接螺钉尾部严禁突出流道。

4.12.5.6 泵轮与涡轮的轴向间隙两侧之和应不大于 8 mm，流道中心线偏差不大于 0.5 mm。

4.12.5.7 泵轮轴与中间体的起动变矩器体镶入孔的同轴度偏差不得大于 $\phi$0.16 mm，泵轮轴与变矩器盖止口（起动挡为 $\phi$522 mm 处，运转挡为 $\phi$401 mm 处）的同轴度偏差不得大于 $\phi$0.40 mm。

4.12.5.8 各油封不许有裂纹、破损及松动，径向间隙须符合限度要求。

4.12.6 各传动轴检修要求

4.12.6.1 各传动轴均应分解进行探伤检查，轴、法兰不许有裂纹(热处理毛细裂纹除外)。

4.12.6.2 电机传动轴弹性联轴节橡胶组合件不许有开胶、老化、龟裂，内外定位套径向间隙应符合图纸要求。检修后的弹性联轴节须进行动平衡试验。

4.12.6.3 各轴组装后，轴向移动量为：输出轴不大于 0.35 mm，变矩器轴不大于 0.35 mm，输出轴不大于 0.40 mm，电机传动轴不大于 0.3 mm。

4.12.7 主控制阀及其分挡机构检修要求

4.12.7.1 阀座、滑阀、阀套、阀体、活塞、活塞套、支架等，不许有裂纹。

4.12.7.2 滑阀、阀套、阀体、活塞套、活塞的工作表面，不许有拉伤、段磨等缺陷，各配合间隙应符合限度要求。

4.12.7.3 各弹簧不许有裂纹和锈蚀。

4.12.7.4 主控制阀及其分挡机构组成后须作手动试验，各部动作应灵活、准确，无卡滞和漏泄。

4.12.8 工况操纵机构检修要求

4.12.8.1 手把、拨环、拨叉、轴和齿形离合器不许有裂纹和变形。紧固螺栓不许松动，防缓良好。

4.12.8.2 齿形离合器齿面磨耗：外齿不大于 0.5 mm，在保留齿面淬火硬度层的条件下可打磨齿面的磨耗台阶。内齿不大于 1.0 mm，端面磨耗不大于 2.0 mm。对齿形离合器应做探伤检查，不得有裂纹。

4.12.8.3 输出轴花键与外齿离合器花键套的径向间隙和侧向间隙须符合限度要求。

4.12.9 供油泵、控制泵及惰行泵检修要求

4.12.9.1 泵体不许有裂纹、砂眼。

4.12.9.2 各泵齿轮、泵轮及轴不许有裂纹。供油泵叶轮焊修后须进行静平衡试验，不平衡度不得大于 5 g·cm。

4.12.9.3 各铜质轴承套不许有松动、拉伤、段磨及烧损等缺陷，间隙须符合限度要求。

4.12.9.4 各泵组装后用手转动应灵活、平稳、无滞点，并须在试验

台上做性能试验，试验结果应符合表 3 要求。在试验中各处不许漏泄。控制泵调压阀应动作灵活、性能可靠。

**表 3　控制泵、惰行泵、供油泵性能指标**

| 泵别 \ 项目 | | 转速(r/min) | 压力(MPa) | 流量(L/min) | 真空度(mmHg) | 密封性 |
|---|---|---|---|---|---|---|
| 控制泵 | 前泵 | 3 250 | 0.3 | 57 | 350 | 各部无泄漏 |
| | 后泵 | 3 250 | 0.6 | 28 | 38 | 各部无泄漏 |
| 惰行泵 | 前泵 | 正反 3 100 | 0.3 | 57 | 250 | 各部无泄漏 |
| | 后泵 | 正反 3 100 | 0.3 | 71 | 150 | 各部无泄漏 |
| 供油泵 | | 3 710 | 6.5 | 936 | / | |

注：各油泵试验介质均为液力传动工作油，油温为(80±5) ℃。

4.12.10　滤清器检修要求

4.12.10.1　滤清器体、盖不许有裂纹。

4.12.10.2　各种过滤元件应完整，无破损、翘曲和变形。

4.12.10.3　更换全部 O 形密封圈，组装后各部密封状态应良好。

4.12.11　液力传动箱总组装及性能试验

4.12.11.1　液力传动箱各分箱面、管路接头、轴承盖等处，不许漏泄。各紧固螺栓不许松动。

4.12.11.2　各轴须转动灵活，无卡滞点、无异音，二轴的泵轮轴、涡轮轴不许带轴。

4.12.11.3　液力传动箱装配完后，应按试验大纲进行性能试验。试验须符合以下要求。

(1)传动箱运转平稳，各部位不得有漏泄现象。

(2)轴承不过热，工作油温不高于 100 ℃。

(3)各部油压须符合表 4 规定值。

(4)传动箱输出特性曲线允许比新造传动箱试验曲线低 2%。

(5)液力换挡、液力换向平稳、准确。

表 4 供油泵、控制泵、润滑末端各部分油压值

| 项　目 | 柴油机空载转速(r/min) | 油压(MPa) |
|---|---|---|
| 供油泵(出口) | 750 | ≥0.06 |
| | 1 500 | 0.55 |
| 控制泵 | 750～1 500 | 0.7±0.05 |
| 润滑末端 | 750 | ≥0.015 |
| | 1 500 | ≥0.1 |

注:测量时油温不低于 65 ℃。

4.13 GKOB 风扇耦合器传动箱检修要求

4.13.1 解体后应检查各轴、法兰和齿轮,不许有裂纹。

4.13.2 检查泵轮、涡轮、箱体,不许有裂纹。

4.13.3 充油调节阀各弹簧应符合图纸的技术要求。

4.13.4 更换全部胶圈和密封垫。

4.13.5 组装时耦合器传动轴的轴向移动量不得大于 0.20 mm。

4.13.6 风扇耦合器传动箱组装后应转动灵活,不许有卡滞和异音。

4.13.7 风扇耦合传动箱组装后经检查各部正常后,应按试验大纲进行磨合试验。传动箱应运转平稳、无异音、无不正常发热,各部不许渗漏。

4.13.8 充油调节阀及恒温控制元件应动作准确、灵活,无卡滞及漏泄,并应达到设计要求。

## 5 电气部分基本技术规定

机车上全部电机、电器、控制台、操纵台、电阻箱、蓄电池、电气仪表均须拆下检修。使其恢复原有的基本性能。同时对机车电气线路进行检修,确保线路畅通。

5.1 电机

5.1.1 电机均须进行分解、清扫、检修和试验。

5.1.2 定子检修应符合下列要求。

5.1.2.1 机壳必须清扫干净,裂纹允许焊修,焊修后机壳内应涂防腐漆。

5.1.2.2 磁极铁芯与机壳贴合面须光洁无毛刺,装配时应紧密、

牢固。

5.1.2.3 轴承的滚动体、内外圈不许有变形，滚道不得有拉伤，保持架铆钉不得松动。

5.1.2.4 端盖及轴承端盖有裂纹时可修复或更换。油封须更换。

5.1.2.5 磁极线圈绝缘良好。引出线与连接线必须绑扎牢固，接线端子及标号必须完整、清晰。

5.1.2.6 刷架固定牢靠，绝缘良好，不得有裂纹及损伤、刷架的压合机构应完整，起落时不许有卡滞现象。

5.1.3 电枢检修应符合下列要求。

5.1.3.1 电枢绕组绝缘良好，绑扎钢丝不得有机械损伤，槽楔不得松动。

5.1.3.2 电枢轴不得弯曲，轴承座处拉伤严重时可修复使用。

5.1.3.3 电枢绕组重绕后，须进行浸漆处理，组装前必须做静平衡试验。7.5 kW 以上者应做动平衡试验。重新绑扎钢线者应按上述要求进行静平衡或动平衡试验并符合规定要求。

5.1.3.4 换向器表面不得有擦伤烧伤。凸片表面粗糙度须达到图纸要求。

5.1.3.5 换向器与电枢绕组的焊接必须牢固，接触良好。云母碗及压紧螺母，不得有松动现象。

5.1.3.6 电枢检修后应作耐压试验：更换绕组者 1 500 V，未更换绕组者 800 V，工频 1 min 不得有闪络或击穿。

5.1.4 电机组装后应符合下列要求。

5.1.4.1 电机的所有零件必须齐全、牢固。

5.1.4.2 碳刷在刷盒内能上下自由活动。碳刷与换向器的接触面不得小于 85%，电刷长度不得小于原尺寸的 2/3。同一电机必须使用同一种牌号的电刷。

5.1.4.3 各种电机电刷的压指的压力应符合各电机的规定要求。

5.1.4.4 电机接线盒必须完好，引出线标志应清晰、正确。

5.1.4.5 电机检修后须进行系列试验，必须达到系列各项指标。

(1)用 500 V 兆欧表测量绝缘电阻值绕组对机壳的阻值不低于 5 MΩ。

(2)重新绕线的电机及 7.5 kW 以上，经检修的电机必须进行额定负荷试验，在试验中换向火花等级不得超过 $1\frac{1}{2}$ 级，各部温升不得超过规定值。

(3)更换电枢绕组绑扎钢线的电机应进行超速试验，即在 120％的额定转速下运行 2 min 不得有损坏和剩余变形。

(4)电枢绕组匝间绝缘强度必须经受 1.3 倍额定电压，历时 5 min 而不被击穿。

(5)绕组对地及绕组间必须进行耐压试验，并达到：更换绕组者 1 500 V，未更换绕组者 800 V，工频 1 min 不得击穿。但功率不足 1 kW 的电机对地耐压值按下式求出：$U=(500+2\times 额定电压)\times 75\%(V)$。

5.2 电器

5.2.1 检修时全部电器均须拆下单个进行分解清扫，检修和整定。

5.2.2 电器的活动部分应灵活，主控制器、直流接触器、换向连锁器触头间隙和压力应恢复至原设计要求。各种开关与按钮均应保证接触良好。

5.2.3 电器中所有零件须完整、电镀件不良者应重新电镀使之光亮。各种罩、壳有裂纹和破碎者应予以更换。

5.2.4 电空阀、电空阀安装板检修后，应进行 4.9 $N/cm^2$ 风压试验，保持 10 min 不得泄漏。

5.2.5 熔断器的熔体必须符合设计值。

5.2.6 电气的安装必须紧固、牢靠，各种标志线号应正确、清晰。

5.3 控制台、操纵台、电阻箱、外电源箱

5.3.1 各种柜、台、箱的电镀件不良者须重新电镀。锁扣卡等附件须动作灵活，完整无缺。

5.3.2 各种柜、台、箱的金属件不良和腐蚀严重时须修复，并按原样喷刷油漆标志。

5.4 照明灯具

5.4.1 照明灯具的玻璃和罩不得裂纹、麻点。

5.4.2 照明灯具的反光镜不得有漏光和裂纹，失去光泽的反光镜应重新电镀或更换。

5.4.3 前后头灯的灯体锈蚀时，允许进行挖补、磨平、涂漆。

5.4.4　各照明灯具应按设计要求装灯泡。

5.5　电气仪表

5.5.1　电气仪表应符合技术条件，新仪表使用时，须经计量鉴定后方可使用。

5.5.2　仪表壳、罩须完整，盘面和露出部分不得有斑点和龟裂，各种仪表的附件必须配套、齐全。表盘数字显示应清晰。

5.5.3　仪表检修后须计量鉴定方可使用。

5.6　蓄电池

5.6.1　蓄电池外壳不得有变形和裂纹，通气孔必须畅通。

5.6.2　蓄电池按检修技术要求进行充放电试验，容量不得低于标称值的85％，低于这个值者应重新进行检修或更换。

5.6.3　蓄电池的单节电压为2 V。

5.6.4　蓄电池电解液应高于防护板10～15 mm。

5.6.5　蓄电池的正、负极“＋”“－”的标志应清晰。

5.6.6　免维护蓄电池补充电解液后应恢复出厂重量。

5.7　电气线路检修应符合下列要求

5.7.1　清扫所有接线盒，清洗所有端子板，更换全车电线、电缆。

5.7.2　检修的电线管、金属软管状态不良时须更换，金属软管与控制柜(箱)、分线盒、接线盒相连时均应采用金属软管接头进行连接。

5.7.3　电线管内不允许有电线接头，并按规定穿入备用线。

5.7.4　导线与电器连接时，独芯者可直接与电器压接，多芯线须用电线接头焊接后再与电器压接，各导线的线号必须清晰。

5.7.5　全部电器、线路安装完毕后，必须进行下列试验。

(1)绝缘电阻测量：用500 V兆欧表测量各正负线对地的绝缘电阻不得低于0.5 MΩ。

(2)绝缘强度试验：用工频800 V，历时1 min不得有闪络或击穿(额定电压在36 V以下的电器及线路为350 V)。

# 6　车体、转向架及基础制动基本技术规定

车体车架、司机室和走台板检修后须组装牢固，外观平整、柴油机及传动装置等安装位置符合要求，转向架及制动装置各部件应作用良好、确

保行车安全。

6.1　车体、车架、司机室和走台板

6.1.1　司机室和走台板检修须符合下列要求。

6.1.1.1　司机室和走台板各板，不许有裂纹。各板局部腐蚀须挖补修复，腐蚀面积超过40%和深度超过30%应更换。各螺栓孔、栽丝孔不良时须修复。

6.1.1.2　门、窗、顶盖及天窗应开关作用灵活，关闭严密。

6.1.1.3　扶手、车梯应安装牢固。电镀件可重新电镀。

6.1.2　车体车架及排障器检修须符合下列要求。

6.1.2.1　车体须清扫检查，裂纹及不良焊缝铲或加焊补强板。

6.1.2.2　排障器各板及支架外观须平整，消除裂纹安装牢固。转向架排障器底面距轨面高度为120～160 mm，扫石器(胶皮)底边距轨面高度为21～33 mm。

6.1.3　木结构检修须符合下列要求。

6.1.3.1　木地板裂纹、变形破损应修复，两地板之间的合缝间隙不大于3 mm。塑料地板局部破损应挖补，截换或更新。

6.1.3.2　胶合板局部破损或崩裂应修补。

6.2　车钩缓冲装置

6.2.1　车钩缓冲装置检修须符合下列要求。

6.2.1.1　车钩在锁闭位置时，钩锁向上活动量为5～15 mm，钩锁与钩舌的接触面积须平整，其高度不得小于40 mm。

6.2.1.2　车钩各零件按规定进行探伤和检查，不许焊修钩身上的横裂纹、上下耳销孔向外的裂纹、钩舌上的裂纹、钩体扁销孔向前端及向尾端发展的裂纹、钩尾框上的横裂纹。但钩体耳销孔凸台、钩尾框上头部连接板的裂纹除外。

6.2.1.3　组装后车钩三态(开锁态、闭锁态、全开态)作用良好。

6.2.2　ST型缓冲器检修符合下列要求。

6.2.2.1　ST型缓冲器须清除污垢。箱体、底板涂铁红醇酸底漆。

6.2.2.2　ST型缓冲器在质量保证期内自由高度须大于571 mm，外观检查无裂损；并须进行不大于150 t的压吨试验，压缩后须能自由恢复原位。

6.2.2.3　外观状态不良、自由高度小于571 mm或超过质量保证期时，须按下列要求分解检修。

(1)螺栓须更换材质为20钢的新品，并进行湿法磁粉探伤检查。

(2)箱体变形影响组装时更换。六方口部裂纹长度小于30 mm、内六方面磨耗小于3 mm时(从顶面深入20 mm处测量)焊修后磨平，大于或箱体各部裂损时更换。除内六方口部外，其他各部磨耗大于2 mm时堆焊后磨平。

(3)摩擦楔块裂纹、厚度小于20 mm、51°31′摩擦面磨耗深度大于2 mm或11°支承面局部凹坑深度大于2 mm时更换，不得焊修。

(4)推力锥裂纹、破损或磨耗深度大于2 mm时更换。

(5)限位垫圈裂纹、破损或$R$12 mm处局部磨耗大于2 mm时更换新品。

(6)内、外簧裂纹、折断或电弧灼伤，外簧自由高度小于393 mm、内簧自由高度小于362 mm时更换新品。

6.3　转向架

6.3.1　构架检修须符合下列要求。

6.3.1.1　构架各焊缝不得有裂纹和开焊。

6.3.1.2　构架侧梁弯曲、变形须调整，测量应达到设计要求，各板腐蚀须挖补或补强。

6.3.2　旁承检修须符合下列要求。

6.3.2.1　旁承须解体检查清除污垢。

6.3.2.2　磨耗板须探伤检查，不得有裂纹。

6.3.3　转向架中心销须探伤检查，不得有裂纹，更换橡胶件。

6.3.4　轴箱拉杆检修须符合下列要求。

6.3.4.1　轴箱拉杆须分解检查，不得有裂纹，但纵向裂纹可以焊修。

6.3.4.2　更换橡胶件。

6.3.4.3　轴箱拉杆转轴与轴箱组装时其斜面接触不少于70%，局部间隙用0.1 mm塞尺检查，塞入深度不超过10 mm，底面间隙为2～5 mm。同一转轴内外侧间隙之差不超过1 mm。

6.3.5　轴箱体须清除污垢，局部破损及裂纹须焊修，更换橡胶缓冲支承，各处无漏油。

6.4　弹簧及减震装置

6.4.1　圆弹簧检修须符合下列要求。

6.4.1.1　不得有裂纹。

6.4.1.2　弹簧直径按规定进行试压试验。同一轴箱弹簧的自由高度差不大于 3 mm。同一转向架轴箱弹簧的自由高度差不得大于 4 mm。

6.4.2　油压减振器检修须符合下列要求。

油压减振器须全部分解检修。组成后进行试验，其阻力曲线不得有畸形。阻力系数为 51～66 kg/(s·cm)。

6.5　基础制动与手制动装置

6.5.1　制动缸检修须符合下列要求。

6.5.1.1　更换皮碗及橡胶件。

6.5.1.2　制动缸组成后按图纸技术要求进行风压试验。

6.5.1.3　制动缸活塞行程东方红 5 型为 $60^{+10}_{-5}$ mm，其他车型参照执行。

6.5.2　基础制动装置检修须符合下列要求：

6.5.2.1　各制动杆、杠杆须探伤检查，不得有裂纹。

6.5.2.2　制动各杆弯曲、变形须加热调直。

6.5.2.3　各销套间隙超过 1.5 mm 或拉伤严重时应更换，新制销及套应进行表面硬化处理。

6.5.2.4　手制动装置分解检修，制动链条须探伤检查，组装后须作用良好。

6.6　车轴齿轮箱

6.6.1　滚动轴承检修按照 4.1 条办理。锥度配合压入行程的减少量按照第 4.2 条处理。

6.6.2　圆柱齿轮、螺旋伞齿轮检修须符合下列要求：

6.6.2.1　齿轮不许有裂纹，齿面不许有剥离。

6.6.2.2　齿面腐蚀面积不超过 10％。

6.6.3　车轴与螺旋伞齿轮压装压力东方红 5 为 90～130 t，其他车型应符合设计要求。小螺旋伞齿轮与法兰的圆锥面不许有裂纹及影响油压建立的拉伤，回油道须畅通。

6.6.4　车轴齿轮箱检修须符合下列要求。

6.6.4.1　车轴齿轮箱体须清除污垢，局部破损或裂纹须焊接。

6.6.4.2　车轴齿轮箱拉臂拉杆须探伤检查，不得有裂纹，纵向裂纹深度不超过 1 mm，可以消除。拉臂安装应牢固。

6.6.4.3　更换橡胶件。

6.6.4.4　车轴齿轮箱组装后进行磨合试验，各部作用良好，温升符合要求，不得漏油。

6.6.5　转向架组装后须符合下列要求：

6.6.5.1　落车后转向架四角高度差不超过 10 mm。

6.6.5.2　轴箱与构架挡两侧间隙之和为 8～14 mm。

6.7　轮对

6.7.1　轮对检修须符合下列要求：

6.7.1.1　轴颈上不许有裂纹，轮对须分解探伤检查。

6.7.1.2　车轴和轮心压装时，车轴压入吨数：带轮箍时为 84～126 t，不带轮箍时 80～120 t；不许用压进或反压的方法移动旧轮对的车轴位置，新压装时不许反压。

6.7.1.3　轮箍过盈量，按轮辋直径计算，每 1 000 mm 为 1.15～1.5 mm。轮箍烧装时均匀加热至 350 ℃以内。

6.7.1.4　旧轮箍加热的厚度不得大于 1 mm，钢垫板不得多于一层，总数不多于 4 块，相邻两块间的距离不大于 10 mm。

6.7.1.5　轮缘磨耗过限时可旋修，不许堆焊。

6.7.2　轮对组成后须符合下列要求：

6.7.2.1　轮箍内侧距离为（1 353±3）mm，新轮箍内侧距离为 $1\ 353^{+2}_{-1}$ mm，同轴轮箍内侧距离差不得大于 1 mm。

6.7.2.2　轮箍外形用样板检查其偏差，踏面不超过 0.5 mm，轮缘高度减少量不超过 1 mm，厚度减少量不超过 0.5 mm。

6.7.2.3　轮箍旋削后直径差：同轴 0.5 mm 以内，同一转向架 1 mm 以内，同一台机车前后转向架在 1 mm 以内。

6.7.2.4　凡经检修的轮对须在轴端刻打有检修工厂代号的菱形钢

印和检修年月日及检验人员的钢印，不带轮箍压装的轮心应打⊗钢印，如图 1 所示，打满后可将第一个检修钢印磨去，但有轴号的钢印须永久保留。

检查及轴端钢印

◇——工厂代号

○——检查人员钢印

不带轮箍压装的轮心应打⊗

图 1　轮心钢印样式

6.7.3　油漆标志：在轮毂内侧面与车轴、接缝处涂白油一圈，全宽 50 mm 两者各占 25 mm，再画长 50 mm，宽 20 mm 的红油线三条与白油圈垂直等分，轮箍和轮心内外侧面用黄油各画一条长 50 mm，宽 20 mm 的防缓标志。

6.8　辅助及冷却装置

辅助及冷却装置须彻底分解检修，消除不良处所，达到状态良好。

6.8.1　散热器检修须符合下列要求：

6.8.1.1　清洗污垢。散热片歪扭的须调整。叶片破损面积不超过 5%。

6.8.1.2　更换橡胶件。

6.8.1.3　连接箱接口处应平整翘曲的应调平。

6.8.1.4　散热器水管泄漏的须焊修或堵焊，单节散热器堵焊铜管数不得超过 4 根，堵焊数须在连接表面打钢印，全车散热器的堵焊数不得超过 44 根。

6.8.1.5　经焊修的散热器焊后须进行 500 kPa 水压试验，保持 5 min 不得泄漏，并作流量试验：水位高 1.6 m，以 0.057 6 $m^3$ 的水量流通，时间不超过 45 s。

6.8.1.6　上下集箱内部须清理水垢，安装架腐蚀面积超过 30%的须更换，局部腐蚀严重的须截换。

6.8.1.7　散热器组装后须进行 300 kPa 水压试验，保持 5 min 不得泄漏。

6.8.2　热交换器检修须符合下列要求：

6.8.2.1　热交换器铜管内壁和端盖须清除水垢。筒体端盖进出水管及法兰焊缝开焊修，腐蚀深度超过 30％的更换。

6.8.2.2　热交换器的铜管有泄漏的应进行焊修或堵焊，堵焊铜管数不得超过 40 根，在一个区域内（进水或排水区）不得超过 20 根。

6.8.2.3　热交换器组装后须进行水压试验：要求 600 kPa 水压，保持 10 min 不得泄漏。要求 1 200 kPa 水压，保持 10 min 不得泄漏。

6.8.3　风扇检修须符合下列要求：

6.8.3.1　风扇须清除污垢，不许有裂纹，风扇体与叶片过度部分裂纹须焊修。新风扇和焊修后的风扇须作静平衡试验，不平衡量符合要求。

6.8.3.2　风扇座组装后油封不得泄漏，各部转动灵活，风扇与风筒间隙不小于 3 mm。

6.8.4　百叶窗检修须符合下列要求：

6.8.4.1　百叶窗须清除污垢，百叶窗腐蚀深度超过 30％时须更换。框架锈蚀严重的须截换，变形的须调直。

6.8.4.2　叶片歪扭的须调直，在全长范围内平面度不超过 3 mm。百叶窗在关闭状态下局部间隙不大于 6 mm。

6.8.4.3　百叶窗组成后转动灵活，开度符合要求。

6.8.4.4　操纵风缸须解体清洗，清除污垢。操纵风缸检修后须进行 500 kPa 风压试验，不得泄漏。

6.8.4.5　百叶窗及其操纵风缸装车后须进行调整，保证百叶窗全开、全闭二种位置的作用灵活。

6.8.5　热电保障装置检修见热电保障装置大修规程。

6.8.6　中冷器检修须符合下列要求；

6.8.6.1　中冷器须分解清洗检查，清理水垢与锈垢。

6.8.6.2　中冷器水管泄漏须焊修或堵焊，堵焊根数不得超过 7 根。

6.8.6.3　冷却片弯扭的应调直，叶片破损面积超过 5％的应更换。

6.8.6.4　检修后经 300 kPa 水压试验，保持 5 min 不得泄漏。

6.8.7　机油冷却器（燃油加热器，工作油热交换器）检修须符合下列要求：

6.8.7.1 清洗管路及筒体的油垢。油水管路焊缝开焊须修或堵焊，堵焊铜管数不得超过 8 根，焊后须作水压试验。

6.8.7.2 油、水管路系统组装后进行水压试验：油管路系统要求用 500 kPa 水压试验，保持 5 min 不得泄漏。水管路系统要求用 400 kPa 水压试验，保持 5 min 不得泄漏。

6.8.8 热风机检修须符合下列要求：

6.8.8.1 水散热器须拆下清洗，清洗水垢和锈垢，清洗须作 300 kPa 风压试验，保持 5 min 不得泄漏。

6.8.8.2 水散热器水管路泄漏须焊修或堵焊，焊修后重作水压试验。

6.8.9 进排气装置检修须符合下列要求。

6.8.9.1 进排气装置须分解清洗，清理烟垢、锈垢、油垢。

6.8.9.2 壳体锈蚀深度超过 30%的应更换，局部锈蚀严重的须挖补或切换。

6.8.9.3 进气软管应更新。

6.8.10 油箱检修须符合下列要求。

6.8.10.1 油箱开焊须焊修。

6.8.10.2 油箱油表须清洗，显示清晰。检修后油箱不得泄漏。

6.8.11 水箱检修须符合下列要求。

6.8.11.1 水箱须拆下，清理水垢、锈垢，外表面涂红丹防锈漆。

6.8.11.2 水箱局部锈蚀、损坏的须切换。

6.8.11.3 水箱检修后须进行盛水试验，保持 5 min 不得泄漏。

6.8.12 管道及阀门检修须符合下列要求。

6.8.12.1 管道须检修，清理内外表面水垢、油垢、污垢。

6.8.12.2 无缝钢管腐蚀深度超过 50%的更换。水煤气管腐蚀深度超过 40%的应更换。局部腐蚀严重或管接螺纹部分损坏的须切换，焊后管道内表面应光滑，不得有残留焊渣。

6.8.12.3 新更换水管时，外表面涂红丹防锈漆。

6.8.12.4 水、油各阀及塞门须解体检修，更换密封垫圈，组装后须进行 500 kPa 风压试验，保持 5 min，不得泄漏。

6.8.13 齿轮泵检修须符合下列要求。

6.8.13.1 主从动齿轮不得有裂纹，点蚀超过10%时更换。

6.8.13.2 齿轮泵组成后须进行试验，供油量须符合试验大纲要求，传动灵活，油封不得漏油。

6.9 制动及撒砂装置

空气制动装置各部件及其管路须检修，组装后应安装牢固，不得泄漏。各附件性能作用良好。

6.9.1 3W-1.6/9空气压缩机检修须符合下列要求。

6.9.1.1 各零件须全部分解清洗、检修。

6.9.1.2 曲轴、连杆、活塞销须探伤，不得有裂纹。

6.9.1.3 曲轴轴颈及缸套不许有拉伤。缸体、阀室及曲轴箱体无裂纹。

6.9.1.4 低压气缸、高压气缸阀室的排气阀腔冷却器按设计要求的规定进行压力试验，不许有渗漏现象。

6.9.1.5 中间冷却器安全阀检修后须进行风压调整试验，其压力为400 kPa时应排风，压力降至350 kPa时应关闭。

6.9.1.6 飞轮裂纹允许焊修，但须做静平衡试验。

6.9.1.7 空气压缩机组成后，须在试验台上进行试验，符合下列要求。

(1)磨合试验见表5(注意起动时须无负荷起动)。

**表5 磨合试验表**

| 序　号 | 转速(r/min) | 磨合时间(min) | 曲轴箱油温 | 二级出口温度 | 排气压力 | 备　注 |
|---|---|---|---|---|---|---|
| 1 | 600 | 20 | | | | 无阀室 |
| 2 | 1 000 | 20 | | | | 无阀室 |
| 3 | 1 500 | 30 | | <180 ℃ | 900 kPa | 有阀室 |

(2)负荷试验见表6。

**表6 负荷试验表**

| 型号 | 转速(r/min) | 容积 | 0～900 kPa储风时间 | 750～900 kPa储风时间 |
|---|---|---|---|---|
| 3W-1.6/9 | 1 500 | 500 | ≤2 min 40 s | ≤25 s |

(3)漏泄试验：当风压由 850 kPa 降至 750 kPa 的时间应不少于 10 min。

6.9.2 NPT5 型空气压缩机检修须符合下列要求。

6.9.2.1 机体、气缸、气缸盖、曲轴及各运动件不许有裂纹，机体轴承孔处的裂纹禁止焊修。

6.9.2.2 气缸、活塞、曲轴不许有严重拉伤，轴瓦应无剥离、碾片、拉伤和脱壳，轴瓦与轴颈的接触面积不小于 70%，瓦背与连杆大端瓦孔应密贴。拆装活塞销时活塞应油浴加热至 100 ℃。

6.9.2.3 压缩室高度为 0.6～1.5 mm。

6.9.2.4 散热器应清洁、无漏泄。散热器组装后须作 600 kPa 水压试验，保持 3 min 无漏泄，或在水槽内进行 600 kPa 的风压试验，保持 1 min 无泄漏。

6.9.2.5 散热器上的低压安全阀开启压力应为 $0.45_{-0.02}^{0}$ MPa。

6.9.2.6 油泵检修后应转动灵活，并作性能试验。当油温为 10～30 ℃，转速为 1 000 r/min，吸吮高度为 170 mm 油柱，压力为 400～480 kPa 时，供油量应为 2.3～3.0 $m^3$/min。

6.9.2.7 空气压缩机组成后，须在试验台上进行试验，符合下列要求。

(1)磨合试验(空载试验)

①试验目的是磨合活塞环与缸体的接触面，磨合连杆瓦和曲轴颈的接触面；活塞销与连杆销孔的接触面。

②在空压机无背压情况下运转时，有异音、漏泄处，停机拆下专用压具取下风阀检查缸壁有无拉伤，打开曲轴箱侧盖拆下连杆瓦盖及下瓦，检查曲轴与瓦有无拉伤及瓦的工作面接触状态，若有不良则应返工修复。

注：空压机进行磨合时，不装上盖、散热器、风扇和吸风筒，待磨合结束后再组装上述部件。

(2)磨合试验

按表 7 进行。

**表 7 磨合试验表**

| 转速(r/min) | 时间(min) | 油压(kPa) |
|---|---|---|
| 450 | 30 | |
| 600 | 20 | |

续上表

| 转速(r/min) | 时间(min) | 油压(kPa) |
|---|---|---|
| 800 | 10 | |
| 1 000 | 30 | 400～480 |

(3)温度试验

在转速为 1 000 r/min,总风缸保压 900 kPa,运转 30 min 排气口温度不大于 190 ℃,曲轴箱温度不超过 80 ℃。

(4)漏泄试验

使总风缸压力达到 900 kPa 后停机,在 10 min 内总风缸压力下降不得大于 10 kPa(由于排气阀和活塞环的漏泄)。

(5)风量试验

在转速为 1 000 r/min,总风缸容积为 625 L 时,使压力从 0～900 kPa 所需时间不大于 156 s。

注:上述各项试验中如有返工更换下述部件时须重新试验。缸体、活塞、曲轴、轴瓦、轴承和一组两个以上的活塞环。

6.9.3　制动机及风缸检修须符合下列要求:

6.9.3.1　单独制动阀、自动制动阀、给气阀、减压阀、分配阀、调压阀、高压安全阀检修后须在试验台上试验,性能良好。

6.9.3.2　制动软管以 600～700 kPa 的风压在水槽内试验,保持 1 min,不得泄漏。表面或边缘发生的气泡逐渐消失者可使用,并作 1 000 kPa 的水压试验,保持 2 min,不得泄漏,无局部胀出显现。

6.9.3.3　总风缸、控制风缸、均衡风缸等须拆下清洗,缸外表涂红丹防锈漆。

6.9.3.4　各风缸清洗后作水压试验。

(1)总风缸以 1 400 kPa 的水压试验,保持 5 min,不得泄漏,总风缸铭牌按规定更换(注明检修单位、日期、修程及下次修程时间)。

(2)控制风缸以 750 kPa 的水压试验,保持 5 min,不得泄漏。

(3)均衡风缸以 1 000 kPa 的水压试验,保持 5 min,不得泄漏。

6.9.3.5　各缸的吊带须清洗检查,吊带的丝扣应完好,吊带裂纹或锈蚀深度超过 2 mm 时应更换。

6.9.3.6　总组装后,总风缸在额定风压时,制动管系及总风缸的总泄漏每分钟不超过 200 kPa。

6.9.4 撒砂装置检修须符合下列要求。

6.9.4.1 撒砂阀的撒砂喷嘴丝扣应完好。

6.9.4.2 撒砂器体须清扫,体与盖腐蚀深度超过壁厚的一半时更换,丝扣部分应良好。

6.9.4.3 撒砂装置作用良好,撒砂管距轨面高度为 35～60 mm。距轮箍与轨面的接触点为(350±20) mm。

## 7 落成、试运及其他

机车检修落成后,各部件须组装完整,牢固可靠,位置正确,试验性能符合要求,标志清楚,外观状态良好。

7.1 机车正线试运前的准备

7.1.1 各部件齐全,组装牢固,位置正确,铭牌完整,性能良好。

7.1.2 检查各部位的润滑油、燃油、工作油、冷却水和砂,做好起动前的各项准备工作。

7.1.3 携带各种安全信号,消除有关行车安全的一切故障。

7.1.4 机车起动后,须进行厂试。电气控制、机组保护、机车换向、冷却、制动、仪表等各部件的作用须良好。柴油机和液力传动箱工作正常。轴箱、车轴齿轮箱、各万向轴等状态良好。

7.1.5 机车须符合机车车辆限界。

7.2 机车试运须完成以下工作,并符合下列要求。

7.2.1 机车正线牵引试运,单程不少于 35 km,牵引吨位不少于 2 000 t,速度为机车构造或线路允许的最高速度。

7.2.2 中间齿轮箱的温度不得超过 60 ℃。

7.2.3 车轴齿轮箱的温度:1、4 位不得超过 60 ℃,2、3 位不得超过 80 ℃。

7.2.4 轴箱温度不得超过 60 ℃。

7.2.5 各部仪表(柴油机、液力传动箱)显示准确,作用灵敏。柴油机的排气温度、润滑油温和压力,冷却水温度和压力,增压器惰转延时须符合规定。

7.3 机车试运合格后,回修不良处所,按规定涂印识别标志及标记,并按技术要求进行油漆。

7.4　油漆须满足以下技术要求。

7.4.1　机车外被、转向架构架、中间箱箱体、变速箱箱体、总风缸、主副操纵台、电控柜须喷漆处理。

7.4.2　所有焊修、挖补、平直部位打磨平整后方可喷涂铁红醇酸底漆，做防锈处理。

7.4.3　表面漆层应牢固、均匀，不得有起层、剥落、色差等缺陷，油滴凝结处每平方米不得多于2处，全车不得多于15处。

## 8　机车监控及GPS设备

按相关技术要求维修，设备出厂完整。

# 第二部分　液力传动内燃机车中修

## 1　总　　则

1.1　内燃机车应根据其构造特点、运用条件、实际技术状态和一定时期的技术水平来确定其检修修程和周期，以保证机车安全可靠地运用。

1.2　检修周期是机车修理的一项重要的技术经济指标。各级修程的周期，应按非经该修程不足以恢复其基本技术状态的机车零部件在两次修程间保证安全运用的最短期限确定。根据鞍钢的实际情况、机车技术状态及生产技术水平，检修周期规定如下：中修1.5～2年。

1.3　在有条件下的情况下，机车中修应以配件互换为基础组织生产，以期不断提高检修质量，提高效率，缩短在厂期，降低成本。

1.4　机车检修贯彻以总工程师为首的技术责任制。各级技术管理人员必须认真履行自己的职责，及时处理生产过程中的技术问题。根据统一领导、分级管理的原则，机车检修承修单位必须对中修机车的生产任务和机车质量负全部责任。

1.5　凡本规程以外或规程内无明确数据和具体规定者，可根据具体情况，在保证质量和安全的前提下加以处理。

1.6　凡遇有本规程的规定与检修机车的实际情况不符时以及由于客观条件所限，暂不能达到技术要求者，检修与验收双方可根据具体情况，在总结经验的基础上，实事求是地协商解决。并将双方商定的技术条件报技术设备部。如果双方意见不一致时，在保证行车安全和性能的前提下，中修机车由总工程师裁决，定修机车由生产经营部裁决，临修、回修机车由检修单位技术组裁决，并将分歧问题记录于机车履历簿上。

1.7　验收人员应按照本规程规定的验收范围和标准验收机车。接车人员的验收员的助手，协助验收员工作。

1.8　本规程适用于东方红5、东方红5C、东方红7、$GK_1$、$GK_{1L}$及泰山型内燃机车。中修，是东方红5、东方红5C、东方红7、$GK_1$、$GK_{1L}$及泰山型机车中修和验收工作的依据。本规程的限度表、零件探伤范围与本规程条文具有同等作用。

## 2　中修管理

2.1　计划

2.1.1　内燃机车检修应按计划均衡地进行。检修计划由生产经营部会同运用单位，根据机车的实际技术状态或期限，以及检修、运用的生产安排进行编制。

2.1.2　生产经营部在每年度12月5日前编制出下一年度中修计划，报公司审批。于委修前10天由运用单位(或会同检修单位)提出不良状态书。

2.2　入厂

2.2.1　中修机车必须严格按照规定的日期有火回送入厂。无火回送的机车(事故车除外)必须具备能自行运转的技术状态。

2.2.2　入厂机车的所有零、部件不得拆换

2.2.3　机车入厂后须做好下列工作。

(1)有关人员对机车进行复检，确定超修范围及拆换、缺件等项目，共同签字作为交车依据。

(2)机车履历簿和补充技术状态资料等，须在机车入厂时一并交给承修单位。

2.3　修理

2.3.1　机车互换修按照下列规定办理。

(1)机车应以车体、车架为基础进行互换修理。其零件、部件或机组均可以互换,但须达到本规程的技术标准。

(2)异型配件允许安装成标准型配件;标准型配件不准换装异型配件。同一结构的异型配件之间可以互换。

(3)承修外单位机车自行改造的零部件及电路,在不影响互换的前提下,根据送车人员在"解体会"提出的要求,并附有加装改造图纸,可以保留原状,否则予以取消。

(4)承修外单位机车采用新技术、新结构、新材料时,应与修车单位协商,确定试验项目和有关事宜。但涉及机车的基本结构性能的不得采用。

2.3.2 中修机车使用代用的材料和配件时,按下列规定办理。

(1)凡属标准件、通用件等影响互换的配件,不得采用。

(2)需要变更原设计材质者,按有关规定办理。

(3)原材质不变,仅变更材料规格者,应在保证产品质量和安全的前提下,由总工程师决定处理。

2.4 出厂

2.4.1 机车试运时应由检修单位司机操纵,接车人员应根据机车厂生产进度计划,准时参加试运,如本乘人员未能按时参加试运则由驻厂检查员代理,并将试运情况转告接车人员。

2.4.2 机车试运行后,如有不良处所,应由驻厂检查员提出,接车人员对机车质量有意见时,及时向检查员提出,经检查员审核,纳入检查员意见。经全部修好,检查员确认合格后,办理交接手续。

2.4.3 机车经检查员签认合格后,对于承修外单位机车,须将填好的履历簿、交车记录等移交接车人员,并自交车之时起,机车有火回送在48 h内出厂,无火回送机车在72 h内出厂。

2.4.4 机车在运用中发生故障时,由厂组织运用单位、检修单位及相关部门进行分析研究,判明责任,属检修单位责任者,必须返厂时,即按返厂修处理,属运用单位责任者,按局部修理,由责任单位承担修理费,在判明责任上有分歧意见时,报机车厂核批。

# 3 基本技术规定

3.1 Z12V190BJ 型柴油机

3.1.1 机体部件

3.1.1.1 机体的气缸套支承肩上端面不得有腐蚀斑点；支承气缸的下配合带，穴蚀延伸区域不得超过气缸套第一道密封环的中心位置，深度不得超过 1 mm。

3.1.1.2 主轴承螺栓、气缸盖螺栓应进行检查，松动、损坏、穴蚀严重、拉长变形者应拆除更换。

3.1.1.3 机体组装过程中，应对油、水路进行密封性水压试验。水路在 392 kPa（4 kgf/cm$^2$）压力下，10 min 内不能渗漏。油路在 980～1 176 kPa（10～12 kgf/cm$^2$）压力下，10 min 内不得渗漏。

3.1.1.4 主轴瓦（包括止推轴瓦）应根据相配曲轴的主轴颈修理级别配镗，几何精度和粗糙度应符合产品设计图样要求。主轴瓦配镗后应打装配标记。

3.1.2 气缸盖部件

3.1.2.1 经过彻底清洗和装入封水堵、注油器护套等零件后的气缸盖，应进行水压（或气压）密封性试验，在 392 kPa（4 kgf/cm$^2$）压力下，3 min 内不得渗漏。

3.1.2.2 进、排气门座孔锥面应无划伤、裂纹。铰修后表面粗糙度 $Ra$ 最大允许值为 0.8 μm，锥面与气门（可为标准气门）配研后着色应均匀连续，不得漏气，着色宽度为 1～2 mm。

3.1.2.3 气缸盖定位止口端面不得有划伤、腐蚀斑、沟槽。止口凸缘高度不应低于 3.15 mm。

3.1.2.4 进、排气门均应进行无损探伤检查，不得有裂纹。气门工作表面不得有氧化皮、刻痕、麻坑、腐蚀斑点等缺陷。气门杆部圆柱度公差为 0.02 mm，锥面磨修后，排气门的阀盘圆柱高度不得小于 1.5 mm，进气门的（指 120°锥角者）不得小于 3 mm，表面粗糙度 $Ra$ 最大允许值为 0.4 μm；锥面对杆部轴心线的斜跳动公差为 0.04 mm。

3.1.3 曲轴部件

3.1.3.1 曲轴应进行无损探伤检查，主轴颈、连杆轴颈及各轴颈圆处不得有圆周方向的裂纹；在保证曲轴可靠性的前提下，其他性质的裂纹由架修单位作具体规定。

3.1.3.2 曲轴主轴颈和连杆轴颈可分级磨修，在一般情况下，一根曲轴同名轴颈磨修级别不多于两种。最小基本尺寸分别不得小于 $\phi$158 mm 和 $\phi$128 mm；第一主轴颈宽度亦可分级磨修，最大宽度不得大于 81.5 mm，经磨修后，轴颈表面硬度不得低于 HRC40，几何精度和表面粗糙度及配合要求均应符合产品设计图样要求。

3.1.3.3 曲轴部件应进行密封性油压试验。试验时，机油压力为 980 kPa(10 kgf/cm$^2$)，5 min 内，两端油堵不得渗漏；中间部位油堵渗漏不得多于 7 处，且 1 min 内不得多于 2 滴。

注：各零部件密封性油压试验所用机油为四代柴油机机油，温度为 70～80 ℃；如用其他牌号机油，其黏度应与上述规定相当。

3.1.3.4 飞轮表面应平整光洁，无裂纹。飞轮和连接盘修理后，均应进行静平衡试验，不平衡量应符合产品设计图样要求。

3.1.3.5 连接器的橡皮与骨架的结合应牢固。同一台柴油机的 16 个橡皮组件相互间的高度差不大于 0.5 mm。

3.1.3.6 飞轮连接器与曲轴组装后，以曲轴主轴颈轴线为基准，飞轮最大外圆处的端面圆跳动公差为 0.5 mm。

3.1.3.7 减振器壳体与侧盖不得有裂纹和影响惯性体自由活动的磕碰损伤；甲基硅油不得老化变质，运动黏度在 20 ℃时应为 20 mm$^2$/s。

3.1.4 活塞、连杆部件

3.1.4.1 连杆、连杆螺栓、活塞销须经无损探伤检查，不得有裂纹。连杆不准焊补。

3.1.4.2 连杆大头孔轴线与连杆小头孔轴线距离为(410±0.25) mm，二轴线在公共平面内，平行度公差为 100∶0.2；在垂直平面内，平行度公差为 100∶0.15，超差者不予修复，作报废处理。

3.1.4.3 连杆轴瓦应与连杆、连杆盖合装，并按附录 1 液力传动内燃机车大修限度中附表 1-2 的规定扭紧，按相配连杆轴颈尺寸配镗。

3.1.4.4 同一台柴油机的活塞相互间的质量差，不得大于 15 g。

3.1.4.5 活塞销工作表面不得有划伤、锈斑、铬层脱落等现象，磨修后应符合产品设计图样要求。

3.1.4.6 活塞销与活塞销座孔为过渡配合，应采用热装或冷装方法将活塞销自由推入。活塞环在活塞环槽内转动应灵活，无卡滞现象。

3.1.4.7　同一台柴油机各活塞、连杆部件相互间的质量差，对于自由锻坯连杆不得大于65 g；对于模锻连杆不得大于100 g，在同一台柴油机内，模锻连杆与自由锻连杆不得混用。

3.1.5　增压器

3.1.5.1　经彻底清洗后的支承体须进行水压密封性试验，压力为980～1 470 kPa(10～15 kgf/cm$^2$)，10 min内，各部位不得渗漏。

3.1.5.2　两件轴承衬套与涡轮端密封环套符合免修条件时可不拆换；但如有一件损坏，则三件应同时更换，其几何精度、表面粗糙度应符合产品设计图样要求。

3.1.5.3　修理后的压气机叶轮须做动平衡试验，不平衡偏心距不大于0.001 mm。

3.1.5.4　涡轮与转子轴的配合应牢固，浮动套轴颈表面粗糙度$Ra$最大允许值为0.1 μm。

3.1.5.5　转子加工组和压气机叶轮均须进行单体动平衡试验，转子组总体不平衡偏心距应不大于0.001 mm。

3.1.5.6　喷嘴环叶片与盘体接合应牢固，通道横截面宽度应调整至符合产品设计图样要求。

3.1.5.7　增压器组装后，转子组应转动灵活，无卡滞现象。

3.1.5.8　增压器应进行性能试验，其要求如表8所示。

**表8**

| 型号 | 增压器转速<br>(r/min) | 压气机出口压力<br>(kPa)(mmHg) |
|---|---|---|
| 20GJB<br>20GJEA<br>20GJB-1<br>20GJB-2<br>20GJE<br>20GJE-B | 25 000 | 53.3(400) |
| | 30 000 | 66.6(500) |
| 20GJF | 27 500 | 66.6(500) |
| | 30 000 | 80(600) |
| | 32 500 | 93.3(700) |

3.1.6　凸轮轴

3.1.6.1　凸轮轴须经无损探伤检查，花键键齿表面及齿根部位不得有裂纹；凸轮及轴颈表面允许有轻微龟裂，但不允许有圆周方向裂纹。轴向裂纹的性质由大修工艺文件规定。

3.1.6.2　凸轮轴轴颈可分级磨修，最小基本尺寸不得小于 $\phi$71.5 mm，且各轴颈应磨修成同一种级别。经磨修后的轴颈、凸轮表面硬度不得低于 HRC50，进气、排气凸轮基圆分别不得小于 $\phi$47.5 mm 和 $\phi$47 mm，凸轮升程规律、几何精度、表面粗糙度及轴颈与轴瓦的配合要求均应符合产品设计图样要求。

3.1.7　系统和装置的修理与试验

3.1.7.1　润滑系统

(1)机油泵

①机油泵体和盖的轴承衬套不得有裂纹，内表面应无拉毛、烧伤、偏磨，当超出免修要求时，两个相应衬套应同时更换，且应符合产品设计图样要求。

②组装后的机油泵应转动灵活、平稳，无卡滞现象。

③机油泵应做如下试验：

a)性能试验：采用四代柴油机机油，油温 70～80 ℃，在转速为 2 032 r/min、机油压力为 784 kPa(8 kgf/cm$^2$)工况下，机油泵的输油量应不少于200 L/min；

b)密封性试验：机油泵在转速为 2 032 r/min、机油压力为 980 kPa(10 kgf/cm$^2$)工况下运转。5 min 内，除轴承间隙正常泄油外，各部位不得渗漏。

(2)机油滤清器

①金属丝滤芯不得有裂纹和断丝；纸质滤芯均应更换。

②机油滤清器应进行密封性试验：机油压力为 784 kPa(8 kgf/cm$^2$)，5 min 内，各部位不得渗漏。

(3)离心滤清器

①离心滤清器转子组应经静平衡试验，不平衡量为 5 g·cm。平衡后重新打装配印记。组装后应转动灵活。

②离心滤清器应做如下试验：

a)密封及性能试验：机油压力为588 kPa(6 kgf/cm$^2$)，转子转速不应低于5 000 r/min，各部位不得渗漏。

b)可靠性试验：机油压力为882 kPa(9 kgf/cm$^2$)，稳定运转3 min，转子应运转可靠，各部位不得渗漏。

(4)机油泵支架

①机油泵支架组装后应转动灵活。

②安全阀工作应可靠；当机油压力为980 kPa(10 kgf/cm$^2$)时，阀门应及时开启，阀门关闭后，密封应良好。

(5)单向阀和调压阀

①单向阀和调压阀的密封配合面应无划伤、偏研，修理时须经研磨。

②调压阀组装后，在490～784 kPa(5～8 kgf/cm$^2$)范围内应工作正常，不漏油。

3.1.8　燃油供给系统

3.1.8.1　输油泵。

(1)输油泵组装后应转动灵活。

(2)输油泵应进行如下试验：

①密封性试验：柴油压力为392 kPa(4 kgf/cm$^2$)，3 min内，除接泄油管处允许少量渗油外，其他部位不得渗漏。

②性能试验：当柴油压力为147 kPa(1.5 kgf/cm$^2$)、输油泵转速为1 500/min时，柴油流量不少于14.5 L/min。

3.1.8.2　喷油泵。

(1)喷油泵上体柱塞套支承肩应平整无损伤；下体滚轮体孔柱面划伤深度，单面不得大于0.4 mm，两侧面划伤深度和不大于0.5 mm。

(2)调节齿杆直线度公差为100∶0.25。两端轴颈与衬套配合间隙为0.03～0.08 mm。更换衬套时，两衬套同时更换。

(3)凸轮轴须经无损探伤检验，不得有裂纹。

(4)柱塞和柱塞套配合的内外圆柱面直径公差为0.001 mm；配合间隙应不大于0.03 mm。配研后须经密封性试验。

(5)出油阀的工作面应无刻痕及锈蚀。出油阀偶件配研后，应符合产品设计图样要求，并须经密封性试验。

3.1.8.3　机械调速器。

(1)调速弹簧及拉杆弹簧应无裂痕和损伤，其性能应符合产品设计图样要求。

(2)调速器转子组两飞锤质量差不大于 3 g，飞锤张开最大直径及合拢最小直径应符合产品设计图样要求。

(3)转子组装配后应转动灵活，无卡滞现象。

3.1.8.4　喷油泵与机械调速器的合装与试验。

(1)两部件合装后，应转动灵活；两齿轮啮合间隙为 0.08～0.30 mm。喷油泵油量调节齿条应移动平稳，无阻滞，拉力应小于 4.9 N(0.5 kgf)。

(2)喷油泵与机械调速器合装后，进行如下性能试验：

①供油顺序、各缸开始供油时间和油量均匀度调整试验：应符合原制造厂技术文件要求。

②调速器性能试验：应符合原制造厂技术文件要求。

3.1.8.5　喷油泵、机械调速器和喷油泵传动装置合装与调试。

(1)喷油泵传动装置须按装配标记组装，应转动灵活。

(2)喷油泵、机械调速器与传动装置合装后，应调整喷油泵与传动装置支撑弧面的垂直度，调整两排缸供油量均匀性，具体方法和要求由大修技术文件规定。

3.1.8.6　喷油器。

(1)喷油器体、针阀体和针阀应无退火现象，工作面不允许有任何刻痕、腐蚀。调压弹簧的性能应符合产品设计图样要求。

(2)喷油器针阀偶件的针阀与针阀配研后，须经密封性试验。

(3)喷油器组装后，必须进行调试。喷射压力应为 19.11～20.09 MPa ($195～205\ kgf/cm^2$)，喷出的油应均匀，雾化良好，喷射声音应清脆，断油应及时。

3.1.9　冷却系统

3.1.9.1　水泵。

(1)水泵叶轮的叶片表面应无腐蚀坑。叶轮修理后须做静平衡试验，不平衡量在外圆上允许 5 g · cm。

(2)水泵组装后应转动灵活,无卡滞现象。

(3)水泵应进行性能及密封性试验:当水泵转速为 2 863 r/min,扬程 20 m 时,供水量不得小于 1 000 L/min,各密封部位不得渗漏。

3.1.9.2 机油冷却器。

(1)芯子组应无裂纹,无渗漏。冷却水管内腔应清洁,无水垢并畅通。冷却水管渗漏或堵塞无法排除者,允许焊堵,堵管数目不得超过 10 根,散热片应理直、平行、间距均匀,表面应清洁,无油垢。

(2)芯子组不得有严重的变形,两端法兰定位面的同轴度公差为 0.2 mm。经过调整和修理后,管子须经外加水压 980 kPa(10 kgf/$cm^2$),5 min 内不得渗漏。

(3)外壳组不得有影响装配的变形或磕碰损伤。

(4)机油冷却器应按装配标记组装,并应进行密封性试验:水系统试验水压 294 kPa(3 kgf/$cm^2$),油系统试验水压 980 kPa(10 kgf/$cm^2$),5 min 内,各部位不得渗漏。

3.1.9.3 中冷器。

(1)芯子组应无裂纹,无渗漏。冷却水管内腔应清洁,无水垢并畅通。冷却水管,渗漏或堵塞无法排除者,允许焊堵,每个芯子组堵管数目不得超过 15 根。散热片应理直、平行、间距均匀,表面无油污、泥砂。

(2)芯子组修理后,须进行水压密封试验。试验压力294 kPa(3 kgf/$cm^2$),5 min 内,不得渗漏。

(3)中冷器组装后,须进行密封性水压试验。试验压力 196 kPa (2 kgf/$cm^2$),5 min 内,各部位不得渗漏。

3.1.10 安全装置

3.1.10.1 油压低自动停车装置。

(1)油缸和盖应保持原配。组装后,两个轴孔应符合产品设计图样要求。

(2)油缸内表面与活塞外表面不得有划伤、拉毛。表面粗糙度 $Ra$ 最大允许值 0.8 μm。

(3)油压低自动停车装置组装后,各连接部位应灵活,无卡滞现象。

(4)油压低自动停车装置应进行如下试验。

①性能调整试验:调整弹簧弹力,当进油压力降至 343～392 kPa

(3.5～4 kgf/cm²)时,拨叉应开始动作(向减油方向)。拨叉中心点移动的水平距离(弦长)不得小于 65 mm。

②密封性能试验:当机油压力为 980 kPa(10 kgf/cm²)时,3 min 内各部位不得渗漏。

3.1.10.2 超速安全装置。

(1)滑阀与壳体孔须经配研,径向间隙与表面粗糙度均匀应符合产品设计图样要求。

(2)超速安全装置组装后,应达到下列要求:

①组装时应将轴承外圈与孔用弹性挡圈的轴向间隙调整 0～0.10 mm 组装后,飞锤应转动灵活、无卡滞现象。

②飞锤弧面与钩栓弧面间隙应调整至 0.5～1 mm。

(3)超速安全装置的性能,在机油压力不低于 784 kPa (8 kgf/cm²)的工况下试验,应达到如下要求。

①调整飞锤弹簧,当飞锤轴转速达到大修技术文件规定转速时,飞锤应能推动钩栓释放阀芯。调整好后,将飞锤锁紧。

②滑阀通、断性能应良好,阀芯在锁紧状态下,机油不得渗漏。

③单向阀通、断性能应良好,无渗漏。

3.1.11 整机总装

3.1.11.1 各零部件必须检验合格(主要零部件应附有修理记录卡),清洗干净后,方可进行总装。

3.1.11.2 各间隙配合面应涂润滑油。密封结合面可涂密封胶,然后进行装配。

3.1.11.3 带有装配标记的零部件,应按要求装配。

3.1.11.4 各主要配合件的配合状态(间隙或过盈)应符合本规程附录 1 液力传动内燃机车大修限度表附表 1-2 的要求。

3.1.11.5 各主要螺栓、螺母应涂润滑油装配,扭紧力矩应符合本规程附录 1 液力传动内燃机车大修限度表附表 1-3 的要求。

3.1.11.6 各齿轮的啮合间隙应符合本规程附录 1 液力传动内燃机车大修限度中附表 1-4 的要求。

3.1.11.7 调整检查气门间隙、配气相位和供油前角,使之符合本规程附录 1 液力传动内燃机车大修限度中附表 1-1 的要求。

3.1.11.8　调整检查压缩余隙，使之达到 1.8～2.5 mm。

3.1.12　整机技术要求

3.1.12.1　性能和有关参数

柴油机主要性能和有关参数应符合本规程附录 1 液力传动内燃机车大修限度中附表 1-1 的规定。

3.1.12.2　标准环境状况

(1)标准环境状况包括：环境温度 $t_r$＝25 ℃；$p_r$＝100 kPa(750 mmHg)；环境相对湿度 $\phi_r$＝30%；中冷器进水温度 $t_{cr}$＝25 ℃。

(2)在标准环境状况下，柴油机应发出铭牌上规定的标定功率。

(3)若试验环境状况与标准环境状况不符时，其功率、燃油消耗应参照第一部分 3.8 条换算成标准环境状况下的功率和燃油消耗率。

(4)柴油低热值按 42.7 MJ/kg(10 200 kcal/kg)为基准计算。

(5)Z12V190BYM-1 型柴油机功率是指在海拔为 3 000 m，大气压力为 71 kPa(530 mmHg)，环境温度为 25 ℃，环境相对温度为 30%，中冷器进水温度为 25 ℃时所发出的功率。

3.1.12.3　各缸排温不均匀度

柴油机在标定工况下运转时，各缸排气温度与各缸排气温度平均值的最大差值不大于平均值的 4%。

3.1.12.4　起动性能

(1)柴油机在周围环境温度不低于 5 ℃时连续起动 3 次，应至少有 2 次顺利起动，且每次起动时间不超过 5 s(燃油系统内的空气预先排除)。

(2)环境温度在－40～5 ℃范围内时，水、油经预热后，应能顺利起动。

3.1.12.5　安全装置

(1)油压低自动停车装置

当柴油机主油道压力降至 343～392 kPa(3.5～4 kgf/cm$^2$)范围内时，油压低自动停车装置应能自动减少燃油供给量，当主油道压力再继续下降时，能迫使柴油机停机。

(2)超速安全装置

装有超速安全装置的柴油机，当转速达到示定转速的112%～115%时，超速安全装置应迫使柴油机在35 s内自动停机。

3.1.12.6　防止“三漏”

柴油机各密封面及各管接处，不允许漏气、漏油、漏水(允许使用密封胶)。

3.1.13　出厂试验

3.1.13.1　一般规定

交货的柴油机均应进行出厂试验，记录必要的参数，并经技术检验部门检查合格，发给出厂技术证明书及合格证。

3.1.13.2　试验内容

出厂试验应进行单机磨合试验、单机验收试验(包括调速性能试验、安全装置试验)和配套机试验。

(1)单机磨合试验

在试验中，允许对柴油机进行必要的调整，但不得减少规定的累计运转时间。磨合试验完成后，须停机更换或清洗机油滤清器芯子；清洗离心滤清器、喷油器，并检查调整喷油器的雾化情况和喷油压力、进排气门间隙及供油提前角。

(2)单机验收试验

试验应包括持续功率和标定功率试验，装有油量校正器的柴油机还应进行最大矩值和相应转速的试验；在试验中，各规定程序必须连续进行，中途不得停机，否则应重新复试。

调速性能试验中，应测定稳定调速率、最低稳定转速下的稳定时间和机油压力。

进行安全装置试验时，应对装有油压低自动停车装置、防爆装置、超速安全装置的柴油机分别进行各装置的性能试验，并符合要求。

3.1.13.3　试验中故障处理及重新组装后的试验

(1)试验中，若机体、气缸套、主轴瓦、曲轴、活塞、活塞环、活塞销、连杆、连杆瓦、主轴承等零件之一因故障而更换，均应重新复试。

(2)若喷油泵、喷油器、机油泵、增压器和传动齿轮等部件在磨合试验中发生故障，排除故障和更换零件后，试验可继续进行；若在验收试验中发生故障，排除故障和更换零件后，应重新进行验收试验。

(3)更换或拆检气缸盖、气缸垫、减振器、连接器等零部件后，应在标定工况下运转检查，运转时间不得少于 30 min。

(4)在标定工况下试验时，水泵、中冷器、机油冷却器、离心滤清器、机油滤清器、燃油滤清器、油底壳和各种仪表若发生故障，在不影响试验的前提下，允许试验完成后排除或更换，但须在标定转速下，空负荷运转检查有无异常现象，运转时间不得少于 15 min。

(5)在各试验过程中，若发生不影响试验正常进行的故障(不停机故障)或“三漏”时，应随时予以排除，在排除故障后，如柴油机在标定工况下，运转时间不少于 20 min 时，可不再延长试验时间。

(6)试验合格的柴油机，全部解体不更换零件时，只须重新进行验收试验；仅拆检连杆瓦、主轴瓦或活塞时，应在标定工况下运转不少于 60 min；只拆检气缸盖时，应在标定工况下运转不少于 30 min。上述试验均应先在空负荷下运转 20 min 进行暖机，且转速由低到高，缓慢增加，油、水温度均应符合要求。

3.2　液力传动箱

3.2.1　基本技术要求

3.2.1.1　箱体不许有裂纹、泄漏。

3.2.1.2　润滑油管路须安装牢固，管道及各润滑点须畅通，各接头不许泄漏。

3.2.1.3　检查齿轮齿隙，须符合规定。

3.2.1.4　放油阀作用须良好。

3.2.1.5　橡胶件不得老化、裂纹、开胶。更换所有的橡胶密封圈和垫。

3.2.1.6　组装前各零部件必须清洗干净，清除密封残留物，用丙酮擦净。在结合面上均匀连续涂抹少量密封胶。

3.2.1.7　装轴时须微动与其相啮合的齿轮，以便顺利啮合，防顶齿。

3.2.1.8　总组装后，换向机构及控制阀手操纵须经(500±50) kPa 风压试验，应动作良好、无泄漏。

3.2.1.9　齿轮啮合间隙及限度见表 9。

**表 9　齿轮啮合间隙、限度表**　　单位:mm

| 序　号 | 名　　　称 | 斜向 | 模数 | 齿数 | 设计间隙 | 限度 |
|---|---|---|---|---|---|---|
| 1 | 电机传动轴齿轮 | 左 | 5 | 44 | 0.13～0.42 | 1.0 |
| 2 | 第一轴增速齿轮 | 右 | 5 | 105 | 0.13～0.42 | 1.0 |
| 3 | 第二轴增速齿轮 | 左 | 5 | 42 | 0.13～0.42 | 1.0 |
| 4 | 第二轴输出齿轮 | 左 | 7 | 45 | 0.13～0.40 | 1.0 |
| 5 | 换向轴齿轮 | 右 | 7 | 48 | 0.13～0.40 | 1.0 |
| 6 | 第二轴换向齿轮 | 右 | 7 | 32 | 0.13～0.40 | 1.0 |
| 7 | 换向轴换向齿轮 | 右 | 7 | 34 | 0.13～0.40 | 0.8 |
| 8 | 第一轴圆锥齿轮 | 右 | 5.5 | 37 | 0.15～0.20 | 0.8 |
| 9 | 风扇耦合器齿轮 | 左 | 5.5 | 31 | 0.15～0.20 | 0.8 |
| 10 | 第二轴供油泵传动齿轮 |  | 4 | 55 | 0.10～0.35 | 0.8 |
| 11 | 供油泵水平轴齿轮 |  | 4 | 52 | 0.10～0.35 | 0.8 |
| 12 | 供油泵水平轴圆锥齿轮 | 左 | 4 | 24 | 0.15～0.18 | 0.6 |
| 13 | 供油泵垂直轴圆锥齿轮 | 右 | 4 | 25 | 0.15～0.18 | 0.6 |
| 14 | 第二轴换挡反应器传动齿轮 |  | 3 | 90 | 0.10～0.35 | 0.8 |
| 15 | 换向轴惰行泵传动齿轮 |  | 3 | 92 | 0.08～0.30 | 0.8 |
| 16 | 惰行泵传动轴大齿轮 |  | 3 | 60 | 0.08～0.30 | 0.8 |
| 17 | 惰行泵传动轴小齿轮 |  | 3 | 28 | 0.065～0.25 | 0.8 |
| 18 | 惰行泵齿轮 |  | 3 | 46 | 0.065～0.25 | 0.8 |
| 19 | 第一轴控制泵传动齿轮 |  | 3 | 65 | 0.08～0.30 | 0.8 |
| 20 | 控制泵齿轮 |  | 3 | 30 | 0.08～0.30 | 0.8 |

3.2.2　解体

3.2.2.1　打开放油阀,放掉四箱工作油,整体清洗箱体。

3.2.2.2　取下油尺、防尘帽。

3.2.2.3　拆卸控制滤清器、润滑滤清器及座。

3.2.2.4　卸控制阀手操纵。

3.2.2.5　卸耦合器、换挡反应器、惰行泵、控制泵、换向限制阀。

3.2.2.6　卸换向箱盖端面及侧面检查孔盖,检查拨叉球头与矩形孔垂直方向间隙。

3.2.2.7　拆卸换向操纵机构安装座螺栓，并将换向操纵机构吊至翻转架上。

3.2.2.8　卸换向箱盖螺钉，吊换向箱盖，接换向箱盖工作油。

3.2.2.9　卸拨叉支承体盖，吊拨叉离合器组件，放在工作台上。

3.2.2.10　测量2-1(7D2032938T)和5-1(7D2032938T)轴承游隙。

3.2.2.11　卸第二轴端盖。

3.2.2.12　分解二、三箱。

(1)用定位销拔出器拔出二、三箱定位销。

(2)卸二、三箱连接螺栓。

(3)卸第二轴、换向轴、轴承座和一个M8×254的拉紧螺栓。

(4)吊一、二箱组件，放在存放架上。

3.2.2.13　检查换向齿轮、惰行泵传动轴大齿轮齿隙。

3.2.2.14　卸马鞍形轴承盖，检查润滑油管。

3.2.2.15　卸控制阀油管及充油指示油管，安装换向齿轮组防护套，吊第二轴，放专用支架上。

3.2.2.16　安装换向齿轮组防护套，吊换向轴，放在工作台上。

3.2.2.17　卸第一轴增速齿轮检查孔盖，检查电机传动齿轮齿隙。

3.2.2.18　分解一、二箱。

(1)拔出定位销。

(2)卸一、二箱连接螺栓。

(3)卸油封盖螺钉，吊一箱放在存放架上。

3.2.2.19　吊第一轴，取7E32320HT轴承套组件，将第一轴放在支架上。

3.2.2.20　卸电机传动轴端盖，测量7E32312轴承游隙。

3.2.2.21　卸电机传动轴7E32313轴承套螺钉，用两个顶丝将轴承套顶出后，吊电机传动轴放在平台上。

3.2.2.22　测量第三轴的横动量。

3.2.2.23　检查第一轴的齿轮齿隙。

3.2.2.24　分解三、四箱。

(1)拔出定位销。

(2)卸三、四箱连接螺栓。

(3)卸四箱体上4个M18×343螺栓。

(4)卸第三轴轴承座及2个M18×30的拉紧螺栓。

(5)卸第三轴轴承盖。

(6)吊三箱放在翻转架上。

3.2.2.25　吊第三轴，取两轴承套，将第三轴放在支架上。

3.2.3　清洗检修

3.2.3.1　清洗箱体，箱体内要清洁、无污。

3.2.3.2　检查润滑油管路、接头卡子。

3.2.3.3　清洗磁钢及滤网。

3.2.3.4　用油石打磨分箱面、结合面，清除密封残留物。

3.2.3.5　更换O形密封圈和垫。

3.2.3.6　外观检查安装座状态。

3.2.3.7　测量增速齿轮对公法线长度。

3.2.4　总组装

3.2.4.1　组装一、二箱。

(1)将电机传动轴组件组装在一箱上，紧固轴承盖。

(2)二箱正置，在二箱的第二轴、换向轴承座间先插入1个M18×254螺栓，装第一轴组件。

(3)将一箱组装在二箱上，打紧定位销，紧固连接螺栓。

(4)紧固一箱轴承座4个M18×130拉紧螺栓。

(5)检查一、二箱润滑油路。

(6)调整组装耦合器。

3.2.4.2　组装三、四箱。

(1)将三轴组件装在四箱上。

(2)将三箱装在四箱上，打紧定位销，紧固连接螺栓。

(3)紧固三轴轴承座的2个M18×130和4个M18×343螺栓。

(4)紧固轴承盖螺钉。

(5)检查四轴齿轮对齿隙。

3.2.4.3　组装二、三箱。

(1)卸四箱的侧面检查孔盖，将第二轴组件组装于三箱上，供油泵裙部须落入网内，然后组装检查孔盖。

(2)组装换向轴组件于三箱上。

(3)组装马鞍形轴承盖。

(4)检查换向轴齿轮齿隙。

(5)组装控制阀油管,充油指示油管。

(6)将一、二箱组件装在三箱上,打紧定位销,紧固连接螺栓。

(7)紧固轴承座拉紧螺栓(1个M18×254、2个M18×130、2个M18×225)。

(8)组装第二轴端盖。

3.2.4.4　组装换向机构。

(1)组装换向拨叉、离合器组件,紧固支承体的盖。

(2)组装换向轴的作用轴。

(3)组装换向箱盖。

(4)调整组装换向操纵机构。

(5)组装换向箱的侧面、端面检查孔盖。

(6)调整组装换向限制阀。

3.2.4.5　组装控制阀手操纵。

3.2.4.6　组装调整控制泵、惰行泵及齿隙。

3.2.4.7　按规定加满工作油。

3.2.5　液力传动箱主传动轴、电机传动轴检修

3.2.5.1　基本技术要求。

(1)法兰、齿轮、轴,须探伤检查。

(2)齿轮啮合状态须良好,不得有裂纹、剥离,齿面允许有轻微腐蚀、点蚀或局部硬伤,但每个齿面腐蚀、点蚀面积不得超过该齿齿面的30%,硬伤面积不得超过该齿齿面的10%。

(3)齿轮破损属于如下情况者,允许打磨后使用(不包括齿轮油泵的打油齿轮)。

①模数大于或等于5的齿轮,齿顶破损掉角,沿齿高方向不大于1/4,沿齿宽方向不大于1/8;模数小于5的齿轮,齿顶破损掉角,沿齿高方向不大于1/3,沿齿宽方向大于1/5。

②齿轮破损掉角,每个齿轮不超过1处。

(4)轴承内外圈、滚动体不许有裂纹、剥离及过热变色,允许有轻微腐蚀及拉伤痕迹;保持架不许有裂纹、折损、卷边,铆钉不得折断或松动;轴承游隙及配合尺寸符合要求,同轴圆柱滚子轴承径向游隙差不大于0.04 mm,热装时的加热温度符合规定。

(5)锥度静压配合件的压入行程符合规定,修换锥度配合件时须检查配合接触面,其面积应不少于70%,且均匀分布。

(6)变扭器的涡轮轴油封套与泵轮轴径向间隙不大于0.70 mm。涡轮油封盘与泵轮、芯环的径向间隙不大于0.90 mm。

(7)泵轮与涡轮流道中心线的偏差量不得大于0.4 mm。

(8)泵轮不许有裂纹，但铸钢泵轮进口处端面或油封处有毛细裂纹允许使用。泵轮、涡轮、导向轮铆钉不得松动，叶片出口处卷边、破损，沿流道方向不大于5 mm、面积不大于100 $mm^2$。破损叶片数不超过该轮叶片总数的10%。叶片卷边，允许锉修使用。但锉修后的泵轮和涡轮应进行动平衡试验，不平衡度须符合原设计规定。

3.2.5.2　原形尺寸及限度见表10；螺钉扭紧力矩见表11；B8、B10变扭器油封间隙见表12；锥度配合压入行程见表13。

**表10　液力传动箱各轴原形尺寸及限度表**　　单位：mm

| 序号 | 安装部位 | 型　号 | 配合过盈量 | | 原始游隙 | | 限度 |
|---|---|---|---|---|---|---|---|
| | | | 内圈与轴 | 外圈与座 | 径　向 | 轴　向 | |
| 1 | 输入轴 | 3E176220QKT | 0.02～0.04 | −0.01～0.03 | | | 0.27 |
| 2 | 输入轴 | 7E32220QT | 0.02～0.04 | −0.015～0.010 | 0.085～0.0105 | 0.14～0.2 | 0.145 |
| 3 | 输入轴 | 7E32320QT | 0.02～0.04 | −0.015～0.010 | 0.085～0.0105 | | 0.145 |
| 4 | 第二轴 | 7D32222QT | 0.03～0.045 | −0.015～0.010 | 0.095～0.12 | | 0.16 |
| 5 | 第二轴 | 7D32224EQT | 0.03～0.045 | −0.015～0.010 | 0.095～0.12 | | 0.16 |
| 6 | 第二轴 | 3D176224QKT | 0.03～0.045 | ※0.021～0.075 | | 0.16～0.22 | 0.27 |
| 7 | 第二轴 | 7D32224EQT | 0.03～0.045 | −0.015～0.010 | 0.095～0.12 | | 0.16 |
| 8 | 输出轴 | 7E32320QT | 0.02～0.04 | −0.015～0.010 | 0.085～0.010 | | 0.145 |
| 9 | 输出轴 | 3E176220QKT | 0.02～0.04 | −0.01～0.03 | | 0.14～0.2 | 0.27 |
| 10 | 换向轴 | 7D32222QT | 0.03～0.045 | −0.015～0.010 | 0.095～0.12 | | 0.16 |
| 11 | 换向轴 | 7D32224EQT | 0.03～0.045 | −0.015～0.010 | 0.095～0.12 | | 0.16 |
| 12 | 换向轴 | 3D176224QKT | 0.03～0.045 | ※0.021～0.075 | | 0.16～0.22 | 0.27 |
| 13 | 换向轴 | 7D2032938QT | 0.02～0.04 | −0.015～0.010 | 0.14～0.18 | | 0.22 |
| 14 | 换向轴 | 3D1176938QT | 0.02～0.04 | ※0.014～0.081 | | 0.14～0.20 | 0.30 |
| 15 | 电机轴 | 7E32312QT | 0.015～0.025 | −0.01～0 | 0.055～0.075 | | 0.105 |
| 16 | 电机轴 | 7E32313QT | 0.015～0.025 | −0.01～0 | 0.055～0.075 | | 0.105 |
| 17 | 电机轴 | 3E176313QKT | | | | 0.13～0.18 | 0.27 |

注：①凡标有“※”记号的，该轴承外圈与座的过盈量，中修时为0.01～0.03 mm。

②表中配合过盈量前标有“−”号者为间隙。

**表 11　螺钉扭紧力矩**

| 螺钉规格 | M8<br>×1 | M10<br>×1 | M12<br>×1.25 | M14<br>×1.5 | M8<br>×20 | M10<br>×40 | M10<br>×115 | M12<br>×45 | M12<br>×40 | M12<br>×115 |
|---|---|---|---|---|---|---|---|---|---|---|
| 材　料 | 40Cr | 40Cr | 40Cr | 40Cr | 35 | 35 | 35 | 35 | 35 | 35 |
| 力矩(N·m) | 40 | 52 | 121 | 185 | 17 | 33 | 36 | 52 | 52 | 58 |

**表 12　B8、B10 变扭器油封间隙**　　单位:mm

| 序　号 | 名　　称 | | 原　形 | 中修限度 |
|---|---|---|---|---|
| 1 | 进油壳油封套与泵轮径向间隙 | | 0.40～0.503 | 0.90 |
| 2 | 排油壳油封套与涡轮径向间隙 | B8 型<br>B10 型 | 0.40～0.52<br>0.40～0.513 | 0.90<br>0.90 |
| 3 | 涡轮油封盘与泵轮、芯环径向间隙 | B8 型<br>B10 型 | 0.40～0.538<br>0.40～0.52 | 0.90<br>0.90 |
| 4 | 涡轮与泵轮出口处径向间隙 | | 1.0～1.157 | 1.40 |
| 5 | 涡轮轴油封套与泵轮轴径向间隙 | | 0.30～0.389 | 0.70 |

**表 13　锥度配合压入行程**　　单位:mm

| 序号 | 名　　称 | 齿数 | 模数 | 连接形式 | 静压配合压入行程 | 限度 |
|---|---|---|---|---|---|---|
| 1 | 第一轴增速齿轮 | 103 | Mn5 | 12±0.5 | 锥度静压 | 9.5 |
| 2 | 第一轴法兰 | | | 12±0.5 | 锥度静压 | 9.5 |
| 3 | 第一轴螺旋伞齿轮 | 37 | Ms5.5 | 5.5±0.5 | 锥度静压 | 4.5 |
| 4 | 控制泵传动齿轮 | 65 | M3 | 0.002～0.045 | 过　　盈 | |
| 5 | 第二轴泵轮轴齿轮 | 44 | Mn5 | 8±0.5 | 锥度静压 | 6.3 |
| 6 | 泵轮轴供油泵传动齿轮 | 55 | M4 | 0.026～0.06 | 过　　盈 | |
| 7 | 第二轴涡轮轴齿轮 | 45 | Mn7 | 11±0.5 | 锥度静压 | 8.5(5.5) |
| 8 | 换向齿轮 | 48 | Mn7 | 11±0.5 | 锥度静压 | |
| 9 | 第三轴齿轮 | 61 | Mn7 | 5.5±0.5 | 锥度静压 | 8.5 |
| 10 | 第四轴齿轮 | 67 | Mn7 | 16.5±0.5 | 锥度静压 | 3.8 |
| 11 | 第四轴齿轮(活法兰) | 67 | Mn7 | 12±0.5 | 锥度静压 | 14(10) |
| 12 | 电机轴齿轮 | 46 | Mn5 | 5±0.5 | 锥度静压 | 9.5 |
| 13 | 惰行泵传动齿轮 | 92 | M3 | −0.038～0.01 | 螺　　钉 | 4.0 |
| 14 | 惰行泵传动轴大齿轮 | 60 | M3 | 2.5±0.5 | 锥度静压 | |
| 15 | 供油泵传动齿轮 | 52 | M4 | 3±0.5 | 锥度静压 | |
| 16 | 供油泵传动螺旋伞齿轮 | 25 | Ms4 | 3±0.5 | 锥度静压 | |
| 17 | 供油泵螺旋伞齿轮 | 24 | Ms4 | 3±0.5 | 锥度静压 | |
| 18 | 耦合器螺旋伞齿轮 | 31 | Ms5.5 | −0.05～0 | 螺　　钉 | |

3.2.6　第一轴检修工艺过程(见图 2)

3.2.6.1　解体检查。

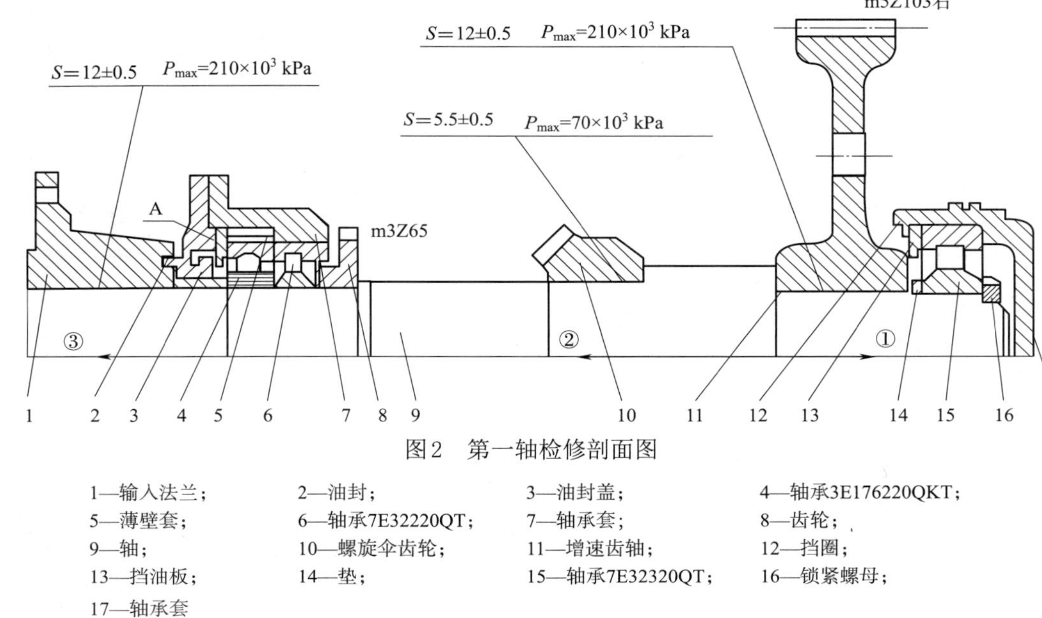


图2　第一轴检修剖面图

1—输入法兰；　2—油封；　3—油封盖；　4—轴承3E176220QKT；
5—薄壁套；　6—轴承7E32220QT；　7—轴承套；　8—齿轮；
9—轴；　10—螺旋伞齿轮；　11—增速齿轴；　12—挡圈；
13—挡油板；　14—垫；　15—轴承7E32320QT；　16—锁紧螺母；
17—轴承套

(1)取下 7E32320QT 轴承套，放在工作台上；

(2)测量法兰与轴端的相对尺寸，用油压泵卸下法兰；

(3)用手压泵拔出法兰侧轴承套。一起拔下 3E176220QKT 内圈、油封、油封盖；

(4)卸油封盖 8 个 M12×50 螺钉，用 2 个顶丝顶下油封盖，取出油封挡油板、轴承 3E-176220QKT、7E32220QT 外圈和 3E176220QKT 另一半内圈；

(5)以低于 120 ℃的温度加热，取出 7E3220QT 轴承内圈(不更换轴承不拆)；

(6)用油压泵拔出第一轴控制泵传动齿轮(不更换齿轮不拆)；

(7)用油压泵拆下第一轴螺旋伞齿轮(不更换齿轮不拆)；

(8)卸第一轴圆螺母，取出防松垫；

(9)以低于 120 ℃的温度加热并取出 7E32320QT 轴承内圈(不更换轴承不拆)；

(10)用油压泵拆下第一轴增速齿轮(不更换齿轮不拆)；

(11)用专用工具拆卸 7E32320QT 轴承套、挡圈(卡环)，取出挡油板；

(12)用轴承拔出器拔出 7E32320QT 外圈。

3.2.6.2　清洗、检修。

(1)煤油清洗各零件。

(2)更换轴承套外 O 形密封圈。

(3)探伤检查轴、齿轮、法兰。

(4)测量轴承游隙，恢复配合尺寸。

(5)修复锥度配合过盈。

(6)测量调整 A 间隙。

(7)检查轴承套的润滑油路。

3.2.6.3　组装。

(1)用油压泵压装增速齿轮。

(2)安装调整垫，热装 7E32220QT 内圈。

(3)拧上圆螺母，打好防缓垫。

(4)压装螺旋伞齿轮。

(5)热装控制泵传动齿轮。

(6)将 7E32320QT 外圈压入轴承套内，安装挡油板和卡环，在轴承套外装 O 形密封圈并涂润滑脂。

(7)热装 7E32320QT 轴承内圈。

(8)将 7E32220QT 外圈压入轴承套内，放入 3E176220QKT 一半内圈，将 3E176220-QKT 外圈压入薄壁套内，对正轴承套的止动销后放入轴承套，再放入 3E176220QKT 的另一半内圈，预紧两个螺栓，将轴承套组件压装在轴上。

(9)压装法兰。

(10)在第一轴的另一端套上 3E32320QT 轴承套组件，准备与箱体组装。

3.2.7　第二轴检修工艺过程(第二轴见图 3)

3.2.7.1　解体检查。

(1)在吊出第二轴前，测量增速齿轮、第二轴输出齿轮、换向齿轮的齿轮间隙。

(2)安装第二轴吊具，吊出第二轴，取下换向齿轮组，抽出 7D32222QT 轴承套。

(3)拆卸控制阀、供油泵油管、支臂、供油泵、排油嘴等，排出变扭器中的工作油。

(4)水平吊起第二轴，放在专用检修支架上并固定好。

(5)测量涡轮轴套与轴端相对位置，用专用扳手卸下 M120×2(左)圆螺母，取出防松垫。

(6)卸 B10 外壳的 19 个 M12×140-35 螺栓及弹簧垫。吊出 B10 外壳组，目测泵涡轮流道对中情况。

(7)用专用工具拔出定位套，7D32224EQT 轴承内圈及压套也一起拔下。

(8)测量涡轮轴套 7D32224EQT 轴承内圈安装处的尺寸。

(9)拆卸 B10 涡轮 8 个 M14×1.5×30 内花键螺钉，用两个顶丝顶动涡轮法兰面，使弹性销拔出大约 1 mm。

(10)用油压泵扩压拔出 B10 涡轮轴套。

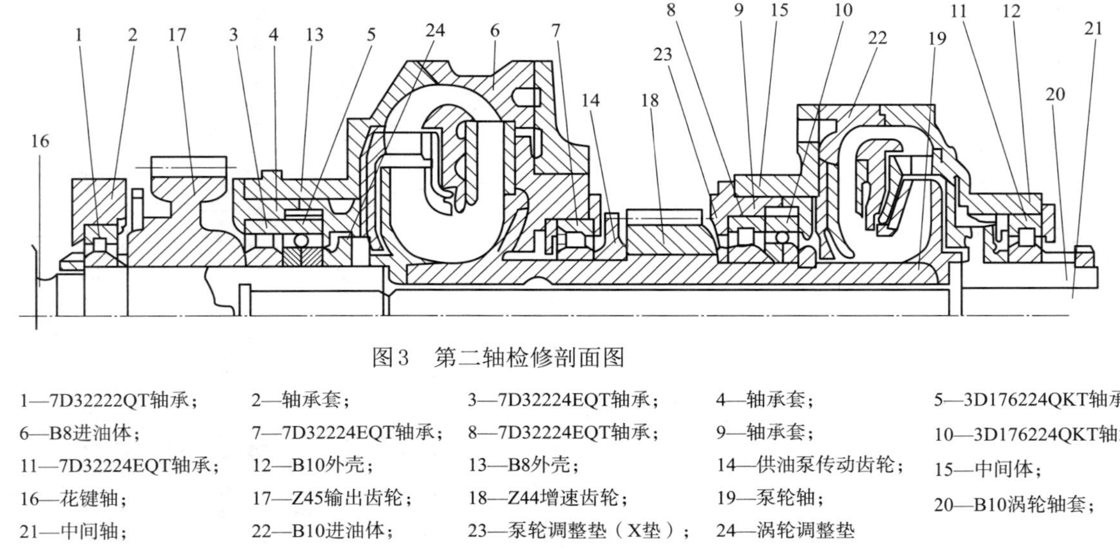


图3　第二轴检修剖面图

1—7D32222QT轴承；　2—轴承套；　3—7D32224EQT轴承；　4—轴承套；　5—3D176224QKT轴承；
6—B8进油体；　7—7D32224EQT轴承；　8—7D32224EQT轴承；　9—轴承套；　10—3D176224QKT轴承；
11—7D32224EQT轴承；　12—B10外壳；　13—B8外壳；　14—供油泵传动齿轮；　15—中间体；
16—花键轴；　17—Z45输出齿轮；　18—Z44增速齿轮；　19—泵轮轴；　20—B10涡轮轴套；
21—中间轴；　22—B10进油体；　23—泵轮调整垫（X垫）；　24—涡轮调整垫

(11)安装泵轮轴的止动夹具,卸下 B10 泵轮 6 个 M12×1.5×28 内花键螺钉。吊出 B10 涡轮组,检查 B10 芯环、导向轮、进油体状态。

(12)翻转 180°使花键轴上。

(13)用专用扳手卸下圆螺母,取出防松垫片,加热 7D32222QT 轴承内圈,取出内圈及定位套,测量 Z45 齿轮侧面与 B8 轴承套间隙,作为检查齿轮压装到位的依据,测量 Z45 齿轮侧面花键轴端尺寸。

(14)卸下 Z90 换挡反应器传动齿轮上 2 个 M8×20 内花键螺钉(为了安装吊具),扩压拔出 Z45 齿轮,安装吊具,吊出齿轮。

(15)卸下 B8 外壳 24 个 M12×45-35 螺栓,用专用工具拔出并吊出 B8 外壳组,7D32224EQT 内圈与 3D176224QKT 外半圈一起拔出。卸轴承套与轴端油封连接的 8 个 M10×80 内花键螺钉、轴承套与外壳连接的 8 个 M10 × 25 内花键螺钉,用两个顶丝顶出 B8 轴承套,取出 3D176224QKT 轴承及套(轴承良好时,B8 轴承套与外壳可不拆)。

(16)用手压泵拔出 Y 形调整垫,3D176224QKT 另一半内圈也一起拔出。

(17)卸 B8 泵轮 6 个 M12×1.25×28 内花键螺钉,卸 B8 进油体与中间体连接的 20 个 M12×35 螺栓,用两个顶丝顶起 B8 进油体。安装吊具,泵、涡轮组一起吊出,把 B8 进油体安放在翻转架上。

(18)卸 B8 涡轮 8 个 M14×1.5×30 内花键螺钉,用两个顶丝顶起涡轮轴,安装吊具,吊出涡轮轴。

(19)卸泵轮轴轴承套与中间体连接的 11 个 M10×115 内花键螺钉,用两个顶丝顶出轴承套,吊出泵轮轴,放在泵轮轴翻转架上。

(20)解体检查泵轮轴。

①取卡环,加热取出 7D32224EQT 轴承内圈(不更换轴承时可不拆)。

②将泵轮轴翻转 180°,使供油泵齿轮朝下,卸下轴承套上的 8 个 M10×40 内花键螺钉、弹簧垫及轴承压套。

③用专用扳手卸下 M120×2 左圆螺母,取出防松垫。

④用手压泵拔出轴承套,3D176224QKT 轴承内圈起拔出,检查 7D32224EQT、3D176224QKT、轴承。定位销的状态良好时,7D32224EQT 轴承内圈及薄壁套可不分解,加热取出 7D32224EQT 轴承内圈及 X 垫。

(21)测量 B8、B10 泵涡轮油封间隙,检查叶片状态,用扭矩扳手检验涡轮油封盖螺丝钉紧固状态。

(22)分解换向齿轮组

①取出 7D2032938QT 轴承套,检查轴承状态。

②更换 7D2032938QT 轴承时,用专用工具取下卡环,用两个顶丝顶出 7D2032938QT 轴承,用专用工具卸 7D2032938QT 轴承内圈。

③拆卸轴端压盖 M8×20 螺钉。

④用手压泵拔出轴承套,3D1176938QT 轴承内圈一起拔出,检查 7D2032938QT、3D1176938QT 轴承状态,卸 7D2032938QT 轴承内圈。

3.2.7.2 清洗检修。

(1)用清洁的煤油清洗各部零件;

(2)探伤检查泵轮轴、涡轮轴、B10 涡轮轴套、齿轮;

(3)测量齿轮的压入行程,修复拉伤或压入行程不足的锥度静压件,测量轴承游隙及配合尺寸;

(4)测量换向齿轮组轴承与轴端压盖、卡环的间隙;

(5)检查轴承套润滑油路。

3.2.7.3 组装

(1)泵轮轴组装。

①将泵轮轴垂直放在翻转架上(供油泵齿轮朝下),夹紧夹具,套入调整垫,热装 7D32224EQT 轴承内圈,套入 7D32224EQT 轴承套和轴承。热装 3D176224QKT 轴承一半内圈,套入 3D176224QKT 轴承薄壁套和轴承,对正止动销,热装 3D176224EQT 轴承套另一半内圈,拧紧圆螺母,防松垫折边打牢。

②套入轴承压套,向上提起轴承套,紧固 8 个 M8×40 内花键螺钉。

③将泵轮轴翻转 180°,热装 7D32224EQT 轴承内圈,带上卡环。

(2)第二轴总组装。

①将中间体和 B10 进油体组合件(后者在下)放在第二轴工作台上。

②将泵轮轴组件(供油泵齿轮朝上)压入中间体,紧固轴承套 11 个 M10×115 内花键螺钉。

③将 B8 进油体装于中间体上,紧固 20 个 M12×35 螺栓,转动泵轮轴。

④吊装 B8 涡轮轴组件,打入弹性销,紧固泵轮 6 个 M12×1.25×28

内花键螺钉。

⑤插入涡轮轴(花键轴朝上),打入弹性销,紧固 B8 涡轮 8 个 M14×1.5×30 内花键螺钉。

⑥热装 Y 形调整垫、3D176224QKT 轴承一半内圈。

⑦吊装 B8 外壳组,将 7D32224EQT 轴承内圈及 3D176224QKT 轴承一半内圈压靠,紧固 24 个 M12×45-35 螺栓于进油体上。紧固轴承套与轴端油封连接的 8 个 M10×80 内花键螺钉。

⑧压装 Z45 齿轮,紧固2 个 M8×20 内花键螺钉。

⑨套入挡圈,热装 7D32222QT 轴承内圈,拧紧螺母,防松垫折边打牢。

⑩将二轴翻转 180°,使花键轴朝下。

⑪吊装 B10 泵涡轮组,打入弹性销,紧固 6 个 M12×1.5×28 内花键螺钉。

⑫测量 B10 涡轮轴套压入行程,压装涡轮轴套,打入弹性销,紧固 8 个 M14×1.5×30 内花键螺钉,目测 B10 流道对中偏差量不得大于 0.4 mm。

⑬热装定位套、7D32224EQT 内圈、套入压套。

⑭吊装 B10 外壳组,紧固在进油体上。

⑮紧固圆螺母,防松垫折边打牢。

⑯在 B8 进油体上安装支臂、排油管。

⑰在中间体上组装供油泵、调整齿隙,打好定位销,紧固螺钉。

⑱组装控制阀及排油嘴。

3.2.7.4　换向轴检修工艺过程(换向轴见图 4)

(1)解体

①卸下换向限制阀的小轴 4 个 M8 螺钉,用两个顶丝顶出小轴。

②轴出齿轮组 7D32222QT 轴承套放在工作台上。

③检查换向齿轮组外侧 7D2032938QT 轴承状态,测量游隙,然后分开外侧 7D2032938QT 轴承套。

④取下轴承套,卸卡环,用两个顶丝顶出 7D2032938QT 轴承(不更换轴承不卸)。

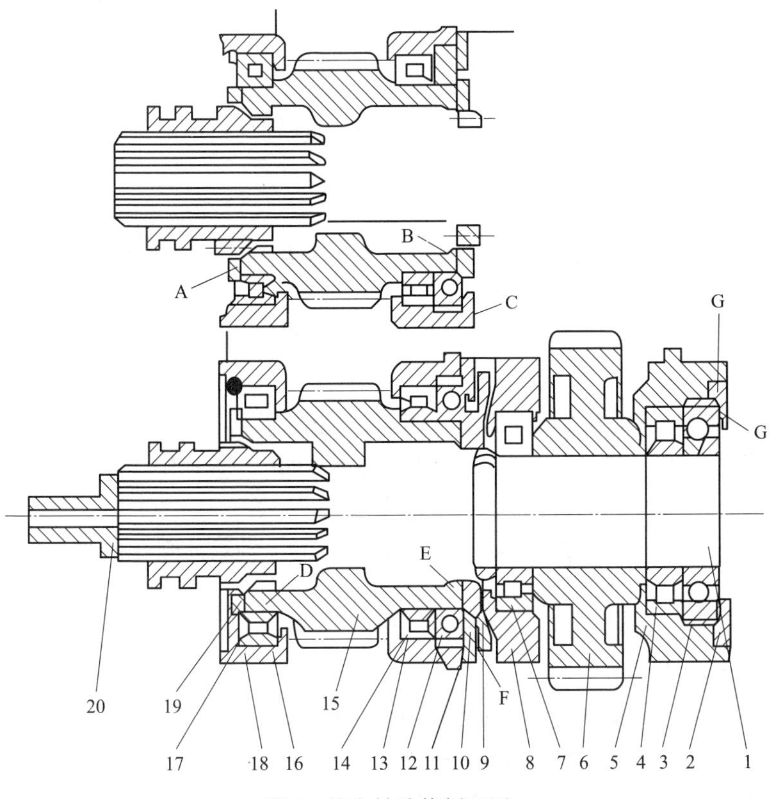


图 4　换向轴检修剖面图

1—轴；2—轴承压盖；3—176224QKT 轴承；4—7D32224EQT 轴承；
5—轴承套；6—Z48 齿轮；7—7D32222QT 轴承；8—轴承套；
9—锁紧螺母；10—Z92 齿轮；11—轴承压盖；12—3D1176938QT 轴承；
13—7D2032938QT 轴承；14—轴承套；15—Z43 换向齿轮；16—7D2032938QT 轴承；
17—卡环；18—轴承套；19—轴承压盖；20—换向限制阀小轴

| 部位 | A | B | C | D | E | F | G |
|---|---|---|---|---|---|---|---|
| 要求 | 0.005～0.055 | 0.005～0.055 | 0.01～0.05 | 0.005～0.055 | 0.005～0.055 | 0.01～0.05 | 0.01～0.05 |

⑤拆下外侧 7D2032938QT 内圈（不更换轴承不拆）。

⑥拆下 Z92 齿轮。

⑦拆下 3D1176938QT 轴承压盖，取出轴承，检查轴承及定位销。

⑧用两个顶丝顶出 7D2032938QT 轴承，分解 3D1176938QT 轴承与薄壁套(不更换轴承不拆)。

⑨拆下内侧 7D2032938QT 内圈(不更换轴承不拆)。

⑩打平防松垫片，拆下圆螺母。

⑪拆下 7D32222QT 内圈。

⑫测量 Z48 齿轮侧面至轴端的尺寸，作为测量齿轮压入行程的依据，拆下 Z48 齿轮。

⑬拔出轴承套，连同 7D32224EQT 内圈及 3D176224QKT 内圈一起拔出。

⑭解体 3D176224QKT 轴承压盖，取出轴承。

⑮用两个顶丝顶出 7D3224EQT 轴承外圈(不更换轴承不拆)。

⑯加热取出 3D176224QKT 内半圈。

⑰取出卡环，用两个顶丝顶出 7D32222QT 轴承外圈。

3.2.7.5　清洗检修。

(1)用清洁煤油清洗各零件。

(2)探伤检查齿轮、轴。

(3)测量轴承游隙及恢复轴承的配合尺寸。

(4)测量 A～G 的间隙，符合要求。

(5)测量齿轮的压入行程，恢复齿轮的配合过盈。

(6)检查轴承套润滑油路。

3.2.7.6　组装。

(1)热装 3D176224QKT 轴承内半圈。

(2)装已组装好薄壁套的 3D176224QKT 轴承。

(3)热装 3D176224QKT 轴承外半圈。

(4)热装 7D32224EQT 内圈。

(5)将 7D32224EQT 轴承外圈压入轴承套内，并套装在轴上，紧固轴承压盖。

(6)测量压入行程，压装 Z48 齿轮。

(7)压装 7D32222QT 内圈，拧紧圆螺母，防松垫折边打牢。

(8)将 7D32222QT 外圈压入轴承套内，装好卡环。

(9)将 7D32222QT 轴承组件套装在内圈上。

(10)热装内侧 7D2032938QT 轴承内圈。

(11)加热轴承套,将内侧 7D2032938QT 轴承外圈装入轴承套内,并套装在换向齿轮内。

(12)热装 3D1176938QT 轴承内半圈,将其轴承外圈压装在薄壁套内,并套入轴承套里,对正止动销。

(13)热装 3D1176938QT 轴承外半圈,紧固轴承压盖。

(14)组装 Z92 齿轮于换向齿轮上。

(15)组装外侧 7D2032938QT 轴承内圈,紧固轴端压盖。

(16)加热外侧轴承套,将 7D2032938QT 轴承外圈放入轴承套内,装入卡环,将组装好的轴承套套在 7D2032938QT 轴承内圈上。

(17)在换向轴上套 Z34 换向齿轮组件。

(18)当换向轴吊装在箱体之后,组装换向限制作用轴。

3.2.8 输出轴检修工艺过程(输出轴见图 5)

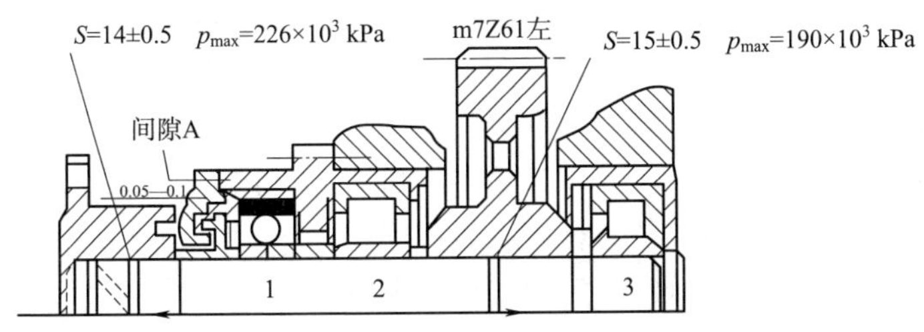


图 5 输出轴检修剖面图

3.2.8.1 解体。

(1)卸下轴承盖的 4 个 M12×30 螺栓和轴承盖,取出压盘。

(2)用手压泵拔下轴承套,连同 7E32320QT 外圈一起拔下。

(3)用专用工具拆 7E32320QT 轴承套挡圈,用轴承拔出器拔出 7E32320QT 轴承外圈。

(4)加热取下 7E32320QT 轴承内圈(不换轴承不拆)。

(5)用手压泵拔下法兰侧轴承套,一同拔下 E176220QKT 内圈、油封及油封盖。

(6)卸油封盖的 16 个 M12×40 螺钉,用 2 个顶丝顶下油封盖,取出油封、E176220QKT 轴承。

(7)用专用工具拆下法兰侧 7E32320QT 轴承套挡圈,用轴承拔出器拔出 7E32320QT 轴承外圈。

(8)加热取下轴承 7E32320QT 内圈(不换轴承不拆)。

(9)用油压泵拆下输出轴齿轮(不换齿轮不拆)。

3.2.8.2　清洗检修

(1)用煤油清洗检查各零件。

(2)探伤检查轴、法兰、齿轮。

(3)测量轴承游隙,恢复轴承的配合尺寸。

(4)修复齿轮与轴的配合过盈。

(5)测量调整 A 间隙。

3.2.8.3　组装

(1)用油压泵压装输出轴齿轮。

(2)装入间隔套,热装法兰侧 7E32320QT 轴承内圈,将其外圈压入轴承套内,装入挡圈,放入 E176220QT 轴承另一半内圈。

(3)装油封,在轴承套与油封盖的结合面上用丙酮擦净,均匀连续涂抹密封胶,预紧 2 个螺栓,将轴承组装在轴上,压装法兰。

(4)组装另一端轴承 7E32320QT 在轴承套内,装入挡圈后装在轴上,装上压盘,拧紧螺栓,准备与箱体组装。

3.2.9　电机传动轴检修工艺过程(电机传动轴见图 6)

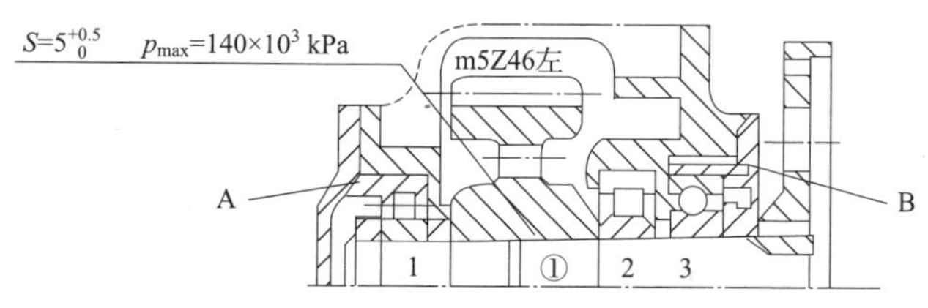


图 6　电机传动轴检修剖面图

3.2.9.1　解体检查

(1)拆轴承端盖。

(2)拆法兰端盖轴承套紧固螺钉,用 2 个顶丝顶出电机传动轴组件,放在工作台上。

(3)卸电机轴法兰与弹性联轴节连接螺钉,安装2个顶丝顶出弹性联轴节,卸弹性联轴节内定位套,更换内定位套上密封胶圈。

(4)解体电机轴组件,卸M52×1.5圆螺母,取出防松垫。

(5)卸7E32312QT轴承内圈,取出挡圈。

(6)测量齿轮侧面至轴端的尺寸,用油压拆卸工具拆卸齿轮。

(7)在法兰盘四个拆装孔内安装4个顶丝。用手压泵压出轴承套组件,轴承7E32313QT内圈一起压出。

(8)卸下油封压盖,取出油封、3E176313QKT轴承与薄壁套组件。

(9)在轴承套的另一端卸轴承挡圈,用2个顶丝顶出7E33231QT轴承外圈,压出3E173613QKT轴承薄壁套(不更换轴承不拆)。

(10)用2个顶丝顶出7E32312QT轴承外圈(不更换轴承不拆)。

3.2.9.2　清洗检修

(1)清洗各零部件。

(2)探伤检查轴、齿轮。

(3)测量A、B间隙。

(4)检查弹性联轴节橡胶状态,修复外定位套。

(5)测量轴承游隙及配合尺寸。

(6)测量齿轮压入行程,恢复齿轮与轴过盈配合。

(7)更换油封盖内的毛毡。

(8)检查轴承套润滑油路。

3.2.9.3　组装。

(1)在电机传动轴法兰侧组装内定位套,装O形密封圈,涂润滑脂,将弹性联轴节组装在法兰上。

(2)将7E32313QT轴承外圈压入轴承套内。

(3)组装轴承套组件。

①将3E176313QKT轴承压入薄壁套内,对准"止动销",放入轴承套。

②安装油封,紧固油封盖。

③在轴承套另一侧压装7E32313QT轴承,放好轴承挡圈,装7E32313QT轴承内圈。

(4)用手压泵将轴承套组件压装在轴上。

(5)压装齿轮。

(6)装入间隔套,热装7E32312QT轴承内圈,拧紧圆螺母,打好防缓垫。

(7)在传动轴轴承套与箱体结合面用丙酮擦洗干净,均匀连续涂抹密封胶,将电机传动轴组件组装在箱体上。

(8)在轴承端盖与轴承套结合面间均匀涂密封胶,紧固轴承端盖。

3.3　液力传动箱辅助传动各轴检修(辅助传动轴检修见图7)

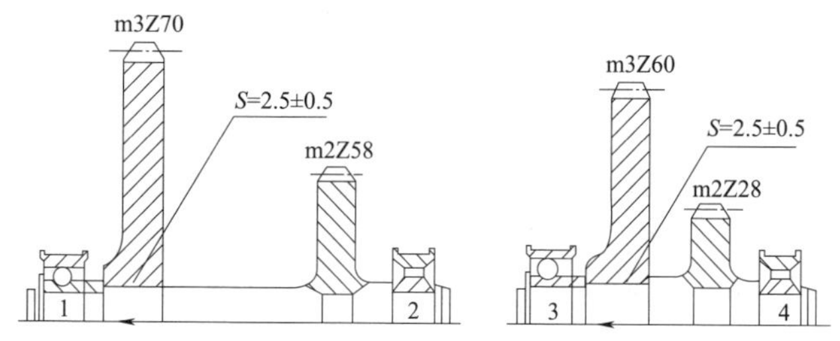


图7　辅助传动轴检修剖面图

3.3.1　基本技术要求

3.3.1.1　探伤检查齿轮及轴。

3.3.1.2　齿轮不许有裂纹、剥离。允许有轻微腐蚀或局部硬伤。每个齿的腐蚀面积不许超过该齿齿面的30%,硬伤面积不许超过该齿齿面的10%。齿顶破损掉角,沿齿高方向不大于1/3,沿齿宽方向不大于1/5,打磨后允许使用。

3.3.1.3　轴承不许有裂纹、剥离及过热变色,保持架铆钉无松动或折断。允许有轻微腐蚀、拉伤(指甲无感觉),轴承游隙及配合尺寸、加热温度符合规定。组装后须转动灵活、无滞点、无异音。

3.3.1.4　齿轮的压入行程符合限度。修换齿轮对须检查配合接触面积。

3.3.1.5　原形尺寸及限度见表14、表15。

**表14　轴承原形尺寸及限度表**　　单位:mm

| 序号 | 轴承型号 | 内圈与轴 | 外圈与套 | 原始游隙 | | 限度 |
|---|---|---|---|---|---|---|
| | | | | 径向 | 轴向 | |
| 1 | 3E205 | −0.002～0.027 | 0.033～−0.01 | 0.018～0.033 | | 0.08 |
| 2 | 7E32205HT | −0.002～0.027 | 0.033～−0.01 | 0.04～0.05 | | 0.09 |
| 3 | 3E205 | −0.002～0.027 | 0.033～−0.01 | 0.018～0.033 | | 0.08 |
| 4 | 7E32205HT | −0.002～0.027 | 0.033～−0.01 | 0.04～0.05 | | 0.09 |

**表 15　惰行泵传动轴大齿轮原形尺寸及限度表**

| 名　　称 | 齿数 | 模数 | 压入行程(mm) | 限度(mm) |
|---|---|---|---|---|
| 惰行泵传动轴大齿轮 | 60 | 3 | 2.5±0.5 | 1.5 |

3.3.2　解体

3.3.2.1　卸下传动轴两轴承盖，放在固定处所，取出传动轴。

3.3.2.2　取下轴承外侧卡环(ϕ52)。

3.3.2.3　取下 7E32205HT 轴承外圈及内侧卡环(ϕ52)。

3.3.2.4　用专用工具取出卡环(ϕ25)，用轴承拔出器拔下 3E205 内圈(不更换轴承不拆)取下内侧卡环(ϕ52)、定位套。

3.3.2.5　测量齿轮侧面至轴端面尺寸，用手压泵拔出惰行泵传动轴大齿轮(不更换齿轮不拆)。

3.3.2.6　在传动轴的另一端，用专用工具卸下卡环(ϕ25)，用轴承拔出器拔下 7E32205HT 轴承内圈(不更换轴承不拆)。

3.3.3　清洗检查

3.3.3.1　清洗各部件。

3.3.3.2　轴、齿轮须探伤检查。

3.3.3.3　测量轴承游隙，恢复配合尺寸。

3.3.3.4　修复齿轮配合过盈。

3.3.4　组装

3.3.4.1　热装 7E32205HT 内圈，装入 ϕ25 卡环。

3.3.4.2　用手压泵压入传动轴大齿轮。

3.3.4.3　套上定位套、ϕ52 卡环，热装 3E205 轴承，装放 ϕ25 卡环。

3.3.4.4　在传动轴 7E32205HT 轴承侧套上 ϕ52 卡环，装轴承外圈。

3.3.4.5　将传动轴组件装在轴承座上，在轴承外侧装上 ϕ52 卡环，装上轴承盖，注意内外卡环入槽，紧固轴承盖螺钉。

3.3.5　换向机构检修调整

3.3.5.1　基本技术要求。

(1)齿形离合器、拨叉、换向操纵机构活塞杆须探伤检查。

(2)滚针轴承不许有裂纹、腐蚀、剥离，组装前滚针涂润滑脂，组装后转动灵活、无卡滞。

(3)齿形离合器磨耗超限,允许对调使用。

(4)更换所有橡胶密封件,在有相对运动的O形密封圈上涂润滑脂,然后组装。

(5)换向操纵机构组装后须经手动换向试验,动作轻快,气垫作用良好,置中立位时两离合器均须脱开,置XⅠ、XⅡ位时,拨块动作灵活。(500±50) kPa风压换向试验,动作迅速无泄漏、爬行。

(6)换向限制阀,接触块与换向轴的作用轴之间间隙为(1.5±0.1) mm。

(7)原形尺寸及限度见表16。

**表16 换向机构原形尺寸及限度表** 单位:mm

| 序 | 名　　称 | 原形尺寸 | 中修限度 |
|---|---|---|---|
| 1 | 离合器槽与拨块侧面总间隙 | 2.0～2.4 | 3 |
| 2 | 离合器花键侧面间隙 | 0.09～0.21 | 0.4 |
| 3 | 滑块与杠杆孔间隙 | 0.04～0.27 | 0.5 |
| 4 | 弹簧盒与箱体孔间隙 | 0.065～0.135 | 0.4 |
| 5 | 矩形孔与拨头间隙 | 0.2～0.6 | 0.7 |

3.3.6 解体检查

3.3.6.1 解体换向操纵机构。

3.3.6.2 卸换向端盖的顶盖、左右侧盖,检查换向操纵机构矩形孔与拨叉球头水平和垂直方向间隙。

3.3.6.3 卸下四个安装螺栓,吊出换向操纵机构,放在工作台上。卸下侧盖和顶盖。

3.3.6.4 通风检查支承套密封状态。

3.3.6.5 卸下M10×1螺母和4个M8×35螺栓,卸下下盖,放油,取出弹簧、螺杆、定位盒。

3.3.6.6 卸卡环,取出平垫,轻轻取出销轴,塞入塑料塞,防止滚针脱出,取出滑块。

3.3.6.7 同样取出杠杆连接销轴,卸下弹簧盒与杠杆组件,打出弹性销,轻轻取出销轴,滚针轴承防脱。

3.3.6.8 松开M18×1调整螺母,卸下拨头。

3.3.6.9　用专用扳手卸下 M30×1.5 圆螺母，取出防松垫。同样卸下 M68×2×45 螺母，取出防松垫及 O 形密封圈。

3.3.6.10　卸前盖 M8×45 内花键螺钉，用两个顶丝顶出前盖。

3.3.6.11　取出活塞杆。

3.3.6.12　卸轴承座螺钉，取出轴承座。

3.3.6.13　另一侧松开 M8×10 螺钉，取出连接臂。

3.3.6.14　卸下轴承座螺钉，轻轻敲出手动轴，取出轴承座、手动轴、平键、杠杆。

3.3.6.15　卸下销盖，卸插销座 4 个 M8×20 内花键螺钉，取出插销。

3.3.7　解体拨叉机构

3.3.7.1　卸下换向端盖，测量离合器侧面间隙。

3.3.7.2　松一扣拨叉销轴 4 个 M16×1.5 螺钉、拨块 M10×35 螺栓。

3.3.7.3　卸拨叉盖板 M12×35 螺钉，取下盖板(不调整间隙不拆)。

3.3.7.4　卸支承体盖 4 个 M10×45 螺栓，吊下拨叉离合器组件。

3.3.7.5　卸下拨叉、拨块螺钉，解体拨叉与离合器组件。

3.3.8　清洗检修

3.3.8.1　清洗各零件，检查节流堵状态。

3.3.8.2　探伤检查离合器、拨叉、活塞杆。

3.3.8.3　清洗检查滚针轴承，组装前涂润滑脂。

3.3.8.4　测量拨块与离合器槽侧面间隙，修复或更换拨块。

3.3.8.5　焊修拨叉的球头。

3.3.8.6　更换所有的密封圈和密封环。

3.3.8.7　检查离合器的齿磨耗状态。

3.3.8.8　测量滑块与杠杆孔间隙。

3.3.8.9　测量弹簧盒与箱体孔间隙。

3.3.9　组装调整

3.3.9.1　组装换向操纵机构。

(1)将滚针轴承装在轴承座内。

(2)在手动轴上放好平键，箱体内与杠杆组装。

(3)在手动轴与箱体间装入轴承座,紧固轴承座螺钉。

(4)在四方轴端装连接臂,紧固沉头螺钉。

(5)将滚针轴承装在杠杆孔内。

(6)组装弹簧盒与杠杆,穿入销轴,打入弹性销。

(7)将弹簧盒与杠杆组件(弹簧盒在下)从箱体下方孔装入箱体内。

(8)在两杠杆间穿入销轴,装挡圈、卡环。

(9)从箱体风缸侧插入活塞杆,在杠杆孔内从两侧装入滑块,对正活塞杆孔、滑块孔穿入销轴,装挡圈和卡环。

(10)紧固上盖,组装调整螺母、防松垫。

(11)组装拨头于活塞杆上。

(12)将弹簧、定位盒、螺杆与下盖组装。

(13)将下盖组件插入弹簧盒内,在箱体结合面间放入耐油石棉垫,紧固下盖螺钉、螺母。

(14)组装插销座、插销,扭紧插销盖。

(15)紧固顶、侧盖。

3.3.9.2　组装换向机构。

(1)将内拨块组装在拨叉上,拨块转动灵活。

(2)将内拨块套入离合器槽,预紧内外拨块。

(3)将离合器与拨叉组件套装在花键轴上,紧固支承体盖,拨叉在支承体座内,须转动灵活,紧固拨块螺钉,打好防松垫。

3.4　换向机构调整(换向机构见图 8)

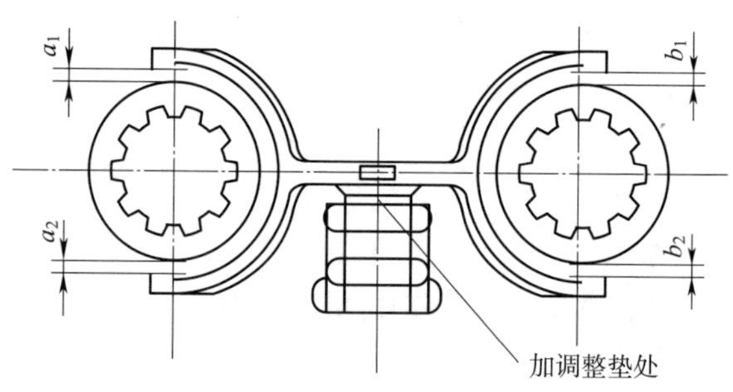


图 8　换向机构示意图

调整方法如图 8 所示。即在拨叉轴下方,加或减调整垫,保证尺寸 $a_1$

$=a_2=b_1=b_2$，相差不大于 0.2 mm。

3.4.1　换向操纵机构的调整

3.4.1.1　测量拨叉行程。

测量前在拨块和离合器间放入厚度 1 mm 的 U 形卡环，然后将拨叉头推向一端，使离合器紧贴在换向齿轮的定位面上，测量拨叉球头与安装面间的距离 $f$。同样，将拨叉球头推向另一端测量尺寸 $e$，拨叉行程为 $f-e$（见图 9）。

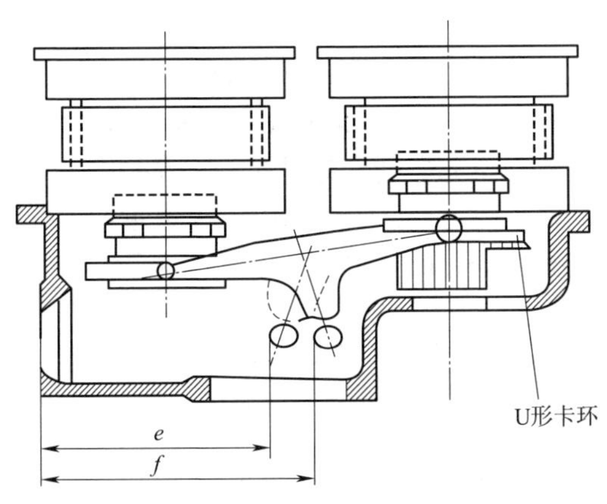


图 9　测量拨叉行程示意图

3.4.1.2　调整操纵机构（调整操纵机构见图 10）。

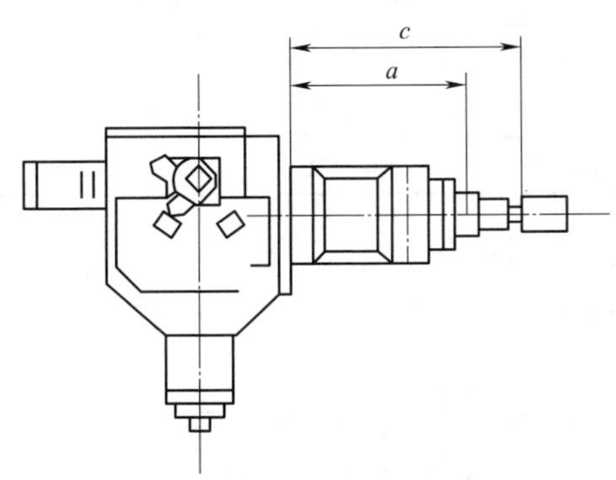


图 10　调整操纵机构示意图

(1)调整换向操纵机构的调整套,使其外端面与安装面的距离 $a=(204\pm0.2)$ mm。打紧圆螺母,打好防缓垫。

(2)活塞杆置 XⅡ位时,调整活塞杆上圆螺母,使其螺母内端面与调整套的距离 $M=f-e$,拧紧圆螺母,打好防松垫。

(3)活塞杆置 XⅠ位,调整拨头,使其矩形孔螺杆侧内端面与安装面的距离 $c=e-(0.1\sim0.2)$。紧固圆螺母。

3.5 传动箱控制阀、耦合器作用阀检修

3.5.1 基本技术要求

3.5.1.1 控制阀手操纵装置,作用应灵活。

3.5.1.2 测量滑阀、作用阀套的配合间隙,应符合要求。

3.5.1.3 滑阀、作用阀,动作应灵活,无卡滞。

3.5.1.4 滑阀、作用阀及阀套工作面,无严重拉伤。

3.5.1.5 原形尺寸及限度见表 17。

**表 17 原形尺寸及限度表** 单位:mm

| 序号 | 名称 | 原形尺寸 | 限度 | |
|---|---|---|---|---|
| | | | 中修 | 定修 |
| 1 | 控制阀大小滑阀与阀套径向间隙 | 0.05～0.06 | 0.09 | 0.11 |
| 2 | 控制阀推杆与小滑阀径向间隙 | 0.03～0.04 | 0.07 | 0.09 |
| 3 | 控制阀手操纵上活塞与活塞套径向间隙 | 0.095～0.255 | 0.26 | — |
| 4 | 控制阀手操纵下活塞与阀体径向间隙 | 0.095～0.315 | 0.35 | — |
| 5 | 控制阀手操纵活塞杆与阀体孔径向间隙 | 0.045～0.15 | 0.15 | — |
| 6 | 耦合器作用阀与阀套径向间隙 | 0.03～0.05 | 0.08 | — |
| 7 | 耦合器作用阀活塞与套径向间隙 | 0.08～0.17 | 0.20 | — |

3.5.2 主要工序及操作方法

3.5.2.1 控制阀检修工艺过程。

(1)解体。

①松开手操纵 6 个螺栓,取出手动换挡装置。

②在工作台上解体手操纵,取出Ⅰ挡活塞及活塞套。

③从联结套上打出弹性圆柱销,取出Ⅱ挡活塞。

④用专用扳手松开阀盖 4 个螺栓,取出控制阀阀盖及小滑阀。

⑤取出控制阀放在工作台上进行分解。

⑥分解阀盖组成，取出小滑阀。

(2)清洗检查。

①用干净的柴油清洗各零件并清除飞边毛刺及手操纵残余的石棉垫。

②更换手操纵及控制阀阀盖的O形密封圈，并涂以软干油。

③用500 kPa压力风吹扫控制阀作操纵，检查风路畅通情况。

④用0～50 mm及0～75 mm千分尺及内径量表测量大小端滑阀与阀套的间隙。超限时须成对更换。

⑤用0～25 mm千分尺及内径量表检查推杆与小滑阀的间隙，须符合要求。

⑥检查弹簧状态应无裂纹。必要时测量弹簧特性(见表18)。

**表18　控制阀弹簧特性表**

| 序　号 | 名　　称 | 自由高(mm) | 特　　性 | |
|---|---|---|---|---|
| | | | 压缩高(mm) | 压缩力(N) |
| 1 | 内弹簧 | 155±1 | 130 | 106 |
| 2 | 外弹簧 | 229±1 | 139 | 220 |
| 3 | 新控制阀弹簧 | 119±1 | 138 | 300 |

⑦用100 mm深度尺或150 mm游标卡尺检查手操纵活塞与活塞套的行程为28 mm。

⑧组成控制阀小滑阀用100 mm深度尺检查小滑阀与阀盖的行程为28 mm。

(3)组装。

①在工作台上，按解体相反的顺序组装好控制阀手操纵，并用手动试验两挡活塞动作情况，应灵活、无卡滞。

②在工作台上组装控制阀。

③将控制阀装入阀套内。

④将阀盖对准充油孔装入推杆内，紧固阀盖并用手压动几次，应无卡滞。

⑤将控制阀手操纵联结套的缺口挂在控制阀的推杆头上，并轻轻向下垂直用力压下控制阀手操纵至箱体结合面，事故口朝加油口方向，紧固好安装螺栓。

3.5.2.2　耦合器作用阀检修工艺过程。

(1)解体。

①松下 3 个 M10×32 螺栓,取下压盖。

②用 M10 的螺杆,拧入活塞顶部的丝孔内,取出作用阀。

③分解作用阀。

(2)清洗检修。

①用干净柴油清洗各零件,清除飞边毛刺。

②活塞与活塞套。滑阀与阀套轻微拉伤时,可用油石或磨光砂纸打磨消除。

③用 0～50 mm 千分尺及内径量表测量滑阀与阀套的间隙,须符合限度要求。

④外观检查各弹簧应无裂纹,必要时测量弹簧的性能,不符合要求时更换(见表 19)。

**表 19　复原弹簧特性表**

| 名　　称 | 自由高(mm) | 特　　性 | |
|---|---|---|---|
| | | 压缩高(mm) | 压缩力(N) |
| 复原弹簧 | 39.5+0.5 | 30+0.5 | 54 |

⑤更换 O 形密封圈。

3.5.2.3　组装。

(1)将滑阀与活塞组成在一起。

(2)把组成的作用阀清洗干净装入阀套内。

(3)更换压盖石棉垫,紧固压盖。

(4)试验:通以 500 kPa 压力风试验,作用阀动作良好,无卡滞。

### 3.6　风扇耦合器检修

#### 3.6.1　基本技术要求

3.6.1.1　泵轮轴、涡轮轴中修时须探伤检查,不许有裂纹。

3.6.1.2　耦合器体、盖、泵轮、涡轮不许有裂纹、砂眼。

3.6.1.3　耦合器组装后,泵、涡轮转动平稳、无异音、不带轴。

3.6.1.4　圆锥齿轮的侧面间隙为 0.15～0.60 mm。

3.6.1.5　锥度配合压入行程不小于 5.0 mm,压装时不得漏油。新换组件时须检查锥度接触面,接触面积不少于 70%。

3.6.1.6　各螺栓扭紧力矩见表 20。

**表 20　各螺栓扭紧力矩**

| 螺　　栓 | M10×1 | M8 | M10 |
|---|---|---|---|
| 扭矩(N·m) | 70 | 20 | 36 |

3.6.2　原形尺寸及限度见表 21

**表 21　风扇耦合器原形尺寸及限度表**　　单位:mm

| 序　号 | 名　　称 | 原形尺寸 | 限　　度 | |
|---|---|---|---|---|
| | | | 中修 | 定修 |
| 1 | 泵轮与涡轮轴向间隙 | 1.0～3.0 | 4.0 | |
| 2 | 泵轮与涡轮径向间隙 | 0.6～0.7 | 1.0 | |
| 3 | 锥度配合压入行程 | 6.5±1.0 | 5.0 | |
| 4 | 油封与压盖的径向间隙 | 0.25～0.42 | 0.45 | |

3.6.3　检修工艺过程

3.6.3.1　解体。

(1)用内花键扳手卸下传动圆锥齿轮紧固螺钉,取下传动齿轮及调整垫片。

(2)用内花键扳手卸下上体与下体的联结螺钉,分开泵轮和涡轮的组成体。

(3)分解泵轮组成(泵轮组成见图 11)

①用花键扳手卸下泵轮紧固螺钉,取下泵轮和垫板。

②用开口扳手拆下轴承压板螺钉,取下压板。

③用深度尺测量压套端面与泵轮轴端面的尺寸 $a$ 值,用油压拔出器将压套拔出。

④用铜棒轻击泵轮轴,取出泵轮轴。

⑤用铜棒打击轴承 E176214QKT 和轴承 7E32210QT 及油封套、挡圈。

(4)分解涡轮组成。

①用内花键扳手拆下涡轮紧固螺钉,拆下涡轮及垫板。

②将涡轮上体翻转 180°。

③用深度尺测量法兰端面与涡轮轴端面的尺寸 $b$ 值。

④用油压拔出器将法兰拔出。

⑤拆下轴承压盖螺钉,取下轴承压盖、垫及油封。

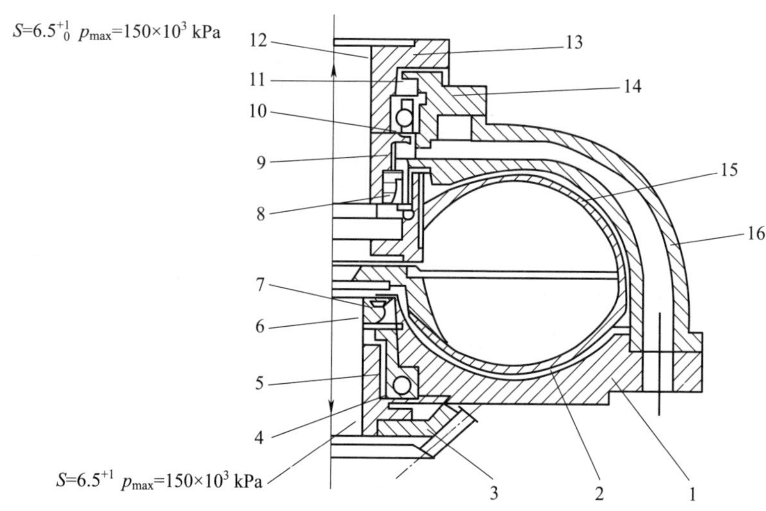


图 11　耦合器构造图

1—泵轮体;2—泵轮;3—圆锥齿轮;4——E176214QKT 轴承;
5—压套;6—泵轮轴;7—7E32210QT 轴承;8—7E32210QT 轴承;
9—油封套;10—E176214QKT 轴承;11—油封;12—涡轮轴;
10—法兰;14—轴承压盖;15—涡轮;16—涡轮体

⑥从上体中间用铜棒打下轴承 E176214QKT 和油封套。

⑦用铜棒轻击涡轮轴,取下涡轮轴。

⑧在上体上取下挡圈和 7E32210QT 轴承。

3.6.3.2　清洗与检修。

(1)将全部零件用干净柴油清洗并清除飞边、毛刺及残留纸垫。

(2)泵轮轴、涡轮轴和传动齿轮须探伤检查,不得有裂纹,齿轮表面不得有严重磨损、剥离现象。

(3)更换全部轴承,选用新轴承时,须测量表 22 中规定的间隙。

**表 22　轴承尺寸与限度表**　　单位:mm

| 轴承型号 | 原始游隙 | 配合尺寸 | |
|---|---|---|---|
| | | 外圈与泵体 | 内圈与轴 |
| E176214QKT<br>7E32210QT | 0.05～0.065 | 0～0.03<br>−0.005～0.025 | −0.005～−0.015 |

(4)外观检查泵轮、涡轮,不得有裂纹、掉片和严重磨耗。

(5)用 200 mm 深度尺检查泵轮、轴与压盖、涡轮轴与法兰锥度配合的压入行程,须符合技术要求。

(6)用 0~125 mm 千分尺及百分表检查油封与盖的径向间隙,须符合要求。

(7)用 500 kPa 压缩空气吹扫耦合器上、下体及油路畅通,上下体结合面应刮掉旧密封胶并用油石磨平。

3.6.3.3 组装。

(1)组装泵轮

①将轴承 E176214QKT 用铜棒轻击装入泵体内,并紧固好压盖。

②将油封套、挡圈及 7E32210QT 轴承装入泵体内。

③将 7E32210QT 轴承内圈用铜棒轻轻敲击装入泵轮轴。

④装上压套,用油压工具压入泵轮轴至原尺寸 $a$ 值为止。

⑤用 0~200 mm 深度尺寸测量泵轮平面至泵轮体结合面的距离 $h_1$(见图 12)。

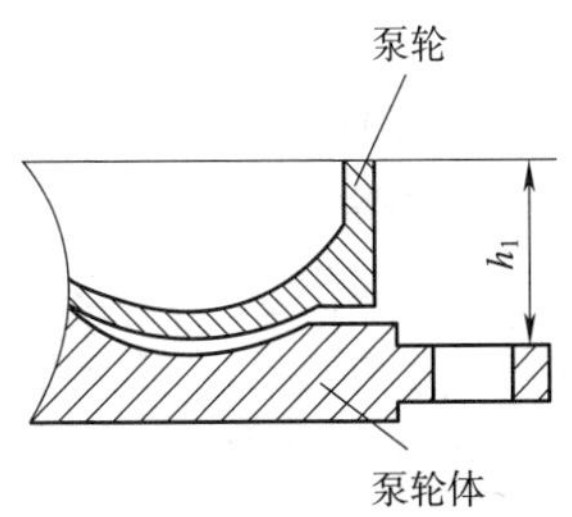


图 12 泵轮平面至泵轮体结合面距离 $h_1$ 测量

(2)组装涡轮

①将 7E32210QT 轴承装入涡轮体内并放好挡圈。

②再放入油封套,将 E176214QKT 轴承用铜棒敲击装入涡轮体内。

③再放上油封,紧固轴承压套。

④将 7E32210QT 轴承内圈预先装入涡轮轴上,然后将涡轮轴装入体上,放好法兰,用油压工具压装涡轮轴,注意其端面尺寸符合 $b$ 值为止。

⑤测量涡轮平面至涡轮体结合面的距离 $h_2$(见图 13)。

$h_2-h_1=2\sim4$ (mm)为符合技术要求,如不符合要求可调整泵、涡轮底面垫片厚度。

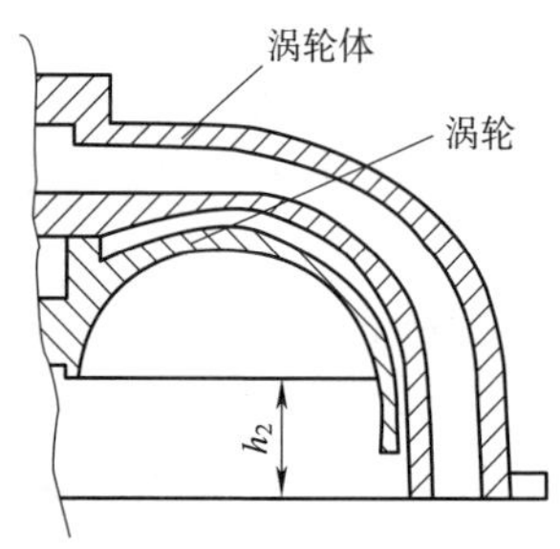


图 13　涡轮平面至涡轮体结合面距离 $h_2$ 测量

(3)将泵、涡轮结合面清除干净,涂以密封胶并装到一起,紧固螺钉。

(4)用手转动涡轮或泵轮,应转动平稳、无异音、不带轴。

(5)装好垫片及传动伞齿轮,并紧固好螺钉。

(6)装好润滑油嘴。

3.7　中间齿轮箱检修

3.7.1　基本技术要求

3.7.1.1　组装后,工况操纵机构的三个位置锁定正确、作用灵活。各轴转动灵活,无卡滞、异音,油路畅通。

3.7.1.2　轴、法兰、齿轮须探伤,不许有裂纹。

3.7.1.3　齿轮不许有剥离、腐蚀,齿面允许有轻微腐蚀、点蚀或局部硬伤,但每个齿面腐蚀、点蚀面积不得超过该齿齿面的 30%,硬伤面积不得超过该齿齿面的 10%。

3.7.1.4　锥度配合接触面积不少于 70%,拆装时不许泄油。

3.7.1.5　拨块与齿形离合器拨槽的侧面总间隙不大于 3.0 mm,组装后单侧间隙不小于 0.7 mm,拨块不抗劲。齿形离合器齿面磨耗不大于 0.5 mm,端面磨耗不大于 1.0 mm。

3.7.1.6　轴承内外圈及滚道、滚动体不许有裂纹、剥离及过热变色,保持架须良好。

3.7.1.7　各分箱面及油封不得漏油,装车运转时油温温升不大于 50%。

3.7.2　分解

3.7.2.1　将中间齿轮箱放在工作支架上，放油后清扫箱体表面。

3.7.2.2　拆下外部油管，打开上箱盖，检查变换工况插销与离合器相应位置是否吻合，然后拆下工况操纵机构。

3.7.2.3　卸下一轴油封盖及轴承压盖，拆下一箱，吊下一箱，用专用工具解体一箱。

3.7.2.4　拆下二轴轴承压盖，拆下二箱，吊下二轴并解体。卸下齿轮油泵及滤网。注意拔法兰和齿轮的最大压力分别为 $170\times10^3$ kPa 和 $140\times10^3$ kPa。

3.7.3　清洗与检查

3.7.3.1　清洗各零件。

3.7.3.2　对轴、法兰、齿轮进行探伤检查，不许有裂纹。

3.7.3.3　检查轴承应符合要求。

3.7.3.4　油封状态良好，配合过盈为 0.01～0.02 mm。

3.7.3.5　轴承内圈与轴的配合过盈为 0.015～0.025 mm，外圈与套的配合过盈为 0～0.01 mm。

3.7.3.6　法兰的接触面积不小于 70%，压入进程 $S=(14\pm0.5)$ mm，不小于 11.5 mm。齿轮锥度配合接触面积不小于 70%，压入行程 $S=(14\pm0.5)$ mm，不小于 9.5 mm。

3.7.3.7　各箱体裂纹须经过焊修。齿形离合器齿、端面磨耗须符合要求。

3.7.3.8　检查拨块、拨叉、传动轴状态。拨块厚度允许减少 2 mm。

3.7.3.9　吹扫各油路畅通，应无泄漏，滤网应完好。

3.7.4　组装

3.7.4.1　按分解相反的顺序进行组装。

3.7.4.2　各部件组装后应符合下列要求。

(1)主传动齿轮轴向移动量为 0.17～0.37 mm，如不符可改变挡圈厚度来保证。

(2)各分箱面应清扫干净，均匀涂密封胶，紧好螺栓。

(3)油封应加热安装，法兰扩压按规定 $p_{max}=170\times10^3$ kPa。

(4)工况操纵机构装完后，插销与离合器相应位置应吻合。组装后转动各轴，应无异音、无泄点。

3.8 电机

3.8.1 机座、端盖及轴承检修要求

3.8.1.1 机座及端盖应清扫干净，并消除裂纹与缺陷，油堵、油管、防护网罩须安装牢固，各螺孔丝扣良好，电机编号应正确、清晰。

3.8.1.2 轴承检修。

3.8.2 电机导线的检修要求

3.8.2.1 导线的绝缘不得有油浸变质、老化、膨起及机械损伤，部分破损者允许包扎使用，但内绝缘损坏严重时应更换。

3.8.2.2 导线有效导电面积减少不许超过10%。

3.8.2.3 接线端子应光滑、平整，搪锡完好、均匀，不许有裂纹、松动或过热变色。

3.8.2.4 导线应绑扎牢固、排列整齐，导线间、导线与机座间不许有摩擦和挤压。

3.8.3 磁极检修要求

3.8.3.1 铁芯与机座、绕组与铁芯之间应紧固、密实、无毛刺。

3.8.3.2 磁极绕组的外包绝缘不许有破损、烧伤或过热变色。绕组引出线端子不许有裂纹，表面应光滑、平整，搪锡完好、均匀。

3.8.3.3 磁极极性应正确。

3.8.3.4 各绕组内阻值(换算到出厂测量温度条件下)与生产工厂的出厂值或规定值相比较，误差不应超过10%。

3.8.4 刷架装置检修要求

3.8.4.1 刷架不许有裂纹、烧损及变形，紧固须良好，连线应规则、牢固，无破损。

3.8.4.2 刷架的压合机构动作应灵活。刷盒不得有严重烧伤或变形，压指不许有裂纹、破损。

3.8.4.3 电刷在刷盒中应能上下自由移动，其长度：中修机车不小于原形尺寸的2/3，运用机车不小于原形尺寸的1/2。电刷导电截面损失不得超过10%，刷辫不许松弛、过热变色，截面破损不得超过10%。

3.8.5 电枢检修要求

3.8.5.1 油封、槽楔、风扇、均衡块、铁芯、前后支架及绕组元件不许有裂纹、损伤、变形和松动，各部绝缘不许老化。

3.8.5.2　扎线不许有松脱、开焊及机械损坏，扣片无折断；无纬带不许有起层和击穿痕迹。定修机车允许扎线或无纬带有不影响安全运用且宽度不超过总宽度10%的局部损伤。

3.8.5.3　电枢轴的轴颈表面允许有不超过有效接触面积15%的轻微拉伤。

3.8.5.4　均衡块丢失、松动或空转振动大的电机电枢应作动平衡试验，容量不足10 kW的电枢可只进行静平衡试验，不平衡量应符合原设计要求。

3.8.5.5　换向器前端云母环密封应良好，压紧圈及螺栓不许裂纹、松弛。

3.8.5.6　换向器表面不许有凸片及严重的烧损或拉伤，磨耗深度中修机车不超过0.2 mm，定修机车不超过0.5 mm。

3.8.5.7　换向器车削后，表面粗糙度应达到3.2，云母槽按规定下刻、倒角并消除毛刺。

3.8.5.8　升高片处不许有开焊、甩锡、过热变色。各片间电压降与平均值之差不大于平均值的20%。允许用片间电阻法进行测量，但其要求应不低于片间电压降法的水平。

3.8.6　电机绝缘要求

3.8.6.1　绝缘不许有老化、破损。

3.8.6.2　冷态绝缘电阻不得低于下列值：

电枢绕组对地1 MΩ

磁极绕组对地5 MΩ

刷架装置对地10 MΩ

相互之间5 MΩ

注：测量绝缘电阻时用500 V兆欧表。

3.8.7　电机组装要求

3.8.7.1　电机内部、外部须清洁整齐，标记正确、清晰，导线卡子、接线端子及端子盒等应完整。

3.8.7.2　各螺栓无松动，防缓件须作用良好，油嘴不许有松动、破损，油路须畅通。

3.8.7.3　刷盒与换向器轴线的不平行度、倾斜度不得大于1 mm，电刷须全部置于换向器工作面上。

3.8.7.4 同一电机应使用同一牌号的电刷，与换向器的接触面积不得少于电刷截面的75%。同一电机各电刷压力差不得大于20%。

3.8.8 电机试验要求

3.8.8.1 耐压试验。绕组对机壳及各绕组相互间承受50 Hz正弦波交流电，试验1 min，应无击穿、闪络现象。试验电压值：容量不超过1 kW的电机为500 V，容量超过1 kW的电机为1 000 V。

3.8.8.2 空转试验。解体检修过的电机须在额定转速下连续运转1 h。运转中不许有异音、甩油，轴承温升不超过40 K。

3.8.8.3 换向试验。电机在热态下其额定工况和使用工况的火花等级均不得超过$1\frac{1}{2}$级。

3.8.8.4 匝间耐压试验。处理电枢绕组后，电机在热态下通以1.1倍额定电压运转5 min，电枢绕组匝间不得发生击穿、闪络现象。

3.8.8.5 超速试验。重新绑扎线的电枢在1.2倍额定转速下运转2 min，不得发生损坏和剩余变形。

3.9 电器及电线路

3.9.1 电器及电线路检修的一般要求。

3.9.1.1 导线不许有过热、烧损、绝缘老化现象，线芯或编织线断股不得超过总数的10%。

3.9.1.2 电器各部件应安装正确，表面清洁，绝缘性能良好，零部件完整齐全。

3.9.1.3 紧固件齐全，紧固状态良好。

3.9.1.4 风路、油路畅通，弹簧性能良好。橡胶无老化变质。

3.9.1.5 运动件须动作灵活、正确、无卡滞。

3.9.1.6 标牌及符号齐全、完整、清晰、正确。

3.9.1.7 绝缘电阻测量。额定工作电压不足50 V者用250 V兆欧表，50～500 V者用500 V兆欧表测量。

(1)单个电器或电器元件的带电部分对地或相互间绝缘电阻应不小于10 MΩ。

(2)机车电气线路对地绝缘电阻应不小于0.25 MΩ。

3.9.1.8 耐压试验。凡电器绝缘经过修复或更换者，须进行 50 Hz 正弦波交流电对地及相互间的耐压试验，1 min 内无击穿、闪络现象。试验电压：额定电压 110 V 的电器为 1 100 V，额定电压 36 V 以下的电器为 350 V。

3.9.1.9 直流电阻值测量。各种电器的操作线圈的电阻值与出厂值相比较，误差不得超过其出厂值的 10%。

3.9.1.10 电器动作值的测量与整定。

(1)各种电器检修后要按规定进行动作值的测量与整定。

(2)各种电器的操作线圈在 0.7 倍额定电压时应能可靠地动作（中间继电器的最小动作电压不大于 66 V）；其释放电压应不小于额定电压的 5%，柴油机起动时工作的电器其释放电压应不大于 0.3 倍额定电压。

(3)电空阀和风压继电器气密试验。在最大工作风压下（额定风压 500 kPa 时为其 1.3 倍，额定风压 900 kPa 时为其 1.1 倍）无泄漏。电空阀在 375 kPa 风压下应能可靠动作。

(4)保护电器各动作参数整定合格后，其可调部分应进行封定。

3.9.1.11 各电器及电线路装车后须开闭程序正确，作用可靠。

3.9.2 有触点电器检修要求

3.9.2.1 触头（包括触指及触片，以下同）不许有裂纹、变形、过热和烧损。无限度规定的触头接触部分的厚度，中修机车不少于原形尺寸的 2/3，定修机车不少于原形尺寸的 1/2。

3.9.2.2 触头嵌片不许有开焊、裂纹、剥离和烧损，厚度应符合规定，无规定者应不少于原形尺寸的 1/2。

3.9.2.3 对主、辅头有开闭配合要求的电器，其开闭顺序及开闭角度应符合规定。

3.9.2.4 触头动作应灵活、准确、可靠。同步驱动的多个触头，其闭合或断开的非同步差值不大于 1 mm，但主、辅触头之间的非同步差值，在保证各自的开距、超程下可不作要求。

3.9.2.5 灭弧线圈须安装牢固，不许有裂纹、断路和短路。

3.9.2.6 导弧角表面应清洁，不许有裂纹、变形，并不得与灭弧室壁相碰。

3.9.2.7 灭弧室应安装正确，不许有裂纹和严重缺损，壁板应清洁，灭弧板(栅)应齐全、清洁、完整，导磁极、挂钩、搭扣(卡箍)等应齐全、作用良好。

3.9.2.8　转轴、轴销、杆件，鼓轮、凸轮、棘轮、齿轮以及支承件不许有裂纹、破损、变形和过量磨耗。传动齿轮啮合良好，安装牢固、无卡滞，齿面磨耗不得超过原形的1/3。

3.9.2.9　机械联锁控制顺序正确，锁闭可靠。

3.9.2.10　线圈不得短路、断路，绝缘应良好、无老化。

3.9.2.11　衔铁、电空阀杆动作灵活、无卡滞。

3.9.3　无触点电器检修要求

3.9.3.1　晶体管元件组装前须经高温贮存后立即测试筛选，高温贮存条件硅管为125 ℃，锗管85 ℃，贮存时间为16 h，测定的参数应达到有关标准，并符合电器的性能要求。

3.9.3.2　电路板上的元件焊点应光滑、牢固、凸起2 mm左右，不许有虚焊或短路及金属箔脱离板基现象。

3.9.3.3　各电阻、电容等其他电器元件须完整、安装牢固、作用良好，附加的卡夹应齐全、可靠。接插件应接插可靠，锁紧装置作用良好。

3.9.3.4　整机或电子组件应在常温和工作温度条件下整定各性能参数，并达到规定的要求，整定后须做好封闭或标记。

3.9.4　电阻、电容、分流器检修要求

3.9.4.1　带状电阻不许有短路和断裂，接头、抽头焊接牢固，其导电截面缺损不得超过原形尺寸的10%。

3.9.4.2　绕线电阻不许有短路、断路，管形电阻导电部位的外包珐琅不得严重缺损。

3.9.4.3　可调电阻的活动抽头须接触可靠，定位牢固，电阻值整定后要在该位置做好标记。

3.9.4.4　瓷管、瓷架应齐全，不许有断裂和严重缺损。

3.9.4.5　电容器不许有短路，内部引线不得断路，绝缘子应完整，接线良好。

3.9.4.6　分流器不许有断片、裂纹和开焊。

3.9.5　插头、插座及端子排检修要求

3.9.5.1　插头、插座应完整，插接牢固，簧片弹力正常，插针(或片)

不许有过热、断裂，定位及锁扣装置须作用可靠，卡箍及防尘罩应齐全、完整。

3.9.5.2　插头及插座的绝缘件应完整，不许有烧伤，插针（或片）与导线焊接须良好，断股超过总数10%时应剪掉重焊。

3.9.5.3　端子排的螺栓、垫圈及连接片应齐全，接线牢固，端子排编号应正确，清晰。

3.9.5.4　端子排接线应符合图纸规定，排列整齐，无绝缘隔板的接线柱相邻的接线端子不得相碰；有绝缘隔板的接线柱接线端子不得压迫隔板，隔板缺损不得超过原面积的30%。

3.9.6　开关、熔断器检修要求

3.9.6.1　按钮开关、转换开关、自动脱扣开关及脚踏开关须动作灵活、无卡滞，位置指示正确，自复、定位作用良好，各绝缘件不得烧损。

3.9.6.2　各触头及触指通、断作用应可靠，不许有断裂与变形，其磨耗与烧蚀厚度不得超过原形尺寸的1/5。

3.9.6.3　刀开关须动作灵活，动刀片与刀夹接触应密贴，接触线长度（或接触面面积）应在80%以上，夹紧力适当。刀片的缺损沿宽度不超过原形尺寸的10%，沿厚度不超过原形尺寸的1/3。

3.9.6.4　熔断器熔体型号、容量及自动脱扣开关动作值应符合规定，熔断器及座（或夹片）应完好。

3.9.7　照明灯、信号灯、电炉检修要求

3.9.7.1　前后照灯、照明灯、信号灯等灯具及附件应齐全，安装牢固，光照良好，显示正确。

3.9.7.2　前后照灯应聚焦良好，照射方向正确，反射镜无污损，触发装置作用可靠。

3.9.7.3　车体外部的灯具有防护罩的，其密封状态应良好。

3.9.7.4　电炉应配件齐全，瓷盘完整，发热效能正常，防护装置良好。

3.9.8　绝缘导线及铜排检修要求

3.9.8.1　导线的绝缘层及护套局部过热烧焦、老化变硬、油浸黏软或机械损伤时允许进行包扎处理。

3.9.8.2　线号应齐全、清晰，排列整齐，便于查看。

3.9.8.3 线束及导线的固定装置或线卡应完好，并绑扎整齐。

3.9.8.4 接线端子与导线的连接应良好，线芯断股超过总数的10%时要剪掉重接，但其长度应保持在对应连接点间直线距离的110%～130%，导线与接线柱间不得拉紧。

3.9.8.5 铜排应平直、无裂纹，局部缺损超过原截面的10%时应修补。

3.9.8.6 铜排连接处应密贴，夹件与绝缘件完好，支承点牢固。

3.9.9 线管、线槽检修要求

3.9.9.1 线管、线槽应完好，安装牢固，管卡及槽钉齐全。

3.9.9.2 管口防护装置应齐全、完整。

3.9.9.3 线盒内应清洁、干燥，导线摆放整齐。

加装改造的电器及电线路须符合上述所有的有关规定，配件应标注线号，并尽量纳入机车的线束、线管或线槽内，布线图要记入机车履历簿内。

3.10 蓄电池

3.10.1 蓄电池检修要求

3.10.1.1 蓄电池必须清洁，壳体不许有裂损，封口填料完整、无泄漏，出气孔畅通。

3.10.1.2 各连接板、极柱及螺栓紧固状态应良好，有效导电面积减少不得大于10%。

3.10.1.3 蓄电池车体安装槽内壁，中修时应进行防腐处理，导轨作用良好，无破损、卡滞。

3.10.1.4 蓄电池容量，中修时应不低于额定容量的80%；两次中修之间进行一次容量检查，应不低于额定容量的70%。

3.10.1.5 免维护蓄电池要补蒸馏水后称重，原则上要恢复出厂重量。

3.10.2 运用机车蓄电池单节电压不低于2.0 V。

3.10.3 同组内各个蓄电池的容量差不得超过10%。

3.10.4 蓄电池对地绝缘电阻$R_x$须用内阻值为30 kΩ、量程0～150 V的电压表测量，并按下式计算：

$$R_x = R_{内}\left(\frac{u_{总}}{u_1 + u_2} - 1\right)$$

式中 $R_{内}$——表头内阻(30 000 Ω);

$u_{总}$——蓄电池组端电压(V);

$u_1$——正端对地电压(V);

$u_2$——负端对地电压(V)。

$R_x$中修时不低于 17 000 Ω,定修互换时不低于 8 000 Ω,不互换时不低于 3 000 Ω。

3.10.5 机车运用中蓄电池组对地漏电电流不得超过 40 mA。

3.11 仪表

3.11.1 各种仪表检修及定期检验应严格执行国家计量管理部门颁布的有关规定。

3.11.2 机车仪表定期检验应结合机车定期检修进行,其检验期限为:

3.11.2.1 风压表一般不超过 3 个月。

3.11.2.2 其他机械式仪表和电气仪表一般不超过 6 个月。

3.11.2.3 毛细管式温度表和温度继电器每次中修和中修期中间各检验一次。

3.11.3 仪表外壳及玻璃罩应完整、严密、清洁,刻度和字迹须清晰。

3.11.4 指针在全量程范围内移动时应无摩擦和阻滞现象。

3.11.5 仪表的误差不得超过本身精度等级所允许的范围。

3.11.6 带传感器的仪表配套的传感器应一起校验。传感器对地绝缘应良好,用 500 V 兆欧表测量,其对地绝缘电阻值不低于 1 MΩ。带稳压器的仪表其稳压值应在规定的范围内。

3.11.7 检修、校验后的仪表应注明检验单位与日期,并打上封印。

3.11.8 仪表安装必须牢固、正确,连接管路应无泄漏,并照明良好。

3.12 车体与走行部

3.12.1 车体及车架检修要求

3.12.1.1 车体不许有裂纹,表面平整,各螺栓、栽丝、铆钉及防雨胶皮状态应良好。

3.12.1.2　车架裂纹及焊修开裂时，允许焊修。

3.12.1.3　门窗、顶盖、百叶窗及操纵装置应动作灵活，关闭严密。

3.12.1.4　排障器须安装牢固，不许有裂纹及破损。

3.12.1.5　走台板、地板、梯子、扶手、门锁、装饰带、工作台及司机座椅等应安装正确，状态及作用良好。

3.12.2　牵引装置检修要求

3.12.2.1　车钩“三态”（闭锁状态、开锁状态、全开状态）须作用良好。

3.12.2.2　车钩在闭锁状态时，钩锁铁往上的活动量 13 号为 5～15 mm；钩锁铁与钩舌的接触面须平直，其高度不少于 4 mm，钩舌与钩锁铁的侧面间隙为 1～3 mm，钩体防跳凸台和钩锁销的作用面须平直，钩舌与钩体的上、下承力面须接触良好。

3.12.2.3　中修时，车钩各零件须探伤检查，下列情况禁止焊修：

(1)车钩钩体上的横向裂纹，扁销孔处向尾端发展的裂纹。钩体上距钩头 50 mm 以内的砂眼和裂纹。

(2)钩体上长度超过 50 mm 的纵裂纹。

(3)耳销孔处超过该处断面的 40%的裂纹。

(4)上、下钩耳间(距钩耳 25 mm 以外)长度超过 30 mm 的纵、横裂纹。

(5)钩腕上长度超过腕高 20%的裂纹。

(6)钩舌上的裂纹。

(7)车钩尾框上的横裂纹及该扁销孔处向端部发展的裂纹。

3.12.2.4　车钩组装后，钩尾至牵引从板的间隙（包括扁销的间隙）为 2～6 mm。

3.12.2.5　车钩中心线距轨面的高度，中修时为 835～885 mm。

3.12.2.6　牵引中心销不许有裂纹。中心销尼龙套不得有裂纹、剥离，橡胶套不得有老化、裂损。

3.12.2.7　牵引转向装置的各杆及销不得有裂纹。

3.12.3　转向架构架及旁承检修要求

3.12.3.1　构架及各焊缝不许有裂纹。

3.12.3.2　转向架排障器底面距轨面高度为120～160 mm，扫石器(胶皮)底边距轨面高度为21～33 mm。

3.12.3.3　旁承体、各磨耗板及上下球面支承体等零件不许有裂纹，橡胶密封须状态良好无泄漏，上下磨耗板的摩擦面不许有深0.5 mm、宽1.5 mm以上的拉伤和点蚀，磨耗量不得大于1 mm。上下球面应顶面接触，接触面积不少于30%。旁承滚子直径减少量不得大于2.0 mm。

3.12.3.4　砂箱及砂管须安装牢固。

3.12.4　弹簧及减震装置检修要求

3.12.4.1　中修时，轴箱及旁承弹簧均须进行选配。同轴左右4组轴箱弹簧的自由高度差不大于3 mm，同一转向架不大于5 mm，不符合时可以加垫调整，调整垫板不得多于2块。同一转向架的旁承弹簧自由高度差不大于5 mm。

3.12.4.2　各橡胶减震垫及橡胶关节无老化及破损。

3.12.4.3　中修时，油压减振器须分解清洗，更换不良零件和工作油，检修后在试验台上试验，其阻力系数较名义数值允差－10～＋20%，拉伸压缩阻力之差不得超过拉伸压缩阻力之和的15%。检修后平放24小时，无泄漏。运用中油压减振器的性能应每6个月检验1次，不合要求者须及时更换或修理。

3.12.4.4　摩擦减振器摩擦面应无严重拉伤和过量磨耗。检修后须作性能试验，摩擦阻力应达(6 000±500) N。

3.12.5　轴箱检修要求

3.12.5.1　轴箱体不许有裂纹，轴箱上吊耳磨耗板的磨耗量不许超过1 mm。

3.12.5.2　轴挡各部及橡胶支承须状态良好。

3.12.5.3　轴承972832T或982832T允许选配使用。若需整列更换滚动体时，应保证内外两列的径向游隙差不大于0.03 mm。

3.12.5.4　轴箱拉杆轴与座斜面接触应良好，局部间隙用0.05 mm塞尺检查塞入深度不大于10 mm，底面间隙不小于0.5 mm。拉杆橡胶垫及胶套不得老化、裂损。

3.12.5.5　滚动轴承检修按规定办理。

3.12.5.6　运转时轴箱温度不超过 70 ℃，各处无漏油。

3.12.6　轮对检修要求

3.12.6.1　轮箍不许有裂纹及松缓。东方红 5、东方红 5C 型的轴身上横裂纹经铲除后可以使用，但铲除后轴身半径较设计尺寸的减少量不得超过 4 mm，且同一断面上直径减少量亦不超过 4 mm。

3.12.6.2　轮心上的裂纹允许焊修，但超过该处圆周 1/3 的环形裂纹及发展到毂孔处的放射性裂纹禁止焊修。

3.12.6.3　轮对组成后，轮箍内侧距离；东方红 2、东方红 5、东方红 5C 型新轮箍为（$1\ 353^{+1}_{-2}$）mm，旧轮箍为（1 353±3）mm，同轴轮箍内侧距离差不得大于 1.5 mm。

3.12.6.4　轮箍外形旋削后，用样板检查，踏面偏差不超过0.5 mm，轮缘高度减少量不超过 1 mm，轮缘厚度减少量不超过 0.5 mm，距轮缘顶 10～18 mm 处可留有深度不超过 2 mm、宽度不大于 5 mm 的残沟。

3.12.6.5　轮对轮径差：同一轴不大于 0.5 mm，同一转向架不大于 0.5 mm，同一机车不大于 0.5 mm。

3.12.6.6　镶装轮箍检修要求。

（1）轮箍内径配合面须探伤检查，不许有裂纹。

（2）轮辋外径配合面锥度：东方红 5、东方红 5C 型不大于 0.20 mm，其椭圆度：东方红 5、东方红 5C 型不大于 0.50 mm。

（3）轮箍紧余量按轮辋外径计算，每 1 000 mm 轮辋直径紧余量为 1.2～1.5 mm，轮箍热装时，应均匀加热，加热温度不得超过 350 ℃，禁止用人工方法冷却轮箍。

（4）轮箍加垫厚度不大于 1.5 mm，垫板不多于 1 层，总数不多于 4 块，相邻两块间的距离不大于 10 mm。

（5）轮箍厚度小于 40 mm 时，不许加垫。

3.12.6.7　机车运用时，轮对各部须作外观检查，轮缘垂直磨耗高度不超过 18 mm；轮箍踏面擦伤深度不超过 0.7 mm，磨耗深度不大于 7 mm，踏面上的缺陷或剥离长度不超过 40 mm，且深度不超过 1 mm；轮缘厚度在距轮缘顶点 18 mm 处测量不少于 23 mm；各部无开裂，轮箍无弛缓。

3.12.6.8　轮箍踏面擦伤允许焊修或用旋削的方法消除，同一处焊修次数不得超过2次，若擦伤深度超过2.5 mm或轮箍厚度小于50 mm时禁止焊修。

3.12.6.9　不许使用单弧自动焊堆焊轮缘。

3.12.6.10　轮对修毕后应按规定涂漆并做防缓标记。

3.12.7　中间齿轮箱、车轴齿轮箱检修要求

3.12.7.1　箱体不许有裂纹、砂眼。中间齿轮箱第一、第二轴解体时，应检查轴和法兰不许有裂纹。车轴齿轮箱输入轴、拉臂、拉臂销不许有裂纹。锥形套裂纹允许焊修。

3.12.7.2　各轴、齿轮、法兰等锥度配合面拆装时，应能建立油压不泄油。修换锥度配合件时须检查配合接触面，其面积应不少于70％，且均匀分布。压入行程减少量按相关规定办理。

3.12.7.3　各齿轮检修按规定办理，但允许螺旋伞齿轮齿面剥离机种不大于该齿齿面的10％，深度不超过0.5 mm。

3.12.7.4　螺旋伞齿轮应成对更换；否则，新、旧齿轮应经磨合，各齿面接触面积不少于40％。

3.12.7.5　各滚动轴承检修。

3.12.7.6　中间齿轮箱中修时应符合以下要求。

(1)齿形离合器、回动轴、拨叉、拨块不许有裂纹，齿形离合器齿面磨耗不大于0.5 mm，端面磨耗不大于1.0 mm。

(2)拨块与齿形离合器拨槽的侧面总间隙不大于3.0 mm，组装后单侧间隙不小于0.7 mm，拨块不抗劲。

(3)在中立位时，齿形离合器至两端齿轮距离应均匀，在调车或小运转工况位时，齿形离合器应合满齿。

(4)输入轴32322型轴承挡板不许有弯曲变形。

(5)操纵机构动作灵活，回动轴拐臂不许松动，定位锁闭插销作用良好。

安装座橡胶组合件、橡胶圈不许老化、裂损和外窜。

3.12.7.7　装车运转时，中间齿轮箱及车轴齿轮箱油温温升均不大

于 50 K，分箱面及油封无泄漏。

3.12.8　中间齿轮箱及车轴齿轮箱中的齿轮油泵检修要求

3.12.8.1　泵体不许有裂纹、砂眼。

3.12.8.2　油泵齿轮及轴不许有裂纹。

3.12.8.3　组装后须转动灵活、平稳、无卡滞。

3.12.8.4　东方红 5、东方红 5C 型的试验标准：当正、反两个转向的转速为 300 r/min 时，压力 100 kPa、真空度 10.13 kPa、流量不少于 $0.058\times10^{-3}\,m^3/s$，各部无泄漏。

注：各油泵试验介质为车轴齿轮箱用油，油温为(80±5) ℃(如试验台无加温设备，其流量标准可按实际油温折算)。

3.12.9　万向轴检修要求

3.12.9.1　法兰叉头、花键轴、花键套、十字销及轴承压盖均不许有裂纹。

3.12.9.2　花键套与花键轴组装时，两端叉头应在同一平面内，允许偏差不大于 6°。

3.12.9.3　滚针轴承外圈与叉头配合处不许弛缓、透锈。

3.12.9.4　滚针、滚道(包括十字销头滚道面)、轴承体不许有剥离、过热变色、压痕。

3.12.9.5　各防尘圈状态须良好。

3.12.9.6　更换部件时，须进行动平衡试验，其不平衡度应符合原设计规定。

3.12.9.7　各注油嘴须作用良好，十字销油路畅通。

3.12.10　转向架组装要求

3.12.10.1　东方红 5、东方红 5C 型轴箱与构架两侧间隙之和为 4～18 mm。

3.12.10.2　转向架在工作状态时，东方红 5、东方红 5C 型构架四角高度差不大于 10 mm，同一车架两旁承处高度差不大于 5 mm。

3.13　3W-1.6/9 型空气压缩机检修

3.13.1　基本技术要求

3.13.1.1　气缸、气缸盖、曲轴及各运动件不件有裂纹，箱体轴承孔处的裂纹禁止焊修。

3.13.1.2　连杆大小端孔不许有剥离、辗片、拉伤。

3.13.1.3　压缩室高度为 0.8～1.5 mm。

3.13.1.4　散热器须清扫干净，每个单节堵焊泄漏的散热管数不得多于 2 根。组装后须在水槽内进行(500±50) kPa 风压试验，保持 1 min 无泄漏。

3.13.1.5　散热器上的安全阀须进行校验，开启压力为 $450_{-20}^{0}$ kPa，关闭压力为 $350_{-20}^{0}$ kPa。

3.13.1.6　风压继电器应动作灵敏，当风压升至 $900_{-20}^{0}$ kPa 时，空气压缩机停止打风，当风压降至(750±20) kPa 时，空气压缩机开始打风。

3.13.1.7　轴承内外圈、滚珠、滚道不许有裂纹、剥离及过热变色，允许有轻微腐蚀及拉伤痕迹，清洗后须转动灵活无异音，热装轴承加热温度不得超过 100 ℃并严禁直接锤击轴承。

3.13.2　组装后应进行性能试验

3.13.2.1　磨合试验。

在空转无背压情况下，以 800 r/min 转速运转 30 min，活塞顶部不许有喷油现象，但活塞周围允许有少量渗油。

3.13.2.2　风量试验。

总风缸容积为 0.5 $m^3$，空气压缩机转速为 1 500 r/min，风压由 0 升至 $900_{-20}^{0}$ kPa 所需时间不超过 160 s。

3.13.2.3　温度试验。

在额定工况下持续 30 min，曲轴箱不超过 80 ℃，高压排气温度不超过 180 ℃。

3.13.2.4　泄漏试验。

在试验台上当压力为 900 kPa，由于风阀的泄漏，在 10 min 内下降不超过 100 kPa。

3.13.3　原形尺寸及限度(见表 23)

表 23　3W-1、6/9 型空气压缩机原形尺寸及限度表　单位:mm

| 序 | 名　　称 | | 原　　形 | 中修限度 |
|---|---|---|---|---|
| 1 | 气缸直径 | 高压缸 | $\phi 90^{+0.035}$ | $\phi$90.34 |
| | | 低压缸 | $\phi 115^{+0.035}$ | $\phi$115.34 |
| 2 | 气缸内孔的椭圆度　锥度 | | 0～0.027 | 0.10 |
| 3 | 活塞与气缸的径向间隙 | 高压缸 | 0.30～0.385 | 0.55 |
| | | 低压缸 | 0.35～0.435 | 0.55 |
| 4 | 活塞销的椭圆度、锥度 | | 0～0.01 | 0.02 |
| 5 | 活塞销与座孔的过盈量 | | −0.008～0.03 | 0～0.03 |
| 6 | 活塞环自由开口间隙 | 高压气环 | 11±1 | 11±1 |
| | | 高压油环 | 8±1 | 8±1 |
| | | 低压气环 | 14±1 | 14±1 |
| | | 低压油环 | 15±1 | 15±1 |
| 7 | 活塞环工作开口间隙 | | 0.05～0.25 | 0.60 |
| 8 | 活塞环与环槽侧面间隙 | | 0.017～0.06 | 0.08 |
| 9 | 曲轴连杆颈椭圆度、锥度 | | 0～0.008 5 | 0.05 |
| 10 | 连杆大端孔的椭圆度 | | 0～0.002 5 | 0.06 |
| 11 | 连杆小端孔的椭圆度 | | 0～0.022 | 0.04 |
| 12 | 连杆颈与连杆大端孔的径向间隙 | | 0.01～0.052 | 0.15 |
| 13 | 活塞销与连杆小端孔的径向间隙 | | 0.008～0.044 | 0.07 |
| 14 | 连杆大端横动量 | | 1.2～1.55 | 1.7 |
| 15 | 210、32210、308 轴承 | | | |
| 16 | 内圈与轴配合过盈 | | 0.003～0.032 | |
| 17 | 外圈与座配合过盈 | | −0.023～0.012 | |

### 3.13.4　检修工艺过程

3.13.4.1　解体。

(1)拧开放油堵,将空压机油放净。

(2)拆下滤尘器。

(3)拧下轴头螺母,拔出飞轮,取出键。

(4)卸下冷却器组件。

(5)卸下两低压缸及高压缸阀室。

(6)拧下气缸安装螺母,卸下气缸并打好记号。

(7)拧下检查孔盖螺栓,取下压盖、盖及垫片。

(8)拧下均衡铁压盖螺栓,取下压盖、均衡铁、键及垫圈。

(9)拧下轴承座安装螺栓,取下活塞连杆组及垫圈,并打好记号,把轴承座连同曲轴一同抽出。

(10)分解轴承座及曲轴。

(11)拧下 308 轴承压盖螺钉,取下轴承压盖及油封。

(12)取下 308 轴承及间隔套。

(13)用卡簧钳取下 210 轴承内圈挡圈。

(14)取下轴承及挡圈。

3.13.4.2　清洗。将各零部件用汽油或柴油清洗,然后用压缩空气吹扫干净。

3.13.4.3　检修。

(1)检查箱体。

(2)箱体目检无裂纹。

(3)各螺孔、螺纹丝扣良好,各安装栽丝安装牢固。

(4)气缸检修。

①检查气缸体,有裂纹者更换。散热片折损不得超过 5%。

②工作面应光滑,轻微拉伤可用细砂布打磨,严重拉伤应更换。

③用 0～100 mm、0～125 mm 外径分尺及内径量表测量气缸内径、椭圆度、锥度,超限者更换(见图 14)。

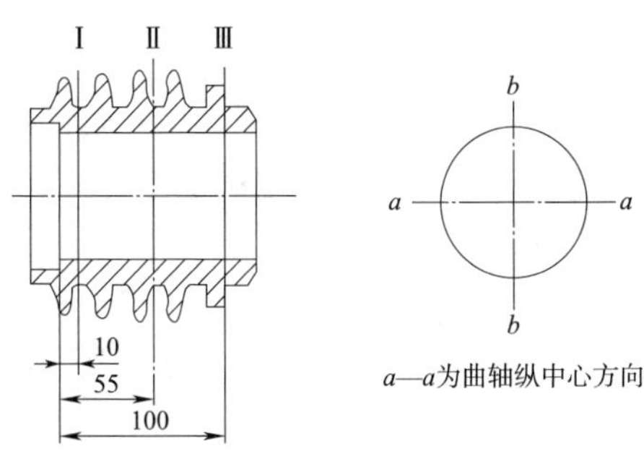


图 14　气缸径测位图(单位:mm)

(5)活塞连杆检修

①分解活塞连杆

a)取下活塞气环及油环。

b)用卡簧钳取出活塞销挡圈。

c)将活塞放入油中加热至130～160 ℃取出,用铜棒将活塞销轻轻打出。

②将活塞及连杆清洗干净。

③检查活塞组

a)检查活塞有裂纹、破损及拉伤严重者更换,轻微拉伤可用细砂布打磨消除。

b)用0～100 mm、0～125 mm外径千分尺测量活塞外径,计算与气缸配合间隙,超限时更换活塞(见图15)。

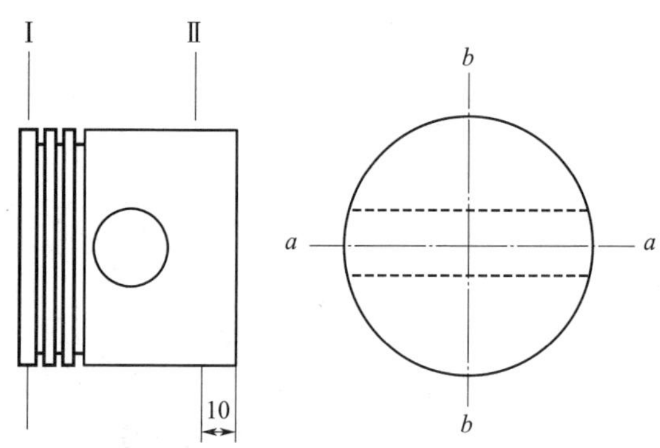


图15　活塞外径测位图(单位:mm)

c)活塞销探伤,裂纹者更换。

d)用0～25千分尺及内径量表测量活塞销孔及活塞销尺寸,椭圆度、锥度超限者更换。计算其配合尺寸,超限时更换(见图16、图17)。

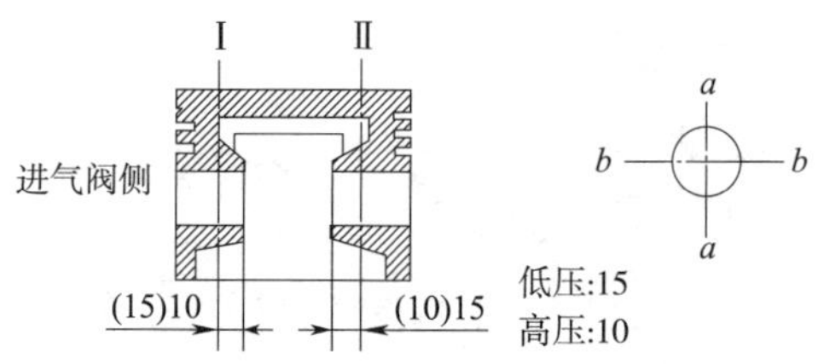


图16　活塞销孔测位图(单位:mm)

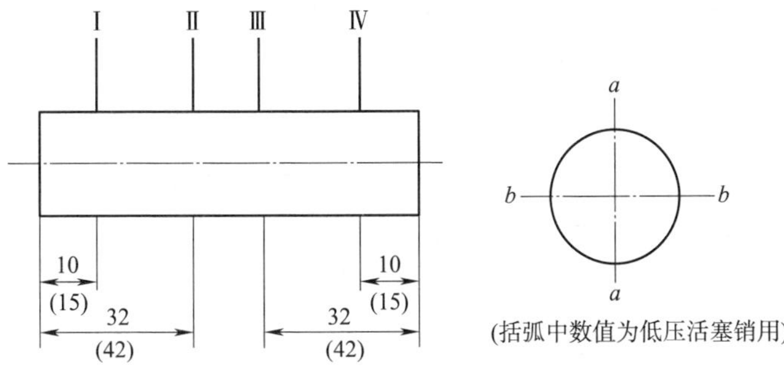


图 17　活塞销测位图(单位:mm)

e)检查选配活塞环。气环及油环工作面拉伤、偏磨及点蚀者更换,中修时全部更换。

f)用卡尺测量自由开口尺寸。测量活塞环工作开口尺寸。高压活塞环在高压气缸工作位内测量。低压活塞环在低压气作位内测量。

④检查连杆

a)着色探伤,裂纹者更换。

b)检查大小端孔,有剥离、辗片、拉伤者更换。

c)用 0～75 mm 外径千分尺及内径量表测量大端孔径,椭圆度、锥度超限时应修复,无法修复者更换,或曲轴连杆颈镀铬。计算大端孔与曲轴连杆颈径向间隙,超限时更换连杆(见图 18)。

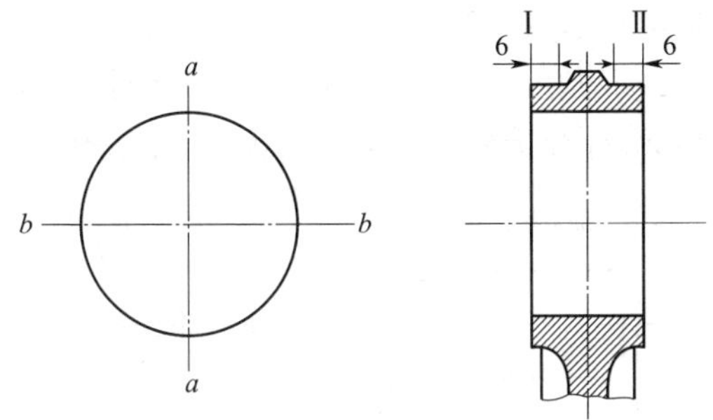


图 18　连杆大端孔径尺寸图(单位:mm)

d)用 0～25 mm 外径千分尺及内径量表测量连杆小端孔径,椭圆度、锥度超限时应修复,无法修复时更换。

计算小端孔与活塞销径向间隙，超限时更换活塞销（或活塞销镀铬），无法选配时更换连杆（见图19）。

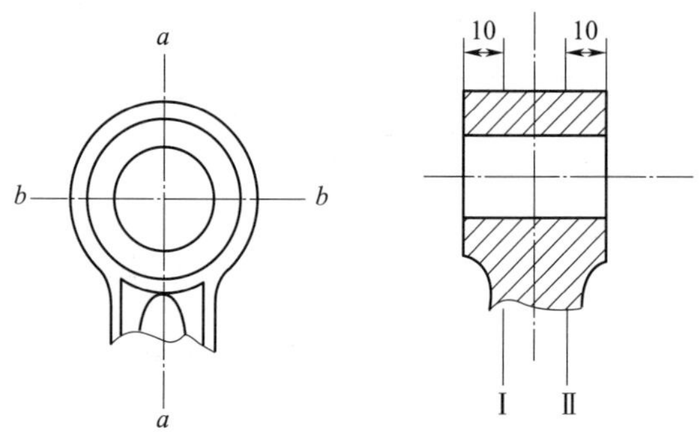

图19 连杆小端孔径尺寸图（单位：mm）

(6)阀室检修

①取下气阀，拧下紧固螺栓，分解阀座、阀片及阀盖。

②检查阀座、阀盖与阀片的接触面，腐蚀、凹坑严重者应修复或更换。接触面应进行对研，保证接触良好不泄漏。

③检查阀片及阀弹簧，裂纹者更换。

④检查阀室体（气缸盖），不得有裂纹。

(7)曲轴及轴承座检修

①曲轴探伤，裂纹者更换。

②检查曲轴连杆颈，有轻微拉伤、点蚀及麻点者可用油石或细砂布打磨光滑，严重拉伤或椭圆度、锥度超限时应磨削后镀铬修复。

③用0～50 mm外径千分尺测量连杆颈尺寸（见图20）。

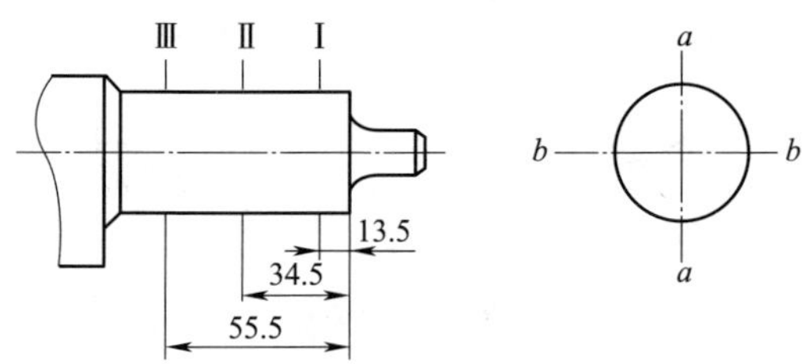

图20 曲轴连杆颈测位图（单位：mm）

④检查均衡铁及飞轮键槽,有损坏时应修复,与键槽配合松动时应重新配键。

⑤检查与飞轮内孔的接触面,接触面不良时应研修。

⑥检查轴承座,裂纹者更换。

⑦检查轴承,不良者更换。

⑧更换轴承油封。

⑨飞轮裂纹允许焊修,焊修后应进行静平衡试验。

(8)散热器检修

①散热器清洗干净。

②散热器组装后在水槽内进行(500±50)kPa 风压试验,保持1 min,泄漏者修复。

③散热管与管板连接处泄漏可用 J19 黏结剂修复,无法修复时可进行堵焊,但堵焊数每个单节不得多于 2 根。修复后应重新进行泄漏试验。

④散热器上的安全阀进行校验,开闭压力应符合要求。

(9)滤尘器清洗干净。

(10)更换全部石棉垫。

3.13.4.4　组装。

(1)所有零部件组装前应再次清洗并用压缩空气吹干净。

(2)按解体的相反顺序进行组装并注意以下几点。

①装活塞销时应将活塞放入油中加热至 130~160 ℃后装入活塞销。

②活塞环装入后用塞尺检查其侧面间隙。

③连杆组装后检查大端横动量。

④气缸组装后盘动曲轴,用深度尺测量活塞上止点到气阀座面距离,调整压缩间隙。

⑤组装各运动件时,各摩擦面应涂以空压机油。

⑥各紧固件必须紧固牢靠。

⑦组装后盘动曲轴,转动正常无异状。

3.13.4.5　试验。

(1)按要求在加油堵加入空压机油。

(2)按照基本技术要求进行性能试验。

3.14 NPT5 空气压缩机检修

3.14.1 机体、气缸、气缸盖、曲轴及各运动件不许有裂纹，机体轴承孔处的裂纹禁止焊修。

3.14.2 气缸、活塞、曲轴不许有严重拉伤，轴瓦无剥离、碾片、拉伤和脱壳，轴瓦与轴颈的接触面积不小于 70%，瓦背与连杆大端瓦孔密贴。拆装活塞销时活塞应油浴加热至 100 ℃。

3.14.3 压缩室高度为 0.6～1.5 mm。

3.14.4 进、排气阀应清洗干净，阀片、弹簧不许有裂断，阀片与阀座须研磨密贴，阀片磨耗深度不大于 0.1 mm。

3.14.5 散热器应清洁、无漏泄，散热器组装后须作 600 kPa 水压试验，保持 3 min 无漏泄，或在水槽内进行 600 kPa 的风压试验，保持 1 min 无泄漏。

3.14.6 散热器上的低压安全阀开启压力应为 $450_{-20}^{0}$ kPa，关闭压力为 $350_{-20}^{0}$ kPa。

3.14.7 油泵检修后应转动灵活，并作性能试验。当油温为 10～30 ℃，转速为 1 000 r/min，吸吮高度为 170 mm 油柱，压力为 400～480 kPa 时，供油量应为 2.3～3.0 $m^3$/min。

3.14.8 NPT5 空气压缩机检修后试验要求。

3.14.8.1 磨合试验：试验时间不小于 90 min(未更换零部件时允许减为 45 min)，磨合中，不许有异音和漏油现象，转速达到 1 000 r/min 时，油压稳定在 400～480 kPa，磨合后期活塞顶部不许有喷油现象，但在活塞周围允许有少量渗油。

3.14.8.2 风量试验：当转速为 1 000 r/min 时，使 400 L 的储风缸压力由 0 升至 900 kPa，所需时间不大于 100 s；或在机车上以 1 组空压机对总风缸充风，压力由 0 升至 900 kPa 所需时间不大于 360 s。

3.14.8.3 泄漏试验：在试验台上使储风缸压力达到 900 kPa，空气压缩机停止转动，由于气阀的泄漏，在 10 min 内压力下降不许超过 100 kPa。

3.14.8.4 温度试验：空气压缩机在 1 000 r/min 和 900 kPa 压力下连续运转 30 min，排气口温度不大于 190 ℃，曲轴箱油温不大于 80 ℃。

3.14.8.5 空气压缩机与电机组装时，法兰与联轴节的同轴度不大

于 $\phi$0.3 mm,相互间的轴向间隙应为 2～6 mm,沿圆周的间隙不均匀度不大于 0.5 mm。

3.14.8.6　空气压缩机装车后,1 组空气压缩机泵风,总风缸压力由 0 升至 900 kPa 所需时间不许超过 360 s,2 组空气压缩机泵风时间不许超过 210 s。当风压升至 $900_{-20}^{\ 0}$ kPa 时,空气压缩机停止打风;当风压降至(750±20) kPa 时,空气压缩机开始打风。

3.15　自动制动阀、单独制动阀检修

3.15.1　基本技术要求

3.15.1.1　各件须清洗干净,橡胶件不得与油脂接触。

3.15.1.2　橡胶件不得有老化、破损、龟裂、脱壳和麻坑。

3.15.1.3　阀体杠杆上滚轮组装后应转动灵活,杠杆及支承应能转动灵活。

3.15.1.4　各转动部分及 O 形密封圈处涂以少量白色工业凡士林,凸轮工作面组装时涂以空压机油。

3.15.1.5　各柱塞行程按名义尺寸调整,公差范围为±0.3 mm,调整时允许加工修整各杠杆端头。

3.15.1.6　自阀、单阀手把均应转动灵活,单阀手把置单独缓解位应能自动返回运转位。

3.15.1.7　组成后进行性能试验

(1)试验须符合 JZ-7 型制动机单机试验验收办法的规定,其中最小减压量对于采用非标准凸轮的自阀控制在 45～60 kPa 范围内,对于采用标准凸轮的自阀控制在 45～55 kPa 范围内。

(2)阶段制动减压量与制动缸压力应符合表 24 中的要求。

**表 24　列车管减压与制动缸压力对照表**

| 列车管减压量(kPa) | 50 | 100 | 140 | 170～190 |
|---|---|---|---|---|
| 制动缸压力(kPa) | 100～120 | 240～260 | 350～360 | 400～430 |

(3)JZ-7 型制动机单机试验验收检查见表 25。

(4)原形尺寸及限度见表 26。

3.15.2　检修工艺过程

3.15.2.1　解体。

## 表25　JZ-7型制动机单机试验验收检查表

| 操作顺序 | 自动制动阀 | | | | | | 单独制动阀 | | | 试验检查项目 |
|---|---|---|---|---|---|---|---|---|---|---|
| | 过充位 | 运转位 | 制动区 | 过减位 | 取把位 | 紧急位 | 单缓位 | 运转位 | 制动区 | |
| 一 | 6<br>7 | 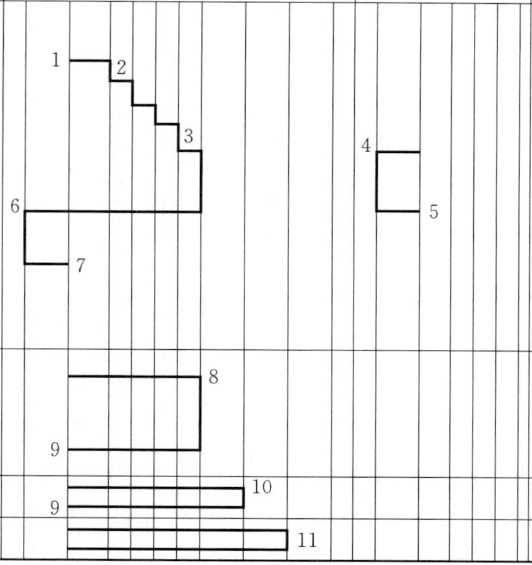 1 | 2<br>3 | | | | 4 | 5 | | 1. 检查各表指示压力是否正确:总风缸为750～900 kPa,均衡风缸、列车管为60 kPa,工作风缸为 600 kPa,控制风缸为 550 kPa,制动缸为零<br>检查打风时间:总风缸压力由 750 kPa 升至 900 kPa,一组风泵不超过 1 min,二组风泵不超过 30 s<br>2. 列车管减压 50 kPa,制动缸压力为 100～120 kPa,检查列车管泄漏量,每分钟不应超过 10 kPa<br>3. 检查阶段制动是否稳定,减压量与制动缸压力的比数是否正确<br>4. 单独缓解良否,制动缸压力应能缓至 0～50 kPa<br>5. 手柄复原弹簧作用良否。<br>6. 检查列车管过充量是否为 30～50 kPa<br>7. 列车管过充量应能自动消除,且机车不应引起自然制动 |
| 二 | | 9 | 8 | | | | | | | 8. 均衡风缸减压 170 kPa 的时间应小于 7 s,制动缸压力上升至 400～430 kPa 的时间应在 7～9 s 之内<br>9. 制动缸压力由 400～430 kPa 下降到 35 kPa 的时间应在 7～9 s 之内,检查均衡风缸、列车管、工作风缸之压力是否能恢复 |
| 三 | | 9 | | 10 | | | | | | 10. 均衡风缸和列车管的减压量应为 240～260 kPa,制动缸压力仍为 400～430 kPa |
| 四 | | | | | 11 | | | | | 11. 均衡风缸减压量应为 240～260 kPa,中继阀应自锁不起作用(即列车管不减压) |

续上表

| 操作顺序 | 自动制动阀 | | | | | | 单独制动阀 | | | 试验检查项目 |
|---|---|---|---|---|---|---|---|---|---|---|
| | 过充位 | 运转位 | 制动区 | 过减位 | 取把位 | 紧急位 | 单缓位 | 运转位 | 制动区 | |
| 五 | | 14 | | | | 12 | 13 | | | 12. 列车管压力在 3 s 之内降至 0，制动缸压力为 420～450 kPa，其升压时间在 5～7 s 之内撒砂装置应自动撒砂<br>13. 手柄置单缓位后，15 s 以内开始缓解，制动缸压力能缓解到 0<br>14. 列车管、均衡风缸、工作风缸压力恢复良否 |
| 六 | | | | | | | | | 15 | 15. 检查单独制动阀的阶段制动，阶段缓解作用是否稳定，最小制动缸压力应不大于 60 kPa |
| 七 | | | | | | | 17 | | | 16. 制动缸压力由 0 上升至 280 kPa 的时间应在 3 s 之内<br>17. 制动缸压力由 300 kPa 下降至 35 kPa 的时间应在 4 s 之内 |

表 26　制动阀原形尺寸及限度表　　单位:mm

| 序 | 名　称 | 原　形 | 中修限度 |
|---|---|---|---|
| 1 | 自阀、单阀手把心轴孔与心轴间隙 | 0.02～0.11 | 0.50 |
| 2 | 自阀、单阀心轴与套孔间隙 | 0.016～0.070 | 0.50 |
| 3 | 自阀、单阀凸轮方孔与轴的间隙 | 0.005～0.05 | 0.20 |
| 4 | 自阀支承杠杆端头磨耗量 | | 0.30 |
| 5 | 自阀支承杠杆弯曲变形量 | 不大于 1.0 | 1.0 |
| 6 | 各柱塞、柱塞阀、阀杆、活塞、阀与阀套的间隙 | | |
| | 重联柱塞、缓解柱塞与套 | 0.016～0.070 | 0.12 |
| | 自阀调整柱塞与套 | 0.020～0.076 | 0.12 |
| | 单阀调整柱塞与套、放风阀与套 | 0.020～0.086 | 0.15 |
| 7 | 各阀套与体、体套的间隙 | | |
| | 重联阀套、缓解阀套与体 | 0.020～0.076 | 0.18 |
| | 自阀调整阀、阀套与体 | 0.020～0.086 | 0.18 |
| | 单阀调整阀阀套与体、放风阀套与体 | 0.025～0.103 | 0.20 |
| 8 | 各板阀橡胶阀口台阶深度 | | 0.50 |

解体前将外表面擦拭干净,然后放置检修工作台上进行解体。

(1)取下手把。

(2)松开调整手轮,拧下调整阀盖紧固螺母,取下调整阀盖、调整弹簧、调整阀膜板组件。

(3)拧下前盖紧固螺母,取下前盖。

(4)拧下凸轮盒紧固螺母,取下凸轮盒组件。

(5)抽出各柱塞阀及阀套。

(6)用卡簧钳取下放风阀卡簧,取出放风阀及阀套。

(7)清洗:各零部件解体后,必须注意清洁,先用汽油清洗干净,再用压缩空气吹扫,擦拭时应用绸布或砂布,禁止用棉纱擦拭。

3.15.2.2　检修。

(1)阀体

①目检阀体应无裂纹,管座应平整。

②检查各栽丝,丝扣不良者修复或更换。

③检查测量自阀支承、杠杆端头磨耗量及弯曲变形量,超限时更换。

④更换阀套时,测量体孔尺寸。

⑤通风检查各风路应畅通。

(2)调整柱塞组成及阀套(见图 21、图 22)。

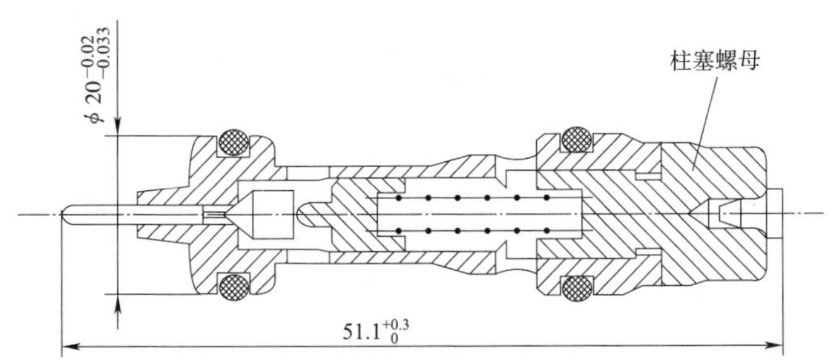


图 21　自阀调整柱塞组成(单位:mm)

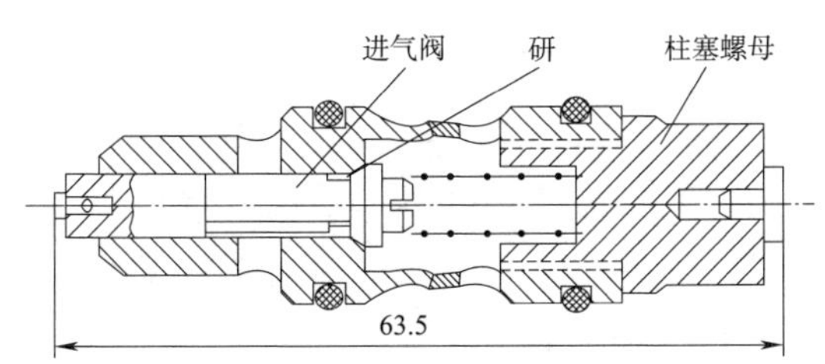


图 22　单阀调整柱塞组成(单位:mm)

①取下调整柱塞及阀套胶圈,用 0～25 mm 外径千分尺及内径量表测量柱塞外径及阀套内径,计算配合间隙,超限时更换。

②拧下柱塞螺母,取出弹簧、弹簧托及进气阀。

③检查阀面状态,阀面不平整时应用研磨膏进行对研,达到圆周全部接触。

④检查触头,松动者用丙酮擦净后,用 502 黏结剂黏牢,不良者更换。

⑤检查弹簧是否良好。

⑥组装后测量长度,尺寸不对时可在柱塞调整螺母处用铜垫调整。

⑦组装后压缩弹簧第三次应复位,不得卡住。

⑧更换胶圈。

(3)调整膜板组件及调整阀盖(见图 23、图 24)。

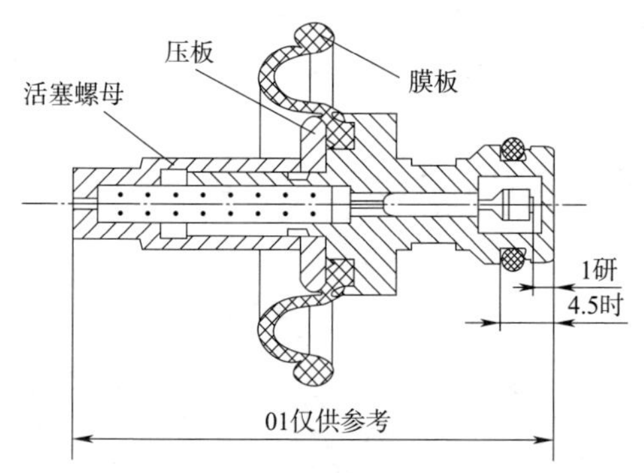


图 23 单阀调整膜板组件(单位:mm)

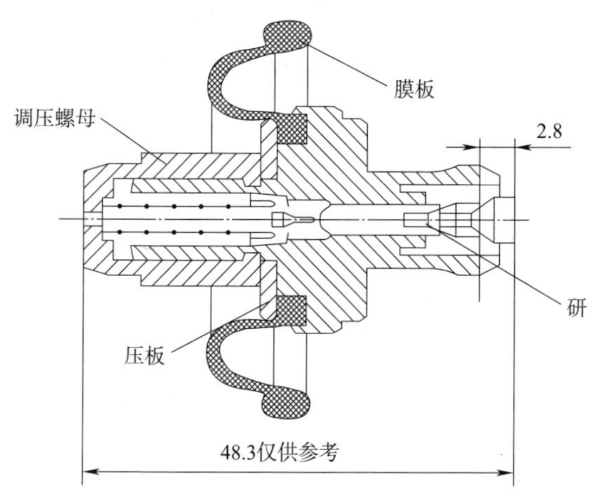


图 24 自阀调整膜板组件(单位:mm)

①检查排气阀面状态,阀面不平整时用研磨膏进行对研,达到圆周全部接触。

②拧下螺母,取出弹簧,检查弹簧应良好。

③检查膜板,老化、龟裂、露布、破损者更换。

④调整膜板组件组装后螺母必须拧紧,压板、膜板与阀座连接面不得漏泄。

⑤调整膜板组装后压缩弹簧第三次应能复原,不得有卡住现象。

⑥测量调整弹簧,其自由高度不得低于 58 mm。

⑦检查调整阀盖，调整螺母松动或凹陷时应重新黏结，先用丙酮擦洗干净，然后涂适量502黏结剂黏结，粘接时调整螺母要放正压紧。

⑧更换胶圈。

(4)放风阀组件及阀套(见图25)。

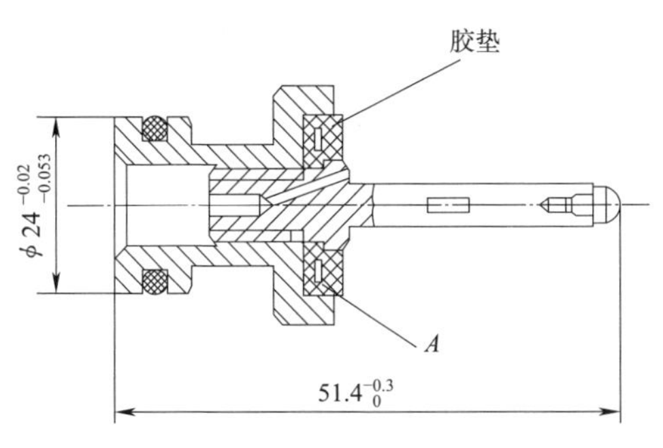


图25　放风阀组件(单位:mm)

①取下放风阀与阀套胶圈，用0～25 mm外径千分尺及内径量表测量阀的外径及阀套内径，计算其配合间隙，超限时更换。

②检查胶垫与阀口结合面台阶深度，超限者应用油石或砂布磨平。

③检查柱塞头应安装牢固。

④测量放风阀组装长度。

⑤更换胶圈。

(5)重联柱塞组件、缓解柱塞组件及其阀套。

①取下胶圈。

②用0～25 mm外径千分尺及内径量表测量柱塞外径及阀套内径，计算其配合间隙，超限时更换。

③检查柱塞头应安装牢固。

④更换胶圈。

(6)凸轮盒及手把。

①解体凸轮，用0～25 mm外径千分尺及内径量表测量心轴与套、手把心轴孔与心轴的配合。

②自阀手把定卡在手把内向压缩弹簧的方向移动9 mm能自动复原，不得有卡住现象。

③凸轮盒组装后手把能灵活转动。

(7)更换各阀套时均应测量阀套外径及阀体孔内径,配合间隙须研配符合要求。

3.15.2.3　组装。

(1)各零部件检修后,须清洗擦拭干净,不得有油迹方能进行组装。

(2)组装时各运动件O形密封圈涂以少量白色工业凡士林,凸轮工作面及各杠杆轴涂空压机油。

(3)按解体相反顺序进行总组装。

(4)放风阀组装后应保证放风杠杆端头与阀触头间隙0.1~0.3 mm,用以下方法检验(见图26)。

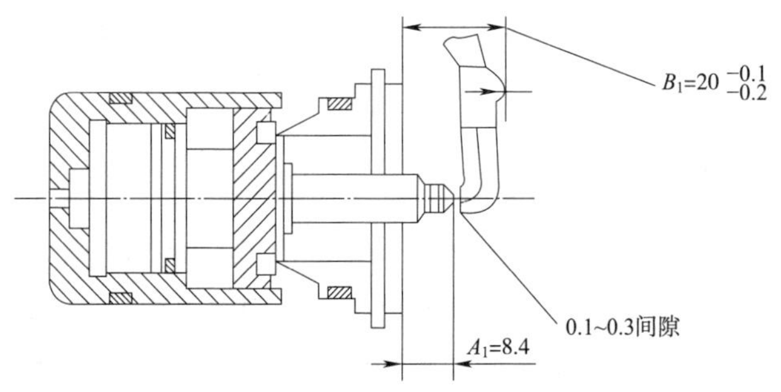


图26　放风阀组装示意图(单位:mm)

①测量杠杆端头与触头接触时滚轮顶面至体平面的距离 $B_1$。$B_1$应为 $20^{-0.1}_{-0.2}$ mm。

②测量阀触头高出体平面距离 $A_1$。$A_1$应为8.4 mm。

(5)检查调整重联柱塞及缓解柱塞的行程(见图27、图28)。

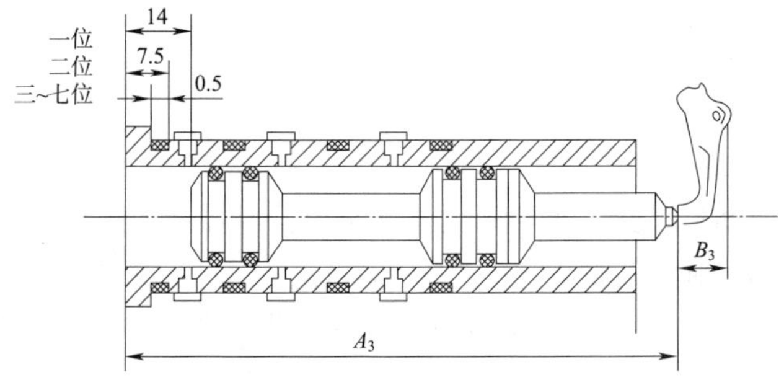


图27　重联柱塞组装位置(单位:mm)

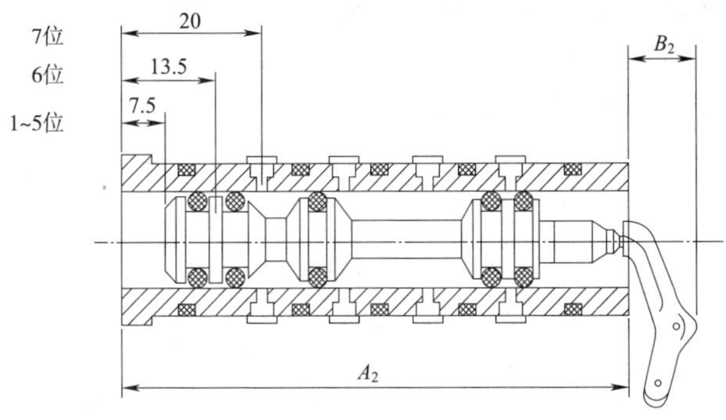


图 28　缓解柱塞组装位置(单位:mm)

①不更换放大杠杆时,可在凸轮盒组装后用深度尺在前盖位测量,应符合表 27 的要求。

**表 27　重联柱塞及缓解柱塞行程标准**　　单位:mm

| 手柄位置 / 名称 | 1～5 位 | 6 位 | 7 位 |
|---|---|---|---|
| 重联柱塞 | $7.5^{+0.3}$ | $13.5^{+0.3}$ | $20^{+0.3}$ |
| 手柄位置 / 名称 | 1 位 | 2 位 | 3～7 位 |
| 缓解柱塞 | $14^{+0.3}$ | $7.5^{+0.3}$ | $0.5^{+0.3}$ |

②更换放大杠杆后,应用检查棒来测量调整其行程,达到表 28、表 29 中的要求。

**表 28　检查棒测量行程标准(1)**　　单位:mm

| 检查棒尺寸 $A_2$ | 杠杆组装后测量 $B_2$ | 对应自阀手把位置 |
|---|---|---|
| 83 | 17.91 | 1～5 位 |
| 89 | 20 | 6 位 |
| 95.5 | 22.04 | 7 位 |

**表 29　检查棒测量行程标准(2)**　　单位:mm

| 检查棒尺寸 $A_3$ | 杠杆组装后测量 $B_3$ | 对应自阀手把位置 |
|---|---|---|
| 95.5 | 22.04 | 1 位 |
| 89 | 22 | 2 位 |
| 82 | 17.2 | 3～7 位 |

注:$B_2$、$B_3$尺寸不对时可修正杠杆端头来达到要求。

(6)全部组装完后检查单阀、自阀手把应转动灵活,单阀手把置单缓位应能自动返回运转位,否则应检查原因并排除。

3.15.2.4　试验:按试验验收办法进行试验。

3.16　分配阀检修工艺

3.16.1　基本技术要求

3.16.1.1　各件须清洗干净,橡胶件不得与油脂接触。

3.16.1.2　橡胶件不得有老化、破损、龟裂、脱壳和麻坑。

3.16.1.3　O形密封圈处涂以少量工业凡士林。

3.16.1.4　组装后进行性能试验,须符合JZ-7型制动机单机试验验收办法的规定。

3.16.2　原形尺寸及限度见表30。

**表30　分配阀原形尺寸及限度表**　　单位:mm

| 序　号 | 名　　称 | 原　形 | 中修限度 |
|---|---|---|---|
| 1 | 主阀杆、副阀杆、充气阀杆、紧急阀杆与阀套间隙,平衡阀导杆与阀盖间隙 | 0.016～0.070 | 0.12 |
| 2 | 限压阀与阀套间隙 | 0.020～0.086 | 0.15 |
| 3 | 副阀套、充气阀套、紧急阀套与体间隙 | 0.020～0.086 | 0.18 |
| 4 | 限压阀套与体间隙 | 0.025～0.103 | 0.20 |
| 5 | 各板阀橡胶阀口台阶深度 | | 0.50 |
| 6 | 主阀套与体配合过盈 | 0.055～0.145 | |

3.16.3　检修工艺过程

3.16.3.1　主阀部检修。

(1)解体清洗

①把主阀置于工作台上。

②拧下M12螺柱,拆下主阀下盖,取出大膜板组件。

③拧下中盖M8螺钉,取下中盖,抽出主阀杆组件及缓解弹簧。

④拧下平衡阀盖紧固螺母,取下平衡阀盖,取出平衡阀组件及弹簧。

⑤拆下常用限压阀盖,取出弹簧,抽出限压阀及阀套。

⑥拆下止回阀。

⑦各零部件分别放入汽油盘中清洗并用压缩空气吹扫干净。

(2)检修

①检查阀体。

a)阀体无裂纹；

b)用压缩空气吹扫风道应畅通；

c)用0～25 mm外径千分尺及内径量表测量主阀套尺寸；

d)更换主阀套应在压套后铰内孔。

②检修大膜板组件

a)检查大膜板，破损、龟裂、露布、老化者更换；

b)检查M6螺钉，松动者紧固；

c)检查硬心应无松动。

③检修中盖

a)检查中盖套，松动者应换套，套与套过盈为0.45～0.115 mm；

b)检查顶杆O形密封圈，不良者更换。

④检修主阀杆组件及缓冲弹簧

a)检查小膜板，破损、龟裂、露布、老化者更换；

b)检查压帽，松动者紧固；

c)用0～25 mm外径千分尺测量阀杆尺寸，计算与阀套配合间隙；

d)更换不良O形密封圈；

e)缓冲弹簧自由高度减少量不得大于3 mm。

⑤检查平衡阀

a)检查平衡阀应摆动灵活，有卡滞现象者更换磷铜丝销；

b)平衡阀阀面台阶平面泄漏时应放到细砂布上磨平；

c)更换平衡阀杆不良O形密封圈。

⑥检修限压阀

a)检查限压阀及阀套配合间隙；

b)更换不良O形密封圈；

c)组装后试验调整压力在400～430 kPa。

(3)组装试验

①按解体相反顺序组装；

②各O形密封圈组装时涂白色工业凡士林；

③组装膜板时，大膜板要置于槽内，膜板压装部位必须均匀舒展，膜板不得压出边缘；

④在试验台上按JZ-7型制动机试验要求进行性能调整试验。

3.16.3.2　副阀部检修。

(1)解体清洗

①将副阀置于工作台上；

②拧下副阀盖紧固螺母,取下副阀盖,抽出副阀盖组件及两弹簧；

③拧下副阀后盖紧固螺母,取下后盖；

④用卡簧钳取出副阀套卡簧,抽出副阀套；

⑤拧下充气阀盖紧固螺母,取下充气阀盖,抽出充气阀杆组件及弹簧；

⑥卸下挡板,用卡簧钳取下卡簧,抽出充气阀套；

⑦拧下保持阀组件；

⑧各零部件分别放入汽油盘中清洗,然后用压缩空气吹扫干净。

(2)检修

①检查阀体

a)检查阀体应无裂纹；

b)用压缩空气吹扫风路,检查风路畅通。

②检修副阀杆组件及阀套

a)检查膜板,损破、龟裂、露布、老化者更换；

b)用0～25 mm外径千分尺及内径量表测量阀杆及阀套尺寸,计算其配合间隙；

c)检查阀杆阀套的O形密封圈,不良者更换；

d)检查复原弹簧自由高减少量不大于3 mm(原形高度56 mm)。

③检修充气阀及阀套

a)检查膜板,有破损、龟裂、露布、老化者更换；

b)用0～25 mm外径千分尺及内径量表测量充气阀杆及阀套尺寸,计算其配合间隙；

c)检查阀杆阀套的O形密封圈,不良者更换；

d)检查充气弹簧自由高减少量不大于3 mm(原形高度40 mm)。

④检修局减止回阀及缓解止回阀

a)拧下止回阀组件；

b)用卡簧钳取出卡簧,止回阀即分解;

c)检查阀面台阶深度,超限时可用砂布磨平;

d)检查止回阀移动行程为 6～7 mm(原形为 6.7 mm),缓解止回阀应能靠自重落至组装位置,局减止回阀应能在弹簧压力下至原位置,不良时应检查止回弹簧自由高减少量不得超过 3 mm(原形高度 35 mm)。

⑤检修保持阀

a)拧下紧固螺母和阀盖,取出弹簧及阀;

b)检查弹簧自由高减少量不得超过 3 mm(原形高度 28 mm);

c)更换不良 O 形密封圈;

d)组装后试验调整压力,通入 500 kPa 压力空气后,应能保持 320～340 kPa 压力空气。

(3)组装试验

①按解体的相反顺序组装;

②各 O 形密封圈组装时涂白色工业凡士林;

③组装副阀时,放入副阀弹簧,装上副阀杆组成,推力副阀动作应灵活,移动量应为 6～6.5 mm;

④组装后在试验台上按 JZ-7 型制动机试验要求进行性能调整试验。

3.16.3.3　紧急阀部检修

(1)解体清洗

①将紧急阀置于工作台上;

②拧下放风阀盖,用卡簧钳拆下卡簧,取下放风阀及弹簧;

③拧下上下体紧固螺母,分解上下体;

④在下体中取出紧急阀杆及弹簧;

⑤用卡簧钳取出紧急阀套卡簧,抽出紧急阀套;

⑥各零部件分别放在汽油盘中清洗,然后用压缩空气吹扫干净。

(2)检修

①检修阀体

a)用压缩空气吹扫风路,检查应畅通;

b)检查阀座不得松动,阀口不良时可用砂纸打磨;

c)检查排风限制堵第一堵孔为 1.2 mm,第二堵孔为 0.9 mm,堵塞时用透针透通。

②检修放风阀

a)检查阀面台阶深度，超限时可用砂布磨平；

b)更换不良O形密封圈；

c)检查放风阀弹簧自由高减少量不大于3 mm(原形高度29 mm)。

③检修紧急阀杆及阀套

a)检查膜板，有破损、龟裂、露布、老化者更换；

b)用0～25 mm外径千分尺及内径量表测量阀杆及阀套尺寸，计算其配合间隙；

c)更换不良O形密封圈；

d)检查复原弹簧自由高减少量不大于3 mm(原形高度45 mm)。

(3)组装试验

①按解体相反顺序进行组装；

②各O形密封圈组装时，涂白色工业凡士林；

③组装后在试验台上按JZ-7型制动机试验要求进行性能试验。

3.17　中继阀检修

3.17.1　基本技术要求

3.17.1.1　各件须清洗干净，干燥后再组装。

3.17.1.2　各膜板不得与油脂接触。

3.17.1.3　组装时，在O形密封圈处涂以少量白色工业凡士林。

3.17.1.4　组装后按试验条件规定试验。

3.17.2　分解清洗

3.17.2.1　将中将继阀放在工作台上。

3.17.2.2　松下遮断阀螺母，取下遮断阀。

(1)松下螺盖。

(2)拆下阀盖螺母，取下阀盖。

(3)取出活塞弹簧。

(4)取出阀套组成。

3.17.2.3　松下过充盖螺母，取下阀盖和过充柱塞。

3.17.2.4　松下中继阀螺盖，取出供给阀组成。

3.17.2.5　松下中继阀盖,取出活塞组成。

3.17.2.6　取出挡圈后,取出排风阀组成。

3.17.2.7　将拆下的各零件,分别放入油盘内清洗并用压缩空气吹扫干净。

3.17.3　检修

3.17.3.1　遮断阀检修。

(1)取下挡圈,取出排风阀和阀弹簧(原形高度为 63 mm,其减少量不大于 3 mm);

(2)检查遮断阀活塞弹簧和遮断阀弹簧自由高度应符合要求(遮断阀弹簧自由高度为 38 mm);

(3)检查 O 形密封圈不得有老化、段磨、麻坑等缺陷;

(4)排风阀面用细砂纸磨平,检查螺帽不得松动。阀面不得有划伤和台沟,其深度不得超过 0.5 mm;

(5)在排风阀 O 形密封圈上涂以少量的白色工业凡士林,放入遮断阀弹簧,装上排风阀,装上挡圈;

(6)按动排风阀行程应符合要求;

(7)检查完毕后进行遮断阀组装。

3.17.3.2　过充阀检修。

(1)检查 O 形密封圈不得有老化、段磨、麻坑等缺陷;

(2)检查充气阀柱塞与套孔表面应无拉伤和段磨、偏磨,均匀磨耗过大造成漏泄时须测量配合间隙(间隙不得超过 0.12～0.15 mm);

(3)充气阀柱塞放入套孔内压至底部柱塞伸长应为 10 mm。

3.17.3.3　检查活塞膜板应符合要求,不得老化,台沟深度不超过 0.5 mm。

3.17.3.4　供给阀检修。

(1)取下挡圈,取出供给阀和阀弹簧;

(2)阀体应符合要求,阀面不得有划伤、老化,台沟深度不超过 0.5 mm,不良者用砂纸打磨消除;

(3)检查 O 形密封圈不得老化、段磨、变形;

(4)检查弹簧,自由高减少量不低于 3 mm,原形高度为 29 mm;

(5)检查完毕清洗干净后，进行组装，并推动供给阀，动作应灵活。

3.17.3.5 排风阀检修。

(1)取下阀套挡圈，取出排风阀、阀弹簧和顶杆；

(2)检查阀弹簧自由高度减少量不低于 3 mm，原形高度 38 mm；

(3)检查 O 形密封圈应符合要求；

(4)阀面应符合要求，不良者用砂纸打磨消除；

(5)检查完毕后将各件清洗干净，然后进行组装，并推动排风阀，动作应灵活。

3.17.4 组装

3.17.4.1 组装时先将各件清洗干净，放在工作台上。

3.17.4.2 在套孔和各胶圈处涂以适量的白色工业凡士林。

3.17.4.3 装上排风阀组成，装上挡圈。

3.17.4.4 装入活塞组装，按箭头方向推动活塞，注意确认，挂上顶杆。

3.17.4.5 装上阀盖，紧上螺母。

3.17.4.6 装入过充柱塞，装上阀盖，紧上螺母。

3.17.4.7 拨动顶杆，动作应灵活，并检查顶杆端和供气阀座口有 0.2 mm 间隙。

3.17.4.8 装上供气阀组，紧上螺母。

3.17.4.9 放上阀垫，装上遮断阀组装。

3.17.4.10 在试验台上按试验要求进行试验。

3.18 作用阀检修

3.18.1 基本技术要求

3.18.1.1 膜板不得有老化、表面龟裂、露布和漏泄。

3.18.1.2 O 形密封圈不得有老化、段磨、麻坑等缺陷。

3.18.1.3 组装后按试验要求进行试验。

3.18.2 分解清洗

3.18.2.1 将作用阀放在工作台上。

3.18.2.2 拆下上堵，取出作用弹簧。

3.18.2.3 拆下上盖，取出供气阀组成和 O 形密封圈。

3.18.2.4 拆下上盖，取出阀杆组成和缓解弹簧。

3.18.2.5　将拆下的各零件分别放入油盘内用汽油清洗，并吹扫和擦干净。

3.18.3　检修及测量

3.18.3.1　检查并测量作用弹簧，其自由高度减少量不大于 3 mm（原形尺寸 44 mm）。

3.18.3.2　检修平衡阀组成。

(1)检查更换不良销子，摆动供气阀应灵活；

(2)阀面不良的用细砂纸打磨；

(3)检查 O 形密封圈（$\phi$30 mm×3.25 mm）应符合要求，不良者更换。

3.18.3.3　检查上盖供气阀套不应松动，内孔与柱塞接触面不应有拉伤和明显的段磨、偏磨，均匀磨耗过大造成漏泄时须测量套孔与柱塞的配合间隙（内孔与柱塞间隙不大于 0.15 mm，原形尺寸为 $\phi 30^{+0.33}$ mm）。

3.18.3.4　检查阀体应无裂纹、砂眼，如漏泄不良时，可用环氧树脂黏结或焊接消除。

3.18.3.5　检查阀套不得松动，阀口应符合要求，不良者用细砂纸打磨或更换，阀套内孔不应有拉伤和段磨、偏磨，均匀磨耗过大造成漏泄时须测量内孔与配合件的间隙（阀套内孔配合件的配合间隙不大于 0.15 mm，原形尺寸为 $\phi 20^{+0.33}_{0}$ mm）。

3.18.3.6　测量缓解弹簧自由高度减少量不大于 3 mm（原形尺寸为 56 mm）。

3.18.3.7　检修阀杆组成。

(1)松下螺母，取下压板、膜板、活塞、阀杆。

(2)检查膜板应符合要求，不良者更换。

(3)检查 O 形密封圈应符合要求，不良者更换。

(4)阀口不得有划伤、麻坑，不良时应打磨消除。

3.18.3.8　组装。

(1)总组装前将上述各部件检修、清洗、组装好后放在工作台上。

(2)在阀套内孔与各橡胶圈及弹簧处涂上适量的白色工业凡士林。

(3)阀杆组成组装。

①在阀杆上 O 形密封圈槽内放入 O 形密封圈，并涂以适量的白色工业凡士林；

②放入活塞、膜板和压板后紧上螺母。

(4)在阀杆内放入缓解弹簧后放入阀杆组成，并把阀杆压入底部，测量阀杆阀口至内套的阀口距离应为 3.5～4 mm。

(5)装上下盖，紧上螺母。

(6)平衡阀装入上盖，放入 O 形密封圈。注意平衡阀的供气阀与阀口接触良好。

(7)把上盖装在阀体上，紧上螺母。

(8)放入作用弹簧，紧上上堵。

3.18.3.9　按试验要求进行试验。

3.19　制动软管试验检查

3.19.1　基本技术要求

3.19.1.1　制动软管接头连接器不许有裂纹，连接状态良好，卡子两耳之间距离为 5～10 mm。

3.19.1.2　制动软管每 3 个月须进行一次试验检查，在水槽内施以 600～700 kPa 的风压，保持 5 min 无泄漏(表面或边缘发生的气泡在 5 min 内消失者允许使用)，再施以 1 000 kPa 水压，保持 2 min 应无泄漏。软管外径膨胀不超过 8 mm，不许有局部凸起或膨胀。

3.19.2　试验检查工艺过程

3.19.2.1　拆卸清扫。

(1)用扳手拆下软管。

(2)用压缩空气吹扫干净。

3.19.2.2　检修。

(1)检查软管应无变质腐蚀、局部凸起及破损。卡子箍部分胶皮层不得脱离，软管外层如有缺损、磨伤，确认第一层帆布未磨损、无腐朽者可用胶加热补修。

(2)检查管卡子应无裂纹及锈蚀，旧卡子分解时背面无圆弧者更换，卡子螺栓应无裂纹、锈蚀，扣丝须完整。

(3)检查软管接头。

(4)软管与卡子间不得加垫。

3.19.2.3　试验检查：每 3 个月须进行一次试验检查，试压检查须符合规定。

3.19.2.4　安装。

(1)在接头上缠 2 圈聚四氟乙烯生料带。

(2)用扳子紧固好并使联接器转到适当角度上。

(3)通风后检查接头丝扣处不得漏泄。

3.20　机车试运

3.20.1　中修机车应进行单程不少于 50 km 的正线试运。

3.20.2　中间齿轮箱、车轴齿轮箱及各轴箱温度须符合规定标准。

3.20.3　当机车以 30 km/h 速度惰力运行时，东方红 2 型、东方红 5 型、东方红 5C 型惰行泵的油压不低于 200 kPa。

3.20.4　变扭器换挡动作灵活，换挡点符合标准。

3.20.5　各电器装置须动作可靠，性能良好。

3.20.6　各分箱面、油封不得漏油。

3.21　其他

中修机车识别标记及标志必须清晰，并根据需要补漆或喷漆。喷、涂的颜色按有关规定。

3.22　机车监控及 GPS 设备

按相关技术要求维修，设备出厂完整。

## 附录 1　液力传动内燃机车大修限度表

说明：

一、变速箱等大部件的参数

二、限度表使用说明

1. 凡列入“原形”栏内的，系指原设计尺寸，若设计修改时应以设计图为准。

2. 列入“大修限度”栏内的，系指机车大修时超过此限度规定的数值，须予以修理或更换。

3. 凡列入“禁止使用限度”栏内的，系指超过此数值时不得再继续使用。

4. 表内的数值，除另有标明者外，其尺寸单位均为 mm。

5. 凡限度内列有“—”的，均系自行掌握限度，不作为检验依据。

**附表 1-1　190 系列大修柴油机主要性能及有关参数表**

| 项目 \ 型号 | | Z8V190<br>Z8V190D | Z8V190-1<br>Z8V190M-1 | Z8V190-2<br>Z8V190D-2 | Z12V190B<br>Z12V190BC<br>Z12V190BD<br>Z12V190BG1<br>Z12V190BG2 | Z12V190<br>BG2-3 | Z12V190<br>B-1<br>Z12V190<br>BG2-1<br>Z12V190<br>BD-1 | Z12V190<br>BY-1<br>Z12V190<br>BYM-1 | Z12V190B-2<br>Z12V190BD-2 |
|---|---|---|---|---|---|---|---|---|---|
| 功率 | 标定功率(12 h 功率),<br>kW(马力) | 588±29.4<br>(800) | 471±23.55<br>(640) | 390±19.5<br>(530) | 882±19.5<br>(1 200) | 735<br>(1 000) | | | 588<br>(800) |
| | 持续功率,<br>kW(马力) | 529<br>(720) | 426<br>(580) | 353±19.5<br>(480) | 794<br>(1 080) | 662<br>(900) | | | 529<br>(720) |
| 标定转速,r/min | | 1 500 | 1 200 | 1 000 | 1 500 | 1 300 | 1 200 | | 1 000 |
| 最低空载稳定转速,r/min | | ≤600±30 | | | | | | | |
| 在标定工况下 | 燃油消耗率 g/(kW·h)<br>(g/(马力·h)) | ≤228.6<br>(168) | | | | | | | |
| | 机油消耗率(出厂状态)<br>g/(kW·h)(g/(马力·h)) | ≤3.4<br>(2.5)(仅指采用弹簧组合式油环的柴油机) | | | | | | | |
| | 平均有效压力,kPa(kgf/cm$^2$) | 990(10.1) | | | | 1 030(10.5) | | | |
| | 最高爆发压力,kPa<br>(kgf/cm$^2$) | ≤10 290(105) | | | | | | | |
| | 稳定调速率,% | ≤8(发电用≤5) | | | | | | | |
| | 转速波动率,% | ≤0.75 | | | | | | | |
| | 排气温度(涡轮前),℃ | ≤$600^{+30}_{0}$ | ≤$580^{+20}_{0}$ | | | | | ≤$600^{+30}_{0}$ | ≤$580^{+20}_{0}$ |

续上表

| 项目 \ 型号 | | Z8V190<br>Z8V190D | Z8V190-1<br>Z8V190M-1 | Z8V190-2<br>Z8V190D-2 | Z12V190B<br>Z12V190BC<br>Z12V190BD<br>Z12V190BG1<br>Z12V190BG2 | Z12V190<br>BG2-3 | Z12V190<br>B-1<br>Z12V190<br>BG2-1<br>Z12V190<br>BD-1 | Z12V190<br>BY-1<br>Z12V190<br>BYM-1 | Z12V190B-2<br>Z12V190BD-2 |
|---|---|---|---|---|---|---|---|---|---|
| 在标定工况下 | 主油道机油压力,kPa<br>(kgf/cm²) | 490～784<br>(5～8) | | | | | | | |
| | 增压器机油压力,kPa<br>(kgf/cm²) | 196～490<br>(2～5) | | | | | | | |
| | 柴油机进水温度(℃) | ≥40 | | | | | | | |
| | 柴油机出水温度(℃) | ≤85 | | | | | | | |
| | 中冷器进水温度(℃) | ≤45 | | | | | | | |
| | 排气烟度,波许单位 | ≤3.1 | | | | | | | |
| | 噪声声功率能(dB) | ≤125 | | | | | | | |
| 清洁度(mg) | | ≤4 000 | | | ≤6 000 | | | | |
| 最低加载机油温度(℃) | | 40 | | | | | | | |
| 最高机油温度(℃) | | 90 | | | | | | | |
| 最大扭矩<br>[N·m(kgf·m)] | | ≥4 116<br>(420) | | ≥4 095<br>(418) | ≥6 174<br>(630) | ≥5 939<br>(606) | ≥6 429<br>(656) | | ≥6 174<br>(630) |

续上表

| 项目 \ 型号 | | Z8V190<br>Z8V190D | Z8V190-1<br>Z8V190M-1 | Z8V190-2<br>Z8V190D-2 | Z12V190B<br>Z12V190BC<br>Z12V190BD<br>Z12V190BG1<br>Z12V190BG2 | Z12V190<br>BG2-3 | Z12V190<br>B-1<br>Z12V190<br>BG2-1<br>Z12V190<br>BD-1 | Z12V190<br>BY-1<br>Z12V190<br>BYM-1 | Z12V190B-2<br>Z12V190BD-2 |
|---|---|---|---|---|---|---|---|---|---|
| 最大扭矩相应转速,r/min | | ≤1 050 | ≤840 | ≤700 | ≤1 050 | ≤910 | ≤840 | | ≤200 |
| 燃油牌号 | 夏季 | 0 号轻柴油(GB 252—81) | | | | | | | |
| | 冬季 | −10 号轻柴油(GB 252—81),根据当地气温,也可选用其他牌号 | | | | | | | |
| 机油牌号 | | 15W40CD,15W40CC 或性能接近的其他牌号 | | | | | | | |
| 转向 | | 逆时针(面向功率输出端视) | | | | | | | |
| 供油提前角(上止点前)(°) | | 38±1 | 36±1 | 30±1 | 41±1 | 37±1 | | | 32±1 |
| 配气相应 | 进气门开启(上止点前)(°) | 27±7 | | | 68±7 | | | | |
| | 进气门关闭(下止点后)(°) | 47±7 | | | 52±7 | | | | |
| | 排气门开启(下止点前)(°) | 47±7 | | | 60±7 | | | | |
| | 排气门关闭(上止点后)(°) | 27±7 | | | 60±7 | | | | |
| 气门间隙(冷机时) | 进气门,mm | 0.36±0.05 | | | 0.43±0.05 | | | | |
| | 排气门,mm | 0.36±0.05 | | | 0.48±0.05 | | | | |

续上表

| 型号<br>项目 | Z8V190<br>Z8V190D | Z8V190-1<br>Z8V190M-1 | Z8V190-2<br>Z8V190D-2 | Z12V190B<br>Z12V190BC<br>Z12V190BD<br>Z12V190BG1<br>Z12V190BG2 | Z12V190<br>BG2-3 | Z12V190<br>B-1<br>Z12V190<br>BG2-1<br>Z12V190<br>BD-1 | Z12V190<br>BY-1<br>Z12V190<br>BYM-1 | Z12V190B-2<br>Z12V190BD-2 |
|---|---|---|---|---|---|---|---|---|
| 发火顺序 | 1 3 4 2<br>6 5 7 8 | | | 1 5 3 6 2 4<br>8 10 7 11 9 12 | | | | |
| 气缸编号 | 8 7 6 5<br>4 3 2 1 | | | 功率输出端<br>12 11 10 9 8 7<br>6 5 4 3 2 1<br>功率输出端 | | | | |

附表 1-2　190 柴油机主要配合尺寸(参考件)　　单位:mm

| 序号 | 配合名称 | 原设计规定 | | 大修规定 | |
|---|---|---|---|---|---|
| | | 孔尺寸/轴尺寸 | 配合状态 | 孔尺寸/轴尺寸 | 配合状态 |
| 1 | 机体上孔与气缸套外径 | $\phi216^{+0.045}_{0}$/ $\phi216^{-0.060}_{-0.105}$ | +0.06~ +0.15 | $\phi216^{+0.072}_{0}$/ $\phi216^{-0.050}_{-0.122}$ | +0.05~ +0.194 |
| 2 | 机体下孔与气缸套外径 | $\phi214^{+0.045}_{0}$/ $\phi214^{-0.060}_{-0.105}$ | +0.06~ +0.15 | $\phi214^{+0.072}_{0}$/ $\phi214^{-0.050}_{-0.122}$ | +0.05~ +0.194 |
| 3 | 气缸套与活塞头部 | $\phi190^{+0.045}_{0}$/ $\phi188.80_{-0.07}$ | +1.2~ +1.315 | $\phi190^{+0.072}_{0}$/ $\phi188.70_{-0.072}$ | +1.3~ +1.444 |
| 4 | 气缸套与活塞裙部 | $\phi190^{+0.04}_{0}$/ $\phi189.69\pm0.04$ | +0.27~ +0.395 | $\phi190^{+0.072}_{0}$/ $\phi189.690_{-0.115}$ | +0.31~ +0.497 |
| 5 | 第一道环槽与气环 | $4.5^{+0.135}_{-0.115}$/ $4.5^{0}_{-0.02}$ | +0.115~ +0.155 | $4.6^{+0.176}_{+0.014}$/ $4.50_{-0.018}$ | +0.114~ +0.294 |
| 6 | 第二、三道环槽与气环 | $4.5^{+0.115}_{+0.095}$/ $4.5^{0}_{-0.02}$ | +0.095~ +0.135 | $4.6^{+0.12}_{0}$/ $4.5^{0}_{-0.018}$ | +0.10~ +0.238 |
| 7 | 油环槽与油环 | $8^{+0.135}_{+0.115}$/ $8^{0}_{-0.02}$ | +0.115~ +0.155 | $8.1^{+0.103}_{+0.013}$/ $80_{-0.022}$ | +0.113~ +0.252 5 |
| 8 | 气环闭合间隙 | — | 0.8~1.0 (一道气环) 0.6~0.8 (二、三道气环) | — | 0.8~1.0 (一道气环) 0.6~0.8 (二、三道气环) |
| 9 | 油环闭合间隙 | — | 0.6~0.8 | — | 0.6~0.8 |
| 10 | 活塞销孔与活塞销 | $\phi70^{-0.005}_{-0.020}$/ $\phi70^{0}_{-0.013}$ | +0.008~ −0.02 | $\phi70\pm0.015$/ $\phi70^{0}_{-0.019}$ | −0.015~ +0.034 |
| 11 | 连杆小头衬套孔与活塞销 | $\phi70^{+0.09}_{+0.07}$/ $\phi70^{0}_{-0.013}$ | +0.07~ +0.103 | $\phi70^{+0.126}_{+0.080}$/ $\phi70^{0}_{-0.019}$ | +0.08~ +0.145 |
| 12 | 连杆小头孔与衬套外径 | $\phi78^{+0.030}_{0}$/ $\phi78^{+0.085}_{+0.065}$ | −0.035~ −0.085 | $\phi78^{+0.046}_{0}$/ $\phi78^{+0.085}_{+0.065}$ | −0.019~ −0.085 |
| 13 | 曲轴连杆轴颈与连杆轴承孔 | $\phi130^{0}_{-0.027}$/ $\phi130^{+0.14}_{+0.11}$ | +0.11~ +0.167 | — | +0.11~ +0.167 |
| 14 | 主轴颈与主轴承孔 | $\phi160^{0}_{-0.027}$/ $\phi160^{+0.214}_{+0.160}$ | +0.16~ +0.241 | — | +0.16~ +0.241 |

续上表

| 序号 | 配合名称 | 原设计规定 | | 大修规定 | |
|---|---|---|---|---|---|
| | | 孔尺寸/轴尺寸 | 配合状态 | 孔尺寸/轴尺寸 | 配合状态 |
| 15 | 机体凸轮孔与<br>凸轮轴承 | $\phi82^{+0.035}_{0}$/<br>$\phi82^{+0.072}_{+0.059}$ | −0.024～<br>−0.072 | $\phi82^{+0.044}_{-0.010}$/<br>$\phi82^{+0.072}_{+0.059}$ | −0.015～<br>−0.082 |
| 16 | 凸轮轴承孔与<br>凸轮轴颈 | $\phi72^{+0.155}_{+0.095}$/<br>$\phi72^{0}_{-0.02}$ | +0.095～<br>+0.175 | 凸轮轴颈分级<br>磨修，配衬套 | +0.095～<br>+0.175 |
| 17 | 凸轮轴止推面<br>与止推法兰面 | $14^{+0.05}_{0}$/<br>$14^{-0.110}_{-0.143}$ | +0.11～<br>+0.193 | $14^{+0.05}_{0}$/<br>$14^{-0.11}_{-0.45}$ | +0.11～<br>+0.50 |
| 18 | 机体摇臂轴套孔<br>与摇臂轴套 | $\phi55^{+0.03}_{0}$/<br>$\phi55^{+0.047}_{+0.030}$ | 0～−0.047 | $\phi55^{+0.036}_{-0.010}$/<br>$\phi55^{+0.047}_{+0.020}$ | +0.016～<br>−0.057 |
| 19 | 滚轮摇臂轴套孔摇臂轴 | $\phi30^{+0.042}_{+0.028}$/<br>$\phi30^{-0.040}_{-0.028}$ | +0.068～<br>+0.112 | $\phi30^{-0.040}_{-0.124}$/<br>$\phi30^{+0.11}_{+0.02}$ | +0.06～<br>+0.234 |
| 20 | 滚轮摇臂滚轮孔<br>与浮动套外圆 | $\phi24^{+0.033}_{0}$/<br>$\phi24^{-0.06}_{-0.08}$ | +0.06～<br>+0.113 | $\phi24^{+0.052}_{0}$/<br>$\phi24^{-0.065}_{-0.098}$ | +0.065～<br>+0.15 |
| 21 | 浮动套孔与滚轮轴 | $\phi15.3^{+0.023}_{0}$/<br>$\phi15.3^{-0.056}_{-0.064}$ | +0.056～<br>+0.087 | $\phi15.3^{+0.043}_{0}$/<br>$\phi15.3^{-0.050}_{-0.093}$ | +0.05～<br>+0.136 |
| 22 | 气缸盖导管座孔<br>与气门导管外圆 | $\phi20^{+0.023}_{0}$/<br>$\phi20^{+0.042}_{+0.028}$ | −0.005～<br>−0.042 | $\phi20^{+0.028}_{0}$/<br>$\phi20^{+0.041}_{+0.028}$ | 0～−0.041 |
| 23 | 气门导管孔与排气门杆 | $\phi14^{+0.027}_{0}$/<br>$\phi14^{-0.06}_{-0.08}$ | +0.06～<br>+0.107 | $\phi14^{+0.07}_{0}$/<br>$\phi14^{-0.06}_{-0.13}$ | +0.06～<br>+0.20 |
| 24 | 气门导管孔与排气门杆 | $\phi14^{+0.027}_{0}$/<br>$\phi14^{-0.075}_{-0.100}$ | +0.075～<br>+0.127 | $\phi14^{+0.07}_{0}$/<br>$\phi14^{-0.075}_{-0.145}$ | +0.075～<br>+0.215 |
| 25 | 进、排气门底面凹入<br>气缸盖底面深 | — | 1.5～1.95 | — | 1.5～3.5 |
| 26 | 气缸盖摇臂<br>衬套与摇臂轴 | $\phi30^{+0.10}_{+0.06}$/<br>$\phi30^{+0.039}_{+0.025}$ | +0.021～<br>+0.075 | $\phi30^{+0.149}_{+0.060}$/<br>$\phi30^{+0.039}_{0}$ | +0.021～<br>+0.149 |
| 27 | 气门摇臂横桥孔<br>与导向柱 | $\phi16^{+0.18}_{+0.12}$/<br>$\phi16^{+0.05}_{+0.03}$ | +0.07～<br>+0.15 | $\phi16^{+0.23}_{+0.12}$/<br>$\phi16^{+0.045}_{+0.018}$ | +0.075～<br>+0.212 |
| 28 | 气缸盖护套孔<br>与喷油器护套 | $\phi32^{+0.027}_{0}$/<br>$\phi32^{+0.09}_{+0.05}$ | −0.023～<br>−0.09 | $\phi32^{+0.039}_{0}$/<br>$\phi32^{+0.089}_{0.050}$ | −0.011～<br>−0.089 |
| 29 | 凸轮轴中间齿轮铜套<br>与轮轴 | $\phi50^{+0.027}_{0}$/<br>$\phi50^{-0.065}_{-0.105}$ | +0.065～<br>+0.132 | 轮轴分级磨修，<br>配铜套 | +0.065～<br>+0.132 |

续上表

| 序号 | 配合名称 | 原设计规定 | | 大修规定 | |
|---|---|---|---|---|---|
| | | 孔尺寸/轴尺寸 | 配合状态 | 孔尺寸/轴尺寸 | 配合状态 |
| 30 | 水泵中间齿轮铜套与轮轴 | $\phi40^{+0.027}_{0}$/ $\phi40^{-0.065}_{-0.105}$ | +0.065～+0.132 | 轮轴分级磨修，配铜套 | +0.065～+0.132 |
| 31 | 燃油输油泵上盖孔与转轴 | $\phi12^{+0.019}_{0}$/ $\phi12^{-0.016}_{-0.033}$ | +0.016～+0.052 | $\phi2^{+0.042}_{0}$/ $\phi12^{-0.016}_{-0.050}$ | +0.016～+0.102 |
| 32 | 燃油输油泵下盖孔与转轴 | $\phi16^{+0.019}_{0}$/ $\phi16^{-0.030}_{-0.055}$ | +0.03～+0.074 | $\phi16^{+0.048}_{0}$/ $\phi16^{-0.032}_{-0.075}$ | +0.032～+0.118 |
| 33 | 燃油输油泵上盖孔与外转轴 | $\phi50^{+0.027}_{0}$/ $\phi50^{-0.030}_{-0.064}$ | +0.025～+0.091 | $\phi50^{+0.062}_{0}$/ $\phi50^{-0.025}_{-0.087}$ | +0.05～+0.149 |
| 34 | 燃油输油泵转子与上下盖轴向间隙 | | +0.04～+0.08 | | +0.04～+0.08 |
| 35 | 机油泵体与衬套 | $\phi40^{+0.027}_{0}$/ $\phi40^{+0.076}_{+0.060}$ | −0.033～−0.076 | $\phi40^{+0.039}_{0}$/ (选配衬套) | −0.03～−0.076 |
| 36 | 机油泵衬套与齿轮轴 | $\phi32^{+0.027}_{0}$/ $\phi32^{-0.085}_{-0.100}$ | +0.085～+0.127 | $\phi32^{+0.039}_{0}$/ $\phi32^{-0.080}_{-0.119}$ | +0.08～+0.158 |
| 37 | 机油泵体座孔与齿轮外径 | $\phi80.33^{+0.046}_{0}$/ $\phi80^{-0.10}_{-0.12}$ | +0.43～+0.496 | $\phi80.33^{+0.087}_{0}$/ $\phi80^{-0.100}_{-0.119}$ | +0.43～+0.536 |
| 38 | 机油泵体座孔深与齿轮宽 | | +0.18～+0.25 | | +0.18～+0.45 |
| 39 | 离心滤清器转子上轴套与轴 | $\phi15^{+0.027}_{0}$/ $\phi15^{-0.045}_{-0.075}$ | +0.045～+0.102 | $\phi15^{+0.043}_{0}$/ $\phi15^{-0.050}_{-0.093}$ | +0.05～+0.136 |
| 40 | 离心滤清器转子下轴套与轴 | $\phi20^{+0.033}_{0}$/ $\phi20^{-0.04}_{-0.07}$ | +0.04～+0.103 | $\phi20^{+0.052}_{0}$/ $\phi20^{-0.040}_{-0.092}$ | +0.04～+0.144 |
| 41 | 气动预供油泵铜套与转子轴 | $\phi18^{+0.019}_{0}$/ $\phi18^{-0.030}_{-0.065}$ | +0.03～+0.084 | $\phi18^{+0.043}_{0}$/ $\phi18^{-0.032}_{-0.075}$ | +0.032～+0.118 |
| 42 | 气动预供油泵泵体与外转子 | $\phi67^{+0.03}_{0}$/ $\phi67^{-0.095}_{-0.145}$ | +0.095～+0.175 | $\phi67^{+0.046}_{0}$/ $\phi67^{-0.100}_{-0.146}$ | +0.10～+0.192 |
| 43 | 气动预供油泵的转子与泵体轴向间隙 | $35^{+0.125}_{+0.075}$/ $35^{-0.025}_{-0.050}$ | +0.10～+0.13 | 修复 | +0.10～+0.13 |

续上表

| 序号 | 配合名称 | 原设计规定 | | 大修规定 | |
|---|---|---|---|---|---|
| | | 孔尺寸/轴尺寸 | 配合状态 | 孔尺寸/轴尺寸 | 配合状态 |
| 44 | 喷油泵调节齿杆衬套与齿杆 | $\phi14^{+0.019}_{0}$/ $\phi14^{-0.030}_{-0.055}$ | +0.03～+0.074 | $\phi14^{-0.043}_{0}$/ $\phi14^{-0.032}_{-0.075}$ | +0.032～+0.118 |
| 45 | 油泵下体孔与滚轮体 | $\phi36^{+0.027}_{0}$/ $\phi36^{-0.025}_{-0.050}$ | +0.025～+0.077 | $\phi36^{-0.062}_{0}$/ $\phi36^{-0.025}_{-0.087}$ | +0.025～+0.149 |
| 46 | 滚轮体与滚轮轴 | $\phi13^{+0.019}_{0}$/ $\phi13^{-0.006}_{-0.018}$ | +0.006～+0.037 | $\phi13^{+0.043}_{0}$/ $\phi13^{-0.006}_{-0.033}$ | +0.006～+0.076 |
| 47 | 喷油泵中间轴承与凸轮轴 | $\phi37^{+0.027}_{0}$/ $\phi37^{-0.120}_{-0.159}$ | +0.12～+0.186 | $\phi37^{+0.10}_{0}$/ $\phi37^{-0.12}_{-0.22}$ | +0.12～+0.32 |
| 48 | 飞锤销衬套与飞锤销 | $\phi8^{+0.022}_{0}$/ $\phi8^{-0.013}_{-0.022}$ | +0.013～+0.044 | $\phi8^{+0.036}_{0}$/ $\phi8^{-0.013}_{-0.022}$ | +0.013～+0.058 |
| 49 | 飞锤滚轮与滚轮销 | $\phi8^{+0.022}_{0}$/ $\phi8^{-0.013}_{-0.027}$ | +0.013～+0.049 | $\phi8^{+0.058}_{0}$/ $\phi8^{-0.013}_{-0.049}$ | +0.013～+0.107 |
| 50 | 飞锤座架衬套与伸缩轴 | $\phi12^{+0.027}_{0}$/ $\phi12^{-0.016}_{-0.033}$ | +0.016～+0.06 | $\phi12^{+0.043}_{0}$/ $\phi12^{-0.016}_{-0.043}$ | +0.016～+0.086 |
| 51 | 飞锤座架衬套与支承体 | $\phi52^{+0.018}_{0}$/ $\phi52^{+0.060}_{-0.033}$ | −0.03～−0.06 | $\phi52^{+0.03}_{0}$/ $\phi52^{+0.060}_{+0.048}$(选配) | −0.03～−0.06 |
| 52 | 增压器轴承衬套与浮动套 | $\phi40^{+0.015}_{0}$/ $\phi40^{-0.19}_{-0.21}$ | +0.19～+0.225 | $\phi40^{+0.025}_{0}$/ $\phi40^{-0.19}_{-0.21}$(选配) | +0.19～+0.225 |
| 53 | 增压器转子轴与浮动套 | $\phi33^{+0.11}_{+0.09}$/ $\phi33^{-0.005}_{-0.015}$ | +0.095～+0.125 | 轴分级磨修，配浮动套 | +0.095～+0.125 |
| 54 | 曲轴轴向间隙 | | +0.30～+0.44 | | +0.30～+0.50 |
| 55 | 凸轮轴轴向间隙 | | +0.11～+0.193 | | +0.11～+0.50 |
| 56 | 滚轮摇臂轴轴向间隙（每跨） | | +0.60～+1.093 | | +0.60～+1.093 |
| 57 | 凸轮轴中间轮轴向间隙 | | +0.08～+0.26 | | +0.08～+0.26 |

续上表

| 序号 | 配合名称 | 原设计规定 | | 大修规定 | |
|---|---|---|---|---|---|
| | | 孔尺寸/轴尺寸 | 配合状态 | 孔尺寸/轴尺寸 | 配合状态 |
| 58 | 水泵中间轮轴向间隙 | | +0.08～+0.26 | | +0.08～+0.26 |
| 59 | 水泵小中间轮轴向间隙 | | +0.08～+0.26 | | +0.08～+0.26 |
| 60 | 机油泵中间轮轴向间隙 | | <+0.05（转动灵活） | | <+0.05（转动灵活） |
| 61 | 喷油泵凸轮轴轴向间隙 | | +0.15～+0.30 | | +0.15～+0.30 |
| 62 | 喷油泵传动装置主动螺旋锥齿轮与轴承衬套止推间隙 | | +0.15～+0.35 | | +0.15～+0.35 |
| 63 | 机油泵齿轮轴向间隙 | | +0.18～+0.25 | | +0.18～+0.25 |
| 64 | 离心过滤器转子组轴向间隙 | | +0.50～+1.00 | | +0.50～+1.00 |
| 65 | 增压器转子轴轴向间隙 | | +0.16～+0.20 | | +0.16～+0.20 |
| 66 | 输油泵转子轴轴向间隙 | | +0.04～+0.08 | | +0.04～+0.08 |

注："大修规定"栏内的偏差，尽量采用了 GB 1800～1804《公差与配合》中的偏差值。

## 附表 1-3　主要螺矩螺母扭紧力矩(补充件)

| 序号 | 螺栓（螺母）名称 | 扭紧顺序要求 | 力矩值 N·m(kgf·m) |
|---|---|---|---|
| 1 | 主轴承螺栓 | — | 1 300～1 350（130～135） |
| 2 | 主轴承螺栓 | 由大修技术文件规定 | 1 200～1 400（120～140）［或以 500 N·m(59 kgf·m)预紧后再旋进 60°～75°］ |
| 3 | 气缸盖螺栓 | — | 360～400（36～40） |

续上表

| 序号 | 螺栓(螺母)名称 | 扭紧顺序要求 | 力矩值<br>N·m(kgf·m) |
|---|---|---|---|
| 4 | 气缸盖螺母 | 按交叉顺序以 100,200,320,360 (N·m)扭矩分 4 次均匀扭紧 | 320～360<br>(32～36) |
| 5 | 连杆螺栓螺母 | 交叉对称均匀扭紧 | 250～270<br>(25～27) |
| 6 | 曲轴平衡块螺栓 | 以 150,300,550,600 (N·m)扭矩分 4 次均匀旋紧 | 550～600<br>(55～60) |
| 7 | 减振器螺栓 | — | 150～200<br>(15～20) |
| 8 | 飞轮固定螺栓 | — | 250～280<br>(25～28) |
| 9 | 摇臂座固定螺母 | — | 80～110<br>(8～11) |
| 10 | 出油阀紧座 | 回松几次后再扭紧 | 140～150<br>(14～15) |
| 11 | 增压器压气机螺母 | — | 70～90<br>(7～9) |

**附表 1-4　各齿轮啮合间隙(补充件)**

| 序号 | 啮合齿轮名称 | 齿轮啮合间隙(mm) | |
|---|---|---|---|
| | | 原设计规定 | 大修规定 |
| 1 | 曲轴主齿轮与凸轮轴中间齿轮 | 0.15～0.40 | 0.15～0.50 |
| 2 | 凸轮轴中间齿轮与定时齿轮 | 0.15～0.40 | 0.15～0.50 |
| 3 | 定时齿轮与左、右水泵中间小中间齿轮 | 0.15～0.40 | 0.15～0.50 |
| 4 | 左、右水泵中间齿轮与左、右水泵小中间齿轮 | 0.15～0.40 | 0.15～0.50 |
| 5 | 左、右水泵小中间齿轮与水泵齿轮 | 0.15～0.40 | 0.15～0.50 |
| 6 | 曲轴主齿轮与机油泵中间齿轮 | 0.15～0.42 | 0.15～0.52 |
| 7 | 机油泵中间齿轮与机油泵齿轮 | 0.15～0.40 | 0.15～0.50 |
| 8 | 喷油泵传动装置主动螺旋锥齿轮与从动螺旋锥齿轮 | 0.15～0.30 | 0.15～0.40 |
| 9 | 气动马达传动齿轮与齿圈(切向) | 0.60～1.00 | 0.60～1.00 |
| 10 | 气动马达传动齿轮与齿圈(径向) | 2.0 | 2.0 |
| 11 | 调速器调速齿轮与飞锤座架齿轮 | 0.08～0.30 | 0.08～0.30 |

## 附表 1-5　液力变速箱及传动万向轴

| 部位 | 名　　称 | 原　形(mm) | 限度(mm) | |
|---|---|---|---|---|
| | | | 大　修 | 禁止使用 |
| 液力传动齿轮 | 第一轴组成 | | | |
| | 第一轴直齿圆柱齿轮 Z65 8 齿公法线 | $69.046^{-0.050}_{0}$ | 68.846 | |
| | 第一轴齿轮 Z105　13 齿公法线 | $190.635^{-0.050}_{0}$ | 190.335 | |
| | 第一轴齿轮 Z103　13 齿公法线 | $190.475^{-0.05}_{0}$ | 190.175 | |
| | 第二轴组成 | | | |
| | 第二轴换挡直齿轮 Z90　10 齿公法线 | $87.804^{-0.048}_{0}$ | 87.604 | |
| | 第二轴输出齿轮 Z45　6 齿公法线 | $118.404^{-0.05}_{0}$ | 118.104 | |
| | 第二轴供油泵直齿轮 Z55 7 齿公法线 | $79.725^{-0.048}_{0}$ | 79.475 | |
| | 第二轴增速齿轮 Z42　6 齿公法线 | $84.275^{-0.05}_{0}$ | 83.975 | |
| | 第二轴增速齿轮 Z43　6 齿公法线 | $86.06^{-0.05}_{0}$ | 85.76 | |
| | 第三轴组成 | | | |
| | 第三轴齿轮 Z61　8 齿公法线 | $161.467^{-0.05}$ | 161.167 | |
| | 第四轴组成 | | | |
| | 第四轴齿轮 Z67　9 齿公法线 | $182.78^{-0.050}$ | 182.48 | |
| | 换向轴组成 | | | |
| | 换向轴齿轮 Z48　0 齿公法线 | $118.716^{-0.05}$ | 118.416 | |
| | 换向轴齿轮 Z92　11 齿公法线 | $96.745^{-0.07}$ | 96.545 | |
| | 换向轴齿轮 Z34　5 齿公法线 | $96.57^{-0.05}$ | 96.27 | |
| | 换向轴齿形离合器 Z24　3 齿公法线 | $46.15^{-0.10}$ | | |
| | 换向轴齿轮 Z32　5 齿公法线 | $96.354^{-0.050}$ | 96.054 | |
| | 电机传动轴组成 | | | |
| | 电机轴齿轮 Z44　6 齿公法线 | $86.141^{-0.05}$ | 85.841 | |
| | 电机轴齿轮 Z46　7 齿公法线 | $101.15^{-0.05}$ | 100.75 | |
| | 换挡反应器传动轴 | | | |
| | 换挡传动轴主动齿轮 Z70　8 齿公法线 | $69.255^{-0.07}$ | 69.055 | |
| | 换挡传动轴从动齿轮 Z58　7 齿公法线 | $39.92^{-0.05}$ | 39.72 | |

续上表

| 部位 | 名　　称 | 原　形<br>(mm) | 限度(mm) | |
|---|---|---|---|---|
| | | | 大　修 | 禁止使用 |
| 液力传动齿轮 | 惰行泵传动轴 | | | |
| | 惰行泵传动轴主传动齿轮 Z60　7 齿公法线 | $59.99^{-0.055}_{0}$ | 59.79 | |
| | 惰行泵传动轴从传动齿轮 Z28　4 齿公法线 | $32.10^{-0.05}_{0}$ | 31.90 | |
| | 供油泵 | | | |
| | 供油泵传动直齿轮 Z52　6 齿公法线 | $67.748^{-0.048}_{0}$ | 67.500 | |
| | 控制泵 | | | |
| | 控制泵主动齿轮 Z30　4 齿公法线 | $32.25^{-0.04}_{0}$ | 32.05 | |
| | 惰行泵 | | | |
| | 惰行泵主动齿轮 Z46　6 齿公法线 | $50.60^{-0.04}_{0}$ | 50.40 | |
| | 东方红 5 型机车液力传动部分专用齿轮 | | | |
| | 中间齿轮箱 | | | |
| | 输出轴齿轮 Z84　11 齿公法线 | $225.33^{-0.05}_{0}$ | 225.03 | |
| | 输出轴齿轮 Z82　10 齿公法线 | $204.45^{-0.05}_{0}$ | 204.15 | |
| | 输出轴齿轮 Z62　8 齿公法线 | $161.56^{-0.05}_{0}$ | 161.26 | |
| | 输出轴齿轮 Z60　8 齿公法线 | $161.358^{-0.05}_{0}$ | 161.058 | |
| | 输出轴齿轮 Z146　17 齿公法线 | $101.395^{-0.054}_{0}$ | 101.195 | |
| | 输入轴齿轮 Z47　6 齿公法线 | $119.206^{-0.05}_{0}$ | 118.906 | |
| | 输入轴齿轮 Z49　6 齿公法线 | $119.431^{-0.05}_{0}$ | 119.131 | |
| | 输入轴齿轮 Z69　9 齿公法线 | $182.97^{-0.05}_{0}$ | 182.67 | |
| | 输入轴齿轮 Z71　9 齿公法线 | $183.194^{-0.05}_{0}$ | 182.894 | |
| | 输入轴齿轮 Z43　5 齿公法线 | $83.133^{-0.10}_{0}$ | 82.83 | |
| | 中间齿轮箱润滑系统 | | | |
| | 齿轮 Z113　13 齿公法线 | $76.86^{-0.054}_{0}$ | 76.66 | |

续上表

| 部位 | 名　　称 | 原　形<br>(mm) | 限度(mm) | |
|---|---|---|---|---|
| | | | 大　修 | 禁止使用 |
| 二轴油封间隙 | 油封 B8-Ⅲ　　B8-Ⅲ泵轮 | 0.4～0.43 | 0.4～0.8 | |
| | B8-Ⅲ泵轮　B8-Ⅲ涡轮油封 | 0.4～0.538 | 0.4～0.8 | |
| | B8-Ⅲ涡轮油封　B8-Ⅲ芯环 | 0.4～0.538 | 0.4～0.8 | |
| | B8-Ⅲ轴端　齿位套　二轴输入轴 | 0.388～0.489 | 0.388～0.489 | |
| | B8-Ⅲ进油体油封　定轮轴 | 0.388～0.466 | 0.388～0.466 | |
| | 芯环　B10 涡轮油封 | 0.4～0.52 | 0.4～0.8 | |
| | B10 涡轮油封　泵轮轴 | 0.388～0.466 | 0.388～0.8 | |
| | B10 泵轮　B10 涡轮轴油封 | 0.4～0.52 | 0.4～0.8 | |
| | 油封 B10　B10 泵轮 | 0.4～0.503 | 0.4～0.8 | |
| | B10 轴端油封　B10 涡轮　定位套 | 0.4～0.52 | 0.4～0.8 | |
| 控制阀 | 阀套与滑阀径向间隙 | 0.05～0.07 | 0.05～0.09 | |
| | 推杆与滑阀径向间隙 | 0.03～0.05 | 0.03～0.07 | |
| 换挡反应器 | 阀套与滑阀径向间隙 | 0.02～0.03 | 0.02～0.05 | |
| | 阀套与起动阀径向间隙 | 0.03～0.04 | 0.03～0.06 | |
| 换向机构 | 拨头与拨叉总间隙 | 0.2～0.6 | 0.2～0.8 | |
| 换向限制阀 | 接触块间隙 | 1.5 | 1.5～2.5 | |
| 万向轴 | 十字销头直径减少量 | 51.5 | 不大于 0.03 | |
| | 耳轴孔的直径扩大量 | $83^{-0.015}_{-0.035}$ | 1.0 | |
| | 花键轴键宽 | $14^{-0.02}_{-0.07}$ | 13.6 | |
| | 十字销头直径减少量 | $25^{-0.02}_{-0.04}$ | 不大于 0.02 | |
| | 花键轴键宽 | $5^{-0.025}_{-0.065}$ | 4.8 | |
| 各轴轴向移动量 | 一轴 | 0.12～0.18 | 0.12～0.30 | |
| | 二轴 | 0.12～0.18 | 0.12～0.30 | |
| | 四轴 | 0.12～0.18 | 0.12～0.30 | |
| | 输出轴 | 0.14～0.22 | 0.14～0.30 | |
| | 换向轴 | 0.12～0.18 | 0.12～0.30 | |

续上表

| 部位 | 名　　称 | 原　形 (mm) | 限度(mm) | |
|---|---|---|---|---|
| | | | 大　修 | 禁止使用 |
| 控制泵 | 前泵泵体孔与齿顶圆配合间隙 | 0.095～0.235 | 0.095～0.3 | |
| | 前泵齿轮端面间隙(两侧之和) | 0.048～0.1 | 0.048～0.12 | |
| | 后泵泵体孔与齿顶圆配合间隙 | 0.155～0.235 | 0.155～0.3 | |
| | 后泵齿轮端面间隙(两侧之和) | 0.036～0.08 | 0.036～0.09 | |
| 惰行泵 | 前泵泵体孔与齿顶圆配合间隙 | 0.18～0.26 | 0.18～0.35 | |
| | 前泵齿轮端面间隙(两侧之和) | 0.048～0.1 | 0.048～0.12 | |
| | 后泵泵体孔与齿顶圆配合间隙 | 0.18～0.26 | 0.18～0.35 | |
| | 后泵齿轮端面间隙(两侧之和) | 0.048～0.1 | 0.048～0.12 | |
| 二轴 | 输出轴与齿形离合器花键配合间隙 | 0.09～0.21 | 0.09～0.40 | |
| 换向轴 | 换向轴与齿形离合器花键配合间隙 | 0.09～0.21 | 0.09～0.40 | |
| 风扇耦合器 | 轴承盖　油封　径向间隙 | 0.6～1.0 | 0.6～0.05 | |
| | 驱动块　下体　径向间隙 | 0.2～0.39 | 0.2～0.54 | |
| | 驱动块　下体　径向间隙 | 0.2～0.289 | 0.2～0.44 | |
| | 泵轮与涡轮径向间隙 | 3.7～3.9 | 3.7～4.0 | |
| | 泵轮与涡轮径向间隙 | 3.7～4.1 | 3.7～4.0 | |
| 液力传动轴承 | 滚动轴承(径向间隙)7E32220HT | 0.085～0.105 | 0.085～0.135 | |
| | 7D32224 | 0.095～0.12 | 0.095～0.180 | |
| | 7E32226 | 0.105～0.135 | 0.105～0.180 | |
| | 7D32222 | 0.095～0.12 | 0.095～0.180 | |
| | 7E32306 | 0.04～0.05 | 0.04～0.08 | |
| | 滚动轴承(径向间隙)7E32312 | 0.055～0.075 | 0.055～0.09 | |
| | 7E32313 | 0.055～0.075 | 0.055～0.09 | |
| | 7D32315 | 0.07～0.09 | 0.07～0.110 | |
| | 7E32320HT | 0.085～0.105 | 0.085～0.135 | |
| | 7D2032938 | 0.04～0.18 | 0.14～0.23 | |

续上表

| 部位 | 名　　称 | 原　形（mm） | 限度(mm) | |
|---|---|---|---|---|
| | | | 大　修 | 禁止使用 |
| 液力传动轴承 | 7E42620T | 0.085～0.105 | 0.085～0.135 | |
| | 双半内圈单列向心推力球轴承(径向间隙) | | | |
| | 型号　E176220 | 0.12～0.18 | 0.12～0.30 | |
| | D176224 | 0.12～0.18 | 0.12～0.30 | |
| | D1176938 | 0.14～0.20 | 0.14～0.30 | |
| | 176114 | | | —— |
| | 176307 | | | —— |
| | 46202 | 0.02～0.03 | 0.02～0.05 | |
| | E176220T | 0.14～0.22 | 0.14～0.30 | |
| | 单列向心球轴承(径向间隙) | | | |
| | 型号　102 | 0.008～0.020 | 0.008～0.035 | |
| | 3E205 | 0.018～0.033 | 0.018～0.050 | |
| | 3E306 | 0.018～0.033 | 0.018～0.050 | |
| | 3E313 | 0.028～0.048 | 0.028～0.060 | |
| | 3E1000908 | 0.021～0.039 | 0.021～0.060 | |
| | 单列向心短圆柱滚子轴承(径向间隙) | | | |
| | 型号　7E32205 | 0.04～0.05 | 0.04～0.06 | |
| | 7E32206 | 0.04～0.05 | 0.04～0.06 | |
| | 7E32210 | 0.05～0.065 | 0.05～0.09 | |

**附表 1-6　车体、转向架及基础制动**

| 部位 | 名　　称 | 原　形（mm） | 限度(mm) | |
|---|---|---|---|---|
| | | | 大　修 | 禁止使用 |
| 车体 | 排障器底面至轨面的距离 5 型 | 150±5 | 90～160 | |
| 车钩缓冲装置 | 车钩扁销与孔的间隙： | | | |
| | 5 型前后的和 | $10^{+4}_{-1}$ | 9～16 | |
| | 5 型左右的和 | $4^{+3}_{-1}$ | 3～8 | |
| | 钩体的耳销孔钩舌销孔的扩大量： | | | |

续上表

| 部位 | 名　　称 | | 原　形<br>(mm) | 限度(mm) | |
|---|---|---|---|---|---|
| | | | | 大　修 | 禁止使用 |
| 车钩缓冲装置 | 13 号钩　耳 | | $\phi 42.2^{+1}_{0}$ | 6 | |
| | 13 号钩　舌 | | $\phi 42^{+0.11}_{0}$ | | |
| | 钩舌销与销孔的径向间隙不大于 | | | 2 | |
| | 钩舌与钩耳上下面间的间隙不大于 | | | 8 | |
| | 钩体扁销孔的增大量:2 型 | | $91^{+2}_{0}$ | 102 | |
| | 钩体扁销孔的增大量:5 型 | | $105^{+3}_{0}$ | 111 | |
| | 钩尾框侧面磨耗量:<br>5 型 *A*<br>5 型 *B* | | 25 | 4 | |
| | | | $25^{+3}_{0}$ | 4 | |
| | 车钩中心线至轨面高度<br>(运转整备状态) | | $876^{+10}_{-5}$ | 845～885 | |
| | 车钩开度在最小处测量:<br>5 型锁闭位置 | | 112～122 | 112～122 | |
| | 车钩开度在最小处测量:<br>5 型开启位置 | | 220～235 | 220～235 | |
| 轮对 | 轮箍旋削后的最小厚度 | | 75 | 50 | 38 |
| | 轮箍的宽度 | 旧 | $140^{+2}_{-1}$ | 136～142 | |
| | | 新 | $140^{+5}_{0}$ | 139～145 | |
| | 同轴左右轮箍内侧距离相差不大于 | | | 1 | |
| | 轮心与轮箍组装后轮箍凸出量<br>左右之差不大于 | | | 2 | |
| | 轮辋宽度较原形的减少量<br>(换轮箍时测量) | | 110±0.25 | 6 | |
| | 轮辋直径较原形的减少量<br>(换轮箍时测量) | | 900 | 6 | |
| | 轮辋孔较原形的扩大量 | | $210^{+0.09}_{0}$ | 3 | |
| | 轮辋厚度较原形的减少量 | | 190 | 3 | |

续上表

| 部位 | 名称 | 原形(mm) | 限度(mm) | |
|---|---|---|---|---|
| | | | 大修 | 禁止使用 |
| 风扇 | 风扇轴用单列向心球轴承312径向间隙 | 0.013～0.033 | 0.013～0.050 | |
| | 风扇轴用单列向心球轴承314径向间隙 | 0.014～0.033 | 0.014～0.050 | |
| 转向架 | 旁承磨耗板的减少量 | 12 | 1 | |
| 弹簧及制动装置 | 圆弹簧自由状态的倾斜 | | 高度×2% | |
| | 圆弹簧荷重高度较设计尺寸的差 | 300以下 | +5,+6 | |
| | 制动装置各杆销孔的磨耗量 | | 1 | |
| | 制动装置各销直径的减少量 | | 0.5 | |
| | 手制动链条磨耗较设计尺寸的减少量 | | 15% | |
| 车轴齿轮箱 | 关节轴承内外套的间隙 | | 0.12 | |
| | 伞齿轮的啮合间隙 | 0.2～0.4 | 0.3～0.5 | |
| | 第一轴30Z齿轮　4齿公法线 | $86.174_{0}^{-0.055}$ | 85.87 | |
| | 第二轴62Z齿轮　8齿公法线 | $184.458_{0}^{-0.05}$ | 184.15 | |
| | 第二轴186Z齿轮　21齿公法线 | $126.097_{0}^{-0.05}$ | 125.89 | |
| | 润滑系统32Z齿轮　4齿公法线 | $21.485_{0}^{-0.051}$ | 21.28 | |
| | 双半内圈单列向心推力球轴承E176144轴向游隙 | 0.18～0.22 | 0.18～0.30 | |
| | 双半内圈单列向心推力球轴承D176224轴向游隙 | 0.12～0.18 | 0.12～0.30 | |
| | 双列向心球面滚子轴承2G3614径向游隙 | 0.06～0.08 | 0.06～0.11 | |
| | 双列向心球面滚子轴承G3616径向游隙 | 0.06～0.08 | 0.06～0.11 | |
| | 单列向心短圆柱滚子轴承7E32144径向游隙 | 0.115～0.200 | 0.155～0.250 | |
| | 单列向心短圆柱滚子轴承7D32224径向游隙 | 0.095～0.120 | 0.095～0.180 | |
| | 单列向心短圆柱滚子轴承7E32226径向游隙 | 0.105～0.135 | 0.105～0.180 | |

续上表

| 部位 | 名　　称 | 原　形(mm) | 限度(mm) | |
|---|---|---|---|---|
| | | | 大　修 | 禁止使用 |
| 轮对 | 单列向心推力球轴承 14632 轴向间隙 | 0.14～0.20 | 0.14～0.25 | |
| | 双列向心短圆滚子轴承 982832 径向间隙 | 0.13～0.195 | 0.13～0.225 | |
| | 车轴轴颈直径 | $\phi160^{+0.045}_{+0.025}$ | | |
| 风闸 | 分配阀活塞与衬套的直径不大于作用活塞 | | 0.5 | |
| | 分配阀活塞与衬套的直径不大于均衡活塞 | | 0.5 | |
| | 分配阀均衡活塞杆小端与衬套间隙 | | 0.3 | |
| | 分配阀作用活塞杆小端与衬套间隙 | | 0.3 | |
| | 制动阀均衡活塞与衬套直径差不大于 | | 0.5 | |
| | 给气阀减压阀与衬套的间隙(3W) | | 0.5 | |
| 空气压缩机 | 3W-1.6/9 型空气压缩机 | | | |
| | 气缸直径扩大量 | $\phi85^{+0.03}$ | 1 | |
| | | $\phi90^{+0.036}$ | | |
| | | $\phi115^{+0.036}$ | | |
| | 气缸椭圆度、锥度 | 0.0271 | 0.032 | |
| | 活塞与气缸配合间隙 | | 0.2～0.5(选配) | |
| | 活塞环与环槽的侧隙 | 0.017～0.06 | 0.017～0.10 | |
| | 活塞环工作开口 | 0.05～0.25 | 0.05～0.4 | |
| | 曲轴连杆颈减少量 3W-1.6/9 | $\phi50^{0}_{-0.017}$ | 1 | |
| | 连杆大端孔与曲轴连杆配合间隙 | 0.01～0.052 | 0.01～0.08 | |
| | 阀座厚度减少量 | 9.5 | 0.5 | |
| | | 10 | 0.5 | |
| | | 10.5 | | |
| | 连杆小端孔与销配合间隙 | 0.008～0.044 | 0.008～0.05 | |
| | NPT5 型空气压缩机 | | | |

续上表

| 部位 | 名　　称 | 原　形<br>(mm) | 限度(mm) | |
|---|---|---|---|---|
| | | | 大　修 | 禁止使用 |
| 空气压缩机 | 气缸直径: | | | |
| | 低压缸 | $125^{+0.02}_{+0.06}$ | | |
| | 高压缸 | $101.6^{+0.02}_{+0.06}$ | | |
| | 气缸的圆度、圆柱度 | 0～0.02 | | |
| | 活塞裙部与气缸的间隙 | 0.32～0.40 | | |
| | 活塞销孔的圆度、圆柱度 | 0～0.024 | | |
| | 活塞销的圆度、圆柱度 | 0～0.014 | | |
| | 活塞销与活塞销孔过盈量 | −0.005～0.031 | | |
| | 活塞环与环槽侧面间隙 | 0.025～0.052 | | |
| | 活塞环工作开口间隙: | | | |
| | 低压缸活塞 | 0.35～0.55 | | |
| | 高压缸活塞 | 0.25～0.45 | | |
| | 连杆小端衬套与小端孔的过盈量 | 0.008～0.052 | | |
| | 连杆小衬套孔的圆度、圆柱度 | 0～0.013 | | |
| | 活塞销与连杆小端套径向间隙 | 0.011～0.038 | | |
| | 曲轴连杆颈与连杆瓦孔径向间隙 | 0.036～0.064 | | |
| | 曲轴轴向游隙 | 0.40～1.26 | | |
| | 曲轴连杆颈的圆度、圆柱度 | | | |
| | 阀片距阀座的高度: | | | |
| | 吸气阀 | 1.55～1.85 | | |
| | 排气阀 | 1.95～2.15 | | |
| | 油泵齿轮与泵体径向间隙(直径差) | 0.06～0.126 | | |
| | 齿轮与泵体泵盖的端面间隙 | 0.01～0.038 | | |
| | 齿轮轴衬套与泵体孔的过盈量 | 0.003～0.034 | | |
| | 齿轮轴与衬套孔的径向间隙 | 0.016～0.070 | | |
| | 齿轮啮合间隙 | 0.04～0.17 | | |

# 附录2 大修探伤范围

机车大修须按下表所列配件进行探伤，发现裂纹时，须根据零件的技术条件予以消除或更换。

附表2-1 大修零件探伤范围

| 序号 | 零件名称 | 序号 | 零件名称 |
|---|---|---|---|
| 一 | 柴油机及辅助装置 | | |
| 1 | 曲轴 | 21 | 油泵惰齿轮 |
| 2 | 凸轮轴 | 22 | 水泵惰齿轮 |
| 3 | 连杆体 | 23 | 增压器转子轴 |
| 4 | 连杆盖 | 24 | 滚轮摇臂 |
| 5 | 连杆螺钉 | 25 | 调速器滚轮 |
| 6 | 活塞销 | 26 | 调速器伸缩轴 |
| 7 | 进气阀 | 27 | 调速器飞铁销 |
| 8 | 排气阀 | 28 | 调速器滚轮销 |
| 9 | 进气摇臂 | 29 | 调速器飞铁滚轮销 |
| 10 | 排气摇臂 | 30 | 调速器飞铁滚轮 |
| 11 | 气阀弹簧 | 31 | 高温水泵齿轮 |
| 12 | 轴承外套 | 32 | 高温水泵轴 |
| 13 | 主机油泵介齿 | 33 | 中冷水泵轴 |
| 14 | 曲轴法兰 | 34 | 中冷水泵齿轮 |
| 15 | 燃油泵齿轮 | 35 | 高压燃油泵凸轮轴 |
| 16 | 正时齿轮 | 36 | 高压燃油泵齿轮 |
| 17 | 凸轮轴齿轮 | 37 | 高压燃油泵调节齿杆 |
| 18 | 曲轴齿轮 | 38 | 高压燃油泵滚轮体 |
| 19 | 燃油泵惰齿轮 | 39 | 机油泵齿轮 |
| 20 | 燃油泵中间齿轮 | 40 | 机油泵主从齿轮 |
| 二 | 液力变速箱 | | |
| 41 | 第一轴及法兰 | 43 | 第二轴的中间轴输出B10涡轮轴套、泵轮轴 |
| 42 | 各种齿轮及齿轮离合器 | 44 | 第三轴 |

续上表

| 序号 | 零件名称 | 序号 | 零件名称 |
|---|---|---|---|
| 45 | 第四轴及法兰 | 50 | 泵轮 |
| 46 | 换向轴 | 51 | 第一、二、三、四万向轴的花键轴花键套、十字销、万向接头叉、法兰、轴承体轴压盖 |
| 47 | 电机传动轴 | 52 | 中间齿轮箱各轴齿轮、输入输出法兰 |
| 48 | 供油泵水平轴和垂直轴 | 53 | 滚动轴承 |
| 49 | 换向机构活塞杆 | | |
| 三 | 车体转向架基础制动辅助及冷却装置 | | |
| 54 | 钩扁销 | 66 | 关节轴承外圈 |
| 55 | 钩舌及销 | 67 | 万向轴螺栓 |
| 56 | 磨耗板 | 68 | 车轴 |
| 57 | 油压减振器活塞杆 | 69 | 轮箍内侧面及内径面 |
| 58 | 中心销 | 70 | 空气压缩机连杆 |
| 59 | 制动连杆 | 71 | 空气压缩机连杆盖 |
| 60 | 下拉杆 | 72 | 空气压缩机连杆螺栓 |
| 61 | 滚动轴承 | 73 | 空气压缩机活塞销 |
| 62 | 各种齿轮 | 74 | 空气压缩机曲轴 |
| 63 | 车轴齿轮箱法兰 | 75 | 手制动链条 |
| 64 | 拉臂拉杆及销子 | 76 | 上旁承体 |
| 65 | 关节轴承内圈 | | |

# 附录3　DH液力传动箱、GK$_{OB}$风扇耦合器传动箱参数和限度汇总表

**附表3-1　DH液力传动箱齿轮汇总表**

| 序号 | 名　称 | 传动箱型号 | 齿数 | 模数 | 公法线长度或齿厚(mm) | 与轴配合过盈量(mm) | 备注 |
|---|---|---|---|---|---|---|---|
| 1 | 输入轴增速齿轮 | DH10 | 115 | Mn | $240.006^{-0.260}_{-0.315}$ 16齿 | 压入行程 $100_{-2.0}$ | 锥度配合 1∶50 |
| | | DH20 | 118 | | $240.272^{-0.275}_{-0.317}$ 16齿 | | |
| | | DH20B | 131 | | $270.833^{-0.275}_{-0.315}$ 18齿 | | |

续上表

| 序号 | 名　称 | 传动箱型号 | 齿数 | 模数 | 公法线长度或齿厚(mm) | 与轴配合过盈量(mm) | 备注 |
|---|---|---|---|---|---|---|---|
| 2 | 输入轴<br>控制泵齿轮 | DH10<br>DH20 | 67 | 3 | $69.238_{-0.260}^{-0.190}$<br>8 齿 | | 螺栓联结 |
| | | DH20B | 75 | | $78.431_{-0.227}^{-0.194}$<br>9 齿 | | |
| 3 | *A*、*B* 轴<br>输入齿轮 | DH10 | 56 | Mn5 | $116.573_{-0.210}^{-0.160}$<br>8 齿 | 压入行程<br>9.0±1.0 | 锥度配合<br>1∶50 |
| | | DH20 | 53 | | $1\ 160.307_{-0.253}^{-0.220}$<br>8 齿 | | |
| | | DH20B | 40 | | $85.746_{-0.251}^{-0.220}$<br>6 齿 | | |
| 4 | *A* 轴输出<br>齿　轮 | DH10<br>DH20<br>DH20B | 29 | Mn8 | $112.737_{-0.210}^{-0.160}$<br>5 齿 | 压入行程<br>18±1.0 | 锥度配合<br>1∶50 |
| 5 | *A* 轴供油泵<br>齿　轮 | DH10 | 66 | 4 | $92.261_{-0.260}^{-0.190}$<br>8 齿 | 0.052～0.117 | 过盈联结 |
| | | DH20<br>DH20B | 63 | | $92.093_{-0.20}^{-0.120}$<br>8 齿 | | |
| 6 | *B* 轴输出<br>齿　轮 | DH10<br>DH20<br>DH20B | 29 | Mn8 | $112.737_{-0.210}^{-0.160}$<br>5 齿 | 压入行程<br>18±1.0 | 锥度配合<br>1∶50 |
| 7 | 电机轴齿轮 | DH10 | 57 | Mn5 | $116.206_{-0.210}^{-0.160}$<br>8 齿 | 压入行程<br>$7.00_{-0.2}$ | 锥度配合<br>1∶50 |
| | | DH20 | 54 | | $115.940_{-0.253}^{-0.220}$<br>8 齿 | | |
| | | DH20B | 41 | | $85.379_{-0.251}^{-0.223}$<br>6 齿 | | |
| 8 | 输出轴齿轮组<br>(调车工况) | DH10<br>DH20<br>DH20B | 64 | Mn10 | $296.380_{-0.257}^{-0.217}$<br>10 齿 | | 甲乙片螺栓联结 |
| 9 | 输出轴齿轮组<br>(小运转工况) | DH10<br>DH20<br>DH20B | 62 | Mn8 | $187.690_{-0.257}^{-0.217}$<br>8 齿 | | 螺栓联结 |

续上表

| 序号 | 名　称 | 传动箱型号 | 齿数 | 模数 | 公法线长度或齿厚(mm) | 与轴配合过盈量(mm) | 备注 |
|---|---|---|---|---|---|---|---|
| 10 | 工况轴惰行泵齿　轮 | DH10<br>DH20<br>DH20B | 117 | 3 | $124.48^{-0.160}_{-0.20}$<br>14 齿 | 0.04～0.06 | 过盈联结 |
| 11 | 工况轴输出齿轮(小运转工况) | DH10<br>DH20 | 67 | Mn8 | $212.118^{-0.217}_{-0.257}$<br>9 齿 | 压入行程<br>$140^{\ 0}_{-2.0}$ | 锥度配合<br>1∶50 |
| | | DH20B | | | | | |
| 12 | 工况轴输出齿轮(调车工况) | DH10<br>DH20<br>DH20B | 33 | Mn10 | $142.923^{-0.254}_{-0.287}$<br>5 齿 | 压入行程<br>$140^{\ 0}_{-2.0}$ | 锥度配合<br>1∶50 |
| 13 | 换向轴齿轮 | DH10<br>DH20<br>DH20B | 49 | Mn8 | $162.349^{-0.183}_{-0.205}$<br>7 齿 | 压入行程<br>$6.00^{\ 0}_{-2.0}$ | 锥度配合<br>1∶50 |
| 14 | 控制泵输入齿　轮 | DH10<br>DH20 | 30 | 3 | $32.13^{\ 0}_{+0.05}$<br>4 齿 | | 与轴一体 |
| | | DH20B | 22 | | $23.066^{-0.13}_{-0.20}$<br>3 齿 | | |
| 15 | 供油泵输入齿轮 | DH10 | 50 | 4 | $67.748^{-0.190}_{-0.260}$<br>6 齿 | 压入行程<br>$4.00^{\ 0}_{-2.0}$ | 锥度配合<br>1∶50 |
| | | DH20 | 53 | | $67.916^{-0.12}_{-0.20}$<br>6 齿 | | |
| | | DH20B | 53 | | $67.916^{-0.24}_{-0.28}$<br>6 齿 | | |
| 16 | 供油泵螺旋锥齿轮(主动) | DH10<br>DH20<br>DH20B | 24 | Ms4 | 齿高 7.552<br>理论弧齿厚 6.403 | 压入行程<br>$4.00^{\ 0}_{-2.0}$ | 锥度配合<br>1∶50 |
| 17 | 供油泵螺旋锥齿轮(从动) | DH10<br>DH20<br>DH20B | 25 | Ms4 | 齿高 7.552<br>理论弧齿厚<br>6.613 | 压入行程<br>$4.00^{\ 0}_{-2.0}$ | 锥度配合<br>1∶50 |
| 18 | 惰行泵输入齿轮 | DH10<br>DH20<br>DH20B | 46 | 3 | $50.49^{\ 0}_{-0.055}$<br>6 齿 | | 与轴一体 |

续上表

| 序号 | 名　称 | 传动箱型号 | 齿数 | 模数 | 公法线长度或齿厚(mm) | 与轴配合过盈量(mm) | 备注 |
|---|---|---|---|---|---|---|---|
| 19 | 外齿离合器 | DH10<br>DH20<br>DH20B | 38 | 6 | 分度圆齿槽宽<br>$9.425_{-0.205}^{-0.115}$ | | |
| 20 | 内齿离合器 | DH10<br>DH20<br>DH20B | 38 | 6 | 分度圆齿槽宽<br>$9.425_{+0.275}^{+0.185}$ | | |

**附表 3-2　DH 液力传动箱大修限度表**

| 序号 | 名　　称 | | 原形(mm) | 限度(mm) |
|---|---|---|---|---|
| | 齿　　轮 | | | |
| 1 | 主传动齿轮啮合间隙 | | 0.25～0.45 | 1.0 |
| 2 | 辅助传动齿轮啮合间隙 | | 0.20～0.45 | 0.80 |
| 3 | 螺旋锥齿轮啮合间隙 | | 0.20～0.40 | 0.80 |
| | 变矩器 | | | |
| 4 | 泵轮油封与涡轮的径向间隙 | | 0.50～0.565 | 0.80 |
| 5 | 泵轮油封与涡轮轴端油封径向间隙 | | 0.50～0.565 | 0.80 |
| 6 | 泵轮与涡轮径向间隙　起动 | | 1.0～1.157 | 1.45 |
| | 运转 | | 1.3～1.452 | 1.60 |
| 7 | 涡轮油封与泵轮径向间隙 | | 1.0～1.084 | 1.20 |
| 8 | 涡轮油封与芯环径向间隙 | | 1.0～1.085 | 1.20 |
| 9 | 涡轮与变矩器盖径向间隙 | | 1.0～1.50 | 1.60 |
| 10 | 泵轮与变矩器轴端油封径向间隙 | | 0.50～0.575 | 0.80 |
| 11 | 进油体油封与泵轮轴径向间隙 | | 0.50～0.565 | 0.80 |
| 12 | 输出轴花键与外齿离合器花键套 | 径向间隙 | 0.043～0.136 | 0.25 |
| | | 侧向间隙 | 0.06～0.145 | 0.40 |
| | 控制泵 | | | |
| 13 | 齿轮与泵体、泵盖的轴向总间隙 | | 0.048～0.10 | 0.20 |
| 14 | 主动齿轮轴与铜套的径向间隙 | | 0.06～0.098 | 0.12 |
| 15 | 从动齿轮轴与铜套的径向间隙 | | 0.03～0.072 | 0.10 |

续上表

| 序号 | 名称 | | 原形(mm) | 限度(mm) |
|---|---|---|---|---|
| | 惰行泵 | | | |
| 16 | 齿轮与泵体、泵盖的轴向总间隙 | | 0.048～0.10 | 0.20 |
| 17 | 主动齿轮轴与铜套的径向间隙 | | 0.08～0.118 | 0.16 |
| 18 | 从动齿轮轴与铜套的径向间隙 | | 0.04～0.094 | 0.14 |
| | 主控制阀 | | | |
| 19 | 滑阀与阀套的径向间隙 | | 0.05～0.07 | 0.12 |
| 20 | 阀套与中间体的径向间隙 | | −0.035＊～0.022 | 0.04 |
| | 锥度配合压入行程 | | | |
| 21 | 增速齿轮与输入轴 | | $10_{-2.0}^{0}$ | 7.0 |
| 22 | *A*、*B* 轴与输入齿轮 | | 9±1.0 | 6.0 |
| 23 | *A* 轴与输出齿轮 | | 18±1.0 | 15.0 |
| 24 | *B* 轴与输出齿轮 | | 18±1.0 | 15.0 |
| 25 | 电机轴与传动齿轮 | | $7_{-2.0}^{0}$ | 4.50 |
| 26 | 工况轴与输出齿轮 | 调车工况 | $14_{-2.0}^{0}$ | 10.0 |
| | | 小运转工况 | $14_{-2.0}^{0}$ | 10.0 |
| 27 | 换向轴与换向齿轮 | | $6_{-2.0}^{0}$ | 3.5 |
| 28 | 供油泵轴与输入齿轮 | | $4_{-2.0}^{0}$ | 2.0 |
| 29 | 供油泵螺旋锥齿轮(主动、从动)与轴 | | $4_{-2.0}^{0}$ | 2.0 |
| 注:表中数据带＊者为过盈 | | | | |

**附表 3-3　$GK_{OB}$风扇耦合器传动箱齿轮汇总表**

| 序号 | 名　称 | 齿数 | 模数 | 公法线长度或齿厚(mm) | 与轴配合过盈量(mm) | 联结形式 | 适用车型 |
|---|---|---|---|---|---|---|---|
| 1 | 螺旋锥齿轮(主动) | 33 | Ms6 | 齿高 11.328<br>理论弧齿厚<br>10.018 | 压入行程<br>6.5±1.0 | 锥度配合<br>1∶50 | $GK_{1G}$<br>$GK_{1G-B}$<br>$GK_{1L}$ |
| 2 | 螺旋锥齿轮(从动) | 37 | Ms6 | 齿高 11.328<br>理论弧齿厚<br>8.832 | 压入行程<br>6.5±1.0 | 锥度配合<br>1∶50 | $GK_{1G}$<br>$GK_{1G-B}$<br>$GK_{1L}$ |
| 3 | 油泵主动齿轮 | 40 | 3 | $41.534_{-0.168}^{-0.112}$<br>5 齿 | | 键联结 | $GK_{1G}$<br>$GK_{1G-B}$ |

续上表

| 序号 | 名　称 | 齿数 | 模数 | 公法线长度或齿厚(mm) | 与轴配合过盈量(mm) | 联结形式 | 适用车型 |
|---|---|---|---|---|---|---|---|
| 4 | 油泵从动齿轮 | 42 | 3 | $41.618_{-0.192}^{-0.128}$ 5 齿 | | 键联结 | $GK_{1G}$ $GK_{1G-B}$ |
| 5 | 输入齿轮 | 35 | 6 | $64.936_{-0.198}^{-0.170}$ 4 齿 | 压入行程 $6.0_{-2.0}^{0}$ | 锥度配合 1∶50 | $GK_{1L}$ |
| 6 | 泵轮轴齿轮 | 24 | 6 | $46.299_{-0.198}^{-0.170}$ 3 齿 | 压入行程 $6.0_{-2.0}^{0}$ | 锥度配合 1∶50 | $GK_{1L}$ |

**附表 3-4　$GK_{OB}$ 风扇耦合器变速箱大修限度表**

| 序　号 | 名　　称 | 原形(mm) | 限度(mm) |
|---|---|---|---|
| 1 | 泵轮轴油封与进油体的径向间隙 | 0.20～0.296 | 0.40 |
| 2 | 左盖油封与法兰径向间隙 | 0.50～0.75 | 0.90 |
| 3 | 上轴承油封与轴承盖径向间隙 | 0.85～0.95 | 1.20 |
| 4 | 充油调节阀滑阀与阀体的径向间隙 | 0.02～0.04 | 0.08 |
| 5 | 充油调节阀活塞与阀体的径向间隙 | 0.05～0.104 | 0.12 |
| 6 | 泵轮与涡轮的轴向间隙 | 4.0 | 4.5 |
| | 锥度配合压入行程 | | |
| 7 | 大、小锥齿轮与轴 | 6.5±1.0 | 4.0 |
| 8 | 输入法兰与输入轴 | $12_{-2.0}^{0}$ | 9.0 |
| 9 | 输出法兰与垂直轴 | $12_{-2.0}^{0}$ | 9.0 |
| 10 | 输入齿轮与轴($GK_{1L}$型机车用) | $6_{-2.0}^{0}$ | 3.0 |
| 11 | 泵轮轴齿轮与轴($GK_{1L}$型机车用) | $6_{-2.0}^{0}$ | 3.0 |

# 附录 4　DH 液力传动箱滚动轴承汇总表

**附表 4-1　DH 液力传动箱滚动轴承**

| 序号 | 安装部位 | 轴承型号 | 配合过盈量(mm) | | 原始游隙(mm) | | 磨耗限度(mm) | | 备注 |
|---|---|---|---|---|---|---|---|---|---|
| | | | 与轴配合 | 与孔配合 | 径向 | 轴向 | 下限 | 上限 | |
| 1 | 电机轴 | 3E176313 QKT | 0.011～0.054 | 有止动销 | | | 0.230 | 0.270 | |
| 2 | 电机轴 | 3E32314 HT | 0.011～0.054 | −0.027～0.028 | 0.07～0.09 | 0.13～0.18 | 0.115 | 0.130 | |
| 3 | 电机轴 | 3E32315 QT | 0.011～0.054 | −0.028～0.030 | 0.07～0.09 | | 0.115 | 0.135 | |

续上表

| 序号 | 安装部位 | 轴承型号 | 配合过盈量(mm) | | 原始游隙(mm) | | 磨耗限度(mm) | | 备注 |
|---|---|---|---|---|---|---|---|---|---|
| | | | 与轴配合 | 与孔配合 | 径向 | 轴向 | 下限 | 上限 | |
| 4 | 输入轴(一轴) | 3E176224 QKT | 0.013～0.050 | 有止动销 | | | 0.260 | 0.350 | |
| 5 | | 3E32224 EQT | 0.013～0.050 | −0.012～0.037 | 0.095～0.120 | 0.160～0.220 | 0.155 | 0.175 | |
| 6 | | 3E32320 QT | 0.013～0.050 | −0.012～0.037 | 0.085～0.105 | | 0.135 | 0.155 | |
| 7 | 变矩器 *A*、*B* 轴(二轴) | 3E32324 QT | 0.027～0.06 | −0.016～0.041 | 0.095～0.120 | | 0.150 | 0.170 | |
| 8 | | 3E32326 QT | 0.027～0.063 | −0.016～0.041 | 0.105～0.135 | | 0.175 | 0.190 | |
| 9 | | 3E176226 QKT | 0.027～0.063 | 有止动销 | | 0.160～0.220 | 0.260 | 0.350 | |
| 10 | | 3E32226 EQT | 0.027～0.063 | −0.012～0.037 | 0.105～0.135 | | 0.175 | 0.195 | |
| 11 | 换向轴 | 3E42620 EQT | 0.023～0.053 | −0.012～0.037 | 0.085～0.105 | | 0.135 | 0.155 | |
| 12 | 工况轴 | 3E176226 QKT | 0.027～0.063 | 有止动销 | | | 0.260 | 0.350 | |
| 13 | | 3E32626 QT | 0.027～0.063 | −0.02～0.027 | 0.105～0.135 | 0.160～0.220 | 0.175 | 0.190 | |
| 14 | 输出轴 | 3E176224 QKT | 0.023～0.053 | −0.012～0.037 | | | 0.260 | 0.350 | |
| 15 | | 3E32156 QT | 0.056～0.104 | −0.023～0.050 | 0.185～0.240 | 0.160～0.220 | 0.30 | 0.340 | |
| 16 | | 3E176148 QKT | 0.050～0.092 | 有止动销 | 0.095～0.120 | 0.220～0.30 | 0.340 | 0.450 | |
| 17 | | 3E32224 EQT | 0.013～0.05 | −0.012～0.037 | | | 0.155 | 0.175 | |
| 18 | 供油泵 | 3E306 QT | 0.002～0.023 | −0.029～0.012 | 0.018～0.033 | | 0.047 | 0.056 | |
| 19 | | 3E32306 QT | 0.002～0.023 | −0.029～0.012 | 0.04～0.05 | | 0.064 | 0.093 | |
| 20 | | 3E307 QT | 0.002～0.028 | −0.029～0.012 | 0.021～0.039 | | 0.054 | 0.064 | |
| 21 | | 3E32206 QT | 0.002～0.023 | −0.029～0.012 | 0.04～0.05 | | 0.064 | 0.093 | |

注:①本表列出的过盈量及原始游隙均为原设计值;

②配合过盈量数据前标有“－”号者为间隙。

**附表 4-2　$GK_{OB}$风扇耦合器变速箱滚动轴承汇总表**

| 序号 | 安装部位 | 轴承型号 | 配合过盈量(mm) | | 原始游隙(mm) | | 磨耗限度(mm) | | 备注 |
|---|---|---|---|---|---|---|---|---|---|
| | | | 与轴配合 | 与孔配合 | 径向 | 轴向 | 下限 | 上限 | |
| 1 | 泵轮轴 | 313 | 0.011～0.045 | −0.03～0.028 | 0.028～0.048 | | 0.074 | 0.090 | 序号 1～6 所列轴承为 $GK_{1G}$ 型和 $GK_{1GB}$ 型机车风扇耦合器传动箱用轴承 |
| 2 | 泵轮轴、涡轮轴 | 32313 | 0.011～0.045 | −0.03～0.028 | 0.055～0.075 | | 0.10 | 0.115 | |
| 3 | 齿轮泵 | 208 | 0.002～0.03 | −0.022～0.021 | 0.021～0.039 | | 0.073 | 0.10 | |
| 4 | 泵轮轴与涡轮轴之间 | 32215 | 0.011～0.045 | −0.03～0.028 | 0.08～0.12 | | 0.140 | 0.170 | |
| 5 | 涡轮轴、垂直轴 | 310 | 0.009～0.04 | −0.025～0.025 | 0.024～0.042 | | 0.060 | 0.105 | |
| 6 | 垂直轴 | 32312 | 0.011～0.045 | −0.03～0.028 | 0.055～0.075 | | 0.095 | 0.110 | |
| 7 | 输入轴 | 312 | 0.011～0.045 | −0.03～0.028 | 0.023～0.043 | | 0.060 | 0.105 | 序号 1.2.4～9 所列轴承为 $GK_{1L}$ 型机车风扇耦合器传动箱用轴承 |
| 8 | 输入轴 | 32310 | 0.009～0.04 | −0.025～0.025 | 0.05～0.065 | | 0.085 | 0.10 | |
| 9 | 泵轮轴 | 32311 | 0.011～0.045 | −0.025～0.025 | 0.055～0.075 | | 0.095 | 0.110 | |

注:①本表列出的过盈量及原始游隙均为原设计值;

②配合过盈量数据前标有“－”号者为间隙。

**附表 4-3　DH 型液力传动箱油压锥度过盈联结参数表**

| 代　号 | 配合零件名称 | 最大拆装油压(MPa) | 压入行程(mm) | |
|---|---|---|---|---|
| YP1 | 输入法兰与输入轴 | 200 | 10～12 | |
| YP2 | 增速大齿轮与输入轴 | 155 | 8～10 | |
| YP3 | 电机轴齿轮与电机轴 | 100 | 5～7 | |

续上表

| 代　号 | 配合零件名称 | 最大拆装油压(MPa) | 压入行程(mm) | |
|---|---|---|---|---|
| YP4 | 增速小齿轮与泵轮轴 | 155 | 8～10 | |
| YP5 | 涡轮轴套与中间轴 | 200 | 9～11 | |
| YP6 | 二轴输出轴与中间轴 | 200 | 9～11 | |
| YP7 | 齿轮 Z29 与二轴输出轴 | 275 | 17～19 | |
| YP8 | 齿轮 Z49 与换向轴 | 100 | 4～6 | |
| YP9 | 齿轮 Z67 与工况轴 | 250 | 12～14 | |
| YP10 | 齿轮 Z33 与工况轴 | 250 | 12～14 | |
| YP11 | 输出法兰与输出轴 | 200 | 10～12 | |

# 附录 5　液力传动内燃机车中修限度

一、中修限度表

使用说明

(1)“原形”系指原设计尺寸或数据(若设计修改时,应以修改后的设计为准)。

(2)“中修限度”系指机车中修时不符合此限度者,须予以修理或更换。

(3)凡中修限度有下限且与原形的下限相同者,在表中均未标出,中修时按原形尺寸的下限掌握。

(4)凡限度内标有“—”记号的,均系应有具体数值但暂未确定的限度,中修时可自行掌握。

(5)本限度表为东方红 5 型内燃机车的限度。对东方红 5C 型、东方红 7 型内燃机车如结构相同的,中修时以此为准;结构不同的,可参照本表另行规定。

**附表 5-1　2011 型液力传动箱**　　单位:mm

| 序号 | 名　　称 | 原　形 | 中修限度 |
|---|---|---|---|
| | 齿　　轮 | | |
| 1 | 主传动齿轮啮合间隙 | | 1.0 |
| 2 | 电机传动齿轮啮合间隙 | | 1.0 |
| 3 | 辅助传动齿轮啮合间隙 | | 0.80 |
| 4 | 螺旋伞齿轮啮合间隙 | 0.15～0.20 | 0.60 |

续上表

| 序号 | 名　　称 | 原　形 | 中修限度 |
|---|---|---|---|
| | 滚动轴承 | | |
| 5 | 0000 型径向游隙 | | 2.5 倍原形上限 |
| 6 | 32000 型径向游隙 | | 原形上限+0.04 |
| 7 | 176000 型轴向游隙 | | 1.5 倍原形上限 |
| | B8、B10 型变扭器 | | |
| 8 | 进油壳油封套与泵轮径向间隙 | 0.40～0.503 | 0.90 |
| 9 | 排油壳油封套与涡轮径向间隙 | | |
| | B8 型 | 0.40～0.52 | 0.90 |
| | B10 型 | 0.40～0.513 | 0.90 |
| 10 | 涡轮油封盘与泵轮、芯环径向间隙 | | |
| | B8 型 | 0.40～0.538 | 0.90 |
| | B10 型 | 0.40～0.52 | 0.90 |
| 11 | 涡轮与泵轮出口处径向间隙 | 1.0～1.157 | 1.40 |
| 12 | 涡轮轴油封套与泵轮轴径向间隙 | 0.30～0.389 | 0.70 |
| | 风扇耦合器 | | |
| 13 | 泵轮与涡轮轴向间隙 | 1.0～3.0 | 4.0 |
| 14 | 泵轮与涡轮径向间隙 | 0.6～0.7 | 1.0 |
| | 换向机构 | | |
| 15 | 换向操纵机构滑块与杠杆孔间隙 | 0.04～0.27 | 0.50 |
| 16 | 换向操纵机构弹簧盒与箱体间隙 | 0.065～0.135 | 0.40 |
| 17 | 离合器花键侧面间隙 | 0.09～0.21 | 0.40 |
| | 各　　阀 | | |
| 18 | 控制阀大、小滑与阀套径向间隙 | 0.05～0.06 | 0.09 |
| 19 | 控制阀推杆与小滑阀径向间隙 | 0.03～0.04 | 0.07 |
| 20 | 控制阀手操纵活塞与阀体径向间隙 | 0.095～0.255 | 0.26 |
| 21 | 控制阀手操纵杆与阀体孔径向间隙 | 0.045～0.15 | 0.15 |
| 22 | 起动阀滑阀与阀套径向间隙 | 0.03～0.04 | 0.07 |
| 23 | 速度反应器滑阀与阀套径向间隙 | 0.02～0.03 | 0.06 |
| 24 | 负荷反应器各活塞与套径向间隙 | 0.075～0.21 | 0.25 |
| 25 | 耦合器作用阀滑阀与阀套径向间隙 | 0.03～0.05 | 0.08 |
| 26 | 耦合器作用阀活塞与套径向间隙 | 0.08～0.17 | 0.20 |
| | 惰　行　泵 | | |
| 27 | 齿轮与泵体和泵盖的侧面总间隙 | 0.048～0.10 | 0.10 |
| 28 | 主动齿轮铜套与轴径向间隙 | 0.08～0.118 | 0.14 |
| 29 | 从动齿轮铜套与轴径向间隙 | 0.04～0.094 | 0.12 |

续上表

| 序号 | 名　　称 | 原　形 | 中修限度 |
| --- | --- | --- | --- |
| | 控　制　泵 | | |
| 30 | 齿轮与泵体和泵盖的侧面总间隙 | 后 0.036～0.080 | 0.10 |
| | | 前 0.048～0.10 | 0.12 |
| 31 | 主动齿轮铜套与轴径向间隙 | 0.06～0.098 | 0.10 |
| 32 | 从动齿轮铜套与轴径向间隙 | 0.03～0.072 | |

**附表 5-2　电机、电器**　　单位:mm

| 序号 | 名　　称 | 原　　形 | 中修限度 |
| --- | --- | --- | --- |
| | ZQF-23 型起动电机 | | |
| 1 | 主极距 | 263 | |
| 2 | 换向极距 | 267 | |
| 3 | 主极气隙 | 1.5 | 1.5±3.0 |
| 4 | 换向极气隙 | 3.5 | 3.5±0.3 |
| 5 | 换向器工作表面直径 | $190^{+1.5}_{0}$ | 不小于 172 |
| 6 | 换向器云母槽下刻深度 | 1.0～1.5 | 不小于 0.8 |
| 7 | 刷握与换向器工作表面距离 | 2～3 | 3 |
| 8 | 电刷与刷盒间隙 | | |
| | 宽度方向 | 0.12～0.36 | 0.7 |
| | 厚度方向 | 0.09～2.8 | 0.4 |
| 9 | 电刷压力(N) | 12～16 | 16 |
| 10 | 电刷高度 | 40 | 不小于 30 |
| 11 | 组装后换向器工作表面跳动量 | 0～0.04 | 0.06 |
| 12 | 313 轴承径向游隙 | 0.013～0.033 | 0.04 |
| | $Z_2$C-62 型风泵电机 | | |
| 13 | 主极距 | 198 | |
| 14 | 换向极距 | 198 | |
| 15 | 主极气隙 | 1.5 | 1.5±0.3 |
| 16 | 换向极气隙 | 2.5 | 2.5±0.3 |
| 17 | 换向器工作表面直径 | 125 | 不小于 112 |
| 18 | 换向器云母槽下刻深度 | | 不小于 0.8 |
| 19 | 刷握与换向器工作表面距离 | | 2～3 |
| 20 | 电刷与刷盒间隙 | | |
| | 宽度方向 | | 0.12～0.40 |
| | 厚度方向 | | 0.09～0.30 |
| 21 | 电刷压力(N) | 11±1 | 11±1 |
| 22 | 电刷高度 | 32 | 不小于 25 |
| 23 | 组装后换向器工作表面跳动量 | 0～0.04 | 0.06 |
| 24 | 309 型轴承径向游隙 | 0.012～0.029 | 0.04 |

续上表

| 序号 | 名　　称 | 原　　形 | 中修限度 |
|---|---|---|---|
| | CZO-40/20 型直流接触器 | | |
| 25 | 主触头开距 | 3.5～4.5 | 4.5 |
| 26 | 主触头超程 | 1.5～2.5 | 1.0～2.5 |
| 27 | 主触头终压力(N) | 7.0～8.5 | 8.5 |
| 28 | 辅助触头开距 | 3.5～4.5 | 4.5 |
| 29 | 辅助触头超程 | 1.5～2.5 | 1.0～2.5 |
| 30 | 辅助触头压力(N) | 1.15～1.4 | 1.4 |
| | CZO-250/10 型接触器 | | |
| 31 | 主触头开距 | 15～17 | 17 |
| 32 | 主触头超程 | 3.2～3.8 | 2.8～3.8 |
| 33 | 主触头终压力(N) | 55～70 | 70 |
| 34 | 辅助触头开距 | 4.0～5.0 | 5.0 |
| 35 | 辅助触头超程 | 2.0～3.0 | 1.5～3.0 |
| 36 | 辅助触头终压力(N) | 2.0 | 2.0 |
| | CZO-150/10 CZO-150/20 直型流接触器 | | |
| 37 | 主触头开距 | 6.5～7.5 | 7.5 |
| 38 | 主触头超程 | 2.5～3.0 | 2.0～3.0 |
| 39 | 主触头终压力(N) | 30～37 | 37 |
| 40 | 辅助触头开距 | 3.5～4.5 | 4.5 |
| 41 | 辅助触头超程 | 1.5～2.5 | 1.0～2.5 |
| 42 | 辅助触头终压力(N) | 1.15～1.4 | 1.4 |
| | 电空阀阀杆行程 | | |
| 43 | DQF-5 型(NVD-110 型) | $2.0^{0}_{-0.1}$ | $2.0_{-0.1}$ |
| 44 | FSF 型 | $2.0^{+0.5}_{0}$ | $2.0^{+0.5}$ |
| 45 | WQF 型 | $2.0^{+0.5}_{0}$ | $2.0^{+0.5}$ |
| | 主控制器 | | |
| 46 | 触头开距 | 不小于 4 | 不小于 4 |
| 47 | 触头超程 | 不小于 0.5 | 不小于 0.5 |
| 48 | 触头终压力(N) | 1 | 1 |

附表 5-3　车体、走行部及制动装置　　单位:mm

| 序号 | 名　　称 | 原　　形 | 中修限度 |
|---|---|---|---|
| | 车钩及缓冲装置 | | |
| 1 | 13 号钩钩舌销与钩耳套内孔的径向间隙 | 1.0～2.4　3.0～4.4 | 3.0 5.0 |
| 2 | 13 号钩钩舌销与钩舌销孔的径向间隙 | 1.0～1.8 | 3.0 |
| 3 | 13 号钩钩舌与钩耳上、下面的间隙 | 1～6 | 10 |
| 4 | 13 号钩钩舌与钩体上、下承力面的间隙 | 1～3 | 4 |
| 5 | 钩舌与钩腕内侧面距离(车钩开度) | | |
| | 锁闭状态 | 112～122 | 110～127 |
| | 全开状态 | 220～235 | 245 |
| 6 | 13 号钩钩体扁销孔的尺寸 | $44^{+2}_{0}\times110^{+3}_{0}$ | 49×118 |
| 7 | 13 号钩钩扁销与钩体孔的间隙 | 3.0～7.0　9.0～14.0 | 11.0～18.0 |
| 8 | 13 号钩钩尾框扁销孔长度 | $106^{+3}$ | 115 |
| 9 | 钩头肩部与缓冲座的距离 | 80±5 | 不小于 60 |
| 10 | 从板的磨耗量 | 58±1 | 2 |
| 11 | 钩尾框内侧面的磨耗量 | | |
| | 两侧 | | 7 |
| | 尾端 | | 6 |
| | 轮　　对 | | |
| 12 | 轮箍厚度 | 75 | 不小于 45 |
| 13 | 轮箍宽度 | 140 | 不小于 135 |
| | 轴　　箱 | | |
| 14 | 轮箱孔 $\phi$290 的锥度、椭圆度 | 0～0.05 | 0.15 |
| 15 | 972832T 或 982832T 轴承的径向间隙(组装后) | 0.08～0.179 | 0.30 |
| | 油压减振器 | | |
| 16 | 活塞杆与导向套的径向间隙 | 0.008～0.045 | — |
| 17 | 缸筒的锥度、椭圆度 | 0～0.02 | 0.05 |
| 18 | 活塞与缸套的径向间隙 | 0.03～0.09 | — |
| 19 | 芯阀与套阀的径向间隙 | 0.016～0.07 | 0.20 |
| 20 | 阀瓣与阀体的间隙 | 0.10～0.30 | 0.60 |
| 21 | 套阀与阀座的间隙 | 0.016～0.07 | 0.20 |
| 22 | 胀圈的自由开口间隙 | 8.0 | 不小于 4.0 |
| 23 | 胀圈的工作开口间隙 | 0.2～0.3 | 0.4 |
| | 转向架 | | |
| 24 | 构架旁承止挡板磨耗深度 | | 1.0 |
| 25 | 制动杠杆、拉杆侧平面磨耗深度 | | 2.0 |
| 26 | 车体上磨耗板厚度 | 14±0.5 | 不小于 11.5 |

续上表

| 序号 | 名　　称 | 原　　形 | 中修限度 |
|---|---|---|---|
| | 车轴齿轮箱拉臂 | | |
| 27 | 吊耳关节轴承孔椭圆度 | | 0.30 |
| 28 | 拉臂杆座孔椭圆度 | | 0.30 |
| 29 | 拉臂销直径减少量 | ($\phi60^{-0.01}_{-0.03}$) | 0.50 |
| | 万　向　轴 | | |
| 30 | 花键轴与花键套侧面间隙 | | 0.40 |
| 31 | 同一轴承体内滚针直径差 | | 0.005 |
| 32 | 组装后十字销轴的轴向间隙 | 0.03～0.05 | 0.10 |
| 33 | 十字销头的椭圆度、锥度 | 0～0.005 | 0.015 |
| | 中间齿轮箱、车轴齿轮箱 | | |
| 34 | 油泵传动齿轮啮合间隙 | 0.15～0.25 | 0.6 |
| | 走行部滚动轴承 | | |
| 35 | 176000 型轴向游隙 | | 1.5 倍原形上限 |
| 36 | 32000 型径向游隙 | | 原形上限+0.04 |
| 37 | 2G3615 型径向游隙 | 0.08～0.11 | 0.165 |
| 38 | 2G3614 型径向游隙 | 0.08～0.11 | 0.165 |
| 39 | 3G3616 型径向游隙 | 0.08～0.11 | 0.165 |
| 40 | 1G3614 型径向游隙 | 0.06～0.08 | 0.12 |
| 41 | 3G3526 型径向游隙 | 0.145～0.190 | 0.23 |
| 42 | 972832 型(或 982832 型)径向游隙 | 0.13～0.195 | 0.30 |
| 43 | 各万向轴滚针轴承径向游隙 | 0.02～0.06 | 0.12 |
| | 3W-1.6/9 型空气压缩机 | | |
| 44 | 气缸直径 | | |
| | 高压缸 | $90^{+0.035}_{0}$ | 90.34 |
| | 低压缸 | $115^{+0.035}_{0}$ | 115.34 |
| 45 | 气缸内孔的椭圆度、锥度 | 0～0.027 | 0.10 |
| 46 | 活塞与气缸的径向间隙 | | |
| | 高压缸 | 0.30～0.385 | 0.55 |
| | 低压缸 | 0.35～0.435 | 0.55 |
| 47 | 活塞销的椭圆度、锥度 | 0～0.01 | 0.02 |
| 48 | 活塞销与座孔的过盈量 | −0.008～0.03 | 0～0.03 |
| 49 | 活塞环自由开口间隙 | | |
| | 高压气环 | 11±1 | 11±1 |
| | 高压油环 | 8±1 | 8±1 |
| | 低压气环 | 14±1 | 14±1 |
| | 低压油环 | 15±1 | 15±1 |
| 50 | 活塞环工作开口间隙 | 0.05～0.25 | 0.60 |
| 51 | 活塞环与环槽侧面间隙 | 0.017～0.06 | 0.08 |
| 52 | 曲轴连杆颈椭圆度、锥度 | 0～0.008 5 | 0.05 |

续上表

| 序号 | 名　称 | 原　形 | 中修限度 |
|---|---|---|---|
| 53 | 连杆大端孔的椭圆度 | 0～0.025 | 0.06 |
| 54 | 连杆小端孔的椭圆度 | 0～0.022 | 0.04 |
| 55 | 连杆颈与连杆大端孔的径向间隙 | 0.01～0.052 | 0.15 |
| 56 | 活塞销与连杆小端孔的径向间隙 | 0.008～0.044 | 0.07 |
|  | JZ-7 型制动机 |  |  |
| 57 | 自阀、单阀手把心轴孔与心轴间隙 | 0.02～0.11 | 0.50 |
| 58 | 自阀、单阀心轴与套孔间隙 | 0.016～0.070 | 0.50 |
| 59 | 自阀、单阀凸轮方孔与轴的间隙 | 0.005～0.05 | 0.20 |
| 60 | 自阀支承杠杆端头磨耗量 |  | 0.30 |
| 61 | 各柱塞、柱塞阀、阀杆、活塞、阀与阀套或套的间隙 |  |  |
|  | $\phi$12、$\phi$14、$\phi$18 处 | 0.016～0.070 | 0.12 |
|  | $\phi$20 处 | 0.020～0.076 | 0.12 |
|  | $\phi$22、$\phi$24、$\phi$30 处 | 0.020～0.086 | 0.15 |
|  | $\phi$36、$\phi$50 处 | 0.025～0.103 | 0.18 |
| 62 | 各阀套与体、体套的间隙 |  |  |
|  | $\phi$20 处 | 0.020～0.076 | 0.18 |
|  | $\phi$22、$\phi$24、$\phi$30 处 | 0.020～0.086 | 0.18 |
|  | $\phi$32、$\phi$34、$\phi$36、$\phi$40、$\phi$50 处 | 0.025～0.103 | 0.20 |
| 63 | 各板阀橡胶阀口台阶深度 |  | 0.50 |

**附表 5-4　齿轮表**(东方红 5 型、东方红 5C 型)　　单位:mm

| 名　称 | | 齿数 | 模数 | 与轴配合过盈量 | 联结形式 | 备注 |
|---|---|---|---|---|---|---|
| 液力传动箱 | 第一轴增速齿轮 | 103 | Mn5 | 压入行程 12±0.5 | 锥度静压 | |
| | 第一轴螺旋伞齿轮 | 37 | Ms5.5 | 压入行程 5.5±0.5 | 锥度静压 | |
| | 控制泵传动齿轮 | 65 | M3 | 0.002～0.045 | 过盈 | |
| | 第二轴泵轮轴齿轮 | 44 | Mn5 | 压入行程 8±0.5 | 锥度静压 | |
| | 泵轮轴供油泵传动齿轮 | 55 | M4 | 0.026～0.06 | 过盈 | |
| | 第二轴涡轮轴齿轮 | 45 | Mn7 | 压入行程 11±0.5 | 锥度静压 | |
| | 第二轴换向齿轮 | 90 | M3 | −0.067～0.02 | 螺钉 | |
| | 换向轴齿轮 | 32 | Mn7 | | 与轴一体 | |
| | 换向轴齿轮 | 48 | Mn7 | 压入行程 11±0.5 | 锥度静压 | |
| | 换向轴换向齿轮 | 34 | Mn7 | | 与轴一体 | |
| | 第三轴齿轮 | 61 | Mn7 | 压入行程 5.5±0.5 | 锥度静压 | |
| | 第四轴齿轮 | 67 | Mn7 | 压入行程 16.5±0.5 | 锥度静压 | |
| | 第四轴齿轮(活法兰) | 67 | Mn7 | | 锥度静压 | |
| | 电机轴齿轮 | 46 | Mn5 | 压入行程 12±0.5 | 锥度静压 | |
| | 惰行泵传动齿轮 | 92 | M3 | 压入行程 5±0.5<br>−0.038～0.01 | 螺钉 | |

续上表

| 名　　称 | | 齿数 | 模数 | 与轴配合过盈量 | 联结形式 | 备注 |
|---|---|---|---|---|---|---|
| 液力传动箱 | 惰行泵传动轴大齿轮 | 60 | M3 | 压入行程 2.5±0.5 | 锥度静压 | |
| | 惰行泵传动轴小齿轮 | 28 | M3 | | 与轴一体 | |
| | 换挡反应器传动轴大齿轮 | 70 | M3 | 压入行程 2.5±0.5 | 锥度静压 | |
| | 换挡反应器传动轴小齿轮 | 58 | M2 | | 与轴一体 | |
| | 换挡反应器传动轴小齿轮 | 39 | M3 | | 与轴一体 | |
| | 换挡反应器齿轮 | 82 | M2 | | 与轴承外圈配合 | |
| | 换挡反应器齿轮 | 54 | M3 | | 与轴承外圈配合 | |
| | 供油泵传动齿轮 | 52 | M4 | 压入行程 3±0.5 | 锥度静压 | |
| | 供油泵传动螺旋伞齿轮 | 25 | Ms4 | 压入行程 3±0.5 | 锥度静压 | |
| | 供油泵螺旋率齿轮 | 24 | Ms4 | 压入行程 3±0.5 | 锥度静压 | |
| | 耦合器螺旋伞齿轮 | 31 | Ms5.5 | −0.05～0 | 螺钉 | |
| | 控制泵齿轮 | 30 | M3 | | 与轴一体 | |
| | 惰行泵齿轮 | 46 | M3 | | 与轴一体 | |
| 车轴齿轮箱 | 第一轴齿轮 | 44 | Mn8 | 压入行程 17±0.5 | 锥度静压 | |
| | 第二轴齿轮 | 48 | Mn8 | 压入行程 17±0.5 | 锥度度静压 | |
| | 小螺旋伞齿轮 | 18 | Ms12 | | 与轴一体 | |
| | 大螺旋伞齿轮 | 48 | Ms12 | 用 $0.5\times0.10^6$～$0.8\times10^6$ 压入 | 过盈 | |
| | 油泵传动主动齿轮 | 160 | M2 | 0.06～0.115 | 过盈 | |
| | 油泵传动从动齿轮 | 58 | M2 | −0.017～0.014 | 单键 | |

注:①本齿轮表中列出的配合过盈量为原设计技术要求,或根据相应零件的尺寸公差计算而来。中修时,齿轮与轴的配合过盈量除另有要求外,应符合表中的规定;

②表中过盈量数据前标有“−”号者为间隙。

**附表 5-5　滚动轴承表**(东方红 5 型、东方红 5C 型)　单位:mm

| 安装部位 | | 型　　号 | 配合过盈量 | | 原始游隙 | |
|---|---|---|---|---|---|---|
| | | | 内圈与轴 | 外圈与座 | 径向 | 轴向 |
| 液力传动箱 | 第一轴 | E176200T | 0.02～0.04 | 0.003～0.068 | | 0.12～0.18 |
| | | 7E32220HT | 0.20～0.04 | −0.015～0.010 | 0.085～0.105 | |
| | | 7E32320HT | 0.02～0.04 | −0.015～0.010 | 0.085～0.105 | |
| | 第三轴 | 7E42620T | 0.02～0.04 | −0.015～0.010 | 0.085～0.105 | |
| | 第二轴 | D176224T | 0.03～0.045 | ※0.021～0.075 | | 0.12～0.18 |
| | | 7D32222T | 0.03～0.045 | −0.015～0.010 | 0.095～0.12 | |
| | | 7D32224T | 0.03～0.045 | −0.015～0.010 | 0.095～0.12 | |
| | 第二轴、换向轴 | D1176938T | 0.02～0.04 | ※0.014～0.081 | | 0.14～0.20 |
| | | 7D2032938T | 0.02～0.04 | −0.015～0.010 | 0.14～0.18 | |
| | 换向轴 | 7D32222T | 0.02～0.04 | −0.015～0.010 | 0.095～0.12 | |

续上表

| 安装部位 | | 型　　号 | 配合过盈量 | | 原始游隙 | |
|---|---|---|---|---|---|---|
| | | | 内圈与轴 | 外圈与座 | 径向 | 轴向 |
| 液力传动箱 | 换向轴，第四轴 | D176224T | 0.02～0.04 | ※0.021～0.075 | | 0.12～0.18 |
| | | 7D32224T | 0.02～0.04 | −0.015～0.010 | 0.095～0.12 | |
| | 第四轴 | 7E32226T | 0.02～0.04 | −0.015～0.010 | 0.105～0.135 | |
| | 电机轴 | 7E32312T | 0.015～0.025 | −0.01～0 | 0.055～0.075 | |
| | | 7E32313T | 0.015～0.025 | −0.01～0 | 0.055～0.075 | |
| | | 3E313 | 0.015～0.025 | ※0.003～0.068 | 0.028～0.048 | |
| | 换挡反应器、惰力泵传动轴 | 3E205 | 0.002～0.027 | −0.033～0.01 | 0.018～0.033 | 0.010～0.020 |
| | | 7E32205 | 0.002～0.027 | −0.033～0.01 | 0.04～0.05 | |
| | 换挡反应器 | 46202 | −0.006～0.016 | −0.018～0.02 | | |
| | | 3E100908 | −0.008～0.02 | −0.021～0.023 | 0.021～0.039 | |
| | | 109 | −0.008～0.02 | −0.021～0.023 | 0.012～0.029 | |
| | 供油泵及传动轴 | 7E32206 | 0.01～0.02 | −0.01～0 | 0.04～0.05 | |
| | | 3E307 | 0.01～0.02 | −0.01～0 | 0.021～0.039 | |
| | | 3E306 | 0.01～0.02 | −0.01～0 | 0.018～0.033 | |
| | | 7E32306 | 0.01～0.02 | −0.01～0 | 0.04～0.05 | |
| | | 3E407 | 0.01～0.02 | −0.01～0 | 0.021～0.039 | |
| | 耦合器 | E276214 | 0.005～0.025 | −0.03～0 | | |
| | | 7E32210T | 0.005～0.015 | −0.025～0.005 | 0.05～0.065 | |
| | 风扇座 | 312 | 0.003～0.038 | −0.052～0.014 | 0.013～0.033 | |
| | | 314 | 0.003～0.038 | −0.052～0.014 | 0.014～0.034 | |
| 走行部及万向轴 | 车轴齿轮箱第一轴 | 7D32224 | 0.02～0.04 | −0.005～0.01 | 0.095～0.12 | |
| | 车轴齿轮箱第一、二轴 | 7E32226 | 0.02～0.04 | −0.005～0.01 | 0.105～0.135 | |
| | | D176224 | 0.02～0.04 | 0.01～0.03 | | 0.12～0.18 |
| | 车轴齿轮箱第二轴 | 3G3615 | 0.01～0.03 | 0.02～0.05 | 0.08～0.11 | |
| | 车轴齿轮箱第三轴 | 7E32144 | 0.025～0.045 | −0.01～0.025 | 0.155～0.20 | |
| | | 7E176144 | 0.025～0.045 | 0.01～0.03 | | 0.18～0.22 |
| | 轴箱 | 982832T | 0.025～0.05 | −0.155～−0.04 | 0.13～0.195 | 0.12～0.36 |
| | | 146132T | −0.045～−0.01 | 0.02～0.05 | 0.12～0.19 | 0.14～0.20 |
| | 万向轴 | 604710T | | 0.001～0.035 | 0.03～0.07 | |
| | 电机、风扇传动万向轴 | 滚针轴承 | | −0.052～0.10 | 0.02～0.19 | |
| | 中间齿轮箱 | 7E32322 | | | 0.095～0.12 | |
| | | 7D32224T | 0.03～0.045 | −0.015～0.010 | 0.095～0.12 | |
| | | 146228QT | | | | 0.04～0.070 |
| | | D176224T | 0.03～0.045 | ※0.021～0.075 | | 0.12～0.18 |
| | | 7E32230T | | | | |

续上表

| 安装部位 | | 型　号 | 配合过盈量 | | 原始游隙 | |
|---|---|---|---|---|---|---|
| | | | 内圈与轴 | 外圈与座 | 径向 | 轴向 |
| 空压机 | 曲轴 | 210 | 0.003～0.032 | —0.023～0.012 | 0.012～0.029 | |
| | | 32210 | 0.003～0.032 | —0.023～0.012 | 0.020～0.055 | |
| | | 308 | 0.003～0.032 | —0.023～0.012 | 0.012～0.026 | |
| 电机 | ZQF-23 起动电机 | 313 | 0.003～0.038 | —0.052～0.014 | 0.013～0.033 | |
| | $Z_2$-62 风泵电机 | 309 | 0.003～0.032 | —0.038～0.012 | 0.012～0.029 | |
| | ZK13-1 水泵电机 | 203 | 0.002～0.020 | —0.029～0.008 | 0.008～0.022 | |
| | ZK13-2 滑油泵电机 | 203 | 0.002～0.020 | —0.029～0.008 | 0.008～0.022 | |
| | 130SZ0.5F 燃料泵电机 | 202 | —0.003～0.015 | —0.029～0.008 | 0.008～0.022 | |
| | 11SZ59 预热炉风机 | 201 | 0～0.003 | —0.02～0.07 | 0.008～0.022 | |
| | 11SZ60 机械间排风扇 | 201 | 0～0.003 | —0.02～0.07 | 0.008～0.022 | |
| | | 60029 | 0～0.003 | —0.017～0.006 | 0.005～0.016 | |

注:①本滚动轴承表所列的配合过盈量为原设计技术要求，或根据相应零件的尺寸公差计算而来。除以下情况及另有要求者外，中修时应符合表中规定:液力传动箱部分，凡标有“※”记号的，该轴承外圈与座的过盈量，中修时为 0.01～0.03 mm；

②表中配合过盈量数据前标有:“—”号者为间隙；

③同一部件不同安装部位的同一型号轴承，配合过盈量相同的表中仅列出 1 个；

④表中所列轴承“内圈与轴”的配合过盈量，包括结构实际是轴承内圈与轴套的配合过盈量。

**附表 5-6　主要弹簧性能表**(东方红 5、东方红 5C 型)　单位：mm

| 名称 | | 自由高 | 特性 | | 不垂直度 | 备注 |
| --- | --- | --- | --- | --- | --- | --- |
| | | | 压缩高 | 压力(N) | | |
| 液力传动箱 | 起动阀弹簧 | 56±1 | 34 | 100±10 | | |
| | 换向限制阀弹簧 | 45±1 | 20 | 35±5 | | |
| | 换向限制阀弹簧 | 78±1 | 53 | 130±13 | | |
| | 换向限制阀弹簧 | 73±1 | 33 | 140±15 | | |
| | 耦合器作用阀弹簧 | $39.5^{+0.5}$ | 30+0.5 | 54 | | |
| | 换向操纵机构弹簧 | 125±1 | 106 | 350±10 | | |
| | | | 85 | 740±10 | | |
| | 换向操纵机构弹簧 | 65±1 | 43 | 44±1 | | |
| | 控制泵安全阀弹簧 | 82.5 | 49.6 | 480±6 | | |
| | | | 71.47 | 160±6 | 不大于 0.5 | |
| 转向架 | 旁承弹簧 | 464 | 388 | 84 200 | | 内外弹簧 |
| | | | 340 | 136 400 | | 成组要求 |
| | 旁承弹簧 | 594±9 | 489 | 84 200 | | 加高弹簧 |
| | | | 432.5 | 130 000 | | |
| | 轴箱弹簧 | 333 | 265 | 47 000 | | 内外弹簧 |
| | | | 227 | 73 200 | | 成组要求 |
| | | 333 | $265^{+7}_{-2}$ | 45 750 | | 东方红 5 型 |
| | 摩擦减振器外弹簧 | 72±2 | 60 | 1 760±100 | | |
| | | | 52 | 2 940±180 | | |
| | 摩擦减振器内弹簧 | 72±2 | 60 | 430±26 | | |
| | | | 52 | 720±43 | | |
| 空气压缩机 | 安全阀弹簧 | 35±0.5 | 25 | 29.2 | 不大于 0.5 | 塔形簧 |
| | 气阀弹簧 | 10±0.5 | 8 | 1.0 | | |
| | | | 5 | 2～3.5 | | |
| 电机电器 | 起动电机压指弹簧 | 35±0.2 | 拉伸<br>50～40 | 拉力 91.7～30.5<br>±10% | | |
| | 压力继电器大弹簧(YQ-1) | $38^{+1}$ | 33.23 | 1 000 | 不大于 0.3 | |
| | 压力继电器大弹簧(YQ-2) | $38^{+1}$ | 30.18 | 580 | 不大于 0.3 | |
| | 压力继电器开关板组件弹簧 | 16 | 9.9 | 36 | 不大于 0.3 | |
| 电机电器 | 压力继电器传动杆组件弹簧 | 21 | 13.4 | 39.8 | | |
| | 压力继电器传动杆组件弹簧 | 15 | 8 | 8.61 | | |

注：①本主要弹簧性能表列出的弹簧特性数据均为原设计要求。“不垂直度”系指弹簧轴线对其端面的位置公差。

②中修中弹簧检修除另有要求者外，都应符合下列规定：

a. 外观检查不许有裂纹、严重腐蚀、碰伤、缺损和非正常磨耗；

b. 圆柱形弹簧目检不许有粗细不匀和轴线弯曲或歪斜现象；

c. 各种弹簧应无明显的永久变形和弹性消失。主要弹簧的中修限度可参照本表自行规定；

d. 电气部件的弹簧不许有烧伤痕迹和过热变色。

**附表 5-7　转向架及车体主要配件**　　　　单位：mm

| 序　号 | 名　　称 | 原　形 | 中修限度 |
|---|---|---|---|
| | 转向架圆弹簧 | | |
| 1 | 圆弹簧锈蚀直径减少量 | $\phi$45 | >15%时退换 |
| 2 | 圆弹簧自由状态时倾斜度 | 高度×2% | 8.2 |
| 3 | 圆弹簧在工作负荷时高度 | 328 | |
| 4 | 橡胶弹簧 | | |
| | 车轴齿轮箱组成 | | |
| 5 | 第一轴与齿轮($Z$=23)锥度配合压入行程 | | |
| 6 | 第一轴与法兰锥度配合压入行程 | 9～10 | |
| 7 | 伞齿轮轴与齿轮($Z$=37)锥度配合压入行程 | | |
| 8 | 伞齿轮轴与法兰锥度配合压入行程 | 9～10 | |
| | 车轴齿轮箱用轴承 | | |
| 9 | NU2316　$C_3$　MA　NA　径向间隙 | | 0.08～0.11 |
| 10 | NU240　$C_3$　MA　NA　径向间隙 | | 0.14～0.18 |
| 11 | 32224　MPS　TGL2993　轴向间隙 | | 0.14～0.20 |
| 12 | Q240　$C_3$　MB　TGL2993　轴向间隙 | | 0.18～0.22 |
| 13 | 过桥轴串动量 | 0.05～0.25 | |
| 14 | 小伞齿轮轴轴承轴向间隙 | 0.2～0.3 | |
| | 轴箱组成 | | |
| 15 | 3N42726+3N232726L　径向间隙 | | 0.105～0.135 |
| 16 | 轴承内径 | $\phi$130 | |
| | 轴　　径 | $\phi$130 | |
| 17 | 轴承内径(加修) | | |
| | 轴径(加修) | | |
| 18 | 轴承外径 | $\phi$250 | |
| | 轴箱内径 | $\phi$250 | |
| | 车轴齿轮箱齿轮齿厚 | | |
| 19 | 第一轴齿轮($Z$=23)5 齿公法线长 | | |
| 20 | 第二轴齿轮($Z$=37)5 齿公法线长 | | |
| 21 | 第三轴齿轮($Z$=83)6 齿公法线长 | | |
| | 车轴齿轮箱齿轮啮合间隙 | | |
| 22 | 车轴齿轮箱一、二轴齿轮对 | 0.15～0.3 | |
| 23 | 车轴齿轮箱螺旋伞齿轮对 | 0.3～0.5 | |
| | 轮　　对 | | |
| 24 | 轮箍厚度 | 75 | 不小于 45 |
| 25 | 轮箍宽度 | 140 | 不小于 135 |
| 26 | 同一轮箍各处厚度差 | | 2 |
| 27 | 同一轮箍测量各处宽度差 | | 3 |
| 28 | 轮箍踏面磨损深度 | | 0.5 |
| 29 | 轮箍轮缘厚度 | 33 | 28 |
| 30 | 轮箍内径较原形的减少量 | $\phi850^{+0.25}_{0}$ | 6 |
| 31 | 轮毂内径椭圆度 | $\phi196^{H8}$ | 0.02 |
| 32 | 轮毂内径锥度 | $\phi196^{H8}$ | 0.02 |
| 33 | 车轴轮座直径 | $\phi$196 | |
| 34 | 轮毂孔较原形的扩大量及缩小量 | | ±3 |
| 35 | 轮毂长度减少量 | 196 | 3 |

续上表

| 序号 | 名称 | 原形 | 中修限度 |
| --- | --- | --- | --- |
|  | 旁承及牵引装置 |  |  |
| 36 | 旁承滑板 |  |  |
| 37 | 旁承磨耗板厚 |  |  |
| 38 | 尼龙套球体内径 |  |  |
| 39 | 尼龙套球体外径 |  |  |
|  | 万　向　轴 |  |  |
| 40 | 滚柱轴承内径(包括滚柱)十字销轴径 |  |  |
| 41 | 滚柱轴承内径(包括滚柱)十字销轴径 |  |  |
| 42 | 相对两个滚柱轴承与十字销径向间隙差 |  |  |
|  | 花键轴——槽宽 |  |  |
| 43 | 花键轴——键宽 |  |  |
| 44 | 花键轴——槽宽 |  |  |
|  | 花键轴——键宽 |  |  |
| 45 | 电机万向轴 |  |  |
| 46 | 滚针轴承内径(包括滚针)十字销轴颈 |  |  |
|  | 花键轴——槽宽 |  |  |
|  | 花键轴——键宽 |  |  |
|  | 车钩、缓冲装置 |  |  |
| 47 | 钩舌内侧面磨耗 |  |  |
| 48 | 钩舌销直径磨耗 |  |  |
| 49 | 钩舌销防动部分磨耗 |  |  |
| 50 | 钩体下面磨耗 |  |  |
| 51 | 钩尾扁销螺栓直径磨耗 | 20 |  |
| 52 | 钩尾扁销磨耗 |  |  |
| 53 | 钩尾端部磨耗 |  |  |
| 54 | 钩尾扁销孔磨耗 |  |  |
| 55 | 钩尾框扁销孔磨耗最大量 |  |  |
| 56 | 钩尾框磨耗框身厚度 |  |  |
| 57 | 从板磨耗 |  |  |
| 58 | 钩身弯曲 |  |  |
| 59 | 钩舌与钩腕内侧面距离 |  |  |
|  | 钩舌锁闭位置不大于 |  | 110～117 |
|  | 开钩位置不大于 |  | 220～245 |
| 60 | 钩舌与上钩耳的间隙 |  |  |
| 61 | 车钩扁销孔与扁销间隙 |  |  |
|  | 侧　　面 | 1～3 |  |
|  | 后　　面 | 3 |  |
| 62 | 钩舌销与钩耳孔或钩舌销孔的间隙 |  |  |
| 63 | 车钩提杆直径 | $\phi 25$ |  |
| 64 | 提杆销孔直径 |  |  |
| 65 | 车钩中心线距轨面高度(运转整备状态) |  | 845～885 |
| 66 | 车钩锁闭位置钩颈的剩余长度 |  | 30～50 |

续上表

| 序　号 | 名　　称 | 原　形 | 中修限度 |
|---|---|---|---|
| | 排　障　器 | | |
| 67 | 排障器底面至轨面距离 | 150 | 120～160 |

附表 5-8　制动系统主要配件　　单位:mm

| 序号 | 名　　称 | 原　形 | 中修限度 |
|---|---|---|---|
| | 空气制动机 | | |
| 1 | 自动制动阀均衡活塞与衬套直径差不大于 | | 0.5 |
| 2 | 压力调节器活塞与衬套间隙不大于 | | 0.3 |
| 3 | 三通阀活塞与衬套间隙不大于 | | 0.5 |
| 4 | 双向阀活塞与衬套间隙不大于 | | 0.3 |
| | NPT5 空气压缩机 | | |
| 5 | 高压缸直径 | $\phi$90(85) | $\phi$92(87) |
| 6 | 低压缸直径 | $\phi$110 | $\phi$112 |
| 7 | 椭圆度、锥度 | 0.02 | 0.05 |
| 8 | 活塞与气缸径向间隙 | | |
| | 高压缸 | 0.07～0.09 | |
| | 低压缸 | 0.09～0.12 | |
| 9 | 活塞环工作状态开口 | 0.4～0.6 | 0.4～0.6 |
| 10 | 活塞环与槽的侧面间隙 | 0.03～0.05 | 0.03～0.07 |
| 11 | 活塞销与销孔配合过盈量 | 0.002～0.020 | 0.002～0.020 |
| 12 | 曲轴连杆颈直径 | $\phi$45 | $\phi$42.5 |
| 13 | 连杆大端瓦侧面间隙 | 0.10～0.40 | 0.10～0.50 |
| 14 | 连杆大端瓦与曲轴连杆颈径向间隙 | 0.03～0.05 | 0.03～0.07 |

# 附录 6　中修探伤范围

## 1　柴　油　机

1.1　柴油机各齿轮(解体时)

1.2　曲轴

1.3　凸轮轴

1.4　滚轮摇臂轴

1.5　连杆体、连杆瓦、连杆螺钉

1.6　活塞销

1.7 摇臂座

1.8 气缸盖体

1.9 进、排气阀

1.10 挺杆头部

1.11 增压器转子轴

1.12 喷油泵凸轮轴

1.13 活塞(销孔处)

1.14 活塞销

1.15 主机油泵主、从动齿轮轴

1.16 水泵轴及齿轮

## 2 传 动

2.1 变速箱各齿轮

2.2 齿形离合器

2.3 各花键轴

2.4 第一轴和法兰

2.5 第二轴的中间轴、输出轴

2.6 第三轴及法兰

2.7 换向轴

2.8 供油泵水平轴、垂直轴

2.9 惰行泵传动轴

2.10 控制泵主、从动齿轮轴

2.11 风扇耦合器实心轴、空心轴

2.12 换向机构活塞杆

2.13 风扇耦合器齿轮

2.14 电机传动轴

## 3 走 行

3.1 各万向轴法兰、花键轴、花键套、十字销头及轴承压盖

3.2 车轴齿轮箱大、小伞齿轮及轴

3.3 中间齿轮箱各轴、齿轮、拨叉及齿形离合器

3.4　油泵齿轮及轴

3.5　各制动拉条、杠杆、穿销及闸瓦托吊杆

3.6　牵引销、拉杆销、中心销

3.7　车钩各零件

3.8　轮轴镶入部

3.9　轮箍(换退箍时)

## 4　制动及其他

4.1　风泵曲轴、连杆及活塞销

4.2　各油、水泵传动轴及齿轮

4.3　冷却风扇万向轴、风扇叶片及轴

# 电力传动内燃机车检修规程

# 目　　录


1　范　　围 ………………………………………………………… 177
2　引用标准 ………………………………………………………… 177

**第一部分　电力传动内燃机车大修** ……………………………… 177

1　总　　则 ………………………………………………………… 177
2　大修管理 ………………………………………………………… 178
3　柴　油　机 ……………………………………………………… 181
4　辅助及预热装置 ………………………………………………… 201
5　车体及转向架 …………………………………………………… 204
6　制动及空气系统 ………………………………………………… 209
7　电　　机 ………………………………………………………… 212
8　电器及电气线路 ………………………………………………… 224
9　辅助传动装置 …………………………………………………… 228
10　齿轮及轴承 …………………………………………………… 231
11　机车总装、负载试验及试运 ………………………………… 232
12　机车监控及GPS设备 ………………………………………… 237

**第二部分　电力传动内燃机车中修** ……………………………… 238

1　总　　则 ………………………………………………………… 238
2　中修管理 ………………………………………………………… 239
3　基本技术规定 …………………………………………………… 240
附录1　电力传动内燃机车大修限度 ……………………………… 279
附录2　电力传动内燃机车大修零件探伤范围 …………………… 292
附录3　电力传动内燃机车中修限度 ……………………………… 295
附录4　中修零件探伤范围 ………………………………………… 312

## 1 范　　围

本规程规定了电力传动内燃机车管理及检修工作总则、设备技术标准及质量标准等工作内容。主要由两大部分组成，第一部分电力传动内燃机车大修，第二部分电力传动内燃机车中修。

## 2 引用标准

下列标准所包含的条文，通过在本标准中引用构成本标准的条文。本标准出版时，所表示版本均为有效。所有标准都会被修订，使用本标准的各方应探讨使用下列标准最新版本的可能性。

中华人民共和国铁道部《东风 4 型内燃机车检修规程》。《冶金企业铁路技术管理规程》，中国钢铁工业协会 2018 年 7 月 1 日颁布。

# 第一部分　电力传动内燃机车大修

## 1 总　　则

1.1　机车(包括部件，以下同)大修必须贯彻为运输服务的方针。机车大修的任务在于恢复机车的基本性能，以保证铁路运输的需要。

1.2　机车大修和中修是机车修理中互相衔接的两个组成部分，必须贯彻"质量第一"和"修养并重、预防为主"的方针。机车大修时，必须按规定进行检查和修理；机车在运用中要精心保养，认真检修。

1.3　机车大修中遇有本规程和其他有关技术标准中均无明确规定的技术问题时，由技术设备部和检修单位根据具体情况共同研究，认真加以处理。如双方意见不一致时可先按总工程师的意见办理，经总工程师签署的处理意见抄送内燃检查室保存后可先出车，并将不同意见报厂技术设备部。出车后若在质量保证期内发生质量问题，由总工程师负责。

1.4　机车大修须在计划预防修的前提下，逐步扩大实施状态修、换件修和主要零部件的专业化集中修，实现修理工作的组装化，积极推行配件标准化、系列化、通用化和修复新工艺，以达到均衡生产，不断提高质量，提高效率，缩短周期，降低成本。

1.5　内燃机车大修周期由生产经营部决定。根据当前机车生产、运用及检修水平，机车检修周期结构和大修年限规定为：

检修周期结构：大修(新造)—中修—中修—大修；

大修年限：8～10 年。

凡需延期或提前入厂做大修的机车，由机车运用单位提出申请，报生产经营部核准。

1.6　本规程系 $GKD_2$ 型、$GKD_1$ 型、$GKD_{1A}$ 型、$GKD_0$ 型、$GKD_{0A}$ 型内燃机车大修和验收的依据，其他车型可参照执行。本规程中的限度表、零件探伤范围表与条文具有同等效力，各方须共同遵守，严格执行。

1.7　本规程自公布之日起生效，前订与此相抵触的文件和规定同时废止。

## 2　大修管理

2.1　计划

2.1.1　机车大修计划由机车运用单位在规定时间内报生产经营部，经批准后，必须严格执行。

2.1.2　生产经营部按年度计划编制上、下半年度机车大修计划。

2.1.3　各单位须按生产经营部确定的时间、地点参加机车大修计划会议，机车运用单位须将计划入厂修的机车不良状态书提交检修单位及生产经营部、技术设备部进行审查，落实加装改造项目和进出厂日期等事项。

2.1.4　凡计划必须进厂大修的机车，要认真填写机车不良状态书，办理入厂手续。技术设备部根据本规程进行验收。

2.2　入厂

2.2.1　机车入厂

2.2.1.1　入厂大修机车各部件，包括牵引电动机，均按自行运转状态进厂(不良状态书写明者除外)。

2.2.1.2　未经生产经营部同意，入厂机车所有零部件须齐全，不许任意拆换。如发生上述现象，经机车运用单位与内燃检查室和送车单位代表共同确认，另行计价处理。

2.2.2　机车送厂后需做的工作

2.2.2.1　生产经营部组织有关人员，会同内燃检查室和送车单位代表共同做好接车鉴定记录，并由送车人员带回一份记录交机车运用单位。

2.2.2.2　机车履历簿和补充技术状态资料等，须在机车入厂时一并交给检修单位。

2.3　修理

2.3.1　机车互换修规定。

2.3.1.1　机车大修以车体为基础进行配件互换修，在相同结构下，尽量考虑相邻厂次的柴油机互换。机组和大部件，如柴油机、柴油机各附属装置、增压器、空压机、变速箱、静液压泵及马达、同步主发电机、牵引电动机、起动发电机、励磁机、转向架、轮对等须成套互换。互换件须统一编号，并将技术状态、检修处所、检修记录记入相应的大部件履历簿中。

2.3.1.2　互换的零部件须符合标准化、通用化、系列化和本规程的要求，保证质量。结构不统一、不标准的零部件不许互换。

2.3.1.3　对技术设备部规定的加装改造项目，必须按规定实行，并纳入检修及验收范围。凡不符合规定，由机车运用单位自行对机车加装改造或试验的项目，机车运用单位须在入厂前提出申请，双方协商，在机车解体会纪要中做出规定。

2.3.1.4　制造工厂制作的零部件，其非组装配合的相关尺寸由于制造原因与原图纸不相符，但不影响运用、互换时，大修仅做常规检修；该零部件到限时，须更换合格件。

2.3.2　机车大修采用新技术、新结构、新材料时的规定。

2.3.2.1　须考虑成批生产的可能性和便于使用、维修，并在保证行车安全的前提下，提高机车的性能，延长部件的使用寿命。

2.3.2.2　需经装车试验的项目，按机车厂颁发的《机车厂技术管理规定》中有关规定办理。

2.3.3　机车使用代用材料、配件时的规定。

2.3.3.1　凡属标准件（国标、部标）、通用件等影响互换的零部件，须报技术设备部批准。

2.3.3.2　需变更原设计材质和规格者，须在保证产品质量的前提下，按有关规定办理。

2.4　出厂

2.4.1　机车试运时应由检修单位司机操纵，接车人员应根据机车厂生产进度计划，准时参加试运，如本乘人员未能按时参加试运则由驻厂检查员代理，并将试运情况转告接车人员。

2.4.2　机车试运后，如有不良处所，应由驻厂检查员提出，接车人员对机车质量有意见时，及时向检查员提出，经检查员审核，纳入检查员意见。经全部修好，检查员确认合格后，办理交接手续。

2.4.3　机车经检查员签认合格后，对于承修外单位机车，须将填好的履历簿、交车记录等移交接车人员，并自交车之时起，机车有火回送在48 h内出厂，无火回送机车在72 h内出厂。

2.4.4　机车在运用中发生故障时，由厂组织运用单位、检修单位及相关部门进行分析研究，判明责任，属检修单位责任者，必须返厂时，即按返厂修处理，属运用单位责任者，按局部修理，由责任单位承担修理费，在判明责任上有分歧意见时，报机车厂核批。

2.5　质量保证期

机车大修后自出厂之日起，在正常运用、保养和维修条件下，检修单位须保证符合以下要求。

2.5.1　在8～10年(即一个大修期)内：

(1)车体新更换部分不发生裂纹；

(2)转向架新更换部分不发生裂纹；

(3)新柴油机机体不发生裂纹。

2.5.2　在3年(即大修后第一个中修期)内：

(1)车体、转向架构架、车轴、轮心、牵引从动齿轮，不发生折损和破裂；轮箍不发生崩裂及组装不当的松弛；

(2)柴油机机体、曲轴、凸轮轴、连杆、活塞组、缸套不发生裂纹、破损；

(3)增压器、中冷器、冷却风扇、静液压泵和马达不发生折损和裂纹；

(4)轴箱轴承、同步主发电机轴承、牵引电动机轴承不发生裂纹、折损和剥离；

(5)柴油机轴瓦不发生裂纹、折损(碾瓦除外)。

2.5.3　在18个月内：

(1)增压器转子不发生固死；

(2)柴油机轴瓦不发生碾瓦。

2.5.4　在6个月内,同步主发电机、牵引电动机、励磁机、起动发电机须正常工作,不发生损坏。

2.5.5　在上述规定以外的项目,须保证运用4个月。

2.5.6　机车因大修质量不良,达不到保修期内规定的各要求,由检修车间负责修理及承担返修费用。属返厂修的机车或零部件,检修车间优先安排,抓紧修复。机车因大修质量不良造成事故损失时,按铁运公司事故处理规定办理。



## 3　柴　油　机

3.1　机体、连接箱、机座支承、油底壳、曲轴箱防爆门及盘车机构

3.1.1　机体与连接箱的检修要求。

3.1.1.1　彻底清洗机体与连接箱,机体内部润滑油管路须清洁畅通;主机油道须进行1 MPa水压试验,保持20 min不许渗漏;机体与连接箱不许有裂纹,安装密封平面不许损伤。

3.1.1.2　机体安装气缸套的顶面与机体底座面不许碰伤,其平面度在全长内为0.2 mm。

3.1.1.3　主轴承螺栓与螺母、气缸盖螺栓与螺母、横拉螺钉与主轴承盖不许有裂纹,螺纹不许有断扣、毛刺及碰伤,螺纹与杆身过渡圆弧处不许有划痕,横拉螺钉须重新镀铜。

3.1.1.4　连接箱与机体的接触面不许碰伤,连接箱两安装面的平面度在全长内为0.1 mm。

3.1.2　机体总成要求。

3.1.2.1　机体气缸盖螺栓不许松缓、延伸,以800 N·m力矩紧固;螺栓与机体顶面的垂直度公差为$\phi$1.0 mm;机体的气缸盖螺栓孔及其他螺纹孔允许作扩孔镶套处理,但螺纹孔须保持原设计尺寸。

3.1.2.2　主轴承盖与机体配合侧面用0.03 mm塞尺检查,塞入深度不许超过10 mm。

3.1.2.3　主轴承螺母与主轴承盖接合处、主轴承螺母与主轴承座接合处0.03 mm塞尺不许塞入。

3.1.2.4 机体各主轴承孔轴线对1、7位孔的公共轴线的同轴度为$\phi$0.14 mm,相邻两孔轴线的同轴度为$\phi$0.08 mm。

3.1.2.5 机体曲轴止推面对主轴承孔公共轴线的垂直度为0.05 mm;内、外侧止推环按曲轴止推面磨修量与止推轴承座宽度配制,并记入履历簿。

3.1.2.6 机体与连接箱结合面间,用0.05 mm塞尺检查,允许局部有不贯通的间隙存在。

3.1.2.7 机体凸轮轴孔的同轴度在全长内为$\phi$0.40 mm,相邻两孔轴线的同轴度为$\phi$0.12 mm。

3.1.3 机座支承的检修要求。

3.1.3.1 清洗机座支承,检查并消除裂纹。

3.1.3.2 橡胶减震元件须更新。

3.1.4 油底壳的检修要求。

清洗油底壳,有裂纹时允许挖补或焊修,然后进行渗水试验,保持20 min不许渗漏。

3.1.5 曲轴箱防爆门检修要求。

曲轴箱防爆门弹簧组装高度为$83^{+1.5}_{-0.5}$ mm,组装后盛柴油试验无泄漏。

3.1.6 盘车机构检修要求。

盘车机构各零件不许有裂纹,转动灵活,作用良好。

3.2 曲轴、轴瓦、联轴节、减振器

3.2.1 曲轴的检修要求。

3.2.1.1 曲轴须拆除附属装置及全部油封,清洗内油道。

3.2.1.2 曲轴不许有裂纹;主轴颈、曲柄销及其过渡圆角表面上不许有剥离、烧损及碰伤;对应于大油封轴颈处的磨耗大于0.1 mm时,须恢复原形尺寸。

3.2.1.3 曲轴可按表1进行等级修,同名轴颈的等级须相同;止推面对曲轴1、5、7位主轴颈公共轴线的端面圆跳动为0.05 mm;允许对止推面的两侧进行等量磨修,单侧磨量不许大于0.8 mm(与原形比较)。

表 1　曲轴磨修等级　　单位：mm

| 级别＼名称 | 主轴颈 | 曲柄销 |
| --- | --- | --- |
| 0 | $\phi 220.00_{-0.079}^{-0.050}$ | $\phi 195.00_{-0.079}^{-0.050}$ |
| 1 | $\phi 219.75_{-0.079}^{-0.050}$ | $\phi 194.75_{-0.079}^{-0.050}$ |
| 2 | $\phi 219.50_{-0.079}^{-0.050}$ | $\phi 194.50_{-0.079}^{-0.050}$ |
| 3 | $\phi 219.25_{-0.079}^{-0.050}$ | $\phi 194.25_{-0.079}^{-0.050}$ |
| 4 | $\phi 219.00_{-0.079}^{-0.050}$ | $\phi 194.00_{-0.079}^{-0.050}$ |
| 5 | $\phi 218.75_{-0.079}^{-0.050}$ | $\phi 193.75_{-0.079}^{-0.050}$ |
| 6 | $\phi 218.50_{-0.079}^{-0.050}$ | $\phi 193.50_{-0.079}^{-0.050}$ |

3.2.1.4　按图纸要求方法测量各主轴颈对1、5、7位主轴颈公共轴线的径向圆跳动为0.15 mm；相邻两轴颈径向圆跳动为0.05 mm；联轴节和减振器安装轴颈对曲轴上述公共轴线的径向圆跳动为0.05 mm。

3.2.1.5　曲柄销轴线对曲轴轴线的平行度在曲柄销轴线的全长内为$\phi$0.05 mm。

3.2.1.6　油腔用机油进行压力为1 MPa的密封试验，保持5 min允许有轻微渗漏。

3.2.2　半刚性联轴节的检修要求。

3.2.2.1　主、从动盘及连接螺栓不许有裂纹。

3.2.2.2　钢片组无严重的翘曲、变形及碰伤。

3.2.2.3　主、从动盘安装孔的同轴度不许大于$\phi$0.12 mm。

3.2.3　减振器的检修要求。

3.2.3.1　解体清洗，各零件不许有裂纹。

3.2.3.2　进行油压1 MPa的密封性试验，保持5 min不许泄漏。

3.2.4　主轴瓦、连杆瓦的检修要求。

按曲轴轴颈的等级修级别，主轴瓦、连杆瓦全部更换相应级别的新瓦。更新止推环。

3.3　活塞连杆组

3.3.1　活塞组的检修要求。

3.3.1.1　活塞须清洗，去除积碳；活塞内油道须畅通、清洁。

3.3.1.2　活塞不许有裂纹、破损和拉伤，顶部无烧伤网络，避阀坑周围无过烧痕迹。

3.3.1.3　活塞轻微拉伤时允许打磨光滑，按原设计规范对活塞进行表面处理。

3.3.1.4　活塞环槽不许有凸台和喇叭形，过限时可按表2进行等级修理。

**表2　活塞环槽修理等级**　　单位：mm

| 名称＼级别 | 0 | 1 |
|---|---|---|
| 第一气环槽 | $5.1^{+0.02}_{+0}$ | $5.6^{+0.02}_{+0}$ |
| 第二、三气环槽 | $5.0^{+0.07}_{+0.04}$ | $5.5^{+0.07}_{+0.04}$ |
| 油环槽 | $8.0^{+0.09}_{+0.07}$ | $8.5^{+0.09}_{+0.07}$ |

3.3.1.5　活塞销的检修要求。

(1)清洗，不许有裂纹；

(2)活塞销磨耗超限允许镀铬修复，但镀层厚度不许大于0.2 mm；

(3)活塞销上的油堵不许松动，并进行0.6 MPa油压试验，保持5 min无泄漏。

3.3.1.6　活塞环须更新；环槽为等级修时，则按环槽的等级修级别配换相应级别的新环。

3.3.1.7　同台柴油机须使用同种活塞，活塞质量差不许超过0.3 kg。

3.3.2　连杆的检修要求。

3.3.2.1　清洗，连杆体和连杆盖不许有裂纹，连杆体与连杆盖的齿形接触须良好。紧固后，每一齿形的接触面积不许小于60%，连杆螺钉孔螺纹不许有断扣、毛刺与碰伤。

3.3.2.2　连杆小端衬套不许松动；更换不良和磨耗超限的连杆小端衬套，衬套配合过盈量须符合原设计要求，止动销的位置须相应转过30°。

3.3.2.3　连杆小端孔(带套)轴线对大端瓦孔轴线的平行度须符合原设计要求。更换衬套时，须测量连杆体大、小端体孔轴线的平行度，其值须符合原设计要求。

3.3.2.4　连杆螺钉全部更新。

3.3.2.5　同台柴油机须使用同种连杆，且连杆组质量差不许超0.3 kg。

3.3.3　活塞连杆组装要求。

同台柴油机，活塞连杆组质量差不许超过 0.3 kg。

3.4　气缸套

3.4.1　缸套检修要求。

3.4.1.1　清洗，去除积碳和水垢，不许有裂纹。

3.4.1.2　内孔须重新磨修，消除段磨和拉伤；外表面穴蚀凹坑深度不许超过本部位厚度的 1/3，穴蚀面积不许超过外表总面积的 1/5。

3.4.1.3　更换密封圈。

3.4.2　水套的检修要求。

3.4.2.1　清洗，去除水垢，焊缝和其他部位不许有裂纹。

3.4.2.2　上、下导向支承面不许有腐蚀、锈斑和拉伤，内孔水腔处穴蚀深度不许超过 2 mm，进水孔不许有穴蚀。

3.4.2.3　更换密封圈。

3.4.3　缸套、水套组装要求。

3.4.3.1　缸套、水套间配合过盈量须符合设计要求。

3.4.3.2　缸套法兰下端面与水套法兰上端面须密贴。

3.4.3.3　气缸套水腔须进行 0.4 MPa 的水压试验，保持 10 min 不许泄漏；缸套磨削后，按下列条件进行水压试验，保持 5 min 不许泄漏或冒水珠(距下端面 68 mm 范围内允许冒水珠)：

(1)内表面全长试压 1.5 MPa；

(2)上端面至其下 120 mm 长度范围内试压 18 MPa。

3.5　气缸盖及其附件

3.5.1　气缸盖检修要求。

3.5.1.1　拆除螺堵，清洗，去除积碳和水垢，不许有裂纹。

3.5.1.2　排气门导管超过设计尺寸时更新，进气门导管及进、排气横臂导杆超限更新，与气缸盖孔的配合须符合原设计要求。

3.5.1.3　气缸盖底面须平整，允许切修，但此面距气缸盖燃烧室面不许小于 4.5 mm。

3.5.1.4　螺堵组装后，水腔须进行 0.5 MPa 的水压试验，保持

5 min 不许泄漏或冒水珠;燃烧室面不许有裂纹;示功阀孔须进行15 MPa 的水压试验,保持 5 min 不许泄漏,保持 10 min 压力不许下降。

3.5.1.5 气门座更新,气门座的座面轴线对气门导管孔轴线的同轴度为 $\phi$0.10 mm。

3.5.1.6 气门全部更新。

3.5.1.7 气门弹簧不许有变形、裂纹,其自由高度与特性须符合设计要求。

3.5.1.8 更换密封圈。

3.5.1.9 摇臂及横臂的检修须达到:

(1)不许有裂纹;

(2)调节螺钉、摇臂压球和横臂压销不许松动并不许有损伤与麻点;

(3)油路畅通、清洁。

3.5.1.10 推杆、挺柱检修要求。

(1)挺柱压球、滚轮轴不许松动,挺柱压球与滚轮不许有损伤与麻点;

(2)推杆允许冷调校直,不许有裂纹,其球窝不许有拉伤和凹坑;

(3)挺柱弹簧不许有变形、裂纹,其自由高度及特性须符合设计要求;

(4)更换密封圈。

3.5.2 柴油机示功阀的检修要求。

柴油机示功阀不许有裂纹、缺损,螺纹不许乱扣。示功阀用柴油进行15 MPa 的压力密封试验,保持 1 min 不许泄漏。

3.5.3 气缸盖组装要求

3.5.3.1 摇臂与摇臂轴、横臂与横臂导杆、滚轮与滚轮轴须动作灵活。

3.5.3.2 气门对气缸盖底面凹入量为 1.5～3.0 mm。

3.5.3.3 气门与气门座研配后,灌注煤油进行密封性试验,保持5 min 不许泄漏。

3.6 凸轮轴

凸轮轴检修要求如下。

3.6.1 凸轮轴不许有弯曲、裂纹;轴颈不许拉伤,磨耗超限须修复;轴端螺纹须良好。

3.6.2 允许冷调校直。

3.6.3　凸轮工作表面不许有剥离、凹坑及损伤；凸轮型面磨耗大于0.15 mm时，允许成形磨修，磨修后的表面硬度不许低于HRC57，升程曲线须符合原设计要求，但配气凸轮基圆半径不许小于49.5 mm，供油凸轮基圆半径不许小于44.5 mm。

3.6.4　允许更换单节凸轮轴。

3.6.5　凸轮轴各位轴颈对1、5、7位轴颈的公共轴线的径向圆跳动为0.1 mm，各凸轮相对于第1位同名凸轮的分度公差为0.5°。

3.7　齿轮传动装置及泵传动装置

3.7.1　齿轮传动装置检修要求。

3.7.1.1　全部齿轮经检查不许有裂纹、折损、剥离和偏磨，齿面点蚀面积不许超过该齿面面积的10%，硬伤不许超过该齿面面积的5%。

3.7.1.2　各支架不许有裂纹、破损，支架轴的轴线对支架安装法兰面的垂直度须符合设计要求。

3.7.1.3　支架与机体结合面须密贴，在螺钉紧固后，用0.03 mm塞尺不许塞入。

3.7.1.4　齿轮装配后须转动灵活、标记清晰完整，润滑油路清洁畅通。

3.7.2　泵传动装置检修要求。

3.7.2.1　全部清洗，去除油路内的油污。

3.7.2.2　泵支承箱体不许有裂纹、破损，安装接触面须平整。

3.8　机油系统

3.8.1　主机油泵检修要求。

3.8.1.1　解体清洗，去除油污，泵体、轴承座板、泵盖、轴及齿轮不许有裂纹，齿轮端面及轴承座板轻微拉伤允许修理。

3.8.1.2　组装后须转动灵活。

3.8.1.3　主机油泵试验须达到表3的要求。

**表3　主机油泵试验要求**

| 名称 | 油温(℃) | 转速(r/min) | 压力(kPa) | 真空度(kPa) | 流量($m^3$/h) | 调压阀作用压力(kPa) |
|---|---|---|---|---|---|---|
| 主机油泵 | 70～80 | 1 421 | 890 | | 80 | |

电力传动内燃机车检修规程

3.8.1.4　主机油泵在上述试验条件下运转 5 min，检查各结合面及壳壁，不许渗漏。

3.8.2　机油管路检修要求。

3.8.2.1　去除油污，经磷化处理后封口。

3.8.2.2　管路开焊允许焊修，焊后须经磷化处理并作 0.8 MPa 油压试验，保持 5 min 不许泄漏。

3.8.2.3　更换垫圈及密封件。

3.9　冷却水系统

3.9.1　水泵检修要求。

3.9.1.1　解体清洗，去除水垢，泵体、主轴、水泵座、中间套筒、吸水盖不许有裂纹。泵体允许焊修，焊后进行 0.7 MPa 水压试验，延续 5 min 不许泄漏。

3.9.1.2　叶轮不许有裂纹、损伤，允许焊修，叶轮须进行静平衡试验，不平衡量不许大于 50 g·cm。

3.9.1.3　更新密封件。

3.9.1.4　水泵组装后须转动灵活。

3.9.1.5　水泵性能试验须达到表 4 的要求，泄漏试验须达到表 5 的要求。

**表 4　水泵性能试验要求**

| 名　称 | 转速<br>(r/min) | 出水压力<br>(kPa) | 进水真空度<br>(kPa) | 水温<br>(℃) | 水流量<br>($m^3$/h) |
|---|---|---|---|---|---|
| 高温水泵<br>低温水泵 | 2 570 | 350 | | 70～80 | 105 |

**表 5　水泵泄漏试验要求**

| 名称 | 转速<br>(r/min) | 出水压力<br>(kPa) | 水温 | 运转时间<br>(min) | 要　　求 |
|---|---|---|---|---|---|
| 高温水泵<br>低温水泵 | 2 570 | 350 | 70～80 | 10 | 各接合面及蜗壳不许渗漏，泄水孔漏水不许超过 8 滴/min，装机后不许超过 15 滴/min |

3.9.2　中冷器检修要求。

3.9.2.1　解体、清洗，去除水垢、油污、脏物，更换密封件。

3.9.2.2　校直变形的散热器片。

3.9.2.3　允许锡焊堵塞泄漏的冷却管，每个冷却组不许超过 3 根，每个中冷器不许超过 10 根。

3.9.2.4　更换的冷却组须进行 0.5 MPa 的水压试验，保持 5 min 不许泄漏；中冷器须进行 0.3 MPa 的水压试验，保持 10 min 不许泄漏。

3.9.3　冷却管路检修要求。

3.9.3.1　清洗管路，去除水垢。

3.9.3.2　管路开焊允许焊修，焊修后须进行 0.5 MPa 水压试验，保持 3 min 不许泄漏。

3.9.3.3　更换橡胶密封件。

3.10　燃油系统

3.10.1　喷油泵检修要求。

3.10.1.1　解体清洗，严禁碰撞。

3.10.1.2　各零件不许有裂纹、剥离和穴蚀，精密偶件不许拉毛、碰伤，齿杆不许弯曲。

3.10.1.3　出油阀偶件 $\phi$14 mm 处和 $\phi$6 mm 处的配合间隙分别不许大于 0.02 mm 和 0.18 mm。

3.10.1.4　柱塞弹簧、出油阀弹簧须符合设计要求。

3.10.1.5　更换密封件。

3.10.2　喷油泵检修后的试验要求。

3.10.2.1　柱塞偶件密封性试验。

按要求固定偶件相对位置；环境和油温为(20±2) ℃；试验用油为柴油与机油的混合油，其黏度 $v=(1.013\sim1.059)\times10^{-5}\ \mathrm{m^2/s}$。将试验用油以(22±0.5) MPa 的压力充入柱塞顶部，偶件密封时间须在 6～25 s 范围内。该项试验允许采用与标准样品比较的方法做等压法试验，此时，试验用油的温度和黏度可不予严格控制。

3.10.2.2　出油阀偶件密封性试验。

用压力为 0.4～0.6 MPa 的压缩空气进行密封性试验，10 s 渗漏气泡不许超过 5 个。

3.10.2.3　喷油泵供油量试验按表 6 进行。

**表 6　喷油泵供油试验要求**

| 序号 | 齿条位置刻线 | 凸轮轴转速(r/min) | 供油次数 | 供油量(mL) | 备　注 |
|---|---|---|---|---|---|
| 1 | 12 | 500±5 | 250 | 375±5 | 同台柴油机各泵油量差不许大于 4 mL |
| 2 | 4 | 250±5 | 250 | 105±15 | 同台柴油机各泵油量差不许大于 10 mL |
| 3 | 0 | 250±5 | — | 0 | 停油 |

3.10.3　喷油泵组装后须将柱塞尾端面至泵体法兰支承面间的距离(B 尺寸)刻写在泵体法兰的外侧面上。

3.10.4　喷油器的检修要求

3.10.4.1　解体清洗，严禁碰撞。

3.10.4.2　各零件不许有裂纹，精密偶件不许拉毛、碰伤。

3.10.4.3　调压弹簧须符合设计要求。

3.10.4.4　针阀升程为 0.45～0.55 mm。

3.10.5　喷油器检修后的试验要求。

3.10.5.1　喷油器针阀偶件颈部密封性试验。

当室温与油温为(20±2) ℃，柴油与机油混合油黏度 $v=(1.013\sim1.059)\times10^{-5}\ m^2/s$，喷油器的喷射压力调到 35 MPa 时，油压从 33 MPa 降至 28 MPa 所需时间须在 18～55 s 范围之内，针阀体密封端面和喷孔处不许滴油。该项试验允许采用标准喷油器针阀偶件比较的方法做油液降压试验，此时，试验用油的温度和黏度可不予严格控制，试验的每批喷油器针阀偶件密封时间的允许偏差，须依照标准喷油器针阀偶件在同样条件下试验所得的结果确定。

3.10.5.2　喷雾试验。

喷油器的喷射压力调至 $26^{+1}_{0}$ MPa 时，以 50～90 次/min 的喷油速度进行喷雾试验，要求声音清脆、喷射开始和终了明显、雾化良好，不许有肉眼能见到的飞溅油粒、连续不断的油柱和局部密集的油雾。

3.10.5.3　喷油器针阀偶件座面密封性试验。

当喷油器喷射压力为 $26^{+1}_{0}$ MPa 时，以 30 次/min 做慢速喷射，在连续喷油 15 次后，针阀偶件头部允许有渗漏的油珠，但不许滴下。

3.10.6　燃油管路检修要求。

3.10.6.1　解体清洗，去除油污，按原设计要求对表面进行处理，处理后封口。

3.10.6.2　管接头螺纹不许碰伤。

3.10.6.3　更换垫圈和橡胶件。

3.11　增压系统

3.11.1　增压器的检修要求。

3.11.1.1　解体清洗，去除增压器壳体、流道及零件表面上的积碳、油污。

3.11.1.2　压气机的导风轮、叶轮、扩压器不许有严重击伤、卷边现象。导风轮叶片允许有沿直径方向长度不大于5 mm、顺叶片方向深度不大于1 mm的撞痕与卷边存在；扩压器叶片不许有裂纹，但允许有深度不大于1 mm的撞痕。

3.11.1.3　涡轮叶片的检修须达到：

(1)叶片分解前，测量涡轮外圆直径，其值不许超过原设计值0.5 mm；

(2)涡轮叶片进气边允许有深度小于1 mm的撞痕；不许有卷边、过烧和严重氧化；

(3)涡轮叶片的榫齿面不许挤伤或拉伤；

(4)叶片不许有裂纹。

3.11.1.4　喷嘴环的检修须达到：

(1)喷嘴环叶片允许有深度不大于1 mm的撞痕、卷边与变形，叶片变形允许校正，喷嘴环叶片不许有裂纹；喷嘴环的出口面积须符合原设计；

(2)喷嘴环内、外圈外观检查不许有裂纹。

3.11.1.5　对于上述各项允许的撞痕、卷边与变形，须修整圆滑。

3.11.1.6　涡轮轮盘的榫槽不许挤伤或拉伤，轮盘不许有裂纹。

3.11.1.7　主轴、轴承套与止推垫的检修须达到：

(1)主轴与止推垫板不许有裂纹，更新轴承套；

(2)主轴各接触表面不许拉伤、偏磨、烧损与变形，各轴颈的径向跳动不许大于0.02 mm；

(3)止推垫板不许拉伤、偏磨、烧损与变形，止推垫板允许磨修或反面使用。

3.11.1.8　喷嘴环镶套不许有可见裂纹。

3.11.1.9　涡壳与出气壳分别进行0.3 MPa和0.5 MPa水压试验，

保持 10 min 不许泄漏。

3.11.1.10　涡轮叶片与涡轮盘装配时严禁用铁锤锤铆，锁紧片只准弯曲一次；装配后，叶片顶部沿圆周方向晃动量不许大于 0.5 mm，沿轴向窜动量不许大于 0.15 mm。

3.11.1.11　转子须进行动平衡试验，不平衡量不许大于 1.5 g·cm。

3.11.1.12　按表 7 更新各易损、易耗件，并更新全部 O 形密封圈。

**表 7　增压器易损、易耗件**

| 序　号 | 图　　号 | 名　　称 |
|---|---|---|
| 1 | TPZY 31-0-10 | 螺栓 M10X30 |
| 2 | TPZY 31-0-15 | 涡轮端轴承座密封垫 |
| 3 | TPZY 31-0-17 | 涡轮端轴承外密封垫 |
| 4 | TPZY 31-0-21 | 压气机端轴承座密封垫 |
| 5 | TPZY 31-0-22 | 压气机端轴承座外密封垫 |
| 6 | TPZY 31-0-24 | 螺栓 M8×25 |
| 7 | TPZY 31-1-2 | 止动垫圈 |
| 8 | TPZY 31-1-16 | 锁紧片 |
| 9 | TPZY 31-2-11 | 螺栓 M8×62 |
| 10 | GB 855-67 | 双耳止动垫圈 |
| 11 | TPZY 31-2-2 | 径向轴承 |
| 12 | TPZY 31-2-9A | 推力轴承 |
| 序号 | 材　　质 | 每台数量 |
| 1 | 35CrMo | 11 |
| 2 | 耐油橡胶石棉板 | 1 |
| 3 | 耐油橡胶石棉板 | 1 |
| 4 | 耐油橡胶石棉板 | 1 |
| 5 | 耐油橡胶石棉板 | 1 |
| 6 | 35CrMo | 6 |
| 7 | Q235-A | 1 |
| 8 | 1Cr18Ni9Ti | 34 |
| 9 | 35 | 4 |
| 10 | Q235 | 6 |
| 11 | 20 高锡铝 | 2 |
| 12 | 20 高锡铝 | 1 |

3.11.1.13　增压器组装后，各部间隙须符合限度规定，用手轻轻拨动转子，转子须转动灵活、无碰擦与异声。

3.11.1.14　增压器须进行平台试验，有关参数须符合表 8 要求。

**表 8　增压器平台试验参数要求**

| 增压器型号 | 转速(r/min) | 压　比 |
|---|---|---|
| 45GP802 | 22 500±60 | 2.55±0.10 |
| 流量(kg/s) | 总效率 | Pk/Pt |
| 2.35±0.15 | ≥55% | 1.25±0.02 |

3.11.1.15　对验收合格的增压器须封堵油、水、气口，油漆并铅封。

3.11.2　进、排气管检修要求。

3.11.2.1　解体清洗，去除油污、烟垢与积碳；各部位不许有裂纹、变形。

3.11.2.2　更换排气总管的波纹管和进气管路软连接管。

3.11.2.3　管路的各法兰面须平整(允许加工修整)，排气总管与排气支管须进行 0.4 MPa 的水压试验，保持 5 min 不许泄漏。

3.11.2.4　排气管隔热层须完好。

3.12　滤清器

燃油精滤器、机油离心滤清器、增压器机油精滤器检修要求。

3.12.1　解体清洗，更换密封件及过滤元件。

3.12.2　焊修的各滤清器体须进行压力试验：

(1)燃油精滤器体焊修后进行 0.5 MPa 的水压试验，保持 5 min 不许泄漏；

(2)机油离心滤清器座焊修后进行 0.8 MPa 的水压试验，保持 5 min 不许泄漏；

(3)增压器机油滤清器体焊修后进行 0.6 MPa 的水压试验，保持 5 min 不许泄漏。

3.12.3　燃油精滤器检修后，在试验台上用压力为 0.35 MPa 的柴油进行密封性试验，保持 3 min 不许泄漏。

3.12.4　机油离心滤清器转子轴承与轴颈的配合间隙须符合原设计；转子组装后须做动平衡试验，不平衡量不许大于 5 g·cm；机油离心滤清器组装后须转动灵活、运转平稳，并作流量、转速试验。当油温为 75～85 ℃，油压为 0.75～0.80 MPa 时，喷孔流量须为(1.08±0.12) $m^3/h$，转子转速不低于 5 000 r/min。

3.12.5　增压器机油精滤器检修后，在试验台上进行密封性试验。

当油压为 0.5 MPa 时，保持 5 min 不许泄漏。

3.13　调控系统

3.13.1　联合调节器检修要求。

3.13.1.1　解体清洗，检查更换过限和破损零件，更换垫片、橡胶件与油封。

3.13.1.2　各滑动、转动表面无拉伤、卡滞。

3.13.1.3　各弹簧的弹力须符合设计要求。

3.13.1.4　飞铁质量差不许超过 0.1 g。

3.13.1.5　更换传动轴承、匀速盘轴承和扭力弹簧。

3.13.2　联合调节器组装要求。

3.13.2.1　滑阀在中间位置时，柱塞相对于平衡位置，其上、下行程均为(3.2±0.1) mm。

3.13.2.2　柱塞全行程为(6.2±0.1) mm。

3.13.2.3　滑阀在中间位置时，滑阀圆盘上沿与套座下孔上沿重叠尺寸为(1.6±0.1) mm。

3.13.2.4　各杠杆连接处作用灵活可靠，无卡滞。

3.13.2.5　伺服马达行程为(25.0±0.5) mm，并作用灵活。

3.13.2.6　传动花键轴与套的齿形须完整，无拉伤、啃伤及锈蚀，啮合状态须良好。

3.13.3　联合调节器试验要求。

3.13.3.1　转速允差：最低、最高转速与相应的名义转速允差±10 r/min。

3.13.3.2　工况变换时，伺服马达杆波动不许超过 3 次，稳定时间不许超过 10 s。

3.13.3.3　在稳定工况下，伺服马达杆的抖动量不许大于 0.4 mm，拉动量不许大于 0.3 mm。

3.13.3.4　当手柄由最低转速位突升至最高转速位时，升速时间为 14～19 s；由最高转速位突降至最低转速位时，降速时间为 17～19 s。

3.13.3.5　功率伺服器在 300°转角内转动灵活，从最大励磁位到最小励磁位的电阻变化为 0～496 Ω。

3.13.3.6　当油温不低于 50 ℃时，恒压室工作油压在所有工况下均不低于 0.65 MPa。

3.13.3.7 在试验过程中，各部位不许渗油，合格后按规定铅封。

3.13.3.8 步进电机须转动灵活，无卡滞，扭矩不许小于 0.49 N·m。

3.13.4 控制系统检修、调整要求。

3.13.4.1 横轴、调节杆须调直，控制机构各元件须安装正确，动作灵活。

3.13.4.2 横轴的轴向窜动量不许大于 0.30 mm。

3.13.4.3 最大供油量止挡的中心线与铅垂线间的夹角 $\alpha$ 为 17°46′。

3.13.4.4 传动臂中心线与铅垂线间的夹角 $\beta$ 为 13°53′±20′。

3.13.4.5 当喷油泵齿条位于 0 刻线时，横轴上的停车摇臂触头和横轴触头之间夹角为 36°42′，当喷油泵处于最大供油位置时，两触头不许接触。

3.13.4.6 按下停车按钮时，各喷油泵齿条须退到 0 刻线，各喷油泵齿条刻线差不许大于 0.5 刻线。

3.13.4.7 拉杆上弹性夹头穿销处于深沟槽时，其端部与喷油泵拨叉座径向间隙 0.5～2.5 mm；处于浅沟槽时，穿销与喷油泵任何部分不许相碰。

3.13.4.8 在弹性连接杆端测量整个控制机构(包括喷油泵齿条)阻力，不许超过 60 N。

3.13.4.9 整个拉杆系统的总间隙不许大于 0.50 mm。

3.13.5 调控传动装置与极限调速器的检修、调整要求。

3.13.5.1 各运动部件须动作灵活、准确。

3.13.5.2 停车器杆行程不许小于 13 mm。

3.13.5.3 摇臂滚轮与飞锤座间隙为 0.4～0.6 mm，在振动条件下，其间隙须无变动。

3.13.5.4 超速停车机构在柴油机转速为 1 120～1 150 r/min 时起作用。

3.14 总组装

3.14.1 柴油机组装、调整要求。

3.14.1.1 气缸套安装后须达到：

(1)在气缸盖螺母紧固后，水套法兰支承面与机体顶面之间的间隙，用 0.03 mm 塞尺不许塞入；

(2)气缸套定位刻线对机体上气缸纵向中心线的位置度公差不许大于 1 mm；

(3)气缸套压装后，缸套上、中、下 3 个部位内孔的圆度为 0.03 mm，圆柱度为 0.05 mm(见图 1)。

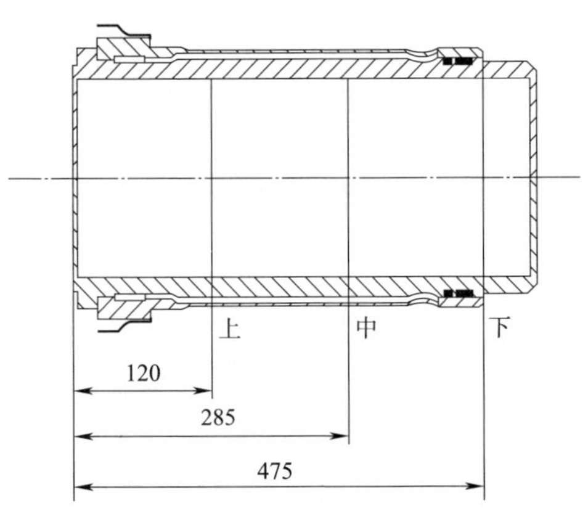


图 1　气缸套安装示意图(单位:mm)

3.14.1.2　紧固主轴承螺栓及横拉螺钉的要求和顺序见表 9 与图 2。表 9 扭紧力矩栏与伸长量栏的关系是:对于同一紧固零件，若该二栏同时给出数值，则任取其中一值。

**表 9　紧固主轴承螺栓及横拉螺钉的要求**

| 紧固零件 | 使用介质 | 扭紧力矩(N·m) | 伸长量(mm) |
|---|---|---|---|
| 预紧主轴承螺栓的螺母 | 二硫化钼或蓖麻油 | 980 | 0.23 |
| 预紧主轴承盖横拉螺钉 | 二硫化钼或蓖麻油 | 490 | — |
| 紧固主轴承螺栓的螺母 | 二硫化钼或蓖麻油 | 1 960 | 0.44 |
| 最终紧固主轴承螺栓的螺母 | 二硫化钼或蓖麻油 | 2 940 | 0.66～0.71 |
| 最终紧固主轴承盖横拉螺钉 | 二硫化钼或蓖麻油 | 980 | — |

3.14.1.3　主轴瓦组装紧固后须达到：

(1)同台柴油机各挡主轴承油润间隙之差不许大于 0.06 mm，相邻两

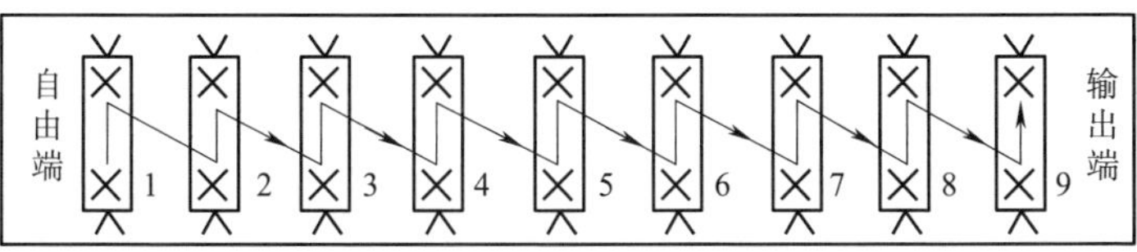


× ：主轴承螺栓螺母；

∨ ：主轴承盖横拉螺钉。

图 2　紧固主轴承螺栓螺母及横拉螺钉顺序

挡不许大于 0.03 mm；

(2)主轴瓦背与机体主轴承孔接触面积不许小于总面积的 60%，且 0.03 mm 塞尺不许塞入。

3.14.1.4　活塞连杆组装须达到：

(1)连杆瓦背与连杆大端孔接触面积不许小于总面积的 60%，且 0.03 mm 塞尺不许塞入；

(2)在曲柄销上，连杆大端能沿轴向自由拨动；

(3)连杆螺钉紧固按表 10 进行；

(4)活塞环切口依次错开 90°。

**表 10　紧固连杆螺钉的要求**

| 紧固零件 | 使用介质 | 扭紧伸长量(mm) | 紧固顺序 |
| --- | --- | --- | --- |
| 连杆螺钉 | 二硫化钼 | 0.50～0.52 | 1　3<br>4　2 |

3.14.1.5　气缸盖组装须达到：

(1)喷油器头对气缸盖底面的凸出量为 6.0～6.5 mm；

(2)气缸盖螺栓紧固按表 11 进行；

(3)活塞与气缸盖间的余隙高度为 4.8～5.0 mm。

表 11　紧固气缸盖螺栓的要求

| 紧固零件 | 使用介质 | 扭紧力矩(伸长量) | 紧固顺序 |
|---|---|---|---|
| 气缸盖螺栓 | 二硫化钼或蓖麻油 | 1 226～1 275 N·m<br>(0.45～0.48 mm) | 2 1<br>3 (六边形) 3<br>1 2 |

3.14.1.6　柴油机水系统须进行压力为 0.4 MPa 的水压试验,保持 30 min 不许泄漏。

3.14.1.7　柴油机机油系统须进行压力为 0.5 MPa 的油压试验,保持 30 min 柴油机外部不漏。

3.14.1.8　机座支承、油底壳及连接箱组装须达到:

(1)油底壳输出端面须低于机体输出端面,但不许超过 0.05 mm;

(2)连接箱同步主发电机法兰止口轴线对主轴承孔轴线的同轴度为 $\phi$0.2 mm,法兰端面以主轴承孔轴线为基准的端面圆跳动为 0.3 mm;

(3)柴油机总装后,机座支承上、下座间隙不许小于 5 mm;

(4)螺栓紧固按表 12 进行。

表 12　紧固联轴节螺栓、连接箱螺母、机座支承及油底壳螺钉的要求

| 序　号 | 名　　称 | 扭矩(N·m) | 润滑剂 |
|---|---|---|---|
| 1 | 联轴节与曲轴法兰连接螺栓 | 981 | 二硫化钼 |
| 2 | 联轴节与主发电机连接螺栓 | 981 | 二硫化钼 |
| 3 | 机体与机座支承连接螺钉 | 411 | 二硫化钼 |
| 4 | 机体与油底壳连接螺钉 | 98 | 二硫化钼 |
| 5 | 连接箱与机体连接螺母(M30×2) | 589 | 二硫化钼 |
| 6 | 连接箱与机体连接螺母(M16×1.5) | 98 | 二硫化钼 |
| 7 | 连接箱与主发电机连接螺母(M24×2) | 294 | 二硫化钼 |

3.14.1.9　柴油机几何供油提前角为 23.5°±0.5°。

3.14.1.10　配气定时角度:当 1 缸进气凸轮滚轮的升程为 0.35～0.38 mm 时,曲轴转角在活塞上止点前 42°～42°20′。

3.14.1.11　当横臂与摇臂贴靠时,进气门与横臂的冷态间隙为 0.40～0.45 mm,排气门与横臂的冷态间隙为 0.50～0.55 mm。

3.14.1.12　齿轮啮合的侧向间隙：配气齿轮为 0.15～0.50 mm，曲轴齿轮与中间齿轮为 0.20～0.60 mm，各泵传动齿轮为 0.15～0.60 mm；各齿轮齿面的接触斑点，在齿宽上不许小于 50%，在齿高上不许小于 40%。

3.14.1.13　调控传动齿轮侧向间隙为 0.05～0.20 mm。

3.14.2　柴油机与同步主发电机组装须达到：

(1)同步主发电机电枢与磁极之间的单边间隙不许小于 1.8 mm，对边间隙差不许大于 0.6 mm。

(2)同步主发电机电枢轴承外圈与轴承盖凸台间的间隙为 3～7 mm。

3.15　柴油机试验

柴油机组装后，须进行水阻性能试验。

3.15.1　柴油机试验的技术要求

3.15.1.1　试验参数。

在标准大气条件下(大气压力 0.1 MPa、环境温度 27 ℃、相对湿度 60%)，柴油机试验须满足表 13 的参数要求。在试验中，当大气条件变化超出规定时，功率及燃油消耗率须予以修正。

**表 13　柴油机台架性能试验参数要求**

| 参数名称 | | 要　求 | 附　注 |
|---|---|---|---|
| 标定功率(kW) | | 1 587±13 | |
| 最大运用功率(kW) | | 1 487±12 | |
| 燃油消耗率(g/kW·h) | 1 324 kW 时 | $215^{+7}$ | |
| | 1 213 kW 时 | | |
| 极限调速器动作转速(r/min) | | 1 120～1 150 | |
| 压缩压力(MPa) | | 2.55～2.75 | 空载 430 r/min |
| 中冷器出口空气温度(℃) | | ≤65 | |
| 爆发压力(MPa) | 1 324 kW 时 | ≤12.8 | |
| | 1 213 kW 时 | ≤12.0 | 各缸允差 0.8 MPa |
| 排气温度(℃) | 1 324 kW 时 | 支管≤520<br>总管≤620 | |
| | 1 213 kW 时 | 支管≤500<br>总管≤600 | 各缸允差 80 ℃ |
| 主机油道进 | 430 r/min | ≥150 | 机油温度 |

续上表

| 参数名称 | | 要求 | 附注 |
|---|---|---|---|
| 口压力(kPa) | 1 000 r/min | ≥400 | 70～75 ℃ |
| 油压继电器动作压力(kPa) | 卸载 | $160^{+20}$ | |
| | 停机 | $80^{+20}$ | |
| 机油泵出口温度(℃) | | ≤88 | |
| 冷却水出口温度(℃) | | ≤88 | |
| 中冷器冷却、水进口温度(℃) | | 50±3 | |
| 曲轴箱压力(kPa) | | ≤0.2 | |
| 排气烟度(Bosh) | | ≤1.6 | |

3.15.1.2　极限调速器须在柴油机转速为 1 120～1 150 r/min 时起作用。

3.15.1.3　负载在 1 213～1 324 kW 工况下，齿条拉杆的抖动不许大于 0.4 刻线。在 1 213 kW 和 1 324 kW 工况下，各缸齿条刻线允差 0.5 刻线。

3.15.1.4　柴油机起动试验。

(1)当环境温度为 20 ℃或环境温度低于 20 ℃、油水温度预热到 40 ℃时，柴油机须能顺利起动，起动时间不许超过 20 s；

(2)柴油机在油、水温度不低于 50 ℃时，须能顺利起动。

3.15.1.5　柴油机调速动作试验。

(1)转速允差：最低、最高转速与相应的名义转速允差±10 r/min；

(2)当负载为 1 587 kW、转速为 1 000 r/min 时，突卸负载至零，极限调速器不许动作；

(3)当负载为 125 kW、转速从 1 000 r/min 迅速降到 430 r/min 时，柴油机不许停机；

(4)当负载为 125 kW、转速从 430 r/min 迅速升到 1 000 r/min 时，极限调速器不许动作；

(5)当自动停机电磁阀断电时，须能保证柴油机停机；

(6)当按动紧急停机按钮时，须能保证柴油机停机；

(7)当负载为 1 587 kW、转速为 1 000 r/min 时，卸负载至 125 kW 的过渡时间不许超过 40 s，标定转速(1 000 r/min)工况的稳定调速率不许大于1.5%。

3.15.1.6　检查油、水、气管路，不许泄漏。

3.15.2　柴油机试验后检查。

3.15.2.1　打开各检查孔盖，盘车检查各可见零件，如有异状，须做扩大拆检。

3.15.2.2　气缸套工作面不许有严重拉伤和擦伤。

3.15.2.3　凸轮型面不许有拉伤，对于轻微拉伤允许用油石或金相砂纸打磨光滑。

3.15.3　柴油机试验完毕后，按规定进行铅封。

## 4　辅助及预热装置

4.1　油水管路系统检修要求

4.1.1　油水管路系统须解体、冷却水管进行酸洗，燃油、机油管进行磷化处理。

4.1.2　管接头及螺纹不许碰伤、断扣，切换变形法兰。各法兰垫更换后内径不许小于管路孔径，更换全部连接软管。离心精滤器进油管有裂纹时须更换。

4.1.3　各表管及阀解体检修，各阀须作用良好。

4.1.4　各管系检修后，须按表14规定的压力和时间进行试验，不许泄漏。各表管组装后随相应的系统进行试验。

**表14　管系压力和时间试验**

| 管　　系 | 压力(MPa) | 时间(min) |
|---|---|---|
| 机车冷却水管系统 | 0.5 | 5 |
| 机车机油管系统 | 1.2 | 5 |
| 机车燃油管系统 | 0.5 | 10 |

4.1.5　各排水管、排油管须解体、清扫、检修，保持管道畅通，接头牢固，无泄漏。

4.2　齿轮油泵

4.2.1　辅助机油泵、燃油输送泵、预热锅炉燃油泵检修要求。

4.2.1.1　泵体、泵盖和齿轮不许有裂纹，其内侧面轻微拉伤须修整。

4.2.1.2　联轴节安装面轴线对轴承挡公共轴线的同轴度为 $\phi$0.10 mm。

4.2.1.3　各泵组装后须转动灵活。

4.2.2　辅助机油泵、燃油输送泵、预热锅炉燃油泵试验要求。

4.2.2.1　工况试验要求见表15。

**表15　工况试验**

| 名称 | 油温（℃） | 转速（r/min） | 压力（MPa） | 真空度（MPa） | 流量（$m^3$/h） | 附注 |
|---|---|---|---|---|---|---|
| 辅助机油泵 | 25～80 | 3 000 | 0.50 | 20 | 2.40 | 试验中不许有过热处所 |
| 燃油输送泵 | 10～38 | 3 000 | 0.20 | 20 | 1.62 | |
| 预热锅炉燃油泵 | 10～38 | 3 000 | 1.50 | 20 | 0.12 | |

4.2.2.2　密封性能试验要求见表16。

**表16　密封性能试验**

| 名称 | 试验介质 | 油温（℃） | 转速（r/min） | 压力（MPa） | 时间（min） | 密封状况 |
|---|---|---|---|---|---|---|
| 辅助机油泵 | 柴油机油 | 25～80 | 3 000 | 0.5 | 5 | 不许渗漏 |
| 燃油输送泵 | 柴油 | 10～38 | 3 000 | 0.2 | 5 | 不许渗漏 |

4.3　机油滤清器、燃油滤清器及空气滤清器

4.3.1　机油滤清器、燃油滤清器及空气滤清器检修要求。

4.3.1.1　各滤清器解体清洗，更换密封件及不良的过滤元件（纸或纤维制的过滤元件一律更换）。

4.3.1.2　机油滤清器体焊修后须进行1.2 MPa水压试验，保持5 min不泄漏。

4.3.1.3　机油滤清器组装后进行压降试验，当温度为(75±5) ℃，以相当于80 $m^3$/h流量流过滤清器时，其压降为0.02～0.10 MPa。

4.3.1.4　燃油滤清器体焊修后进行0.5 MPa的水压试验，保持5 min不泄漏。

4.3.1.5　空气滤清器组装时，各结合面处必须密封，严禁让空气未经滤清进入增压器吸气道。

4.4 散热器

散热器检修要求如下。

4.4.1 清洗干净,去除油污、水垢。

4.4.2 校直变形的散热片。

4.4.3 每个单节须进行 0.5 MPa 的水压试验,保持 5 min 不许泄漏。

4.4.4 每个单节须按表 17 做水流时间试验。

**表 17 散热器单节水流时间试验**

| 容水器容积 ($m^3$) | 容水器与散热器进出水口间 | | 流完所需时间 (s) |
|---|---|---|---|
| | 高度差 (mm) | 连接管内径 (mm) | |
| 0.11 | 2 300 | 不小于 35 | 不大于 55 |

4.4.5 每个单节堵焊散热器管数不超过 4 根。

4.4.6 散热器组装后进行 0.5 MPa 水压试验,保持 5 min,不许泄漏。

4.5 热交换器

热交换器检修要求如下。

4.5.1 热交换器须分解,盖腐蚀深度超过 1/3 应更换,油水系统须清洗干净。

4.5.2 热交换器油水系统须单独进行水压试验。油系统水压 1.2 MPa,保持 5 min 不许泄漏;水系统水压 0.6 MPa,保持 5 min 不许泄漏。

4.5.3 热交换器铜管泄漏时允许堵焊,但数量不超过 8 根。

4.6 燃油预热器

预热器须分解检查,去除水垢,油水系统须进行 0.6 MPa 水压试验,保持 5 min 不许泄漏,铜管泄漏时允许堵焊,但数量不许超过 8 根。

4.7 牵引电动机通风机

牵引电动机通风机检修要求如下。

4.7.1 叶片不许有松动和裂纹。

4.7.2 修换叶片后须进行动平衡试验,不平衡度不大于 20 g·cm。

4.7.3 组装后进行转速为 2 600 r/min 的运转试验,历时 30 min,轴承盖最高温度不大于 80 ℃,性能试验要求转速为 2 600 r/min,流量为

330 $m^3$/min 时，全压不小于 3.92 kPa。

4.7.4　两滚动轴承的外端面与两端轴承盖之间的轴向间隙之和须控制在 0.3～0.8 mm 范围内。

4.8　冷却风扇

冷却风扇检修要求如下。

4.8.1　冷却风扇不许有裂纹，否则须更新。

4.8.2　冷却风扇检修后须进行静平衡试验，不平衡度不大于 368 g·cm，冷却风扇轮心安装孔与轴配合接触面须均匀，接触面积不少于 70%。

## 5　车体及转向架

5.1　车体

5.1.1　车体检修要求。

5.1.1.1　车体两端面、侧墙及底架须清洗、除锈、涂防锈漆和表层漆。各立柱、梁板有裂纹须焊修，局部腐蚀须彻底清除，腐蚀面积超过原构件相应面积的 40%、深度超过 30%时须切换。

5.1.1.2　侧墙外表面每平方米内平面度允差为 5 mm。

5.1.1.3　底架各梁须清扫检查，裂纹及不良焊缝须彻底清除，焊补或加焊补强板。

5.1.1.4　车体上挠度值从前后外旁承中心测量为 8～19 mm。

5.1.1.5　两旁承组的四个外旁承座下表面的最低点须在同一平面上，其平面度允差为 6 mm，同时，同一旁承组的内旁承座比外旁承座高。

5.1.1.6　排障器各板须外观平整，焊补裂纹，连接牢固。排障器底面距轨面高度 90～120 mm。

5.1.1.7　吹扫并检查牵引电动机风道，各部裂纹及开焊须焊补，保持风道内畅通、无异物。

5.1.1.8　各螺栓、双头螺栓、螺钉及铆钉不良时须修整或更换。

5.1.1.9　各门、窗及顶盖关闭严密，开关装置动作良好。

5.1.1.10　各顶盖上防雨用的密封垫状态须良好。

5.1.1.11　各台板、梯子、扶手、操纵台、靠椅等须完好，并安装牢固。

5.1.1.12　车体可拆电镀件须重新电镀。

5.1.2　燃油箱检修要求。

5.1.2.1　燃油箱须清洗、检查、修复不良处所，检修后灌水试验不许渗漏。箱体表面平面度在两侧面每平方米内允差为 5 mm，上盖板及底板每平方米允差为 8 mm。油箱表尺位置正确，刻度清晰，吊挂无裂纹。修复寒冷地区的机车油箱保温层。

5.1.2.2　蓄电池箱须清扫检查，腐蚀深度超过 1/3 时须彻底清除修整，并涂酚醛耐酸漆。把手、轨道不良时须修复。

5.1.3　车内装饰检修要求。

5.1.3.1　内壁涂层脱落时须修补，允许用性能相似的其他防震、隔热材料代替，修补厚度须与母材基本一致。

5.1.3.2　司机室内壁多孔铝板局部破损须修整或更换。

5.1.3.3　司机室木地板开裂须修复，地板之间合缝不大于 5 mm，地板布破损须修补或更换。

5.1.4　顶、侧百叶窗检修要求。

5.1.4.1　更换损坏、腐蚀的百叶窗片及磨损严重的轴。

5.1.4.2　扭曲、旁弯的百叶窗片须调修。

5.1.4.3　装车后叶片须转动灵活，不许有卡滞现象，叶片与叶片、叶片与密封板须严密，叶片在 1/3 长度内允许有不大于 6 mm 的局部间隙。

5.1.5　车钩及缓冲装置检修要求。

5.1.5.1　车钩须探伤检查，下列裂纹及缺陷禁止焊修：

(1)钩体上的横裂纹及长度超过 50 mm 的纵裂纹，钩体扁销孔向尾端发展的裂纹，上下耳销孔向外的裂纹及该处超过端截面 40％的裂纹，钩体上距钩头 50 mm 内的裂纹及砂眼；

(2)钩舌上的裂纹；

(3)钩尾框身上的贯通横裂纹及扁销孔向尾端部发展的裂纹。

5.1.5.2　车钩处在关闭状态时，钩锁的跳动量，13 号上作用式车钩不许大于 15 mm。钩锁与钩舌相邻两侧面须平整、不倾斜，其嵌入高度不少于 40 mm，钩体防跳凸台和连接杆或钩锁销的作用平面须平直。钩锁与钩舌承力面间隙符合设计要求。

5.1.5.3　车钩在锁闭状态时，钩锁尾部与钩体间隙不大于 4 mm，钩舌尾部与钩锁间横向间隙，13 号上作用式车钩不大于 6.5 mm。

5.1.5.4　组装后钩体端部与弹簧从板之间的间隙（竖扁销）2～9 mm。车钩三态（全开状态、开锁状态、闭锁状态）良好。车钩开度在最小处测量，闭锁状态时为 112～127 mm，全开状态时为 220～245 mm。钩头用手推拉，能横向移动，钩头肩部与冲击座间的距离不小于 60 mm。

5.1.5.5　缓冲器弹簧须按规定的技术条件进行检修和试压，详见 ST 缓冲器技术要求。

5.2　转向架

5.2.1　转向架构架检修要求。

5.2.1.1　构架须清洗、除锈，各焊缝及构架不许有破损和裂纹。

5.2.1.2　拉杆座 1∶10 斜度组成的切口与轴箱拉杆装配中的心轴接触面须密贴，允许有局部间隙，用 0.08 mm 塞尺检查，其深度不大于 10 mm，心轴与槽底面间隙为 1.5～6.0 mm。

5.2.1.3　构架检修后须进行下列尺寸的检查：

（1）同轴四拉杆座切口中心线对构架各拉杆座切口内平面（构架外侧向）的垂直度允差为 $\phi$2.5 mm；

（2）上下拉杆座切口内平面（构架外侧面）的平面度允差为 2.5 mm；

（3）上下拉杆座切口中心线距离为（860±2）mm；

（4）左右轴距（1 800 mm）差不大于 2 mm；

（5）四个支承座面须在同一平面内，其平面度允差为 1.5 mm。

5.2.2　轴箱检修要求。

5.2.2.1　轴箱破损及裂纹须修整或更换，后盖与防尘圈无偏磨，各处不许漏油。

5.2.2.2　轴箱弹簧有裂纹须更换。

5.2.2.3　轴箱弹簧须按规定的技术条件进行检修与试压试验。同一轴箱弹簧的荷重高度差不大于 3 mm，同一转向架轴箱弹簧的荷重高度差不大于 4 mm，同一机车轴箱弹簧的荷重高度差不大于 6 mm。

5.2.2.4　轴箱拉杆装配须分解检查，更换橡胶件，拉杆不许有裂纹，心轴有裂纹须更换，心轴与轴箱体对应切口的接触面（1∶10 斜面）须密贴，允许有局部间隙，但用 0.08 mm 塞尺检查，深度不大于 10 mm，心轴与槽底面间隙为 1.5～6.0 mm。

5.2.2.5 防尘圈与车轴对应部分装配的过盈配合公差为 0.032～0.106 mm,轴承内圈与车轴颈的过盈配合公差为 0.027～0.077 mm,轴承外圈与轴箱体孔的间隙配合公差为 0.040～0.226 mm。

5.2.2.6 油压减振器检修须符合下列要求:

(1)油压减振器须全部分解检修,更换油封及密封圈、胶垫。

(2)油压减振器组成后须进行试验,其参数为:往复频率:1 Hz;插头行程:60 mm;阻尼系数:700～1 000 N·s/cm。

拉压阻力差不许超过拉压阻力和的 15%,试验记录的示功图须平滑,无畸形突变。在试验中不许有异声,试验完毕后平置 24 h 无渗漏现象。

5.2.3 轮对检修及组装要求

5.2.3.1 车轴须按 TB/T 1619—2010《机车车辆车轴磁粉探伤》及 TB 1989—87《机车车辆厂、段修车轴超声波探伤方法》探伤检查,车轴各部(轴身除外)上的横裂纹须旋削消除,轴身上的纵横裂纹经铲除后,轴身半径较设计尺寸的减少量不超过 2 mm,铲槽长度不超过 50 mm,宽度不超过 5 mm,且同一断面直径减少量亦不超过 2 mm。

5.2.3.2 轮心各部缺陷符合 TB/T 1400—2005 技术条件,轮辋外径的圆柱度为 0.1 mm,轮辋外径 $\phi$900 mm 对轮毂孔径 $\phi$235 mm 的同轴度为 $\phi$0.4 mm。

5.2.3.3 轮箍的过盈量按轮辋直径计算,每 1 000 mm 为 1.15～1.5 mm。轮箍热装时温度不超过 330 ℃,加热的不均匀性不大于 15 ℃,轮箍安装后,禁止风吹和沾水,不许强迫冷却。

5.2.3.4 从动齿轮的热装过盈量为 0.18～0.24 mm,热装轮心时,过盈量须符合设计要求,轮心热装后须进行 157 kN 反压试验。

5.2.3.5 旧轮箍加垫的厚度不大于 1 mm,垫板不许多于一层,总数不超过四块,相邻两块间的距离不大于 10 mm。

5.2.3.6 轮箍内侧距:1 $353^{+2}_{-1}$ mm。

5.2.3.7 轮箍外形用样板检查,其偏差在踏面不大于 0.5 mm,轮缘高度减少量不大于 1 mm,厚度减少量不大于 0.5 mm。

5.2.3.8 轮箍旋削后直径差,同一轮对沿滚动圆直径差在 1 mm 内,同一转向架在 2 mm 内,同一机车在 4 mm 内。

5.2.3.9　车轴轴颈允许按 JB/T 8924—1999《铁路机车滚动轴承技术条件》进行等级修理，但轴颈的尺寸公差、表面粗糙度不变，当车轴等级修时，须装配相应的等级轴承。

5.2.3.10　轮对刻印必须齐全、清晰。

5.2.4　支承装配检修要求。

5.2.4.1　球头杆身拉伤须修整。球头、球面座接触面的局部磨耗、拉伤须修整，涂色检查须均匀接触，接触面积不小于 50%。

5.2.4.2　上、下摩擦板的局部磨耗、拉伤须修整，其接触表面粗糙度为 $Ra3.2$。

5.2.4.3　旁承体用煤油检查，不许有渗漏现象。

5.2.4.4　橡胶垫外观无裂纹、缺损，允许有不多于周面积 50%的发纹存在，在 112.7 kN 压力下，挠度为 3.0～5.0 mm。

5.2.5　电动机悬挂装置检修要求。

5.2.5.1　主动齿轮内锥孔与电机轴接触面不少于 75%，与轴装配时的轴向压入量 1.5～1.7 mm。

5.2.5.2　主、从动齿轮端面的相互不平齐不大于 5 mm。

5.2.5.3　抱轴瓦与轴的径向间隙为 0.2～0.4 mm，同轴左右抱轴瓦与轴的径向间隙差不大于 0.15 mm，白合金不许有碾片、脱壳、熔化和剥离现象。

5.2.5.4　抱轴瓦瓦背与瓦盖、瓦座须紧固并接触良好，局部间隙用 0.25 mm 塞尺检查，塞入深度不大于 15 mm。

5.2.5.5　电动机悬挂部分检修须符合下列要求：

(1)吊杆、吊杆座不许有裂纹，销有裂纹须更换；

(2)关节轴承须解体清洗，油封须更换；

(3)橡胶垫在 29.4 kN 压力下检查，其高度为 75～81 mm，外观无裂纹、缺损，允许有不多于周面积 50%的发纹，组装电机吊杆时须扭紧螺母，使两块橡胶垫的总压缩量为 28 mm。

5.2.6　牵引杆装置检修要求。

5.2.6.1　牵引装置须分解、检查，牵引销、牵引杆销、连接杆销、拐臂销及球承、球承外套有裂纹须更换，牵引杆、连接杆、拐臂有裂纹须修整或更换。

5.2.6.2 各销与套、球承与球承外套的间隙过限或拉伤严重时须更换。

5.2.6.3 牵引销与车体牵引销座接合的槽面须密贴，局部缝隙用0.05 mm的塞尺检查插入深度不大于10 mm，销顶面与销座槽底面间隙为1.5～6.0 mm。

5.2.6.4 各销套配合间隙不大于1.2 mm。

5.2.7 基础制动装置及撒砂阀的检修要求。

5.2.7.1 基础制动装置及手制动装置须解体检查，局部磨耗须修整，更换不良零件。

5.2.7.2 各销套间隙超过限度或拉伤严重时须更换。

5.2.7.3 分解、清洗制动缸，更换皮碗，检修后用0.6 MPa风压进行气密性试验，制动缸活塞行程为100～145 mm。

5.2.7.4 闸瓦间隙调整器螺杆和转盘须能转动，不许卡滞，棘爪正确安装在棘轮上，棘轮螺套、套筒相互间须紧贴，不许有间隙。

5.2.7.5 闸瓦间隙调整器螺杆、螺套的横动量不大于1.5 mm，调节功能良好，闸瓦间隙须能自动调节到6～8 mm。更换防尘胶套与防尘帆布套。

5.2.7.6 撒砂阀须清扫，保持畅通，阀体的螺纹部分不良须修整，阀体腐蚀深度超过壁厚1/2时须更换。组装后，撒砂装置作用良好。

5.2.7.7 手制动装置组装后须作用良好。

5.2.7.8 轮轨润滑装置须进行解体、清洗、检修。空气、油脂管路和接头须畅通，不许泄漏，装置作用须良好。

5.2.8 转向架组装要求。

轮对相对构架的自由横动量(包括轴箱与轮对及轴箱与构架间的总和)1、3、4、6位为10～12 mm，2、5位为24～26 mm，横动量不符合要求时须用垫片进行调整。

## 6 制动及空气系统

6.1 NPT5空气压缩机

6.1.1 空气压缩机检修要求。

6.1.1.1 空气压缩机须全部解体、清洗、检查，曲轴轴颈及气缸不许有拉伤，气缸、气缸盖、机体及各运动件不许有裂纹。

6.1.1.2　空压机连杆头衬套不许有剥离、碾片、拉伤、脱壳等现象，衬套与轴颈接触面积不少于 80%，衬套背与连杆头孔的接触面积不少于 70%。

6.1.1.3　曲轴连杆轴颈允许等级修理，连杆衬套按等级配修，在磨修中发现铸造缺陷时须按原设计铸造技术条件处理。各等级连杆轴颈尺寸见表 18。

**表 18　等级连杆颈尺寸**　　单位：mm

| 等　级 | 0 | 1 | 2 |
|---|---|---|---|
| 连杆轴颈 | $65.00_{-0.02}^{0}$ | $64.75_{-0.02}^{0}$ | $64.50_{-0.02}^{0}$ |

6.1.1.4　进、排气阀须清洗干净，阀片弹簧断裂须更换，阀片与阀座须密贴，组装后进行试验不许有非正常泄漏。

6.1.1.5　清洗空压机冷却器各管路的油污，冷却器须进行 0.6 MPa 的压力试验，3 min 不许泄漏。

6.1.1.6　空压机压缩室的余隙高度为 0.6～1.5 mm。

6.1.1.7　空压机油泵检修后须转动灵活，并须进行试验，采用 HS-13 压缩机油，油温 10～30 ℃，在 1 000 r/min 时的吸入高度为 170 mm 油柱高，油量为(2.6±0.26) L/min，调压阀开启压力为 0.4～0.5 MPa。

6.1.2　空气压缩机试验要求

6.1.2.1　磨合试验：在确认各部无卡滞现象后进行磨合试验，时间不少于 90 min。开机后，润滑油压力须在短时间内上升。当转速为 1 000 r/min 时，润滑油压力须稳定在 0.4～0.5 MPa 范围内，整个磨合过程中不许有异声。磨合后期活塞顶部不许有喷油现象，但在活塞周围允许有少量渗油。

6.1.2.2　温度试验：空压机转速为 1 000 r/min，储风缸压力保持 0.9 MPa，运转 30 min，铝质散热器二级排气口温度允许值见表 19。试验结束时，曲轴箱油温不超过 80 ℃。

**表 19　排气口温度允许值计**　　单位：℃

| 环境温度 | 排气温度 |
|---|---|
| ≤30 | ≤185 |
| >30 | ≤190 |

6.1.2.3 超负荷试验:在压力为 0.99～1.00 MPa,转速为 1 000 r/min 工况下运转 2 min,不许有异常现象。

6.1.2.4 漏泄试验:在压力为 0.9 MPa 时,由于出风阀的漏泄,在 10 min 内,容积为 400 L 的储风缸压力的下降不超过 0.1 MPa。

6.1.2.5 风量试验:在转速 1 000 r/min 时,400 L 储风缸压力由 0.0 MPa 升到 0.9 MPa 所需时间不大于 100 s,或在转速为 970 r/min 时,空气压缩机出气量不少于 2.3 $m^3$/min。

6.1.2.6 试验中空压机油封及各接缝、接头不许漏风、漏油。

6.2 制动、空气系统

6.2.1 制动机、风缸及空气管路系统检修要求。

6.2.1.1 制动阀、分配阀、中继阀、继动阀、给气阀、高低压安全阀须解体检修,更换全部橡胶件,检修后须在试验台上试验,保证性能良好。

6.2.1.2 制动软管接头、连接器有裂纹须更换,制动软管须以 0.6 MPa 的压缩空气在水槽内试验,保持 5 min 不泄漏(表面或边缘发生的气泡逐渐消失者除外),并进行 1 MPa 的水压试验,保持 2 min 不泄漏,外直径膨胀不许超过 8 mm。

6.2.1.3 风缸须清洗并进行水压试验,不许泄漏,各风缸试验要求如下:

(1)总风缸:1.4 MPa,保持 5 min;

(2)工作风缸:1.2 MPa,保持 3 min;

(3)作用风缸和紧急-降压风缸:0.9 MPa,保持 3 min;

(4)均衡-过充风缸:1.2 MPa,保持 3 min;

(5)低压风缸 1.2 MPa,保持 3 min。

风缸履历牌须按规定更换。

6.2.1.4 风管系统须吹扫清理,保持管道畅通,外观检查无腐蚀。

6.2.1.5 总装后在总风缸压力 0.9 MPa 状况下,检查各总风管路泄漏量 1 min 不大于 0.02 MPa,制动管泄漏量 1 min 不大于 0.01 MPa。

6.2.1.6 刮雨器系统、撒砂系统、空气油水分离器、远心集尘器、无动力回送装置、滤清装置、放风阀、止回阀须解体清洗、检查,更换不良零件,各类部件组装均须作用良好。

6.2.1.7 风喇叭检修须符合下列要求:

(1)解体清洗，各零件有裂损均须更换；

(2)在 0.5～0.9 MPa 风缸压力下试验，音响须良好。

6.2.1.8 静液压系统百叶窗气缸须解体清洗，更换密封圈，气缸体内孔及活塞不许有拉伤。组装后动作须良好，不许有卡滞现象，活塞行程符合设计要求。

6.2.2 空气干燥器检修要求。

6.2.2.1 空气干燥器须全部解体清洗、检修，更换全部橡胶件及干燥剂。

6.2.2.2 油气分离器筒和干燥塔须进行 2 MPa 的水压试验，保持 2 min 不许泄漏。

6.2.2.3 检修组装后须进行试验，不许有非正常泄漏，作用须良好，性能须符合有关试验验收技术条件。

# 7 电　　机

同步主发电机、牵引电动机及辅助电机须分解、清洗、检修及试验，基本性能保持良好。

7.1 电机定子检修要求

7.1.1 直流电机定子检修要求。

7.1.1.1 机座检修要求：

(1)机座及附件清洗干净；

(2)清除裂纹及缺陷，检查装配尺寸及螺纹，装配尺寸按原形或限度恢复，螺纹按原设计尺寸修复；

(3)磁极凸台表面须光洁、无毛刺；

(4)ZQDR-410 型牵引电动机机座与前后端盖配合孔($\phi$600 mm、$\phi$630 mm)及对应刷架圈允许按表 20 进行等级修。机座等级修时须装配相应的等级端盖及刷架圈，并须记入机车履历簿备案；

(5)ZQDR-410 型牵引电动机机座中心线与抱轴瓦孔中心线间距离为 $468.8^{+0.37}_{-0.12}$ mm，两轴线的平行度不大于 0.2 mm；

(6)牵引电动机抱轴瓦体孔径为 $\phi$(240±0.10) mm。机座与抱轴油箱配合止口间隙单侧不超过 0.2 mm，两侧之和不超过 0.3 mm。间隙超限时允许在抱轴盖止口两端局部堆焊修正。抱轴瓦体孔与抱轴瓦背配合面须密贴，窗孔处不得有 0.1 mm 的贯通间隙。

**表 20　机座端盖孔及对应刷架圈等级修限度**　　单位:mm

| 名称 \ 级别 | 0 | 1 | 2 |
| --- | --- | --- | --- |
| 前端盖孔 | $600^{+0.07}$ | $602^{+0.07}$ | $604^{+0.07}$ |
| 后端盖孔 | $630^{+0.07}$ | $632^{+0.07}$ | $634^{+0.07}$ |

7.1.1.2　端盖、轴承盖、密封环有裂纹、变形及有碍配合的擦伤时须修理或更换。

7.1.1.3　电机引线检修要求:

(1)引线绝缘须良好,绝缘破损须修复,铜线破损须更换;

(2)引线接头松动、搪锡熔化、过热变色须修理;

(3)牵引电动机所有连线、引出线端部重新搪锡并更换绝缘;

(4)各连线、引线须排列整齐,安装牢固,导线间、导线与机座间不许有摩擦和挤压。

7.1.1.4　磁极绕组、磁极铁芯检修要求:

(1)清洗干净,进行检查;

(2)磁极绕组绝缘有破损、烧伤或过热变色时须修理或更换。绕组检修后,须浸漆、烘干,保证绝缘良好;

(3)牵引电动机主、换向极绕组绝缘更新或修理后,须进行真空压力浸漆处理。

(4)磁极连线头烧伤须修复,断裂须更新,绝缘须良好,焊接须牢固。端子搪锡完好,接触面平整、紧密;

(5)铁芯烧损须修理或更换,凸片和毛刺须清除,松弛者须固牢;

(6)一体化状态良好的磁极绕组,经绝缘电阻、绝缘介电强度检查合格的,允许不解体检修。

7.1.1.5　更新轴承。

7.1.1.6　定子装配要求:

(1)磁极绕组与磁极铁芯及磁极与机座装配须紧密牢固;

(2)磁极绕组线头与连接线头接触面须平整光洁,接触紧密;

(3)磁极绕组引线与连线固定牢固,绝缘良好;

(4)牵引电动机主极极尖间距离偏差不大于 1 mm;

(5)牵引电动机换向极与相邻主极极尖间距离偏差不大于 1 mm;

(6)牵引电动机换向极轴线对机座止口轴线的同轴度允差为 $\phi$0.6 mm；

(7)牵引电动机主极铁芯及换向极铁芯对机座端面的垂直度允差为 $\phi$0.5 mm；

(8)牵引电动机定子磁极内径尺寸须符合设计要求。

7.1.1.7　牵引电动机定子组装后进行整体浸漆处理。

7.1.1.8　牵引电动机定子组装后，用 1 000 V 兆欧表检查磁极绕组相互间及对地绝缘电阻，须不小于 5 MΩ。

7.1.1.9　定子修复后，须进行绝缘介电强度试验，须无击穿、闪络。

7.1.2　交流电机定子检修要求。

7.1.2.1　机座及各零部件须清洗干净。

7.1.2.2　消除机座、端盖及轴承盖的裂纹和影响装配与使用的缺陷。

7.1.2.3　定子绕组、导线绝缘损坏、老化须修理或更换。

7.1.2.4　铁芯烧损须修理或更换，凸片和毛刺须清除，松弛者须固牢。

7.1.2.5　线圈与线圈间、线圈与集电环间须焊接牢固，接触良好，开焊、断裂须修理。

7.1.2.6　集电环、引线绝缘损坏或铜线烧损、断裂须修复或更新。

7.1.2.7　集电环固定须牢固，不得松动。

7.1.2.8　主发电机定子修复后进行真空压力浸漆处理。

7.1.2.9　定子组装后，用 1 000 V 兆欧表检查绕组对地绝缘电阻，须不小于 5 MΩ。

7.1.2.10　定子修复后，须进行绝缘介电强度试验，须无击穿、闪络。

7.1.2.11　更新轴承。

7.2　电机转子(直流电机为电枢)检修要求

7.2.1　直流电机电枢检修要求。

7.2.1.1　解体、清洗干净。

7.2.1.2　支架、风扇不许有裂纹、松动，变形须修复。

7.2.1.3　无纬玻璃丝带烧伤、老化、破损须重新更换绑扎。重新绑扎玻璃丝带上的轻微缺陷，允许局部修理。

7.2.1.4 槽楔须紧固，接缝平整。

7.2.1.5 铁芯烧损须修理或更换，凸片和毛刺须清除，松弛者须固牢。

7.2.1.6 电枢绕组须焊接牢固，接触良好，开焊断裂须修理，绝缘须良好，绝缘烧伤破损时须修理或更换。部分更换绕组时，须进行浸漆处理，全部更换绕组时按新制要求进行浸漆。牵引电动机电枢修复后，须进行真空压力浸漆处理。

7.2.1.7 转轴轴颈拉伤、损坏须修理或更换，允许有局部不超过有效接触面积15%的划痕，距油沟两侧边缘 5 mm 范围内不许有擦伤、划痕等缺陷，油沟畅通，轴上内外螺纹良好，锥面与齿轮或法兰接触面积须不少于 75%。

7.2.1.8 电枢平衡良好，平衡块固定牢固。修复后的电枢须进行动平衡试验，其不平衡量须符合设计要求。

7.2.1.9 换向器检修要求：

(1)换向器进行旋修(须使切削量为最小)，表面粗糙度为 $Ra$ 1.6，下刻云母槽倒角 0.5×45°，槽口两端口处倒角成喇叭口，槽内清理干净；

(2)换向器前端和升高片处密封良好，密封处须清洁无碳粉，不许有裂纹、松弛及损坏；

(3)换向器与绕组焊接牢固，接触良好，各片间电压或各片间电阻值与其各自平均值相差不大于 5%；

(4)换向器凸片失圆须消除。紧固螺栓不许松动。

7.2.1.10 电枢修复后，须进行对地绝缘介电强度试验，须无击穿、闪络。牵引电动机电枢修复后，须进行匝间绝缘介电强度试验(推荐采用中频匝间绝缘介电强度试验方法或脉冲电压试验方法)。

7.2.2 交流电机转子检修要求。

7.2.2.1 拆下各零部件，清洗干净。

7.2.2.2 一体化状态良好的磁极绕组，经绝缘电阻、绝缘介电强度检查合格的，允许不解体检修。

7.2.2.3 对损坏的磁极绕组、磁极铁心、引线、撑块、阻尼条、阻尼环须修理或更新。主发电机除状态良好的一体化磁极绕组外，磁极绕组对地绝缘须更新。

7.2.2.4　支架、风扇不许有裂纹、松动。风扇叶片角度变形须矫正。

7.2.2.5　转轴轴颈拉伤、损坏须修理或更换，允许有局部不超过有效接触面积15%的划痕，距油沟两侧边缘5 mm范围内不许有擦伤、划痕等缺陷，油沟畅通，轴上内外螺纹良好，锥面与齿轮或法兰接触面积须不小于75%。

7.2.2.6　磁极连线头烧伤须修复、断裂须更换。极间连线绝缘须良好、焊接牢固、接触紧密。

7.2.2.7　同步主发电机滑环须旋修(须使切削量为最小)，表面粗糙度为 $Ra\,3.2$，滑环固定须牢固，不许松动。同步主发电机转子外圆在短路环范围以外不许旋修，可用垫片进行调整。外圆直径为 $\phi(1\,134\pm0.2)$ mm。

7.2.2.8　转子修复后须进行真空压力浸漆处理。

7.2.2.9　转子平衡良好，平衡块固定牢固。转子修复后，须进行动平衡试验，其不平衡量须符合设计要求。

7.2.2.10　转子修复后，须进行磁极绕组对地绝缘介电强度试验，须无击穿、闪络。

7.3　刷架装置检修要求

7.3.1　拆下刷架及刷握，清洗干净。

7.3.2　刷架组装后须固定可靠，连线绝缘良好。绝缘杆及其他绝缘件表面须光洁，不许有损伤、烧伤、变形和松动。

7.3.3　刷握的压盒机构起落时不许有卡滞现象。烧伤或变形的刷盒、破损及弹性不符合规定的压指(压板)和弹簧须修复或更换。

7.3.4　电刷在刷盒内能上下自由移动，间隙须符合限度要求。

7.3.5　电刷需全部换新。每台电机须用同一牌号的电刷。电刷接触面须大于80%。

7.4　电机组装要求

7.4.1　轴套、密封环及轴承内圈与转轴的配合尺寸须符合设计要求。

7.4.2　各紧固螺栓不许松动，防缓件作用良好。

7.4.3　转子(直流电机为电枢)转动灵活。

7.4.4　刷盒与换向片、滑环须平行。电刷与换向器、滑环的接触面积不少于80%。直流电机电刷沿换向器圆周须均匀分布，并处于中性位置。

7.4.5　各检查孔盖、板须完整，与机座安装状态良好。强迫通风的电机检查孔盖必须严密。

7.4.6　油杯、油管清洗干净，油路须畅通。防护网罩无破损、松动。

7.4.7　牵引电动机磁极螺栓孔处密封须良好。

7.4.8　电机铭牌及引线标记正确、清晰、牢固。接线端子及端子盒盖须完整。

7.5　电机试验要求

7.5.1　牵引电动机检修后试验要求。

7.5.1.1　冷态直流电阻测定：各绕组冷态直流电阻($R$,15 ℃)的偏差不许超过表 21 规定值的±10%。

**表 21　冷态直流电阻**　　单位：Ω

| 电机型号 | 电枢绕组 1～15 片(采用电桥法测量) | 主极绕组 | 换向极绕组 |
|---|---|---|---|
| ZQDR-410 | 0.005 5 | 0.007 73 | 0.005 66 |

7.5.1.2　空转试验。

电机在转速 2 365 r/min 下，正反方向各旋转 30 min。检查轴承温升及电刷磨合情况，不许有甩油现象，轴承温升不超过 55 K，轴承盖处双向振幅不大 0.15 mm。

7.5.1.3　加热试验。

电机在电压 550 V、电流 855 A、通风量 110 $m^3$/min、换向器室静风压 1 570 Pa 和环境温度 10～40 ℃工况下，运转 1 h。试验的环境温度 $t$ 若不在 10～40 ℃范围内时，则试验电流 $I$ 按下式修正：

$$I=\frac{855}{1+\frac{t-25}{800}}$$

式中　$I$——试验电流，A；

　　$t$——环境温度，℃。

7.5.1.4　电刷中性位检查和额定转速特性测定：

(1)电刷中性位检查和额定转速特性测定同时进行；

(2)额定转速特性测定：电机在全磁场工况时，实际转速与典型速率特性的相应转速偏差不超过表 22 规定的±4%。在磁场削弱工况时，实际转速与典型速率特性的相应转速偏差不超过表 22 规定的±7%；

(3)上项试验电机以正反方向进行。在全磁场电压 550 V 和电流

800 A 的正反转的转速差不超过 6 r/min；

(4)同台机车的六台牵引电动机在全磁场电压 550 V 和电枢电流 800 A 时，前进或后退的转速差均不超过 15 r/min。

**表 22 额定转速特性**

| 工况 | 电压(V) | 电流(A) | 转 速 (r/min) | | | |
|---|---|---|---|---|---|---|
| | | | β=100% | | β=43% | |
| | | | 高速率时 | 低速率时 | 高速率时 | 低速率时 |
| 1 | 408 | 1 080 | 427 | 415 | 635 | 614 |
| 2 | 550 | 800 | 647 | 640 | 997 | 978 |
| 3 | 770 | 570 | 1 040 | 1 030 | 1 710 | 1 675 |

7.5.1.5 超速试验。

电机须以 2 840 r/min 运转 2 min。试验后，电枢绕组扎带、槽楔、轴承及换向器等不许产生影响电机正常运转的机械损伤和永久变形。

7.5.1.6 换向试验。

按表 23 四种工况，电机正反方向各运转 1 min，火花不许超过表中规定的等级。

**表 23 火花等级**

| 工况 | 电压(V) | 电流(A) | 转速(r/min) | 磁场削弱系数 | 允许火花等级 |
|---|---|---|---|---|---|
| 1 | 相应 | 1 080 | 236 | 100% | 2 |
| 2 | 550 | 800 | 相应 | 43% | $1\frac{1}{2}$ |
| 3 | 770 | 570 | 相应 | 43% | $1\frac{1}{2}$ |
| 4 | 770 | 相应 | 2365 | 43% | $1\frac{1}{2}$ |

7.5.1.7 匝间绝缘介电强度试验。

电机在热态下作空载他励发电机运行，调节励磁电流使电枢电压为 1 000 V，历时 5 min，电枢绕组匝间须无击穿、闪络。

7.5.1.8 热态绝缘电阻测定。

电机在接近工作温度时，用 1 000 V 兆欧表测量各绕组间及其对机座的绝缘电阻，其值不低于 0.77 MΩ。

7.5.1.9　对地绝缘介电强度试验。

电机在工作温度时，各绕组间及对机座加 50 Hz、1 900 V 正弦波交流电压，历时 1 min，须无击穿、闪络。

绝缘全部换新的绕组进行第一次绝缘介电强度试验时，须按 2 540 V 电压进行。

7.5.2　同步主发电机检修后试验要求。

7.5.2.1　冷态直流电阻测定：各绕组冷态直流电阻（$R$，15 ℃）的偏差不许超过表 24 规定值的±10%。

**表 24　冷态直流电阻**　　单位：Ω

| 电机型号 | 电枢绕组（线电阻） | 励磁绕组（总电阻） |
| --- | --- | --- |
| TQFR-3000 | 0.001 125 | 0.246 4 |

7.5.2.2　空载试验。

电机以 1 100 r/min 转速按工作方向运转 30 min。检查轴承温升，温升不超过 55 K。电刷磨合良好。

7.5.2.3　空载特性试验。

电机在转速 1 100 r/min 下，调节励磁电流由 0 增至 340 A，然后单方向减小励磁电流，测取空载线电压值，作空载下降电压特性曲线，与典型空载特性曲线比较，额定工况各测点与典型特性曲线（见表 25）中相应值之差不超过±5%（试验时励磁电流不许超过 360 A）。

**表 25　TQFR-3000 空载特性**

| 励磁电流（A） | 319 | 239 | 193 | 161.5 | 145 | 114.5 | 91.5 | 67 |
| --- | --- | --- | --- | --- | --- | --- | --- | --- |
| 空载线电压（V） | 712 | 665 | 622 | 582 | 555 | 482 | 420 | 321 |

7.5.2.4　三相稳态短路特性测定。

将输出短路，电机在 1 100 r/min 转速下运转，增加励磁电流，使短路电流最大不超过 5 000 A，然后单方向减小励磁电流至零，同时测量短路电流和相应的励磁电流，各相电流在对应励磁电流值下的偏差不超过±10%，且任意二相电流之差对三相短路电流平均值之比不超过 5%。

7.5.2.5　超速试验。

电机以 1 100 r/min 的转速运转正常后，迅速提高到 1 265 r/min，历时 2 min。试验后，磁极螺钉、磁极线圈、阻尼环、阻尼条、扎带、轴承、滑环等不许产生影响电机正常运转的机械损伤和永久变形。

7.5.2.6 匝间绝缘介电强度试验。

电机在不超过 1 265 r/min 的转速下运转，增加励磁电流(最大励磁电流不许超过 360 A)，使空载电压为 800 V，历时 5 min，须无击穿、闪络。

7.5.2.7 热态绝缘电阻测定。

电机在接近工作温度时，绕组相互间及其对机座的绝缘电阻不许低于下述数值：定子绕组用 1 000 V 兆欧表测量，其绝缘电阻不低于 0.6 MΩ；转子绕组用 500 V 兆欧表测量，其绝缘电阻不低于 0.25 MΩ。

7.5.2.8 对地绝缘介电强度试验。

旧定子绕组加 1 675 V，旧励磁绕组加 1 125 V，全部绝缘换新时，定子绕组加 2 230 V，励磁绕组加 1 500 V，都为 50 Hz 正弦波电压，历时 1 min，须无击穿、闪络。

7.5.3 GQL-45 型励磁机试验要求。

7.5.3.1 冷态直流电阻测定。

各绕组冷态直流电阻($R$,15 ℃)的偏差不许超过表 26 规定值的±10%。

**表 26 冷态直流电阻** 单位：Ω

| 电机型号 | 电枢绕组(线电阻) | 励磁绕组(总电阻) |
|---|---|---|
| GQL-45 | 0.014 9 | 5.77 |

7.5.3.2 空转试验。

电机以 2 625 r/min 的转速按工作方向运转 30 min。检查轴承温升，温升不超过 55 K。

7.5.3.3 空载特性试验。

电机在转速 1 175 r/min 时，励磁电流由 0 至 9.6 A，测量输出线电压，作上升曲线，该曲线与对应的典型特性曲线(见表 27)比较，偏差不超过±10%。

**表 27 GQL-45 型励磁机空载特性**

| 励磁电流(A) | 2.08 | 3.3 | 4.2 | 4.57 | 5.7 | 9.6 |
|---|---|---|---|---|---|---|
| 线电压(V) | 52 | 80 | 94.5 | 99 | 108 | 117.3 |

7.5.3.4 三相稳态短路特性测定。

将输出短路，电机在转速 1 175 r/min 下运转，增加励磁电流到电枢电流不大于 280 A，然后单方向减少励磁电流至零，同时测量励磁电流和相应的短路电流，各相电流在对应励磁电流值下与对应的典型曲线(见表 28)比较，偏差不超过±10%。

**表 28　短路特性**　　单位：A

| 励磁电流 | 2.75 | 3.8 | 5.2 |
|---|---|---|---|
| 相电流 | 115 | 160 | 217 |

7.5.3.5　超速试验。

电机以 2 625 r/min 的转速运转正常后，迅速提高至 3 150 r/min 转速下运行，历时 2 min。试验后，各转动部分须无机械损伤和永久变形。

7.5.3.6　匝间绝缘介电强度试验。

电机在转速 2625 r/min、励磁电流为 6.81 A 工况下运转，历时 5 min，定子绕组匝间须无击穿、闪络。

7.5.3.7　热态绝缘电阻测定。

电机在接近工作温度时，用 500 V 兆欧表测量绕组间及其对机座的绝缘电阻，其值须不低于 0.25 MΩ。

7.5.3.8　对地绝缘介电强度试验。

旧绕组加 1 125 V，绝缘全部换新的绕组加 1 500 V、50 Hz 正弦波试验电压，历时 1 min，须无击穿、闪络。

7.5.4　起动发电机试验要求。

7.5.4.1　冷态直流电阻测定。

各绕组冷态直流电阻($R$,15 ℃)的偏差不许超过表 29 规定值的±10%。

**表 29　冷态直流电阻**　　单位：Ω

| 电机型号 | 电枢绕组 1～12 片电桥法测量 | 他励绕组 | 换向极绕组 | 起动绕组 |
|---|---|---|---|---|
| ZQF-80 | 0.002 93 | 9.00 | 0.002 46 | 0.004 29 |

7.5.4.2　空转试验。

电机按工作方向以 2 730 r/min 转速运转 30 min。检查轴承温升，温升不超过 55 K，电刷磨合良好。

7.5.4.3　加热试验。

电机在输出电压 110 V,电流 680 A 工况下运行 1 h。试验时环境温度 $t$ 若不在 10～40 ℃范围内时,则试验电流 $I$ 按下式修正:

$$I=\frac{680}{1+\frac{t-25}{800}}$$

式中 $I$——试验电流,A;

$t$——环境温度,℃。

7.5.4.4 电刷中性位检查及空载特性和调整特性测定:

(1)电刷中性位检查和特性测定同时进行;

(2)空载特性测定:分别在电机转速 1 115 r/min 及 2 730 r/min 下进行,作上升特性曲线,电压最大值 145 V,与对应典型特性曲线(见表 30)比较,偏差不超过±10%;

(3)调整特性测定:保持电机端电压 110 V,分别在其转速 1 115 r/min 及 2 730 r/min 下,测量励电流和电枢电流的关系曲线,与典型特性曲线(见表 31)比较,偏差不超过±10%。

**表 30 空载特性**

| 电压(V) / 电流(A) / 转速(r/min) | 30 | 50 | 70 | 95 | 105 | 110 | 119 | 125 | 135 |
|---|---|---|---|---|---|---|---|---|---|
| 1 115 | 1.34 | 2.26 | 3.20 | 4.48 | 5.0 | 5.37 | 6.0 | 6.58 | 7.48 |
| 2 730 | 0.46 | 0.89 | 1.27 | 1.74 | 1.9 | 2.0 | 2.21 | 2.3 | 2.49 |

**表 31 调整特性**

| 电枢电流(A) / 励磁电流(A) / 转速(r/min) | 0 | 180 | 360 | 540 | 728 |
|---|---|---|---|---|---|
| 1 115 | 5.2 | 5.58 | 6.11 | 6.78 | 7.6 |
| 2 730 | 1.94 | 1.95 | 2.03 | 2.2 | 2.4 |

7.5.4.5 超速试验。

重新绑扎无纬带的电机须以 3 280 r/min 的转速运行 2 min。试验后,须无机械损伤和永久变形。

7.5.4.6　换向试验。

按下列发电机工况进行试验，历时 1 min，火花不许超过表 32 规定等级。对于电动机工况，起动瞬间换向火花不进行考核。

**表 32　火花等级**

| 电流(A) | 电压(V) | 转速(r/min) | 允许火花等级 |
|---|---|---|---|
| 1 090 | | 1 115 | 2 |
| 728 | 110 | 2 730 | $1\frac{1}{2}$ |

7.5.4.7　匝间绝缘介电强度试验。

电机在 2 730 r/min 转速下，作空载发电机运行，调节励磁电流，使端电压达到 145 V，历时 5 min，须无击穿、闪络。

7.5.4.8　热态绝缘电阻测定。

电机在正常工作温度时，用 500 V 兆欧表测量绕组对机座及绕组间的绝缘电阻值，其值须不低于 0.25 MΩ。

7.5.4.9　对地绝缘介电强度试验。

电机在正常工作温度时，各绕组对机壳及绕组间施以 50 Hz 正弦波试验电压，旧绕组加 1 125 V，绝缘全部换新的绕组加 1 500 V，历时 1 min，须无击穿、闪络。

7.5.5　空压机电机试验要求。

7.5.5.1　冷态直流电阻测定。

各绕组冷态直流电阻（$R$15 ℃）的偏差不许超过表 33 规定值的 ±10%。

**表 33　冷态直流电阻**　　单位：Ω

| 电机型号 | 电枢绕组 | 并励绕组 | 串励绕组 | 换向极绕组 |
|---|---|---|---|---|
| NKZ-22 | 0.016 9 | 20.66 | 0.002 795 | $H_1$=0.004 925<br>$H_2$=0.004 995 |

7.5.5.2　空转试验。

电机以转速 1 000 r/min 按工作方向运转 30 min 后，检查轴承温升不超过 55 K，电刷磨合须良好。

7.5.5.3　加热试验。

电机在端电压 110 V、电枢电流 234 A 工况下运转 1 h。

7.5.5.4　超速试验。

重新绑扎无纬带的电机须以 1 150 r/min 的转速空转试验 2 min。试验后,须无永久变形及机械损伤。

7.5.5.5　换向试验。

电机在额定负载时,其火花等级须不超过 $1\frac{1}{2}$级。

7.5.5.6　匝间绝缘介电强度试验。

电机以他励发电机方式连接,并以 1 000 r/min 转速空转运行,调节励磁电流使端电压达到 145 V,历时 5 min,匝间须无击穿、闪络。

7.5.5.7　热态绝缘电阻测定。

电机在正常工作温度时,用 500 V 兆欧表测量各绕组间及其对机座的绝缘电阻,其值须不低于 0.25 MΩ。

7.5.5.8　对地绝缘介电强度试验。

电机在正常工作温度时,各绕组间及其对地施以 50 Hz 正弦波试验电压,旧绕组加 1 500 V,绝缘全部更新的绕组加 1 500 V,历时 1 min,须无击穿、闪络。

7.5.6　其他小电机试验要求。

其他小电机检修后,须进行空转试验、加热试验和对地绝缘介电强度试验。电机起动冲击电流正常,无机械损坏,整流换向良好,风扇转动灵活。

7.5.6.1　功率不足 1 kW 或端电压不足 36 V 的电机,对地绝缘介电强度试验电压为:

$$U=(500+2\times\text{额定电压})\times 75\%(\text{V})$$

试验历时 1 min,须无击穿、闪络。

7.5.6.2　其他电机对地绝缘介电强度试验电压为:

$$U=(1\ 000+2\times\text{额定电压})\times 75\%(\text{V})$$

最低试验电压为 1 125 V,试验历时 1 min,须无击穿、闪络。

# 8　电器及电气线路

所有电器须进行分解、清洗、检修及试验,保持基本性能良好。所有电阻、照明灯具、高低压配线须检修或更换。

8.1　电器检修要求

8.1.1　电器须解体,清洗干净。镀层脱落、局部腐蚀、氧化、烧损的零部件及磨耗件须进行修理，其动作性能须达到设计要求并符合技术标准，有裂纹的零部件须更换。

8.1.2　线圈不许有短路或烧损，外部绝缘破损、松散须修复或更换，端子松动、脱焊须修复。在周围介质温度为 20 ℃时，电压线圈内阻对设计值的允差须在＋8%～－5%范围内；电流线圈内阻对设计值的允差则在＋5%～－8%范围内。

8.1.3　胶木绝缘件烧损、碳化、瓷件破损须更换。

8.1.4　灭弧装置不许有缺损、变形。灭弧线圈不许断路或短路，作用良好。

8.1.5　电器动作值整定正确，并符合以下规定：

8.1.5.1　各种直流电磁电器在线圈加 0.7 倍额定电压时能可靠动作，其释放电压不小于额定电压的 5%。柴油机起动时工作的电器释放电压不大于 0.3 倍的额定电压。

8.1.5.2　电空阀和风动电器在 0.64 MPa 风压下不许泄漏，在 0.37 MPa 风压下须能正常动。

8.1.5.3　各种保护电器的动作参数须符合设计要求。在动作参数整定后，须将其可调部分封定。

8.1.6　各机械零件及支承件不许有缺损、变形及过量磨耗。带绝缘的电器的绝缘状态须良好，机械联锁作用须正确可靠。

8.1.7　各种电器安装须牢固、安全，标志清晰，活动部分动作灵活，定位准确。触头开距、超程、压力、接触电阻须按设计技术条件进行检查、试验，性能须符合设计要求。

8.1.8　电阻元件断裂、破损、局部烧损须更换，带状电阻允许焊修，元件阻值须符合设计要求。瓷管珐琅电阻不许有受热、老化、裂纹造成的剥离。分流器不许有断裂、开焊，阻值须进行校验，并符合设计要求。变压器、互感器须清洗、烘干。接线端子不许松动。内部绕组不许有短路、断路和虚接现象。绕组及铁芯不许松动，绝缘良好，经测试各参数须符合设计要求。

8.1.9　修复后的单个电器在环境温度为(20±5)℃、相对湿度 50%～70%，主电路用 1 000 V 兆欧表、其他电器用 500 V 兆欧表测量带电部分对地绝缘电阻，其值须不低于 10 MΩ。修复后的主整流柜带电部分对地绝缘电阻不小于 5 MΩ。励磁整流柜带电部分对地绝缘电阻须不低于

1.5 MΩ。在空气相对湿度为85%的条件下，主整流柜带电部分对地绝缘电阻须不低于2.6 MΩ。

8.1.10 绝缘经修理或更换的电气设备，须进行绝缘介电强度试验，按铁道行业标准TB/T 1333—2002《铁路应用 机车车辆电气设备》关于机车电气设备绝缘介电强度试验方法进行试验，其绝缘介电强度须符合技术要求。

8.1.11 半导体电子元件检修须符合下列要求。

8.1.11.1 电子元件（二极管、三极管、晶闸管等）使用前，须按TB/T 1394—1993《铁道机车动车电子装置》有关规定进行筛选，检测各基本参数，合格后方可使用。

8.1.11.2 电子组件或整机检修后，须按设计技术条件，在常温和高温条件下，分别检验其工作性能，其性能须符合技术要求。

8.1.11.3 大功率硅整流元件须按规定进行反向重复峰值电压、反向重复峰值电流及正向峰值电压试验，性能须符合设计要求。

8.1.12 测量系统检修须符合下列要求。

8.1.12.1 各种仪表检修要严格执行国家计量管理部门颁布的有关规定及标准。

8.1.12.2 检修、校验后的仪表、传感器要注明检验单位与日期。仪表须打好封印。

8.1.12.3 仪表在机车上安装必须牢固、正确，管路畅通无泄漏，照明良好。

8.1.13 各种照明灯具及附件须齐全、完好，安装牢固，显示正确。车体外部密封灯具须密封良好。

8.1.14 电炉配件齐全，瓷盘完整，发热效能正常，防护装置良好。

8.1.15 凡技术设备部批准新造、大修的其他加装改造电器，须按其技术条件进行测试、修理及调整，其性能须符合技术要求。

8.2 电气线路检修要求

8.2.1 电缆、导线绝缘有重度膨胀、挤胶、结瘤、发黏、变硬、发脆之一者须更换。线路局部破损、线头部分松散的电缆、导线修复后，需恢复其绝缘强度。动力间的控制线（不包括线槽内及蓄电池电线）和蓄电池两侧箱体间的连线每次大修须全部更换。截面积为50～240 $mm^2$的大线与线耳的接触电阻，经测试须符合设计技术条件的要求。

8.2.2　铜排连线不许有变形、裂纹，有效导电面积不少于95%。必须保持连接处的平整、清洁。

8.2.3　安装于线管、线槽内截面积为240 $mm^2$的电线在管外部分，其绝缘因接头松脱、发热引起的绝缘烧损允许用包扎的方法修复使用，但包扎部分由电线端部算起的长度不许超过200 mm。牵引电动机引出线绝缘的包扎处理处距机座孔的距离须不小于50 mm。机车全部电线更换周期最长不超过两次大修(不包括50 $mm^2$以上的电线)，如第二次大修前已全部更换过的控制线，则从被更换日期算起，但部分更换的电线仍须全部更换。全部更换的电线须记入机车履历簿内备案。

8.2.4　具有橡皮护套的电线，如果受油浸、机械损伤，或护套层发生膨胀、发黏、发腻、破损，但绝缘层尚好者，允许采用包扎修补方式继续使用。若油浸、机械损伤已经引起内部绝缘发腻、发黏、破损者，则须更换。线管烧焊必须将管内电线抽出。安装于线管内的电线，从线管两端检查，有油浸、破损或老化时，则必须抽出管内电线，检查修换。

8.2.5　不许使用超过规定容量的熔断器及超过脱扣器额定电流的单极自动开关。

8.2.6　电气线路线号齐全、清晰正确，线号在接线排上的连接位置须与电路图中的标识位置一致。端子排接线紧固，无断裂烧损。接线柱相邻的接线端子不许相碰，各连线绑扎牢固，符合运用要求。负载试验前须作机车电器动作试验，保证线路配线正确，性能须符合设计要求。

8.2.7　电气配线须按图纸布线，加装改造的布线图须附入机车履历簿内。

8.2.8　电气各部分总装后须进行绝缘检查及绝缘介电强度试验，各部分的绝缘电阻须满足表34的要求。各部分绝缘介电强度试验，用交流50 Hz:正弦波电压，主电路对地及对辅、控电路用1 200 V，辅、控电路和照明电路对地用500 V，持续1 min，须无击穿、闪络(甩掉规定耐受电压800 V以下小电机及半导体元器件)。

**表34　绝缘电阻**　　　　单位:MΩ

| 主电路对辅、控、照明及地(用1 000 V兆欧表) | | |
|---|---|---|
| 项目 | 正常条件 | 绝对湿度>16 $g/m^3$ |
| 换线 | 0.6 | 0.5 |

续上表

| 主电路对辅、控、照明及地(用 1 000 V 兆欧表) | | |
|---|---|---|
| 不换线 | 0.5 | 0.3 |
| 辅、控、照明对地(用 500 V 兆欧表) | | |
| 项目 | 正常条件 | 绝对湿度>16 g/m$^3$ |
| 换线 | 0.25 | 0.2 |
| 不换线 | 0.2 | 0.1 |

8.2.9　电机大修时应更换励磁引线极性一次,以保证两滑环磨耗均匀。

8.3　蓄电池检修要求

8.3.1　蓄电池全部补充充电。

8.3.2　单节电池外观清洁,气孔畅通,不许有裂损泄漏现象。蓄电池的箱体若是木制的须作防腐处理。

8.3.3　电解液液面须高出护板 30～40 mm,在初充电后,温度为 25 ℃时,电解液密度须在(1.26±0.005) g/cm$^3$ 范围内,温度变化时,按 GB/T 7404.1—2000《内燃机车用排气式铅酸蓄电池》规定公式进行换算。

8.3.4　蓄电池须按产品技术条件要求进行充、放电试验。电解液为 30 ℃时,容量不低于额定容量的 90%。单节 5 h 放电率的终止电压不低于 1.7 V。

8.3.5　蓄电池组对地绝缘电阻用内阻为 30 000 Ω 的电压表测量,须不低于 17 000 Ω。

8.3.6　蓄电池各连接板、极柱和螺栓紧固状态良好,不许锈蚀。电连接板表面镀层损坏须修复。

## 9　辅助传动装置

9.1　变速箱检修要求

9.1.1　变速箱各轴的径向圆跳动不大于 0.08 mm。

9.1.2　变速箱各法兰、齿轮与各轴的过盈配合须符合设计要求。

9.1.3　变速箱组装后各轴须转动灵活,试验时不许有不正常的噪声和撞击声,分箱面处不许漏油(各迷宫油封处在起动和停止时允许有微量渗油)，变速箱箱体温度不许超过 85 ℃。

9.1.4 变速箱体有裂纹须修复，其轴承座孔拉伤、磨耗须修整，配合尺寸须符合原设计要求。

9.2 万向轴检修

9.2.1 后万向轴组装时，须保证叉头轴与叉头套的叉头部分在同一平面上，万向节十字头组装后必须灵活，不许有卡滞现象。前万向轴组装时，须保证花键轴在套管叉内滑动灵活。

9.2.2 万向轴整组动平衡试验，后万向轴不平衡量不大于 120 g·cm，前万向轴不平衡量不大于 100 g·cm。

9.3 静液压系统

9.3.1 静液压系统检修要求。

9.3.1.1 管路系统全部解体，新制管子和旧管烤红后须进行酸洗；管系组装后进行 0.55 MPa 压力试验，保持 5 min，不许有渗漏现象。

9.3.1.2 高压管焊接时不许采用对焊形式，管接头螺纹不许有断扣、毛刺、碰伤，高压管路组装后须进行 20 MPa 压力试验，保持 5 min，不许泄漏。

9.3.1.3 清洗油箱及滤清器，校正磁性滤清器的磁钢片，组装后进行 0.8 MPa 压力试验，保持 5 min，不许泄漏。

9.3.1.4 热交换器须分解，油水系统须清洗干净，油腔进行 0.9 MPa 水压试验，水腔进行 0.4 MPa 水压试验，保持 5 min，不许泄漏，铜管泄漏时允许堵焊，堵焊管数不超过 2 根。

9.3.1.5 更换胶管，软管接头装配须经 20 MPa 压力试验，保持 15 min，不许渗油，胶管和管卡不许相对移动。

9.3.1.6 安全阀检修要求。

(1)滑阀、锥阀、导阀、减振器阀以及与其配合的各阀孔接触面不许有拉伤，阀体不许有裂纹。

(2)锥阀与阀座接触面磨耗时须修整，接触线须良好。

(3)组装后各阀须转动灵活，不许有卡滞现象，并按表 35 要求进行调压试验。在压力为 16.50 MPa 的条件下，保持 10 min，各处不许有渗油现象。

(4)更换密封圈。

表 35　调压试验　　单位：MPa

| 背　压 | 高压调整值 |
|---|---|
| 0.10 | 4.50±0.75 |
| 0.40 | 16.50±0.50 |

9.3.1.7　温度控制阀须符合下列检修要求。

(1)阀与阀体接触面不许有拉伤；

(2)更换恒温元件并进行下列试验：恒温元件在水温(74±2)～(82±2)℃的范围内(当用于高原机车时，水温在(66±2)～(74±2)℃)动作时，其行程大于 7 mm，初始推动力为 160 N；

(3)温度控制阀组成后，温度控制阀须预先关闭 1.0～1.5 mm，拧紧调整螺钉体时，阀能轻松地落下，不许有卡滞现象。

9.3.2　静液压泵及静液压马达检修要求。

9.3.2.1　泵及马达须解体，更换密封件，并将其清洗干净，主轴、心轴、活塞连杆组须探伤(禁用电磁探伤)，不许有裂纹，前后泵体须进行 0.8 MPa 液压试验，保持 5 min，不许泄漏、冒汗。

9.3.2.2　油缸体与配流盘的球形接触面不许有拉伤，接触面积不少于 85%。

9.3.2.3　活塞在油缸体中做往复螺旋运动时松紧须均匀，无卡滞现象。

9.3.2.4　油缸体球窝、心轴球套与心轴弹簧座的球面不许拉伤，接触面积不少于 60%，用手压紧弹簧座时，心轴球套须在其间转动灵活，不许有卡滞现象，轴向窜动量 0.05～0.10 mm。

9.3.2.5　主轴八个球窝与心轴、连杆球头接触面积不少于 60%，七个连杆球窝深度差不超过 0.05 mm，相对中间球窝深度差不超过 0.10 mm。

9.3.2.6　压盖球窝与连杆球头、心轴球头接触面积不少于 50%，组装后连杆心轴须转动灵活，不许有卡滞现象，轴向窜动量为 0.05～0.10 mm。

9.3.2.7　马达主轴锥度状态良好，锥面与冷却风扇轮毂毂心触面积不少于 70%。

9.3.2.8　前泵体、主轴、轴承调整垫及二个并列径向止推轴承中任一零件更换时，须保证七个球窝的中心所在面与前后泵体结合面在同一平面上，允差 0.1 mm。

9.3.2.9　组装后进行试验。试验时用油为 HCA-14 柴油机油，工作油温不低于 10 ℃，泵和马达按表 36 进行工况试验。在整个运转过程中，不许有泄漏及不正常现象出现，油温不允许超过 50 ℃，泵体温升不许超过 50 K。

**表 36　工况试验**

| 工况 | 转速(r/min) | 工作油压(MPa) | 运转时间(min) |
|---|---|---|---|
| 1 | 400 | 4.0 | 40 |
| 2 | 600 | 6.0 | 20 |
| 3 | 800 | 8.0 | 20 |
| 4 | 1 000 | 10.0 | 20 |
| 5 | 1 200 | 14.0 | 20 |

# 10　齿轮及轴承

10.1　齿轮

10.1.1　齿轮(油泵齿轮、仪表齿轮及另有规定的齿轮除外)检修要求。

10.1.1.1　齿轮安装孔、键槽及齿轮轴的轴承安装面拉伤、尺寸超限时须修整，有裂纹时须更换。

10.1.1.2　轮齿不许有裂纹、弯曲、折损、过限的磨耗、超过齿面积15%的腐蚀和超过齿面积 5%的剥离，齿轮非工作面上的裂纹不许超过一条，消除后深度不许超过 1 mm，长度不许超过 10 mm，并作探伤处理(牵引从动齿轮除外)。

10.1.1.3　圆柱齿轮检修后，齿面接触斑点，在齿高上不小于 40%，在齿宽上不小于 50%。

10.1.1.4　齿轮啮合间隙须符合限度要求。

10.1.1.5　齿轮组装后须进行磨合试验，试验或手盘动时，不许有异声和撞击声。

10.1.1.6　牵引主、从动齿轮检修还须符合下列要求：

(1)主、从动齿轮齿面和齿根不允许有疲劳裂纹。从动齿轮非工作面上的裂纹，同一齿轮上不多于 2 条，且不集中在同一齿和同一齿槽的两侧，清除后其深度不超过 3 mm 长度不超过 50 mm。

(2)主动齿轮齿形偏差不大于 0.30 mm，从动齿轮齿形偏差不大于 0.35 mm。

(3)齿轮磨耗、疲劳点蚀、疲劳剥落、折断、齿面碰伤、齿面腐蚀、齿顶崩角及齿根台阶深度的检修须符合 TB 2063—1989《铁路机车牵引齿轮检修技术条件》要求。

(4)齿形偏差在限度内的主、从动齿轮须按原配对组装。

(5)从动齿轮齿形偏差不大于 0.35 mm 时，允许与换新的主动齿轮配对组装，在磨合前允许接触斑点降低 50%。

(6)从动齿轮换新时，主动齿轮须换新。

10.2　滚动轴承

10.2.1　滚动轴承检修要求。

10.2.1.1　轴承的滚道、滚动体不许有锈热变色、明显的碰伤和擦伤、裂纹及剥离。

10.2.1.2　轴承保持架不许有折损、严重磨耗、卷边、裂纹、铆钉折断或松动。禁用塑料保持架。

10.2.1.3　轴承内外圈直径磨耗不许大于 0.01 mm。

10.2.1.4　轴承允许存在下列缺陷：

(1)轴承内、外安装面上的轻度擦伤、碰伤及锈蚀；

(2)保持架上不影响滚动体正常工作的擦伤凹痕和腐蚀痕迹；

(3)大型轴承滚道表面上的轻度腐蚀。

10.2.1.5　更换滚动体，重新组装的轴承，同一轴承内的滚动体直径差，同列滚子不超过 0.01 mm(两列滚子不超过 0.02 mm)。

10.2.1.6　轴承的径向间隙和轴向间隙须符合运用要求，保证转动平稳灵活，径向间隙球轴承允许比标准规定的数值增大 20%～30%，滚子轴承允许比规定的数值增大 15%～25%(限度表有具体规定的除外)。

## 11　机车总装、负载试验及试运

11.1　机车总装

11.1.1　柴油机—同步主发电机组向机车上安装的要求。

11.1.1.1　柴油机四个座面须位于同一平面内，其平面度为 1 mm，调整垫片的厚度至少保留 1 mm，作为基准垫，最多不许超过 10 mm。

11.1.1.2　柴油机四个安装座面落实后，须调整发电机橡胶支承座中的调整垫片，使橡胶支承座装配恰好以不受压状态安装于同步主发电机座下。

11.1.1.3　底座更新时，须保证柴油机—同步主发电机组纵向定位线与车架纵向中心线位置度公差为 4 mm，横向定位线与车架横向中心线位置度公差为 10 mm。

11.1.2　辅助传动装置向机车上安装的要求。

11.1.2.1　起动变速箱轴线对柴油机—发电机组轴线在水平面方向的位置度公差为 20 mm，两法兰中心高度差不许大于 5 mm，两法兰之间距离(667±10) mm。

11.1.2.2　后通风机法兰轴线对起动变速箱轴线的同轴度不许大于 $\phi$1 mm。

11.1.2.3　起动电机法兰、励磁机法兰对起动变速箱轴线的径向跳动不许大于 0.3 mm，在 $\phi$300 mm 处端面跳动不许大于 0.4 mm，两法兰面间距离为(3±1) mm。

11.1.2.4　静液压变速箱轴线对柴油机—发电机组轴线在水平面方向的位置度公差为 20 mm，两法兰中心高度差为(60±5) mm。

11.1.2.5　前通风机法兰轴线对静液压变速箱轴线的同轴度不许大于 $\phi$1 mm。

11.1.3　组装转向架及机车整备后要求。

11.1.3.1　组装转向架时，装于车底架上的每组四个旁承球头须处于同一平面内，其平面度允差为 1 mm，前后两组旁承球头须处于同一平面内，其平面度允差为 2 mm。

11.1.3.2　每个旁承处须有不少于 2 mm 的基准垫，最大加垫量不许超过 15 mm。

11.1.3.3　转向架的侧挡与车体之间的间隙和为(20±2) mm。

11.1.3.4　冷却风扇叶片与车体冷却装置通风道的单侧间隙为 3～10 mm。

11.1.3.5　机车整备时车钩中心高为 845～890 mm。

11.1.3.6　机车排障器距轨面高为 90～120 mm。

11.1.3.7　撒砂管距轨面高度为 35～60 mm，距轮箍与轨面接触点为(350±20) mm。

11.1.3.8 散热器组装后,须进行 0.4 MPa 的水压试验,保持 5 min 不许泄漏。

11.1.3.9 扫石器底部距轨面的高度为 20～30 mm。

11.1.4 更换失效灭火器。

11.2 机车负载试验

11.2.1 机车负载试验前的准备工作。

11.2.1.1 检查各机组、部件的安装状态,检查试验用的测量仪表(电工测量仪表不低于 1.5 级)。

11.2.1.2 校核各时间继电器的动作延时值:柴油机起动:45～60 s;空压机起动:2～3 s。

11.2.1.3 注入规定牌号的燃料油、机油、静液压传动工作油及符合要求的冷却水,检查油位、水位。

11.2.1.4 机油及冷却水的温度在柴油机起动前不低于+20 ℃,加负载前不低于+40 ℃。

11.2.2 机车负载试验须完成的工作。

11.2.2.1 根据下列条件完成柴油机起动及空转:

(1)柴油机起动前,起动机油泵须工作 45～60 s,柴油机起动延时不许超过 30 s;

(2)柴油机起动后,在无载状态下检查柴油机转速,司机控制器手柄置于 0、1 位时,其转速须为(430±10) r/min;当手柄置于升速位时,柴油机转速须在 18～20 s 内从(430±10) r/min 均匀升到(1 000±10) r/min;当手柄置于降速位时,其转速须在 15～18 s 内从(1 000±10) r/min 均匀降至(430±10) r/min;手柄置于保持位时,柴油机须能保持在置定的转速;

(3)柴油机转速在 430～1 000 r/min 范围内,起动发电机电压值为(110±2.5) V;当故障发电时,柴油机转速为 1 000 r/min、空压机停止工作的电压值为 $100^{+5}_{0}$ V;

(4)检查起动发电机故障发电工况和过压保护装置须能可靠动作,电压值为(125±5) V;

(5)整定空压机调压动作值,须在(0.75±0.02) MPa 时起动;(0.90±

0.02）MPa 时停止；控制风压整定为 0.50～0.65 MPa。

11.2.2.2 按下列要求调整同步主发电机外特性：

(1)外特性的调整须在风扇满载、空压机停止工作的工况下进行。

(2)调整原励磁、微机恒功励磁时的同步主发电机外特性，使柴油机转速在(1 000±10) r/min 时，同步主发电机的外特性须符合表 37 的规定。当环境气温高于 30 ℃，气压低于 95.4 kPa 时，须进行功率修正。

(3)柴油机在(800±10) r/min、直流电流 2 000 A 时，功率须为 450～490 kW。

(4)柴油机在(600±10) r/min、直流电流 1 360 A 时，功率须为 211～238 kW。

(5)柴油机在(430±10) r/min、直流电流 900 A 时，功率须为 97～117 kW。

(6)调整微机恒功励磁时的限压、限流特性，须符合表 38 的要求。

**表 37 同步主发电机外特性要求**

| 电流(A) | | 1 400 | 2 500 | 4 800 |
|---|---|---|---|---|
| 电压(V) | 上限 | 735 | 412 | 215 |
| | 下限 | 680 | 380 | 198 |

**表 38 限压、限流特性**

| 项　　目 | 限压特性 | 限流特性 |
|---|---|---|
| 柴油机转速(r/min) | 1 000 | 1 000 |
| 允许范围 | 720～780(V) | 5 820～6 180(A) |

11.2.2.3 水温继电器、油压继电器、接地继电器、空转继电器、过流继电器及差示压力计试验，其作用须可靠。

11.2.2.4 柴油机在(1 000±10) r/min 转速下，测定牵引电动机换向器室静压值不低于 980 Pa。

11.2.2.5 试验中调整参数须做到：

(1)柴油机冷却水出口水温度不许超过 88 ℃；

(2)柴油机机油出口油温度不许超过 88 ℃；

(3)柴油机(1 000±10) r/min 时，操纵台上机油压力表指示须不低于 0.3 MPa；

(4)曲轴箱静压差示压力计显示值不许大于 600 Pa；

(5)全部电机在轴承盖处测得的温升不许大于 55 K；

(6)各变速箱箱体温度不许超过 85 ℃,各变速箱轴承温度不许超过 90 ℃；

(7)静液压泵马达壳体温度不许超过 70 ℃；

(8)试验各安全保护装置,须作用良好、可靠。

11.2.2.6　轮轨润滑器调整须符合表 39 规定。

**表 39　轮轨润滑器调整值**

| 机车速度(km/h) | 100 m 时间(s) |
|---|---|
| 72 | 5 |
| 36 | 10 |

11.3　机车空载试验要求

11.3.1　进行空载试验,运行距离不少于 3 km,对机车的制动、撒砂部分做必要的调整。

11.3.2　检查轴箱、弹簧装置、电机抱轴部分、换向器状态等有关行车及安全的部件,消除缺陷和故障。

11.4　正线试运

11.4.1　正线试运要求。

11.4.1.1　机车试运往返里程不少于 100 km。

11.4.1.2　单机或牵引试验时,最高速度均不许超过线路允许速度和机车车辆的构造速度。

11.4.1.3　试运按牵引区段具体条件,检查机车功率,功率须在(990±40) kW 范围内。当受运行条件限制时,可按柴油机转速为(800±10) r/min 工况检查。停站时,检查轴箱温度不许超过 70 ℃,牵引电动机轴承温升不许超过 55 K,抱轴瓦温度不许超过规定的标准。

11.4.1.4　试运中发生的技术质量问题由检修车间技术员、技术设备部验收员共同协商,按有关规定处理。

11.4.2　正线试运后检验人员检验项目。

11.4.2.1　试运回厂后,在热态测量各回路绝缘电阻,须符合表 40 要求。在不同的气温下,绝对湿度为 16 $g/m^3$,对应的相对湿度值见

表41。测量绝缘电阻时,电子元件须拆除或短接。

**表40　各回路绝缘电阻要求**　　单位:MΩ

| 主回路对辅助、控制、照明回路(1 000 V兆欧表) | | |
|---|---|---|
| 项目 | 正常条件 | 绝对湿度>16 g/m³ |
| 换线 | 0.60 | 0.50 |
| 不换线 | 0.50 | 0.30 |
| 控制回路对地(500 V兆欧表) | | |
| 项目 | 正常条件 | 绝对湿度>16 g/m³ |
| 换线 | 0.25 | 0.20 |
| 不换线 | 0.20 | 0.15 |

**表41　不同温度时的相对湿度值**

| 气温(℃) | 20 | 22 | 24 | 26 | 28 | 30 | 32 | 34 | 36 | 38 | 40 |
|---|---|---|---|---|---|---|---|---|---|---|---|
| 相对湿度(%) | 92 | 82 | 72 | 64 | 57 | 51 | 46 | 41 | 36 | 33 | 29 |

11.4.2.2　试运后须打开柴油机曲轴箱各检查孔盖、凸轮轴箱盖及气缸盖罩盖检查,不许有异状。

11.4.2.3　检查牵引电动机换向器表面,不许有火花的烧痕。

11.4.2.4　检查气缸套工作面,不许有拉伤和擦伤,对轻微拉伤和擦伤须修整处理。

11.4.3　正线试运检验合格后的工作。

11.4.3.1　回修不良处所。

11.4.3.2　按规定的技术条件进行油漆。

## 12　机车监控及GPS设备

按相关技术要求维修,设备出厂完整。

# 第二部分　电力传动内燃机车中修

## 1　总　　则

1.1　内燃机车应根据其构造特点、运用条件、实际技术状态和一定时期的生产技术水平来确定其检修修程和周期，以保证机车安全可靠地运用。

1.2　检修周期是机车修理的一项重要的技术经济指标。各级修程的周期，应按非经该修程不足以恢复其基本技术状态的机车零部件在两次修程间保证安全运用的最短期限确定。根据实际情况、机车技术状态及生产技术水平，检修周期规定中修 2～2.5 年。

1.3　在有条件的情况下，机车中修应以配件互换为基础组织生产，以期不断提高检修质量，提高效率，缩短在厂期，降低成本。

1.4　机车检修贯彻以总工程师为首的技术责任制。各级技术管理人员必须认真履行自己的职责，及时处理生产过程中的技术问题。根据统一领导、分级管理的原则，内燃机车检修单位必须对中修机车的生产任务和机车质量负全部责任。

1.5　凡本规程以外或规程内无明确数据和具体规定者，可根据具体情况，在保证质量和安全的前提下加以处理。

1.6　凡遇有本规程的规定与检修机车的实际情况不符时以及由于客观条件所限，暂不能达到技术要求者，检修与验收双方可根据具体情况，在总结经验的基础上，实事求是地协商解决。并将双方商定的技术条件报技术设备部。如果双方意见不一致时，在保证行车安全和性能的前提下，中修机车由总工程师裁决，定修机车由生产经营部裁决，临修、回修机车由检修单位技术组裁决。并将分歧问题记录于机车履历簿上。

1.7　验收人员应按照本规程规定的验收范围和标准验收机车。接车人员是验收员的助手，协助验收员工作。

1.8　本规程是 $GKD_2$ 型、$GKD_1$ 型、$GKD_{1A}$ 型、$GKD_0$ 型、$GKD_{0A}$ 型机车中修和验收工作的依据。其他车型可参照执行。本规程的限度表、零件探伤范围与本规程条文具有同等作用。

# 2 中修管理

2.1 计划

2.1.1 内燃机车检修应按计划均衡地进行。检修计划由生产经营部会同运用单位,根据机车的实际技术状态或期限,以及检修、运用的生产安排进行编制。

2.1.2 生产经营部在每年度12月5日前编制出下一年度中修计划,报部、公司审批。于委修前10天由运用单位(或会同检修单位)提出不良状态书。

2.2 入厂

2.2.1 中修机车必须严格按照规定的日期有火回送入厂。无火回送的机车(事故车除外)必须具备能自行运转的技术状态。

2.2.2 入厂机车的所有零、部件不得拆换。

2.2.3 机车入厂后须作好下列工作:

(1)有关人员对机车进行复检,确定超修范围及拆换、缺件等项目,共同签字作为交车依据。

(2)机车履历簿和补充技术状态资料等,须在机车入厂时一并交给承修单位。

2.3 修理

2.3.1 机车互换修按照下列规定办理:

(1)机车应以车体、车架为基础进行互换修。其零件、部件或机组均可以互换,但须达到本规程的技术标准。

(2)异型配件允许安装成标准型配件;标准型配件不准换装异型配件。同一结构的异型配件之间可以互换。

(3)承修外单位机车自行改造的零部件及电路,在不影响互换的前提下,根据送车人员在"接车会"提出的要求,并附有加装改造图纸,可以保留原状,否则要予以取消。

(4)承修外单位机车采用新技术、新结构、新材料时,应与修车单位协商,确定试验项目和有关事宜。但涉及机车的基本结构性能的不得采用。

2.3.2 中修机车使用代用的材料和配件时,按下列规定办理:

(1)凡属标准件、通用件等影响互换的配件,不得采用。

(2)需要变更原设计材质者,按有关规定办理。

(3)原材质不变,仅变更材料规格者,应在保证产品质量和安全的前提下,由总工程师决定处理。

2.4　出厂

2.4.1　机车试运时应由检修单位司机操纵,接车人员应根据机车厂生产进度计划,准时参加试运,如本乘人员未能按时参加试运则由驻厂检查员代理,并将试运情况转告接车人员。

2.4.2　机车试运后,如有不良处所,应由驻厂检查员提出,接车人员对机车质量有意见时,及时向检查员提出,经检查员审核,纳入检查员意见。经全部修好,检查员确认合格后,办理交接手续。

2.4.3　机车经检查员签认合格后,对于承修外单位机车,须将填好的履历簿、交车记录等移交接车人员,并自交车之时起,机车有火回送在48 h内出厂,无火回送机车在72 h内出厂。

2.4.4　机车在运用中发生故障时,由厂组织运用单位、检修单位及相关部门进行分析研究,判明责任,属检修单位责任者,必须返厂时,即按返厂修处理,属运用单位责任者,按局部修理,由责任单位承担修理费,在判明责任上有分歧意见时,报机车厂核批。

# 3　基本技术规定

3.1　柴油机

3.1.1　机体及油底壳检修要求。

3.1.1.1　检查机体、油底壳状态,并清洗干净。

3.1.1.2　主轴承螺栓及螺母不许有裂纹,其螺纹不得损坏或严重磨损。螺母、垫圈与主轴承盖、机体的接触面须平整。

3.1.1.3　主轴承螺栓的螺栓伸长量为(0.87±0.03) mm;横拉螺钉的紧固力矩为1 000 N·m。中修时,须校正紧固力矩,做好标记;日常检修时,应按标记紧固。

3.1.1.4　主油道在中修时须冲洗干净。焊修后须做0.7 MPa的水压试验,保持10 min无泄漏。

3.1.1.5　机体及油底壳应配对组装,更换其中任何一个时,机体与油底壳总长尺寸偏差超过 0.1 mm 时允许加垫调整。输出端油底壳应低于机体端面，但不得大于 0.05 mm。

3.1.1.6　油底壳经焊修后，应灌水做渗漏试验，保持 20 min 无渗漏。

3.1.2　连接箱检修要求。

3.1.2.1　连接箱应与机体配对使用，连接箱各部分不许有裂纹，与牵引发电机、机体的结合面有碰伤、毛刺等缺陷时，对凸出平面部分要整修。

3.1.2.2　连接箱与机体的结合面紧固后应密贴，用 0.05 mm 塞尺塞不进去，但允许有长度不超过两个螺栓间距的局部间隙存在。

3.1.2.3　当焊修后或更换连接箱时须检查：

(1)连接箱直径 1 400 mm 止口对主轴承孔轴线的同轴度不大于 $\phi$0.2 mm。

(2)连接箱与牵引电机连接的法兰端面相对于主轴承孔轴线的垂直度不大于 0.5 mm，且不得用垫调整。

3.1.3　泵支承箱检修要求。

3.1.3.1　各油管接头良好，无泄漏。

3.1.3.2　泵支承箱与机体、油底壳连接处允许加垫调整。

3.1.4　曲轴及其附件检修要求。

3.1.4.1　曲轴不允许有裂纹。如局部有发纹允许消除。各油堵、密封堵、挡圈状态良好。

3.1.4.2　减振器不许漏油，与曲轴的配合过盈量应为 0.03～0.06 mm。泵传动齿轮端面与减振器叉形接头的接触面间允许有不大于 0.03 mm 的局部间隙，但沿圆周方向总长度不得大于 60 mm。

3.1.4.3　中修时，弹性联轴节须更换 O 形密封圈，同时目检各部无异状。组装后以 0.8 MPa 的油压进行试验，保持 30 min 无泄漏。

3.1.4.4　十字头销直径减少量不大于 0.8 mm。

3.1.5　轴瓦检修要求。

3.1.5.1　轴瓦应有胀量，在轴瓦座内安装时不得自由脱落。

3.1.5.2　轴瓦不许有剥离、龟裂、脱壳、烧损、严重腐蚀和拉伤。

3.1.5.3　中修或选配轴瓦时：

(1)新瓦紧余量(在标准胎具内的余面高度，下略)应符合表 42 的规定。

表 42　新瓦紧余量参考表

| 名称 | 轴瓦厚度(mm) | 施加压力(N) | 在标准胎具内的余面高度(mm) |
|---|---|---|---|
| 主轴瓦 | 7.5 | 38 000 | 0.08～0.12 |
| 连杆瓦 | 5.0 | 23 000 | 0.20～0.24 |

注:等级曲轴轴瓦的紧余量参照同名瓦。

(2)旧瓦紧余量允许较表 42 下限减少 0.04 mm。

(3)轴瓦的合口面应平行,在瓦口全长内平行度不大于 0.03 mm。

(4)受力主轴瓦厚度的计算阶梯度不大于 0.02 mm。

3.1.5.4　轴瓦组装时。

(1)正常情况下,同一瓦孔内两块轴瓦厚度差不大于 0.03 mm。

(2)瓦背与轴瓦座应密贴,用 0.03 mm 塞尺检查应塞不进,轴瓦定位销不许顶住瓦背。

(3)连杆瓦背与连杆体孔应密贴,用 0.03 mm 塞尺检查应塞不进。

(4)上下瓦合口端面错口:主轴瓦不大于 1 mm;连杆瓦不大于 0.5 mm。

(5)相邻主轴瓦的润滑间隙差不大于 0.03 mm,同台柴油机各主轴瓦润滑间隙差不大于 0.06 mm。

(6)止推环与曲轴止推面紧靠时两者应密贴,允许有不大于 0.05 mm 的局部间隙存在,但沿圆周方向累计长度不大于 1/4 圆周。

3.1.6　活塞检修要求。

3.1.6.1　清除油垢、积碳。

3.1.6.2　活塞不许有裂纹、破损,顶部有轻微碰痕允许打磨消除棱角。活塞体与活塞套的配合不许松动,其顶部圆周结合面处允许有自然间隙存在,并应灌柴油(－35 号)进行渗漏试验,保持 10 min 无渗漏。

3.1.6.3　活塞环槽侧面拉伤或磨损超限时,允许将环槽高度增加 0.5 mm,配相应的活塞环进行等级修理。

3.1.6.4　活塞销不许有裂纹,活塞销堵不许有裂损、松动,活塞销油腔须做 0.6 MPa 油压试验,保持 5 min 无泄漏。

3.1.7　连杆检修要求。

3.1.7.1　连杆体及盖不许有裂纹,小端衬套不许松动,更换衬套时外径 112 mm，衬套的过盈量为 0.045～0.069 mm；外径 120 mm 衬套的过盈量为 0.035～0.095 mm。

3.1.7.2　在距连杆中心线两侧各 200 mm 处测量大小端孔（小端带衬套）轴线的平行度和扭曲度，应分别不大于 0.25 mm 和 0.30 mm，超限时在保证衬套尺寸及配合限度的前提下，允许刮修衬套。

3.1.7.3　连杆螺钉不许有裂纹，其螺纹不得锈蚀、损坏或严重磨损。

3.1.7.4　连杆螺钉紧固时，须校核其伸长量应为 0.56～0.60 mm，并作好刻线记号，往柴油机上组装时必须对准刻线记号。

3.1.7.5　同台柴油机上必须使用同一形式的连杆，同一连杆上必须装用同一形式的连杆螺钉。

3.1.8　活塞连杆组装要求。

3.1.8.1　同台柴油机全铝及钢顶铝裙活塞组的质量差不大于 200 g；铁活塞质量差不大于 300 g；连杆组质量差不大于 300 g；全铝及钢顶铝裙活塞连杆组的质量差不大于 200 g；铸铁活塞连杆组质量差不大于 300 g。

3.1.8.2　各零、部件组装正确，油路畅通，连杆能沿轴自由摆动，活塞环转动灵活。

3.1.8.3　连杆螺钉与连杆盖的接合面须密贴，用 0.03 mm 塞尺检查应塞不进。

3.1.9　气缸盖检修要求。

3.1.9.1　清除积碳、水垢，保持油、水路畅通。

3.1.9.2　气缸盖底平面须平整，允许以进、排气支管安装面定位，切削加工修理，但此面与燃烧室顶平面的距离不得小于 4.5 mm。

3.1.9.3　气缸盖、气门座不得有裂纹，气门座、气门导管、横臂导柱、工艺堵无松缓，气门座口密封环带宽度不大于 5.6 mm。更换气门座及气门导管时装入过盈量应分别为 0.06～0.08 mm 和 0.01～0.025 mm。

3.1.9.4　气门不得有裂纹、麻点、凹陷、碰伤、砂眼等缺陷，气门杆不许有烧伤、拉伤、杆身直线度、气门阀口对杆身的斜向圆跳动，均应不大于 0.05 mm，气门阀盘圆柱部厚度不许小于 2.8 mm。

3.1.9.5　气缸盖须进行 0.5 MPa 的水压试验，保持 5 min 无漏泄。

3.1.9.6　气门摇臂、横臂、调整螺钉、压球、压球座。

压销、气门弹簧不许有裂纹，油路要畅通。更换摇臂衬套时与摇臂的过盈量应为0.015～0.03 mm。气门销夹应无严重磨损，并须成对使用。

3.1.9.7　气缸盖组装时，气门与气门座须严密，用柴油(－35号)检验，1 min不许泄漏。横臂应水平，其调整螺钉，压销与气门杆的端部接触应良好。组装后配气机构应动作灵活。

3.1.10　气缸套检修要求。

3.1.10.1　气缸套不许有裂纹，内表面不许有严重拉伤，气缸套外表面穴蚀深度中修时不大于6 mm，小修时不大于8 mm。

3.1.10.2　气缸套与水套配合过盈量不大于0.07 mm，允许有不超过0.02 mm的平均间隙，压装后水套与气缸套的圆周错移量不大于0.5 mm。

3.1.10.3　气缸套与水套组装后须进行0.4 MPa水压试验，保持5 min无泄漏。

3.1.10.4　气缸套装入机体后，其定位刻线对机体上气缸纵向中心线的偏移量不大于0.5 mm；没有气缸纵向中心线的机体，须保证水套进水口能与机体外侧的进水口对准。缸套与机体结合面应密贴，允许有不大于0.03 mm的局部间隙存在，但沿圆周方向的总长度应不超过1/6圆周；气缸套内孔的圆度、圆柱度应分别为不大于0.10 mm和0.20 mm。在可见部位检查密封圈不许有啃切现象。

3.1.11　凸轮轴及推杆检修要求。

3.1.11.1　凸轮轴不许有裂纹，凸轮及轴颈工作表面不许有剥离、拉伤及碾堆等缺陷。

3.1.11.2　更换凸轮轴单节时，整根凸轮轴的各轴颈圆跳动不大于0.12 mm(支承于第1、4、7位轴颈)；各凸轮相对于第一位同名凸轮(或第7位同名凸轮)的分度允差不大于0.5°。

3.1.11.3　推杆压球、顶杆压球座不许有松缓，顶杆及导筒不许有裂纹，推杆滚轮表面不许有剥离及擦伤。导筒与导块无严重拉伤，定位销无松缓，导块移动灵活。

3.1.12　进、排气系统检修要求。

3.1.12.1　进气支管不许有裂纹，橡胶密封圈不许老化及破损。

3.1.12.2　中修时清除积碳。排气总管裂纹允许焊修，焊后须作0.2 MPa 的水压试验，保持 5 min 无泄漏。

3.1.12.3　排气总管焊接组装后，总长度为 3 268 mm。A 型单管应为1 637～1 642.5 mm。

3.1.12.4　排气总管和支管的波纹管及其密封垫状态应良好，无裂漏。

3.1.12.5　排气总管装机时，总管与增压器连接处允许加垫调整。

3.1.12.6　排气系统的隔热保护层须完好。

3.1.13　增压器检修要求。

3.1.13.1　清除各部的油垢和积碳。喷嘴环内外圈、转子轴、叶片不许有裂纹、变形和其他缺陷，但允许有下列情况存在：

(1)涡轮叶片在顶部 5 mm 内卷边或变形的深度不大于 1 mm。

(2)喷嘴环叶片上撞痕变形的深度不大于 1 mm，喷嘴环外圈和外圈镶套允许有不窜出定位凸台的变形。

(3)喷嘴环和涡轮叶片外边缘，允许有不大于 0.5 mm 的周向摆动。涡轮叶片允许有不大于 0.15 mm 的轴向窜动。

(4)喷嘴环的喉口面积较设计值允差不大于 2%。

3.1.13.2　转子组更换零件后须做动平衡试验，在(1 000±50) r/min 时，不平衡度应不大于 2 g·cm。

3.1.13.3　涡轮进气壳安装螺栓孔及顶丝孔不许有裂纹存在，涡轮进气壳外侧有裂纹时，经 0.2 MPa 水压试验，保持 5 min 无泄漏的允许使用。

3.1.13.4　增压器水系统须进行 0.4 MPa 水压试验，保持 5 min 无泄漏。

3.1.13.5　增压器组装后，转子应转动灵活，无异音。当柴油机在正常油、水温度下，以最低转速运转 5 min 以上停机时(喷油泵齿条回零起)，转子运转时间应不小于 30 s。

3.1.13.6　运用机车的增压器，在柴油机停机后，用手拨动转子应能自由转动。

3.1.14　喷油泵检修要求。

3.1.14.1　各零件不许有裂纹，柱塞偶件不许有拉伤及剥离，齿杆无弯曲和拉伤。

3.1.14.2　柱塞偶件须进行严密度试验，在室温(20±2 ℃)试验用油黏度 $E_{20}=(10.13\sim10.59)\times10^{-6}\ m^2/s$、柱塞顶部压力为(22±0.3) MPa 的条件下，严密度应为 6～33 s。试验台应用标准柱塞偶件校核，允许用标准柱塞偶件的实际试验秒数进行修正。

3.1.14.3　出油阀偶件须进行 0.4～0.6 MPa 的风压试验，保持 10 s 无泄漏。出油阀行程应为 4.5～4.9 mm。出油阀 $\phi$14 mm 和 $\phi$6 mm 处间隙应不大于 0.025 mm 和 0.18 mm。

3.1.14.4　喷油泵组装后，拉动调节齿杆应灵活，并按表 43 做供油试验。

**表 43　供油试验参考标准**

| 项　　目 | | 单螺旋泵 | 双螺旋泵 |
|---|---|---|---|
| 柴油机转数(r/min) | | 1 000 | 1 100 |
| 凸轮轴转数(r/min) | | 500±5 | 550±5 |
| 停油试验 | 齿杆刻度 | 0 | 0 |
| | 供油量(mL) | 0 | 0 |
| 大油量试验 | 柱塞往返次数 | 250±5 | 250±5 |
| | 齿杆刻度 | 12 | 12 |
| | 供油量(mL) | 375±5 | 345±5 |
| 小油量试验 | 柱塞往返次数 | 250±5 | 250±5 |
| | 齿杆刻度 | 4 | 4 |
| | 供油量误差(mL)* | 10 | 10 |
| 注：* 在同一台柴油机上各油泵供油量误差 | | | |

3.1.14.5　喷油泵下体各零件不许有裂纹及严重拉伤，滚轮不得有腐蚀及剥离。

3.1.14.6　在同一台柴油机上，单、双螺旋槽柱塞喷油泵不许混装，由一种泵换为另一种泵时，须按规定校对垫片厚度和供油提前角。

3.1.15　喷油器检修要求。

3.1.15.1　各零件不许有裂纹，针阀偶件不得有拉伤、剥离及偏磨。

3.1.15.2　阀座磨修深度不大于 0.3 mm。

3.1.15.3　针阀行程应为0.45～0.60 mm。

3.1.15.4　喷油器组装后须作性能试验：

(1)严密度试验。在室温下，试验用柴油，当喷油器的喷射压力调整至35 MPa后，油压从33 MPa降到28 MPa的时间应不小于5 s。

(2)喷射性能试验。喷射压力为$26^{+1}_{0}$ MPa，以每分钟40～90次喷射，须雾化良好，声音短促清脆，连续慢喷(30次/min)15次，喷油器头部无滴漏现象。

3.1.15.5　在运行中喷油器允许有回油量，但不超过50滴/min。

3.1.16　联合调节器检修要求。

3.1.16.1　体及各零件不许有裂纹，调速弹簧、补偿弹簧的特性应符合原设计要求。

3.1.16.2　套座、滑阀、柱塞、配速滑阀、功率滑阀及套、储油室活塞、伺服马达活塞及杆等零件的摩擦表面应无手感拉伤及长痕。

3.1.16.3　更换飞锤时，飞锤质量差不大于0.1 g，其内外摆动的幅度应保证柱塞全行程(6.2±0.1) mm。

3.1.16.4　滑阀在中间位置时，滑阀活塞在套座第五排孔的上边缘应有(1.6±0.1) mm的重叠，滑阀上、下行程均为$3.2^{+0.1}_{0}$ mm。

3.1.16.5　伺服马达杆的行程为(25±0.5) mm。

3.1.16.6　各连接杠杆动作灵活、无卡滞。

3.1.16.7　调节器电磁阀无松动，插座导线须焊接牢固。当电磁阀芯处于最下端位置时，其底面到支承架底面尺寸为(25.5±0.1) mm，阀杆行程A、B、C阀为2.5～3.0 mm，D阀为0.4～0.5 mm，与配速板或旋转套应贴靠，不许有间隙。

3.1.16.8　功率伺服器轴在全行程范围内无卡滞。当油压为0.6 MPa时转动灵活。变阻器电刷接触良好，各电阻无烧损及断路或短路。

3.1.16.9　步进电机须转动灵活，无卡滞。静力矩不大于0.49 N·m。

3.1.16.10　联合调节器组装后须作磨合试验和性能试验。

(1)体的各结合面及油封无泄漏。

(2)油温达到60～70 ℃时，储油室工作油压应为0.65～0.70 MPa。

(3)有级调速器：调整第1、7、11、13、15、16挡位转速时，保证第0、8、12、15、16挡位转数与其名义值差不大于10 r/min，其余挡位转数允差15 r/min；无级调速器：最低转数(430 r/min)和最高转数(1 000 r/min)允差不大于 10 r/min。

3.1.16.11　联合调节器装车后。

(1)油温达到正常时，复查柴油机转数，有级调速器：第 0、8、12、15、16 挡位转数允差 10 r/min，其余挡位转数允差 15 r/min；无级调速器：最低数(430 r/min)和最高转数(1 000 r/min)，允差不大于 10 r/min。

(2)变换主控制手柄位置时，转速波动应不超过 3 次，稳定时间不超过 10 s。

(3)移动主控制手柄，使柴油机由最低稳定转速突升至标定转速时，升速时间：A 型机为 10～16 s；B 型机为 18～20 s；使柴油机由标定转速突降至最低稳定转速时，降速时间：A 型机为 12～22 s，B 型机为 17～19 s。

3.1.17　柴油机控制装置检修要求。

3.1.17.1　控制装置各杆无弯曲，安装正确，动作灵活。横轴轴向间隙为 0.05～0.40 mm，整个杠杆系统的总间隙不大于 0.60 mm。在弹性连接杆处测量整修控制机构的阻力，应不大于 50 N，各喷油泵接入后应不大于 120 N。

3.1.17.2　当横轴上最大供油止挡中心线与铅垂线成 17°角时，横轴左、右臂中心线与铅垂线之夹角应为 13.5°±1°，此时各油泵齿杆应在 0 刻线。

3.1.17.3　当喷油泵齿杆在 0 刻线时，横轴上的触头与紧急停车摇臂触头间的夹角应为 27°。当喷油泵处于最大供油位时，此两触头不应接触。按下紧急停车按钮时，各喷油泵齿杆须回到 0 刻线。

3.1.17.4　超速停车装置各零件不许有裂纹，组装后飞锤行程为(5±1) mm，摇臂滚轮与飞锤座间隙为 0.4～0.6 mm，摇臂偏心尺寸为 0.5～0.6 mm。当按下紧急停车按钮时，停车器拉杆须立即落下，其行程应不小于 13 mm，此时摇臂滚轮与紧急停车按钮的顶杆不得相碰。

3.1.17.5　超速停车装置的动作值：A 型机为：1 210～1 230 r/min，B 型机为 1 120～1 150 r/min。装车后，允许以柴油机极限转速值为准进行复查，并适当调整。

3.1.17.6　起动加速器的风缸、油缸不许有裂纹和泄漏，并作用良好。

3.1.18 主机油泵、辅助机油泵、起动机油泵、燃油泵检修要求。

3.1.18.1 泵体、轴、齿轮及轴承座板不许有裂纹，泵体内壁、齿轮端面及轴承座板允许有轻微拉伤。

3.1.18.2 主机油泵轴承座板擦伤时允许磨修、但磨修后轴承座板厚度应不小于 42 mm。

3.1.18.3 主机油泵限压阀须进行试验，试验用油为柴油机机油，油温为 70～80 ℃，开启压力为 $670_{0}^{+20}$ kPa。

3.1.18.4 各泵组装后须转动灵活。

3.1.18.5 主机油泵、燃油泵检修后须进行磨合试验和性能试验，其性能应符合表 44 规定。

**表 44 主机油泵及燃油泵性能指标**

| 项 目 | 介质 | 温度(℃) | 转数(r/min) | 出口压力(MPa) | 入口真空度不大于(kPa) | 流量($m^3$/h) | 密封性能 |
|---|---|---|---|---|---|---|---|
| 主机油泵 | 机油 | 70～80 | 1 421 | 0.9 | | 80 | 各部无泄漏 |
| 燃油泵 | 柴油 | 10～35 | 1 350 | 0.35 | A 型 10<br>B 型 13 | 1.62 | |
| | | | 1 450 | 0.5 | | | 轴向油封处允许渗油，其余各部分无泄漏 |

3.1.19 水泵检修要求。

3.1.19.1 吸水壳、蜗壳、泵座、轴、叶轮不许有裂纹。叶轮焊修后须作静平衡试验，不平衡度应不大于 50 g·cm。

3.1.19.2 泵轴的圆跳动不大于 0.05 mm。

3.1.19.3 键槽宽度允许扩大，但扩大量不得超过 2 mm。齿轮、叶轮与轴的配合过盈量为 0.01～0.03 mm。

3.1.19.4 叶轮与吸水壳，蜗壳的径向间隙应为 0.68～1.08 mm。

3.1.19.5 油封、水封状态良好，组装后叶轮转动灵活。

3.1.19.6 水泵检修后须进行试验，其性能应符合表 45 规定。

**表 45　水泵性能指标**

| 项　目 | 介质 | 温度(℃) | 转数(r/min) | 出口压力(MPa) | 入口真空度不大于(kPa) | 流量($m^3/h$) | 密封性能 |
|---|---|---|---|---|---|---|---|
| 高温水泵 | 水 | 60～80 | 2 571 | 0.35 | | 105 | 泄水孔漏水不超过10滴/min |
| 低温水泵 | 水 | 60～80 | 2 571 | 0.35 | | 105 | 泄水孔漏水不超过10滴/min |

3.1.19.7　水泵运用中水封滴漏，每分钟不超过 15 滴。

3.1.20　示功阀、盘车机构、曲轴箱防爆门检修要求。

3.1.20.1　示功阀不允许有裂纹、缺损和乱扣，手轮无松缓、旷动，装车后无泄漏。

3.1.20.2　盘车机构各零件不许有裂纹，转动灵活，作用良好。

3.1.20.3　曲轴箱防爆门弹簧组装高度为 $83^{+1.5}_{-0.5}$ mm，组装后盛柴油试验无渗漏。

3.1.21　凸轮轴与曲轴、传动齿轮、连杆等检修要求。

3.1.21.1　凸轮轴与曲轴位置。

(1)左侧凸轮轴与曲轴的相对位置：当第 7 缸活塞在上死点前$42°20'^{\ 0}_{-20}$(相应的曲轴转角为 $267°40'^{\ 0}_{-20}$)曲轴转角时，第 7 缸的进气凸轮的滚轮升程为 $0.38^{\ 0}_{-0.03}$ mm(为柴油机配气机构及喷油泵安装完毕状态)。当柴油机配气机构及喷油泵未安装时，其进气凸轮的滚轮升程为 $0.38^{+0.02}_{\ 0}$ mm。

(2)右侧凸轮轴与曲轴的相对位置：当第 1 缸活塞在上死点前$42°20'^{\ 0}_{-20}$(相应的曲轴转角为 $317°40'^{\ 0}_{-20}$)时，第 1 缸的进气凸轮的滚轮升程为 $0.38^{\ 0}_{-0.03}$ mm(为柴油机配气机构及喷油泵安装完毕状态)。当柴油机配气机构及喷油泵未安装时，其进气凸轮的滚轮升程为 $0.38^{+0.02}_{\ 0}$ mm。

3.1.21.2　各传动齿轮端面应平齐，相差不大于 2 mm，齿轮支架与机体应密贴，用 0.03 mm 塞尺检查应塞不进去。

3.1.21.3　并列连杆大端间须有不小于 0.5 mm 的间隙，并能沿轴向自由拨动无卡滞。

3.1.21.4　压缩室间隙无避阀穴型活塞应为(16±0.1) mm,有避阀穴型活塞应为3.8～4.0 mm。

气缸盖进气支管法兰面不得与稳压箱法兰面相碰。气缸盖螺母的紧固力矩为1 300～1 350 N·m。

3.1.21.5　进、排气门冷态间隙分别为$0.2^{+0.05}_{0}$ mm和$0.7^{+0.05}_{0}$ mm。

3.1.21.6　曲轴输出端轴颈与密封盖的径向间隙应为0.60～0.80 mm,任意相对径向间隙差不大于0.10 mm。

3.1.21.7　主机油泵安装后,连接齿套轴向移动应自由灵活。

3.1.21.8　柴油机水系统进行0.3 MPa水压试验,保持15 min无泄漏。

3.1.21.9　组装后,机油系统须用压力油循环冲洗干净。

3.1.22　柴油机与牵引发电机组装要求。

3.1.22.1　牵引发电机装到柴油机上后,其轴承外圈端面至轴承盖端面的距离为(5±2) mm。

3.1.22.2　半刚性联轴器厚度为$132^{0}_{-2.5}$ mm,从动盘端面圆跳动不大于0.15 mm。

3.1.22.3　柴油机与牵引发电机组装后,曲轴应在轴向能拨动。

3.1.23　柴油机各主要紧固件紧固力矩符合表46规定。

**表46　柴油机主要紧固件力矩指标**

| 部别 | 序号 | 名　称 | 规格 | 扭矩(N·m) |
|---|---|---|---|---|
| 机体 | 1 | 主轴承螺栓 | | |
| | | 预紧 | | 981 |
| | | 紧固 | | 2 942 |
| | 2 | 横拉螺栓 | | |
| | | 预紧 | | 500 |
| | | 紧固 | | 1 000 |
| | 3 | 气缸盖螺栓 | | 800 |
| | 4 | 气缸盖螺母 | | 1 300～1 350 |
| | 5 | 气缸盖摇臂座紧固螺栓 | | 392～441 |

续上表

| 部别 | 序号 | 名　　称 | 规格 | 扭矩(N·m) |
|---|---|---|---|---|
| 喷油泵 | 1 | 压紧螺母 | | 441～490 |
| | | | | max:500 |
| 喷油器 | 1 | 压紧螺母 | | 147～196 |
| 弹性联轴节 | 1 | 从动盘与电机连接螺栓 | M30 | 1 324 |
| | 2 | 主、从动盘紧固螺栓 | M24 | 588 |
| | 3 | 齿轮盘与主动盘连接螺栓 | M30 | 980 |
| | 4 | 花键轴与曲轴连接螺栓 | M30 | 980 |
| 连接箱 | 1 | 牵引发电机与连接箱紧固螺栓 | M24×2 | 300 |
| 传动装置 | 1 | 凸轮轴传动齿轮锁紧螺母 | 对方 65 mm | 392～441 |
| | 2 | 中间齿轮锁紧螺母 | | 539～588 |
| | 3 | 曲轴端部泵传动主齿轮紧固螺栓 | M33 | 588 |

3.1.24　柴油机试验要求。

3.1.24.1　中修时磨合时间不少于 5 h，空载磨合只进行到第 8 位手柄，无级调速柴油机只进行到 650 r/min。装车功率全负荷连续运行不少于 1 h。

3.1.24.2　试验时的大气状况若气温高于 30 ℃，气压低于 95 kPa，相对湿度高于 60%时，应按规定对功率做相应修正。

3.1.24.3　最大供油止挡应按 1 900 kW 封定。

3.1.24.4　试验中，柴油机状态及各参数符合下列规定：

(1)运转平稳无异音，各部无非正常泄漏。

(2)在正常油温下，主控制手柄由标定转数迅速降至最低转数时，柴油机不许停机。

(3)按表 47 列项目进行参数考核。

**表 47　柴油机主要指标**

| 项　　目 | 单位 | 量　　值 | 备　注 |
|---|---|---|---|
| | | 12V240ZJF | |
| 标定功率 | kW | 1 620 | |
| 最大运用功率 | kW | 1 470 | |

续上表

| 项目 | | 单位 | 量值 | 备注 |
|---|---|---|---|---|
| | | | 12V240ZJF | |
| 转速 | 标定转速 | r/min | 1 000 | |
| | 最低稳定转速 | r/min | 430 | |
| | 极限 | r/min | 1 120～1 150 | |
| 压缩压力 | | MPa | 430 r/min 时为 2.65～2.84<br>各缸差不大于 0.15 | 正常油水温下 |
| 爆发压力(标定功率时) | | MPa | 不大于 11.8,各缸差不大于 0.6 | 正常油水温下 |
| 排气温度 | | ℃ | 支管不大于 520<br>总管不大于 620<br>各缸差不大于 80 | 正常油水温下 |
| 冷却水 | 出口温度 | ℃ | 78～82 最高不大于 88 | |
| | 中冷温度 | ℃ | 50～55 | |
| 机油出口温度 | | ℃ | 不大于 88 | |
| 机油总管末端压力(1 000 r/min) | | kPa | 300 | 正常油水温下 |
| 油压继电器动作压力 | 卸载 | kPa | 160～180 | |
| | 停机 | kPa | 80～100 | |
| 差示压力计作用压力 | | Pa | 600 | |
| 燃油消耗率 | | g/(kW·h) | 220 | |

3.1.24.5　柴油机更换了主要配件后须作如下试验：

(1)更换曲轴、凸轮轴、2 个及以上的活塞、连杆、气缸套及半数以上的活塞环时，须进行空载、负载磨合试验，并测量和调整相应的参数。

(2)更换了 2 个及以上喷油泵或 1 台以上的增压器后，须进行负载试验，并测量和调整有关参数。

3.2　机油、燃油、进气及冷却水系统

3.2.1　机油、燃油和空气滤清器检修要求。

3.2.1.1　机油、燃油粗、精滤清器、增压器机油滤清器及磁性滤清器须分别检修、清洗并更换不良滤芯。

3.2.1.2　各滤清器体不许有裂纹。机油滤清器体须作 0.9 MPa 水压试验，保持 5 min 无泄漏。

3.2.1.3 机油滤清器安全阀在中修时须做性能试验，阀口接触面用柴油(－35 号)检验保持 1 min 应无渗漏，阀的开启压力为(0.25±0.01) MPa。机油滤清器装车后，当柴油机达到最高转数、油温为(75±5)℃时，其滤清器前、后的压力差应不大于 0.1 MPa。

3.2.1.4 离心式滤清器转子不许有裂纹，更换转子零件后须做动平衡试验，不平衡度不大于 5 g·cm。离心滤清器装车后须转动灵活、无异音。

3.2.1.5 空气滤清器的旋风筒和钢板网(含无纺布滤芯、纸质滤芯)，以及风道帆布筒应无破损和严重变形。更换滤芯时，须把滤清器体内清扫干净。钢板网滤芯清洗后应用干净的柴油机油浸透，滴干(不滴油为止)，并防止沾染灰尘。组装时，各结合面必须密封，防止未经滤清的空气进入增压器吸气道。运用中，空气滤清器的滤芯根据其状况和脏污程度，严格进行定期更换。

3.2.2 热交换器检修要求。

3.2.2.1 油、水系统应清扫干净，体、盖不许有裂纹。

3.2.2.2 密封胶圈不许腐蚀、老化。

3.2.2.3 每个热交换器堵焊管数不得超过 20 根。

3.2.2.4 组装后，对油和水系统分别进行 0.9 MPa 和 0.4 MPa 的水压试验。保持 5 min 无泄漏。

3.2.3 散热器检修要求。

3.2.3.1 散热器的内外表面须清洗干净，其散热片应平直。

3.2.3.2 散热器须进行 0.4 MPa 水压试验，保持 5 min 无泄漏。

3.2.3.3 每个单节堵焊管数不超过 6 根。

3.2.3.4 运用中，每个单节散热片倒片面积不得超过 10%。

3.2.3.5 中修时，每台机车的散热器清洗、检修后，应任意抽取其中 4 个单节进行流量试验，用 0.1 $m^3$ 水从 2.3 m 高处，经内径不小于 $\phi$35 mm 的管子流过一个单节，所需时间应不大于 60 s；4 个单节中有一个不合格者，允许再抽 4 个检查，如仍有不合格者时，该台机车的散热器单节应全数进行流量试验。流量试验不合格的单节，须重新清洗或修理。

3.2.4 中冷器检修要求。

3.2.4.1 中冷器的散热片应平直，其内部须清洗干净。

3.2.4.2 中冷器水腔须进行 0.3 MPa 水压试验，保持 5 min 无泄漏。

3.2.4.3 中冷器内每个冷却组堵管数不超过 6 根，整个中冷器堵管数不超过 20 根。

3.2.5 油、水管路系统检修要求。

3.2.5.1 各管路接头无泄漏，管卡须安装牢固，各管间及管路与机体间不得磨碰。

3.2.5.2 各管路法兰垫的内径应不小于管路孔径，每处法兰橡胶石棉垫片的厚度不大于 6 mm，总数不超过 4 片。

3.2.5.3 各连接胶管不许有腐蚀、老化、剥离。

3.2.5.4 各阀须作用良好。

3.3 辅助装置

3.3.1 各变速箱检修要求。

3.3.1.1 箱体裂纹及轴承座孔磨耗后允许修复，修复后轴承座孔的同轴度不大于 $\phi$0.10 mm。

3.3.1.2 各传动轴、齿轮不许有裂纹。轴与齿轮为过盈配合时，外观检查良好者，允许不分解探伤。

3.3.1.3 变速箱组装后转动灵活，并做空转磨合试验。

3.3.1.4 变速箱装车后运转平稳无异音，分箱面无泄漏，箱体温度不超过 80 ℃，油封处在起、停机时允许有微量渗油。

3.3.2 冷却风扇检修要求。

3.3.2.1 冷却风扇裂纹允许焊修，焊修后须进行静平衡试验，不平衡度不大于 200 g·cm。

3.3.2.2 冷却风扇轮毂锥孔与静液压马达主轴配合接触面积不少于 70%。

3.3.2.3 冷却风扇叶片与车体风道单侧间隙不小于 3.0 mm。

3.3.3 牵引电动机通风机检修要求。

3.3.3.1 叶片不许松动、裂纹，更换叶片时须做静平衡试验，不平衡度不大于 25 g·cm。

3.3.3.2 叶轮与吸风口间隙为 3～5 mm。

3.3.3.3　组装后转动灵活，装车后运转平稳，油封无泄漏，轴承盖温度不大于 80 ℃。

3.3.3.4　进风滤网须清扫干净。

3.3.4　万向轴、传动轴检修要求。

3.3.4.1　万向轴、传动轴的花键轴、套、法兰、十字头、叉头不许有裂纹，花键不得有严重拉伤，十字头直径减少量不大于 1.5 mm。

3.3.4.2　传动轴的叉头对轴线的端面圆跳动在半径 80 mm 处不大于 0.1 mm，花键部分的径向圆跳动不大于 0.08 mm，传动轴中间的径向圆跳动不大于 1 mm。

3.3.4.3　锥度配合的法兰孔与轴的接触面积不少于 70%，传动轴法兰结合面间用 0.05 mm 塞尺检查应塞不进。

3.3.4.4　万向轴换修零件时，应做动平衡试验，不平衡度应不大于 120 g·cm。

3.3.4.5　传动轴、万向轴组装时，两端的叉头应在同一平面内(包括柴油机的输出花键套)。

3.3.5　静液压泵及静液压马达检修要求。

3.3.5.1　前、后泵体及盖、主轴、各柱塞、连杆、芯轴等不得有裂纹(禁止用电磁探伤)。

3.3.5.2　油缸体与配流盘接触面不得有手感拉伤，其高压部分接触面积不少于 80%。

3.3.5.3　芯轴球套与油缸体球窝、弹簧座球窝、主轴球窝与芯轴及连杆球头不得有手感拉伤，接触面积不少于 60%。

3.3.5.4　前泵体、主轴、轴承调整垫及两个并列径向止推球轴承中之任一零件更换时，应保持连杆球头的中心与前后泵体结合面的偏差不大于 0.1 mm。

3.3.5.5　静液压泵、静液压马达组装后应进行空转试验，无异音，油封及结合面不应泄漏。

3.3.6　静液压系统检修要求。

3.3.6.1　静液压胶管不得老化、腐蚀，胶管接头组装后须进行 21.5 MPa 液压试验，保持 10 min 无泄漏。

3.3.6.2　安全阀经检修后须按表 48 进行调压试验，且各部无泄漏。

表 48 安全阀调压试验指标

| 背压(MPa) | 0.10 | 0.20 | 0.30 | 0.40 |
|---|---|---|---|---|
| 高压调整值(MPa) | 4.5±0.5 | 8.5±0.5 | 12.5±0.5 | 16.5±0.5 |

3.3.6.3 温度控制阀检修须符合下列规定。

(1)滑阀与阀体接触面须研配,允许有手感无深度的拉痕,其间隙应为 0.015～0.03 mm,滑阀应能在自重下沿阀体内孔缓缓落下。

(2)组装时,感温元件推杆与滑阀端部相接触,并压缩滑阀移动至其外径圆柱部露出阀体 0.5～1.0 mm,调节螺钉安装正确,拧紧调整螺钉时,滑阀应能自由移动。

(3)感温元件须进行性能试验,水感温元件在(66±2)～(74±2)℃范围内,油感温元件在(55±2)～(65±2)℃范围内动作时,其行程应大于 7 mm,始推力不小于 160 N。

3.3.6.4 静液压系统油箱内部清洗干净,去除磁性滤清器表面杂质,检查上、下喷嘴状态,检修油位表。

3.4 滚动轴承及齿轮

3.4.1 滚动轴承检修要求。

3.4.1.1 轴承内外套圈、滚动体、工作表面及套圈的配合面,必须光洁,不许有裂纹、磨伤、压坑、锈蚀、剥离、疲劳起层等缺陷。

3.4.1.2 轴承清洗,应采用能在轴承表面留下油膜的清洗剂。

3.4.1.3 滚动工作面有局部磨伤,其深度不超过 0.05 mm(仅有手感),过热变色而硬度不低于 HRC35,且同一组滚子硬度差不大于 HRC5 的,允许作记录集中使用;工作面无明显麻点、碾堆、压坑、发黄、污斑等轻度缺陷的,允许抛光后使用;工作面发生磨伤不超过 0.1 mm 者允许磨修后使用,但要同时消除造成磨伤的故障根源。

3.4.1.4 轴承保持架不许有裂纹、飞边、变形。铆钉或螺钉不许有折断、松动,防缓件应作用良好;隔离部厚度应不小于原形厚度的 80%。

3.4.1.5 保持架外圈与轴承外圈的间隙:由滚子引导的间隙消失量不大于原始(新造)间隙的 1/3;由外圈引导的间隙用 0.03～0.05 mm 塞尺检查,如通不过时允许处理保持架外圈后使用。

3.4.1.6 轴承拆装时,严禁直接锤击,轴承内外圈与机组安装面的配合,须符合设计要求。对于不解体检查其与相关件的过盈配合状态时,允许以接触电阻法进行测量，其接触电阻值应不大于统计平均值的2倍。

3.4.1.7 内圈热装时，加热温度不许超过100 ℃。但轴承型号带“T”字标记的，允许加热至120 ℃或按制造厂的规定温度加热。采用电磁感应加热时，剩磁感应强度应不大于$3\times10^{-4}$T。

3.4.1.8 轴承游隙增大量值（在自由状态下），不许大于原始游隙上限值的1/3或规定限度。但运用机车的轴承游隙增大量值（在组装状态下）不允许大于原始游隙上限值的1/2或规定值。

3.4.1.9 轴承应润滑良好，油脂牌号正确。油类润滑的油位须符合设计要求；脂类润滑的油脂填充量应为轴承室容积的50%～60%。填塞时，应先填满滚子组件和油封的空间后，再填充轴承室的储油空间。

3.4.1.10 轴承运转应无异音和振动。在额定转速条件下，作空转试验时，在机组安装轴承的位置上测量温升不许超过40 K，振动加速度应不大于1.2*g*或有关文件的规定。

3.4.1.11 本规定内另有规定的轴承，不按上述要求执行。

3.4.2 齿轮检修要求。

3.4.2.1 齿轮不许有裂纹（不包括端面热处理的毛细裂纹）、剥离。

3.4.2.2 齿面允许轻微腐蚀、点蚀及局部硬伤。但腐蚀、点蚀面积不许超过该齿面的30%。硬伤面积不许超过该齿面的10%。

3.4.2.3 齿轮破损属于如下情况者，允许打磨后使用（不包括齿轮油泵的打油齿轮）。

（1）模数大于或等于5的齿轮，齿顶破损掉角，沿齿高方向不大于1/4，沿齿宽方向不大于1/8；模数小于5的齿轮，齿顶破损掉角，沿齿高方向不大于1/3，沿齿宽方向不大于1/5。

（2）齿轮破损掉角；每个齿轮不许超过3个齿，每个齿不许超过一处，破损齿不许相邻。

3.4.2.4 齿轮啮合状态应良好。

3.4.2.5 本规程内另有规定的齿轮要求，不按上述要求执行。

3.5 电机

3.5.1 机座、端盖检修要求。

3.5.1.1 机座及端盖应清扫干净，并消除裂纹与缺陷。油堵、油管、通风罩须安装牢固，各螺孔、螺纹良好，电机编号应正确、清晰。

3.5.1.2　机座的磁极安装面应整洁无毛刺。磁极铁芯与机座应密贴。轴承盖、密封环不许有严重拉伤或变形。

3.5.1.3　牵引电动机吊挂座不许有裂纹,应完整牢固。

3.5.2　磁极检修要求。

3.5.2.1　铁芯与机座、线圈与铁芯之间应紧固、密实、无毛刺。

3.5.2.2　线圈的绝缘有破损、烧伤或过热变色时应处理。引出线不许有裂纹,端子接触面平滑、平整,搪锡完好、均匀,连接时互相接触良好、密贴。

3.5.2.3　磁极绕组内阻值换算到规定测量温度 15 ℃时,与表 49 规定值或生产厂的出厂值相比较,误差不得超过 10%。

3.5.3　刷架装置检修要求。

3.5.3.1　刷架不许有裂纹,紧固良好,连线规则、牢固、无破损。刷架局部烧损及变形时须整修。

3.5.3.2　绝缘杆表面光洁、无裂纹和损伤。

**表 49　磁极绕组内阻值规定值或出厂值**(测量温度:15 ℃) 单位:Ω

| 电机型号 | ZQDR-410 | TQFR-3000 | | | ZQf-80 | | TQL-45 | GQL-45 | ZD-902 |
|---|---|---|---|---|---|---|---|---|---|
| 制造工厂 | 永济、株洲 | 永济 | 田心 | 永济(新) | 株洲 | 永济 | 株洲 | 永济 | 株洲 |
| 励磁绕组 | 0.007 7 | 0.251 5 | 0.251 5 | 0.243 4 | 8.76 | 9.24 | 4.94 | 5.825 | 0.024 5 |
| 换向绕组 | 0.005 66 | | | | 0.002 11 | 0.002 11 | | | 0.012 |
| 起动绕组 | | | | | 0.003 72 | 0.003 72 | | | |
| 电枢绕组 | 0.010 3 | 0.005 6 | 0.005 6 | 0.005 6 | 0.004 7 | 0.004 7 | 0.006 95 | 0.006 95 | 0.027 8 |

3.5.3.3　刷架圈锁紧及定位装置作用良好。

3.5.3.4　电刷压合机构动作应灵活,刷盒不许有严重烧伤或变形,压指不许有裂纹、破损,弹簧作用良好。

3.5.3.5　电刷在刷盒内应能上下自由移动,电刷及刷辫导电截面积减少不许超过 10%,刷辫不许松动、过热变色。

3.5.3.6　同一台电机须使用同一牌号的电刷,其长度中修机车应不小于原形尺寸的 2/3,运用机车不小于原形尺寸的 1/2。但有寿命标记的电刷,其磨损不许超过该标记。

3.5.4　转子检修要求。

3.5.4.1　转子应清扫干净，绕组端部、槽口、前、后支架和通风孔内不许积存油垢和碳粉。

3.5.4.2　轴、油封、前后支架、风扇、均衡块、铁芯、绕组元件、槽楔及紧固螺栓不许有裂纹、损伤、变形及松动，轴颈表面允许有不超过有效接触面积15%的轻微拉伤。

3.5.4.3　牵引电机转子轴应探伤检查，不许有裂纹，除螺纹部分外禁止焊修。

3.5.4.4　绑扎线不许有松脱、开焊及机械损坏，扣片无折断；无纬带不许有起层和击穿痕迹。小修机车允许扎线或无纬带有不影响安全运用，且宽度不超过总宽度10%的局部损伤。

3.5.4.5　牵引电动机转子重新绑扎无纬带时，起拉力应为600～1 000 N，绑扎后其表面不许高出电枢铁芯，磁表面平行度不大于2 mm。

3.5.4.6　转子各部绝缘不许破损、烧伤和老化。

3.5.4.7　均衡块丢失、松动，空转振动大，或经重新浸漆、绑扎无纬带的转子须作动平衡试验，但容量不足10 kW的电机转子，可只作静平衡试验。牵引电动机转子不平衡度不大于344 g•cm。

3.5.4.8　换向器前端密封应良好，换向器压圈不许裂损，螺栓不许松弛。

3.5.4.9　换向器表面不许有凸片及严重的烧损和拉伤，滑环及换向器磨耗深度：中修机车不超过0.2 mm；小修机车不超过0.5 mm。云母槽下刻深度：小修机车不小于0.5 mm，但直径小于50 mm的换向器可不小于0.3 mm。

3.5.4.10　换向器直径应不小于寿命线，无寿命线时，应不小于原制造径向厚度的1/2。云母槽按规定下刻、倒角，并消除毛刺。

3.5.4.11　升高片处不许有开焊、甩锡、过热变色。各片间电阻值与平均值之差，锡焊者不大于15%。亚弧焊者不大于5%。允许用片间电压降法进行测量，但其要求应与片间电阻法相同。

3.5.5　电机组装要求。

3.5.5.1　电机内、外部应清洁、整齐，标记正确、清晰，填充物填充良好，大线卡子、接线端子及端子盒、盖应完整。

3.5.5.2　各紧固件无松动，防缓件作用良好，润滑油堵、油管、油路畅通。

3.5.5.3　磁极极性正确,转子转动灵活。

3.5.5.4　牵引电动机磁极组装时要求。

(1)沿圆周方向主极极间距离相互间偏差不大于 1 mm;换向极与相邻主极极间距离相互间偏差不大于 1 mm。

(2)主极、换向极铁芯相对于机座端盖止口中心的同轴度不大于 $\phi$0.6 mm。

(3)主极铁芯内径应为 $\phi$(503±0.4) mm;换行极铁芯内径应为 $\phi$(507±0.4) mm。

3.5.5.5　刷盒与换向器或集电环轴线的平行度和倾斜度为 1 mm,并处于中性位上。

3.5.5.6　电刷应全部处于换向器或集电环的工作面上,与换向器或集电环的接触面积应不少于电刷截面积的 75%,同一台电机各电刷压力差不许大于 20%。

3.5.5.7　各检查孔盖完整,其与机座安装状态良好。强迫通风的电机检查孔盖必须严密。

3.5.5.8　齿轮、传动法兰与电机轴的锥度配合面不许有沿轴向贯通的非接触线,接触应均匀,接触面积不少于 70%。牵引电动机齿轮的轴向装入量为 1.40～1.70 mm;牵引发电机输出轴法兰轴向装入量为 1.25～1.60 mm;组装后齿轮、法兰的螺母压紧端面应高出电机轴肩。

3.5.5.9　轴承内圈与轴的接触电阻值不大于统计平均值的 3 倍,轴承润滑脂的加入量:牵引电动机传动侧轴承为 500～600 g;换向器侧为 350～400 g。

3.5.5.10　电机冷态绝缘电阻要求。

(1)主电路内的电机用 1 000 V 兆欧表,辅助回路内的电机用 500 V 兆欧表测量。

(2)各绕组对地和相互间绝缘电阻均应不低于 5 MΩ。

3.5.6　电机试验要求。

3.5.6.1　空转试验。解体检修过的支流电机,须在最高转速下在正、反向各连续运转 30 min;对于使用中单向运转的电机,可只按相应的转向连续运转 60 min,不许有异音和甩油。牵引电动机在轴承盖处测量其振幅不得大于 0.15 mm,轴承温升不得大于 40 K。

3.5.6.2　换向试验。换向试验须在热态下进行，并符合以下规定。

(1)电机在额定工况及使用工况的火花等级均不许超过 $1\frac{1}{2}$ 级。

(2)牵引电动机按表 50 工况正、反运转各持续 30 s，火花不许超过规定的等级。

(3)发电机在额定电流及最大电流下，火花等级分别不超过 $1\frac{1}{2}$ 和 2 级。

3.5.6.3　速率特性试验。牵引电动机按表 50 工况测量其正、反向转速之差，满磁场时应不大于其平均值的 4%，磁场削弱时不大于其平均值的 6%。装于同一台机车上的 6 台牵引电动机，在表 51 第 1 工况下，正向和反向转速，相互差均不得超过 25 r/min。

**表 50　电机换向试验测量参数**

| 参数<br>工况 | 电压(V) | 电流(A) | 磁场削弱系数 | 转数(r/min) | 允许火花等级 |
|---|---|---|---|---|---|
| 1 | 相应 | 1 080 | 100% | 236 | 2 |
| 2 | 550 | 800 | 43% | 相应 | $1\frac{1}{2}$ |
| 3 | 770 | 570 | 43% | 相应 | $1\frac{1}{2}$ |
| 4 | 770 | 相应 | 43% | 2365 | $1\frac{1}{2}$ |

**表 51　速率特性试验参数**

| 工况<br>参数 | 1 | 2 | 3 | 4 |
|---|---|---|---|---|
| 电压(V) | 550 | 550 | 770 | 770 |
| 电流(A) | 800 | 800 | 570 | 570 |
| 磁场削弱系数 | 100% | 43% | 100% | 43% |

3.5.6.4　超速试验。重新绑扎(无纬带)的电枢应在 1.2 倍电机最高转速下连续运转 2 min，不得发生任何影响电机正常运转的机械损伤和永久变形。

3.5.6.5　匝间绝缘介电强度试验。处理电枢绕组后，应用 1.1 倍额定电压进行 5 min 过压电压试验或采用脉冲匝间耐压测试仪检查，匝间不许发生击穿、闪络现象。

3.5.6.6　热态绝缘电阻测定。牵引电动机负荷试验后，应立即用

1 000 V兆欧表测定电机各绕组间及其对机座的绝缘电阻，应不低于0.75 MΩ。

3.5.6.7　绝缘介电强度试验。试验电压符合表52规定。可采用下列任一种方法进行。

3.5.6.7.1　各绕组相互间及其对地施以直流电压，泄漏电流不大于80 μA。

3.5.6.7.2　各绕组相互间及其对地施以50 Hz正弦波交流电1 min，应无击穿、闪络现象。

**表52　绝缘介电强度试验电压**

| 名称＼电压 | | 直流电压(V)* | 交流电压(V) |
|---|---|---|---|
| 牵引发电机 | 定子 | 4 200 | 1 670 |
| | 转子 | 2 500 | 1 000 |
| 牵引电动机 | | 4 800 | 1 900 |
| 其他电机 | | 2 500 | 1 000 |

注*：额定电压100 V以下的电机只做直流测试，电压不超过1 000 V。

3.6　电器

3.6.1　电器检修要求。

3.6.1.1　电器各部件应清扫干净，安装正确，绝缘性能良好，零部件完整。

3.6.1.2　紧固件齐全，紧固状态良好。

3.6.1.3　风路、油路畅通，弹簧性能良好，橡胶件无破损和老化变质。

3.6.1.4　运动件动作灵活、无卡滞。

3.6.1.5　电器线圈的直流电阻值与出厂额定值相比较，误差不大于10%。

3.6.1.6　电器动作值整定正确，并符合以下规定。

(1)各种电器的操作线圈在0.7倍额定电压时，应能可靠动作(中间继电器的最小动作电压应不大于66 V)；柴油机起动时工作的电器其释放电压应不大于0.3倍额定电压。

(2)电空阀和风动电器在0.64 MPa风压下应动作正常、无漏泄；在0.36 MPa风压下应能可靠动作。

3.6.1.7　各保护电器动作值应符合表53规定，动作参数整定合格后其可调部分须封定。

表 53　各继电器动作值

| 名　称 | 单　位 | 动作值 | 备　注 |
| --- | --- | --- | --- |
| 空转继电器 | mA | 455±25 | 返回系数大于 60% |
| 过流继电器 | A | $6.5^{+0.1}_{-0.3}$ | |
| 接地继电器 | mA | 500±37.5 | |
| 水温继电器 | ℃ | 88 或 98 | 视车型不同而定 |

注:油压继电器各释放值见柴油机部分(见表 47)。

3.6.1.8　电器的标牌及符号应齐全、完整、清晰、正确。

3.6.1.9　各电器装车后电路连接正确、牢固、动作试验时开闭程序正确,作用可靠。

3.6.2　电器绝缘要求。

3.6.2.1　单个电器或电器元件的绝缘电阻(对地及相互间)应不小于10 MΩ。主整流柜绝缘电阻不小于 2.6 MΩ,励磁整流柜绝缘电阻不小于 1.5 MΩ,制动电阻带绝缘电阻不小于 3 MΩ。测量绝缘电阻时,电器额定电压不超过 500 V 的,用 500 V 兆欧表;额定电压高于 500 V 的,用 1 000 V 兆欧表。

3.6.2.2　绝缘修理或更换的电器、中修机车主要电路的电器,须作绝缘介电强度试验。电器带电部分对地及相互间施以 50 Hz 正弦波交流电1 min,应无击穿、闪络现象,试验电压为:主电路内的电器或电器元件 3 000 V;辅助电路的电器或电器元件 1 100 V;额定电压 36 V 以下的电器或电器元件 350 V。

允许采用直流泄漏法作绝缘介电强度试验。试验电压为上述规定电压的 2.5 倍,泄漏电流不大于 80 μA,且呈线性变化。

3.6.3　有触点电器检修要求。

3.6.3.1　触头(含触指、触片)及嵌片不许有裂纹、变形、过热和烧损。电器触头的厚度中修时不小于原形尺寸的 2/3,小修时不小于原形尺寸的 1/2。触头有效接触宽度的偏差不大于 1 mm。

3.6.3.2　主、辅触头的超程:运用机车超程消失比例不大于 1/2;中修时,须符合原设计要求。中修时接触线长,应不小于 70%。压弹簧的自由高度或压力:运用机车均不小于原形或压力的 95%;中修时应不小于原设计要求。同步驱动的多个主触头其闭和或断开时，非同步的差值应不大于1 mm；组装后动作灵活、准确、可靠。柴油机起动电路及走车电路各电器联锁触头接触电阻值应不大于统计平均值的3倍。

3.6.3.3 灭弧装置不许有裂纹、变形，灭弧线圈不许断路或短路，接线处的接触电阻值不许超过新品的3倍。电磁接触器的主触头与灭弧角的间隙为2～4 mm。

3.6.3.4 风缸体、活塞不许有裂纹、砂眼和拉伤。皮碗作用良好，不许有老化及永久变形。阀与阀口及个接合面密封性能良好，在通电及失电情况下，各部无泄漏。

3.6.3.5 电空阀衔铁、阀杆动作灵活，接线牢固，衔铁气隙三类电空阀为$2^{+0.1}_{0}$ mm，四类电空阀为$2.2^{+0.1}_{0}$ mm，阀杆行程为$1^{+0.2}_{0}$ mm。

3.6.3.6 各机体零件及支承件不许有裂纹、破损、变形及过量磨耗，带绝缘者绝缘状态应良好，机械联锁作用正确、可靠。

3.6.3.7 线圈绝缘良好，无短路、断路及老化现象。双线圈的引出线接线位置正确。接线座不许松动，衔铁作用良好。

3.6.4 无触点电器检修要求。

3.6.4.1 新的电子元件必须经过测试筛选，参数应达到有关标准，并符合电器的性能要求。

3.6.4.2 电路板上的元件焊点应光滑、牢固，凸起2 mm左右，不许有虚焊或短路。金属箔不许有脱离板基的现象。

3.6.4.3 各电阻、电容等其他电器元件应安装牢固、作用良好、接线正确，附加的卡夹应齐全可靠。

3.6.4.4 接插件应插接可靠，锁紧装置作用良好，测试孔（或端子）应完整。

3.6.4.5 电压调整器、过渡装置、时间继电器、轮轨润滑控制器性能应符合如下规定。

（1）电压调整器应保证起动发电机在柴油机整个转数范围内的电压为（110±2）V，且无明显波动。

（2）过渡装置性能应符合表54规定。

表 54 过渡装置性能参数

| 工况 | | 吸合(km/h) | | 释放(km/h) | |
|---|---|---|---|---|---|
| | | 货运机车 | 客运机车 | 货运机车 | 客运机车 |
| Ⅰ级 | B型 | 38～43 | 51～57 | 30～35 | 39～45 |
| | A型 | 38～43 | 46～52 | 30～35 | 36～42 |
| Ⅱ级 | B型 | 49～55 | 65～73 | 40～46 | 52～60 |
| | A型 | 49～57 | 59～68 | 39～45 | 47～54 |

(3)时间继电器延时时间:柴油机起动用的应为 45～60 s;空气压缩机起动延时用的应为 2～3 s。

(4)轮轨润滑器性能应符合表 55 规定。

表 55 轮轨润滑器性能参数

| 机车速度(km/h) | 输入频率(Hz) | 100 m 时间(s) |
|---|---|---|
| 120 | 101.0 | 3.00 |
| 60 | 50.5 | 6.00 |
| 30 | 25.3 | 12.00 |

3.6.4.6 硅整流柜的整流元件及散热器应清洁,散热器不得有裂损,保护电阻、电容状态良好,接线牢固。更换整流元件时,元件应进行选配,使每一桥臂的并联元件的正向平均电压降尽量一致。

3.6.5 其他电器检修要求。

3.6.5.1 带状电阻不许有短路和断裂、抽头,接线焊接牢固,在电阻值不超过规定的情况下,允许其断面的缺损不超过原形截面的 10%。带状电阻修复或更换时,其阻值不超过出厂额定值的 5%。

3.6.5.2 绕线电阻不许有短路、断路,外包珐琅不许有严重缺损。可调电阻的活动抽头须接触可靠,定位牢固,阻值整定后应做好定位标记。

3.6.5.3 电容器不许有短路、断路及漏液现象。

3.6.5.4 分流器不许有断片、裂纹和开焊。

3.6.5.5 变压器、互感器应清洁,引出线、接线不得松动,内部绕组无虚接、断路及短路。各绕组、铁芯不得松动,绝缘良好。

3.6.5.6 各开关、熔断器规格应符合电路的要求。触头和触指的磨耗与烧蚀厚度不得超过原形尺寸的1/5，刀开关动作灵活，接触密贴，夹紧力适当，刀片的缺损宽度不超过原形尺寸的1/10，厚度不超过原形尺寸的1/3。

3.6.5.7 各种照明灯具及附件应齐全、完好、安装牢固，光照良好，显示正确，车体外部灯具须密封良好。

3.6.5.8 电炉配件齐全，瓷盘完整，发热效能正常，防护装置良好。

3.7 电器线路

3.7.1 电器线路检修要求。

3.7.1.1 导线（包括电机、电器内部连线及电路布线）的芯线或编织线的断股比例不大于10%。铜排不许有裂纹，有效导电面积的减少不大于5%。在两接线柱间的连线不得拉紧，线的长度应比两接线柱间的直线距离长10%～30%。在线束的中部必须加接头修复时，有两个接头以上者，其相互间必须错开，两接头间错开的距离应不小于接头长度的2倍，且接头两端应与线束或走线架绑扎固定。

3.7.1.2 在保证绝缘介电强度和机械性能的前提下，绝缘的局部损坏允许包扎处理。牵引电动机引出线绝缘包扎、修理处所距机座孔的距离应不小于50 mm。

3.7.1.3 导线有下列情况之一者，应予以更换。

3.7.1.3.1 外表橡胶显著膨胀、挤出胶瘤、失去弹性者。

3.7.1.3.2 橡胶呈糊状或半糊状、弯曲时有挤胶现象者。

3.7.1.3.3 目视表面有裂纹，正反向折合四次后露出铜芯或绝缘层脆化剥落，受压即成粉状者。

3.7.1.3.4 将导线绕成内径为电线外径5～6倍的螺旋状，在常温下浸水24 h后按相应电路绝缘介电强度试验，发生击穿、闪络者。

3.7.1.3.5 橡胶绝缘导线的绝缘胶皮作拉伸试验，其断裂伸长率小于200%者；塑料绝缘导线的绝缘塑料作拉伸试验，其断裂伸长率小于160%者。

3.7.1.4 接线端子应光滑、平整，搪锡完好、均匀，不许有裂纹。接线端子与导线连接处，不许有松动、氧化、过热、烧损。接线端子与导线的接触电阻不大于统计平均值的3～8倍。主电路线路、电机及电器的大线端子压接修复时，导线与端子应去除氧化层后搪锡，压接后煮锡填充，并测量接触电阻，应不大于统计平均值的 2 倍，但对于主电路内并联导线的接线端子重新压接或中部加接头修复时，要增测导线阻值，其阻值应不大于并联导线中最小阻值的 1.1 倍。

3.7.1.5　线管、线槽应清洁、干燥，不许有挤压导线的变形，导线在其内应摆放整齐；线管安装应牢固，管卡齐全，管口防护良好；线束或导线应不止规则、排列整齐、绑扎牢固、连接正确可靠。导线间、导线与机座等部件间，不许有摩擦、挤压，防护、固定器件齐全完好。

3.7.1.6　接线排的绝缘隔板破损，不许超过原面积的 30%；导线线号齐全、清晰，排列整齐，便于查看；导线在接线线排上的连接位置应与电路图中的标注位置一致；连接件应齐全，连接牢固，不许有氧化、过热或烧损现象。

3.7.1.7　插头、插座应完整，插片及插针无烧损、断裂，插接牢固，卡箍及防尘罩完整，定位及锁扣良好。

3.7.1.8　电路的绝缘电阻，应不低于表 56 规定。

**表 56　电路绝缘电阻规定值**

| 项　　目 | 绝缘电阻(MΩ) | 使用仪表 |
| --- | --- | --- |
| 主电路对地 | 0.5 | 1 000 V 兆欧表 |
| 辅助电路对地 | 0.25 | 500 V 兆欧表 |
| 主电路对辅助电路 | 0.5 | 500 V 兆欧表 |

在绝对湿度超过 16 g/m$^3$或有缓霜的条件下，主电路对地、主电路对辅助电路的绝缘电阻应不低于 0.3 MΩ，辅助电路对地的绝缘电阻应不低于 0.1 MΩ。不同气温下绝对湿度为 16 g/m$^3$时的相对湿度应符合表 57 的规定。

**表 57　不同气温下相对湿度值**

| 气温(℃) | 20 | 22 | 24 | 26 | 28 | 30 |
| --- | --- | --- | --- | --- | --- | --- |
| 相对湿度(%) | 92 | 82 | 72 | 64 | 57 | 51 |
| 气温(℃) | 32 | 34 | 36 | 38 | 40 | 42 |
| 相对湿度(%) | 46 | 41 | 36 | 33 | 29 | 26 |

3.8 蓄电池

3.8.1 蓄电池检修要求。

3.8.1.1 蓄电池必须清洁，壳体不许有裂损，封口填料完整，电解液无泄漏，出气孔畅通。

3.8.1.2 各连接板、极柱及螺栓表面应光整，防腐良好；螺栓紧固力矩：内连线为18～21 N·m；引出线为24～26 N·m；连接板有效导电面积减少应不大于10%；蓄电池组互换修理时，连接板表面镀层损坏应修复。

3.8.1.3 蓄电池箱及车体安装柜内壁应清洁、干燥、无严重腐蚀，中修时应进行防腐处理；导轨及滚轮应良好、无卡滞、变形和破损。

3.8.1.4 蓄电池容量：中修时应不低于额定容量的80%；小修时不低于额定容量的70%。

3.8.1.5 充电后的蓄电池电解液密度（换算到15 ℃）：中修时为（1.26±0.005）$g/cm^3$，小修时为1.23～1.27 $g/cm^3$；运用机车不低于1.20 $g/cm^3$，各单节间的密度差不大于0.05。黄河流域及以北地区，冬季电解液密度可较上述值稍高，但不得高于1.30。（免维护蓄电池中修时加蒸馏水恢复出厂重量）

3.8.1.6 电解液液面高度应为15～25 mm。

3.8.1.7 蓄电池组对地绝缘电阻$R_x$须使用内阻为30 000 Ω、量程为150 V的电压表测量，并按下式计算：

$R_x$=[蓄电池组端电压/（正端对地电压+负端对地电压）−1]×30 000 Ω

式中电压单位为V。

中修时$R_x$应不低于17 000 Ω；小修互换时应不低于8 000 Ω；不互换时不低于3 000 Ω。

3.8.1.8 运用机车蓄电池单节电压不低于2 V，蓄电池组对地漏电电流不超过40 mA。

3.9 仪表

3.9.1 仪表检修要求。

3.9.1.1 各种仪表检修及定期检验应严格执行国家计量管理部门颁布的有关规定。

3.9.1.2 机车仪表定期检验应结合机车定期修理进行，其检验期限为:风压表为 3 个月;其他仪表及温度继电器为 6～9 个月。

3.9.1.3 仪表外壳及玻璃罩应完整、严密、清洁,刻度及字迹清晰。

3.9.1.4 指针在全量程范围内移动时,应无摩擦和阻滞现象。

3.9.1.5 仪表指示误差不许超过本身精度等级的允许范围。

3.9.1.6 带传感器的仪表,应与传感器一起校验。传感器对地绝缘应良好,用 500 V 兆欧表测量,其对地绝缘电阻值不低于 1 MΩ。带稳压器的仪表,其稳压值应在规定范围内。

3.9.1.7 检修、校验后仪表的合格证应注明检验单位与日期,并打好封印。

3.9.1.8 仪表向机车上安装须牢固、正确,管路畅通无泄漏,接线符合规定;照明良好。

3.10 车体及走行部

3.10.1 车体及车架检修要求。

3.10.1.1 车体不许有裂损,表面平整,各螺栓、螺钉、铆钉及防雨胶皮状态良好。

3.10.1.2 车体及车体构架裂纹或焊缝开裂时,须铲除后焊修或加补强板焊修。

3.10.1.3 门窗、顶盖、百叶窗及其操纵装置应动作灵活,关闭严密。

3.10.1.4 走台板、地板、梯子、扶手、门锁、装饰带、工作台及靠背椅等应安装正确,状态及作用良好。

3.10.1.5 排障器、扫石器须安装牢固,不许有裂纹及破损。排障器底面距轨面高度 90～120 mm,扫石器架距轨面的距离为 60～100 mm,胶皮距轨面的距离为 20～30 mm。

3.10.2 牵引装置检修要求。

3.10.2.1 车钩“三态”(闭锁状态、开锁状态、全开状态)须作用良好。

3.10.2.2 车钩在闭锁状态时,钩锁往上的活动量 13 号下作用式车钩为 5～22 mm。钩锁与钩舌的接触面须平直,其高度不少于 40 mm,钩舌与钩锁铁侧面间隙 13 号钩不大于 6.5 mm。钩体防跳凸台和钩锁的作用面须平直,防跳凸台高度为 18～19 mm,作用可靠。钩舌与钩体的上、下承力面须接触良好。

3.10.2.3　中修时，车钩各零件须探伤检查，下列情况禁止焊修：

(1)车钩钩体上的横向裂纹，扁销孔向尾部发展的裂纹；

(2)钩体上距钩头 50 mm 以内的砂眼和裂纹；

(3)钩体上长度超 50 mm 的纵向裂纹；

(4)耳销孔处超过该处端面 40%的裂纹；

(5)上、下钩耳间(距钩耳 25 mm 以外)的超过 30 mm 的纵横裂纹；

(6)钩腕上超过腕高 20%的裂纹；

(7)钩舌上的裂纹；

(8)车钩尾框上的横裂纹及扁销孔向端部发展的裂纹。

3.10.2.4　缓冲器体、弹簧、弹簧环、板弹簧不许有裂纹。

3.10.2.5　车钩中心线距轨面的高度，中修机车为 835～885 mm，小修机车为 820～890 mm。

3.10.2.6　牵引杆、拐臂、连接杆及各销应探伤检查，不许有裂纹，拐臂与连杆的连接销直径减少量不大于 1 mm，拐臂销、连杆销套的间隙不大于 1.5 mm。牵引销牵引杆销的球承与球套间隙不大于 0.5 mm。牵引销与销座结合处斜面应密贴，局部间隙用 0.05 mm 塞尺检查、塞入深度不大于 10 mm。销和槽底部间隙应不小于 0.5 mm。牵引杆装置组装后各关节部分应转动灵活、无卡滞。

3.10.3　转向架及旁承检修要求。

3.10.3.1　构架及各焊缝不许有裂纹。

3.10.3.2　砂箱及砂管应安装牢固、连接良好、无泄漏。

3.10.3.3　旁承体不许有裂纹和泄漏、球头和球面座无严重拉伤、尼龙摩擦板边缘部分轻微碰伤允许做局部处理，但在厚度方向不许超过 2 mm，直径方向不许超过 5 mm，下摩擦板拉伤严重时，允许磨削修理，磨削量超过 0.5 mm 时，应加垫调整。中修时下摩擦板应旋转 90°。

3.10.3.4　转向架球形侧挡磨耗量不大于 2 mm。

3.10.3.5　转向架与车体侧挡间隙左右之和应为 28～32 mm。

3.10.4　弹簧及减振装置检修要求。

3.10.4.1　轴箱弹簧组分解时，应连同其调整垫片按转向架和轴位左右顺序编号，组装时按号组装。更换或选配弹簧时，弹簧工作高度差同一转向架不大于 4 mm，同一机车不大于 6 mm。

3.10.4.2　各橡胶减振垫及橡胶关节无老化及破损。旁承橡胶弹簧更换时，同一转向架 4 组旁承橡胶弹簧自由高度差不许大于 4 mm。

3.10.4.3　中修时，油压减振器要分解清洗，更换不良零件和工作油。检修后须在试验台上作性能试验，其阻力系数应为 700～1 000 N·s/cm，拉伸和压缩阻力之差不许超过拉伸和压缩阻力之和的 15%。试验合格的减振器水平放置 24 h 不许泄漏。运用中油压减振器的性能应每 6～9 个月检验 1 次，不合要求者应及时更换或修理。

3.10.5　轴箱检修要求。

3.10.5.1　轴箱体、前后盖不许有裂纹，轴箱上的横向止挡磨耗超过 1 mm 时须焊修恢复原形。

3.10.5.2　轴箱后盖防尘圈不许有偏磨，更换防尘圈时与车轴的过盈量为 0.03～0.105 mm。

3.10.5.3　轴箱橡胶圈和轴端橡胶支承应无老化和破损，轴端橡胶支承黏结不良时应更换，换新后组装时，橡胶支承应有 2 mm 预压缩量和 5 mm 弹性压缩量。

3.10.5.4　轴箱轴承 972832QT（老型），与 552732QT、652732QT、752732QT（新型）严禁混装于同一台机车上。同型轴承允许选配使用。若需整列更换滚动体时，须保证内外两列滚动体的径向游隙差不大于 0.03 mm。组装后应在轴承内套端面及轴头端面之间沿圆周等分画出三条防缓标记。

3.10.5.5　轴箱拉杆的橡胶圈和橡胶垫不许裂损，拉杆芯轴与拉杆座结合处斜面应密贴，局部间隙用 0.08 mm 塞尺检查，塞入深度不大于 10 mm，芯轴与槽底部间隙不得小于 0.5 mm，拉杆端盖与拉杆座槽口内侧面的局部间隙不大于 0.2 mm。

3.10.5.6　滚动轴承检修按第 3.4 条办理。

3.10.5.7　机车运行中轴箱温升不许超过 38 K，且无明显漏油现象。

3.10.6　轮对检修要求。

3.10.6.1　轮箍不许有裂纹及松缓，轴身上的横裂纹经铲除后可以使用，但铲除后轴身半径较设计尺寸的减少量不许超过 4 mm，且同一断面上直径减少量也不许超过 4 mm。抱轴颈直径减少量不大于 10 mm。滚动轴承安装轴颈减少量为 0.5～2.0 mm（均为四挡）。

3.10.6.2　轮芯上的裂纹允许焊修，但超过该处圆周 1/3 的环形裂纹及发展到毂孔处的放射性裂纹禁止焊修。

3.10.6.3　轮对组成后测量轮箍内侧距离，新轮箍应为 $1\ 353^{+1}_{-2}$ mm；旧轮箍应为(1 353±2) mm。

3.10.6.4　轮箍外形旋削后，用样板检查：踏面偏差不超过 0.5 mm，轮缘高度减少量不超过 1 mm，轮缘厚度减少量减少量不超过 0.5 mm，距轮缘顶部 10～18 mm 范围内可留有深度不超过 2 mm、宽度不大于 5 mm 的黑皮。

3.10.6.5　允许采用经部核准的，轮缘垂直高度为 25 mm 的磨耗型踏面。

3.10.6.6　轮对的轮径差不许大于表 58 的规定。

**表 58　轮对轮径差指标**　　单位：mm

| 修程＼直径差 | 同一轴左右 | 同一转向架 | 同一机车 |
|---|---|---|---|
| 中修 | 1.0 | 2.0 | 4.0 |
| 小修 | 1.0 | 5.0 | 10.0 |

3.10.6.7　镶装轮箍时按如下要求。

(1)轮箍须探伤检查，不许有裂纹和缺陷。

(2)轮辋外径配合面的圆度不大于 0.5 mm，圆柱度不大于 0.2 mm。

(3)轮箍紧余量按轮辋外径计算，每 1 000 mm 轮辋直径的紧余量为 1.15～1.5 mm。轮箍加热应均匀，温度不许超过 330 ℃，严禁用人工方法冷却轮箍。

(4)轮箍加热时，垫板厚度不许大于 1 mm，垫板不多于 1 层，总数不多于 4 块，相邻两块垫板间的距离不大于 10 mm。轮箍厚度小于 40 mm 时不许加垫。

3.10.6.8　运用机车轮对各部须作外观检查，轮缘垂直磨耗高度不超过 18 mm；轮缘厚度在距踏面滚动圆向上 10 mm 处测量不小于 23 mm，轮缘踏面顶部出现碾堆时应予以消除。轮箍踏面擦伤深度不大于 0.7 mm；踏面磨耗深度不大于 7 mm，但采用轮缘高度为 25 mm 的磨耗型踏面时，踏面磨耗深度不许大于 10 mm；踏面上的缺陷或剥离长度不超过 40 mm,且深度不超过 1 mm;各部无裂纹,轮箍无弛缓。

3.10.6.9 轮箍禁止焊修。

3.10.6.10 轮对检修后应涂漆,轮箍外侧面涂白色,轮心外侧面涂红色,轮辋与轮箍之间沿圆周等分涂 3 道长 40 mm 宽 25 mm 的黄色防缓标记。

3.10.7 牵引齿轮及抱轴瓦检修要求。

3.10.7.1 主、从动牵引齿轮检修除按第 5.4.2 条有关规定办理外;还须用齿形样板和宽度不大于 3 mm 的塞尺检查齿形误差,渐开线齿廓偏差量不大于 0.35 mm,齿顶厚减少量不大于 2 mm,齿根剩余凸台高度不大于 0.8 mm。从动齿轮与轮毂心之间的防缓标记应清晰。

3.10.7.2 齿轮箱箱体不许有裂纹和砂眼,合口密封装置良好。

3.10.7.3 抱轴瓦白合金不许有脱壳、碾片、熔化及超过总面积 15%的剥离,与轴颈须均匀接触。

3.10.7.4 抱轴瓦瓦背与抱轴瓦盖、瓦座接触应良好,局部间隙用 0.25 mm 塞尺检查,塞入深度不得大于 15 mm。

3.10.7.5 中修时,抱轴瓦及轴箱组装后应进行磨合试验,在牵引电动机 2 365 r/min 的工况下,正、反转各 15 min,各部应无异音,抱轴瓦及轴箱温升均不超过 30 K。

3.10.8 基础制动装置、撒砂装置及轮轨润滑装置检修要求。

3.10.8.1 基础制动装置各杠杆、圆销须探伤检查,不许有裂纹。各杆磨耗严重时允许焊修,各销与套的间隙应不大于 2 mm。

3.10.8.2 中修时,制动缸须分解、清洗、给油并更换不良部件。组装后作用应良好无泄漏,活塞行程为(120±20) mm。

3.10.8.3 撒砂装置应作用良好,空气和撒砂管路畅通,撒砂管距轨面高度为 35~60 mm,距轮箍与轨面接触点为(350±20) mm。

3.10.8.4 手制动装置应作用良好。

3.10.8.5 闸瓦间隙调整器的螺杆、螺套的横动量不大于 1.5 mm,调节功能良好,闸瓦间隙应能自动调节到 6~8 mm,防尘胶套不得破损。

3.10.8.6 拆下轮轨润滑装置喷头进行清洗,空气和油脂管路,接头应畅通,不漏泄,装置作用良好。

3.10.9 转向架组装要求。

3.10.9.1 轮对相对构架的自由横动量(包括轴箱与轮对及轴箱与

构架间的总和)1、3、4、6 位为 12～22 mm,2、5 位为 36～46 mm,横动量不符合要求时,应用垫片调整,禁止用刨削轴箱止挡位置来调整。

3.10.9.2 牵引电动机吊杆的橡胶垫与心轴橡胶圈不许有破损或老化变质,更换心轴和橡胶圈压入吊杆时,心轴对吊杆中心线的偏移不大于 1 mm,心轴中心线与吊杆中心线的垂直度不大于 0.5 mm,橡胶圈凸出吊杆外不大于 1 mm。

3.10.9.3 牵引电动机吊挂装置安装时,吊杆座与电机应密贴,局部间隙不得大于 0.2 mm,心轴与心轴座结合处斜面应密贴,局部间隙用 0.05 mm 塞尺检查,塞入深度不大于 10 mm,心轴与槽底部间隙不小于 0.5 mm,吊杆两块橡胶垫的总压缩量应为 28 mm。

3.11 空气压缩机及空气制动装置

3.11.1 空气压缩机检修要求。

3.11.1.1 机体、气缸、气缸盖、曲轴及各运动件不许有裂纹,机体轴承孔处的裂纹禁止焊修。

3.11.1.2 气缸、活塞、曲轴不许有严重拉伤,轴瓦应无剥离、碾片、拉伤和脱壳,轴瓦与轴颈的接触面积不小于 70%,瓦背与连杆大端瓦孔应密贴。拆装活塞销时活塞应油浴加热至 100 ℃。

3.11.1.3 压缩室高度为 0.6～1.5 mm。

3.11.1.4 进、排气阀应清洗干净,阀片、弹簧不许有裂断、阀片与阀座须研磨密贴,阀片磨耗深度不大于 0.1 mm。

3.11.1.5 散热器应清洁、无漏泄。散热器组装后须作 0.6 MPa 水压试验,保持 3 min 无漏泄或在水槽内进行 0.6 MPa 的风压试验,保持 1 min 无泄漏。

3.11.1.6 散热器上的低压安全阀开启压力应为 $0.45_{-0.02}^{\ 0}$ MPa。

3.11.1.7 油泵检修后应转动灵活,并作性能试验。当油温为 10～30 ℃,转速为 1 000 r/min,吸吮高度为 170 mm 油柱,压力为 0.4～0.48 MPa 时,供油量应为 2.3～3.0 $m^3$/min。

3.11.1.8 空气压缩机检修后应进行试验。

(1)磨合试验:试验时间不小于 90 min(未更换零部件时允许减为 45 min),磨合中,不许有异音和漏油现象,转速达到 1 000 r/min 时,油压稳定在 0.4～0.48 MPa,磨合后期活塞顶部不许有喷油现象,但在活塞周围允许有少量渗油。

(2)风量试验：当转速为 1 000 r/min 时，使 400 L 的储风缸压力由 0 升至 0.9 MPa，所需时间不大于 100 s；或在机车上以 1 组空压机对总风缸充风，压力由 0 升至 0.9 MPa 所需时间不大于 360 s。

(3)泄漏试验：在试验台上使储风缸压力达到 0.9 MPa，空气压缩机停止转动，由于气阀的泄漏，在 10 min 内压力下降不许超过 0.1 MPa。

(4)温度试验：空气压缩机在 1 000 r/min 和 0.9 MPa 压力下连续运转 30 min，排气口温度不大于 190 ℃，曲轴箱油温不大于 80 ℃。

3.11.1.9　空气压缩机与电机组装时，法兰与联轴节的同轴度不大于 $\phi$0.3 mm，相互间的轴向间隙应为 2～6 mm，沿圆周的间隙不均匀度不大于 0.5 mm。

3.11.1.10　空气压缩机装车后，1 组空气压缩机泵风，总风缸压力由 0 升至 0.9 MPa 所需时间不许超过 360 s，2 组空气压缩机泵风时间不许超过 210 s。当总风缸压力达到 $0.9_{-0.02}^{0}$ MPa 时，空气压缩机应停止泵风。当总风缸压力降至(0.75±0.02) MPa 时，空气压缩机应开始泵风。

3.11.2　空气制动装置检修要求。

3.11.2.1　空气制动装置各橡胶件不许有老化、破损、龟裂、脱壳和麻坑。

3.11.2.2　单独制动阀、自动制动阀、给风阀、减压阀、分配阀、中继阀、作用阀检修后须在试验台上进行试验，各部动作正确，性能良好。装车后应进行制动机综合试验，各项性能作用良好，符合机车运用要求。

3.11.2.3　中修时，风笛、雨刷、油水分离器、远心集尘器、无动力回送装置、滤清装置、空气干燥装置、放风阀、止回阀及塞门等应分解清扫，更换不良零件。组装时须安装牢固，作用良好，无泄漏。

3.11.2.4　制动软管接头、连接器不许有裂纹，连接状态良好，卡子两耳之间的距离应为 5～10 mm。

3.11.2.5　制动软管每 3 个月须进行试压检查，在水槽内施以 0.6～0.7 MPa 风压试验，保持 5 min 应无泄漏(但表面或边缘发生的气泡在 5 min 内消失者允许使用)。然后再施以 1.0 MPa 水压试验，保持 2 min 应无泄漏，且软管外径膨胀不许超过 8 mm，局部无凸起或膨胀。

3.11.2.6　总风缸高压安全阀开启压力应为 $0.95_{-0.02}^{0}$ MPa，其关闭压力不许低于 0.8 MPa。

3.11.2.7　总装后，总风缸压力在 0.9 MPa 时，压缩空气各管系及总风缸的总泄漏不许超过 0.03 MPa/min。

3.12 机车总装、负载试验及试运

3.12.1 柴油机-牵引发电机组向机车上安装时的要求。

3.12.1.1 柴油机-牵引发电机组纵向与车架纵向中心线左右偏差不大于 2 mm,横向与动力室两侧门中心;连线前后偏差不大于 5 mm。

3.12.1.2 弹性支承的橡胶元件表面不许有裂纹、缺损、但允许存在不大于 70%圆周面积的发纹。当更换橡胶元件时,B 型机体柴油机的橡胶减振元件加载 70 kN,其静挠度应为 8～14 mm,各支承静挠度差不大于2 mm,组装后 4 个座面高度差不大于 1 mm。

3.12.1.3 B 型机体柴油机支承螺栓的螺母与垫圈应有(5±0.5) mm 的间隙。

3.12.1.4 B 型机体柴油机的牵引发电机缓冲支座应刚贴靠且不受压缩。缓冲支座上球座杆与牵引发电机座孔沿整个圆周径向均应有间隙。

3.12.1.5 B 型机体柴油机支承与机体应接触良好、用 0.05 mm 塞尺检查不得贯通。

3.12.1.6 柴油机装车时,各弹性支座下面的调整垫片必须对号入座。

3.12.2 辅助装置向机车上安装时的要求。

3.12.2.1 更换起动变速箱或其底座时,输入轴中心线应低于柴油机-牵引发电机组输出法兰轴线 12～14 mm,与车架纵向中心线水平方向偏差应不大于 8 mm。牵引发电机输出法兰与起动变速箱连接法兰端面间距离为(699±10) mm,万向轴安装后不得顶死。

3.12.2.2 起动发电机、励磁机与起动变速箱连接时,两法兰端面间的距离应为(3±1) mm,同轴度不大于 $\phi$0.30 mm,法兰端面圆跳动在半径150 mm 圆周处测量不大于 0.4 mm。牵引电动机前通风机与起动变速箱连接时,同轴度不大于 $\phi$1.0 mm。

3.12.2.3 更换静液压变速箱或其底座时,输入轴中心线应高于柴油机曲轴中心线(23±2) mm。输入轴中心线与车架纵向中心线水平方向偏差应不大于 8 mm,传动轴花键插入柴油机花键套的长度应为 120～135 mm,花键套与输出油封套单侧径向间隙不小于 1.4 mm。

3.12.2.4 牵引电动机后通风机与静液压变速箱连接时同轴度不大于 $\phi$4 mm。

3.12.3 机车负载试验要求。

3.12.3.1 试验时柴油机按第 3.1.24 条办理。

3.12.3.2　调整辅助发电机电压为(110±2) V(如蓄电池在冬季因充电需要,允许将辅助发电机电压调高,但不超过 5 V);在故障发电工况时,空气压缩机停止工作,主控制手柄 0 位的电压为 40～50 V,16 位的电压应不大于 105 V;在电压调整器失控,辅助发电机电压超过 125 V 时,过压保护装置应可靠动作。

3.12.3.3　试验差式压力计、油压继电器、水温继电器、过流继电器、接地继电器、超速保护及紧急停车等安全保护装置,其作用须准确、可靠。

3.12.3.4　牵引发电机外特性的调整,应在主控制手柄 16 位,风扇满载,空气压缩机停止工作的工况下进行。A、B 型机车的牵引发电机的外特性(整流后直流输出)应符合表 59 的规定。

**表 59　牵引电机外特性要求**

| 电流(A) | | 3 000 | 3 200 | 3 600 | 4 000 | 4 400 | 4 800 |
|---|---|---|---|---|---|---|---|
| 电压上限(V) | B 型 | 725 | 685 | 605 | 545 | 495 | 455 |
| | A 型 | 705 | 665 | 595 | 530 | 480 | 440 |
| 电压下限(V) | B 型 | 685 | 645 | 575 | 515 | 470 | 430 |
| | A 型 | 665 | 625 | 555 | 500 | 455 | 420 |

3.12.3.5　牵引发电机部分特性的调整,有级调速应分别在主控制手柄的 12 位、8 位和 1 位[无级调速相应在:(850±10) r/min、(700±10) r/min、(430±10) r/min]风扇满载,空气压缩机停止工作的工况下进行。相应上述主控制手柄位数的牵引发电机功率(整流后直流输出),B 型机车分别为1 220～1 300 kW,600～700 kW 和 100～150 kW; A 型机车分别为 1 250～1 370 kW,650～780 kW 和 60～100 kW。

3.12.3.6　故障励磁工况下 B、A 型机车牵引发电机的牵引特性(整流后直流输出)应符合表 60 的规定。

**表 60　牵引发电机牵引特性要求**

| 主控制手柄位数 | | 16 | 12 | 8 |
|---|---|---|---|---|
| 无级调速相应柴油机转速(r/min) | | 1 000±10 | 850±10 | 700±10 |
| 电流(A) | | 4 000 | 3 000 | 2 000 |
| 功率(kW) | B 型 | 1 700～1 900 | | |
| | A 型 | 1 600～1 800 | 960～1080 | 440～500 |

3.12.4　机车试运要求。

3.12.4.1　中修机车应进行单程不少于 50 km 的正线试运。

3.12.4.2　机车运行中功率、过渡点速度应符合规定，机车油、水系统温度，轴箱、齿轮箱、牵引电动机轴承温升不允许超过规定标准，各部无泄漏。

3.12.4.3　牵引电动机电流分配不均匀度 $K$ 值，在全磁场工况下中修机车不大于 10%，小修机车不大于 12%；在一级磁场削弱工况下，中修机车不大于 16%，小修机车不大于 18%；在二级磁场削弱工况下，中修机车不大于 20%，小修机车不大于 22%。计算公式为：

$$K=(I_{max}-I_{min})/I_{max}\times 100\%$$

式中　$I_{max}$——支路中最大的电枢电流；

$I_{min}$——支路中最小的电枢电流。

3.13　其他

中修机车须按规定涂印识别标记及标志，并根据需要补漆或喷漆。喷、涂漆的颜色应符合有关规定。

3.14　机车监控及 GPS 系统

按相关技术要求维修，设备出厂完整。



## 附录 1　电力传动内燃机车大修限度

1. 大修限度表使用说明

(1)"原形"栏内的数据，系原设计尺寸。当设计图纸修改时，须以修改后的图纸为准。

(2)"限度"栏内的数据，系机车大修中有关零部件的尺寸不许超过的界限，超过时，须予以修理或更换。

(3)限度表中的单位，除另有标注者外，均为毫米(mm)。

2. 大修限度表

**附表 1　柴油机大修限度**

| 序号 | 名　　称 | 原　　形 | 限　　度 |
|---|---|---|---|
| 1 | 柴油机机体 | | |
| 1.1 | 主轴承孔直径 | $\phi 235^{+0.046}_{0}$ | |
| 1.2 | 主轴承孔圆柱度 | 0.0075 | 0.025 |
| 1.3 | 凸轮轴孔直径 | $\phi 140^{+0.04}_{0}$ | $\phi$140.06 |

续上表

| 序号 | 名　　称 | 原　　形 | 限　　度 |
| --- | --- | --- | --- |
| 1.4 | 上气缸孔直径 | $\phi300^{+0.52}_{0}$ | $\phi$300.090 |
| 1.5 | 下气缸孔直径 | $\phi299^{+0.052}_{0}$ | $\phi$299.090 |
| 1.6 | 止推轴承座宽度 | $82^{-0.09}_{-0.14}$ | 81.00 |
| 2 | 连　接　箱 | | |
| 2.1 | 连接箱厚度 | 332±0.3 | 330.0 |
| 3 | 曲　　轴 | | |
| 3.1 | 主轴颈直径 | $d^{-0.050}_{-0.079}$ | $d^{-0.050}_{-0.130}$ |
| 3.2 | 主轴颈圆柱度 | 0.01 | 0.02 |
| 3.3 | 曲柄销直径 | $d^{-0.050}_{-0.079}$ | $d^{-0.050}_{-0.130}$ |
| 3.4 | 曲柄销圆柱度 | 0.01 | 0.02 |
| 4 | 轴　　瓦 | | |
| 4.1 | 主轴承油润间隙 | 0.210～0.319 | 0.210～0.320 |
| 4.2 | 连杆轴承油润间隙 | 0.170～0.279 | 0.170～0.280 |
| 4.3 | 连杆小端套与活塞销间隙 | 0.09～0.17 | 0.09～0.25 |
| 4.4 | 曲轴轴向间隙 | 0.30～0.40 | 0.30～0.40 |
| 5 | 活　　塞 | | |
| 5.1 | 活塞销直径 | $\phi100^{-0.01}_{-0.03}$ | $\phi$99.94 |
| 5.2 | 活塞销圆柱度 | 0.005 | 0.015 |
| 5.3 | 活塞销孔圆柱度 | 0.010 | 0.025 |
| 5.4 | 活塞环与活塞 1 环槽侧隙 | 0.13～0.17 | 0.13～0.17 |
| 5.5 | 活塞环与活塞 2、3 环槽侧隙 | 0.07～0.12 | 0.07～0.12 |
| 5.6 | 活塞环与活塞油环槽侧隙 | 0.07～0.12 | 0.07～0.12 |
| 5.7 | 活塞直径:顶部 | $\phi238.97^{0}_{-0.03}$ | $\phi$238.89 |
| 5.8 | 活塞直径:裙部 | $\phi239.97^{0}_{-0.04}$ | $\phi$239.70 |
| 5.9 | 活塞销孔直径 | $\phi100^{+0.06}_{+0.04}$ | $\phi$100.08 |
| 6 | 连　　杆 | | |
| 6.1 | 连杆大端孔直径 | $\phi205^{+0.027}_{0}$ | $\phi$205.060 |

续上表

| 序号 | 名　　称 | 原　　形 | 限　　度 |
| --- | --- | --- | --- |
| 6.2 | 连杆大端孔圆柱度 | 0.010 | 0.025 |
| 6.3 | 连杆小端孔圆柱度 | 0.010 | 0.025 |
| 6.4 | 连杆大、小端孔中心距 | 580±0.10 | 580±0.15 |
| 6.5 | 连杆小端与活塞销座侧隙 | 0.35～0.83 | 0.35～0.90 |
| 7 | 气　缸　套 | | |
| 7.1 | 缸套内径(组装后) | $\phi205^{+0.045}_{0}$ | $\phi$240.150 |
| 7.2 | 缸套内孔圆度 | 0.015 | 0.025 |
| 7.3 | 缸套内孔圆柱度 | 0.015 | 0.050 |
| 7.4 | 外套外圆上定位圆直径 | $\phi300^{-0.070}_{-0.125}$ | $\phi$299.840 |
| 7.5 | 水套外圆下定位圆直径 | $\phi299^{-0.08}_{-0.12}$ | $\phi$298.85 |
| 7.6 | 水套外圆上、下定位圆柱度 | 0.010 | 0.025 |
| 8 | 气　缸　盖 | | |
| 8.1 | 排气门与导管孔间隙 | 0.095～0.157 | 0.095～0.157 |
| 8.2 | 进气门与导管孔间隙 | 0.095～0.157 | 0.095～0.200 |
| 8.3 | 摇臂轴直径 | $\phi50^{0}_{-0.025}$ | $\phi$49.940 |
| 8.4 | 摇臂轴与摇臂衬套间隙 | 0.025～0.085 | 0.025～0.150 |
| 8.5 | 摇臂轴轴向间隙 | 0.150～0.586 | 0.150～0.700 |
| 8.6 | 横臂与导杆间隙 | 0.060～0.175 | 0.060～0.250 |
| 8.7 | 推杆导块与推杆导筒间隙 | 0.03～0.09 | 0.03～0.12 |
| 8.8 | 推杆导筒内孔直径 | $\phi60^{+0.03}_{0}$ | $\phi$60.06 |
| 8.9 | 滚轮与衬套间隙 | 0.025～0.077 | 0.025～0.100 |
| 8.10 | 衬套与滚轮轴间隙 | 0.040～0.089 | 0.040～0.120 |
| 9 | 凸　轮　轴 | | |
| 9.1 | 凸轮轴颈直径 | $\phi82^{-0.080}_{-0.125}$ | $\phi$81.840 |
| 9.2 | 凸轮轴颈圆柱度 | 0.01 | 0.025 |
| 9.3 | 凸轮轴颈与凸轮轴承间隙 | 0.095～0.175 | 0.095～0.250 |
| 9.4 | 凸轮轴轴向间隙 | 0.10～0.25 | 0.10～0.40 |
| 10 | 机　油　泵 | | |

续上表

| 序号 | 名　　称 | 原　　形 | 限　　度 |
| --- | --- | --- | --- |
| 10.1 | 齿轮啮合间隙 | 0.20～0.28 | 0.20～0.35 |
| 10.2 | 齿轮与端面总间隙 | 0.20～0.28 | 0.20～0.28 |
| 10.3 | 齿顶圆与泵体孔的间隙 | 0.170～0.296 | 0.170～0.360 |
| 10.4 | 轴套与齿轮轴部间隙 | 0.07～0.12 | 0.07～0.16 |
| 10.5 | 轴套与前、后座板过盈 | 0.04～0.06 | 0.04 |
| 11 | 冷却水泵 | | |
| 11.1 | 叶轮与水封环径向间隙(单边) | 0.13～0.26 | 0.13～0.40 |
| 12 | 喷　油　泵 | | |
| 12.1 | 柱塞与柱塞套间隙 | 0.003～0.005 | 0.003～0.005 |
| 12.2 | 调节齿圈与调节齿杆间隙 | 0.04～0.10 | 0.04～0.15 |
| 12.3 | 调节齿杆与泵体孔间隙 | 0.040～0.093 | 0.040～0.120 |
| 12.4 | 柱塞尾部相对弹簧座下沉量 | 0.08～0.24 | 0.08～0.24 |
| 12.5 | 出油阀行程 | 4.7±0.2 | 4.7±0.2 |
| 12.6 | 滚轮体与下体孔间隙 | 0.03～0.12 | 0.03～0.15 |
| 12.7 | 下体孔直径 | $\phi72^{+0.06}_{0}$ | $\phi$72.09 |
| 12.8 | 滚轮与衬套间隙 | 0.025～0.077 | 0.025～0.100 |
| 12.9 | 衬套与滚轮轴向间隙 | 0.040～0.093 | 0.040～0.120 |
| 13 | 喷　油　器 | | |
| 13.1 | 针阀与针阀体间隙 | 0.001 5～0.004 | 0.001 5～0.004 0 |
| 14 | 增　压　器 | | |
| 14.1 | 止推轴承轴向间隙 | 0.23～0.28 | 0.23～0.28 |
| 14.2 | 轴承套与径向轴承间隙 | 0.130～0.161 | 0.130～0.161 |
| 14.3 | 涡轮端主轴颈与径向轴承间隙 | 0.130～0.161 | 0.130～0.161 |
| 14.4 | 涡轮气封圈与主轴油封单侧间隙 | 0.09～0.11 | 0.09～0.11 |
| 14.5 | 油封盖与油封单侧间隙 | 0.11～0.14 | 0.11～0.14 |
| 14.6 | 涡轮叶片与喷嘴环镶套间隙(单侧) | 0.70～0.81 | 0.60～0.90 |
| 14.7 | 涡轮叶片顶部的圆周方向摆动量 | ≤0.5 | ≤0.5 |
| 14.8 | 压气机叶轮背面与气封的间隙 | 0.4～0.5 | 0.4～0.5 |

续上表

| 序号 | 名　　称 | 原　　形 | 限　　度 |
| --- | --- | --- | --- |
| 14.9 | 压气机叶轮与罩壳的间隙 | 0.5～0.6 | 0.5～0.6 |
| 14.10 | 径向轴承外径 | $\phi52^{+0.015}_{+0.002}$ | $\phi$52.002 |
| 14.11 | 轴承座内径 | $\phi52^{+0.019}_{0}$ | $\phi$52.019 |
| 14.12 | 主轴轴颈直径 | $\phi72^{0}_{-0.011}$ | $\phi$44.980 |
| 15 | 机油离心滤清器 | | |
| 15.1 | 机油离心滤清器主轴与轴套间隙 | 0.030～0.074 | 0.030～0.074 |
| 16 | 联合调节器 | | |
| 16.1 | 座套与中间体的径向间隙 | 0.030～0.045 | 0.030～0.055 |
| 16.2 | 滑阀与座套间隙($\phi$3 处) | 0.04～0.06 | 0.04～0.08 |
| 16.3 | 滑阀与座套间隙($\phi$25 处) | 0.04～0.05 | 0.04～0.07 |
| 16.4 | 滑阀与柱塞间隙 | 0.03～0.04 | 0.03～0.06 |
| 16.5 | 油泵从动齿轮与轴的间隙 | 0.025～0.057 | 0.025～0.057 |
| 16.6 | 油泵从动齿轮端面间隙 | 0.032～0.073 | 0.032～0.073 |
| 16.7 | 从动齿轮分开时中间体与齿轮同径向间隙 | 0.03～0.08 | 0.03～0.10 |
| 16.8 | 储油室活塞与中间体间隙 | 0.010～0.054 | 0.034～0.070 |
| 16.9 | 动力活塞与伺服马达体间隙 | 0.022～0.052 | 0.022～0.070 |
| 16.10 | 补偿活塞与伺服马达体间隙 | 0.020～0.057 | 0.020～0.070 |
| 16.11 | 伺服马达体隔板与活塞杆间隙 | 0.030～0.064 | 0.030～0.070 |
| 16.12 | 功率滑阀与套间隙 | 0.03～0.04 | 0.03～0.06 |
| 17 | 调控传动装置 | | |
| 17.1 | 飞锤座与轴间隙 | 0～0.064 | 0～0.080 |
| 17.2 | 飞锤与飞锤座间隙 | 0.020～0.068 | 0.020～0.068 |
| 17.3 | 摇臂滚轮与销间隙 | 0.013～0.057 | 0.013～0.080 |

**附表 2　辅助及预热装置大修限度**

| 序号 | 名　　称 | 原　　形 | 限　　度 |
| --- | --- | --- | --- |
| 1 | 燃油输送泵 | | |
| 1.1 | 齿轮与泵体径向间隙 | 0.075～0.142 | 0.075～0.150 |
| 1.2 | 齿轮与泵盖轴向间隙 | 0.028～0.070 | 0.028～0.070 |

续上表

| 序号 | 名　　称 | 原　　形 | 限　　度 |
|---|---|---|---|
| 1.3 | 轴与轴套径向间隙 | 0.030～0.074 | 0.030～0.074 |
| 2 | 预热锅炉燃油泵 | | |
| 2.1 | 齿轮与泵体径向间隙 | 0.060～0.118 | 0.060～0.120 |
| 2.2 | 轴向间隙 | 0.008～0.067 | 0.008～0.067 |
| 2.3 | 齿轮轴与轴套间隙 | 0.027～0.043 | 0.027～0.043 |
| 3 | 预热锅炉循环水泵 | | |
| 3.1 | 叶轮与密封压盖间隙 | 0.2～0.7 | 0.2～0.8 |
| 3.2 | 叶轮与壳体间隙 | 0.09～0.66 | 0.09～0.80 |

**附表3　车体及转向架大修限度**

| 序号 | 名　　称 | | 原　　形 | 限　　度 |
|---|---|---|---|---|
| 1 | 百　叶　窗 | | | |
| 1.1 | 百叶窗叶片孔、连接杆孔与销轴间隙 | | 0.25～0.45 | 0.25～1.00 |
| 2 | 牵引装置 | | | |
| 2.1 | 车钩钩体扁销孔 | | $44^{+2}_{0}\times110^{+3}_{0}$ | 48×115 |
| 2.2 | 车钩钩尾框扁销孔 | | $106^{+2}_{0}$ | 112 |
| 2.3 | 钩尾框内侧面磨耗后尺寸 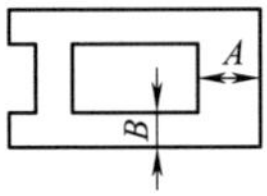 | *A* | 120 | 115 |
| | | *B* | 25 | 21 |
| 2.4 | 钩舌销与销孔径向间隙 | 短向 | 1.2～2.6 | 1.2～2.6 |
| | | 长向 | 3.0～4.4 | 3.0～4.4 |
| 2.5 | 钩体的耳销孔 | | 51 | 52 |
| 2.6 | 钩舌与钩耳上下面的间隙 | | 1～6 | 1～8 |
| 2.7 | 钩扁销与孔的间隙 | 前后之和 | 9～14 | 9～16 |
| | | 左右之和 | 3～7 | 3～9 |
| 2.8 | 从板厚度 | | $57^{+2}_{0}$ | 57 |
| 3 | 车底架旁承梁 | | | |
| 3.1 | 上旁承座孔与球头杆部间隙 | | 4.0～4.9 | 4.0～6.0 |
| 4 | 转向架构架 | | | |

续上表

| 序号 | 名　　称 | 原　　形 | 限　　度 |
|---|---|---|---|
| 4.1 | 拐臂座与拐臂销间隙 | 0.095～0.355 | 0.095～0.500 |
| 5 | 轴箱与轴箱轴承 | | |
| 5.1 | 轴箱滚子轴承径向间隙(轴上测) | 0.090～0.185 | 0.090～0.250 |
| 6 | 轮　　对 | | |
| 6.1 | 轮箍厚度不小于 | 75 | 75 |
| 6.2 | 轮箍宽度不小于 | $140^{+2}_{-1}$ | 136 |
| 6.3 | 同轴轮箍内侧距离相差不大于 | 1 | 1 |
| 6.4 | 轮辋宽度不小于(换箍时测) | 120 | 116 |
| 6.5 | 轮辋直径不小于(换箍时测) | $900^{0}_{-0.2}$ | 894.0 |
| 6.6 | 轮毂孔直径不大于 | 235 | 238 |
| 6.7 | 轮毂内侧面磨耗量 | — | 3 |
| 6.8 | 轮辋锥度与轮箍锥度差 | 0.1 | 0.1 |
| 6.9 | 长毂轮心毂面直径减少量 | — | 4 |
| 6.10 | 车轴抱轴颈直径 | $210^{0}_{-0.09}$ | 204.00 |
| 6.11 | 车轴轮座部分直径 | 235 | 230 |
| 6.12 | 车轴防尘座直径 | 195 | 190 |
| 6.13 | 防尘座过渡到轮座部圆根半径不小千 | 40 | 35 |
| 6.14 | 抱轴颈过渡到轮座部圆根半径不小于 | 40 | 35 |
| 6.15 | 抱轴颈圆柱度 | 0.025 | 0.040 |
| 7 | 牵引齿轮 | | |
| 7.1 | 主动齿轮公法线长度不小于：<br>货运($Z=14,m=12$)2齿 | $59.2235^{0}_{-0.0760}$ | 57.6475 |
| 7.2 | 从动齿轮公法线长度不小于：<br>货运($Z=63,m=12$)7齿 | $241.296^{0}_{-0.112}$ | 239.184 |
| 7.3 | 牵引齿轮轮齿间的侧面间隙 | 0.3～0.9 | 0.3～4.0 |
| 8 | 弹簧及制动装置 | | |
| 8.1 | 轴箱圆弹簧直径局部腐蚀及磨耗减少量 | | 7% |
| 8.2 | 轴箱圆弹簧自由状态时的倾斜 | | 高度×2% |
| 8.3 | 轴箱圆弹簧荷重高度较设计尺寸减小量 | | 2 |

续上表

| 序号 | 名　　称 | 原　　形 | 限　　度 |
|---|---|---|---|
| 8.4 | 制动装置各销直径减少量 | | 0.5 |
| 8.5 | 制动装置各杆销孔磨耗量 | | 0.5 |
| 8.6 | 制动装置调整器转盘与套筒配合间隙 | 0.12～0.31 | 0.12～0.80 |
| 9 | 支　　承 | | |
| 9.1 | 球面座减少量 | 17±0.2 | 15.0 |
| 9.2 | 球头减少量 | 50±0.3 | 47.0 |
| 9.3 | 下摩擦板厚度 | 16±0.1 | 15.0 |
| 10 | 电机悬挂装置 | | |
| 10.1 | 吊杆座与电动机接触面局部间隙不大于 | 0.2 | 0.2 |
| 10.2 | 抱轴瓦与安装孔的最大过盈 | — | 0.035 |
| 11 | 油压减振器 | | |
| 11.1 | 活塞杆与导向套间隙 | 0.008～0.045 | 0.008～0.200 |
| 11.2 | 缸筒圆柱度 | 0.01 | 0.02 |
| 11.3 | 活塞与缸筒间隙 | 0.03～0.09 | 0.03～0.12 |
| 11.4 | 套阀与阀座间隙 | 0.016～0.070 | 0.016～0.170 |
| 11.5 | 心阀与套阀间隙 | 0.016～0.070 | 0.016～0.150 |
| 12 | 牵引杆 | | |
| 12.1 | 拐臂销与拐臂衬套间隙 | 0.095～0.395 | 0.200～0.500 |
| 12.2 | 连接杆销与拐臂衬套间隙 | 0.095～0.395 | 0.180～0.500 |
| 12.3 | 球承与球承外套间隙 | 0.005～0.210 | 0.036～0.500 |

**附表 4　制动及空气系统大修限度**

| 序号 | 名　　称 | | 原　　形 | 限　　度 |
|---|---|---|---|---|
| 1 | 空气压缩机 | | | |
| 1.1 | 气缸圆柱度 | | 0.01 | 0.03 |
| 1.2 | 活塞与气缸间隙 | 低压气缸 | 0.32～0.40 | 0.32～0.56 |
| | | 高压气缸 | 0.32～0.40 | 0.32～0.56 |
| 1.3 | 曲轴连杆颈的圆柱度 | | 0.01 | 0.01 |
| 1.4 | 曲轴连杆颈与连杆衬套间隙 | | 0.036～0.064 | 0.036～0.064 |

续上表

| 序号 | 名称 | | 原形 | 限度 |
|---|---|---|---|---|
| 1.5 | 活塞各胀圈和胀圈槽的侧向间隙 | 低压 | 0.025～0.052 | 0.025～0.100 |
| | | 高压 | 0.015～0.047 | 0.015～0.100 |
| | | 油环 | 0.015～0.050 | 0.015～0.100 |
| 1.6 | 连杆衬套与活塞销的间隙 | | 0.015～0.024 | 0.015～0.050 |
| 1.7 | 活塞销、连杆衬套圆柱度 | | 0.007 | 0.015 |
| 1.8 | 活塞圆度 | | 0.02 | 0.03 |
| 1.9 | 气阀凸台不小于 | | 1 | 1 |
| 1.10 | 吸气阀片内圆与阀座间隙 | | 0.05～0.21 | 0.05～0.21 |
| 1.11 | 排气大阀片内圆与气阀盖间隙 | | 0.04～0.18 | 0.04～0.18 |
| 1.12 | 排气小阀片内圆与气阀盖间隙 | | 0.032～0.150 | 0.032～0.150 |
| 1.13 | 阀片行程:吸气阀片排气阀片 | | 1.5<br>2 | 1.5<br>2 |
| 1.14 | 油泵齿轮轴与衬套间隙 | | 0.016～0.070 | 0.016～0.070 |
| 1.15 | 油泵齿轮端面与油泵体和盖间隙 | | 0.010～0.038 | 0.010～0.038 |
| 1.16 | 油泵齿轮副侧隙 | | 0.04～0.17 | 0.04～0.25 |
| 1.17 | 油泵齿轮与油泵体径向间隙 | | 0.060～0.126 | 0.060～0.126 |
| 2 | 制动机 | | | |
| 2.1 | 自阀、单阀心轴与套孔间隙 | | 0.016～0.070 | 0.016～0.350 |
| 2.2 | 自阀单阀凸轮方孔与轴的间隙 | | 0.005～0.050 | 0.005～0.100 |
| | 各柱塞、柱塞阀、阀杆、活塞、阀 | $\phi$12,$\phi$14,$\phi$18 处 | 0.016～0.070 | 0.016～0.120 |
| 2.3 | 与阀套的间隙 | $\phi$20 处 | 0.020～0.076 | 0.020～0.120 |
| | | $\phi$22,$\phi$24,$\phi$30 处 | 0.020～0.086 | 0.020～0.150 |
| | | $\phi$36,$\phi$50 处 | 0.025～0.103 | 0.025～0.180 |
| | | $\phi$20 处 | 0.020～0.076 | 0.020～0.180 |
| 2.4 | 各阀套与体、体套的间隙 | $\phi$22,$\phi$24,$\phi$30 处 | 0.020～0.086 | 0.020～0.180 |
| | | $\phi$32,$\phi$34,$\phi$36,$\phi$40,$\phi$50 处 | 0.025～0.103 | 0.025～0.200 |

## 附表 5　电机大修限度

| 序号 | 名　　称 | | 原　　形 | 限　　度 |
|---|---|---|---|---|
| 1 | 同步主发电机 | | | |
| 1.1 | 电机转轴装配轴承处的直径 | | $\phi130^{+0.040}_{+0.013}$ | $\phi130^{+0.040}_{+0.013}$ |
| 1.2 | 端盖轴承孔的圆柱度 | | 0.025 | 0.030 |
| 1.3 | 轴承外圈与端盖轴承孔的径向间隙 | | 0.085 | 0.100 |
| 1.4 | 轴承径向游隙 | 装配前 | 0.145～0.190 | 0.145～0.190 |
| | | 装配后 | 0.105～0.165 | 0.105～0.165 |
| 1.5 | 电机单边气隙 | | 3±0.18 | ≥2.00 |
| 1.6 | 定子与转子对边间隙差 | | | ≤0.6 |
| 1.7 | 电刷在刷盒中的间隙 | 沿电刷厚度方向 | 0.07～0.35 | 0.07～0.42 |
| | | 沿电刷宽度方向 | 0.08～0.42 | 0.08～0.50 |
| 1.8 | 电刷盒与滑环工作面距离 | | 2～5 | 2～5 |
| 1.9 | 电刷压力(N) | | 19.6～24.5 | 19.6～24.5 |
| 1.10 | 电刷与滑环接触面积 | | ≥80% | ≥80% |
| 1.11 | 滑环工作面直径 | | $\phi380^{+0.76}_{0}$ | $\phi364.00$ |
| 1.12 | 电机试验后滑环工作面跳动量 | | 0～0.10 | 0.15 |
| 2 | 牵引电动机 | | | |
| 2.1 | 转轴 1∶10 锥面中间部位处对轴承挡的跳动量 | | 0.10 | 0.12 |
| 2.2 | 机座端盖孔圆度 | | 0.035 | 0.055 |
| 2.3 | 机座磁极凸台内径圆度 | | 0.07 | 0.10 |
| 2.4 | 端盖装配的过盈量 | | 0.005～0.110 | 0.005～0.110 |
| 2.5 | 转轴装配轴承处的直径 | 传动侧 | $\phi130^{+0.055}_{+0.035}$ | $\phi130^{+0.055}_{+0.035}$ |
| | | 换向器侧 | $\phi85^{+0.045}_{+0.023}$ | $\phi85^{+0.045}_{+0.023}$ |
| 2.6 | 转轴轴颈跳动量 | 传动侧 | 0～0.03 | 0.03 |
| | | 换向器侧 | 0～0.03 | 0.03 |
| 2.7 | 端盖轴承孔的圆柱度 | 传动侧 | 0～0.027 | 0.030 |
| | | 换向器侧 | 0～0.023 | 0.025 |

| 序号 | 名　　称 | | 原　　形 | 限　　度 |
| --- | --- | --- | --- | --- |
| 2.8 | 轴承外圈轴承座孔的径向间隙 | 传动侧 | 0～0.075 | 0.100 |
| | | 换向器侧 | 0～0.06 | 0.08 |
| 2.9 | 装配前轴承径向游隙 | 传动侧 | 0.15～0.18 | 0.15～0.18 |
| | | 换向器侧 | 0.120～0.145 | 0.120～0.145 |
| 2.10 | 装配后轴承径向游隙 | 传动侧 | 0.07～0.16 | 0.07～0.16 |
| | | 换向器侧 | 0.06～0.12 | 0.06～0.12 |
| 2.11 | 电枢轴向移动量 | | 0.15～0.40 | 0.50 |
| 2.12 | 磁极铁芯下面的空气隙 | 主极下面 | 5.0 | 5±0.4 |
| | | 换向极下面 | 7.0 | 7±0.4 |
| 2.13 | 磁极铁芯内径 | 主极 | $\phi 503 \pm 0.4$ | $\phi 503 \pm 0.4$ |
| | | 换向极 | $\phi 507 \pm 0.4$ | $\phi 507 \pm 0.4$ |
| 2.14 | 电刷在刷盒的间隙 | 沿电刷厚度方向 | 0.05～0.26 | 0.05～0.50 |
| | | 沿电刷宽度方向 | 0.08～0.38 | 0.08～0.60 |
| 2.15 | 刷盒底面与换向器工作面距离 | | $3^{+2}_{-1}$ | 2～5 |
| 2.16 | 刷盒底面与换向器工作面轴向倾斜度 | | ≤1 | ≤1 |
| 2.17 | 刷盒与换向器外端面距离 | | 4±2 | 2～6 |
| 2.18 | 电刷压力(N) | | 44.1±4.9 | 39.2～49.0 |
| 2.19 | 换向器工作面直径 | | $\phi 400^{+2}_{0}$ | $\phi 376$ |
| 2.20 | 换向器云母槽下刻深度 | | 1.0～1.5 | 1.0～1.5 |
| 2.21 | 电机试验后换向器工作面跳动量 | | 0～0.04 | 0.06 |
| 3 | 起动发电机 | | | |
| 3.1 | 磁极铁芯下面空气隙 | 主极下面 | 3.0 | 3±0.3 |
| | | 换向极下面 | 5 | 5 |
| 3.2 | 磁极铁芯内径 | 主极 | $\phi 333^{+0.11}_{-0.40}$ | $\phi 333^{+0.30}_{-0.60}$ |
| | | 换向极 | $\phi 337 \pm 0.3$ | $\phi 337 \pm 0.3$ |
| 3.3 | 电刷在刷盒中的间隙 | 沿电刷厚度方向 | 0.05～0.26 | 0.05～0.30 |
| | | 沿电刷宽度方向 | 0.08～0.40 | 0.08～0.48 |

续上表

| 序号 | 名　　称 | 原　　形 | 限　　度 |
| --- | --- | --- | --- |
| 3.4 | 刷盒底面与换向器工作面距离 | 3±1 | 2～4 |
| 3.5 | 电刷压力(N) | 37±4 | 37±4 |
| 3.6 | 换向器工作面直径 | $\phi 260^{+1.5}_{0}$ | $\phi 247.0$ |
| 3.7 | 换向器云母槽下刻深度 | 1.0～1.5 | 1.0～1.5 |
| 3.8 | 电机试验后换向器工作面跳动量 | 0～0.04 | 0～0.06 |
| 4 | GQL型励磁机 | | |
| 4.1 | 单边空气隙 | 0.7 | 0.7 |

## 附表6　电器大修限度

<table>
<tr><th>序号</th><th colspan="2">名　　称</th><th>原　　形</th><th>限　　度</th></tr>
<tr><td>1</td><td colspan="4">电空接触器</td></tr>
<tr><td rowspan="2">1.1</td><td rowspan="2">主触头厚度</td><td>动触头</td><td>$8^{0}_{-0.5}$</td><td>≥6.5</td></tr>
<tr><td>静触头</td><td>$7^{+0.3}_{0}$</td><td>6.0</td></tr>
<tr><td>1.2</td><td colspan="2">主触头接触线长度</td><td>>75%</td><td>>75%</td></tr>
<tr><td>1.3</td><td colspan="2">主触头组装偏差</td><td>≤1.5</td><td>≤1.5</td></tr>
<tr><td>2</td><td colspan="4">转换开关</td></tr>
<tr><td>2.1</td><td colspan="2">主触头触指厚度</td><td>8.0</td><td>6.5</td></tr>
<tr><td>2.2</td><td colspan="2">主触头鼓形组件厚度</td><td>8.0</td><td>6.5</td></tr>
<tr><td>2.3</td><td colspan="2">主触头接触线长度</td><td>>75%</td><td>>75%</td></tr>
<tr><td>2.4</td><td colspan="2">主触头组装偏差</td><td>≤2</td><td>≤2</td></tr>
<tr><td>2.5</td><td colspan="2">辅助触头组装偏差</td><td>≤1</td><td>≤1</td></tr>
<tr><td>3</td><td colspan="4">电磁接触器</td></tr>
<tr><td rowspan="4">3.1</td><td rowspan="4">主触头厚度</td><td>CZO-400/10<br>动触头</td><td>10</td><td>8</td></tr>
<tr><td>CZO-400/10<br>静触头</td><td>8.0</td><td>6.5</td></tr>
<tr><td>CZO-250/20<br>动触头</td><td>8.0</td><td>6.5</td></tr>
<tr><td>CZO-250/20<br>静触头</td><td>6.5</td><td>4.5</td></tr>
</table>

续上表

| 序号 | 名　　称 | | 原　　形 | 限　　度 |
|---|---|---|---|---|
| 3.1 | 主触头厚度 | CZO-40/20动触头 | 2.5 | 2.0 |
| | | CZO-40/20静触头 | 3.5 | 2.5 |
| 3.2 | 主触头接触面积 | | ＞80% | ＞80% |
| 3.3 | 主触头组装偏差 | CZO-400/10 | ≤1.5 | ≤1.5 |
| | | CZO-250/20 | ≤1.5 | ≤1.5 |
| | | CZO-40/20 | ≤1 | ≤1 |
| 4 | 中间继电器 | | | |
| 4.1 | 触头厚度 | | 2.0 | 1.5 |
| 4.2 | 触头组装偏差 | | ≤1 | ≤1 |
| 5 | 过流、接地继电器 | | | |
| 5.1 | 动触头厚度 | | 2.0 | 1.5 |
| 5.2 | 静触头厚度 | | 1.5 | 1.0 |
| 5.3 | 组装偏差 | | ≤1 | ≤1 |
| 6 | 司机控制器 | | | |
| 6.1 | 触头组装偏差 | | ≤1 | ≤1 |
| 6.2 | 触头滚轮与凸轮在轴向组装偏差 | | ≤1.5 | ≤1.5 |

**附表7　辅助传动装置大修限度**

| 序号 | 名　　称 | 原　　形 | 限　　度 |
|---|---|---|---|
| 1 | 变速箱 | | |
| 1.1 | 后变速箱齿轮啮合间隙 | 0.13～0.35 | 0.13～0.50 |
| 1.2 | 前变速箱齿轮啮合间隙 | 0.15～0.40 | 0.15～0.50 |
| 1.3 | 齿轮公法线减少量 | | 0.25 |
| 2 | 花键连接 | | |
| 2.1 | 各花键配合间隙 | | 0.30 |

续上表

| 序号 | 名　　称 | 原　　形 | 限　　度 |
|---|---|---|---|
| 3 | 万向轴 | | |
| 3.1 | 轴套与轴承体间隙 | 0.025～0.077 | 0.025～0.077 |
| 3.2 | 十字销头与轴套间隙 | 0.070～0.085 | 0.070～0.100 |
| 3.3 | 十字销头头部直径 | $\phi35_{-0.07}^{-0.05}$ | $\phi$34.95～$\phi$34.93 |
| 4 | 静液压泵及马达 | | |
| 4.1 | 活塞与油缸体的配合间隙 | 0.025～0.035 | 0.025～0.050 |
| 5 | 安全阀 | | |
| 5.1 | 滑阀与阀体间隙 | 0.01～0.02 | 0.01～0.02 |
| 5.2 | 导阀与导阀体间隙 | 0.015～0.031 | 0.015～0.031 |
| 5.3 | 减振器阀与减振器体间隙 | 0.008～0.045 | 0.008～0.045 |
| 6 | 温度控制阀 | | |
| 6.1 | 阀与阀体间隙 | 0.015～0.025 | 0.015～0.025 |

## 附录 2　电力传动内燃机车大修零件探伤范围

机车大修须按附表 8 所列零件进行探伤检查，发现裂纹时，根据该零件规定的技术条件，予以消除、修复或更换。

**附表 8　电力传动内燃机车大修零件**

| 序　　号 | 零部件名称 |
|---|---|
| 1 | 柴油机 |
| 1.1 | 机体装配 |
| 1.1.1 | 机体 |
| 1.1.2 | 主轴承盖 |
| 1.1.3 | 主轴承螺栓 |
| 1.1.4 | 横拉螺钉 |
| 1.1.5 | 气缸螺栓 |
| 1.2 | 机座支承 |
| 1.2.1 | 支承(一) |

续上表

| 序　号 | 零部件名称 |
|---|---|
| 1.2.2 | 支承(二) |
| 1.2.3 | 螺钉 |
| 1.3 | 活塞、连杆 |
| 1.3.1 | 活塞体及套 |
| 1.3.2 | 活塞销 |
| 1.3.3 | 连杆体及盖 |
| 1.4 | 连接箱 |
| 1.4.1 | 连接箱体 |
| 1.4.2 | 泵支承箱装配 |
| 1.5 | 曲轴总装配 |
| 1.5.1 | 曲轴 |
| 1.5.2 | 减振器花键轴 |
| 1.5.3 | 减振器弹簧片 |
| 1.5.4 | 曲轴螺栓、圆柱销 |
| 1.6 | 传动机构 |
| 1.6.1 | 双联齿轮、中间齿轮、曲轴齿轮、凸轮轴齿轮 |
| 1.6.2 | 中间齿轮支架、双联齿轮支架 |
| 1.7 | 配气机构与凸轮轴 |
| 1.7.1 | 气缸盖装配 |
| 1.7.2 | 喷油器压块 |
| 1.7.3 | 气门摇臂及轴 |
| 1.7.4 | 气门横臂及导杆 |
| 1.7.5 | 推杆、导块、滚轮 |
| 1.7.6 | 凸轮轴 |
| 1.8 | 半刚性联轴节 |
| 1.8.1 | 主动盘 |
| 1.8.2 | 从动盘 |
| 1.8.3 | 钢片 |
| 1.9 | 泵传动装置 |
| 1.9.1 | 输出法兰 |
| 1.9.2 | 螺钉 M16×1.5 |

续上表

| 序　号 | 零部件名称 |
| --- | --- |
| 1.9.3 | 泵主动齿轮 |
| 1.10 | 增压器 |
| 1.10.1 | 主轴轮盘组合 |
| 1.10.2 | 涡轮叶片、喷嘴环叶片、轴承套、止推垫板 |
| 1.10.3 | 压气机工作轮组合 |
| 1.11 | 泵类 |
| 1.11.1 | 高、低温水泵轴 |
| 1.11.2 | 机油泵轴 |
| 1.11.3 | 机油泵齿轮 |
| 2 | 机车 |
| 2.1 | 辅助传动装置 |
| 2.1.1 | 变速箱各种齿轮 |
| 2.1.2 | 变速箱各种传动轴 |
| 2.1.3 | 变速箱法兰 |
| 2.1.4 | 万向轴(叉头轴、叉头及叉头法兰、轴承盖、十字销头) |
| 2.1.5 | 静液压泵主轴及马达主轴 |
| 2.1.6 | 静液压泵心轴及马达心轴 |
| 2.1.7 | 静液压泵及马达活塞连杆滚压装配 |
| 2.2 | 空压机 |
| 2.2.1 | 曲轴 |
| 2.2.2 | 活塞销 |
| 2.2.3 | 连杆、连杆盖、连杆螺钉 |
| 2.3 | 辅助装置 |
| 2.3.1 | 冷却风扇 |
| 2.3.2 | 通风机轴 |
| 2.3.3 | 通风机尼龙绳法兰 |
| 2.4 | 转向架 |
| 2.4.1 | 构架拉杆座切口 |
| 2.4.2 | 轴箱拉杆 |
| 2.4.3 | 心轴(一) |
| 2.4.4 | 心轴(二) |

续上表

| 序　　号 | 零部件名称 |
| --- | --- |
| 2.4.5 | 轴箱体拉杆切口 |
| 2.4.6 | 车轴 |
| 2.4.7 | 车轴轴承 |
| 2.4.8 | 轮箍 |
| 2.4.9 | 主、从动牵引齿轮 |
| 2.4.10 | 电动机悬挂装置吊杆及吊杆座 |
| 2.4.11 | 牵引销、牵引杆销、连接杆销、拐臂销连接杆 |
| 2.4.12 | 球承和球承外套 |
| 2.4.13 | 拐臂 |
| 2.4.14 | 牵引杆 |
| 2.4.15 | 制动装置、横杆、竖杆及销 |
| 2.5 | 车体 |
| 2.5.1 | 车钩、钩舌及销 |
| 2.5.2 | 钩尾销 |
| 2.5.3 | 钩体 |
| 2.5.4 | 钩尾框 |
| 2.5.5 | 缓冲器弹簧 |
| 2.5.6 | 底架拉杆座切口 |
| 2.6 | 电机 |
| 2.6.1 | 转子轴颈、轴伸 |
| 2.6.2 | 同步主发电机磁极螺栓 |
| 2.6.3 | 牵引电动机磁极螺栓 |

## 附录3　电力传动内燃机车中修限度

1. 限度表说明

(1)本规程的限度表与规程条文具有同等效力。

(2)本规程的限度表，按机车部件或部位顺序排列，表中有关栏目及符号的含义是：

①“原形”系指原设计尺寸或数据(若设计修改时,应以修改后的设计为准)。

②“中修限度”系指机车中修时,其有关部分(或配件)超过或不符合此限度者,须予以修理或更换。

③“禁用限度”系指机车检查或修理时,达到此限度者,不许继续使用。

④限度栏内标有“—”记号的,均系暂未确定的限度,其中“中修”暂按“原形”限度掌握;“禁用”限度在确保质量和安全的前提下,可自行掌握。

2. 限度表

**附表9　柴油机限度表**

| 序号 | 名　　称 | | 原　形 | 限　　度 | |
|---|---|---|---|---|---|
| | | | | 中　修 | 禁　用 |
| 机　　体 | | | | | |
| 1 | 主轴承孔同轴度(ϕ) | | | | |
| | 全长 | 用球铁曲轴 | 0～0.05 | 0.14 | — |
| | | 用钢曲轴 | 0～0.10 | 0.14 | — |
| | 相邻 | 用球铁曲轴 | 0～0.03 | 0.10 | — |
| | | 用钢曲轴 | 0～0.06 | 0.08 | — |
| 2 | 主轴承孔圆度、圆柱度 | | | | |
| | 用球铁曲轴 | | 0～0.015 | 0.05 | — |
| | 用钢曲轴 | | 0～0.015 | 0.04 | — |
| 3 | 凸轮轴孔同轴度(ϕ) | | | | |
| | 全长 | | 0～0.10 | 0.40 | 0.50 |
| | 相邻 | | 0～0.05 | 0.12 | 0.20 |
| 4 | 主轴颈及连杆颈圆度、圆柱度 | | 0～0.02 | 0.04 | 0.12 |
| 轴　　瓦 | | | | | |
| 5 | 主轴承润滑间隙 | | 0.20～0.25 | 0.30 | 0.35 |
| 6 | 连杆轴承润滑间隙 | | 0.15～0.24 | 0.30 | 0.35 |
| 7 | 曲轴轴向移动量 | | 0.25～0.35 | 0.45 | 0.50 |

续上表

| 序号 | 名称 | | 原形 | 限度 | |
|---|---|---|---|---|---|
| | | | | 中修 | 禁用 |
| 万向节(泵传动装置) | | | | | |
| 8 | 十字头销与衬套径向间隙 | | 0.04～0.102 | 0.22 | 0.25 |
| 活塞连杆组 | | | | | |
| 9 | 铝活塞销座孔圆度、圆柱度 | | 0.02 | 0.05 | 0.08 |
| 10 | 活塞销圆度、圆柱度 | | 0.01 | 0.05 | 0.08 |
| 11 | 活塞销与活塞销座孔径向间隙 | 铝活塞 | 0.012 5～0.054 5 | 0.08 | 0.12 |
| | | 铸铁活塞 | 0.05～0.09 | 0.12 | — |
| 12 | 活塞环与环槽侧面间隙 | | | | |
| | 铝活塞 | 第1、2道气环 | 0.11～0.17 | 0.25 | 0.30 |
| | | 第3、4道气环 | 0.06～0.13 | 0.20 | 0.30 |
| | | 油环 | 0.05～0.13 | 0.18 | 0.25 |
| | 球墨铸铁活塞 | 第1道气环 | 0.12～0.17 | 0.23 | 0.28 |
| | | 第2、3道气环 | 0.04～0.12 | 0.15 | 0.25 |
| | | 油环 | 0.04～0.12 | 0.13 | 0.18 |
| 12 | 钢顶铝活塞 | 第1、2道气环 | 0.13～0.17 | 0.25 | 0.30 |
| | | 第3道气环 | 0.09～0.13 | 0.20 | 0.30 |
| | | 油环 | 0.10～0.15 | 0.18 | 0.25 |
| 13 | 活塞环自由开口间隙 | | | | |
| | 气环 | | 28～32 | 28～32 | 20～32 |
| | 油环 | | 28～32 | 16～20 | 10～20 |
| 14 | 活塞环闭口间隙: | | | | |
| | 气环 | | 1.0～1.3 | 2.0 | 3.0 |
| | 油环 | | 0.80～1.10 | 1.5 | 2.5 |
| 15 | 活塞与气缸套径向间隙 | | | | |
| | 铝活塞 | 顶部 | 1.90～1.975 | 2.23 | 2.50 |
| | | 裙部 | 0.65～0.755 | 1.03 | 1.20 |
| | 铸铁活塞 | 顶部 | 1.03～1.105 | 1.40 | — |
| | | 裙部 | 0.21～0.295 | 0.60 | — |

续上表

| 序号 | 名称 | | 原形 | 限度 | |
|---|---|---|---|---|---|
| | | | | 中修 | 禁用 |
| 15 | 钢顶铝活塞 | 顶部 | 1.50～1.645 | 1.90 | — |
| | | 裙部 | 0.34～0.465 | 0.72 | — |
| 16 | 连杆大端孔圆度、圆柱度 | | 0～0.02 | 0.05 | 0.08 |
| 17 | 连杆小端孔(带套)圆度、圆柱度 | | 0～0.03 | 0.06 | 0.075 |
| 18 | 连杆小端衬套与活塞销径向间隙 | | 0.05～0.144 | 0.25 | 0.30 |
| 气缸盖 | | | | | |
| 19 | 气门杆与气门导管径向间隙 | | 0.095～0.157 | 0.26 | 0.32 |
| 20 | 气门底面对气缸盖底面凹入量 | | 1.5～2.0 | 4.5 | 5.0 |
| 21 | 摇臂衬套与摇臂轴径向间隙 | | 0.025～0.089 | 0.20 | 0.25 |
| 22 | 摇臂轴向总间隙 | | 0.15～0.586 | 0.80 | 1.0 |
| 23 | 横臂与横臂导杆的径向间隙 | | 0.065～0.15 | 0.25 | 0.30 |
| 24 | 销夹套顶部厚度 | | 5.0 | ≥4.0 | ≥3.0 |
| 气缸套 | | | | | |
| 25 | 气缸套内径(带水套测量) | | $240^{+0.045}_{0}$ | $240^{+0.30}_{0}$ | $240^{+0.50}_{0}$ |
| 26 | 气缸套与水套组装后内径的圆度 | | 0～0.03 | 0.10 | 0.15 |
| 27 | 气缸套与水套组装后内径的圆柱度 | | 0～0.03 | 0.20 | — |
| 凸轮轴 | | | | | |
| 28 | 凸轮轴轴颈圆度、圆柱度 | | 0～0.02 | 0.06 | 0.08 |
| 29 | 凸轮轴瓦油润间隙 | | 0.084～0.173 | 0.25 | 0.30 |
| 30 | 凸轮轴轴向移动量 | | 0.10～0.25 | 0.40 | 0.45 |
| 31 | 凸轮轴瓦与机体孔径向间隙 | | 0.014～0.079 | 0.10 | — |
| 进排气推杆 | | | | | |
| 32 | 导块与导孔径向间隙 | | 0.03～0.09 | 0.12 | 0.20 |
| 33 | 滚轮衬套与滚轮轴径向间隙 | | 0.04～0.082 | 0.12 | 0.15 |
| 34 | 滚轮与衬套径向间隙 | | 0.025～0.075 | 0.10 | 0.12 |
| 传动齿轮 | | | | | |
| 35 | 曲轴齿轮与中间齿轮啮合间隙 | | 0.20～0.40 | 0.60 | — |

续上表

| 序号 | 名　　称 | 原　形 | 限　　度 | |
|---|---|---|---|---|
| | | | 中　修 | 禁　用 |
| 36 | 其余各对配气齿轮啮合间隙 | 0.15～0.35 | 0.60 | — |
| 37 | 各泵传动齿轮啮合间隙 | 0.20～0.40 | 0.60 | — |
| 38 | 调控传动装置传动齿轮啮合间隙 | 0.05～0.17 | 0.25 | — |
| 39 | 调控传动装置伞齿轮啮合间隙 | 0.05～0.15 | 0.20 | — |
| 45GP802-4 型涡轮增压器压气机部分 | | | | |
| 40 | 轴套与主轴径向间隙 | 0.008～0.012 | 0.012 | — |
| 41 | 径向轴承与轴套径向间隙 | 0.12～0.15 | — | 0.18 |
| 42 | 油封盖与油封单侧间隙 | 0.11～0.14 | 0.14 | 0.14 |
| 43 | 止推轴承轴向间隙 | 0.23～0.28 | 0.33 | 0.38 |
| 44 | 叶轮与气封间隙 | 0.50～0.60 | 0.60 | — |
| 45 | 叶轮与罩壳间隙 | 0.50～0.60 | 0.70 | — |
| 涡轮部分 | | | | |
| 46 | 主轴与径向轴承间隙 | 0.12～0.15 | — | 0.18 |
| 47 | 主轴与气封碳精圈内孔间隙 | 0.13～0.179 | | |
| | 主轴与油封碳精圈内孔间隙 | 0.01～0.045 | | |
| ZN290 型涡轮增压器压气机部分 | | | | |
| 48 | 轴承外径与轴承座孔径向间隙 | 0.13～0.157 | | 0.13～0.17 |
| 49 | 轴承内径与主轴径向间隙 | 0.01～0.032 | | 0.01～0.032 |
| 50 | 止推轴承轴向间隙 | 0.10～0.23 | | 0.10～0.30 |
| 51 | 叶轮与罩壳单侧间隙 | 0.60～0.90 | | 0.60～0.90 |
| 52 | 轴承盖负止推轴承厚度 | $8.88_{-0.022}^{0}$ | | $8.88_{-0.050}^{0}$ |
| 涡轮部分 | | | | |
| 53 | 轴承外径与轴承座孔径向间隙 | 0.15～0.182 | | 0.15～0.20 |
| 54 | 轴承内径与主轴径向间隙 | 0.02～0.047 | | 0.02～0.047 |
| 55 | 涡轮叶片与镶套单侧间隙 | 0.75～0.85 | | 0.75～0.90 |
| 喷　油　泵 | | | | |
| 56 | 调节齿杆与调节齿圈间隙 | 0.04～0.10 | 0.15 | 0.25 |

续上表

| 序号 | 名　　称 | 原　形 | 限　　度 | |
|---|---|---|---|---|
| | | | 中　修 | 禁　用 |
| 57 | 调节齿杆与泵体孔间隙 | 0.04～0.093 | 0.20 | 0.30 |
| 58 | 柱塞尾端相对弹簧座的下沉量 | 0.08～0.24 | ≥0.15 | ≥0.08 |
| 喷油泵下体 | | | | |
| 59 | 推杆与推杆套径向间隙 | 0.03～0.12 | 0.15 | 0.20 |
| 60 | 滚轮衬套与滚轮轴径向间隙 | 0.04～0.093 | 0.12 | 0.15 |
| 61 | 滚轮与衬套径向间隙 | 0.025～0.077 | 0.10 | 0.12 |
| 联合调节器 | | | | |
| 62 | 调速滑阀与旋转套径向间隙 | 0.03～0.04 | 0.08 | 0.10 |
| 63 | 旋转套与体间隙 | 0.02～0.043 | 0.08 | 0.10 |
| 64 | 储油室活塞与中间体间隙 | 0.01～0.054 | — | 0.08 |
| 65 | 套座与中间体间隙 | 0.03～0.04 | 0.08 | 0.10 |
| 66 | 柱塞与滑阀间隙 | 0.03～0.04 | 0.08 | 0.10 |
| 67 | 滑阀与套座间隙：<br>大直径处（$\phi$25）<br>小直径处（$\phi$13） | <br>0.04～0.05<br>0.04～0.06 | <br>0.08<br>0.10 | <br>0.10<br>0.12 |
| 68 | 补偿弹簧筒与套座间隙<br>（缓冲弹簧衬套与套座间隙） | 0.008～0.045 | 0.08 | — |
| 69 | 油泵齿轮与体径向间隙 | 0.03～0.08 | 0.14 | 0.17 |
| 70 | 从动齿轮与体端面间隙 | 0.031～0.083 | 0.20 | 0.40 |
| 71 | 从动齿轮与轴间隙 | 0.025～0.057 | — | 0.08 |
| 72 | 油泵齿轮啮合间隙 | 0.04～0.17 | 0.35 | 0.40 |
| 73 | 飞块横向移动量 | 0.03～0.07 | 0.02～0.10 | — |
| 74 | 动力活塞与伺服马达体间隙 | 0.022～0.052 | 0.08 | 0.10 |
| 75 | 补偿活塞与伺服马达体间隙 | 0.02～0.057 | 0.10 | 0.12 |
| 76 | 步进电机传动伞齿轮啮合间隙 | | 0.25 | 0.25 |
| 调控传动装置 | | | | |
| 77 | 飞锤与飞锤体间隙 | 0.02～0.068 | 0.10 | — |
| 78 | 摇臂滚轮与销间隙 | 0.013～0.057 | 0.10 | 0.12 |

续上表

| 序号 | 名　称 | 原　形 | 限　度 | |
|---|---|---|---|---|
| | | | 中　修 | 禁　用 |
| 79 | 停车按钮顶杆活塞与体孔间隙 | 0～0.054 | 0.10 | — |
| 主机油泵 | | | | |
| 80 | 斜齿轮与泵体径向间隙(直径差) | 0.41～0.50 | 0.70 | 0.80 |
| 81 | 斜齿轮啮合间隙 | 0.292～0.708 | | |
| 82 | 斜齿轮与轴承座板端面总间隙 | 0.25～0.34 | 0.34 | — |
| 起动机油泵 | | | | |
| 83 | 齿轮与泵体径向间隙(直径差) | 0.13～0.205 | 0.36 | 0.40 |
| 84 | 齿轮与泵体和盖的端面总间隙 | 0.05～0.11 | 0.15 | 0.20 |
| 85 | 轴与衬套间隙 | 0.06～0.09 | 0.15 | 0.20 |
| 86 | 齿轮啮合间隙 | 0.10～0.30 | 0.40 | 0.45 |
| 燃油泵和辅助机油泵 | | | | |
| 87 | 齿轮与泵体的径向间隙(直径差) | 0.08～0.149 | 0.20 | 0.25 |
| 88 | 齿轮与泵体盖的端面总间隙 | 0.025～0.08 | 0.10 | 0.15 |
| 89 | 轴与衬套间隙 | 0.02～0.059 | 0.07 | 0.08 |
| 离心精滤器 | | | | |
| 90 | 转子轴和套的径向间隙 | 0.04～0.093 | 0.15 | 0.20 |

**附表 10　辅助装置限度表**

| 序号 | 名　称 | | 原　形 | 限　度 | |
|---|---|---|---|---|---|
| | | | | 中　修 | 禁　用 |
| 变　速　箱 | | | | | |
| 91 | 起动变速箱齿轮啮合间隙 | | 0.13～0.40 | 0.70 | 0.90 |
| 92 | 静液压变速箱齿轮啮合间隙 | | 0.21～0.33 | 0.70 | 0.90 |
| 93 | 齿轮轴轴向间隙 | 直齿 | 0.51～1.0 | 1.00 | — |
| | | 斜齿 | 0.05～0.10 | | |
| 94 | 静液压变速箱齿轮花键与花键轴侧面间隙 | | 0.065～0.175 | 0.50 | 1.20 |
| 95 | 静液压泵花键与花键槽侧面间隙(6 齿) | | 0.036～0.109 | 0.30 | 0.80 |

续上表

| 序号 | 名　　称 | 原　形 | 限　　度 | |
|---|---|---|---|---|
| | | | 中　修 | 禁　用 |
| | 起动变速箱万向轴 | | | |
| 96 | 轴承体与轴套间隙 | 0.025～0.077 | 0.077 | 0.15 |
| 97 | 十字头销与衬套径向间隙 | 0.015～0.062 | 0.22 | 0.25 |
| 98 | 十字头销轴向移动量 | 0.022～0.298 | 0.60 | 1.00 |
| 99 | 十字头销圆度、圆柱度 | | 0.15 | — |
| 100 | 花键轴与花键套侧面间隙 | 0.05～0.14 | 0.50 | 1.20 |
| | 静液压变速箱系统传动轴 | | | |
| 101 | 轴承碗与轴承套间隙 | 0.025～0.067 | 0.08 | 0.15 |
| 102 | 十字头销与轴承套间隙 | 0.02～0.063 | 0.22 | 0.25 |
| 103 | 十字头销的轴向移动量 | 0.04～0.54 | 0.60 | 1.00 |
| 104 | 十字头销圆销、圆柱度 | | 0.15 | — |
| 105 | 花键轴与花键套侧面间隙(6 齿) | 0.065～0.175 | 0.50 | 1.20 |
| | 静液压马达和泵 | | | |
| 106 | 柱塞与油缸体的配合间隙 | 0.025～0.035 | 0.08 | 0.10 |

## 附表 11　电机限度表

| 序号 | 名　　称 | 原　形 | 限　　度 | |
|---|---|---|---|---|
| | | | 中　修 | 禁　用 |
| | 牵引发电机 | | | |
| 107 | 转子轴安装轴承处直径减少量 | $130^{+0.04}_{+0.013}$ | | — |
| 108 | 转子轴安装滚动轴承处轴颈的圆度、圆柱度 | 0.02 | 0.03 | — |
| 109 | 端盖上轴承外圈安装孔的圆度、圆柱度 | 0～0.03 | 0.05 | — |
| 110 | 轴承外圈与安装孔的径向间隙 | 0～0.085 | 0.13 | — |
| 111 | 电刷与刷盒间隙<br>沿电刷厚度方向(轴向)<br>沿电刷宽度方向(旋转方向) | 0.07～0.35<br>0.08～0.42 | 0.65<br>0.50 | —<br>1.0 |
| 112 | 刷盒与滑环工作表面的距离 | 2～5 | 6 | 7 |
| 113 | 电刷压力(N) | 20～25 | — | — |

续上表

| 序号 | 名　　称 | 原　形 | 限　　度 | |
|---|---|---|---|---|
| | | | 中　修 | 禁　用 |
| 114 | 滑环工作面直径 | $380^{+0.76}_{0}$ | 362 | 360 |
| 115 | 组装后轴承径向间隙 | 0.105～0.165 | 0.25 | 0.30 |
| 牵引电动机 | | | | |
| 116 | 机座端盖安装孔的圆度 | 0.07 | 0.15 | — |
| 117 | 端盖轴承安装孔的圆度、圆柱度<br>传动侧<br>换向器侧 | <br>0～0.053<br>0～0.046 | <br>0.05<br>0.05 | <br>—<br>— |
| 118 | 轴承外圈与安装孔的径向间隙<br>传动侧<br>换向器侧 | <br>0.075<br>0.06 | <br>0.15<br>0.13 | <br>—<br>— |
| 119 | 电枢安装轴承处直径减小量<br>传动侧<br>换向器侧 | <br>$130^{+0.035}_{+0.052}$<br>$85^{+0.023}_{+0.045}$ | <br>10<br>10 | <br>—<br>— |
| 120 | 电枢轴安装轴承处轴径的<br>圆度、圆柱度 | | 0.03 | — |
| 121 | 轴承内圈安装后滚道上的跳动量<br>传动侧<br>换向器侧 | <br>0～0.03<br>0～0.03 | <br>0.04<br>0.04 | <br>0.05<br>0.05 |
| 122 | 组装后轴承径向间隙<br>传动侧<br>换向器侧 | <br>0.07～0.16<br>0.06～0.12 | <br>0.22<br>0.20 | <br>0.25<br>0.25 |
| 123 | 电枢轴安装油封处直径减小量<br>传动侧(内轴套处)<br>传动侧(外封环处)<br>换向器侧 | <br>$140^{+0.11}_{+0.08}$<br>$120^{+0.095}_{+0.070}$<br>$90^{+0.085}_{+0.070}$ | <br>5<br>1<br>2 | <br>—<br>—<br>— |
| 124 | 电刷与刷盒间隙<br>沿电刷宽度方向(旋转方向)<br>沿电刷厚度方向(轴向) | <br>0.07～0.26<br>0.08～0.40 | <br>0.30<br>1.0 | <br>0.40<br>1.50 |
| 125 | 刷盒与换向器工作表面的距离 | $3^{-1}_{+2}$ | 2～5 | — |
| 126 | 刷盒与换向器升高片的距离 | 7±2 | — | 3 |
| 127 | 电刷压力(N) | 45±5 | 30～50 | — |

续上表

| 序号 | 名　　称 | 原　形 | 限　　度 | |
|---|---|---|---|---|
| | | | 中　修 | 禁　用 |
| 128 | 换向器工作面直径 | $400^{+2}_{0}$ | 374 | 372 |
| 129 | 换向器云母槽下刻深度 | 1～1.5 | 1.0 | 0.50 |
| 130 | 组装后电枢轴向移动量 | 0.15～0.40 | 0.50 | — |
| 131 | 组装后换向器工作表面的跳动量 | 0～0.04 | 0.08 | 0.12 |
| 起动发电机 | | | | |
| 132 | 电刷与刷盒间隙<br>沿电刷厚度方向(轴向)<br>沿电刷宽度方向(旋转方向) | <br>0.1～0.26<br>0.08～0.40 | <br>0.30<br>1.0 | <br>0.50<br>— |
| 133 | 刷盒与换向器工作表面的距离 | 2～4 | 2～5 | — |
| 134 | 电刷压力(N) | 38±5 | 26～34N | — |
| 135 | 换向器工作面直径 | $260^{+1.5}_{0}$ | 242 | — |
| 136 | 换向器云母槽下刻深度 | 1.0～1.5 | 1.0 | 0.50 |
| 137 | 组装后换向器工作表面的跳动量 | 0～0.04 | ≤0.06 | >0.06 |
| GQL-45 型励磁机 | | | | |
| 138 | 电刷与刷盒间隙<br>沿电刷厚度方向(轴向)<br>沿电刷宽度方向(旋转方向) | <br>0.06～0.30<br>0.07～0.35 | <br>0.60<br>0.40 | <br>0.80<br>— |
| 139 | 刷盒与滑环工作表面的距离 | 2.5～3 | 2.5～3 | |
| 140 | 电刷压力(N) | 9～12 | 7～10 | — |
| 141 | 滑环工作面直径 | $182^{+0.5}_{0}$ | 175 | 174 |
| ZD-902 通风机 | | | | |
| 142 | 电刷与刷盒间隙<br>沿电刷厚度方向(轴向)<br>沿电刷宽度方向(旋转方向) | <br>0.09～0.28<br>0.12～0.37 | <br>0.35<br>0.65 | <br>0.40<br>0.80 |
| 143 | 刷盒与换向器工作表面的距离 | 2.0～3.0 | 2.0～3.0 | |
| 144 | 电刷压力(N) | 5.0～6.0 | 5.0～6.0 | |
| 145 | 换向器工作面直径 | 148.0～150.0 | 144.0 | 142.0 |
| 146 | 换向器云母槽下刻深度 | 1.2～1.4 | 1.0 | — |
| 147 | 组装后换向器工作表面的跳动量 | 0～0.03 | 0.03 | — |

## 附表 12　电器限度表

| 序号 | 名　　称 | 原　形 | 限　　度 | |
|---|---|---|---|---|
| | | | 中　修 | 禁　用 |
| 司机控制器 | | | | |
| 148 | 触头开距 | ≥4 | 4 | — |
| 149 | 触头超程 | ≥0.5 | 0.5 | — |
| 150 | 触头压力(N) | ≥1 | 1 | — |
| 151 | 触头组装偏差 | ≤1 | 1 | — |
| 152 | 触头滚轮与凸轮的组装偏差 | <1.5 | 1.5 | — |
| 电空接触器 | | | | |
| 153 | 主触头开距 | 16～19 | 19 | — |
| 154 | 主触头超程(老) | >0.5 | 0.5 | — |
| 155 | 主触头超程(新) | ≥5 | 5 | — |
| 156 | 主触头压力(N) | >200 | 200 | — |
| 157 | 主静触头厚度 | $7^{+0.3}$ | ≥5.5 | |
| 158 | 主动触头厚度 | $8_{-0.5}$ | ≥5.5 | |
| 159 | 主触头组装偏差 | 0～1.5 | 1.5 | — |
| 160 | 主触头接触线长度 | >75% | 75% | — |
| 161 | 辅助触头开距(老) | >2.5 | 2.5 | — |
| 162 | 辅助触头开距(新) | >1.5 | 1.5 | — |
| 163 | 辅助触头超程(老) | >0.6 | 0.6 | — |
| 164 | 辅助触头超程(新) | >1 | 1 | — |
| 165 | 辅助触头终压力(N)(老) | >0.15 | 0.15 | — |
| 166 | 辅助触头终压力(N)(新) | >0.40 | ≥0.40 | — |
| 转换开关 | | | | |
| 167 | 主触头触指厚度 | 8 | 5.5 | 4 |
| 168 | 主触头鼓形组件厚度 | 8 | 5.5 | 4 |
| 169 | 主触头接触线长度 | >50% | 50% | |
| 170 | 主触头组装偏差 | ≤1 mm | ≤1 mm | |
| 171 | 辅助触头组装偏差 | 0～1 | 1 | — |

续上表

| 序号 | 名称 | 原形 | | | 限度 | | | | | |
|---|---|---|---|---|---|---|---|---|---|---|
| | | | | | 中修 | | | 禁用 | | |
| 组合接触器 | | | | | | | | | | |
| 172 | 主触头开距 | 16～19 | | | 19 | | | — | | |
| 173 | 主触头超程 | ＞1 | | | 1 | | | — | | |
| 174 | 主触头终压力(N) | ≥50 | | | 50 | | | — | | |
| 175 | 主动触头厚度 | 8 | | | 5.5 | | | 4 | | |
| 176 | 主静触头厚度<br>(42°方向直边厚度) | 2 | | | 1.5 | | | 1 | | |
| 177 | 主触头接触线长度 | ＞75% | | | 75% | | | — | | |
| 178 | 主触头组装偏差 | 0～1 | | | 2 | | | — | | |
| 179 | 辅助触头开距 | | | | 4～5 | | | — | | |
| 180 | 辅助触头超程 | | | | 2～3 | | | — | | |
| 181 | 辅助触头终压力(N) | ＞0.30 | | | 0.30 | | | — | | |
| 182 | 辅助触头组装偏差 | 0～1 | | | 1 | | | — | | |
| 电磁接触器 | | CZQ-400/10 | CZQ-250/20 | CZQ-40/20 | CZQ-400/10 | CZQ-250/20 | CZQ-40/20 | CZQ-400/10 | CZQ-250/20 | CZQ-40/20 |
| 183 | 主触头开距 | 17～19 | 15～17 | 3.5～4.5 | 19 | 17 | 4.5 | — | — | — |
| 184 | 主触头超程<br>衔铁闭合后动触头<br>与其支架的位移) | 3.5～4.5 | 3.2～3.8 | 1.5～2.5 | 4.5 | 3.8 | 2.5 | — | — | — |
| 185 | 主触头终压力(N) | 90±9 | 55～70 | 70～85 | 80～100 | 70 | 85 | — | — | — |
| 186 | 主动触头厚度 | 10 | 8 | 2.5 | 7 | 5.5 | 2 | — | — | — |
| 187 | 主静触头厚度 | 8 | 6.5 | 3.5 | 5.5 | 4 | 2.5 | — | — | — |
| 188 | 主触头组装偏差 | 0～1.5 | 0～1.5 | 0～1.0 | 1.5 | 1.5 | 1.0 | — | — | — |
| 189 | 主触头与灭弧角间隙 | | | | 3±1 | 3±1 | — | — | — | — |
| 190 | 主触头接触线长度 | ＞75% | ＞75% | | 75% | 75% | 75% | — | — | — |
| 191 | 辅助触头开距 | 4～5 | 4～5 | 3.5～4.5 | 5 | 5 | 4.5 | — | — | — |

续上表

| 序号 | 名称 | 原形 | | | 限度 | | | | | |
|---|---|---|---|---|---|---|---|---|---|---|
| | | | | | 中修 | | | 禁用 | | |
| 192 | 辅助触头超程 | 2～3 | 2～3 | 1.5～2.5 | 3 | 3 | 2.5 | — | — | — |
| 193 | 辅助触头终压力(N) | 2 | 2 | 1.15～1.4 | 2 | 2 | 1.4 | — | — | — |
| 194 | 辅助触头组装偏差 | 0～1 | 0～1 | 0～1 | 1 | 1 | 1 | — | — | — |
| 中间继电器 | | | | | | | | | | |
| 195 | 触头开距 | >2.5 | | | 2.5 | | | — | | |
| 196 | 触头超程 | >1 | | | 1 | | | — | | |
| 197 | 触头终压力(N) | >0.3 | | | 0.3 | | | — | | |
| 198 | 触头厚度 | 2 | | | 1.5 | | | — | | |
| 199 | 触头组装偏差 | ≤1 | | | 1 | | | — | | |
| 空转继电器 | | | | | | | | | | |
| 200 | 触头开距<br>常开触点<br>常闭触点 | <br>1.6～2.0<br>1.2～1.6 | | | <br>2.0<br>1.6 | | | <br>—<br>— | | |
| 201 | 触头超程<br>常开触点<br>常闭触点 | <br>0.2～0.4<br>0.5～0.8 | | | <br>0.4<br>0.8 | | | <br>—<br>— | | |
| 202 | 触头压力(N)<br>常开触点<br>常闭触点 | <br>>0.3<br>>0.15 | | | <br>0.3<br>0.15 | | | <br>—<br>— | | |
| 203 | 触头组装偏差 | ≤1 | | | 1 | | | — | | |
| 204 | 动触头厚度 | 2 | | | 1.5 | | | — | | |
| 205 | 静触头厚度 | 1.5 | | | 1 | | | — | | |
| 接地继电器、过流继电器 | | | | | | | | | | |
| 206 | 触头开距 | >3 | | | 3 | | | — | | |
| 207 | 触头超程 | >1.2 | | | 1.2 | | | — | | |
| 208 | 触头终压力(N) | ≥1 | | | 1 | | | — | | |
| 209 | 动触头厚度 | 2 | | | 1.5 | | | — | | |

续上表

| 序号 | 名　称 | 原　形 | 限　度 | |
|---|---|---|---|---|
| | | | 中　修 | 禁　用 |
| 210 | 静触头厚度 | 1.5 | 1 | — |
| 211 | 触头组装偏差 | ≤1 | 1 | — |
| 电磁联锁 | | | | |
| 212 | 触头开距 | 2.5～3.5 | 3.5 | — |
| 213 | 触头超程 | >1 | 1 | — |
| 214 | 触头终压力(N) | >0.40 | 0.40 | — |
| 215 | 触头组装偏差 | ≤1 | 1 | — |
| 216 | 铁芯在气隙(1.6±0.1)mm时的吸力(N) | ≥80 | 80 | — |

**附表 13　车体及走行部限度表**

| 序号 | 名　称 | | 原　形 | 限　度 | |
|---|---|---|---|---|---|
| | | | | 中　修 | 禁　用 |
| 13 号车钩及缓冲器 | | | | | |
| 217 | 钩舌销与钩耳套孔径向间隙 | 短向 | 1.0～2.4 | 3.0 | 4.0 |
| | | 长向 | 3.0～4.4 | 5.0 | 6.0 |
| 218 | 钩舌销与钩舌套孔径向间隙 | | 1.0～1.8 | 3.0 | 4.0 |
| 219 | 钩舌与钩体上、下承力面的间隙 | | 1.0～3.0 | 4.0 | — |
| 220 | 钩舌与钩耳上、下面的间隙 | | 1.0～6.0 | 10.0 | — |
| 221 | 钩舌与钩腕内侧面距离<br>闭锁状态<br>全开状态 | | <br>112～122<br>220～235 | <br>127<br>245 | <br>130<br>250 |
| 222 | 钩体扁销孔的尺寸 | 长 | $110^{+3}_{0}$ | 118 | — |
| | | 宽 | $44^{+2}_{0}$ | 49 | |
| 223 | 钩尾框扁销孔的长度 | | $106^{+3}_{0}$ | 115 | — |
| 224 | 钩尾框内侧面的磨耗量<br>两　侧<br>尾　端 | | | <br>7.0<br>6.0 | <br>—<br>— |
| 225 | 从板厚度 | | $58^{+2}_{0}$ | 56 | 54 |

续上表

| 序号 | 名　　称 | 原　形 | 限　　度 | |
|---|---|---|---|---|
| | | | 中　修 | 禁　用 |
| 226 | 钩头肩部与缓冲座的距离 | 80 | 60 | — |
| 227 | 车钩尾部与从板的间隙 | 2.0 | 2.0～5.0 | 9.0 |
| 转向架 | | | | |
| 228 | 旁承尼龙摩擦板厚度减少量 | 12±0.2 | 2.0 | — |
| 229 | 旁承下摩擦板的局部磨耗量 | 16±0.1 | 0.3 | — |
| 230 | 轴箱止挡的磨耗量 | 25 | 1.0 | — |
| 231 | 拐臂销直径较设计尺寸减小量 | $75_{-0.195}^{-0.095}$ | 1.0 | — |
| 232 | 连接杆销直径较设计尺寸减小量 | $70_{-0.195}^{-0.095}$ | 1.0 | — |
| 油压减振器 | | | | |
| 233 | 活塞杆与导向套的径向间隙 | 0.008～0.045 | 0.20 | — |
| 234 | 缸筒的圆度、圆柱度 | 0～0.02 | 0.10 | — |
| 235 | 活塞与缸套的径向间隙 | 0.03～0.09 | 0.20 | — |
| 236 | 阀套与阀座的间隙 | 0.016～0.07 | 0.20 | — |
| 237 | 芯阀与阀套的间隙 | 0.016～0.07 | 0.20 | — |
| 238 | 阀瓣与阀体的间隙 | 0.10～0.30 | 0.60 | — |
| 239 | 胀圈自由开口间隙 | 8.0 | 4.0 | — |
| 240 | 胀圈工作开口间隙 | 0.2～0.3 | 0.4 | — |
| 轴　　箱 | | | | |
| 241 | 972832T 轴承组装后的径向间隙 | 0.08～0.179 | 0.30 | 0.40 |
| 242 | 552732QT 轴承组装后的径向间隙 | 0.09～0.165 | 0.30 | 0.40 |
| 243 | 652732QT 轴承组装后的径向间隙 | 0.09～0.165 | 0.30 | 0.40 |
| 244 | 752732QT 轴承组装后的径向间隙 | 0.09～0.165 | 0.30 | 0.40 |
| 245 | 轴箱内孔圆度、圆柱度 | 0～0.05 | 0.15 | — |
| 轮　　对 | | | | |
| 246 | 轮箍厚度 | 74.5～76.1 | 45 | 38 |
| 247 | 轮箍宽度 | $140_{-1}^{+2}$ | 135 | — |
| 248 | 同轴轮箍内侧距离差 | 0～1.0 | 1.5 | 2.0 |

续上表

| 序号 | 名　　称 | 原　形 | 限　　度 | |
|---|---|---|---|---|
| | | | 中　修 | 禁　用 |
| 249 | 抱轴颈的圆度、圆柱度 | 0～0.05 | 0.15 | 0.20 |
| 牵引齿轮及抱轴瓦 | | | | |
| 250 | 牵引齿轮啮合间隙 | 0.30～0.90 | 5.0 | 6.0 |
| 251 | 抱轴瓦与轴颈的径向间隙 | 0.20～0.40 | 0.7 | 1.2 |
| 252 | 同轴左右抱轴瓦与轴颈径向间隙差 | 0～0.15 | 0.2 | 0.3 |
| 253 | 抱轴瓦在轮对上的轴向移动量 | 1.0～2.6 | 4.0 | 6.0 |

**附表 14　空气压缩机限度表**

| 序号 | 名　　称 | 原　形 | 限　　度 | |
|---|---|---|---|---|
| | | | 中　修 | 禁　用 |
| 254 | 气缸直径<br>低压缸<br>高压缸 | <br>$125^{+0.06}_{+0.02}$<br>$101.6^{+0.06}_{+0.02}$ | <br>125.10<br>101.70 | <br>125.15<br>101.75 |
| 255 | 气缸的圆度、圆柱度 | 0～0.02 | 0.15 | — |
| 256 | 活塞裙部与气缸的间隙 | 0.32～0.40 | 0.50 | 0.60 |
| 257 | 活塞销孔的圆度、圆柱度 | 0～0.024 | 0.04 | — |
| 258 | 活塞销的圆度、圆柱度 | 0～0.014 | 0.03 | — |
| 259 | 活塞销与活塞销孔过盈量 | −0.005～0.031 | −0.01 | — |
| 260 | 活塞环与环槽侧面间隙 | 0.025～0.052 | 0.15 | 0.20 |
| 261 | 活塞环工作开口间隙<br>低压缸活塞<br>高压缸活塞 | <br>0.35～0.55<br>0.25～0.45 | <br>1.20<br>1.00 | <br>1.50<br>1.50 |
| 262 | 连杆小端衬套与小端孔的过盈量 | 0.008～0.052 | 0.052 | — |
| 263 | 连杆小衬套孔的圆度、圆柱度 | 0～0.013 | 0.06 | 0.10 |
| 264 | 活塞销与连杆小端套径向间隙 | 0.011～0.038 | 0.12 | 0.15 |
| 265 | 曲轴连杆颈与连杆瓦孔径向间隙 | 0.036～0.064 | 0.20 | 0.25 |
| 266 | 曲轴轴向游隙 | 0.40～1.26 | 1.5 | 1.52 |
| 267 | 曲轴连杆颈的圆度、圆柱度 | | 0.08 | 0.10 |

续上表

| 序号 | 名　称 | 原　形 | 限　度 | |
|---|---|---|---|---|
| | | | 中　修 | 禁　用 |
| 268 | 阀片距阀座的高度<br>吸气阀<br>排气阀 | <br>1.55～1.85<br>1.95～2.15 | <br>1.0<br>1.5 | <br>—<br>— |
| 269 | 油泵齿轮与泵体径向间隙(直径差) | 0.06～0.126 | 0.20 | 0.25 |
| 270 | 齿轮与泵体泵盖的端面间隙 | 0.01～0.038 | 0.10 | 0.15 |
| 271 | 齿轮轴衬套与泵体孔的过盈量 | 0.003～0.034 | 0.003～0.034 | — |
| 272 | 齿轮轴与衬套孔的径向间隙 | 0.016～0.070 | 0.10 | 0.12 |
| 273 | 齿轮啮合间隙 | 0.04～0.17 | 0.30 | 0.40 |

**附表 15　制动机限度表**

| 序号 | 名　称 | 原　形 | 限　度 | |
|---|---|---|---|---|
| | | | 中　修 | 禁　用 |
| JZ-7 型制动机 | | | | |
| 274 | 分配阀活塞与衬套间隙<br>作用活塞<br>均衡活塞 | <br>0.120～0.305<br>0.102～0.305 | <br>0.70<br>0.70 | <br>1.5<br>1.5 |
| 275 | 分配阀作用活塞杆与小端衬套的间隙 | 0.075～0.33 | 0.50 | — |
| 276 | 分配阀均衡活塞小端与衬套间隙 | 0.075～0.33 | 0.50 | — |
| 277 | 制动缸、分配阀、给风阀、<br>减压阀各活塞衬套内径扩大量 | | 1.0 | — |
| 278 | 制动阀均衡活塞与衬套间隙 | 0.120～0.305 | 0.80 | — |
| 279 | 给风阀、减压阀活塞与衬套间隙 | 0.095～0.255 | 0.50 | 1.20 |
| 280 | 调整阀接触面宽度 | | 0.8～1.5 | 2.0 |
| 281 | 调整阀足与调整阀套间隙 | 0.02～0.105 | 0.20 | — |
| 282 | 调整阀足端面与膜片的距离 | | 0.20 | — |
| JZ-7 型制动机 | | | | |
| 283 | 自阀、单阀手把心轴孔与心轴间隙 | 0.02～0.11 | 0.50 | — |
| 284 | 自阀、单阀心轴与套孔间隙 | 0.016～0.070 | 0.50 | — |
| 285 | 自阀、单阀凸轮方孔与轴的间隙 | 0.005～0.05 | 0.20 | — |

续上表

| 序号 | 名　　称 | 原　形 | 限　　度 | |
|---|---|---|---|---|
| | | | 中　修 | 禁　用 |
| 286 | 自阀支承杠杆端头磨耗量 | | 0.30 | — |
| 287 | 各柱塞、柱塞阀、阀杆、<br>活塞、阀与阀套、套的间隙<br>$\phi$12,$\phi$14,$\phi$18 处<br>$\phi$20 处<br>$\phi$22,$\phi$24,$\phi$30 处<br>$\phi$36,$\phi$50 处 | <br><br>0.016～0.070<br>0.020～0.076<br>0.020～0.086<br>0.025～0.103 | <br><br>0.12<br>0.12<br>0.12<br>0.12 | <br><br>—<br>—<br>—<br>— |
| 288 | 各阀套与体、体套的间隙<br>$\phi$20 处<br>$\phi$22,$\phi$24,$\phi$30 处<br>$\phi$32,$\phi$34,$\phi$36,$\phi$40,$\phi$50 处 | <br>0.020～0.076<br>0.020～0.080<br>0.025～0.103 | <br>0.18<br>0.18<br>0.18 | <br>—<br>—<br>— |
| 289 | 各板阀橡胶阀口台阶深度 | | 0.50 | — |

# 附录 4　中修零件探伤范围

机车中修须按附表 16 所列零件进行探伤检查，发现裂纹时，根据该零件规定的技术条件，予以消除、修复或更换。

**附表 16　中修零部件名称**

| 序　号 | 零部件名称 |
|---|---|
| 1 | 柴油机 |
| 1.1 | 机体装配 |
| 1.1.1 | 机体 |
| 1.1.2 | 主轴承盖 |
| 1.1.3 | 主轴承螺栓 |
| 1.1.4 | 横拉螺钉 |
| 1.1.5 | 气缸螺栓 |
| 1.2 | 机座支承 |
| 1.2.1 | 支承(一) |
| 1.2.2 | 支承(二) |
| 1.2.3 | 螺钉 |
| 1.3 | 活塞、连杆 |

| 序　号 | 零部件名称 |
| --- | --- |
| 1.3.1 | 活塞体及套 |
| 1.3.2 | 活塞销 |
| 1.3.3 | 连杆体及盖 |
| 1.4 | 连接箱 |
| 1.4.1 | 连接箱体 |
| 1.4.2 | 泵支承箱装配 |
| 1.5 | 曲轴总装配 |
| 1.5.1 | 曲轴 |
| 1.5.2 | 减振器花键轴 |
| 1.5.3 | 减振器弹簧片 |
| 1.5.4 | 曲轴螺栓、圆柱销 |
| 1.6 | 传动机构 |
| 1.6.1 | 双联齿轮、中间齿轮、曲轴齿轮、凸轮轴齿轮 |
| 1.6.2 | 中间齿轮支架、双联齿轮支架 |
| 1.7 | 配气机构与凸轮轴 |
| 1.7.1 | 气缸盖装配 |
| 1.7.2 | 喷油器压块 |
| 1.7.3 | 气门摇臂及轴 |
| 1.7.4 | 气门横臂及导杆 |
| 1.7.5 | 推杆、导块、滚轮 |
| 1.7.6 | 凸轮轴 |
| 1.8 | 半刚性联轴节 |
| 1.8.1 | 主动盘 |
| 1.8.2 | 从动盘 |
| 1.8.3 | 钢片 |
| 1.9 | 泵传动装置 |
| 1.9.1 | 输出法兰 |

续上表

| 序　号 | 零部件名称 |
| --- | --- |
| 1.9.2 | 螺钉 M16×1.5 |
| 1.9.3 | 泵主动齿轮 |
| 1.10 | 增压器 |
| 1.10.1 | 主轴轮盘组合 |
| 1.10.2 | 涡轮叶片、喷嘴环叶片、轴承套、止推垫板 |
| 1.10.3 | 压气机工作轮组合 |
| 1.11 | 泵类 |
| 1.11.1 | 高、低温水泵轴 |
| 1.11.2 | 机油泵轴 |
| 1.11.3 | 机油泵齿轮 |
| 2 | 机车 |
| 2.1 | 辅助传动装置 |
| 2.1.1 | 变速箱各种齿轮 |
| 2.1.2 | 变速箱各种传动轴 |
| 2.1.3 | 变速箱法兰 |
| 2.1.4 | 万向轴（叉头轴、叉头及叉头法兰、轴承盖、十字销头） |
| 2.1.5 | 静液压泵主轴及马达主轴 |
| 2.1.6 | 静液压泵心轴及马达心轴 |
| 2.1.7 | 静液压泵及马达活塞连杆滚压装配 |
| 2.2 | 空压机 |
| 2.2.1 | 曲轴 |
| 2.2.2 | 活塞销 |
| 2.2.3 | 连杆、连杆盖、连杆螺钉 |
| 2.3 | 辅助装置 |
| 2.3.1 | 冷却风扇 |
| 2.3.2 | 通风机轴 |
| 2.3.3 | 通风机尼龙绳法兰 |
| 2.4 | 转向架 |

续上表

| 序　号 | 零部件名称 |
|---|---|
| 2.4.1 | 构架拉杆座切口 |
| 2.4.2 | 轴箱拉杆 |
| 2.4.3 | 心轴(一) |
| 2.4.4 | 心轴(二) |
| 2.4.5 | 轴箱体拉杆切口 |
| 2.4.6 | 车轴 |
| 2.4.7 | 车轴轴承 |
| 2.4.8 | 轮箍 |
| 2.4.9 | 主、从动牵引齿轮 |
| 2.4.10 | 电动机悬挂装置吊杆及吊杆座 |
| 2.4.11 | 牵引销、牵引杆销、连接杆销、拐臂销连接杆 |
| 2.4.12 | 球承和球承外套 |
| 2.4.13 | 拐臂 |
| 2.4.14 | 牵引杆 |
| 2.4.15 | 制动装置、横杆、竖杆及销 |
| 2.5 | 车体 |
| 2.5.1 | 车钩、钩舌及销 |
| 2.5.2 | 钩尾销 |
| 2.5.3 | 钩体 |
| 2.5.4 | 钩尾框 |
| 2.5.5 | 缓冲器弹簧 |
| 2.5.6 | 底架拉杆座切口 |
| 2.6 | 电机 |
| 2.6.1 | 转子轴颈、轴身 |
| 2.6.2 | 同步主发电机磁极螺栓 |
| 2.6.3 | 牵引电动机磁极螺栓 |

# 韶峰型电力机车检修规程

# 目　　录

**第一部分　韶峰型电力机车大、中修** ………………………… 319

第一节　检修要求 ………………………… 319
第二节　检修管理 ………………………… 319
第三节　电路及配线 ………………………… 320
第四节　电　　机 ………………………… 321
第五节　电　　器 ………………………… 324
第六节　机　　械 ………………………… 328
第七节　气路部分 ………………………… 337
第八节　润滑与油饰 ………………………… 340
第九节　电机车试验 ………………………… 340
第十节　检修限度 ………………………… 343

**第二部分　韶峰型电力机车定修** ………………………… 357

第一节　电　　气 ………………………… 357
第二节　机　　械 ………………………… 361

# 第一部分　韶峰型电力机车大、中修

## 第一节　检修要求

**第1条**　准轨电力机车是钢铁企业铁路运输的主要设备之一。要保证安全高效地完成运输任务，必须加强检修工作。

不同时期检修工作的任务是：

大修：恢复机车的制造设计基本性能。

中修：消除机车隐患及不良状态。

定修：定期检查机车状况，机车各部件性能指标符合规定、达标，保证安全运行。

**第2条**　检修单位要根据符合运用标准规程制定出合理的先进的检修工艺保证质量，提高效率，减低成本。

**第3条**　在检修中要使各种车型的同一用途的部件或配件逐步推行通用化、标准化、系列化。广泛采用新技术、新工艺、新材料，提高修车质量。

## 第二节　检修管理

**第4条**　电力机车的大修、中修和定修三种修程是一个有机的整体，要紧密衔接，按计划检修。其周期规定为：

1. 大修周期结构：大修(新造)—中修—中修—中修—大修。
2. 中修：实际作业天数300天。
3. 定修：实际作业天数(15～30天)。
4. 机车定修周期可根据机车实际技术状态延伸10%。

### 机车入库

**第5条**　中修机车除事故车外原则上应能运行状态入库。入库检修的机车零部件要齐全，不得拆换配件。

**第 6 条** 检修机车入库后修车单位应办理交车手续。

**第 7 条** 检修机车必须按计划入库检修。

### 修　　理

**第 8 条** 检修机车要按计划检修,办理交接车手续后,开始计算机车的检修时间。

**第 9 条** 机车解体后,检查人员要对机车各部件的技术状态进行检测,确定检修方案。

**第 10 条** 电力机车根据生产需要进行改造及革新时,在不影响机车牵引性能和安全技术条件的情况下,经解体会协商确定。

### 质量检查

**第 11 条** 机车检修工作中的质量检查和验收制度是提高修车质量,确保安全运行的重要手段,因此应加强检修的质量验收工作。

1. 检查人员必须作好各种零部件分解、检修、组装各工序的检验,保证总体落成后质量良好。

2. 验收员应对各部件进行抽测检查和整车验收,并参加试运。

3. 检查试验用的量具、样板每年校对一次;高速开关、过负荷继电器调试试验台每半年校对一次,空气制动机试验台每季校对一次。其他实验设备最少一年要校对一次。

## 第三节　电路及配线

大修时,打开全部线道,彻底检查。清扫所有的线道、线捆、线束及导线。更换高压补助、旁受电弓、车体中间连接、取暖电炉子线等导线。处理不良部分,确保电路安全达标可靠。

中修时,打开空压机附近的线道,进行清扫检查。处理所有线道、线捆、线束、导线的不良状态、确保电路安全可靠。

**第 12 条** 线道、线捆、线束须符合下列要求:

1. 导线排列整齐规整无游动。对导线外皮直接与铁板接触的部分,须用或用木夹子夹固。室外引入的线管应作弯头并灌以填料,不得漏水。

2. 线道须严密。线道盖、线道夹子及其他紧固件，必须紧固，不得缺少。

3. 线捆、线束及其支架必须包皮符合绝缘等级的绝缘，并不得破损。大修时各线捆、线束要重新涂漆，中修时对新包扎的成捆线束进行涂漆。

**第 13 条** 高低压导线须符合下列要求：

1. 高压主回路导线不得过热、达到耐压标准。

2. 低压回路导线阻抗达标，不得破损。

3. 高压补助回路的导线不得过热、达到耐压标准。大修时不得有接头。中修时仪表电路不得有接头，其他导线的接头每根不得超过一处。

4. 各导线的号牌必须正确、清晰。

5. 各导线的端头必须用套管或用线绳绑扎并涂漆加以保护。

6. 导线端部必须有与导线规格相符的焊接或压接良好的接线端子。端子必须挂锡或镀锌，确保接触良好。

7. 导线端子连接处的各紧固件要齐全、规整、牢固。

8. 车棚顶部的导线不得游动，并用套管或用包扎加以绝缘。

**第 14 条** 电路中的裸露导体不得有变形、变色。铁质导体的接触处必须挂锡或镀锌。除连接导电部分外，凡可能导电的裸露导体一律涂红色油漆。

**第 15 条** 电路中的绝缘端子板、瓷瓶及其他绝缘子必须清扫干净，不得有破损，瓷瓶要光洁、经耐压试验合格。

**第 16 条** 各高压机械室的防弧绝缘板要更新，安装要牢固。

**第 17 条** 高、低压电器及其线路周围应干净，整洁。

**第 18 条** 高、低压电器安装接线后高压各回路用 1 000 V 兆欧表测定绝缘电阻，不得低于 1.5 MΩ；低压各回路用 500 V 兆欧表测定绝缘电阻，不得低于 0.5 MΩ。

## 第四节　电　　机

大、中修对电机要进行清扫、分解、清洗，对机械和电气性能进行检查和试验。各部符合限度，检修后内外要整洁。

## 定　子

**第 19 条**　铁芯及磁极线圈应符合下列要求：

1. 铁芯变形、烧损严重者整修或更换。

2. 铁芯位置要准确，各极尖距离要均匀，各气隙要符合限度要求。

3. 各弹性垫片要齐全、完整，第二气隙要保持原型。

4. 电机磁极线圈大修时一律拆下，中修时可根据技术状态确定。

5. 未拆下的磁极线圈要经过外观检查、直流电阻测定、极性测定、绝缘电阻测定、匝间耐压和对地耐压。

6. 大修电机一律进行干燥并浸漆。中修时电机绝缘电阻值低于标准时进行干燥并浸漆。

**第 20 条**　连线、引出线接地线须符合下列要求：

1. 导线绝缘不得有破损、老化。

2. 引出线通过出口处必须用绝缘套管套好。

**第 21 条**　机壳须符合下列要求：

1. 机壳关键部件不得破损，吊环应完整无缺。

2. 线盒、线卡子等零件不得有短缺和破损，接线板、连线板不得有污损和烧痕。

3. 风网、检查孔盖等零件应完整无缺，各部螺丝要紧固、规整，电机铭牌必须清晰、牢固，不得缺少。

**第 22 条**　端盖、轴承须符合下列要求：

1. 端盖不得破损。大修时进行煮洗油饰，中修时进行清洗。

2. 油封、毡垫须齐全密封良好，滑动轴承的油壶不得缺少，油路畅通，并不得漏油。

3. 滑动轴承的接触面须在 70％以上。

4. 滚动轴承的珠架应完好，珠粒、滚道不得有麻面、疵纹，转动要灵活，磨耗要符合限度要求。大修时要出壳清洗。

**第 23 条**　刷握须符合下列要求：

1. 刷盒内表面必须平整光洁，不得有疵纹，磨耗要符合限度规定。

2. 刷盒压指必须灵活，弹簧更新。压板铆钉、销轴等不得有破损和短缺、编织铜线折断不超过原型的 5％。

## 转　子

**第 24 条**　牵引电机轴须符合下列要求：

1. 电机轴有裂纹时更换。

2. 轴头锥面直径小于原形尺寸 1 mm 时更换。

3. 滑动轴承的轴颈的圆锥度不得大于 0.1 mm，同时端部不得大于根部。

4. 轴头螺丝及背帽螺丝必须良好、可靠，大修时防松垫一律更换。

**第 25 条**　铁芯及绕组须符合下列要求：

1. 转子铁芯严重破损者须整修或更换。

2. 绕组应经过外观检查、直流电阻测定（交流电机）、片间压降（直流电机）、绝缘电机测定和对地耐压等检查测定，检修后，不得短路、断路烧损、老化、破损。

3. 转子的槽楔应完整无缺，不得松动。

4. 绕组及换向器的被覆不得破损、碳化、松弛，如破损面积不大，允许局部修补。

5. 转子绑线应低于铁芯 0.5 mm，金属绑线的绝缘垫层须良好。

**第 26 条**　换向器与滑环应符合下列要求：

1. 换向器升高片与电枢导体焊接必须良好。片间压降不得超过平均值的 5%。

2. 换向器及滑环表面必须平整。其椭圆度：牵引电动机不大于 0.08 mm；补助电机不大于 0.05 mm。

3. 换向器及滑环直径的磨耗应符合限度要求规定。

4. 换向器升高片的宽度应符合限度要求，氩弧焊接的升高片宽度应不少于原形的 80%。

5. 换向器片不得松动、错位，其中心线与轴向不平行度：牵引电动机不大于 0.5 mm；补助电机不大于 0.3 mm。

6. 换向器片的沟口叶片及端部倒角须为（0.2～0.5）mm×45°。

**第 27 条**　风扇不得有裂纹、松动和缺损。通风孔必须清扫干净。

## 组装与试验

**第 28 条**　电刷组装后应符合下列要求：

1. 刷盒与升高片的距离：牵引电机为 4～11 mm；辅助电机为 3～8 mm。

2. 刷盒与换向器面的距离：牵引电机为 2.5～7 mm；辅助电机为 2～4 mm。

3. 刷盒与滑环面的距离为 2～4 mm。

4. 电刷全部更换新品，接触面须在 75%以上。

5. 电刷压力应符合限度规定，同一换向器上的电刷压力差不大于 10%。

**第 29 条** 组装后电枢轴向窜量和径向间隙应符合规定。

**第 30 条** 辅助电机对轮连接孔的直径磨耗不大于 1 mm，对轮间隙为 2～8 mm。

**第 31 条** 电机组装后须经空载试验 30 min(牵引电动机要正反转各 15 min)。

## 第五节 电 器

**第 32 条** 大修时全部拆下修理；中修时除断路器、启动制动电阻、阻尼电阻、电热器、照明灯、低压保护电器和低压控制电器经检查后确认无损坏者可在车上修理外，其余电器一律拆下修理。

**第 33 条** 带有调整部件的保护电器要在修理后重新整定，要加铅封或禁动标志。

**第 34 条** 各种瓷件、电木件层压绝缘件等不得有裂纹、碳化、油污、表面必须光洁；水泥石棉件必须彻底清扫，不得破损；层压绝缘杆在大修时须重涂绝缘漆。

**第 35 条** 各种紧固件均须按规格选配，并要紧固。

**第 36 条** 各种接触子，接触片必须清扫和研磨，不得有烧痕、污损、弯曲和变形等。

**第 37 条** 编织铜线必须规整，芯线折损率须符合限度规定。

**第 38 条** 电磁线圈不得有过热、破皮、短路、断路等。

**第 39 条** 电器的各种操作铭牌和刻度盘不得缺少，要清晰、正确、安装牢固。

**第 40 条** 各种弹簧性能良好，压力适当，须符合要求。

**第41条** 电器在检修后要动作灵活、可靠,性能良好,保持清洁。

**第42条** 代用的电器必须满足技术要求,同一用途的电器不得用多种型号代用。

## 受 电 弓

**第43条** 受电弓应符合下列要求:

1. 受电弓在大修时一律更换新品,中修时修理平直。

2. 检查、修理各导电连接部分,保证接触良好。

3. 组架管子、接头、交叉接手、底架、弹簧、传动腕等不得有裂纹变形。

4. 各部轴承必须彻底分解、清洗、检查并充分润滑。

5. 风筒必须分解、清洗、检查,不得有漏气,作用灵活、正确。

6. 胶皮管必须干净,不得有破损、裂纹、腐烂、漏气。

7. 正受电弓应动作灵活、可靠、缓冲良好,各部符合限度规定。

8. 旁受电弓须达到:

(1)动作平稳、灵活、可靠,运动须成直角,不得有冲击或不平衡形现象。

(2)传动腕要分解检查、清洗,不得有破损,轴孔间隙不大于1 mm。

(3)吊杆上球套与球面接触传动腕的游动间隙不大于3 mm。

(4)导向槽与导向滚、吊杆轴销不得有破损、裂纹,润滑要良好。

## 刃夹开关

**第44条** 刃夹开关应符合下列要求:

1. 各导电部分不得有烧痕,接触面须达到80%以上。

2. 刃夹安装要牢固,焊接须可靠,不得有未焊透或中断现象,刃夹弹力要充分,压力要适当。

## 转 换 器

**第45条** 各种转换器应符合下列要求:

1. 风缸要分解、清洗,组装后动作灵活、可靠,不得泄漏。

2. 接触子、接触片不得有烧痕;接触面必须平整光滑,压力、磨耗、超行程等必须符合限度。

3. 绝缘杆、绝缘筒的绝缘部位擦拭干净，不得有油污、碳化。

## 避 雷 器

**第 46 条** 避雷器外表清扫、检查，有异状时，更换新品。

## 高速开关

**第 47 条** 高速开关应符合下列要求：

1. 消弧线圈、导弧角及铁芯应无松动、破损、烧损、短路等。

2. 消弧箱要彻底分解、清扫、处理不良部分，不得有裂纹、破损。消弧箱安装要牢固，位置要正确。

3. 传动、跳闸机构和连锁应作用灵活、可靠，作切断动作时间测定时，各型高速开关都不得超过 0.02 s。

4. 接触子的开距、压力均要符合限度，并要有足够多的超行程的距离。

**第 48 条** 具有保持线圈的高速开关应符合下列要求：

1. 保持线圈的极性不得接反，与其串联的附加电阻必须匹配正确，以保证有准确的匝数。

2. 跳闸线圈的引出线，应有与原设计相符的绝缘垫，不得与外壳相接触。

## 保护继电器

**第 49 条** 过电压继电器的跳闸和复原装置动作灵活、可靠，其整定值为(1 800±90)V。

## 低压熔断器

**第 50 条** 高低压熔断器应符合下列要求：

1. 高低压熔断器的箱、座、绝缘隔板、石棉水泥板等必须擦拭干净，不得有缺损、折裂、碳化。

2. 断器的导弧角、夹、管头、螺丝等各导电部分，接触须良好，不得有烧痕和破损。

3. 高压补助熔断器必须采用有消弧填料的管型熔断器，严禁使用铅丝。

4. 高压熔断器的可熔体须按原规格安装；低压熔断器可熔体如无原规格时可用相原规格的代替。

5. 原型为裸露的高压熔断器的可熔体必须更换新品。

## 控 制 器

**第 51 条** 控制器应符合下列要求：

1. 把手定位卡锁、机械连锁、电器连锁作用灵活、可靠，位置必须正确。

2. 外壳、上盖、框架、侧盖不得有裂纹、破损。消弧箱及防护石棉板不得有破裂、烧损和短缺。

3. 各联动部分不得有断裂、缺损，必须保证联动位置正确。

4. 各接触子须保证接触良好、可靠，闭合顺序正确，接触子的超行程不得小于 2 mm。

## 操纵控制开关

**第 52 条** 操纵控制开关应符合下列要求：

1. 开关手柄回轴与轴孔的间隙：大修时不得超过 0.5 mm；中修时不得超过 1 mm。

2. 接触子的磨耗：大修时不得超过原形的 20%；中修时不得超过原形的 40%。

3. 熔断器夹不得有烧损，盒盖的止铁和轴不得有松弛。

## 低压电磁继电器

**第 53 条** 低压电磁继电器应符合下列要求：

1. 接触子压力要适当，接触要良好。

2. 动作须灵活、正确。动作时间、动作电流或电压等应符合设计要求。

3. 检修后可在车上进行调整。

### 照明灯及信号灯

**第 54 条** 各种照明灯及信号灯应符合下列要求：

1. 灯头、灯罩及灯座不得松动破损、腐蚀，灯罩玻璃须光洁，不得破裂、松动。

2. 仪表照明灯罩必须完整，放光口要对准被照明的仪表。

3. 各照明灯、信号灯必须齐全，安装牢固、显示正确。

4. 各种保护网、保护罩必须完整，灯泡按设计要求配齐，不得任意加大。

**第 55 条** 前照灯还应符合下列要求：

1. 灯箱必须安装稳固，不得漏水，反光镜不得有破损、变形，反光面不得有脱落、变色。

2. 焦距调整装置须灵活、正确、可靠。有效射程必须达到 80 m。

### 蓄 电 池

**第 56 条** 蓄电池在检修时应符合下列要求：

1. 蓄电池在检修中，必须严格遵守有关蓄电池检修操作技术的要求。

2. 蓄电池在大、中修时必须进行更换。

## 第六节 机　　械

大修时，机械部分要彻底分解、清洗、检查、进行探伤；中修时，进行分解、清洗、检查、探伤。大、中修后要消除松弛、破裂、变形，恢复设计尺寸及性能。各部尺寸符合限度，轴负荷分配均衡，齿轮啮合良好、油路畅通、制动传动装置作用灵活可靠，确保安全运行。

### 车　　体

**第 57 条** 司机室木质地板大修时全部揭开检查，更换或补修；中修时经检查符合要求者可不揭开，更换和检修不良部分。对裸露的梁架，板壁大修时彻底清扫除锈、涂防锈漆；中修时进行清扫、检查铆接、焊接部分，消除不良处。应符合下列要求：

1. 木质地板、墙壁及顶棚平整光滑，不得有破损、腐蚀、裂纹，更换材质须用除脂干燥木材。

2. 铁质板壁及顶棚不得有锈蚀、裂纹、破损、漏水。

3. 各室的顶盖不得有折损、锈蚀、漏水或积水；各盖所属附件应完整无损，启闭灵活。

4. 车厢各部的焊缝、铆钉、螺钉不得有虚焊、松弛。

5. 各辅助电机座应安装牢固，不得有裂纹、变形。

6. 沉铁必须安装牢固，不得任意增减，沉铁安装螺栓必须良好。

7. 两车体间的连接走行板不得有折损、裂纹或弯曲，箱上铆钉不得松弛。

**第58条**　车厢屋架倾斜、偏移应符合限度。

**第59条**　车厢内各部零件不得有折损、裂纹、腐蚀或变形。

**第60条**　车体底架各梁变形时不得超过限度；腐蚀深度：大修时不得超过原形厚度的15%，中修时不得超过原形厚度的25%，否则可进行补强焊修或截换。各梁铆钉及螺钉不得松弛。

**第61条**　各门窗、百叶门、高压室的防护网等应完整无缺，须符合下列要求：

1. 启闭灵活、关合严密，框架上的毛毡及胶皮衬垫要完整。

2. 各门窗玻璃须完好、光亮、密封无裂纹，提窗带及窗托、雨刷、毡条、各门的折页、门闩、门锁、拉手等附件完整无缺。

**第62条**　附属装置应按设计修复、补齐，须符合下列要求：

1. 各处栏杆、扶手、车梯子、工具箱、脚踏板、支架等不得有破损、变形，并安装牢固。

2. 司机室风挡及挡风箱不得缺少；破损的应修理或更换。

3. 车体连接折布安装牢固，作用灵活，不得弯曲、破损、漏水，大修时更换，中修时可局部修补或更换。

4. 司机座椅要安装牢固、作用良好，不准任意改造。

5. 车体两侧的走行板不得有破损、腐蚀或凹凸不平，吊绳孔的盖板不得缺少。

6. 受电弓座、架安装牢固，不得有变形和损坏。

7. 正受电弓的两边走行板要完整无缺损，并做好绝缘防护。

**第 63 条** 各注油器要彻底分解、清洗,油量调节要适当。

**第 64 条** 车体各室清扫干净。

## 转 向 架

**第 65 条** 转向架检修时应符合下列要求:

1. 大修时转向架除构架外全部解体,并对构架及拆下零件进行煮洗、检查,但轴箱导框及中间连接器座无故障可不拆卸;中修时转向架要进行分解、清洗、检查,修理不良部分。

2. 大修时构架应找架线检查各部尺寸,应符合限度规定。

3. 各铆钉和螺栓不得松动,紧固件不准焊死。

4. 各梁有裂纹或开焊时,允许截口焊修;变形超过限度时可调修。

5. 转向架上旁承的水平磨耗板磨耗超过限度时更换。

6. 侧梁与弹簧箍的接触处,磨耗深度超过 3 mm 时应焊修平整。

7. 导框滑板安装后必须与导框密贴,其磨耗超过限度时更换新品。

8. 板型双转向架机车的端梁凹入深度(两者之和)大修时不大于 10 mm,中修时不大于 12 mm。

**第 66 条** 脚踏板支梁不得有弯曲、破损,木板不得腐烂,安装牢固,螺栓不得突出板面。

**第 67 条** 排障器不得弯曲、破损或偏移,距轨面高度为(100±15)mm。

**第 68 条** 中心支承、旁承要彻底分解、清洗、检查,应符合下列要求:

1. 中心支承不得有破损、弯曲、椭圆,上下安装螺栓要紧固。

2. 上下中心支承与基座安装要密合,局部间隙不得大于 0.5 mm,面积不得大于 60 mm×80 mm,同时不得多于两处。

3. 带有弹簧装置的中心支承及旁承,弹簧不得折损、变形,簧片不得窜动,同一机车旁承弹簧自由高度差不得大于 5 mm,弹簧挠度与原设计规定值之差不得大于±4 mm。

4. 旁承座板的(不带磨耗板)磨耗凹入深度超过 3 mm 时,可焊补平整。

5. 旁承内外套筒的磨耗超过限度时允许焊修。

6. 中心支承、旁承的注油管必须完整、畅通。防尘套筒必须完整。

7. 车体与转向架组装后，其垂直距离之差不得超过 10 mm（在旁承处测量）。

**第 69 条** 拱形转向架应符合下列要求：

1. 下拱板发生裂纹或腐蚀及磨耗深度大于原形厚度的 20％时要更换。

2. 上拱板裂纹长度超过裂纹处之断面长度的 30％时更换新品。否则可焊修处理。

3. 上拱板腐蚀深度大于原形 20％时更换新品。

4. 上、下拱板弯曲，变形时允许加热整修。

5. 上、下盘有凸凹或偏磨超过 2 mm 时可焊修平整。

## 弹簧及悬挂装置

**第 70 条** 弹簧及吊挂装置大修时应全部拆除、清扫、除锈、彻底检查，中修时，要清扫、检查。修理后应符合下列要求：

1. 板簧片、箍不得有折损、裂纹、磨耗深度不大于 2 mm，自由挠度、片间间隙均符合限度、叠片不得窜动，对窜动的要散箍重装，符合要求。

2. 簧箍侧面磨耗应符合限度，底面磨耗（ZG80/1 500）超过限度时可焊修处理。

3. 圆弹簧不得有折损、裂纹，其自由高度、组装后高度及倾斜均应符合限度，同心大小卷簧组装后必须使卷向相反。

4. 弹簧吊杆不得磨损、弯曲，丝扣应良好。

5. 弹簧鞍及压板如折损、破损及磨耗过限时，大修更换新品；中修时可焊修。

6. 牵引电动机悬挂座及弹簧吊架的磨耗板不得破损、裂纹，磨耗大于 2 mm 时可焊修或更换。吊挂缓冲弹簧不得有折损、裂纹、变形，作用良好。

## 走行部分

**第 71 条** 走行部分应全部进行分解、彻底清扫、煮洗、检查各部尺寸和标记，消除松缓、裂纹等缺陷。

**第 72 条** 车轴各部必须探伤,经检修后应符合下列要求:

1. 车轴裂纹经车削消除后要探伤检查,确认良好,再车削掉 0.5 mm,尺寸在限度内可以继续使用。轴身处裂纹可锉成圆沟,消除后进行探伤检查,确认良好,再锉去 0.9 mm,其总的沟深不大于 4 mm,轮座部分不大于 7 mm。

2. 轴颈不得有偏磨、划伤、线疵。

3. 车轴圆根半径小于原设计尺寸时,允许在限度之内加工恢复原形,但不得有刀痕。

4. 轴头端面拉伤、碾堆时,轴向长度不大于 10 mm,允许焊修后加工到原形尺寸。

5. 带有丝扣的轴头,丝扣要良好,如有堆扣允许焊后加工恢复。

6. 轴弯曲大于 1 mm 时,可车削找正。

7. 防尘座磨耗深度大于 1 mm 时,允许车削,但必须保持原设计的圆根。

8. 轮座处挫伤可车削消除,但轮座直径不得小于原形 5 mm。

9. 更换新轴时必须做好规定的标记。

**第 73 条** 车轮应符合下列要求:

1. 车轮轮心有破损或轮毂孔有裂纹时更换,轮毂孔扩大时允许焊修。

2. 轮辋外径的椭圆度不大于 0.5 mm,锥度不大于 0.5 mm,其锥度方向不得反向。

**第 74 条** 轮箍应符合下列要求:

1. 轮箍车削后必须用标准样板或检查器检查,踏面与样板之间的间隙不得大于 0.5 mm,轮缘高度减少量不得超过 1 mm;轮缘厚度减少量不得超过 0.5 mm,其余部分两边间隙之和不得超过 1.5 mm(未重新压装的旧轮辋不得超过 2.5 mm)。

2. 轮箍内孔的裂纹和黑皮应车削掉并保证各部尺寸符合限度。

3. 轮箍的过盈量按轮辋直径计算,每 1 000 mm 为 1.2~1.5 mm。轮箍须均匀加热。

4. 组装后不得松弛,当轮箍厚度大于 50 mm 时允许加垫重装,加垫的厚度不大于 1.5 mm;垫板不许多于一层,总数不得超过 4 块,每块长度不少于 300 mm;相邻两块间的距离不大于 10 mm。

**第 75 条** 轮轴及齿轮芯压装时应符合压力曲线规定。

**第 76 条** 轮对组装后应符合下列要求:

1. 轮箍内距、直径差符合限度。

2. 齿轮压装后各部尺寸应符合限度。

**第 77 条** 传动齿轮要清洗检查,并符合下列要求:

1. 大、小齿轮的齿有折损、裂纹、弯曲时更换新品。

2. 用法面齿形样板检查齿廓,其间隙不得超过 2 mm;齿面剥离长度不大于 2 mm;宽度不大于 3 mm;深度不大于 4 mm;齿面麻点不大于齿接触面的 40%。

3. 大、小齿轮之啮合必须均匀,错齿偏咬不得超过限度。

4. 更换新齿轮时须进行饱和试验,无异常状态。

**第 78 条** 齿轮罩要清洗干净,检查和处理不良部分,组装后止口接合良好,不得漏油。

**第 79 条** 轴箱与抱轴箱分解后进行煮洗、清扫、检查,应符合下列要求:

1. 轴箱体、盖及油封不得有变形、破损、漏油。

2. 轴箱滑板不得破损,断续焊接滑板时应焊牢、焊平,上、下不得凸出轴箱 3 mm,组装后不能加垫。

3. 轴箱的防尘板、防尘圈、甩油板及抱轴箱的托板和托盘弹簧不得缺少、作用良好。

4. 轴箱盖关合严密、启闭灵活、压簧不得有破损、裂纹、变形。

5. 轴箱各部的油孔必须畅通。

6. 抱轴箱与抱轴瓦必须密贴,大修时不准加垫,中修时可加垫处理。抱轴孔直径的扩大量不得超过 4 mm。

7. 抱轴箱瓦口处的椭圆度(距瓦口 50 mm 处测量),大修不得超过 0.5 mm,中修不得超过 1 mm。

8. 抱轴箱和电机机体间必须安装合适,不得漏油。

**第 80 条** 轴瓦与抱轴须清扫检查,应符合下列要求:

1. 无破损、裂纹,各部尺寸应符合限度。

2. 瓦口钨金不准有砂眼、剥离、麻面、缺损,负载运行时轴温升不得超过 45 K。

## 基础制动装置

**第 81 条** 基础制动装置大修时除主轴外应全部分解、清扫、煮洗，检查各部状态；分解、清扫、检查应符合下列要求：

1. 各拉杆和横梁必须平直无裂纹，作用灵活、丝扣无损坏。
2. 各销子、销套磨耗量以及销与套的间隙应符合限度。
3. 更换销子与销套必须热处理，销套必须压装。
4. 闸瓦托破损、裂纹时更换新品，磨耗焊修后应符合样板。
5. 闸瓦及闸瓦托不得偏磨，闸瓦不得超出踏面。但德式机车闸瓦与踏面的接触宽度不得小于 88 mm。
6. 制动传动部分复原弹簧不得折损、裂纹、变形，并作用良好。

**第 82 条** 手制动机大修时分解、清扫、检查，各转动轴不得有裂纹、变形、润滑良好。锁链不得折损、零件齐全，组装后作用灵活、性能良好；中修时清扫、检查并处理不良部分，保证各部充分润滑、作用灵活、性能良好。

**第 83 条** 基础制动装置组装后各部作用灵活，应进行三次非常制动试验，保证性能良好。

## 管路及风缸

**第 84 条** 管路应符合下列要求：

1. 大修时空压机至主风缸的主管路全部拆下煮洗，空气主管、给风阀管、制动管、控制风缸管路，每隔一次大修全部拆下煮洗，清除管内外油污，其他管路用风吹扫干净；损坏或腐蚀的管路要更换。检修后全部涂防锈漆；中修时管路有弯曲、裂纹、变形要进行平直、焊修，严重损坏者更换。
2. 主风缸管、制动管、翻车管的软管连接，大修时要进行常用气压的 1.5 倍的水压试验，2 min 内不得漏泄，并做好试验标记。中修时，如有更换软管则应按大修处理。
3. 管路卡子要规整，不得缺少。

**第 85 条** 风缸应符合下列要求：

1. 检查各主、补风缸，消除变形。主风缸每隔一次大修必须割开进行彻底清扫检查，中修时各主、补风缸不得开焊、裂纹，主风缸坑凹深度不得大于 1.2 cm，面积不大于 600 $cm^2$。

2. 大修时，主风缸要进行水压试验，试验值为常用气压的 1.5 倍，保持 5 min 不漏泄。如中修更换风缸时按大修试验。

3. 风缸内外涂防锈漆，并做好试验标记。

4. 风缸枕木和毡垫损坏者更换。夹子必须规整良好。

## 制 动 缸

**第 86 条** 制动缸应符合下列要求：

1. 缸体内壁不得有纵沟，直径磨耗应符合限度。

2. 前盖孔椭圆度大修超过 2 mm，中修超过 3 mm 时可扩孔镶套。

3. 前盖孔与活塞管(杆)间隙不得大于 3 mm，盖孔磨耗可削正镶套或更换。

4. 活塞杆直径磨耗大于 3 mm 时应更换新品。

5. 复原弹簧、皮碗作用良好。

**第 87 条** 制动缸行程，在全制动时按表 1 规定调整。

**表 1 制动缸行程**

| 车　　型 | 行程最小值(mm) | 行程标准值(mm) | 行程最大(mm) |
|---|---|---|---|
| 80/150T | 110 | 130 | 150 |

## 车钩装置及中间连接器

**第 88 条** 大修、中修时车钩全部分解，钩舌、钩舌销及钩尾扁销，钩座螺栓，必须探伤检查，检修后应符合下列要求：

1. 钩头、钩体、尾框不得有裂纹、变形、各部间隙应符合限度。

2. 钩头各零件的磨耗部分及尾框的各磨耗面允许焊修，并要平整，焊后应进行退火处理。

3. 钩舌销及钩销扁销有横向裂纹时更换。钩头的上下销孔向外和尾销孔向尾端发展的裂纹不许焊接。

4. 无衬套的钩舌销孔及钩耳磨耗过限或有衬套磨耗过限时，应重镶上厚为 4～6 mm 经表面硬化的衬套。

5. 钩头与钩身连接线前后 50 mm 以内有横裂纹时，不准焊修；共余部分或钩尾框裂纹断面总和超过该处断面面积的 1/3 时不准焊修。

6. 钩耳孔边缘裂纹断面超过钩耳壁厚断面的 1/3 以上者更换。2、4 号车钩下锁销孔筋部及距离其根部 20 mm 以内的裂纹允许焊修。

7. 钩舌内侧弯角处，上下部裂纹长度之和超过 30 mm 时更换，中部裂纹中修不超过 60 mm 时允许焊修。

8. 车钩在锁钩位置，往上托起钩锁铁，其移动量（1、2、4 号）不大于 15 mm，1、3 号车钩上作用不大于 12 mm，下作用不大于 22 mm。

9. 2 号车钩之钩腔防跳台高度磨耗超过 3 mm 时焊修，1、3 号下作用车钩一次防跳装置须齐全并作用良好。

10. 车钩组装后左右必须有摆动量，但不准与两侧冲击座相碰。

**第 89 条**　大修、中修时缓冲器全部分解，清洗干净，进行检查，应符合下列要求：

1. 弹簧扣端弯角处裂纹长度不大于 10 mm 时可焊修，否则截换处理。

2. 弹簧折损、裂纹、明显变形和疲劳时更换，双卷簧组装时卷向应相反。

3. 3 号缓冲器扣体斜面磨耗大修超过 2 mm，年修超过 3 mm 时焊修。

4. 弹簧从板及座板有弯曲、折损、裂纹时更换，磨耗超过 3 mm 时焊修平整。引胀箱内前后从板座与从板的接触面在垂直于机车纵向中心线的同一平面内。

**第 90 条**　中间连接器及复原装置全部分解、彻底清扫、检查各部状态，更换和修理不良部分，应符合下列要求：

1. 销轴、法兰盘、复原装置的导板、滑板必须完整良好。

2. 弹簧不得有折损、变形、作用良好。

3. 复原装置座套要紧固，螺栓必须良好。

4. 各磨耗面恢复原形尺寸。

5. 中间连接器装置及复原装置在装配前要适当给油。注油壶及输油管必须清洁畅通。

6. 复原装置两侧弹簧支持杆的颈部直径磨耗超过限度时允许堆焊

加工处理;中修可以镶套。

### 通风冷却系统

**第 91 条** 大修、中修时对风篦子、风筒、风道等彻底检查、清扫、更换损坏腐烂部分,保证通风良好。

1. 风篦子、风筒及筒座不得破损,风篦子安装弹簧板须有足够的弹力。

2. 风扇不得有破损、裂纹、变形,紧固件不得松动,检修后应做动平衡试验。

3. 风门调整装置要齐全、启闭灵活。

### 撒砂装置

**第 92 条** 撒砂装置应符合下列要求:

1. 撒砂器各砂壶、心管不得缺少,砂壶不得破裂,心管及砂管接头良好,不得脱扣。

2. 砂管不得有急弯及堵塞现象,各部支架及管夹子须完整良好。保证撒砂畅通。

3. 砂管管头距离轨面应为 70～80 mm,距离轮缘最远不得超过 50 mm,距制动拉杆、闸瓦或制动杆距离不得小于 10 mm。

## 第七节 气 路 部 分

**第 93 条** 气路系统大修时全部分解、清洗、检查,处理不良部分。中修除管道、风缸外全部分解、清洗、检查,处理不良部分,应符合下列要求。

1. 各紧固件要齐全,紧固。

2. 各弹簧不得有折损、变形。

3. 各种密封件、胀圈、油圈更换新品,销子、蝶形弹簧损坏变形者更换新品。

4. 各阀类经研磨后保证密合。

5. 各注油孔、油道、油管要畅通。

6. 各部作用性能良好。

## 空 压 机

**第 94 条** 空压机无论机车大修或中修均按大修标准。空压机检修后,在试验台上进行负载试验 30 min 要求;各部温度不得超过下列规定值;运转时不得有异音。

**第 95 条** 辅助空压机要分解、检查、作用良好。

## 阀 类

**第 96 条** JZ-7 型机车制动机由于采用新型的橡胶膜板,O 形密封圈及止阀等密封结构,为了提高分解检修质量,所以在分解检修中必须做到:

1. 严格按拆装的工艺过程,使用各专用工具进行分解组装和检修。

2. 对自阀、单阀等各空气阀类要经外部吹扫后,再进行分解,用汽油洗干净,然后吹干,擦拭时采用纱布或绸布,不要使用棉纱,并检查各汽路有无异状。

3. 对于自阀凸轮、放大杠杆等相接触的磨耗件,若磨耗过大,影响其工作性能时应更换(若经过焊修等可修复的则也允许)。

4. 对于各橡胶衬垫进行外观检查有无老化、裂纹、凹坑、翘曲、变形等缺陷,不良者进行更换,O 形密封圈及膜板等则全部更换。

5. 各橡胶膜板及橡胶 O 形密封圈及止回阀等密封结构均不能沾柴油、汽油等油质,O 形密封圈外部可适当涂些白凡士林。

6. 对于各阀弹簧要按图纸检查锈蚀的更换新的,一般较重要弹簧,可进行工作负荷的检查。

7. 组装时一定要推动各膜板、止阀及柱塞体,动作应灵敏不应有过紧或卡住的现象。

8. 组装后各单阀要在标准的 JZ-7 型试验台上试验,其试验标准:Q/TP 15-001-88,JZ-7 型机车制动机各单阀试验条件。

**第 97 条** 各型气压调节器压力调整应符合表 2 要求:

表 2　气压调节器压力标准

| 车型 | 闭合气压<br>(kPa) | 切断气压<br>(kPa) |
| --- | --- | --- |
| 80/150T | 6～6.5 | 8～9 |

**第 98 条**　安全阀应符合下列要求：

1. 阀杆要直、顶尖要尖，阀帽上的顶丝及调整螺丝均良好。

2. 排气作用要良好，排气时压力不得上升。

3. 所有安全阀经试验调整合格后再装车试验，由验收员验收后，加铅封。

4. 安全阀调整应符合表 3 的要求：

表 3　安全阀压力标准　　单位：kPa

| 车型＼部位 | 空压机 | 总风缸 | 副风缸 | 空压机一次吐出 |
| --- | --- | --- | --- | --- |
| ZG80/1 500 | 10 | (8～9)±0.2 | | 4～4.5 |
| ZG150/1 500 | 10 | (8～9)+0.2 | | 4～4.5 |

**第 99 条**　撒砂阀、刮雨器作用良好，不得泄漏。

气缸门联锁作用灵活可靠，不得泄漏。

## 其他装置

**第 100 条**　汽笛声音要洪亮、双音汽笛要发双音，各部分不得破损，安装要牢固。

**第 101 条**　气压表应按原规格配齐，检修后精度等级应符合原等级，刻度清晰，玻璃要清洁。

**第 102 条**　紧急制动阀作用良好。各折断塞门手柄开关位置要正确，阀体孔被盖住超过原形状 1/3 时更换。销子要牢固，作用灵活。

**第 103 条**　油水分离器、滤尘器、酒精喷雾器要分解，清洗，坝料充分，有金属网者须良好。

**第 104 条**　制动机传动链条要清扫干净，注入润滑油，损坏者更换，作用位置正确、可靠。

**第 105 条**　自动控制开关的可动杆游动间隙不大于 0.2 mm，当制动缸压力达到 1.4 kPa 时应迅速动作，不得泄漏。

**第 106 条**　再生阀在制动管减压为 0.6～0.8 kPa 时，制动缸压力保证在 1.8～2 kN。

## 第八节　润滑与油饰

**第 107 条**　各润滑部注油量及油质标准应符合下列规定：

1. 主轴箱注车轴油：夏季 44 号，冬季 23 号。抱轴箱注机械油：夏季 8 号，冬季 11(8 号)：4(10 号)之混合机油。

2. 电机齿轮注齿轮油。油量要适当。

**第 108 条**　机车全面油饰应符合下列要求：

1. 大修时机车各部要彻底除锈喷漆，中修时除锈喷漆，表面平整光滑。

2. 油饰颜色：机车型号、车号、厂徽、转向架标记及各种危险标志均应醒目，机车要按原型油饰、同型机车之同类零部件应颜色一致；轮心刷黑色；轮箍外侧面刷白；弛缓标记刷红色，各轮须在同一位置刷宽度为 25 mm 的标记；各种裸露导电体刷红色；危险标志刷黄底红色；各主管折角塞门、安全阀帽、风缸塞门刷红色；制动管折角塞门刷蓝色；其他标记符号一律刷白色。

## 第九节　电机车试验

### 综合试验

电机车大、中修竣工后，必须进行电路和气路的综合试验，在试验过程中，要全面注意安全，防止一切大小事故的发生。

**第 109 条**　绝缘电阻的测定

电机车大、中修落成通电前，对电气线路、牵引电机、电器等高压部分，用 1 000 V 兆欧表；低压部分(包括额定电压 400 V 的控制电路)用 500 V 兆欧表，进行绝缘电阻的测定

1. 切断主电路断路(高速开关或主熔器)从正受电弓到主电路断路器对地绝缘电阻不得低于 20 MΩ。

2. 切断接地断路器，从主电路断路器到接地断路器对地绝缘电阻；大修不得低于 1.5 MΩ；中修不和低于 1 MΩ。

3. 电路测定，对地绝缘电阻不得低于1 MΩ，中修不得低于1 MΩ(电炉在雨季时不得低于0.5 MΩ)。

4. 全部高压主电路同时测定对地绝缘电阻，大修不得低于1 MΩ，中修不得低于0.5 MΩ。

5.400 V电路对地绝缘电阻不得低于0.5 MΩ。

6. 低压电路对地绝缘电阻不得低于0.2 MΩ。

**第110条** 电路及器械的综合试验。

1. 先闭合电池电源，其各部工作状态良好；电磁接触器、照明装置、保安复原装置通电试验，作用灵活可靠。

2. 起动补助空压机、升起受电弓，闭合高速开关(如补助电路开关接在高速开关之前则不必闭合高速开关)，逐台试验电动空压机，其工作状态应良好。

3. 对装有门联锁的机车要检查联锁作用是否良好。

4. 压缩空气压力达到规定值后，反复试验气压调节(至少3次)、作用应灵活可靠。

5. 在规定压力下反复试验(至少3次)正、旁受电弓的升降，作用应达到标准。

6. 逐台试验送风机组，检查风道是否良好，风量必须足够。

7. 试验发电机组，其工作性能必须良好。

8. 检查电压调节器、逆流装置，其调节作用灵活可靠。

9. 检查补助电路各接触器的动作及消弧情况。

10. 逐路试验电热电路，其工作应正常。

11. 对高速开关、过负荷继电器、过电压继电器、补助继电器、方向转换器、制动转换器、门联器、安全装置、撒砂装置、汽笛等各种器械反复动作试验，各部作用必须良好。

12. 切断主电路电源，对电空接触器，组合接触器进行接触位置的检查，其闭合顺序应符合图纸且两个司机操纵台作用应完全一致，动作迅速可靠。

13. 测定各级起动、制动电阻值(在常温下测定与设计相比)误差不得超过规定。

14. 分组试验牵引电动机的转动方向，必须和主控制器所规定的方向一致。

15. 高速开关、过负荷继电器、高压主熔断器等防护电器的整定值，必须符合规定。

16. 电机车空气制动不可靠时，不得通电试验主电路。

17. 电机车要前、后运行三四次（速度不得超过 5 km/h）不得有异状。

18. 检查前照明灯及信号装置，仪表显示要正确。

## 空载试运和负载试运

**第 111 条** 电力机车大、中修竣工后，要进行空载试运及负载试运，应符合下列要求：

一、空载试运由检修厂主持，有关人员参加，按下列要求进行：

1. 正线试运距离往返不少于 30 km；平均速度不低于 35 km/h。

2. 运行中要经常观察各部件工作状态，注意查出漏油、漏气、过热、异音等不良场所。

3. 运行中要观察撒砂装置的作用是否良好，撒砂量是否符合要求。

4. 检查空气制动状态，制动管气压达到规定压力时进行缓制动和急制动各三次以上，应符合要求。

5. 试验电气制动及电气和空气制动的联锁。

二、负载试运由检修厂主持，验收员参加，按下列要求进行：

1. 牵引吨数应符合本型机车的牵引定数，不得超过定数的 10%（被挂补机计算在内）。

2. 列车组成后，制动管压力达到规定值，须进行最大减压量试验，应符合技规要求。

3. 在重载起动时，重点观察最大起动电流，轴重分配情况，黏着条件较好时，超过牵引电动机额定电流 100 A 时不得有空转现象。

4. 逐级起动，机车运行应平稳无冲击。

5. 在经济运行时须稳定 1～3 min，观察牵引电动机电流间的差别不得大于 15%。

6. 在试运中应观察各部件的工作状态，注意查出漏油、漏气、过热、异音等。

**第 112 条**　检修机车经负载试运达到质量要求后，须做如下整修：

1. 重新紧固主电阻螺丝；
2. 重新紧固抱轴箱螺丝；
3. 检查主轴头；
4. 检查牵引电动机。

## 第十节　检修限度

### 说　　明

一、原形及限度区分

1. 原形——设计尺寸。凡按图纸加工零部件，必须遵守的尺寸。
2. 第一限度——机车大修的限度尺寸，大修时，必须按此限度标准。
3. 第二限度——机车中修时的限度尺寸。中修时，必须按限度标准。
4. 第三限度——超过限制尺寸时，禁止使用。

二、在定检或临故检修时，可按禁用尺寸衡量。

三、本限度表(表 4～表 20)所采用计量单位，除注明者外一律为：

长度单位：mm；

重量单位：kg；

气压单位：kPa。

**表 4　电机限度表**

| 限度内容 / 电机型号 | 换向器直径 | | | 升高片宽度 | | 空气隙 | | | | 电刷 | | | 应用车型 |
|---|---|---|---|---|---|---|---|---|---|---|---|---|---|
| | | | | | | 主极 | | 换向极 | | | | | |
| | 原形 | 大修、中修限度 | 禁用限度 | 原形 | 禁用限度 | 原形 | 允许差 | 原形 | 允许差 | 宽×厚×高 | 最小高度 | 压力 | |
| ZQ-350 | 495 | 472 | 470 | 22 | 16 | 8 | | 8.8<br>(6.8) | | 32×20×50 | 30 | 2～2.5 | 韶峰 |
| ZQ-220 | 385 | 362 | 360 | 22 | 17 | 3.25 | | 45 | | 40×20×50 | 32 | 2.4～3.0 | 湘 80 |
| ZQD-8 | 210 | 193 | 190 | 14 | 10 | 3 | | 6.5 | | 16×10×32 | 20 | 0.3～0.4 | 韶峰 |
| ZQD-15 | 214 | 197 | 194 | 14 | 10 | 2.5 | | 5 | | 16×16×32 | 20 | 0.3～0.4 | 韶峰 |

**表 5　高低压电器总的要求(一)**

| 项　　目 | 型式 | 原形 | 限　　度 | | |
|---|---|---|---|---|---|
| | | | 1 | 2 | 3 |
| 编织铜线允许折损率 | 各型 | — | 5% | 10% | 15% |
| 高压触头接触面积不得小于 | 各型 | | 80% | 70% | |

**表 6　高低压电器总的要求(二)**

| 项　　目 | 型式 | 原形 | 限　　度 | | |
|---|---|---|---|---|---|
| | | | 1 | 2 | 3 |
| 轴销磨耗 | 各型<br>当名义尺寸为<br>ϕ5～ϕ10<br>ϕ10～ϕ18<br>ϕ18～ϕ30<br>ϕ30～ϕ50 | <br><br>0.015～0.055<br>0.02～0.07<br>0.02～0.07<br>0.025～0.085 | <br><br>0.05～0.15<br>0.06～0.18<br>0.07～0.21<br>0.08～0.25 | <br><br>0.05～0.3<br>0.06～0.36<br>0.07～0.42<br>0.08～0.5 | <br><br>0.5<br>1.1<br>1.3<br>1.6 |
| 轴销孔磨耗 | ϕ5～ϕ10<br>ϕ10～ϕ18<br>ϕ18～ϕ30<br>ϕ30～ϕ50 | 0～0.03<br>0～0.035<br>0～0.045<br>0～0.05 | 0～0.1<br>0～0.12<br>0～0.14<br>0～0.17 | 0～0.2<br>0～0.24<br>0～0.28<br>0～0.34 | 0.5<br>1.1<br>1.3<br>1.6 |
| 轴销与轴孔之间的间隙 | ϕ5～ϕ10<br>ϕ10～ϕ18<br>ϕ18～ϕ30<br>ϕ30～ϕ50 | 0.015～0.085<br>0.02～0.105<br>0.025～0.13<br>0.032～0.15 | 0.05～0.25<br>0.06～0.3<br>0.07～0.35<br>0.08～0.42 | 0.05～0.5<br>0.06～0.6<br>0.07～0.7<br>0.08～0.84 | 1.0<br>2.2<br>2.6<br>3.2 |

**表 7　受电弓**

| 项　　目 | 型式 | 原形 | 限　　度 | | |
|---|---|---|---|---|---|
| | | | 1 | 2 | 3 |
| 铜滑板厚度 | 各型 | | 5～6 | 4～6 | 1.5 |
| 正受电弓滑板倾斜度 | 各型 | | 10 | 10 | 25 |
| 正受电弓滑板中心与架座中心偏移量 | 各型 | | 20 | 25 | 30 |
| 旁受电弓吊杆上球套与球间隙 | 各型 | | 2 | 3 | 4 |

## 表 8 高速断路器

| 项目 | 型式 | 原形 | | 限度 | | | | | |
|---|---|---|---|---|---|---|---|---|---|
| | | | | 1 | | 2 | | 3 | |
| 触头开距 | DS7 | | | | | | | | |
| 触头压力 | DS7 | 90 | | | | | | | |
| 触头厚度 | DS7 | 动 | 静 | 动 | 静 | 动 | 静 | 动 | 静 |
| | | | | | | | | | |

## 表 9 电控接触器

| 项目 / 限度 / 型号 | 触头厚度 | | | | 触头开距 | | | | 触头压力 |
|---|---|---|---|---|---|---|---|---|---|
| | 原形 | 1 | 2 | 3 | 原形 | 1 | 2 | 3 | 原形 |
| QCK-6 | 8 | 6 | 6 | 5 | 27～30 | 27～30 | 26～28 | 25～33 | 15～20 |

## 表 10 直流电磁接触器

| 项目 / 限度 / 型号 | 触头厚度 | | | 触头开距 | | | 触头压力 |
|---|---|---|---|---|---|---|---|
| | 原形 | 1.2 | 3 | 原形 | 1.2 | 3 | 原形 |
| QCC-1 | 6 | 5 | 3 | 17.5～20.5 | 18～19 | 17～23 | 1.5～2.2 |

## 表 11 转换器

| 项目 | 触头压力 | | | | 触头压力 | | | | 接触片厚度 | | | |
|---|---|---|---|---|---|---|---|---|---|---|---|---|
| | 原形 | 1 | 2 | 3 | 原形 | 1 | 2 | 3 | 原形 | 1 | 2 | 3 |
| 韶峰 K2-1 大连 QK2-2G | 5～10 | | | | 8 | 6.5 | 6.5 | 5 | 10 | 7.5 | 7.5 | 6.5 |

## 表 12 车体

| 顺号 | 名称 | 型式 | 限度 | | |
|---|---|---|---|---|---|
| | | | 1 | 2 | 3 |
| 1 | 车厢屋架的倾斜、偏移<br>(1)前后<br>(2)左右 | 各型 | <br>30<br>20 | <br>40<br>30 | <br>45<br>35 |
| 2 | 车体的中梁、测梁弯曲度 | 各型 | 25 | 35 | 45 |
| 3 | 受电弓底座中心线与电机纵向中心线之偏差 | 各型 | 25 | 30 | — |
| 4 | 旁受电弓底座中心线与机车纵向中心的不平行度 | 各型 | 15 | 15 | — |

## 表 13 转向架

| 顺号 | 名 称 | 型式 | 限度 | | |
|---|---|---|---|---|---|
| | | | 1 | 2 | 3 |
| 1 | 轴箱切口中心对角线长度之差 | 各型 | 15 | 20 | 25 |
| 2 | 同一构架两侧轴箱切口距离之差 | 各型 | 5 | 6 | — |
| 3 | 梁式构架侧梁的垂直偏差 | 韶峰 | 5 | 7 | 10 |
| 4 | 板式构架侧板的凸出凹入深度(1)同侧两轴箱切口的中间(2)轴箱切口附近 | 各型 | 6<br>5 | 10<br>7 | 15<br>10 |
| 5 | 梁式构架侧梁在水平方向的弯曲度 | 韶峰 | 3 | 5 | 7 |
| 6 | 梁式构架侧梁与牵引梁、枕梁端的局部间隙 | 韶峰 | 0.5 | 1 | 1.5 |
| 7 | 下中心支承巢的椭圆度 | 各型 | 3 | 5 | — |
| 8 | 下中心支承座和巢壁间的侧面间隙(如图中 A) 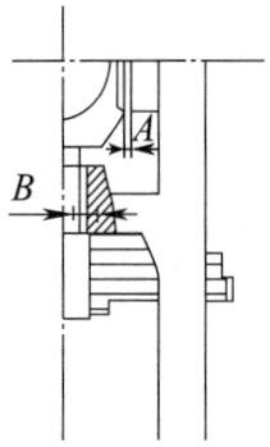<br>A<br>B | $EL_1$ | 0.8 | 1.2 | 1.4 |
| 9 | 下中心支承弹簧轴销与轴销孔的间隙(如上图中 B) | $EL_1$ | 0.8 | 1.5 | 2.0 |
| 10 | 轴箱托板与车架组装局部间隙(如图)<br>(1)斜度部分<br>(2)垂直部分 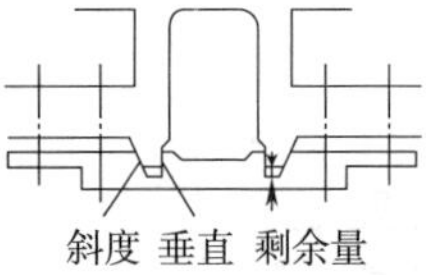<br>斜度 垂直 剩余量 | 各型 | 0.3<br>0.1 | 0.3<br>0.2 | |
| 11 | 转向架轴箱托板的剩余量(如上图) | 各型 | 2~8 | 2~8 | |
| 12 | 牵引电动机弹簧吊挂之磨耗板的磨耗不得大于 | 各型 | 3 | 4 | 8 |

## 表 14　中心支承与旁承

| 顺号 | 名　　称 | 型式 | 限　　度 | | |
|---|---|---|---|---|---|
| | | | 1 | 2 | 3 |
| 1 | 上中心支承油沟的深度 | 各型 | 3 | 2 | 1.5 |
| 2 | 上、下中心支承磨耗不大于 | 圆柱形<br>球型 | 6<br>4 | 12<br>8 | 15<br>10 |
| 3 | 下中心支承座磨耗量 | 各型 | 4 | 10 | 15 |
| 4 | 中心支承组合后的游动间隙 | 圆柱形<br>球型 | 3<br>3 | 5<br>3 | 8 |
| 5 | 中心支承的高度磨耗总的不得大于 | 各型 | 12 | 12 | |
| 6 | 中心支承滑块磨耗(如图)<br>旁承下体<br>磨板<br>滑板 | 各型 | 3 | 5 | 8 |
| 7 | 旁承滑块磨耗 | 各型 | 3 | 5 | 8 |
| 8 | 旁承两侧间隙之和不大于 | 各型 | 2 | 4 | |
| 9 | 旁承滑块油沟深度不小于 | 各型 | 3 | 2 | 1.5 |
| 10 | 旁承弹簧内外套筒两侧间隙之和不大于 | 各型 | 2 | 4 | 8 |
| 11 | 旁承滑块磨耗凹入深度 | 各型 | 2 | 6 | 8 |
| 12 | 旁承内套筒高度磨耗 | 各型 | 4 | 8 | 10 |
| 13 | 旁承垫板厚度磨耗 | 各型 | 3 | 8 | 10 |
| 14 | 旁承座滑板之磨耗 | 各型 | 1 | 2 | 3 |

## 表 15　弹簧及悬挂系统

| 顺号 | 名　　称 | 型式 | 限　　度 | | |
|---|---|---|---|---|---|
| | | | 1 | 2 | 3 |
| 1 | 板弹簧片对弹簧箍中心偏移 | 各型 | 2 | 4 | |
| 2 | 板弹簧片局部的腐蚀深度是设计尺寸：<br>厚度<br>宽度 | <br>各型<br>各型 | <br>10%<br>3% | | |
| 3 | 弹簧片厚度的局部磨耗 | 各型 | 1.5 | 2.0 | |

续上表

| 顺号 | 名　　称 | 型式 | 限　　度 | | |
|---|---|---|---|---|---|
| | | | 1 | 2 | 3 |
| 4 | 板弹簧无负荷时片间的间隙不大于 | 各型 | 1 | | |
| 5 | 板弹簧在设计负荷下的挠度较原设计的差(如图) 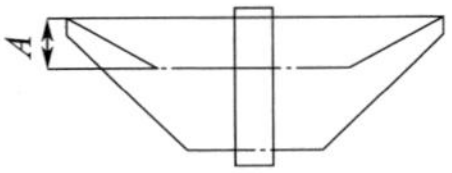 | 各型 | ±4 | ±8 | |
| 6 | 圆弹簧的自由高度较原设计公称尺寸的差 | 各型 | 5% | 5% | |
| 7 | 圆弹簧的倾斜度不大于 | 各型 | 2% | 2% | |
| 8 | 圆弹簧局部腐蚀较原设计(簧丝直径)的减少量 | 各型 | 5% | 5% | |
| 9 | 圆弹簧组装后簧圈间距不小于 | 各型 | 3 | 3 | |
| 10 | 弹簧箍厚度磨耗侧面底面(无衬垫) | 80T各型 | 32 | 32 | |
| 11 | 均衡板簧箍上的滑动方铁磨耗量(如图) 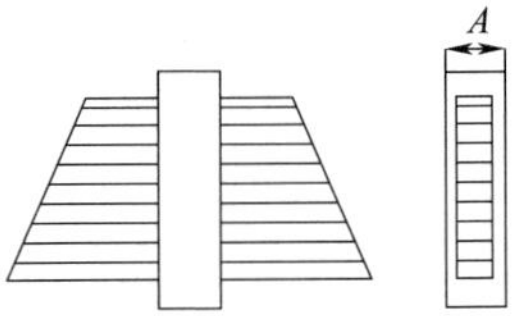 | $EL_{1.2}$、37E | 3 | 7 | |
| 12 | 均衡板簧箍上的导框与方铁的间隙(两侧和)不得大于 | $EL_{1.2}$、37E | 2 | 5 | — |
| 13 | 弹簧箍底面宽度的磨耗量(如图) 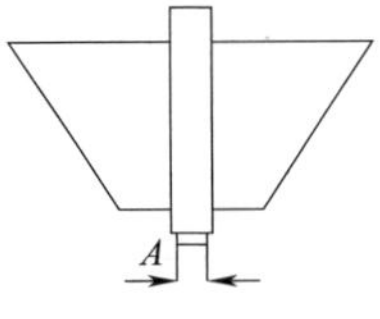 | 80T各型 | 4 | 6 | |
| 14 | 弹簧箍底面或侧面的偏磨量 | 各型 | 2 | 4 | |

续上表

| 顺号 | 名　　称 | 型式 | 限　度 | | |
|---|---|---|---|---|---|
| | | | 1 | 2 | 3 |
| 15 | 弹簧箍上部销轴直径的磨耗(如图) 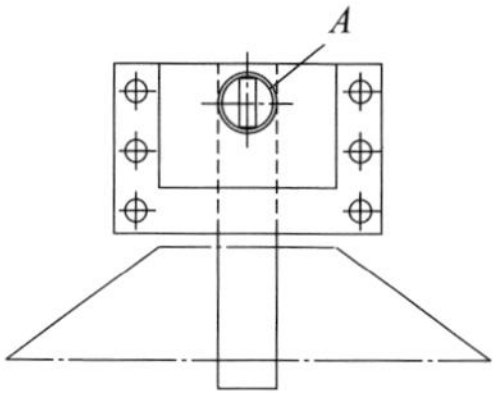<br>A | 各型 | 1 | 2 | |
| 16 | 销轴与套的间隙 | 各型 | 0.3～0.5 | 0.5～1.0 | |
| 17 | 弹簧箍与台车架的间隙不少于(如图) 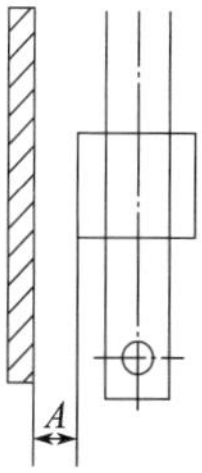<br>A | 各型 | 6 | 4 | |
| 18 | 弹簧鞍及弹簧压板曲面磨耗(如图) 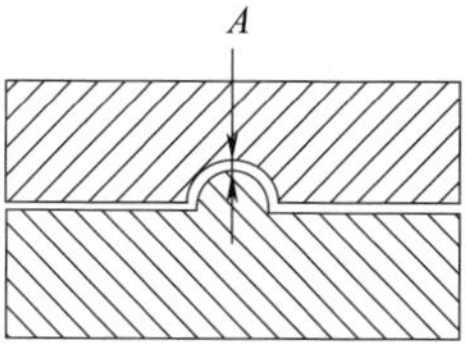<br>A | 各型 | 1 | 2 | |
| 19 | 板弹簧座的偏磨(如图) 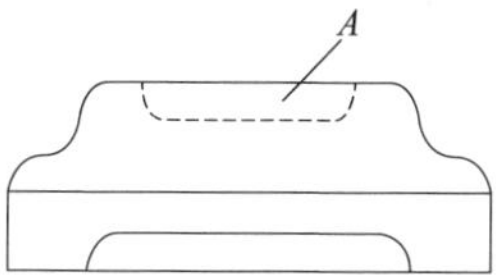<br>A | 各型 | 1 | 2 | |

续上表

| 顺号 | 名　　称 | 型式 | 限　　度 | | |
|---|---|---|---|---|---|
| | | | 1 | 2 | 3 |
| 20 | 弹簧吊杆孔宽度磨耗(如图中 $C$) 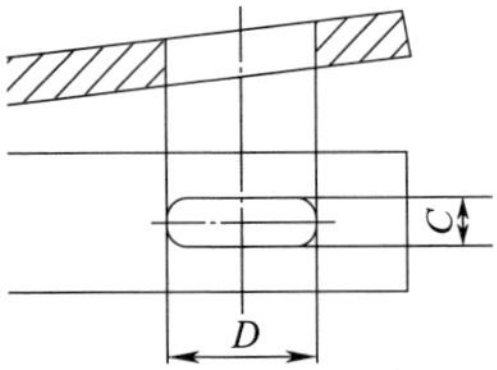 | 各型 | 4 | 5 | |
| 21 | 弹簧吊杆销与套的间隙不大于 | ZG150 | 1 | 1 | |
| 22 | 板弹簧箍曲面垫厚度磨耗 | ZG150 | 2 | 2 | |
| 23 | 板弹簧箍曲面垫与弹簧箍平面处局部间隙(不计荷重时) | ZG150 | 0.5 | 0.5 | |
| 24 | 板弹簧箍底片与板弹簧座上缘间的最少间隙(如图中 $C$) 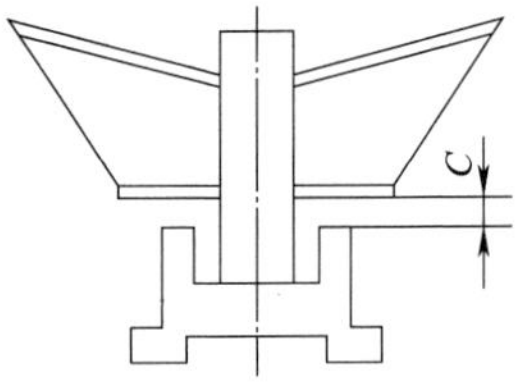 | 各型 | 3 | 2 | 1 |

**表 16　轮对**

| 顺号 | 名　　称 | 型式 | 原形 | 限　　度 | | |
|---|---|---|---|---|---|---|
| | | | | 1 | 2 | 3 |
| 1 | 轴颈直径 | 80T 各型 | 165 | 160 | 157 | 155 |
| | | 各型 | 170 | 165 | 162 | 160 |
| 2 | 车轴防尘座直径 | 80T 各型 | 198 | 193 | 190 | 187 |
| | | ZG150 | 245 | 242 | 240 | 238 |
| 3 | 轴颈长度 | 80T 各型 | 305 | 310 | 320 | 325 |
| | | 150T 各型 | 300 | 300 | 300 | 300 |

续上表

| 顺号 | 名　　称 | 型式 | 原形 | 限　　度 | | |
|---|---|---|---|---|---|---|
| | | | | 1 | 2 | 3 |
| 4 | 抱轴轴径 | 80T 以上各型 | 210 | 207 | 203 | 200 |
| 5 | 轮座直径 | 150T 以上各型 | 250 | 245 | 245 | 233 |
| 6 | 主轴颈和抱轴颈的椭圆 | 各型 | | 0.2 | 0.2 | 0.5 |
| 7 | 主轴颈和抱轴的圆锥度 | 各型 | | 0.5 | 0.5 | 0.8 |
| 8 | 主轴颈和抱轴径摆动量 | 各型 | | 0.2 | 0.6 | 1.0 |
| 9 | 同轴两轴颈直径之差(包括抱轴径) | 各型 | | 3 | 4 | — |
| 10 | 轴身局部磨耗深度 | 各型 | | 4 | 4 | 5 |
| 11 | 轮箍内侧距离 | 单侧传动 | 1 353 | 1 353±3 | 1 353±3 | 1 353±3 |
| | | 双侧传动 | 1 353 | 1 353±3 | (包括 $ED_{1.3}$) | |
| 12 | 同轴两轴箱内侧对应点距离差(装车前测量) | 各型 | | 1 | 1.5 | 2 |
| 13 | 轮箍加工后的最小厚度 | 各型 | 75 | 45 | 45 | 40 |
| 14 | 轮缘的垂直磨耗 | | | | | 18 |
| 15 | 轮缘加工后的高度 | | 28 | $28^{-1}$ | $28^{-1}$ | 35 |
| 16 | 轮缘厚 | | 33 | $33^{-0.5}$ | $33^{-0.5}$ | 23 |
| 17 | 轮箍宽度 | 各型 | 140 | 136 | 136 | — |
| 18 | 同一轮箍上测量各处宽度相差 | 各型 | | 3 | 3 | — |
| 19 | 轮箍加工后直径的椭圆度 | 各型 | | 0.5 | 0.5 | — |
| 20 | 轮箍加工后直径的最大差<br>(1)两轮同轴<br>(2)同一转向架<br>(3)同一机车 | | | <br>1<br>2<br>4 | <br>1<br>2<br>4 | <br>2<br>6<br>15 |
| 21 | 轮心直径较原设计尺寸的减少量(更换或重装轮箍时测量) | 各型 | | 6 | 6 | — |

注:凡修用合一的单位 1 限可按 2 限。

### 表 17　传动齿轮

| 顺号 | 名　　称 | 型式 | 限宽 | | |
|---|---|---|---|---|---|
| | | | 1 | 2 | 3 |
| 1 | 大齿轮齿厚的磨耗厚度不得大于（节圆处测量） | 各型 | 2 | 3 | — |
| 2 | 大小齿轮的齿在啮合时沿节圆测量之侧面间隙 | 各型 | 2 | 3 | — |
| 3 | 同轴两齿轮的齿顶与齿根间隙之差 | | 0.5 | 1 | 1.5 |
| 4 | 大齿轮新装后端面摆动量 | | 0.5 | 0.6 | — |
| 5 | 同轴两齿轮沿节圆测量之厚度差 | 各型 | 1.0 | 1.0 | — |
| 6 | 同轴两齿的对应点的偏差 | 各型 | 0.5 | 0.5 | |
| 7 | 啮合时齿顶与齿根间隙 | 各型 | 2.7 | 3.5 | — |
| 8 | 齿轮的偏心度 | 各型 | 0.3 | 0.3 | — |
| 9 | 同轴两齿轮的内侧距离差 | 各型 | 0.5 | 0.5 | — |
| 10 | 齿轮的轮心与抱轴瓦颈的间隙和 | | 1.5～2 | 1.5～3 | — |
| 11 | 大小齿轮组装后轴向错位不大于 | 直齿 | | 4 | 4 |
| | | 斜齿 | | 3 | 3 |

### 表 18　制动传动装置

| 顺号 | 名　　称 | 型式 | 限　　度 | | |
|---|---|---|---|---|---|
| | | | 1 | 2 | 3 |
| 1 | 所有轴销连接部分的轴和套的间隙 | 各型 | 0.5 | 1.0 | 2.0 |
| 2 | 制动主轴的轴颈磨耗 | 各型 | 0～1 | 0～2 | |
| 3 | 制动主轴的轴颈和套的间隙<br>径向<br>轴向 | | <br>1～1.5<br>0.5～1 | <br>1～2.0<br>1～1.5 | |
| 4 | 各连接部分的销子较原形尺寸允许磨耗量 | 各型 | 0.5 | 1.0 | 2.0 |

### 表 19　制动缸

| 顺号 | 名　　称 | 型式 | 限　　度 | | |
|---|---|---|---|---|---|
| | | | 1 | 2 | 3 |
| 1 | 制动缸磨耗直径最大扩大量 | 各型 | 1.5 | 1.5 | 3 |
| 2 | 制动缸的椭圆度 | 各型 | 1 | 1.5 | |
| 3 | 活塞管的厚度磨耗较原设计尺寸的减少量 | 各型 | 1/3 | 1/3 | 1/2 |

### 表 20　连接器及中间连接器

| 顺号 | 名　　称 | 型式 | 限　　度 | | |
|---|---|---|---|---|---|
| | | | 1 | 2 | 3 |
| 1 | 连接器弹簧的自由高度较原设计尺寸之差 | 各型 | −8 | −10 | −13 |
| 2 | 车钩尾框安装弹簧从板处的磨耗(如图中 A 和 B) 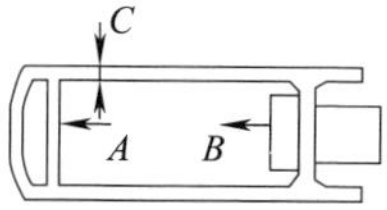<br>C A B | 各型 | 2 | 4 | 6 |
| 3 | 车钩尾框外侧的磨耗(如上图中 C)较原形的厚度减少量 | 各型 | 2 | 4 | 6 |
| 4 | 车钩尾框销孔长度的扩大量(如图中 B) 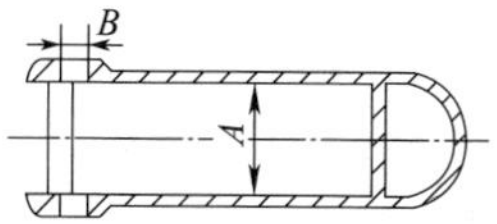<br>B A | 各型 | 4 | 8 | |
| 5 | 车钩尾框内侧上下面距离的扩大量(如上图中 A) | 各型 | 4 | 8 | |
| 6 | 钩体耳部钩舌摩擦面的磨耗量不大于 | ZG150 | 4 | 6 | |
| 7 | 弹簧箱体两侧面的磨耗较原设计尺寸的减少量(如图中 D) 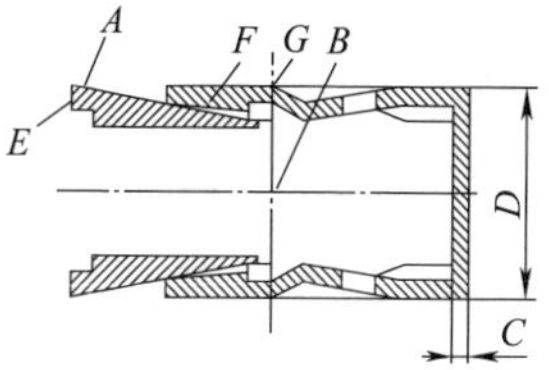<br>A F G B E D C | 3 号 | 4 | 5 | 8 |

续上表

| 顺号 | 名称 | 型式 | 限度 | | |
|---|---|---|---|---|---|
| | | | 1 | 2 | 3 |
| 8 | 弹簧箱底面的厚度磨耗较原设计的尺寸减小量(如序号 7 图中 $C$) | 3 号 | 3 | 5 | 6 |
| 9 | 弹簧箱底面的厚度磨耗较原设计的尺寸减小量(如序号 7 图中 $B$) | 3 号 | 0 | 3 | 5 |
| 10 | 弹簧挡卡端面的磨耗(如序号 7 图中 $E$) | 3 号 | 3 | 7 | 15 |
| 11 | 弹簧挡卡与弹簧挡台接触部分的磨耗(如序号 7 图中 $G$) | 3 号 | 3 | 10 | 15 |
| 12 | 弹簧挡卡锥形部分与弹簧箱两侧的磨耗(如序号 7 图中 $F$) | 3 号 | 3 | 7 | 15 |
| 13 | 车钩体尾销孔的扩大量较原设计尺寸不得大于(如图)宽度 $A$ 宽度 $B$ | 各型 | 3<br>4 | 5<br>6 | —<br>— |
| 14 | 车钩体的允许磨耗量 | 各型 | 3 | 7 | 10 |
| 15 | 提钩杆的直径磨耗 | 各型 | 4 | 4 | — |
| 16 | 钩舌销孔的直径磨耗较原设计尺寸的扩大量 | 各型 | 1 | 2 | 3 |
| 17 | 钩舌销直径磨耗较原设计尺寸的减少量 | 各型 | 1 | 2 | 3 |
| 18 | 钩舌销与销孔间的允许间隙 | 各型 | 1-2 | 1-3 | 5 |
| 19 | 牵引梁前后磨耗板之磨耗较原设计尺寸的减少量 | | 1 | 4 | 5 |
| 20 | 钩舌的开度:锁闭位置开放位置 | | 127～130<br>245～249 | 127～130<br>245～249 | >135<br>>125 |
| 21 | 连接器中心距离轨面的高度 | | 835～890 | 835～890 | >890 |
| 22 | 连接器从板与牵引梁前后冲击座磨耗板处的间隙 | 各型 | 2 | 4 | — |
| 23 | 钩舌与钩耳上、下面的间隙 | | 3～6 | 3～6 | — |

续上表

| 顺号 | 名　　称 | 型式 | 限　　度 | | |
|---|---|---|---|---|---|
| | | | 1 | 2 | 3 |
| 24 | 中间连接器销直径较原设计尺寸的增大或减小量 | 各型 | +1<br>−2 | +5<br>−4 | −5 |
| 25 | 中间连接器上下销套内径较原设计尺寸的扩大量或减小量 | 各型 | 2 | 3 | 10 |
| 26 | 中间连接器的销与套或与球形瓦的间隙 | 各型 | 1 | 2 | — |
| 27 | 中间连接器球形瓦球较原设计尺寸的增大或减小量 | 各型 | +1<br>−1.5 | +1<br>−3 | +1<br>−4 |
| 28 | 中间连接器组装后上下间隙的和 | 各型 | 2 | 4 | 7 |
| 29 | 中间连接器球与单义和双义接手上下高度间隙的和 | 各型 | 4 | 4 | — |
| 30 | 球与球套的间隙 | 各型 | 0.2～1 | 0.2～2 | — |
| 31 | 复原装置和连接器的球套内径较原设计尺寸的扩大量和减小量 | 各型 | +1 | +3<br>−1 | |
| 32 | 复原装置上下滑道允许磨耗 | 37E | 1.5 | 2.5 | 5 |
| 33 | 复原装置上下滑道滑板组装后的间隙 | 37E | 2 | 4 | 6 |
| 34 | 复原装置的销和销套的间隙 | 各型 | 0.2～1 | 0.2～2.5 | |
| 35 | 复原装置的销和销套的间隙 | 各型 | 1 | 2.5 | |
| 36 | 复原装置支杆套外径较原设计尺寸的扩大和减小量 | 各型 | +1<br>−2 | +1<br>−4 | −7 |
| 37 | 复原装置球形瓦球径扩大量及减小量 | 各型 | +1<br>−1.5 | +1<br>−3 | −4 |
| 38 | 复原装置球外径较原设计尺寸的扩大量或减小量 | 各型 | +1<br>−1 | +1<br>−3 | — |
| 39 | 支杆与球内孔的间隙 | 各型 | −1<br>+2 | −1<br>+4 | — |
| 40 | 复原装置两侧弹簧支持杆的颈部直径允许磨耗较原设计尺寸的减小量 | | 0.5 | 1.5 | 10 |
| 41 | 复原装置的两侧弹簧支持杆弹簧套垫处的直径较原设计尺寸允许磨耗量 | | 0.5 | 1.5 | 1.0 |
| 42 | 复原装置两侧弹簧支持杆颈部套筒内孔直径较原设计尺寸允许磨耗扩大量 | 各型 | 0.5 | 1.5 | — |

续上表

| 顺号 | 名　　称 | 型式 | 限　　度 | | |
|---|---|---|---|---|---|
| | | | 1 | 2 | 3 |
| 43 | 复原装置两侧弹簧支持杆颈部和套筒内孔之间的间隙 | 各型 | 0.5 | 1.5 | — |
| 44 | 复原装置两侧弹簧支持杆的弯曲度不大于 | 各型 | 1 | 2 | — |

## 电力机车检修后主要部件保修期及保修范围

一、电力机车检修后,下列部件应保证使用一个定检期:

1. 受电弓;
2. 高速开关;
3. 过负荷继电器;
4. 各种接触器及转换开关;
5. 起、制动电阻;
6. 各种低压绝缘压制件的绝缘;
7. 空气压缩机;
8. 空气制动系统各阀类;
9. 主轴之油刀;
10. 主、支轴瓦研轴。

二、电力机车检修后,下列部件应保证使用一个中修期:

1. 各种高压绝缘压制件的绝缘。
2. 各导线槽内导线绝缘良好,不得断线。
3. 各主、辅电机之磁极松动,线头接触不良,轴断裂、各绕组接地(中修保 4 个月)。
4. 车体交接箱。
5. 转向架、车体底架裂纹开焊。
6. 大、小齿轮弛缓。
7. 轮对装置裂纹、弛缓。
8. 制动主、支管及基础制动装置断裂。

# 第二部分　韶峰型电力机车定修

## 第一节　电　　气

定修后，高低压电路、主补电机和各电器要清洁干净，动作正常，性能良好。

**第1条**　检查清扫各高压室，机械室，司机室，起、制动电阻室的配线、线捆、线束及接线端子。

**第2条**　高低压各电路导线破损、碳化严重者可转为临修，轻微损伤者须包扎。处理后线应整齐良好，各电路导线端子焊接应牢固。

**第3条**　电路接地线必须正确、良好，高压电路用4 000 V兆欧表测定对地绝缘电阻值应符合规定。

**第4条**　高低压电路和电机，电器上的各种瓷瓶必须擦拭干净，不得有污损、裂纹。

### 电　　机

**第5条**　检查和清扫换向器，刷握、接线盒须符合下列要求：

1. 换向器必须光洁，不得有污损、烧痕、短路、擦伤等。换向片不得凸起和松动。换向器磨耗深度及云母片沟深不得超过限度。

2. 换向器升高片与导体焊接处不得开焊、松动，焊锡不得脱落。

3. 检查换向器侧的被覆、连线及主补极螺丝和引出线。

4. 刷握不得破损、裂纹、烧损、松动。各部间隙须符合表21规定。

**表21**

| 项　　目 | 牵引电动机（mm） | 补助电机（mm） |
|---|---|---|
| 刷盒与升高片的距离 | 4～11 | 3～8 |
| 刷盒与换向器面的距离 | 2.5～7 | 2～4 |

5. 同一换向器应使用同一牌号的电刷。牵引电动机电刷不得有裂纹，缺损不得超过1/10，与换向器接触处缺损不得超过电刷断面的1/20；补助电机电刷不得有裂纹、缺损，电刷与换向器的接触面应在3/4以上。

6. 牵引电动机接线盒应在第一次和第七次定检中各打开一次进行

检查和清扫。

**第 6 条** 补助电机轴承不得有异音。一般音响不影响正常运行，而且轴承温升不得超过 55 K(滚动轴承)时允许使用。

**第 7 条** 充电机电压应符合下列规定：

1. 输入电压：850～2 000 V(DC)；

2. 输出电压：55 V；

3. 输出功率：3 kW；

4. 电压稳定精度：±1％；

5. 纹波系数：≤5％；

6. 效率：＞80％；

7. 保护：输入过压、欠压保护；输出过流保护；过载保护；内部温度保护。

## 高压电器

**第 8 条** 各种电木、塑料、水泥、石棉等绝缘制品组成的零部件，都必须清扫、检查，不得有污损、裂纹。但如有微小缺损而又远离带电部位，经检修单位鉴定而又不影响使用的，可以继续使用。

**第 9 条** 各种接触子必须进行检查、清扫，不得有烧损、污损。接触面光洁，接触要良好。

**第 10 条** 编织铜线必须整齐，不得变色，焊锡无开焊、熔化，芯线折损不得超过限度表的要求。

**第 11 条** 各种紧固零件，螺钉、螺帽、平垫、弹簧垫、销子、背帽等必须齐备。符合规格，紧固良好。

**第 12 条** 各动作部分必须灵活、正确、作用一致，各种电磁线圈不得过热、短路、断路，消弧线圈不得接反，不得短路。

**第 13 条** 高压电器上的低压控制接点应接触良好。

**第 14 条** 检查和修理受电弓的滑板、主架和气动部分，消除不良状态，更换磨耗部件。对活节回转部分、气动部分进行适当的润滑，并符合下列要求：

1. 正受电弓保持钩作用须正常。滑板托架动作须灵活，不得烧损。组架裂纹，烧损时允许焊修，滑板弯曲允许平、直(包括铝滑板)。

2. 气筒不得漏泄。

3. 弹簧不得折损、裂纹。

4. 受电弓升降须正常、灵活。在升起或降落位置时不得有严重倾斜现象。滑板无严重棱沟偏磨和活动现象。

5. 受电弓的接触压力及升降时间的要求与大修相同。

**第 15 条** 刀型开关须进行检查和清扫，消除不良状态，刃夹应有足够的弹力，动作须灵活，不得旷动。绝缘板应完整良好，不得有严重的烧痕和破损。

**第 16 条** 检查和清扫高速开关各部，清除不良状态，检修后符合下列要求：

1. 高压接触子表面平整、光洁，接触压力要适当，接触要良好。

2. 闭合、断开动作须灵活、正确。跳闸线圈无短路现象。低压联锁接点接触要良好。

3. 消弧箱不得裂纹、烧损。

**第 17 条** 避雷器必须清扫干净，阀体不得有疵纹和破损现象，接地线须牢靠，避器在雨季前必须严格地进行一次检查试验。

**第 18 条** 电空接触器及组合接触器须检查清扫接触子、消弧箱和消弧角。电磁阀、各部绝缘部分，气动部分等要消除不良状态。检修后须符合下列要求：

1. 动作灵活、正确，接触压力适当，接触要良好。

2. 联锁触头动作须准确、压力适当，不得引起误动作。

**第 19 条** 起动制动电阻用 5 kPa 的压力风进行吹扫，绝缘瓷瓶必须干净。螺丝要检查并增力，绝缘件须完好，并符合下列要求：

1. 电阻片不得短路、折损和熔化，允许有弯曲，但电阻片间最大与最小距离之比不得大于 2。

2. 更换的电阻片必须与原型相符，连接导电板不得折损、裂纹、烧断、松弛。

3. 电阻片间接头烧损者应分解更换，不得用电焊焊接。

**第 20 条** 清扫、检查转换器，应符合下列要求：

1. 接触子和接触片不得有烧痕，开焊和过热现象，接触要良好、压力要适当。

2. 绝缘筒、绝缘杆无烧痕、裂纹、碳化等。

3. 动作须正确、灵活。

**第 21 条** 过负荷、过电压等继电器须检查、清扫,动作要正确灵活,对地绝缘要良好。

**第 22 条** 电磁接触器须清扫、检查接触子、消弧箱、电磁线圈、导弧角以及绝缘部分,消除接触子烧痕及其他不良状态,并须符合下列要求:

1. 动作灵活可靠,接触压力适当。
2. 吸合线圈应绝缘良好,无短路、破损。
3. 消弧线圈极性不得反接,消弧性能良好。

**第 23 条** 阻尼电阻须清扫,各绝缘瓷瓶要干净,无烧损接地现象。

**第 24 条** 各电热器在取暖季节前进行清扫、检查,零件须完整,绝缘良好,接地可靠。

## 低压电器

**第 25 条** 各部清扫干净,绝缘零件须完整,无严重破损。各种联锁装置作用良好可靠。紧固件如垫圈、弹簧垫、销子等不得缺少。并符合下列要求:

1. 接触子的接触面光洁,压力适当,动作灵活可靠。
2. 电磁阀线圈须完整,绝缘良好,无烧损。

**第 26 条** 主控制器须清扫内部,调整接触子压力,进行润滑,并符合下列要求:

1. 圆筒位置正确,不得有较大的旷动,各联锁作用可靠。
2. 各把手和动作部分须灵活,必须保证各接触位置正确可靠。

**第 27 条** 补助继电器须清扫外部,压力适当,动作灵活可靠。

**第 28 条** 低压配电盘、刀型开关、转换开关及各种低压开关须清扫外部,零件须齐全。

**第 29 条** 电磁阀动作须灵活、可靠,气路畅通、无漏泄。

**第 30 条** 蓄电池须清扫外部,表面不得有酸、碱溶液和杂物。连接导电板应完整、良好。并符合下列要求:

1. 测量电压,如过低时可进行检修。
2. 各处不得漏电,电解液须高出极板 10～20 mm。

第 31 条　充电调节器要清扫干净，动作正确、灵活、可靠。零件不得烧损或短缺，调节电流、电压的作用须正常。

第 32 条　熔断器应清洁、完整，可熔体规格须符合附表的规定。

### 照明装置

第 33 条　线路不得混杂、短路和接地。前照灯灯箱不得漏雨，射程不得小于 80 m。标志信号灯的颜色须明显，作用须正确、可靠。

### 仪　　表

第 34 条　仪表安装须稳固、正确、可靠、灵活。仪表外表清洁、明亮，不许有裂纹。

## 第二节　机　　械

### 总体要求

检查各部零件和紧固件，对缺少、破损、松动者分别进行补齐、修理和增加，对各润滑部分注油。定检后走行部分和制动传动机构必须作用良好，确保安全运行。

### 车　　体

第 35 条　清扫车体表面，车体不得裂纹，如有漏水应焊修，司机座椅及车梯、扶手不得缺少和损坏，安装牢固。

第 36 条　各门窗开关灵活，关闭严密，不得漏水和因震动而自动开启。玻璃不得破损，车顶盖螺栓齐全紧固，不得漏水。

第 37 条　牵引电动机的风筒不得破损，卡子或螺钉必须紧固。

### 转 向 架

第 38 条　排障器不得有严重弯曲，距轨面应在(100±15) mm 之内。

第 39 条　脚踏板的支架不得有严重弯曲；木板不得破损，螺钉不得松动或凸出板面，安装要牢固。

第 40 条　外观检查板弹簧，圆弹簧状态，板弹簧不得串箍或反翘，圆弹簧不得压死和裂纹。

**第 41 条**　中心支承及旁承螺丝不得松动或破损。

**第 42 条**　均衡梁及其吊杆、簧吊杆及牵引电动机吊杆不得裂纹、弯曲。

**第 43 条**　轴箱不得破损漏油,必须有足够的泡沫塑料或毛线及润滑油,轴箱垫不得脱落,轴箱盖不得弯曲、裂纹、破损,结合处应严密,轴扣滑板及导框滑板破损时修理。

**第 44 条**　抱轴箱及盖不得破裂,毛线及油量要充足,螺钉须紧固。

**第 45 条**　轴瓦、轴挡、挡板无不良状态,甩油器螺丝不得松动。

## 轮对及齿轮罩

**第 46 条**　清扫并检查下列各部:弛缓标志,轮箍厚度,轮缘厚度,轮缘的垂直磨耗,踏面磨耗。

**第 47 条**　轮箍不得有横向裂纹。侧面的纵向裂纹及疤痕,可用半圆铲铲沟,其沟深度不得超过;轮箍外侧深 5 mm,长 300 mm;轮箍内侧深 3 mm,长 300 mm。但同一面不许有两处以上的铲沟或横斜铲痕。

**第 48 条**　清扫检查齿轮罩,各部螺栓紧固,罩体不得漏油,开焊或裂纹。检查齿轮罩内的油量,保持润滑良好。

## 连接装置

**第 49 条**　车钩须保证安全可靠,符合下列要求:

1. 车钩的钩体、钩头、钩舌、钩舌销不得有破损、裂纹;铆钉不得松动,弹簧不得折损,框及伴板不得破损。提钩杆、链及支架不得短缺。

2. 车钩的开锁、闭锁应灵活,钩舌的开度在闭锁位置不大于 135 mm,在开放位置不大于 250 mm。

3. 车钩复原弹簧作用良好,无折损,螺丝须紧固,摩擦部分应加油润滑。

4. 车钩冲击座不得破损。

5. 检查钩尾框及牵引销状态,不得有裂纹,牵引销无窜动,止销需牢固可靠。

**第 50 条**　车钩中心距轨面高度不得大于 890 mm,最低不得小于 815 mm。

**第51条** 中间连接器及复原装置零件不得缺少，螺丝不得松动，润滑良好。

### 基础制动装置

**第52条** 基础制动装置检修后，须符合下列要求：

1. 制动机构各销、套的状态良好，紧固螺栓和制动缓解弹簧齐全、作用良好。

2. 制动杠杆、制动均衡梁、支架、闸瓦托、吊板、制动调整螺丝不得折损、裂纹、脱落等，有严重弯曲应进行调修。

3. 闸瓦不得过限和破损，其厚度不得小于15 mm，闸瓦偏磨不大于6 mm，闸瓦销不得缺少。

4. 制动缸不得漏泄，紧固螺栓齐全，不得松动。

**第53条** 进行两次以上的制动，缓解试验、制动良好。进行手制动机试验，手轮转动灵活，制动缓解性能良好。

**第54条** 砂扣、砂壶扣盖不得破裂、缺少，撒砂阀作用良好，不得漏气。

**第55条** 砂管安装要牢固，不偏移。胶皮管不得磨漏，夹子不得缺少，砂管不得磨漏，夹子不得缺少，砂管须畅通。砂管距轨面高度应在65～80 mm，距离轮缘最远不得超过50 mm。

### 气　　路

**第56条** 检查处理管路漏泄、堵塞等不良现象。定检后空气压缩机作用要正常，空气制动装置作用灵活可靠。

空气压缩机在每个中修中间的一次定检作为半年修。

检查空气管路、风缸、滤尘器、逆止阀等，发现不良处所应进行处理，并按下列要求进行：

1. 在主风缸压力为6～9 kPa时各管路漏泄每分钟不得大于0.3 kPa。

2. 各塞门手把齐全，动作灵活，作用正常。

3. 逆止阀每隔5次定检进行分解，清洗及处理不良部分。空气压缩机空气压缩机阀室及进行分解清洗处理不良部分，保证工作正常。各盖结合处不准漏油，螺栓不得松动，油箱应符合要求。底座油盘清扫干净。

**第 57 条** 空气压缩机半年修应符合技术要求。

## 空气制动机

**第 58 条** 制动阀、分配阀（或三通阀）给气阀各部进行分解检查，处理不良状态应符合下列要求：

1. 给气阀（减压阀）充气作用要灵敏，气压调整误差允许±0.2 kPa。充气时不得有异音。

2. 制动阀位置正确、动作灵活，手把不得松动、闸键及阀体不得漏泄。

**第 59 条** 汽笛声音要洪亮，双音汽笛不得发单音，阀及管路不得漏泄，各零件完整无缺。

**第 60 条** 再生阀、受电弓操作阀及自动控制开关不得泄漏及堵塞。操作阀的手柄位置正确，作用灵活。

**第 61 条** 气压表在同一管路上二表针差不得超过 0.2 kPa，表针动作灵活，刻度清楚。

**第 62 条** 安全阀不准漏泄，动作灵敏，排气动作符合规定，误差不超过±0.2 kPa。

**第 63 条** 刮雨器作用灵活、各部零件完整无缺。

## 润　　滑

**第 64 条** 辅助电机注油口，注油器添注润滑油。

**第 65 条** 空气压缩机使用专用润滑油和冷却油。

**第 66 条** 电机齿轮箱注齿轮油。

**第 67 条** 下面各处须添注润滑油脂：

1. 正、旁受电弓各活动部位（关节）及磨板体；

2. 各控制器、逆转器，牵引制动转换开关等转动部位；

3. 基础制动活节及制动缸。

4. 各输油管及油箱；

5. 机械部分各油壶，注油孔及滑动部分。

6. 中心支承、旁承、中间连接器及复原装置。

# GK1C 型内燃机车检修规程

# 目　　录

1　主题内容与适用范围 …………………………………… 367
2　引用标准 ………………………………………………… 367
3　技术内容 ………………………………………………… 367
4　大、中修工作管理 ……………………………………… 368

**GK1C 型内燃机车大修** ………………………………………… 369

1　柴油机(6240ZJ 柴油机) ……………………………… 369
2　辅助及预热装置 ………………………………………… 379
3　车体及转向架 …………………………………………… 382
4　制动及空气系统 ………………………………………… 387
5　电　　机 ………………………………………………… 390
6　电器及电气线路 ………………………………………… 391
7　液力传动装置 …………………………………………… 394
8　机车总装、试验及试运 ………………………………… 397

**GK1C 型内燃机车中修** ………………………………………… 400

1　柴油机(6240ZJ 型) …………………………………… 400
2　液力传动装置 …………………………………………… 410
3　电气部分 ………………………………………………… 416
4　机车部分 ………………………………………………… 424
5　空气制动部分 …………………………………………… 430
6　机车落成、试运及喷漆 ………………………………… 434
附录　GK1C 型内燃机车中修限度 ………………………… 435

# 1　主题内容与适用范围

本标准规定了GK1C型内燃机车大修、中修的检修标准。

本标准适用于GK1C型内燃机车大修、中修。

# 2　引用标准

中国中车资阳机车有限公司《GK1C型内燃机车检修规程》、鞍山钢铁集团公司铁路运输公司机车厂《内燃机车检修规程》、本溪钢铁集团公司运输部《内燃机车检修标准》。

# 3　技术内容

3.1　修程和周期

内燃机车应根据其构造特点、运用条件、实际技术状态和一定时期的生产技术水平来确定其检修修程和周期，以保证机车安全可靠地运用。

3.1.1　修程

分为大修、中修、定修三级。

3.1.2　周期

检修周期是机车修理的一项重要的技术经济指标。各级修程的周期，应按非经该修程不足以恢复其基本技术状态的机车零部件在两次修程间保证安全运用的最短期限确定。根据工况企业的实际情况、机车技术状态及生产技术水平，检修周期规定如下：大修4.5～6年；中修1.5～2年。

3.2　在有条件下的情况下，机车中修应以配件互换为基础组织生产，以期不断提高检修质量，提高效率，缩短在厂期，降低成本。

3.3　机车检修贯彻以总工程师为首的技术责任制。各级技术管理人员必须认真履行自己的职责，及时处理生产过程中的技术问题。根据统一领导、分级管理的原则，内燃机车检修段必须对检修机车的生产任务和机车质量负全部责任。

3.4　凡本规程以外或规程内无明确数据和具体规定者，可根据具体情况，在保证质量和安全的前提下加以处理。

3.5　凡遇有本规程的规定与检修机车的实际情况不符时以及由于客观条件所限，暂不能达到技术要求者，检修与验收双方可根据具体情况，在总结经验的基础上，实事求是地协商解决，并将双方商定的技术条件报工程师室、质量科，同时将技术条件记录于机车履历簿上。

3.6　验收人员应按照本规程规定的验收范围和标准验收机车。

3.7　本规程是GK1C型内燃机车大、中修和验收工作的依据。本规程的限度表、零件探伤范围与本规程条文具有同等作用。

## 4　大、中修工作管理

4.1　计划

内燃机车检修应按计划均衡地进行。检修计划由设备管理部门会同机车运用段，根据机车的实际技术状态或期限，以及检修、运用的生产安排进行编制。

设备管理部门在每年度第四个季度编制出下一年度大、中修计划，报部、公司审批。于委修前10天由运用段（或会同检修段）提出不良状态书。

4.2　入厂

4.2.1　大、中修机车必须严格按照规定的日期有火回送入厂。无火回送的机车（事故车除外）必须具备能自行运转的技术状态。

4.2.2　入厂机车的所有零、部件不得拆换。

4.2.3　机车入厂后须做好下列工作。

(1)有关人员对机车进行复检，确定超修范围及拆换、缺件等项目，共同签字作为交车依据。

(2)机车履历簿和补充技术状态资料等，须在机车入厂时一并交给承修段。

4.3　修理

4.3.1　机车互换修按照下列规定办理。

(1)机车应以车体、车架为基础进行互换修。其零件、部件或机组均可以互换，但须达到本规程的技术标准。

(2)异型配件允许安装成标准型配件；标准型配件不准换装异型配

件。同一结构的异型配件之间可以互换。

(3)承修外单位机车自行改造的零部件及电路,在不影响互换的前提下,根据送车人员在“接车会”提出的要求,并附有加装改造图纸,可以保留原状,否则要予以取消。

(4)承修外单位机车采用新技术、新结构、新材料时,应与修车单位协商,确定试验项目和有关事宜。但涉及机车的基本结构性能的不得采用。

4.3.2　大、中修机车使用代用的材料和配件时,按下列规定办理。

(1)凡属标准件、通用件等影响互换的配件,不得采用。

(2)需要变更原设计材质者,按有关规定办理。

(3)原材质不变,仅变更材料规格者,应在保证产品质量和安全的前提下,由总工程师决定处理。

4.4　出厂

4.4.1　机车试运时,应由监修司机操纵。接车人员应根据生产进度计划,准时参加试运。

4.4.2　机车试运后,如有不良处所,应由验收员提出,接车人员对机车质量有意见时,应及时向验收员提出,经验收员审核,纳入验收意见。经全部修好验收员确认合格后,办理交接手续。

4.4.3　机车验收员签认交车后,对于承修外单位的机车,须将填好的机车履历簿、交车记录等移交接车人员,并自交车之时起,机车有火回送在 48 h 内出厂,无火回送机车在 72 h 内车厂。

4.4.4　承修外单位机车回送途中发生故障,不能继续运行时,或在运用中发生故障时,应由双方对故障进行分析,判明责任后,由责任单位承担修理费用。



# GK1C 型内燃机车大修

## 1　柴油机(6240ZJ 柴油机)

1.1　机体、机座支承、油底壳、大油封、曲轴箱防爆门及盘车机构

1.1.1　机体的检修要求。

1.1.1.1　彻底清洗机体,机体内部润滑油管路须清洁畅通;主机油

道须进行 1 MPa 水压试验,保持 20 min 不许渗漏;机体不许有裂纹。

1.1.1.2　机体安装气缸套的顶面与机体座面不许有碰伤,其平面度在全长内为 0.2 mm。

1.1.1.3　主轴承螺栓与螺母、气缸盖螺栓与螺母、横拉螺钉与主轴承盖不许有裂纹,螺纹不许有断扣、毛刺及碰伤,螺纹与杆身过渡圆弧处不许有划痕,横拉螺钉应重新镀铜。

1.1.2　机体总成要求。

1.1.2.1　机体气缸盖螺栓不许松缓、延伸,以 800 N·m 力矩扭紧,螺栓座面与机体气缸顶面间 0.03 mm 塞尺不许塞入;螺栓与气缸顶面的垂直度公差为 $\phi$1.0 mm;机体气缸盖螺栓孔及其他螺纹孔允许作扩孔镶套修理,但螺纹孔须保持原设计尺寸。

1.1.2.2　主轴承盖与机体配合侧面用 0.03 mm 塞尺检查,塞入深度不许超过 10 mm。

1.1.2.3　按规定装配轴承螺柱和横拉螺钉。主轴承螺母与主轴承盖接合处、主轴承盖与主轴承座接合处,0.03 mm 塞尺不许塞入,并检查主轴承盖与主轴承座错位不大于 0.5 mm。

1.1.2.4　测量各主轴承孔内径及同轴度。内径尺寸不许超过大修限度尺寸,各主轴孔轴线对 1、7 孔位的公共轴线的同轴度为 $\phi$0.12 mm,相邻两孔的同轴度为 $\phi$0.06 mm。

1.1.2.5　机体曲轴止推面对主轴承孔公共轴线的端面圆跳动量为 0.05 mm ,允许对内外侧止推环按曲轴止推面磨修,磨修量不大于 0.8 mm。并记入履历簿,以便选配相应的止推瓦。

1.1.2.6　机体凸轮轴孔的同轴度在全长内为 $\phi$0.18 mm,相邻两孔轴线的同轴度为 $\phi$0.10 mm。

1.1.3　机座支承的检修要求。

1.1.3.1　清洗机座支承,检查并消除裂纹。

1.1.3.2　橡胶减振器须更换,且四个减振器静挠度差值不大于 1 mm。

1.1.4　油底壳的检修要求。

清洗油底壳及滤网,油底壳有裂纹时允许挖补或焊修,然后进行渗水试验,历时 20 min 不许渗漏。

1.1.5　曲轴输出端的检修要求。

曲轴输出端轴颈与密封盖的单侧径向间隙为 0.6～0.8 mm，任意相对单侧径向间隙差不许大于 0.1 mm。自由端密封盖其内孔与原主动齿轮轴颈的径向间隙要求为上部比下部大(0.6±0.02) mm，左右允差 0.03 mm。测量后油封内孔尺寸不大于 $\phi$(220.6+0.10) mm，否则予以修复。

1.1.6　曲轴箱防爆阀检修要求。

曲轴箱防爆阀弹簧组装高度为 $83^{+1.5}_{-0.5}$ mm，组装后盛柴油试验无泄漏。

1.1.7　盘车机构检修要求。

盘车机构各零部件不许有裂纹，转动灵活，作用良好。

1.2　气缸套

1.2.1　缸套的检修要求。

1.2.1.1　清洗、去除积碳和水垢，不许有裂纹。

1.2.1.2　内孔须重新修磨，消除段磨和拉伤；外表面穴蚀凹坑深度不许超过本部位厚度的 1/3，穴蚀面积不许超过外表总面积的 1/5 。

1.2.1.3　更换密封圈。

1.2.1.4　测量内外径尺寸应符合大修要求。

1.2.2　水套的检修要求。

1.2.2.1　清洗、去除积碳和水垢，焊缝和其他部位不许有裂纹。

1.2.2.2　上、下导向支承面不许有腐蚀、锈斑和拉伤，内孔水腔处穴蚀深度不许超过 2 mm，进水孔不许有穴蚀。

1.2.2.3　更换密封圈。

1.2.3　缸套、水套组装要求。

1.2.3.1　缸套、水套间配合过盈量须符合设计要求。

1.2.3.2　缸套法兰下端面与水套法兰上端面须密贴。

1.2.3.3　气缸套水腔须进行 0.4 MPa 的水压试验，保持 10 min 不许泄漏。

1.3　气缸盖及其附件

1.3.1　气缸盖检修要求。

1.3.1.1　拆除螺堵，清洗、去除积碳和水垢，不许有裂纹。

1.3.1.2　排气门导管全部更新，进气门导管及进、排气横臂导杆超限更新，与气缸盖孔的配合须符合原设计要求。

1.3.1.3　气缸盖底面须平整，允许磨修，但此面距气缸盖燃烧室面不许小于 4.5 mm。

1.3.1.4　螺堵组装后，水腔须进行 0.5 MPa 的水压试验，保持 5 min 不许泄漏或冒水珠；燃烧室面不许有裂纹；示功阀孔须进行 15 MPa 的水压试验，保持 5 min 不许泄漏，保持 10 min 压力不许下降。

1.3.1.5　气门座更新，气门座的座面轴线对气门导管孔轴线的同轴度为 $\phi$ 0.1 mm。

1.3.1.6　气门全部更新。

1.3.1.7　气门弹簧不许有变形、裂纹，其自由高度与特征须符合设计要求，不符合设计要求者须更新。

1.3.1.8　更换密封圈。

1.3.1.9　摇臂与横臂的检修须达到以下要求。

(1)不许有裂纹；

(2)调节螺钉、摇臂压球和横臂压销不许松动，并且不许有损伤与麻点；

(3)油路畅通、清洁。

1.3.1.10　推杆、挺杆检修要求

(1)挺柱头、滚轮轴不许松动，挺柱头、滚轮不许有损伤与麻点；

(2)推杆允许冷调校直，不许有裂纹，其球窝不许有拉伤和凹坑；

(3)挺柱弹簧不许变形、裂纹，其自由高度及特性须符合设计要求，不符合要求者须更新；

(4)更换密封圈。

1.3.2　柴油机示功阀的检修要求。

柴油机示功阀不许有裂纹、缺损，螺纹不许乱扣。示功阀在全开、全闭状态下用柴油进行 15 MPa 的压力密封试验，保持 1 min 不许泄漏。

1.3.3　气缸盖组装要求。

1.3.3.1　摇臂与摇臂轴、横臂与横臂导杆、滚轮与滚轮轴须动作灵活。且横臂对正同名气门。

1.3.3.2　气门对气缸盖底面凹入量为 1.5～3.0 mm。

1.3.3.3　气门与气门座研配合，灌注煤油进行密封性试验，保持 5 min 不许泄漏。

1.4　凸轮轴

凸轮轴检修要求。

1.4.1　凸轮轴不许弯曲、裂纹，轴颈不许剥离、碾堆和拉伤，磨耗超限须修复；轴端螺纹须良好。

1.4.2　允许冷调校直。

1.4.3　凸轮工作表面不许有剥离、凹坑及损伤；凸轮型面磨耗大于0.15 mm时允许成形修磨，修磨后的表面硬度不许低于HRC57，升程曲线须符合原设计要求，但配气凸轮基圆半径不许小于49.5 mm，供油凸轮基圆半径不许小于44.5 mm。

1.4.4　允许更换单节凸轮轴。

1.4.5　凸轮轴各轴颈圆柱度不大于0.025 mm，第2、3、5、6挡对第1、4、7挡的跳动量不大于0.10 mm。

1.5　曲柄连杆机构

1.5.1　活塞检修要求。

1.5.1.1　清除油垢、积碳。

1.5.1.2　探伤检查活塞不许有裂纹、破损，活塞顶不许有烧伤、擦伤、划痕和过热斑点；外圆无明显擦伤；环槽不许有拉伤、磨损台阶和严重的喇叭口。

1.5.1.3　活塞环槽磨损超限时，允许将环槽主度增加0.5 mm进行等级修理。

1.5.1.4　活塞销不许有裂纹，活塞销外圆面不允许有严重拉伤。

1.5.1.5　全部更换活塞环。

1.5.1.6　橡胶密封圈须更新。

1.5.2　连杆检修。

1.5.2.1　连杆不得有裂纹(不允许消除使用)。

1.5.2.2　连杆组件大小端孔中心线用长200 mm心棒测量平行度、扭曲度不大于0.25 mm与0.30 mm。

1.5.2.3　连杆螺栓不许有裂纹，螺纹上不得有锈蚀烂牙、断扣或严重磨损，镀铜层须完好，连杆盖螺栓支承面不许拉伤，连杆体上螺孔不得烂牙、断扣。

1.5.2.4　连杆大端孔锥度、椭圆度超限时须更换连杆。

1.5.2.5　轴瓦紧余量、胀量须符合标准。

1.5.2.6　连杆瓦在压紧状态下，连杆瓦背接触面在连杆体中应不少于 60％。

1.5.2.7　连杆小端孔铜套不得有烧损、严重拉伤、转动。

1.5.2.8　同一台柴油机活塞连杆组重差不大于 300 g。

1.6　冷却水系统

1.6.1　高、中温水泵检修要求。

1.6.1.1　解体清洗各零部件。

1.6.1.2　检查叶轮、水泵轴、水泵进水壳法兰、水泵体不许有裂纹及损伤，不良者进行更换。泵体允许焊修，焊后进行 0.7 MPa 水压试验，保压 5 min 不许泄漏。

1.6.1.3　检查轴承、齿轮状态，轴承不允许有卡滞现象，齿面不许有剥离，其点蚀面应小于 15％。

1.6.1.4　更换水封、油封及各密封件；更换锁紧垫片。

1.6.1.5　组装后按下列要求作磨合试验，性能试验和泄漏试验见表 1。

**表 1**

| 序　号 | 转速(r/min) | 延续时间(min) | 出水压力(kPa) |
|---|---|---|---|
| 1 | 1 200 | 20 | 进出水阀全开 |
| 2 | 2 000 | 20 | |
| 3 | 2 810 | 20 | 304(高温水泵)、350(中温水泵) |

(1)试验时，高温水泵水温 75～80 ℃；中温水泵水温 50～55 ℃。

(2)水泵性能试验：

高温水泵性能试验：将水泵稳定在 2 810 r/min，当出水压力为 304 kPa，水温 75～80 ℃时，其流量应≥1.5 $m^3$/min。

中温水泵性能试验：将水泵稳定在 2 810 r/min，当出水压力为 350 kPa，水温 50～55 ℃时，其流量应≥0.75 $m^3$/min。

(3)水泵泄漏试验：

高温水泵泄漏试验：在水泵转速为 2 810 r/min，出水压力为 350 kPa 时，检查排水口的泄漏，每分钟不允许超过 5 滴，观察泵体法兰及密封处，不应有渗漏现象发生。

中温水泵泄漏试验:在水泵转速为 2 810 r/min,出水压力为 360 kPa 时,出水口漏水每分钟不允许超过 5 滴,各结合面及蜗壳不许有渗漏。

1.6.2 中冷器检修要求。

1.6.2.1 解体、清洗,清除油污、脏物,更换密封件。

1.6.2.2 变形的散热片须校正。

1.6.2.3 允许锡焊堵塞渗漏的冷却管,每个冷却组不许超过 4 根,每个中冷器不超过 14 根。

1.6.2.4 更换的冷却组须进行 0.5 MPa 水压试验,保压 5 min 不许泄漏。中冷器须进行 0.3 MPa 水压试验,保持 10 min 不许泄漏。

1.6.3 冷却管检测要求。

1.6.3.1 清洗管路,去除水垢。

1.6.3.2 管路开焊允许焊修,焊修后须进行 0.5 MPa 水压试验,保压 3 min 不许泄漏。

1.6.3.3 更换橡胶密封件。

1.6.4 燃油管路检修要求。

1.6.4.1 解体清洗,去除油垢,按原设计要求对表面进行处理,处理后封口。

1.6.4.2 管接头螺纹不许碰伤。

1.7 增压系统

1.7.1 增压器的检修要求。

1.7.1.1 解体、清洗各零部件,去除壳体、流道及零件表面上的积碳、油污。

1.7.1.2 压气机的导风轮、扩压器不许有严重压伤、卷边现象(导风轮叶片方面允许有沿直径方向、长度不许大于 5 mm,顺叶片方向深度不大于 0.5 mm 的撞痕与卷边存在;扩压器叶片不许有裂纹,但允许深度不大于 0.5 mm 的撞痕)。

1.7.1.3 叶片分解前,测量涡轮外圆直径或弦长,其值不允许超过原设计值的 0.5 mm;涡轮叶片进气边允许有深度小于 0.5 mm 的撞痕,不许有卷边、过火或严重氧化;涡轮叶片的榫齿面不允许挤伤或拉伤;不许有裂纹。

1.7.1.4 喷嘴环叶片允许有深度不大于 0.5 mm 的撞痕、卷边与变形，叶片变形允许校正，喷嘴叶片不许有裂纹；喷嘴环的出口面积须符合设计要求；喷嘴环的内、外圈外观检查，不许有裂纹。

1.7.1.5 对于上述各项允许的撞痕、卷边与变形，须修整圆滑。

1.7.1.6 涡轮轮盘不许有裂纹，轮盘榫槽不许有挤伤或拉伤。

1.7.1.7 主轴、轴承套与止推垫板须进行磁力探伤，不许有裂纹；主轴各配合表面不许拉伤、偏磨、烧损与变形。各轴颈的径向跳动量不大于0.02 mm；止推垫板不允许拉伤、偏磨、烧损与变形。允许磨修使用；轴承套不允许偏磨与变形，否则要更换轴承套。

1.7.1.8 喷嘴环镶套不许有可见裂纹。

1.7.1.9 涡壳及涡轮出气壳分别进行0.3 MPa和0.5 MPa的水压试验，历时10 min不许泄漏。

1.7.1.10 涡轮叶片与涡轮轮盘装配时严禁用铁锤锤铆，锁紧片只准弯曲一次；装配后，叶片顶部沿圆周方向晃动量不大于0.5 mm，涡轮叶片与叶根轴向窜动量不大于0.15 mm。

1.7.1.11 转子须作动平衡试验，不平衡度不大于1.5 g·cm。

1.7.1.12 更换各易损、易耗件，更新全部O形密封圈。

1.7.1.13 增压器组装后，各部间隙须符合设计图纸规定，用手轻轻拨动转子，转子应转动灵活、无碰擦与异音。

1.7.1.14 按增压器试验大纲进行平台试验，产品的技术参数应符合试验大纲要求。

1.7.1.15 对验收合格的增压器须封堵油、水、气口，油漆并铅封。

1.7.2 进排气管检修要求。

1.7.2.1 解体、清洗，去除油污、烟垢与积碳；各部位不许有裂纹、变形。

1.7.2.2 更换排气总管的波纹管和进气管路连接软管、密封垫。

1.7.2.3 各管的法兰面须平整（允许加工修整），排气总管、排气支管与进气支管须进行0.4 MPa水压试验，保持5 min不许泄漏。

1.7.2.4 重新包扎修复破损的排气管隔热层。

1.8 滤清器类

燃油精滤器、机油离心精滤器、增压器、机油滤清器检修要求。

1.8.1 解体、清洗，更换密封件及过滤元件。

1.8.2　焊修的各滤清器体须进行压力试验。

(1)燃油精滤器体焊修后作 0.5 MPa 水压试验,保持 5 min 不许泄漏;

(2)机油离心精滤器体焊修后作 0.1 MPa 水压试验,保持 5 min 不许泄漏;内腔内做 0.6 MPa 水压试验,保持 5 min 不许泄漏。

(3)增压器、机油滤清器体焊修后进行 0.6 MPa 的水压试验,保持 5 min 不许泄漏。

1.8.3　燃油精滤器检修后,在试验台上用压力为 0.3 MPa 的柴油作密封性试验,保持 3 min 不许泄漏。

1.8.4　机油离心滤清器转子轴轴颈磨量大于 0.5 mm 时更换转子轴,转子轴承与轴颈的配合间隙应符合原设计值;转子组装后须作动平衡试验,不平衡量不大于 5 g · cm;机油离心滤清器组装后应转动灵活、运转平稳,并进行流量试验。当油温为(75～85) ℃、油压为 0.65 MPa 时,流量不小于 2.1 $m^3/h$。

1.8.5　增压器机油精滤器检修后,在试验台上进行密封性试验。当油压为 0.5 MPa,油温为(80±5) ℃时,保持 5 min 不许泄漏。

1.9　调控系统

1.9.1　302Y-Z 型调速器检修要求。

1.9.1.1　检查配速旋转套、配速滑阀与上体相互之间的配合是否灵活无滞,配合间隙是否超过限度 0.055 m。

1.9.1.2　检查配速滑阀弹簧、配速旋转套弹簧是否失效,齿轮和轴承座是否出现大面积磨损或沟槽。

1.9.1.3　检查活塞装配与配速伺服器体配合是否灵活无滞,配合间隙是否超过限度 0.055 mm。

1.9.1.4　检查补偿调节针阀是否磨损,在针阀阀口处应有一圈完整的阀线。

1.9.1.5　检查各弹簧是否失效。

1.9.1.6　检查滑阀衬套是否松动或发生周向位移或轴向窜动。

1.9.1.7　检查滑阀座与齿轮花键连接是否松动。

1.9.1.8　检查各轴承是否磨损或犯卡不灵活。

1.9.1.9　检查飞铁的销轴、滚针轴承及飞铁脚的磨损情况。

1.9.1.10　检查柱塞与补偿衬套、滑阀座之间配合间隙是否超过限度 0.055 m。

1.9.1.11 检查补偿衬套与滑阀座之间配合间隙是否超过限度 0.07 mm。

1.9.1.12 检查中体中孔、储油室各配合面是否拉伤或出现划痕。

1.9.1.13 检查齿轮轴是否松动，齿轮轴端面比中体下端面低 0.2～0.4 mm。

1.9.1.14 检查油位指示器装配是否损坏，玻璃管刻线是否清晰。

1.9.1.15 检查滑阀装置与中体的配合间隙是否超过限度 0.055 m。

1.9.1.16 检查缓冲活塞与中体的配合间隙是否超过限度 0.055 m。

1.9.1.17 检查储油室活塞与中体配合间隙是否超过限度 0.055 m。

1.9.1.18 检查下体顶面，油泵齿轮接触部分是否有磨损或划痕。如果出现这种情况，该面应进行修磨处理，磨削深度不得超过 0.8 mm。检查下体配合孔表面是否发生磨损或划痕。

1.9.1.19 更换唇形密封圈。

1.9.1.20 用数字万用表检查电机装配 AO、BO、OO 三相直流电阻值是否均在 300 Ω 左右，导线是否老化。如有条件，可检查步进电机带电的工作状况。

1.9.1.21 用百分表检查大齿轮与电机装配啮合是否良好，大齿轮与螺杆旋合是否良好，其轴向间隙是否超过 0.1 mm 。

1.9.1.22 检查止挡螺栓、高低转速螺钉及螺母是否损坏。

1.9.1.23 用数字万用表检查停车电磁阀装配直流电阻值是否在 1 100～1 300 Ω 范围，是否动作灵活，导线是否老化。

1.9.1.24 检查停车电磁阀装配与电磁阀装配支架是否旋合良好。

1.9.2 调速器试验。

1.9.2.1 提交验收的调速器应组装完整，性能调整试验合格。在油温不低于 60 ℃条件下，按照标定转速运行 15 min 后，检查外部整体泄漏情况。如果发现泄漏，须进行修整。

1.9.2.2 调节性能检查：调速器在标定转速运行，将动力活塞调到中心位置（相当柴油机带负荷）稳定运转，用模拟办法形成负荷突然变化（减少），使动力活塞向减少燃油方向快速移动接近 1/2 的全行程，用秒表记录转速稳定时间，要求：稳定时间小于 5 s。

1.9.2.3　检查下体密封处是否渗漏。如果发现渗漏，须更换下体唇形密封圈。

1.9.2.4　验收试验过程，应做好调速器性能及调整的试验记录。

1.9.3　控制系统检查调整要求。

1.9.3.1　清洗横轴轴承，组装时重新加注润滑油。横轴、调节杆须调直，联结套、螺钉需紧固，各件安装位置正确，动作灵活。

1.9.3.2　检查横轴轴向间隙不大于 0.30 mm。拉杆的总间隙符合设计要求，且拉杆的总阻力不超过 100 N。

1.9.4　调控传动装置检修要求。

1.9.4.1　检查各部运转灵活准确，无明显噪声。

1.9.4.2　检查停车器杆行程不小于 13 mm。

1.9.4.3　检查滚轮与飞锤座间隙为 0.4～0.6 mm。检查垂直传动齿轮齿隙在 0.06～0.15 mm 范围内。

1.9.4.4　检查超速停车装置在柴油机转速为 1 120～1 150 r/min 时起作用且动作干脆，准确无卡滞现象。

1.9.5　调控系统装配要求。

1.9.5.1　拉杆上弹性夹头窜销处于深沟槽时，其端部与喷油泵拨叉座径向间隙 0.5～2.5 mm。处于浅沟槽时，窜销与喷油泵任何部分不许相碰。

1.9.5.2　调整各缸喷油泵齿条，位于“0”刻线，人为扳动调速器伺服马达输出轴，齿条拉出量不小于 14 刻线。再松开扳动伺服马达输出轴的扳手，各缸喷油泵齿条仍在“0”位或－0.5 刻线。否则予以调整达到以上要求。

1.9.5.3　各缸喷油泵齿条刻线差不许大于 0.5 刻线。

1.10　柴油机的油漆

柴油机出厂前按柴油机油漆技术条件油漆。

## 2　辅助及预热装置

2.1　油水管路系统

油水管路检修要求。

2.1.1　油水管路系统须解体，冷却水管进行酸洗，燃油、机油管进行磷化处理。

2.1.2　各表管及阀解体检修，各阀须作用良好。

2.1.3　更换变形的法兰，各法兰垫更新后其内径不许小于管路孔径，更新全部连接软管，管子有裂纹时须更换。

2.1.4　各管路系统检修后，须按规定的压力和时间进行试验，不许泄漏。各表管随相应的系统进行试验。

2.2　齿轮油泵

2.2.1　燃料油泵、预热锅炉燃油泵、启动机油泵检修要求。

2.2.1.1　泵体、泵盖和齿轮不许有裂纹，其内侧面轻微拉伤须修整。

2.2.1.2　联轴节安装轴线对轴承挡公共轴线的同轴度为 $\phi$0.10 mm。

2.2.1.3　各泵组装后须转动灵活。

2.2.2　燃料油泵、预热锅炉燃油泵、启动机油泵试验要求。

2.2.2.1　试验中除油泵轴处外不许渗漏。

2.2.2.2　须按规定的压力和时间进行试验。

2.3　预热锅炉水泵

预热锅炉水泵检修要求。

2.3.1　壳体、座及密封压盖不许有裂纹。

2.3.2　$\phi$12 轴颈轴线对 $\phi$17 轴承挡公共轴线的同轴度为 $\phi$0.05 mm。

2.3.3　水泵组成后须转动灵活。

2.3.4　水泵试验须符合表 2 要求。

**表 2　水泵试验要求**

| 转　速 (r/min) | 出口压力 (MPa) | 水　温 (℃) | 流　量 ($m^3$/h) | 密封要求 |
|---|---|---|---|---|
| 3 000 | 0.1 | 70-80 | 8 | 试验过程中水泵座上的泄漏孔处漏水不许超过 5 滴/min，各密封处及壳体不许有泄漏 |

2.4　预热锅炉风机

预热锅炉风机检修要求。

2.4.1　风机壳体不许有裂纹。

2.4.2　叶片不许有裂纹。

2.4.3　更换叶片后须作静平衡试验，其不平衡量不大于 5 g·cm。

2.4.4　风机组装后须转动灵活，不许有卡滞。

2.5　机油滤清器、燃油粗滤器及空气滤清器

机油滤清器、燃油粗滤器及空气滤清器检修要求。

2.5.1　各滤清器须解体、清洗，检查更换不良密封及过滤元件(纸或纤维制的过滤元件一律更换)。

2.5.2　机油滤清器体焊修后须进行 1.2 MPa 水压试验，保持 5 min 不许泄漏。

2.5.3　燃油粗滤器体焊修后须进行 0.5 MPa 水压试验，保持 5 min 不许泄漏。

2.5.4　空气滤清器组装时，各结合面处必须密封，不得让空气未经滤清器进入增压器吸气道。

2.6　散热器

散热器检修要求。

2.6.1　清洗干净，去除油污、水垢。

2.6.2　校直变形的散热片，更换两端橡胶密封垫。

2.6.3　每个单节须进行 0.5 MPa 的水压试验，保持 5 min 不许泄漏。

2.6.4　每个单节须按表 3 做水流时间试验。

**表 3　水流时间试验要求**

| 容水器容积($m^3$) | 容水器与散热器平均高度差(mm) | 出水口间连接管内径(mm) | 流完时间(s) |
|---|---|---|---|
| 1 | 2 300 | ≥35 | 高温系统≤81，<br>中温≤67 |

2.6.5　上下集箱内部必须彻底清除水垢，安装架腐蚀面积超过 30%的需更换，局部腐蚀严重的需截换。

2.6.6　每个单节堵焊管数不超过 4 根，全车不超过 50 根。

2.6.7　散热器组装后进行 0.5 MPa 的水压试验，保持 5 min 不许泄漏。

2.7　热交换器

2.7.1　热交换器须分解，油水系统须清洗干净，体、盖不许有裂纹。

2.7.2　热交换器油水系统须单独进行水压试验。

油系统水压 1.2 MPa，保持 5 min 不许泄漏。

水系统水压 0.6 MPa，保持 5 min 不许泄漏。

2.7.3　铜管泄漏时允许堵焊，堵焊铜管数不超过 15 根，同一区域内(进水区或者排水区)不超过 8 根。

2.8　燃油预热器

预热器须分解检查，去除水垢，油水系统须进行 0.6 MPa 水压试验，保持 5 min 不许泄漏，铜管堵焊不许超过 8 根。

2.9　预热锅炉

预热锅炉检修要求。

2.9.1　锅炉须分解、检查、清除烟垢、水垢，管芯、管子开焊须焊修。组装后进行 0.4 MPa 水压试验，保持 3 min 不许泄漏。

2.9.2　炉体燃烧装置钢板腐蚀深度超过 40％时，应修复或更换。局部损坏须挖补或切换。

2.9.3　喷嘴须分解、清洗，去除油污，组装后进行喷油试验。在喷油压力为 1～1.5 MPa 范围内喷油雾化必须良好。

2.9.4　预热锅炉组成后进行试验，连续 5 次点火，不许有点火不着现象，燃烧状态良好。风机组和燃油泵组运转正常无异音，各部无漏油、漏水和发热现象。

2.9.5　清洗、检修膨胀水箱及燃油箱，不许有渗漏。腐蚀深度超过厚度 30％时，应修复或更换。

2.10　冷却风扇

冷却风扇检修要求。

2.10.1　冷却风扇不许有裂纹。

2.10.2　进行静平衡试验，不平衡量不大于 130 g·cm。

## 3　车体及转向架

3.1　车体

3.1.1　车体检修要求。

3.1.1.1　车体两端面、侧墙及底架清洗、除锈、涂防锈漆和表层漆。各立柱、梁板有裂纹须焊修，局部腐蚀须彻底清除，腐蚀面积超过原构件相应面的40%，深度超过30%的须切换。

3.1.1.2　底架各梁须清扫检查，裂纹及不良焊缝须彻底清除，焊补或加焊补强板。

3.1.1.3　车体钢结构与底架组焊后，两心盘梁之间上挠度为(5±2) mm。两端部下挠度为(3±2) mm。

3.1.1.4　两旁承组的四个外旁承座下表面须在同一平面内，其平面度允差为3 mm，且同一旁承组的内旁承座比外旁承座高。

3.1.1.5　排障器各板须外观平整，焊补裂纹，连接牢固。

3.1.1.6　各螺栓、双头螺柱、螺钉及铆钉不良时须修整或更换。

3.1.1.7　各门、窗及顶盖关闭严密，开关装置动作良好。

3.1.1.8　更换各顶盖上防雨用的密封垫。

3.1.1.9　各台板、梯子、扶手、操纵台、靠椅等须完好，并安装牢固。

3.1.1.10　车体可拆电镀件须重新电镀。

3.1.2　燃油箱检修要求。

燃油箱须清洗检查，修复不良处所，检修后灌水试验不许渗漏。油箱表尺位置正确，刻度清晰，安装牢固无裂纹。

3.1.3　车内装饰检修要求。

3.1.3.1　内壁涂层脱落时须修补，允许用性能相似的其他防振、隔热材料代替，修补厚度应与母材基本一致。

3.1.3.2　司机室内壁多孔铝板局部破损须修整或更换。

3.1.3.3　司机室木地板开裂须修补，地板之间合缝不大于5 mm，地板布破损须更换。

3.1.4　顶、侧百叶窗检修要求。

3.1.4.1　百叶窗须清除污垢，百叶窗片腐蚀深度超过30%时须更换。框架锈蚀严重的须截换，变形的须调直。

3.1.4.2　叶片歪扭的须调直，在全长范围内不平度不超过3 mm。百叶窗在关闭状态下局部间隙不大于6 mm。

3.1.4.3　百叶窗组成后转动应灵活，开度符合要求。

3.1.4.4　操纵风缸须解体清洗，清除污垢。操纵风缸检修后进行0.8 MPa风压试验，不许泄漏。

3.1.4.5　百叶窗及操纵风缸装车后须进行调试，保证百叶窗全开和全闭两种位置作用灵活。

3.1.5 车钩及缓冲装置检修要求。

3.1.5.1 解体检查钩体、钩舌、钩舌销、钩尾销，并进行探伤，不得有裂纹。

3.1.5.2 车钩处在闭锁位置时，钩锁活动量不许大于 15 mm，钩锁与钩舌接触面须平齐，其高度不小于 40 mm。

3.1.5.3 车钩在闭锁状态时，钩舌尾部与钩锁横向间隙不大于 6.5 mm。

3.1.5.4 车钩三态（全开、开锁、闭锁）作用良好。车钩开度在最小处测量，闭锁状态时为 110～127 mm，全开状态时为 220～245 mm。

3.2 转向架

3.2.1 转向架构架检修要求。

3.2.1.1 构架须清洗、除锈，各焊缝及构架不许有破损和裂纹。

3.2.1.2 上下拉杆座 1∶10 斜度组成的切口与轴箱拉杆的芯轴接触面须密贴，允许有局部间隙，用 0.08 mm 塞尺检查，其深度不大于 10 mm，芯轴与槽底面间隙为 2～5 mm。

3.2.1.3 构架检修后须进行下列尺寸的检查。

(1)四个上拉杆和四个下拉杆的转轴中心点（缺口处）对角线差不大于 4 mm。

(2)上、下拉杆座及轴箱挡对构架中心线位置度偏差不大于 1.5 mm。

(3)轴距（2 400±2）mm，上拉杆座切口中心线距离为（3 280±2）mm，下拉杆座切口中心线距离为（1 480±2）mm。

(4)四个旁承垫板须在同一平面内，平面度允差为 1.5 mm。

3.2.2 轴箱检修要求。

3.2.2.1 轴箱无破损及裂纹，后盖与防尘圈无偏磨，各处不许漏油。

3.2.2.2 轴箱弹簧有裂纹须更换。

3.2.2.3 轴箱弹簧须按规定的技术条件进行检修与试压试验。同一轴箱弹簧的荷重高度差不大于 2 mm，同一轮对弹簧的荷重高度差不大于 2 mm，同一转向架轴箱弹簧的荷重高度差不大于 4 mm，同一机车弹簧的荷重高度差不大于 6 mm。

3.2.2.4 轴箱拉杆须分解检查，更换橡胶件，拉杆不许有裂纹，芯轴有裂纹须更换，芯轴与轴箱体对应切口的接触面(1∶10 斜面)须密贴，允许有局部间隙，用 0.08 mm 塞尺检查，深度不大于 10 mm，芯轴与槽底面间隙为 2～5 mm。

3.2.2.5 防尘圈与车轴对应部分装配的过盈配合公差为 0.031～0.106 mm，轴承内圈与车轴颈的过盈配合公差为 0.04～0.065 mm。

3.2.2.6 油压减振器检修须符合下列要求：

(1)油压减振器须全部分解检修，更换油封、密封圈、胶垫。

(2)油压减振器组成后须进行试验，试验记录的示功图须平滑，无畸形突起，阻尼系数为 600 N·s/cm。在试验中不许有异音，试验完毕后平置 24 h 无渗漏现象。

3.2.3 轮对检修及组装要求。

3.2.3.1 车轴按《机车车辆车轴磁粉探伤》(TB/T 1619—1998)探伤检查，车轴各部的横裂纹须旋削消除，轴身上的纵裂纹经铲除后，轴身半径较设计尺寸的减少量不超过 2 mm，铲槽长度不得超过 50 mm，宽度不得超过 5 mm，且同一断面直径减少量亦不超过 2 mm。

3.2.3.2 车轴与轮心热装过盈量为 0.28～0.32 mm，热装冷却后再作三次反压检查，压力 100～120 t，轮心不移动。

3.2.3.3 轮箍紧余量按轮辋外径计算，每 1 000 mm 轮辋直径紧余量为 1.20～1.50 mm。

3.2.3.4 轮箍热装时，应均匀加热，加热温度不得超过 350 ℃，禁止用人工方法冷却轮箍。

3.2.3.5 旧轮箍加垫的厚度不大于 1 mm，垫板不许多于 1 层，总数不超过 4 块，相邻两块间距离不大于 10 mm。

3.2.3.6 轮箍内侧距：$1\ 353^{+1}_{-2}$ mm。

3.2.3.7 轮箍外形用样板检查，其偏差在踏面不大于 0.5 mm，轮缘高度减少量不大于 1 mm，厚度减少量不大于 0.5 mm。

3.2.3.8 轮箍旋削后直径差，同一轮对沿滚动圆直径差在 1 mm 内，同一转向架在 2 mm 内，同一机车在 2 mm 内。

3.2.3.9 车轴轴颈允许按《滚动轴承铁路机车用轴承》(JB/T 8924—2010)进行等级修理，但轴颈的尺寸公差、表面粗糙度不变。当车轴等级修时，应装配相应的等级轴承。

3.2.4　旁承装配(油浴摩擦式)检修要求。

3.2.4.1　上旁承修球面座接触面的局部磨耗、拉伤须修整,涂色检查应均匀接触,接触面积不小于50%。

3.2.4.2　上、下摩擦板的局部磨耗、拉伤须修整,其接触面粗糙度为 *Ra* 3.2。

3.2.4.3　旁承体用煤油检查,不许有渗漏。

3.2.4.4　橡胶垫无裂纹、缺损。

3.2.5　滚柱式检修要求。

3.2.5.1　旁承座、旁承外座、滚柱探伤检查不允许有裂纹。

3.2.5.2　两个 *R*27.5 mm 的圆柱面的同轴度偏差不大于 0.02 mm。

3.2.5.3　橡胶垫表面不得有气泡、伤痕及棱角等缺陷。

3.2.5.4　上旁承板探伤检查不允许有裂纹。

3.2.5.5　用调整垫调整机车水平,最大加垫量不得大于 4 m,调整垫数量不得超过 3,加垫后同一转向架四旁承板下平面高度差不大于 1 mm,整车不大于 2 mm。旁承装配时要将异物清除干净,并在落车前加注 HCA-1 柴油机油。

3.2.6　牵引装置检修要求。

3.2.6.1　牵引销不许有裂纹。

3.2.6.2　牵引销与铜套无拉伤,其装配过盈量为 0.07～0.12 mm。

3.2.6.3　更换橡胶件与不良尼龙套。

3.2.7　基础制动装置及撒砂阀检修要求。

3.2.7.1　基础制动装置及手制动装置须解体检查,局部磨耗须修整,更换不良零件。

3.2.7.2　各销套间隙超过限度或拉伤严重时须更换。

3.2.7.3　分解、清洗制动缸,更换皮碗,检修后用 0.6 MPa 风压进行气密性试验。

3.2.7.4　闸瓦间隙调整器螺杆和转盘须能转动,不得卡滞,棘爪正确安装在棘轮上,棘轮螺套、套筒相互间须紧贴,不许有间隙。闸瓦间隙调整器螺杆、螺套的横动量不大于 1.5 mm,调节功能良好。更换防尘胶套与防尘帆布套。

3.2.7.5　撒砂阀须清扫,保持畅通,阀体的螺纹不良部分须修整,体腐蚀深度超过壁厚 1/2 时须更换。组装后，撒砂装置作用良好。

3.2.7.6　手制动装置组装后须作用良好。

3.2.7.7　轮轨润滑装置须进行解体、清洗、检修。空气和油脂管路、接头须畅通，不泄漏。装置作用须良好。

3.2.8　转向架组装要求。

3.2.8.1　车轴相对轴箱横动量为±3 mm。

3.2.8.2　轴箱相对构架横动量为±5 mm。

## 4　制动及空气系统

4.1　空气压缩机

4.1.1　空气压缩机检修要求。

4.1.1.1　空气压缩机须全部解体、清洗、检查，曲轴轴颈及气缸不许有拉伤，气缸、气缸盖机体及各运动件不许有裂纹。

4.1.1.2　空压机连杆头衬套不许有剥离、碾片、拉伤、脱壳等现象，衬套轴颈接触面积不少于 80%，衬套背与连杆头孔的接触面积不少于 70%。

4.1.1.3　曲轴连杆轴颈允许等级修理，连杆衬套按等级配修，在磨修中发现铸造缺陷时，须按原设计铸造技术条件处理，各等级连杆轴颈尺寸见表 4。

**表 4　连杆轴颈尺寸**　　　　单位：mm

| 等级 | 0 | 1 | 2 |
|---|---|---|---|
| 连杆轴颈 | $65_{-0.02}^{0}$ | $64.75_{-0.02}^{0}$ | $64.50_{-0.02}^{0}$ |

4.1.1.4　进、排气阀应清洗干净，阀片弹簧断裂须更换，阀片与阀座须密贴，组装后进行试验不得有非正常泄漏。

4.1.1.5　清洗空压机冷却器各管路的油污，冷却器须进行 0.6 MPa 的压力试验，3 min 不许有泄漏。

4.1.1.6　空压机压缩室的余隙高度为 0.6～1.5 mm。其余限度见中修修程附表 1-3。

4.1.1.7　空压机油泵检修后须转动灵活，并须进行试验，采用原铁道部规定的压缩机油，油温 10～30 ℃，在 1 000 r/min 时的吸入高度为

170 mm 油柱高，油量为(2.60±0.26) L/min，调定压阀开启压力为 0.43 (1±10%) MPa。

4.1.2 空气压缩机试验要求。

4.1.2.1 磨合试验：在确认各部无卡滞现象后进行磨合试验，时间不少于 90 min。当转速为 1 000 r/min 时，润滑油压力应稳定在 0.4～0.5 MPa 范围内，整个磨合过程中不许有异音。磨合后期活塞顶部不许有喷油现象，但在活塞周围允许有少量渗油。

磨合试验转速和时间要求：

转速为 450 r/min，运转 30 min；

转速为 600 r/min，运转 20 min；

转速为 800 r/min，运转 10 min；

转速为 1 000 r/min，运转 30 min。

4.1.2.2 温度试验：空压机转速为 1 000 r/min，储风缸压力保持 0.9 MPa，运转 30 min，铝质散热器二级排气口温度允许值见表 5。

试验结束时，曲轴箱油温不超过 80 ℃。

**表 5**

| 环境温度(℃) | 排气温度(℃) |
| --- | --- |
| ≤30 | ≤185 |
| >30 | ≤190 |

4.1.2.3 超负荷试验：在压力为 0.99～1 MPa，转速为 1 000 r/min 工况下运转 2 min 不许有异常现象。

4.1.2.4 漏泄试验：在压力为 0.9 MPa 时，由于出风阀的漏泄，在 10 min 内，容积为 400 L 的储风缸压力的下降不超过 0.1 MPa。

4.1.2.5 风量试验：在转速 1 000 r/min 时，400 L 的储风缸压力由 0 升到 0.9 MPa 所需时间应≤100 s，或在转速为 970 r/min 时，空气压缩机出气量不少于 2.3 $m^3$/min。

4.1.2.6 试验中空压机油封及其接缝、接头不许漏风、漏油。

4.2 制动、空气系统

4.2.1 制动机、风缸及空气管路系统检修要求。

4.2.1.1 制动阀，分配阀，中继阀，继动阀，高、低压安全阀须解体检修,更换全部橡胶件,检修后须在试验台上试验,试验符合“七步闸”要求。

4.2.1.2 制动软管接头、连接器有裂纹须更换,软管连接器须以600～700 kPa的压缩空气在水槽内试验,保持5 min不泄漏(断续气泡在10 min内消失者除外),软管连接器须进行1 MPa的水压试验,保持2 min不泄漏,软管外径膨胀不许超过8 mm。且不许有明显凸胀。

4.2.1.3 各风缸须清洗并作水压试验,不许泄漏,总风缸焊缝作探伤检查,各风缸试验要求如下:

(1)总风缸:1 400 kPa,保持5 min;

(2)紧急-降压风缸:800 kPa,保持3 min;

(3)工作风缸:900 kPa,保持3 min;

(4)作用风缸:900 kPa,保持1 min;

(5)均衡-时间风缸:1 200 kPa,保持3 min;

(6)低压风缸:1 100 kPa,保持5 min。

风缸履历牌须按规定更换。

4.2.1.4 风管系统须吹扫清理,保持管道畅通、清洁,外观检查无腐蚀。

4.2.1.5 总装后在总风缸压力900 kPa下,检查各总风管泄漏量1 min不大于20 kPa,制动管泄漏量不大于10 kPa。

4.2.1.6 刮雨器系统、撒砂系统、空气油水分离器、集尘器、滤清装置、放风阀、止回阀等须解体、清洗、检查、更换不良零件,各类部件组装后符合性能要求。

4.2.1.7 风喇叭检修要求。

(1)解体、清洗,各零件有裂损均须更换;

(2)在500～900 kPa空气压力下试验,声音清晰、响亮。

4.2.2 空气干燥器、油水分离器及各阀须解体、清洗、检修,更换橡胶件及干燥剂。

4.2.2.1 清洗油水分离器,对滤芯中的高效滤网展开清洗,吹干净后方可重新组装。

4.2.2.2 各机械阀(包括进气阀、出气止回阀、排气阀)应拆下进行解体检查和清洗,并更换损坏零部件。

4.2.2.3 净化系统中各管路应彻底清洗和吹扫干净，对锈蚀严重的管道及管道件应予以更换。

4.2.2.4 各阀组装后须动作灵活，不许有卡滞现象。

4.2.2.5 检修组装后须进行试验，不许有泄漏，符合性能要求。

# 5 电 机

电机须从车上拆下，进行分解、清洗、检修及试验。

5.1 电机定子检修要求

5.1.1 机壳必须清洗干净，裂纹允许焊修，机壳内应涂防腐漆。

5.1.2 磁极铁芯与机壳贴合面须光洁无毛刺，装配时应紧密、牢固。

5.1.3 轴承的滚动体、内外圈不许有变形，滚道不得有拉伤，保持架铆钉不得松动。

5.1.4 端盖、轴承盖有裂纹时可修复或更换，油封须更换。

5.1.5 磁极线圈绝缘良好，引出线与连接线必须绑扎牢固，接线端子及标号必须完整、清晰。

5.1.6 刷架固定牢固，绝缘良好，不得有裂纹及损伤，刷架的压台机构应完整，起落不得有卡滞。

5.2 电枢检修应符合下列要求

5.2.1 电枢绕组绝缘良好，绑扎钢丝不得有机械损伤，槽楔不得松动。

5.2.2 电枢轴不得弯曲，轴承座处拉伤严重时可修复使用。

5.2.3 电枢绕组重绕后，须进行浸漆处理，组装前必须做静平衡试验。7.5 kW 以上者应做动平衡试验。重新绑扎钢线者应按上述要求进行静平衡或动平衡试验并符合规定要求。

5.2.4 换向器表面不得有擦伤烧伤。凸片表面粗糙度须达到图纸要求。

5.2.5 换向器与电枢绕组的焊接必须牢固，接触良好。云母碗及压紧螺母，不得有松动现象。

5.2.6 电枢检修后应作耐压试验：更换绕组者 1 500 V，未更换绕组者 800 V，工频 1 min 不得有闪络或击穿。

5.3 电机组装后应符合下列要求

5.3.1 电机的所有零件必须齐全、牢固。

5.3.2　碳刷在刷盒内能上下自由活动。碳刷与换向器的接触面不得小于85%,电刷长度不得小于原尺寸的2/3。同一电机必须使用同一种牌号的电刷。

5.3.3　各种电机电刷的压指的压力应符合各电机的规定要求。

5.3.4　电机接线盒必须完好,引出线标志应清晰、正确。

5.3.5　电机检修后须进行系列试验,必须达到系列各项指标。

(1)用500 V兆欧表测量绝缘电阻值绕组对机壳的阻值不低于5 MΩ。

(2)重新绕线的电机及7.5 kW以上,经检修的电机必须进行额定负荷试验,在试验中换向火花等级不得超过$1\frac{1}{2}$级,各部温升不得超过规定值。

(3)更换电枢绕组绑扎钢线的电机应进行超速试验,即在120%的额定转速下运行2 min不得有损坏和剩余变形。

(4)电枢绕组匝间绝缘强度必须经受1.3倍额定电压,历时5 min而不被击穿。

(5)绕组对地及绕组间必须进行耐压试验,并达到:更换绕组者1 500 V,未更换绕组者800 V,工频1 min不得击穿。但功率不足1 kW的电机对地耐压值按下式求出:$U$=(500+2×额定电压)×75%(V)。

## 6　电器及电气线路

所有电器须进行分解、清洗、检修及试验,保持基本性能良好。所有电阻、照明灯具、配线须检修或更换。

6.1　蓄电池检修要求

6.1.1　检查蓄电池的连接件应可靠牢固,不得松动。

6.1.2　蓄电池上如有灰尘和水珠,应用抹布擦拭(不得用化纤等易产生静电的布擦电池),随时保证蓄电池上盖留的排气孔畅通,不得堵塞。

6.1.3　用万用表或其他仪表检测蓄电池,蓄电池组端电压,如有低于额定电压80%的蓄电池,应进行补充充电,对不良单节应更换。

6.1.4　装车后测量绝缘电阻,不低于1 700 Ω。

6.2 起动接触器

起动接触器应取下灭弧罩检查。

6.2.1 测量线圈电阻，对地的绝缘电阻不小于 10 MΩ，用 500 V 兆欧表。

6.2.2 检查动静触头状态，动静触头有无电弧灼伤痕迹，如有应进行修复。修复时，应用干净绸布蘸酒精擦拭，或用小刀或适当的工业办法处理。

6.2.3 检查弹簧状态。

6.2.4 检查灭弧罩状态。

6.2.5 动作试验

6.3 其他各接触器

其他接触器应在车上检查。

6.3.1 检查各部状态，不良者拆下解体检修。

6.3.2 检查触头状态，不良者修复，触头厚度不小于原形的 4/5，接触面要达到 80%。

6.4 压力继电器

6.4.1 打开罩壳检查各部件状态。

6.4.2 调试动作值。

6.5 温度继电器检修要求

6.5.1 调试动作值。

6.5.2 修复不良处所，组装后再调试动作值。

6.6 温度变送器、压力变送器

拆下重新校对、计量。

6.7 液位继电器

车上检查接点、连线及各部状态，不良者修复。

6.8 功放板

检查各插头、插座，焊线应牢固，无烧损。

6.9 24 V 直流变换电源

6.9.1 各紧固件是否可靠，插头插座各连线是否牢固。

6.9.2 检查印刷电路板并用酒精擦拭干净。各焊点焊接牢固，无虚/脱焊现象。

6.9.3 通电检查:当直流输入电压 60～110 V 时,输出 DC 24 V,稳定可靠。

6.10 电压调整器解体检修

6.10.1 检查插头插座,连线牢固,无烧损。

6.10.2 各部连线端子状态应良好。

6.10.3 调整试验:调整电压应在 DC (110±2) V 范围内。

6.11 可编程控制器

6.11.1 检查各接线端子连线是否正确。

6.11.2 检查后备电池:打开面壳,检查后备电池电压,不足更换。

6.12 电空阀

6.12.1 检查接线及紧固状态,不良者修复。

6.12.2 检查动作状态,应无漏风现象。

6.13 司机控制器、方向控制器

6.13.1 吹扫、擦拭各部。

6.13.2 检查各棘轮接触及连接状态。

6.13.3 检查各棘轮动作是否良好,机械部分旷动时,应拆下修复。

6.13.4 检查插头、插座有无烧损,不良者更换。

6.14 车上检查预热炉锅炉电气装置

6.14.1 检查预热锅炉控制箱内的电器及连接状态,不良者更换。

6.14.2 检查点火装置状态。

6.14.3 检查清扫预热炉有关按钮。

6.14.4 通电试验点火装置。

6.15 线路

6.15.1 各连线线路应牢靠,线鼻、垫圈、线号无短缺,线号应清晰。

6.15.2 通电试验换向,调速、充油动作良好无误。

6.15.3 用 500 V 兆欧表测量检查线路的对地绝缘电阻大于 0.25 MΩ;检查时应将晶体管组件、可编程控制器回路甩开。

6.15.4 用交流 50 Hz 工频 1 000 V 电压,对全部导线与车体间进行耐压试验,历时 1 min,不得有击穿和闪络现象。

6.16 外电源

检查插销、插座连线焊接状态应良好。

6.17 照明信号灯及线路

车上检查照明、信号灯及各连线，修复不良处所。

6.18 各脱扣开关、保险、开关、按钮

6.18.1 车上检查，不良处修复。

6.18.2 自动脱扣开关动作值须符合规定容量。

6.19 各种仪表

检查校对风表、压力表、转速表、速度表、温度表，要求符合《$GK_{1C}$ 型调小内燃机车继电器及仪表计量标准》。

6.20 动作性能试验

通电试验：电机、电压调整器、方向控制器、各接触器、电空阀等动作应符合电路要求。

## 7 液力传动装置

各传动轴吊出前测量各齿轮啮合间隙并记录，液力变速箱及传动万向轴、车轴齿轮箱，零部件必须全部解体，清洗干净，按规定检修、组装。经试验调正后，恢复基本性能。

7.1 滚动轴承

轴承检修须符合下列要求。

7.1.1 轴承滚动体、内外圈不许有变形、裂纹、破损、麻坑、剥离、腐蚀、压痕、擦伤及过热变色。

7.1.2 轴承保持架不许有偏磨、变形、裂纹、铆钉不许松弛和折断，引导面须符合设计要求。

7.1.3 同一轴上的各短圆柱滚子轴承的径向间隙之差不大于 0.03 mm。

7.1.4 轴承检修须符合限度要求。

7.1.5 轴承组装时须选配，轴承与轴、轴承座孔配合须符合限度要求。

7.1.6 齿轮的公法线偏差符合限度要求。

7.2　箱体及管路

箱体及管路检修须符合下列要求。

7.2.1　箱体及管路须彻底清洗，清除油垢及锈垢。

7.2.2　箱体不许有裂纹。并进行 10 MPa 水压检查。

7.2.3　各管路须畅通，按设计要求经压力试验。

7.2.4　滤清器、滤网须彻底清洁、无破损。

7.2.5　管路组成后，部位正确，连接牢固，风压进行泄漏检查。

7.2.6　更换各防松件、密封垫圈及紧固件。

7.3　变扭器轴组成

7.3.1　变扭器轴检修须符合下列要求。

7.3.1.1　变扭器轴须清洗干净。

7.3.1.2　输出轴、中间轴、泵轮轴经探伤检查不许有裂纹。

7.3.1.3　中间轴、泵轮轴锥度配合面过盈不足时可修复到配合要求，当修复量过大时，应更换。

7.3.1.4　变扭器轴(输出轴、中间轴及 B85 滑轮轴套组成一起)进行弯曲检查，不得超过 0.05 mm。

7.3.2　变扭器检修须符合下列要求。

7.3.2.1　泵轮、涡轮、导向轮、变扭器外壳及进油体不许有裂纹。

7.3.2.2　泵轮涡轮叶片铆钉不得松缓，沿叶片流道方向≤5 mm、面积≤100 $mm^2$的卷边、叶片数不超过该轮叶片数的 10%的破损允许锉修。钎焊质量应符合文件要求。

7.3.2.3　各轴油封无裂纹、破损，油封间隙须符合限度要求。

7.3.2.4　修复的泵轮、涡轮与油封组合件须做平衡试验，不平衡度须符合图纸要求。

7.3.2.5　涡轮油封盖、导向轮连接螺钉尾部严禁凸出流道。

7.3.3　变扭器轴组成(含 $H$、$Q$ 向)须符合下列要求：

7.3.3.1　检查调整各部尺寸，泵轮、涡轮流道中心线的偏差应符合图纸要求。

7.3.3.2　变扭器轴组成(含 $H$、$Q$ 向)后要转动灵活，无带轴现象。

7.4　其他各轴组成

7.4.1　液力变速箱的其他各轴(输出轴、输入轴、电机轴、惰轴、风扇传动轴、工况轴)检修须符合下列要求。

7.4.1.1 各轴不许有裂纹。

7.4.1.2 检查第一轴的弯曲，检查各轴颈对轴中心线的不同轴度不得大于规定要求。

7.4.1.3 各防松件垫及橡胶制品件须更换。

7.4.2 各轴组成后须做到以下要求。

7.4.2.1 各轴组成后的轴向窜动量第一轴≤0.50 mm，第二轴涡轮轴≤0.30 mm，第三轴≤2.5 mm，第四轴≤0.50 mm，电机传动轴≤0.50 mm。

7.4.2.2 各轴油封无接磨、转动灵活、平稳、运转状态良好、齿轮啮合正常。

7.4.2.3 输出轴组成的齿形离合器内外齿断面损坏或齿面磨耗深度超过 0.8 mm 时更换。

7.5 泵类

泵类设备主要有:供油泵、齿轮泵、控制泵、惰性泵，检修须符合下列要求。

7.5.1 各泵体、泵轮、螺壳及轴、齿轮不得有裂纹。

7.5.2 供油泵滤网须彻底清洁并不得有裂纹。供油泵泵轮螺套不得凸出泵轮平面，最大凹入深度为 1 mm。

7.5.3 各防松件、垫片须更换。

7.5.4 齿轮轴与套、齿轮端面与泵底及泵盖的配合间隙须符合设计要求。

7.5.5 各泵组成后转动灵活，无卡滞。

7.5.6 齿轮泵组成后做出厂试验，须符合图纸要求。

7.6 风扇耦合器检修要求

风扇耦合器检修须符合下列要求。

7.6.1 解体、检修风扇耦合器:

7.6.1.1 检查泵轮、涡轮、支承体、油室体及箱体不得有破损和裂纹，做好引压、引流勺的定位标记。

7.6.1.2 轴探伤、缺陷处理参照出厂技术条件。

7.6.1.3 检查轴承状态应符合规定要求。

7.6.1.4　测量轴承游隙及配合尺寸应符合规定要求。

7.6.2　组装风扇耦合器

7.6.2.1　更换所有结合面的 NY300-δ0.5 垫。

7.6.2.2　更换所有 HG4-692-67 的油封。

7.6.2.3　重新组装前必须彻底清洗各零件，油道清洁无阻。

7.6.2.4　各轴承状态检查符合使用要求，按设计要求调整轴承 46312 游隙及泵涡轮间隙。

7.6.2.5　按规定扭矩拧紧 M10×1 螺钉。

7.6.2.6　组装后检查泵轮转动应灵活，无卡碰现象。

7.6.3　耦合器试验。

按试验大纲进行性能试验，其性能应符合规定要求。

7.7　万向轴

万向轴检修须符合下列要求。

7.7.1　解体前做好定位标识，探伤花键轴、花键套、十字销、轴承体及法兰叉头不得有裂纹。

7.7.2　滚轴、轴承体滚道、十字销颈不得有锈蚀、麻点、压痕及剥离。

7.7.3　轴承体外径与孔配合须符合设计要求，过盈量不足时更换。

7.7.4　发生歪扭的万向轴须更换。

7.7.5　万向轴组装须符合下列要求：

7.7.5.1　润滑油孔须干净、畅通，装配时轴承花键配合处涂润滑油脂。

7.7.5.2　万向轴组成后，焊有空心套的径向跳动不超过 1 mm，不焊空心套的径向跳动不超过 0.3 mm。

7.7.5.3　万向轴检修后须做动平衡校验，不平衡度须符合设计要求。

7.8　液力变速箱试验

液力变速箱组装完成后，按出厂试验大纲进行试验，但允许其性能曲线低于设计要求 4%。

液力变速箱、车轴齿轮箱、万向轴限度表见后面附表。

## 8　机车总装、试验及试运

8.1　机车总装

8.1.1　柴油机安装的要求

8.1.1.1　柴油机四个座面须位于同一水平面内，平面度为 1 mm，调整垫片厚度至少保留 1 mm 基准垫，最多不超过 10 mm。

8.1.1.2　柴油机纵向中心与机车纵向中心位置度公差为 4 mm，支承中心与横向定位线位置度公差为 8 mm。

8.1.2　传动装置安装的要求。

8.1.2.1　传动箱四个座面须位于同一水平面内，平面度为 2 mm。

8.1.2.2　传动箱与机车横向 1 mm、纵向 2 mm。

8.1.3　组装转向架及机车整备后要求。

8.1.3.1　旁承加垫量不许超过 6 mm，调整垫不多于 3 块。

8.1.3.2　冷却风扇与风筒间隙 2～7 mm。

8.1.3.3　机车整备时车钩中心高 845～890 mm。

8.1.3.4　排障器距轨面高 140 mm。

8.1.3.5　撒砂管喷嘴距轨面 50～60 mm，距车轮踏面 35～60 mm。

8.1.3.6　扫石器底部距轨面高 20～30 mm。

8.1.3.7　制动缸标准行程 $65^{+10}_{-5}$ mm，使用中的最大允许行程 130 mm，闸瓦间隙 6～8 mm。

8.1.3.8　更换失效灭火器。

8.2　机车试运

8.2.1　机车试运前的准备工作。

8.2.1.1　厂线试运前，应仔细检查机车走行部分、制动系统等部分并按机车整备要求装入规定的燃料油、润滑油、水、砂、传动工作油及必需的工具、信号装置、消防设备等。

8.2.1.2　机车启动前应检查各润滑点的给油，并检查柴油机、液力传动箱、万向轴、风扇耦合器、车轴齿轮箱、空压机等各主要部件的油位及各主要紧固件的紧固状态是否符合试运要求。

8.2.2　机车安全保护装置的验证试验。

8.2.2.1　机车所属部件的安全保护装置应在厂线试运前，进行必要的验证试验以保证机车各部件能正常工作。

8.2.2.2　需要验证的项目。

(1)验证风扇温度继电器或恒温元件：当用温度继电器控制时，水温升到 78 ℃，风扇应开始工作；水温降到 73 ℃，风扇应停止工作。当用温度调节阀控制时，水温在(74±3) ℃，风扇开始工作。

(2)验证柴油机加负荷继电器应在水温 40 ℃时起作用。

(3)验证柴油机自动卸负荷：

柴油机出水温度≥90 ℃；列车管用风压≤350 kPa。

进行单项时均应起作用，但司机控制器手轮不应高于 5 位。

(4)验证警告信号及警铃：

柴油机出水温度≥85 ℃时，应红灯亮，警铃响。

(5)验证空压机起动和运转：

风压达到 900 kPa 时，空压机自动停止工作；风压降到 750 kPa 时，空压机组又起动工作。

(6)验证大闸进行非常制动时，闸瓦动作，机车自动撒砂，柴油机自动卸载。

(7)验证液力传动箱Ⅰ挡、Ⅱ挡充油情况是否良好。

(8)验证工况机构转换工况情况是否良好。

8.2.3 厂线试运

8.2.3.1 机车在厂线试运时，要求在厂线最大允许区间范围内运作四个往返。试运时间不作规定。

8.2.3.2 机车在厂线试运时，应做工况转换试验，验证工况转换情况是否良好，调车工况线试运不少于六个往返，小运转工况不少于一个往返。

8.2.3.3 机车在厂线试运时，应做液力换向试验。

(1)司机控制器手轮在 8 位以下，不停车进行换向，换向作用正常。

(2)司机控制器手轮在 9 位，不停车进行换向，柴油机自动降转速至Ⅰ位，同时换向作用应正常。

8.2.3.4 厂线试运时，应着重检查走行部分、电气装置、制动系统等安装的正确性。应注意轴箱是否发热、空气制动、手制动、基础制动装置及撒砂装置工作是否可靠，轮缘涂油器、弹簧装置、油压减振器的状态是否正常、电气设备是否符合要求。

8.2.3.5 当机车出现任何影响运转安全与缺陷故障时，应马上修复。如非经试运不能证实缺陷是否消除时，应再度在厂线上试验检查。

8.2.4 厂线试运合格后的工作。

8.2.4.1　回修不良处所。

8.2.4.2　按规定的技术条件油漆。

备注:《GK1C 型内燃机车大修修程》是在《GK1C 型内燃机车中修修程》基础上编制的,各组成部分技术参数参考《GK1C 型内燃机车中修修程》中的附录。

# GK1C 型内燃机车中修

## 1　柴油机(6240ZJ 型)

1.1　机体及固定件检修要求

1.1.1　柴油机解体后,进行下列检查及测量。

1.1.1.1　机体各主轴承孔和与轴承盖配合面处有无裂纹,测量主轴承孔直径。

1.1.1.2　泵支承箱,罩盖等外观状态。

1.1.1.3　主轴承螺栓、横拉螺钉、气缸盖螺栓及其他栽丝状态,松动者进行紧固,乱扣者损伤、变形者给予更换。

1.1.1.4　检查主轴瓦状态,测量瓦厚尺寸。

1.1.1.5　测量曲轴箱侧盖上的防爆阀弹簧自由高度,若不合图纸要求应予以更换。盖上的橡胶圈若老化、破损也应予以更换。

1.1.2　清洗主油道,更换两端密封垫片,主油道焊修须进行 1 000 kPa 油压试验,机体焊修后须经 500 kPa 水压试验,历时 5 min 不得渗漏。

1.1.3　清洗油底壳及其油底壳内的滤网。

1.2　气缸套检修要求

1.2.1　清除积碳、油垢,外观检查各部状态,看内表面有无裂纹、穴蚀(水腔表面穴蚀深度不许超过 3 mm)、拉伤等缺陷,轻微拉伤可用油石打磨消除,严重拉伤可经珩磨消除,但超过限度报废:气缸套内径原形 $\phi240^{+0.046}_{0}$ mm,不得大于 $\phi240^{+0.30}_{0}$ mm。内径圆柱度原形 0.02 mm,不得大于 0.1 mm。

1.2.2　水套外侧安装密封圈部位不得有贯穿的腐蚀缺陷。

1.2.3　更换水套密封圈。

1.2.4　装入机体后测量气缸内径，应符合1.2.1条要求。

1.2.5　气缸套水腔必须进行400 kPa水压试验，保持10 min不许泄漏。

1.3　机座支承检修要求

1.3.1　检查橡胶减振器橡胶是否老化、变质，若老化、变质，应予以更换(成组更换)，静挠度为10～12 mm，在更换时必须确保4个减振器静挠度差值不大于1 mm。

1.3.2　为确保柴油机的安装高度和水平要求，用调整垫片的数量和厚度来补偿橡胶减振器压缩量的变化，允差1 mm，垫片数不超过5片，垫片总厚度不超过7 mm。

1.3.3　为保证机体支承的隔振效果，应使两个并紧螺母与支承垫圈的间隙为5 mm，该值可通过调整螺母实现。

1.3.4　除支承体外，整个机座支承组装(1.3.2、1.3.3条)在柴油机装上机车时完成。

1.4　活塞连杆组(指钢顶铝活塞和G型连杆)检修要求

1.4.1　解体活塞连杆组，清除活塞积碳、油垢，外观检查(观看有无裂纹、破损、拉伤)，活塞内油道必须畅通，清洁，油腔应作煤油渗漏试验，历时5 min不允许任何渗漏。

1.4.2　测量活塞外径、活塞销孔直径。

1.4.2.1　活塞顶外径原形$\phi 238.5_{-0.1}^{0}$ mm；活塞裙部最大外径原形$\phi 239.67_{-0.05}^{0}$ mm。

1.4.2.2　活塞与气缸套径向间隙：顶部原形1.5～1.646 mm，报废极限2.2 mm；裙部原形0.33～0.426 mm，报废极限0.62 mm。

1.4.2.3　活塞销座孔径原形$\phi 100_{0}^{+0.022}$ mm。

1.4.2.4　活塞销座孔圆柱度：原形0.008 mm，中修限度0.02 mm，报废极限0.03 mm。

1.4.3　检查活塞销状态良好(无裂纹、破损、碰伤)，测量配合尺寸。活塞销油堵不允许裂损松动。活塞销外圆面不允许有严重拉伤。

1.4.3.1　活塞销外径原形$\phi 100_{-0.03}^{-0.01}$ mm。

1.4.3.2　活塞销圆柱度：原形0.005 mm，中修限度0.015 mm，报废极限0.02 mm。

1.4.3.3　活塞销与活塞销孔径向间隙：原形0.01～0.052 mm，报废极限 0.08 mm。

1.4.4 更换活塞环:检查测量各环自由开口间隙及工作状态间隙、环槽侧隙。

1.4.4.1 活塞环自由开口间隙:气环原形 28～32 mm,报废极限 20 mm。油环原形 18～22 mm,报废极限 10 mm。

1.4.4.2 活塞环在直径 $\phi240^{+0.02}_{0}$环规中闭口间隙:气环原形 1.0～1.3 mm,报废极限 3.0 mm。油环原形 0.8～1.1 mm,报废极限 2.5 mm。

1.4.4.3 活塞环与环槽侧面间隙:第一道气环原形 0.12～0.17 mm,报废极限 0.28 mm。第二道气环原形 0.10～0.15 mm,报废极限 0.25 mm。第三道气环原形 0.08～0.13 mm,报废极限 0.25 mm。油环原形 0.07～0.12 mm,报废极限 0.20 mm。

1.4.5 清洗检查连杆组各零件及油路,测量连杆孔径:大头孔径原形 $\phi205^{+0.029}_{0}$ mm,报废极限 $\phi205^{+0.06}_{0}$ mm。小头孔径原形 $\phi112^{+0.035}_{0}$ mm,报废极限 $\phi112^{+0.06}_{0}$ mm。连杆大端孔圆柱度原形 0.02 mm,中修限度 0.04 mm,报废极限 0.06 mm。连杆小端孔圆柱度(带套)原形 0.02 mm,中修限度 0.04 mm,报废极限 0.06 mm。连杆小端衬套与活塞销径向间隙原形 0.09～0.17 mm,中修限度 0.25 mm,报废极限 0.30 mm。

1.4.6 测量连杆瓦厚度,计算大端润滑油间隙 0.17～0.24 mm,中修限度 0.3 mm,报废极限 0.35 mm,检查工作面的状态。

1.4.7 检查连杆螺栓状态,应无弯曲、磁伤、乱扣,校核伸长量,若有变化应重新做好刻线标记。

1.4.8 活塞组、连杆组、活塞连杆组称重,同台柴油机使用同种连杆、同种活塞,活塞组重量差 300 g,连杆组重量差 300 g。

1.5 曲轴检修要求

1.5.1 清洗并检查各部,若有轻微烧损、拉伤或软带,可用油石等修复使用,若拉伤严重应进行等级修磨(配装等级瓦),曲轴各部探伤不得有裂纹。

1.5.2 测量主轴颈和连杆轴颈:主轴颈直径原形 $\phi220^{0}_{-0.029}$ mm,报废极限 $\phi218^{0}_{-0.029}$ mm。主轴颈圆柱度中修限度 0.03 mm,禁用限度 0.05 mm。连杆颈直径原形 $\phi195^{0}_{-0.029}$ mm,报废极限 $\phi193^{0}_{-0.029}$ mm。连杆轴颈圆柱度中修限度 0.03 mm,禁用限度 0.05 mm。

1.5.3　测量曲轴轴颈跳动量：三点支承，最大不得超过 0.16 mm。

1.5.4　装配后主轴承润滑间隙 0.20～0.30 mm，报废限度 0.35 mm。

1.6　弹性联轴节及减振器检修要求

1.6.1　检查弹性联轴节，有橡胶老化、开裂者应更换。

1.6.2　检查减振器是否有破损或漏泄，若有应进行检修或更换。

1.7　传动机构及泵传动装置检修要求

1.7.1　检查各传动齿轮外观状态应良好，无开裂、碰伤、剥离，其齿轮啮合间隙如下：曲轴齿轮与中间齿轮 0.20～0.45 mm，禁用限度 0.70 mm；泵传动齿轮与水泵齿轮 0.20～0.45 mm，禁用限度 0.70 mm；泵传动齿轮与机油泵齿轮 0.15～0.35 mm，禁用限度 0.60 mm；调控传动内外齿轮 0.05～0.17 mm，禁用限度 0.50 mm；其余齿轮 0.15～0.35 mm，禁用限度 0.60 mm。

1.7.2　检查各支架状态和轴承状态，必须良好，支架无裂纹、变形，轴承各部完好无损且转动灵活无卡滞现象。

1.8　配气机构检修要求

1.8.1　解体缸盖，对其煮洗、清理，露出金属表面本色，检查有无裂纹。

1.8.2　检查摇臂、吹净油路，如有摇臂冲击头裂纹、剥离、调整螺钉乱扣等必须更换。

1.8.3　清除进、排气门积碳并探伤。阀杆不得有烧伤、拉伤及弯曲，气门杆圆柱度原形 0.015 mm，中修限度不得大于 0.02 mm；磨削阀面时，其阀盘圆柱度不得大于 3 mm；检查阀杆与导管间隙进气门与导管孔间隙中修 0.25 mm，禁用 0.30 mm；排气门与导管孔上部间隙中修 0.20 mm，禁用 0.24 mm；排气门与导管孔下部间隙中修 0.30 mm，禁用 0.35 mm。测量气门对气缸盖底面凹入量原形 1.5～2.0 mm，中修限度 3.5 mm，禁用限度 4.5 mm。

1.8.4　检查各弹簧并测量弹簧自由高，应符合图纸要求。

1.8.5　检查阀座及气门导管有无松动、裂纹等。

1.8.6　气阀组装后进行密封试封试验，用煤油渗透法检查，漏泄者需进行研磨。

1.8.7 气缸盖组装前进行500 kPa水压试验,历时5 min应无漏泄。

1.8.8 检查顶杆有无弯曲,杆身不直度不大于0.50 mm,顶杆与顶杆座不应松动。

1.8.9 滚轮、滚子衬套、滚轮轴、摇臂衬套、摇臂轴等摩擦件须进行外观检查,有剥离或磨损严重者须更换。

1.8.10 气缸盖底面上缸垫密封面平整,如有碰伤等缺陷应该修光。允许切修,但此面与底面距离不许大于5.5 mm。

1.9 凸轮轴检修要求

1.9.1 凸轮轴不许弯曲、裂纹,轴径不允许有拉伤,若弯曲有少许超差,允许冷调校直。

1.9.2 凸轮轴工作表面不许有剥离、凹坑及损伤,凸轮型面磨耗大于0.15 mm时需要更换。

1.9.3 检查并测量下列尺寸。

凸轮轴轴径圆柱度原形0.02 mm,中修不大于0.03 mm,禁用限度0.04 mm。

凸轮轴轴径轴向间隙原形0.10～0.25 mm,中修限度0.35 mm,禁用限度0.45 mm(组装后)。

1.9.4 允许更换单节凸轮轴。

1.10 喷油泵检修要求

1.10.1 全部解体,清洗各零件,外观检查各件,若存有缺陷与拉伤、剥离等均应更换。

1.10.2 检查柱塞弹簧、出油阀弹簧、齿条、齿圈、弹簧座的状态,不良者应更换。

1.10.3 更换全部橡胶圈及滚轮体镶块。

1.10.4 柱塞副及出油阀按出厂试验大纲进行密封性试验。

1.11 喷油器检修要求

1.11.1 解体清洗各零件。

1.11.2 检修针阀偶件。

1.11.3 组装后按出厂试验大纲进行调整试验。

1.12 主机油泵检修要求

1.12.1 解体清洗各零件,检查各部状态,泵体不得有裂纹。

1.12.2　测量齿轮端面间隙，齿轮外圆与泵体间隙、齿侧间隙、轴与衬套间隙应符合图纸要求。

1.12.3　检查调压阀阀口密封面接触状态，不良者给予修整或更换。

1.12.4　组装后按图纸规定进行试验。

1.13　燃油滤清器检修要求

1.13.1　解体清洗，更换滤芯。

1.13.2　组装后按出厂试验大纲进行试验。

1.14　机油滤清器检修要求

1.14.1　解体清洗，检查滤清器体、前盖、后盖，若有裂纹，铸铝的应更换，组焊件可焊补。

1.14.2　检查各栽丝及油堵状态，乱扣者应更换。

1.14.3　更换滤芯，橡胶密封圈。

1.14.4　组装后手轮应转动灵活，并作密封性能试验：在油温(70±5) ℃，压力为 1 200 kPa，历时 5 min 不得渗漏。

1.14.5　组装后进行出厂试验：额定流量 700 L/min，油温(70±5) ℃条件下，原始阻力不大于 50 kPa。

1.15　离心式机油滤清器检修要求

1.15.1　解体清洗，检查各零件，有裂纹、变形者更换。

1.15.2　更换青稞纸、橡胶垫和石棉橡胶垫。

1.15.3　转子轴与轴子上、下轴承配合间隙为 0.03～0.074 mm，中修 0.15 mm，若有严重拉伤、磨损，予以修复。

1.15.4　转子组成若更换零件，必须按图纸要求进行动平衡。

1.15.5　对转子体、外壳组成进行密封性试验(按图纸要求进行)。

1.15.6　按下列要求进行性能试验：机油压力 650 kPa，油温(80±5) ℃条件下，转子转速应不低于 5 000 r/min，流量不小于 35 L/min。

1.16　机油冷却器检修要求

1.16.1　解体清洗油垢水垢，检查冷却器体、前盖、后盖，若有裂纹给予更换。

1.16.2　更换两端密封胶圈。

1.16.3　组装后进行水压试验，油系统试验压力 1 200 kPa，水系统试验压力 500 kPa，均保持 5 min 应无漏泄，允许堵焊修复，但堵焊管数不得超过 3%。

1.17　高温、中冷水泵检修要求

1.17.1　解体清洗各零件。

1.17.2　检查叶轮、水泵轴状态，不良者进行更换。

1.17.3　检查水泵进水壳法兰、水泵体状态，腐蚀严重者应更换。

1.17.4　检查轴承、齿轮状态，轴承不允许有卡滞现象，齿面不许有剥离，其点蚀面积小于 15%。

1.17.5　更换水封、油封及各密封件。

1.17.6　更换锁紧垫片。

1.17.7　组装后进行试验，其性能应符合图纸规定要求。

1.18　中冷器检修要求

1.18.1　解体、清洗、检查各部，去除水垢、油污、脏物。

1.18.2　水压试验：水压 300 kPa，保持 10 min 无漏泄，若管子漏水，允许堵焊处理，但每个冷却组封堵水管数不得超过 4 根，每个中冷器不许超过 14 根。

1.18.3　更换橡胶密封垫，盖板穴蚀严重可以焊修处理。

1.19　增压器检修要求

1.19.1　清洗各零部件，消除积碳、油污。

1.19.2　导风轮、压气叶轮、扩压器叶片、喷嘴环不许有裂纹、变形，叶片上允许有深度不大于 0.5 mm 的撞痕和卷边，须修整光滑。

1.19.3　涡轮叶片不许有裂纹、变形，整圈叶片只许有 2 处深度不大于 0.5 mm、长度不大于 3 mm 的撞痕和卷边存在，但需要修整光滑。

1.19.4　转子组更换零件后须作动平衡试验，允许的不平衡量应符合动平衡要求。在(1 000±50) r/min 时，压气叶轮组(压气机叶轮、导风轮、衬套)不平衡量应≤25 g·mm，带叶片轴不平衡量应≤15 g·mm，转子总成不平衡量应≤40 g·mm。

1.19.5　主轴安装止推轴承的推力面、浮动套及压气机叶轮衬套部位处的轴颈表面不许拉伤、烧伤，各轴颈径向跳动不许大于 0.01 mm。

1.19.6　止推轴承的推力面、径向浮动轴承及辅助轴承不许拉伤、偏磨、烧损、变形。

1.19.7 主轴颈不许有裂纹。

1.19.8 更新活塞环、O形密封圈、垫片、垫圈。

1.19.9 中间壳体进行750 kPa的水压试验,保持5 min以上,不许漏泄。

1.19.10 增压器组装后,转子须转动灵活,无异音,检查压气机端口叶轮径向跳动量不大于0.03 mm。当柴油机在油、水温度不低于55 ℃时,增压器以最高转速的60%运转5 min以上,停机时(喷油泵齿条回停油位起),转子惰转时间不少于30 s。

1.19.11 由专业工厂或指定修理点进行检修。

1.20 燃油、机油管路检修要求

1.20.1 检查燃油、机油管路状态,更换不良胶管。

1.20.2 检查各止回阀、截止阀状态,密封不严者研磨阀口进行修复。

1.20.3 检查机油管路中增压器调压阀动作值,当油温(70±5) ℃,进口压力400～600 kPa,出口压力为$240^{+60}_{0}$ kPa,可以更换调整垫片来保证。

1.21 水管路检修要求

1.21.1 检查各水管路及水阀状态,更换不良胶管及止阀。

1.21.2 整个水系统进行400 kPa水压试验,30 min不许漏泄。

1.22 进排气系统检修要求

1.22.1 清扫及检查进、排气各管路,若排气管有裂纹、波纹管破裂、变形等应更换。

1.22.2 更换全部橡胶圈及不良密封垫。

1.22.3 每节排气总管进行300 kPa水压试验,历时5 min不许漏泄。

1.23 调速器检修要求

1.23.1 解体、清洗、检查各零件,有裂纹及明显变形者更换。

1.23.2 测量并记录调速弹簧、补偿弹簧特性的有关参数。

1.23.3 检查飞铁、滑阀装配各部间隙,应符合图纸要求。

1.23.4 检查步进电机传动齿轮啮合状态。

1.23.5 检查步进电机绕阻阻值、绝缘电阻及连接线状态。

1.23.6 检查停车电磁阀(DLS)装配直流电阻值，是否动作灵活，导线是否老化。

1.23.7 组装时应记录行程位置参数，并按试验大纲进行性能试验。

1.23.8 以上各项数据均应符合组装技术条件的规定，不合格者应予以更换与调整。

1.24 控制结构及超速停车装置检修要求

1.24.1 检查测量记录控制机构横轴轴向间隙、杠杆系统总间隙、杠杆机构阻力，应符合图纸要求。

1.24.2 检查并记录超速停车装置动作的有关数据并应符合图纸规定。

1.24.3 检查整调系统各零件，若有明显变形或磨损必须更换。

1.25 柴油机总组装、调整及试验

1.25.1 检查各气缸压缩间隙，并调整至规定值 3.8～4.0 mm。

1.25.2 调整配气相位至规定值。

D 型机

进气门开上止点前 48°

进气门关下止点后 28°

排气门开下止点前 55°

排气门关上止点后 52°

1.25.3 调整进、排气阀冷态间隙至规定值，进气阀 $0.40^{+0.05}$，排气阀 $0.50^{+0.05}$。

1.25.4 喷油泵“K”尺寸，造配喷油泵垫片，保证喷油提前角 21°。

1.25.5 测量曲轴轴向间隙，具体参数见附录。

1.25.6 检查连杆大端侧面横动量。

1.25.7 检查凸轮轴轴向间隙 0.10～0.25 mm。

1.25.8 检查各传动齿轮组装状态及啮合间隙、齿轮支架安装状态。

1.25.9 其余按柴油机组装记录簿内容进行检查，调整并记录。

1.25.10 按出厂试验大纲要求进行。

1.25.10.1　柴油机试验参数如表 6 所示。

**表 6　柴油机试验参数**

| 试验参数 | | 设计规定 | 备　注 |
|---|---|---|---|
| 标定转速(r/min) | | 1 000±5 | |
| 最低空载稳定转速(r/min) | | $400^{+10}_{0}$ | $GK_{1C}$ 机车 430±5 |
| 标定功率(kW) | | 1 100 | D 型机车 1 210 |
| 最大运用功率(kW) | | 1 000 | D 型机车 1 100 |
| 燃油消耗率[g/(kW·h)] | | ≤217 | D 型机车≤215 |
| 机油消耗率[g/(kW·h)] | | ≤3.4 | |
| 极限调速器动作转速(r/min) | | 1 120～1 150 | |
| 增压器极限转速(r/min) | | ≤30 800 | 用 VTC214 增压器 |
| 压缩压力(空载 400 r/min)(MPa) | | 2.6～2.9 | 各缸允差 0.15 |
| 爆发压力(MPa) | | ≤13.8 | D 型机车<br>≤15 |
| 排气温度 | 支管(℃) | ≤550 | 各缸允差 60 |
| | 总管(℃) | ≤650 | |
| 燃油进口压力(kPa) | | 170～250 | |
| 机油总管末端压力(kPa) | | ≥400 | 1 000 r/min 时 |
| 油压继电器动作压力 | 卸载(kPa) | 160 | |
| | 停机(kPa) | $80^{+20}_{0}$ | |
| 机油出口温度(℃) | | ≤88 | |
| 冷却水出口温度(℃) | | ≤88 | |
| 中冷器进水温度(℃) | | $52^{+4}_{-2}$ | 标定功率时 |
| 曲轴箱压力(kPa) | | ≤0.2 | |
| 烟度(BOSCH) | | ≤1.6 | |

1.26　柴油机落成全面检查

1.26.1　打开曲轴箱观察孔盖。

1.26.2　盘动曲轴,观察各运动件是否正常,各活动关节部位有无异音。

1.26.3　检查各零部件安装是否正确,有无错装、漏装现象。

1.26.4　柴油机内部是否清洁干净,有无异物。

1.26.5　检查总装配记录，有无遗漏应填写的参数。

## 2　液力传动装置

2.1　液力传动箱检修要求

2.1.1　分解各分箱体，将各传动轴吊出，在各传动轴吊出前要测量并记录各齿轮啮合间隙。

2.1.2　清除各分箱面上的涂料，并彻底清洗干净。

2.1.3　外观检查各分箱体，不应破损及裂纹。

2.1.4　各管路安装牢固，并用压缩空气检查是否畅通无阻。

2.1.5　下列部件在不影响检查及更换轴承的情况下可以不拆。

2.1.5.1　输入轴的大增速齿轮、螺旋伞齿轮、控制泵传动齿轮及两端的轴承内圈。

2.1.5.2　变扭器轴的小增速齿轮、供油泵传动齿轮及两边的轴承内圈，实心轴(中间轴)和输出轴。

2.1.5.3　中间轴齿轮及两边的轴承内圈。

2.1.5.4　工况轴齿轮及两边的轴承内圈。

2.1.5.5　输出轴齿轮及两边的轴承内圈。

2.1.6　更换各种防松件、密封垫圈、垫片。

2.2　电机传动轴组成检修要求

2.2.1　探伤轴，缺陷处理参照 ZJJ 1-31-03JY 磁力探伤技术条件。

2.2.2　检查齿轮状态，应符合以下技术条件。

2.2.2.1　齿轮需探伤检查，缺陷处理参照 ZJJ 1-31-031JT 磁力探伤技术条件。

2.2.2.2　圆柱齿轮齿面不许有剥离，腐蚀面积不大于 15%。

2.2.2.3　齿轮啮合情况良好，啮合间隙符合限度要求。

2.2.2.4　圆柱齿轮公法线的减小量或伞齿轮的装配侧隙符合限度要求。

2.2.3　检查轴承状态，应符合以下技术条件。

2.2.3.1　轴承滚珠、滚柱及内外圆滚道不许有剥离裂纹或过热现象，允许有轻微点蚀及拉伤。

2.2.3.2　保持架不许有折损、裂纹、铆钉折断或松动。

2.2.3.3　轴承转动灵活，作用良好，不得有异音。

2.2.3.4　轴承热装温度不大于 120 ℃。

2.2.4　测量轴承游隙及配合尺寸，应符合以下技术条件。

2.2.4.1　轴承内圈与轴的配合：过盈 0.013～0.035 mm。

2.2.4.2　轴承外圈与轴承套配合：过盈 0.050 mm，间隙 0～0.015 mm（176000 型和 46228 型、146228 型除外）

2.2.4.3　轴承游隙须符合限度要求。

2.2.5　检查齿轮与轴锥度配合，应符合以下技术条件。

2.2.5.1　压入行程的减少量：压入行程小于 5 mm 的为 1 mm，压入行程小于或等于 10 mm 的为 2 mm，压入行程大于 10 mm 的为 3 mm。

2.2.5.2　过盈不足时可镀铬或喷涂修复，经磨削后的镀层厚度不大于 0.1 mm。

2.2.5.3　接触面积不小于 70%（当有漏油、拉伤及换新件时检查）。

2.2.6　检查迷宫油封状态，应符合图纸规定要求。

2.2.7　组装后，用手转动轴应灵活，无死点及异音。

2.3　第一轴组成（即输入轴）检修要求

项目及技术要求同电机传动轴组成。

2.4　变扭器轴组成检修要求

2.4.1　泵轮及涡轮调整垫磨耗时，要对影响变扭器循环圆流道对准的有关尺寸进行认真的测量，测定调整垫的厚度。

2.4.2　外观检查泵轮、涡轮、导向轮状态，不得有裂纹及开焊现象。

2.4.3　其他项目及技术要求同电机传动轴组成。

2.4.4　各元件油封间隙不得超过架修限度。

2.5　中间轴组成检修要求

项目及技术要求同电机传动轴组成。

2.6　工况轴组成检修要求

项目及技术要求同电机传动轴组成。

2.7　输出轴组成检修要求

2.7.1　齿形离合器内外齿端面损坏或齿面磨耗深度超过 0.8 mm 时更换。

2.7.2　其余项目及技术要求同电机传动轴组成。

2.8 风扇传动轴检修要求

项目及技术要求同电机传动轴组成。

2.9 供油泵检修要求

2.9.1 泵体、泵轮、涡壳及轴、齿轮不得有裂纹。

2.9.2 供油泵滤网不得有破损。

2.9.3 各防松件、垫片必须更换。

2.9.4 齿轮轴与套、齿轮端面与泵体及泵盖配合间隙符合设计要求。

2.9.5 组装后转动灵活,无卡滞。

2.9.6 组装后做出厂试验,符合图纸要求。

2.10 控制泵、惰行泵及输出轴润滑油泵检修要求

2.10.1 检查齿轮泵体及轴应良好。

2.10.2 各阀无异常。

2.10.3 测量轴与铜套间隙不大于 0.1 mm。

2.10.4 油泵齿轮顶圆与泵体孔配合间隙、齿端的间隙须符合限度。

2.10.5 组装后转动灵活,无死点。

2.10.6 控制泵油压试验调整到 700～750 kPa。

2.10.7 惰行泵、输出轴润滑油泵应做出厂试验。

2.11 控制阀及手操纵机构检修要求

2.11.1 清洗零件,测量滑阀与阀套间隙应为 0.05～0.07 mm,阀套与阀体的径向间隙为 0.01～0.04 mm,推杆与滑阀径向间隙为 0.03～0.05 mm。

2.11.2 检查滑阀行程,第一挡为 28 mm,第二挡为 28 mm。

2.11.3 更换 O 形密封圈。

2.11.4 检查弹簧状态,更换不良件。

2.12 液力换向控制阀、换挡阀检修要求

2.12.1 清洗零件,测量各滑阀与阀套或阀体间隙应为 0.03～0.05 mm。

2.12.2 更换 O 形密封圈。

2.12.3 检查弹簧状态,更换不良件。

2.13　充量调节阀检修要求

2.13.1　清洗零件,测量阀套与阀体的装配间隙应为 0.03～0.05 mm,滑阀与阀套装配间隙应为 0.04～0.09 mm。

2.13.2　检查弹簧状态,更换不良件。

2.14　液力传动箱试验要求

2.14.1　液力传动箱组装后,按出厂试验大纲进行试验,但允许其性能曲线低于设计要求 4%。

2.14.2　试验后按规定要求油漆。

2.15　风扇耦合器检修要求

2.15.1　风扇耦合器解体检修要求。

2.15.1.1　检查泵轮、涡轮、支承体、油室体及箱体不得有破损和裂纹。

2.15.1.2　轴探伤、缺隐处理参照 ZJJ 1-31-03JT 磁力探伤技术条件。

2.15.1.3　检查轴承状态,应符合以下技术条件。

(1)轴承滚珠、滚柱及内外圆滚道不许有剥离裂纹或过热现象,允许有轻微点蚀及拉伤。

(2)保持架不许有折损、裂纹、铆钉折断或松动。

(3)轴承转动必须灵活,作用良好,不得有异音。

(4)轴承热装温度不大于 120 ℃。

2.15.1.4　测量轴承游隙及配合尺寸应符合以下技术条件。

(1)轴承内圈与轴的配合:过盈 0.013～0.035 mm。

(2)轴承外圈与轴承套配合:过盈 0.050 mm,间隙 0～0.015 mm(176000 型和 46228 型、146228 型除外)

(3)轴承游隙须符合限度要求。

2.15.2　风扇耦合器组装要求。

2.15.2.1　更换所有结合面的 NY300-δ0.5 垫。

2.15.2.2　更换所有 HG4-692-67 的油封。

2.15.2.3　重新组装前彻底清洗各零件、油道清洁无阻。

2.15.2.4　按设计要求调整轴承 46312 游隙及泵轮涡轮间隙。

2.15.2.5　按规定扭矩拧紧 M10×1 螺钉。

2.15.2.6　组装后检查泵轮转动应灵活,无卡碰现象。

2.15.3　风扇耦合器试验要求。

按试验大纲进行性能试验，其性能应符合规定要求。

2.15.4 充量调节阀检修要求。

2.15.4.1 清洗全部解体的零件。

2.15.4.2 检查零件上的孔道是否畅通。

2.15.4.3 检查各弹簧状态，更换不良件。

2.15.4.4 更换模板和O形密封圈。

2.15.4.5 测量阀的阀套间隙应为0.015～0.04 mm，阀套与风扇耦合器$\phi$56的装配间隙应为0.005～0.035 mm。

2.15.4.6 按设计要求调整充油口遮盖量和风压试验。

2.16 弹性联轴节检修要求

2.16.1 外观检查各部件及橡胶件，不得有裂纹。

2.16.2 测量内定位套与铜套间隙≤0.3 mm。

2.16.3 组装时在A腔内注满3号工业锂基脂。

2.16.4 若更换配件需做动平衡试验，不平衡量不大于100～105 g·mm。

2.17 万向轴检修要求

2.17.1 分解清洗各万向轴、十字头，法兰及轴探伤检查，缺陷处理参照ZJJ 1-31-03JT磁力探伤技术条件。

2.17.2 检查十字头与滚针轴承的径向间隙≤0.012 mm，更换新十字头时，应选配十字头端头调整垫厚度，使其轴向间隙0.03～0.06 mm。

2.17.3 检查滚针轴承状态，不得有裂纹、剥离、麻点及较严重腐蚀等缺陷，允许个别更换滚针及滚针套，但径向间隙0.03～0.05 mm。

2.17.4 更换全部防松垫片。

2.17.5 发生歪扭的万向轴必须更换。

2.17.6 万向轴组装须符合下列要求。

2.17.6.1 润滑油孔须干净、畅通，装配时轴承花键配合处涂润滑脂。

2.17.6.2 万向轴组成后，焊有空心套的径向跳动不超过1 mm，没有空心套的径向跳动不超过0.3 mm。

2.17.6.3 万向轴检修后，必须做动平衡校验，不平衡量不大于4 158 g·mm。

2.18 车轴齿轮箱检修要求

2.18.1 分解各分箱体，将各轴吊出，在各轴吊出前应测量各齿轮啮合间隙，并做好记录。

2.18.2 清除各分箱面上的密封涂料，并彻底清洗干净。

2.18.3 检查各分箱体，不得有破损和裂纹。

2.18.4 用压缩气检查润滑油道，应畅通无阻。

2.18.5 探伤各齿轮及各轴，其缺陷处理参照 ZJJ 1-31-03JT 磁力探伤技术条件。

2.18.6 检查齿轮状态，应符合以下技术条件。

2.18.6.1 齿轮需探伤检查，缺陷处理参照 ZJJ 1-31-03JT 磁力探伤技术条件。

2.18.6.2 圆柱齿轮齿面不许有剥离，腐蚀面积不大于 15%，但车轴齿轮箱螺旋伞齿轮允许齿面有深度不大于 0.30 mm、面积不大于 10% 的剥离存在，其中局部剥离深度允许达 0.50 mm，但面积不大于 40 $mm^2$。

2.18.6.3 齿轮啮合情况良好，啮合间隙须符合限度要求。

2.18.6.4 车轴齿轮箱螺旋伞齿轮允许齿面非正常磨耗、挤压而出现的下陷深度不大于 0.5 mm，轮齿一端掉角，沿齿长方向不大于 10 mm，沿齿高方向不大于 8 mm，不许相邻两齿同时掉角，必须间隔 2 个齿以上，但掉角齿数不得超过总齿数的 20%。

2.18.6.5 圆柱齿轮公法线的减小量或伞齿轮的装配侧隙符合限度要求。

2.18.7 检查各轴承状态，应符合技术条件参照电机传动轴检修对轴承的要求。

2.18.8 测量各轴承的配合尺寸及游隙，应符合技术条件参照电机传动轴检修对轴承的配合尺寸及游隙要求。

2.18.9 检查锥度配合，参照电机传动轴检修应符合技术条件。

2.18.10 分解检修齿轮油泵，技术要求同液力传动箱输出轴润滑油泵。

2.18.11 车轴齿轮箱所有齿轮及轴承内圈在不影响检查及更换轴承的情况下可以不拆。

2.18.12 车轴齿轮箱组装后，应能用手转动，并按试验大纲进行试验。

2.18.13　喷漆。

2.19　车轴齿轮箱拉臂检修要求

2.19.1　探伤检查拉臂及销,不得有裂纹。

2.19.2　拉臂孔与胀环间隙＞0.3 mm 或椭圆＞0.5 mm 时,需镗孔后镶套处理。

2.19.3　球型轴承磨损面成凸台者,或胀环无胀量时必须更换。

2.19.4　球型轴承体孔磨耗时应焊修恢复原形。

# 3　电气部分

3.1　电机

3.1.1　机座、端盖及轴承检修要求。

3.1.1.1　机座及端盖应清扫干净,并消除裂纹与缺陷,油堵、油管、防护网罩必须安装牢固,各螺孔丝扣良好,电机编号(铭牌)应正确、清晰。

3.1.1.2　轴承检修要求。

(1)轴承内外圈、滚动体不许有裂纹、剥离及过热变色,允许有轻微的腐蚀及拉伤痕迹。

(2)轴承保持架不许有裂纹、折损、卷边,铆钉不得折断或松动。

(3)轴承清洗后必须转动灵活、无松旷或异音。

(4)轴承拆装时,严禁直接锤击轴承,热装时加热温度不得超过 100 ℃(型号后有“T”的允许加热至 120 ℃)。

3.1.2　电机导线的检修要求。

3.1.2.1　导线的绝缘不得有油浸变质、老化、膨起及机械损伤,部分破损者允许包扎使用,但内绝缘损坏严重时应更换。

3.1.2.2　导线有效导电面积减少不许超过 10%。

3.1.2.3　接线端子应光滑、平整,搪锡完好、均匀,不许有裂纹、松动或过热变色。

3.1.2.4　导线应绑扎牢固、排列整齐,导线间、导线与机座间不许有摩擦和挤压。

3.1.3　磁极检修要求。

3.1.3.1　绕组应进行干燥和彻底清扫,铁芯与机座、绕组与铁芯之间应紧闭、密实、无毛刺。

3.1.3.2　磁极绕组的外包绝缘不许有破损、烧伤或过热变色。绕组引出线端子不许有裂纹，表面应光滑、平整，搪锡完好、均匀。

3.1.3.3　磁极极性应正确。

3.1.3.4　用微电阻测量仪测量绕组电阻，各绕组内阻值（换算到出厂测量温度条件下）与生产工厂的出厂值或规定值相比较，误差不应超过10%。

3.1.4　刷架装置检修要求。

3.1.4.1　刷架不许有裂纹、烧损及变形，紧固必须良好，连线应规则、牢固，无破损。

3.1.4.2　刷架的压合机构动作应灵活。刷盒不得有严重烧伤或变形，压指不许有裂纹、破损，弹簧无退火现象，刷盒轻微烧伤时，用锉刀打磨，严重时更换。

3.1.4.3　电刷在刷盒中应能上下自由移动。电刷高度有寿命线的，不小于原形寿命线，无寿命线的（其长度），不小于原形尺寸的2/3。电刷导电截面损失不得超过10%，刷辫不许松弛、过热变色，截面破损不得超过10%。

3.1.5　电枢检修要求。

3.1.5.1　油封、槽楔、风扇、均衡块、铁芯、前后支架及绕组元件不许有裂纹、损伤、变形和松动，各部绝缘不许老化。

3.1.5.2　扎线不许有松脱、开焊及机械损坏，扣片无折断；无纬带不许有起层和击穿痕迹。

3.1.5.3　电枢轴的轴颈表面允许有不超过有效接触面积15%的轻微拉伤。

3.1.5.4　均衡块丢失、松动或空转振动大的电机电枢应作动平衡试验，容量不足10 kW的电枢可只进行静平衡试验，不平衡量应符合原设计要求。

3.1.5.5　换向器前端云母环密封应良好，压紧圈及螺栓不许裂纹、松弛。

3.1.5.6　换向器表面不许有凸片及严重的烧损或拉伤，磨耗深度不超过0.2 mm。应当用百分表测量换向器跳动量，跳动量超过0.06 mm，应进行车削。

3.1.5.7　换向器车削后，表面粗糙度应达到3.2，云母槽按规定下刻、倒角并消除毛刺。

3.1.5.8　升高片处不许有开焊、甩锡、过热变色。各片间电压降与平均值之差不大于平均值的20%。允许用片间电阻法进行测量，但其要求应不低于片间电压降法的水平。

3.1.6　电机绝缘检修要求。

3.1.6.1　绝缘不许有老化、破损。

3.1.6.2　冷态绝缘电阻不得低于下列值：电枢绕组对地1 MΩ，磁极绕组对地5 MΩ，刷架装置对地10 MΩ，相互之间5 MΩ。

注：测量绝缘电阻时用500 V兆欧表。

3.1.7　电机组装检修要求。

3.1.7.1　电机内部、外部必须清洁整齐，标记正确、清晰，导线卡子、接线端子及端子盒等应完整。

3.1.7.2　各螺栓无松动，防缓件须作用良好，油嘴不许有松动、破损，油路必须畅通。

3.1.7.3　刷盒与换向器轴线的不平行度、倾斜度不得大于1 mm，电刷必须全部置于换向器工作面上。

3.1.7.4　同一电机应使用同一牌号的电刷，与换向器的接触面积不得少于电刷截面的75%，同一电机各电刷压力差不得大于20%。

3.1.8　电机试验检修要求。

3.1.8.1　耐压试验。绕组对机壳及各绕组相互间承受50 Hz正弦波交流电，试验1 min，应无击穿、闪络现象。试验电压值，容量不超过1 kW的电机为500 V，容量超过1 kW的电机为1 000 V。

3.1.8.2　空转试验。解体检修过的电机必须在额定转速下连续运转1 h。运转中不许有异音、甩油，轴承温升不超过40 K。

3.1.8.3　换向试验。电机在热态下其额定工况和使用工况的火花等级均不得超过$1\frac{1}{2}$级。

3.1.8.4　匝间耐压试验。处理电枢绕组后，电机在热态下通以1.1倍额定电压运转5 min，电枢绕组匝间不得发生击穿、闪络现象。

3.1.8.5　超速试验。重新绑扎线的电枢在1.2倍额定转速下运转2 min，不得发生损坏和剩余变形。

3.2　电器及电线路

3.2.1　电器及电线路检修要求。

3.2.1.1　导线不许有过热、烧损、绝缘老化现象，线芯或编织线断股不得超过总数的10%。

3.2.1.2　电器各部件应安装正确，表面清洁，绝缘性能良好，零部件完整齐全。

3.2.1.3　紧固件齐全，紧固状态良好。

3.2.1.4　风路、油路畅通，弹簧性能良好，橡胶无老化变质。

3.2.1.5　运动件必须动作灵活、正确、无卡滞。

3.2.1.6　标牌及符号齐全、完整、清晰、正确。

3.2.1.7　绝缘电阻测量，额定工作电压不足50 V者用250 V兆欧表，50 V至500 V者用500 V兆欧表测量。

(1)单个电器或电器元件的带电部分对地或相互间绝缘电阻应不小于10 MΩ。

(2)机车电线路对地绝缘电阻应不小于0.25 MΩ。

3.2.1.8　电器动作值的测量与整定。

(1)各种电器检修后要按规定进行动作值的测量与整定。

(2)各种电器的线圈在0.7倍额定电压时应能可靠地动作(中间继电器的最小动作电压不大于66 V)，其释放电压应不小于额定电压的5%，柴油机起动时工作的电器其释放电压应不大于0.3倍额定电压。

(3)电空阀和风压继电器气密试验，在最大工作风压下(额定风压500 kPa时为其1.3倍，额定风压900 kPa时为其1.1倍)无泄漏，电空阀在375 kPa风压下应能可靠动作。

(4)保护电器各动作参数整定合格后，其可调部分应进行封定。

3.2.1.9　各电器及电线路装车后必须开闭程序正确，作用可靠。

3.2.2　有触点电器检修要求。

3.2.2.1　触头(包括触指及触片，以下同)不许有裂纹、变形、过热和烧损。无限度规定的触头接触部分的厚度，不少于原形尺寸的2/3。

3.2.2.2　触头嵌片不许有开焊、裂纹、剥离和烧损，厚度应符合规定，无规定得应不少于原形尺寸的 1/2。

3.2.2.3 对主、辅头有开闭配合要求的电器，其开闭顺序及开闭角度应符合规定。

3.2.2.4 触头动作应灵活、准确、可靠。同步驱动的多个触头，其闭合或断开的非同步差值不大于 1 mm，但主、辅触头之间的非同步差值，在保证各自的开距、超程下可不作要求。

3.2.2.5 线圈必须安装牢固，不许有裂纹、断路和短路。

3.2.2.6 导弧角表面应清洁，不许有裂纹、变形，并不得与灭弧室壁相碰。

3.2.2.7 灭弧室应安装正确，不许有裂纹和严重缺损，壁板应清洁，灭弧板(栅)应齐全、清洁、完整，导磁极、挂钩、搭扣(卡箍)等应齐全、作用良好。

3.2.2.8 转轴、轴销、杆件、鼓轮、凸轮、棘轮、齿轮以及支承件不许有裂纹、破损、变形和过量磨耗。传动齿轮啮合良好，安装牢固、无卡滞，齿面磨耗不得超过原形的 1/3。

3.2.2.9 机械联锁控制顺序正确，锁闭可靠。

3.2.2.10 线圈不得短路、断路，绝缘应良好、无老化。

3.2.2.11 衔铁、电空阀杆动作灵活、无卡滞。

3.2.3 无触点电器检修要求。

3.2.3.1 半导体元件组装前必须检查半导体元件型号是否正确，必要时测量有关参数应达到标准，并符合电器的性能要求。

3.2.3.2 电路板上的元件焊点应光滑、牢固、凸起 2 mm 左右，不许有虚焊或短路及金属箔脱离板基现象。

3.2.3.3 各电阻、电容等其他电器元件必须完整、安装牢固、作用良好，附加的卡夹应齐全、可靠。接插件应接插可靠，锁紧装置作用良好。

3.2.3.4 整机或电子组件应在常温和工作温度条件下整定各性能参数，并达到规定的要求，整定后必须做好封闭或标记。

3.2.3.5 车上检查接点连线及各部状态，不良者修复。

3.2.4 微机控制器检修要求。

3.2.4.1 检查各接插件连接是否牢固。

3.2.4.2　面板显示灯闪亮按照图纸要求输入输出与电器件动作一致。

3.2.5　24 V直流电源变换器检修要求。

3.2.5.1　各紧固件是否牢固可靠,插头插座各连线是否牢固。

3.2.5.2　检查印刷电路板并用酒精擦拭干净,各焊点焊接牢固,无虚焊、脱焊现象。

3.2.5.3　24 V直流交换电源通电检查:直流输入电压60～110 V,直流输出电压24 V,稳定可靠。

3.2.5.4　逆变器通电检查:直流输入电压110 V,直流侧空载输入电流均为2 A以下,直流输出电压24 V。

3.2.6　电压调整器检修要求。

3.2.6.1　检查插头插座,连线牢固,无烧损。

3.2.6.2　各部连线端子状态应良好。

3.2.6.3　测试检查可控硅、晶体管组件。

3.2.6.4　测试检查电阻电容。

3.2.6.5　调整试验:调整电压应在(110±3) V范围内。

3.2.7　电控阀检修要求。

3.2.7.1　检查接线绝缘及紧固状态,不良者修复。

3.2.7.2　检查动作状态,应无漏风现象。

3.2.8　司机控制器检修要求。

3.2.8.1　吹扫擦拭各部。

3.2.8.2　检查各鼓轮接触及连接状态。

3.2.8.3　检查各鼓轮动作是否良好,机械部分晃动时,应拆下修复。

3.2.8.4　检查插头插座有无烧损,不良者更换。

3.2.9　电阻、电容、分流器检修要求。

3.2.9.1　带状电阻不许有短路和断裂,接头、抽头焊接牢固,其导电截面缺损不得超过原形尺寸的10%。

3.2.9.2　绕线电阻不许有短路、断路,管形电阻导电部位的外包珐琅不得严重缺损。

3.2.9.3　可调电阻的活动抽头必须接触可靠,定位牢固,电阻值整定后要在该位置做好标记。

3.2.9.4　瓷管、瓷架应齐全，不许有断裂和严重缺损。

3.2.9.5　电容器不许有短路，内部引线不得断路，绝缘应完整，接线良好。

3.2.9.6　分流器不许有断片、裂纹和开焊。

3.2.10　插头、插座及端子排检修要求。

3.2.10.1　插头、插座应完整，插接牢固，簧片弹力正常，插针(或片)不许有过热、断裂，定位及锁扣装置必须作用可靠，卡箍及防尘罩应齐全、完整。

3.2.10.2　插头及插座的绝缘件应完整，不许有烧伤，插针(或片)与导线焊接须良好，断股超过总数10%时应剪掉重焊。

3.2.10.3　端子排的螺栓、垫圈及连接片应齐全，接线牢固，端子排编号应正确，清晰。

3.2.10.4　端子排接线应符合图纸规定，排列整齐，无绝缘隔板的接线柱相邻的接线端子不得相碰；有绝缘隔板的接线柱接线端子不得压迫隔板，隔板缺损不得超过原面积的30%。

3.2.11　开关、熔断器检修要求。

3.2.11.1　按钮开关、转换开关、自动脱扣开关及脚踏开关必须动作灵活、无卡滞，位置指示正确，自复、定位作用良好，各绝缘件不得烧损。

3.2.11.2　各触头及触指通、断作用应可靠，不许有断裂与变形，其磨耗与烧蚀厚度不得超过原形尺寸的1/5。

3.2.11.3　刀开关必须动作灵活，动刀片与刀夹接触应密贴，接触线长度(或接触面面积)应在80%以上，夹紧力适当。刀片的缺损沿宽度不超过原形尺寸的10%，沿厚度不超过原形尺寸的1/3。

3.2.11.4　熔断器熔体型号、容量及自动脱扣开关动作值应符合规定，熔断器及座(或夹片)应完好。

3.2.12　照明灯、信号灯、电炉检修要求。

3.2.12.1　前后照灯、近照灯、信号灯等灯具及附件应齐全，安装牢固，光照良好，显示正确。

3.2.12.2　前后照灯应聚焦良好，照射方向正确，反射镜无污损，触发装置作用可靠。

3.2.12.3　车体外部的灯具有防护罩的，其密封状态良好。

3.2.12.4　电炉应配件齐全，瓷盘完整，发热效能正常，防护装置良好。

3.2.13　绝缘导线及铜排检修要求。

3.2.13.1　导线的绝缘层及护套局部过热烧焦、老化变硬、油浸黏软或机械损伤时允许进行包扎处理。

3.2.13.2　线号应齐全、清晰，排列整齐，便于查看。

3.2.13.4　线束及导线的固定装置或线卡应完好，并绑扎整齐。

3.2.13.5　接线端子与导线的连接应良好，线芯断股超过总数的10%时要剪掉重接，但其长度应保持在对应连接点间直线距离的110%～130%，导线与接线柱间不得拉紧。

3.2.13.6　铜排应平直、无裂纹，局部缺损超过原截面的10%时应修补。

3.2.13.7　铜排连接处应密贴，夹件与绝缘件完好，支承点牢固。

3.2.14　线管、线槽检修要求。

3.2.14.1　线管、线槽应完好，安装牢固，管卡及槽钉齐全。

3.2.14.2　管口防护装置应齐全、完整。

3.2.14.3　线盒内应清洁、干燥，导线摆放整齐。

3.2.14.4　加装改造的电器及电线路必须符合上述所有的有关规定，配件应标注线号，并尽量纳入机车的线束、线管或线槽内，布线图要记入机车履历簿内。

3.3　蓄电池检修要求（阀控式蓄电池）

3.3.1　外观检查。

3.3.1.1　蓄电池箱及车体安装柜内表面应清洁、干燥、无严重腐蚀。

3.3.1.2　连线无破损，连接板、极柱、螺栓表面应光整、无铜绿。

3.3.1.3　蓄电池外壳无裂碎、不泄漏、气孔畅通。有不良之处应修复。

3.3.1.4　大线端子良好，绝缘层无磨损，紧固件无松动。

3.3.1.5　箱门启闭良好，防跳锁扣完好。

3.3.2　测量检查。

3.3.2.1　蓄电池补充电按各种蓄电池的充电工艺要求进行，测量单节电压，应不低于 2 V。

3.3.2.2 使用内阻为 30 000 Ω，量程为 150 V 的电压表测量蓄电池对地绝缘电阻应不小于 17 000 Ω。

3.4 仪表检修要求

3.4.1 各种仪表检修及定期检验应严格执行国家计量管理部门颁布的有关规定。

3.4.2 机车仪表定期检验应结合机车定期检修进行，其检验期限如下。

3.4.2.1 风压表一般不超过 3 个月。

3.4.2.2 其他机械式仪表和电气仪表一般不超过 6 个月。

3.4.2.3 温度继电器 12 个月检验一次。

3.4.3 仪表外壳及玻璃罩应完整、严密、清洁，刻度和字迹必须清晰。

3.4.4 指针在全量程范围内移动时应无摩擦和阻滞现象。

3.4.5 仪表的误差不得超过本身精度等级所允许的范围。

3.4.6 带传感器的仪表配套的传感器应一起校验。传感器对地绝缘应良好，用 500 V 兆欧表测量，其对地绝缘电阻值不低于 1 MΩ。带稳压器的仪表其稳压值应在规定的范围内。

3.4.7 检修、校验后的仪表应注明检验单位与日期，并打上封印。

3.4.8 仪表安装必须牢固、正确，连接管路应无泄漏，并照明良好。

## 4 机车部分

4.1 车体及车架检修要求

4.1.1 车体不许有裂纹，表面平整，各螺栓、栽丝、铆钉及防雨胶皮状态应良好。

4.1.2 车架裂纹及焊缝开裂时，允许焊修。

4.1.3 门窗、顶盖、百叶窗及操纵装置应动作灵活，关闭严密。

4.1.4 排障器必须安装牢固，不许有裂纹及破损。

4.1.5 走台板、地板、梯子、扶手、门锁、装饰带、工作台及司机座椅等应安装正确，状态及作用良好。

4.2 牵引装置检修要求

4.2.1 车钩“三态”(闭锁状态、开锁状态、全开状态)必须作用良好。

4.2.2 车钩各零件必须探伤检查,下列情况禁止焊修。

4.2.2.1 车钩钩体上的横向裂纹,扁销孔处向尾端发展的裂纹。

4.2.2.2 钩体上距钩头 50 mm 以内的砂眼和裂纹。

4.2.2.3 钩体上长度超过 50 mm 的纵向裂纹。

4.2.2.4 耳销孔处超过该处断面的 40%的裂纹。

4.2.2.5 上、下钩耳间(距钩耳 25 mm 以外)长度超过 30 mm 的纵向横向裂纹。

4.2.2.6 钩腕上长度超过腕高 20%的裂纹。

4.2.2.7 钩舌上的裂纹。

4.2.2.8 车钩尾框上的横向裂纹及该扁销孔处向端部发展的裂纹。

4.2.3 MT-2、MT-3 型缓冲器的自由高度≥572 mm,箱体无裂纹,无影响使用的严重变形,其他外露部件无折损或缺件。ST 型缓冲器的自由高度≥568 mm,箱体无裂纹,无影响使用的严重变形,其他外露部件无折损或缺件。

4.2.4 车钩组装后,车钩各部尺寸应符合限度要求。

4.2.4.1 车钩在锁闭位,往上托起钩销铁,其移动量不得大于 15 mm。

4.2.4.2 钩舌尾端与钩销铁接触需平直,高度≥40 mm,其横向间隙≤6.5 mm。

4.2.4.3 钩舌销与孔间隙见表 7。

**表 7 钩舌销与孔间隙**

| 名 称 | 间 隙 | 总 间 隙 |
|---|---|---|
| 钩耳孔 | 3～4.5 mm | 4～6.5 mm |
| 钩舌销子 | | |
| 钩舌销孔 | 1～2 mm | |

4.2.4.4 钩尾至牵引从板的间隙(包括扁销的间隙)为 2～6 mm。

4.2.4.5 车钩开度:关闭状态 110～127 mm;开启状态 220～245 mm。

4.2.5 车钩中心线距轨面的高度为 835～885 mm。

4.2.6　牵引中心销不许有裂纹，中心销尼龙套不得有裂纹、剥离，橡胶套不得有老化、裂损。

4.2.7　牵引装置的各杆及销不得有裂纹。

4.3　转向架构架及旁承检修要求

4.3.1　外观检查构架，构架及各焊缝不许有裂纹。

4.3.2　检查标志牌，缺漏者应补齐铭牌。

4.3.3　转向架排障器底面距轨面高度：GK1C型机车排障器的最低面距轨面高度 $120^{+15}_{-10}$，扫石器底边距轨面高度 20～30 mm。

4.3.4　旁承体、各磨耗板及上下球面支承体等零件不许有裂纹，橡胶密封必须状态良好无泄漏，更换不良密封胶圈及橡胶压垫。上下磨耗板的摩擦面不许有深 0.50 mm、宽 1.50 mm 以上的拉伤和点蚀，磨耗量不得大于 1 mm。上下球面应顶面接触，接触面积不少于 30%。旁承滚子直径减少量不得大于 2 mm。

4.3.5　砂箱及砂管必须安装牢固。

4.4　弹簧及减震装置检修要求

4.4.1　外观检查弹簧，不得有裂纹。中修时，轴箱及弹簧均必须进行选配。同轴左右 4 组轴箱弹簧的自由高度差不大于 3 mm，同一转向架不大于 5 mm，不符合时可以加垫调整，调整垫板不得多于 2 块。

4.4.2　各橡胶减震垫及橡胶连接无老化及破损。

4.4.3　油压减振器检修后平放 24 小时，无泄漏。橡胶套有裂纹、老化、裂纹变形或局部磨损时应更换。

4.5　轴箱检修要求

4.5.1　轴箱体不许有裂纹，轴箱上吊耳磨耗板的磨耗量不许超过 1 mm。

4.5.2　轴挡各部及橡胶支承必须状态良好。

4.5.3　972832T 或 982832T 轴承允许选配使用。若需整列更换滚动体时，应保证内外两列的径向游隙差不大于 0.03 mm。552732QT、752732QT 内圈过盈为 0.04～0.065 mm，同一轴颈上成对轴承径向游隙差不大于 0.02 mm，组装后轴承上涂以铁道滚动轴承Ⅰ型锂基脂。

4.5.4　分解及检查轴箱拉杆橡胶套和橡胶垫，裂损、老化必须更换，外观检查轴箱拉杆不得有裂纹。轴箱拉杆轴与座斜面接触应良好，局部间隙用

0.05 mm 塞尺检查塞入深度不大于 10 mm，底面间隙不小于 0.50 mm。

4.5.5　滚动轴承检修按规定办理。

4.5.6　运转时轴箱温度不超过 70 ℃，各处无漏油。

4.6　轮对检修要求

4.6.1　轮箍不许有裂纹及松缓。

4.6.2　轮心上的裂纹允许焊修，但超过该处圆周 1/3 的环形裂纹及发展到毂孔处的放射性裂纹禁止焊修。

4.6.3　轮对组成后，轮箍内侧距离：新轮箍为(1 353±1) mm，旧轮箍为(1 353±2) mm，同轴轮箍内侧距离差不得大于 1.5 mm。

4.6.4　轮箍外形旋削后，用样板检查，踏面偏差不超过 0.50 mm，轮缘高度减少量不超过 1 mm，轮缘厚度减少量不超过 0.50 mm。

4.6.5　轮对轮径差：同一轴不大于 1 mm，同一转向架不大于 2 mm，同一机车不大于 2 mm。

4.6.6　镶装轮箍时技术要求。

4.6.6.1　轮箍内径配合面须探伤检查，不许有裂纹。

4.6.6.2　轮辋外径配合面锥度不大于 0.20 mm，其椭圆度不大于 0.50 mm。

4.6.6.3　轮箍紧余量按轮辋外径计算，每 1 000 mm 轮辋直径紧余量为 1.20～1.50 mm，轮箍热装时，应均匀加热，加热温度不得超过 350 ℃，禁止用人工方法冷却轮箍。

4.6.6.4　轮箍加垫厚度不大于 1.5 mm，垫板不多于 1 层，总数不多于 4 块，相邻两块间的距离不大于 10 mm。

4.6.6.5　轮箍厚度小于 40 mm 时，不许加垫。

4.6.7　机车运用时，轮对各部须作外观检查，轮缘垂直磨耗高度不超过 18 mm；轮箍踏面擦伤深度不超过 0.70 mm，磨耗深度不大于 7 mm，踏面上的缺陷或剥离长度不超过 40 mm，且深度不超过 1 mm；轮缘厚度在距轮缘顶点 18 mm 处测量不少于 23 mm；各部无开裂，轮箍无弛缓。

4.6.8　轮箍踏面擦伤允许焊修或用旋削的方法消除，同一处焊修次数不得超过 2 次，若擦伤深度超过 3.5 mm 或轮箍厚度小于 50 mm 时禁止焊修。

4.6.9 轮对检修完毕后应按规定涂漆并做防缓标记 。轮箍与轮辋之间沿圆周等分 3 道宽度 25 mm、长 40 mm 的黄色防缓标记。

4.7 基础制动装置及撒砂装置检修要求

4.7.1 基础制动装置各杠杆、拉杆、各销不许有裂纹。各杆磨耗过限时允许焊修,各销与套的间隙不大于 1.50 mm。

4.7.2 制动缸须分解、清洗、给油、更换不良部件。组装后作用良好,无泄漏。

4.7.3 撒砂装置作用良好,风管及撒砂管路畅通。撒砂管距轨面高度应 35～60 mm,距轮箍与轨面接触点为(350±10) mm。

4.7.4 手制动装置应作用良好。

4.8 转向架组装要求

4.8.1 轴箱与构架两侧间隙之和为 4～18 mm。

4.8.2 转向架在工作状态时,构架四角高度差不大于 10 mm,同一车架两旁承处高度差不大于 5 mm。

4.9 预热锅炉检修要求

4.9.1 喷嘴必须分解清洗,清除油垢,滤网必须状态良好。组成后应进行雾化试验,当压力为 1 500 kPa 时应雾化良好,不得有滴油现象。

4.9.2 点火电极烧损严重者允许用耐热合金钢丝焊修,组成后须调整电极位置至产生火花为止。

4.9.3 风机叶轮不得有裂纹、破损,与壳体间隙为 0.50～1.0 mm。风机壳体及滤网应状态良好。

4.9.4 炉体、排烟管、燃烧装置和管筒必须清除烟垢、水垢。

4.9.5 管组水管堵焊不得超过 5 根。

4.9.6 预热锅炉组装后应进行 300 kPa 水压试验,保持 5 min 无泄漏。

4.9.7 装车后应进行综合性能试验,各部件应运转正常,作用良好,油、水系统无泄漏。

4.10　散热器检修要求

4.10.1　散热器各肋片边缘必须平直，表面无腐蚀、油垢、灰尘，内部须清洗干净。

4.10.2　散热器扁管渗漏无法补焊时允许堵焊，但每个单节堵焊管数不许超过 4 根。

4.10.3　散热器单节应进行 500 kPa 水压试验，保持 5 min 无泄漏。

4.11　冷却风扇检修要求

4.11.1　叶片裂纹允许焊修，焊修后必须进行静平衡试验，不平衡度不得大于 130 g·cm。

4.11.2　风扇轴、法兰及安装支架不许有裂纹。

4.11.3　风扇轮心与轴锥度配合面的接触面积应不少于 70%。

4.11.4　叶片与车体风道间隙不得小于 3 mm。

4.11.5　组装后，各部必须转动灵活，无异音。

4.11.6　垂直传动万向轴检修按万向轴检修要求条款执行。

4.11.7　冷却风扇与风筒间隙 2～7 mm。

4.12　油水管路系统检修要求

4.12.1　各管路接头无泄漏，管卡必须安装牢固。

4.12.2　各管路法兰垫的内径不得小于管路孔径。每处法兰密封垫厚度不超过 6 mm，总数不超过 4 片。

4.12.3　各连接胶管不许有腐蚀、老化。

4.12.4　各阀需作用良好。

4.12.5　水系统应进行 300 kPa 水压试验，保持 15 min 无泄漏。

4.13　燃油箱检修要求

4.13.1　检查油位仪，指示正常，无卡滞。

4.13.2　清洗油箱。

4.13.3　清扫燃油箱外部，清除在安装和油漆方面的不良处所。

4.14　工作油热交换器检修要求

4.14.1　解体，清洗水垢、油垢，筒体和盖不得有裂纹。更换橡胶密封圈。

4.14.2　堵焊的管数不超过 5%。

4.14.3 组装后进行水压试验：$GK_{1C}$型机车油系统 1 200 kPa，水系统 600 kPa，保持 5 min 无泄漏。

4.15 进气系统检修要求

4.15.1 清洗空气滤清器，并用压缩空气吹干。

4.15.2 轻击纸质空气滤清器侧板，使黏附在滤芯表现的灰、砂脱落，并用软毛刷清扫滤芯表面，发现矩形密封圈脱胶应用胶黏住。发现滤芯破损，矩形密封圈坏或使用期超过一年的应更换。

4.15.3 用压缩空气吹扫构架内腔。

4.15.4 发现密封垫老化或破损，应更换。

4.16 排气系统检修要求

4.16.1 清洗烟筒装配、前腔装配、波纹管装配，并用压缩空气吹干。

4.16.2 解体、清洗消声器组成，并用压缩空气吹干膨胀体，消声元件上的微穿孔板破损严重的应更换。

4.16.3 密封垫有破损应更换。

4.17 百叶窗及操纵风缸检修要求

4.17.1 修复动作不良的百叶窗，叶片损坏的应更换。

4.17.2 操纵风缸动作应正确，保证百叶窗全开和全闭两种位置作用灵活，且不得漏泄。

4.17.3 更换不良的软管组件。

## 5 空气制动部分

5.1 3W-1.6/9 型空气压缩机检修要求

5.1.1 气缸、气缸盖、曲轴及各运动件不许有裂纹，箱体轴承孔处的裂纹禁止焊修。

5.1.2 连杆大小端孔不许有剥离、辗片、拉伤。

5.1.3 压缩室高度为 0.8～1.5 mm。

5.1.4 散热器必须清扫干净，每个单节堵焊泄漏的散热管数不得多于 2 根。组装后须在水槽内进行（500±50）kPa 风压试验，保持 1 min 无泄漏。

5.1.5 散热器上的安全阀须进行校验，开启压力 $450^{-20}$ kPa，关闭

压力为 $350^{-20}_{0}$ kPa。

5.1.6　空气压缩机调压器或风压继电器动作应灵敏，当风压升至 $900^{-20}$ kPa 时，空气压缩机停止打风；当风压降至（750±20）kPa 时，空气压缩机开始打风。

5.1.7　滚动轴承检修要求。

5.1.7.1　轴承滚动体与内外圈不许有变形、裂纹、剥离、擦伤、过热变色等，允许有轻微点蚀及拉伤。

5.1.7.2　轴承保持架不许有偏磨、变形、裂纹，铆钉不许松弛和折断，引导面须符合设计要求。

5.1.7.3　轴承转动须灵活，作用良好，不得有异音。

5.1.8　空气压缩机组装后应进行性能试验。

5.1.8.1　磨合试验。试验转速由 600 r/min 逐渐升至 1 500 r/min，时间不少于 2 h。在空载无背压情况下，以 800 r/min 转速运转30 min，活塞顶部不许有喷油现象，但活塞周围允许有少量渗油。

5.1.8.2　风量试验。总风缸容积为 0.5 $m^3$，空气压缩机转速 1 500 r/min，风压由 0 升至 $900^{-20}_{0}$ kPa 所需时间不超过 5 min40 s。

5.1.8.3　温度试验。在额定工况下持续 30 min，曲轴箱不超过 80 ℃，高压排气温度不超过 180 ℃。

5.1.8.4　泄漏试验。在试验台上当压力为 900 kPa，由于气阀的泄漏，在 10 min 内下降不超过 100 kPa。

5.2　Z-2.4/9 型空气压缩机检修要求

5.2.1　解体清洗和检修各零部件（曲轴、轴承座和轴承组件可不解体）。

5.2.2　检查曲轴、气缸镜面、活塞销、连杆大小头内孔不许有拉伤。气缸、气阀室、曲轴箱体应无裂纹。

5.2.3　更换气阀弹簧、不良零件和橡胶件。

5.2.4　检查气阀阀片应无裂纹。阀座、阀盖、密封平面应无划伤等缺陷。

5.2.5　气阀重新组装后用煤油试验是否漏泄，允许有单独的滴状渗漏。

5.2.6　中间冷却器内表面进行清洗、吹扫，然后进行 600 kPa 水压试验，在 3 min 内无漏泄。

5.2.7　中间冷却器安全阀解体清洗，重新组装后进行压力试验，当风压升至 400～450 kPa 时应能排风，风压降至 350 kPa 时应能关闭。

5.2.8　侧盖呼吸装置清洗检查，更换破损的过滤物。

5.2.9　轴承剥离、斑痕及滚道拉伤时应更换。

5.2.10　如更换过主要运动零部件：曲轴、连杆、活塞、活塞环等件，需在试验台上进行磨合试验、磨合试验时间按"空压机试验及验收技术条件"中规定。

5.2.11　组装完成后，按"空压机试验及验收技术条件"要求进行性能试验。

磨合试验：试验时间不小于 90 min（未更换零部件时允许减为 45 min），磨合中，不许有异音和漏油现象，转速达到 1 000 r/min 时，油压稳定在 400～480 kPa，磨合后期活塞顶部不许有喷油现象，但在活塞周围允许有少量渗油。

风量试验：当转速为 1 000 r/min 时，使 400 L 的储风缸压力由 0 升至 900 kPa，所需时间不大于 100 s。

泄漏试验：在试验台上使储风缸压力达到 900 kPa，空气压缩机停止转动，由于气阀的泄漏，在 10 min 内压力下降不许超过 100 kPa。

温度试验：空气压缩机在 1 000 r/min 和 900 kPa 压力下连续运转 30 min，排气口温度不大于 190 ℃，曲轴箱油温不大于 80 ℃。

5.2.12　空气压缩机余隙高度 0.60～1.50 mm。

5.2.13　润滑油压力稳定在 400～500 kPa。

5.3　空气制动装置检修要求

5.3.1　空气制动装置各橡胶件全部更换。

5.3.2　单独制动阀、自动制动阀、总风遮断阀、分配阀、中继阀、作用阀检修后必须在试验台上进行试验。各部动作准确，性能符合要求。装车后，进行制动机综合试验，各部动作准确，性能可靠。

5.3.3　风笛、刮雨器、油水分离器、远心集尘器、无动力回送装置、放风阀、各滤清装置及列车管和总风缸塞门等要分解清扫。组装后符合性能要求，并安装牢固。

5.3.4　制动软管接头、连接器不许有裂纹，连接牢固，卡子两耳之间的距离为 5～10 mm。

5.3.5　制动软管在水槽内施以 600～700 kPa 风压，保持 5 min 应无泄漏（表面或边缘发生的气泡在 10 min 内消失者允许使用）。然后再施以 1 000 kPa 水压，保持 2 min 应无泄漏，软管外径膨胀不超过 8 mm，不许有局部凸起或膨胀。

5.3.6　高压安全阀开启压力为 $950^{-20}$ kPa，其关闭压力不得低于 800 kPa。

5.3.7　空气管路应畅通，清洁、无泄漏，各处接头和卡子等应紧固，不得有漏泄。

5.3.8　总装后，总风缸压力在 900 kPa 时，空气管路及总风缸的总泄漏每分钟不超过 20 kPa，制动管泄漏量每分钟不超过 10 kPa。

5.3.9　空气干燥器解体清洗检查，更换干燥剂及各机械阀的橡胶密封件。各阀组装后须动作灵活，不许有卡滞现象。

5.4　风笛、撒砂装置、雨刷检修要求

5.4.1　风笛须解体检修和试验，喇叭筒不得变形和裂纹，喇叭筒裂纹时可焊修，但不得变形，其膜片有裂纹时应换新。组装后应进行风压试验，600～800 kPa 时声音清晰、响亮。

5.4.2　撒砂装置拆下分解、清扫和检修。

5.4.2.1　撒砂器的撒砂喷管丝扣应良好，不良者可焊修恢复。撒砂喷管体锈蚀深度超过壁厚一半时应更换。

5.4.2.2　撒砂阀组装后须通过以 300 kPa 的风压进行试验，作用性能应良好。

5.4.3　雨刷装置拆下分解、清扫和检修。

5.4.3.1　雨刷器的橡胶密封体不得老化、裂纹。组装后通以 800 kPa 的风压试验，动作应灵活，左右摇摆速度须均匀，其摆动角度范围应符合要求。

5.4.3.2　调节阀组装后通以 800 kPa 的风压试验，阀关闭时不得渗漏。

5.4.3.3　雨刷胶皮须全部更换，雨刷拉簧不得变形断裂。

# 6　机车落成、试运及喷漆

6.1　机车检修落成后，必须进行单程不少于 50 km 正线试运。

6.2　试运前准备工作

6.2.1　仔细检查机车走行部分、制动系统等部分并按机车整备要求装入规定的燃料油、润滑油、水、砂、传动工作油及必需的工具、消防设备等。

6.2.2　机车起动前检查柴油机、液力传动箱、万向轴、风扇耦合器、车轴齿轮箱、空气压缩机等主要部件的油位及主要紧固件的紧固情况是否符合试运要求。

6.2.3　柴油机试运前必须按照试验台磨合、调试标准进行人为磨合、调试。

6.2.4　机车所属部件安全保护装置在试运前进行验证，保证机车各部件能正常运行。

6.2.4.1　冷却风扇温度变送器在水温 78 ℃时，冷却风扇开始工作，水温降到 73 ℃，冷却风扇停止工作。

6.2.4.2　柴油机加负荷温度变送器在水温 40 ℃时($GK_{1C}$ 型)应起作用。

6.2.4.3　验证空气压缩机起动和运转情况是否符合技术标准。

6.2.4.4　验证自动制动阀进行非常制动时，闸瓦动作，机车自动撒砂，柴油机卸载。

6.2.4.5　验证液力传动箱Ⅰ挡、Ⅱ挡充油情况是否良好。

6.2.4.6　验证工况机构转换情况是否良好。

6.3　试运具体要求

6.3.1　检查机车各部件的运行情况是否符合技术标准。

6.3.1.1　中间齿轮箱、车轴齿轮箱及各轴箱温度必须符合规定标准。

6.3.1.2　变扭器换挡动作灵活，换挡点符合标准。

6.3.1.3　各电气装置必须动作可靠，性能良好。

6.3.1.4　各分箱面、油封不得漏油。

6.3.2　机车工况挡位放置在调车位，并锁定。

6.3.3　机车达到试运条件后方可组织试运。

6.3.4　机车回库后，试运人员检查机车各部件是否完好可靠，整理试运记录提交检修人员处理。

6.4　机车试运合格后，回修不良处所、按规定涂印识别标志及标记，并按技术要求进行喷漆，柴油机及各零配件涂漆的原则如下。

6.4.1　橡胶件、镀锌件、发黑件、零配件的加工面及安装面不涂漆。

6.4.2　柴油机内外表面及各需涂漆的零件表面除锈、除油，清洁度要求达到《内燃、电力机车除锈通用技术条件》(TB/T 2784—1997)规定。

6.4.3　经除锈、除油的工件在 4 h 内喷涂铁红耐油醇酸底漆。

6.4.4　底漆干燥后打磨并清理涂层表面，喷涂耐油醇酸面漆。

6.4.5　铝及铝合金零配件的涂漆要求：凡精铸件不喷涂；凡在高温环境中使用的零配件喷涂有机硅耐热铝粉漆。

6.4.6　管路的涂漆颜色按《内燃、电力机车的管路涂色》(TB/T 1132—1996)进行。

6.4.7　涂层质量要求：无流挂、橘皮、渗色、漏涂等缺陷。

## 附录　GK1C 型内燃机车中修限度

**使用说明**

a.“原形”系指原设计尺寸或数据(若设计修改时，应以修改后的设计为准)。

b.“中修限度”系指机车中修时不符合此限度者，必须予以修理或更换。

c.“定修限度”系指机车定修时超过或不符合此限度者须予以修理或更换。此限度不作为运用机车扣临修或碎修的依据，机车能否继续运用的标准另定。

d. 凡中修限度或定修限度有下限且与原形的下限相同者，在表中均未标出，中修时按原形尺寸的下限掌握。

e. 凡限度内标有“—”记号的，均系应有具体数值但暂未确定的限度，架、定修时可自行掌握。

f. 定修限度栏内标有“△”记号的，均系发生偶然故障修理时掌握的限度。

g. 本限度表为 GK1C 型内燃机车的限度。

**附表1　电机限度表**

| 部位 | 零　　件 | 技术要求 | |
|---|---|---|---|
| | | 设计尺寸 | 限度尺寸 |
| ZD316A 型空气压缩机电机 | 换向器工作表面直径(mm) | 125 | 中修 117 |
| | 换向器云母槽下刻深度(mm) | 1.5 | 中修 0.6～0.7 |
| | 刷盒与换向器工作表面距离(mm) | 2.5±0.5 | 中修 2～3 |
| | 电刷压力(N) | 7.84±0.98 | 中修 7～9 |
| | 电刷高度(mm) | 40 | 中修≥30;定修≥20 |
| | 换向器磨耗深度(mm) | | ≤0.2 |
| | 轴承加热温度(℃) | ≤100 ℃ | |
| | 轴承盖温升,空转 30 min 无异状 | 不得超过 40 K | |
| | 冷态绝缘电阻 | 电枢绕组对地 1 MΩ | |
| | | 磁极绕组对地 5 MΩ | |
| | | 刷架装置对地 10 MΩ | |
| | | 相互之间 5 MΩ | |
| | 电机在额定工况和使用工况 | 火花等均不得超过 $1\frac{1}{2}$ 级 | |
| Z2C-62 型空气压缩机电机 | 换向器工作表面直径(mm) | 150 | 禁用 137 |
| | 换向器云母槽下刻深度(mm) | 1.0～1.5 | 中修≥0.8;定修≥0.50 |
| | 刷握与换向器工作表面距离(mm) | 2～3 | 中修 3;定修 3 |
| | 电刷压力(N) | 25～35 | 禁用<20 |
| | 电刷高度(mm) | 40 | 禁用 17 |
| | 309 轴承径向间隙(mm) | 0.012～0.029 | 中修 0.04;定修 0.055 |
| | 换向器磨耗深度(mm) | | ≤0.2 |
| | 轴承加热温度(℃) | ≤100 ℃ | |
| | 轴承盖温升,空转 30 min 无异状 | 不得超过 40 K | |

续上表

| 部位 | 零　　件 | 技术要求 | |
|---|---|---|---|
| | | 设计尺寸 | 限度尺寸 |
| Z2C-62 型空气压缩机电机 | 冷态绝缘电阻 | 电枢绕组对地 1 MΩ | |
| | | 磁极绕组对地 5 MΩ | |
| | | 刷架装置对地 10 MΩ | |
| | | 相互之间 5 MΩ | |
| | 电机在额定工况和使用工况 | 火花等均不得超过 $1\frac{1}{2}$ 级 | |
| ZQF905 型起动发电机 | 换向器工作表面直径(mm) | 190 | 禁用 170 |
| | 换向器云母槽下刻深度(mm) | 1.5±0.2 | |
| | 刷盒与换向器工作表面距离(mm) | 3±0.5 | |
| | 电刷压力(N) | 22.4±4.48 | |
| | 电刷高度(mm) | 50 | 中修≥40;定修≥30 |
| | 换向器磨耗深度(mm) | | ≤0.2 |
| | 轴承加热温度(℃) | ≤100 ℃ | |
| | 轴承盖温升，空转 30 min 无异状 | 不得超过 40 K | |
| | 冷态绝缘电阻 | 电枢绕组对地 1 MΩ | |
| | | 磁极绕组对地 5 MΩ | |
| | | 刷架装置对地 10 MΩ | |
| | | 相互之间 5 MΩ | |
| | 电机在额定工况和使用工况 | 火花等均不得超过 $1\frac{1}{2}$ 级 | |

**附表 2　空气系统试验标准**

| 部位 | 零件 | 技术要求 | |
|---|---|---|---|
| | | 设计尺寸(mm) | 限度尺寸(mm) |
| 空气制动装置 | 制动软管接头、连接器 | 无有裂纹，连接状态良好 | |
| | 小风泵工作总风缸空气压力由 0 上升到(900±20) kPa 的时间 | ≤340 s | |
| | 小风泵工作总风缸空气压力由(750±20) kPa 上升到(900±20) kPa 的时间 | ≤60 s | |
| | 大风泵工作总风缸空气压力由 0 上升到(900±20) kPa 的时间 | ≤210 s | |
| | 大风泵工作总风缸空气压力由(750±20) kPa 上升到(900±20) kPa 的时间 | ≤35 s | |
| | 初充风状态检查自动制动阀、单独制动阀手柄置运转位，1 min 后检查压力表指示的压力(kPa) | 列车管 | 500±5 |
| | | 均衡风缸 | 500±5 |
| | | 总风缸 | (750±20)～(900±20) |
| | | 制动缸 | 0 |
| | | 工作风缸 | 500±5 |
| | | 控制风缸 | 550±5 |
| | 高压保安阀试验检查 | 当总风缸压力到达(950±20) kPa 时，应能自动开启排风，当总风缸压力降到(750±20) kPa 时应能自动关闭 | |
| | 空气压缩机调压器试验检查 | 当总风缸压力升至(900±20) kPa 时，应能切断电机电源，当总风缸压力降至(750±20) kPa 时，应能接通电机电源 | |

续上表

| 部位 | 零件 | 技术要求 | |
|---|---|---|---|
| | | 设计尺寸(mm) | 限度尺寸(mm) |
| 空气制动装置 | 泄漏量检查总风缸空气压力在900 kPa时,各管系及总风缸的泄漏量 | 1 min 内不许超过20 kPa/min | |
| | 初充气工况检查 | 自动制动阀手柄移置最小减压位,检查列车管减压45～55 kPa,列车管泄漏量1 min内不得超过10 kPa | |
| | | 自动制动阀手柄置最大减压位,检查列车管减压140 kPa,制动缸压力升至340～360 kPa后,切断制动缸供风源,检查制动缸泄漏量1 min内不得超过10 kPa | |
| | 阶段制动作用检查自动制动阀手柄自最小减压位开始实施阶段制动,直至全制动,检查阶段制动作用应稳定。列车管减压量与制动缸压力变化值 | 列车管减压量(kPa) | 制动缸压力(kPa) |
| | | 45～55 | 80～150 |
| | | 70 | 150～180 |
| | | 100 | 240～260 |
| | | 140 | 340～360 |
| | 单独缓解作用检查将自动制动阀手柄置最大减压位,将单独制动阀手柄移置单独缓解位检查 | 单独缓解作用应良好 | |
| | | 制动缸压力应下降至零;允许制动缸压力缓解至零后有回升,但1 min不得超过100 kPa | |
| | | 当制动缸压力缓解到零后,手离开单独制动阀手柄,手柄应能自动移到运转位 | |
| | 过充作用检查将自动制动阀手柄移置过充位检查 | 列车管压力应比规定高30～40 kPa | |
| | | 在过充过程中不允许产生自然制动 | |

续上表

| 部位 | 零件 | 技术要求 | |
|---|---|---|---|
| | | 设计尺寸(mm) | 限度尺寸(mm) |
| 空气制动装置 | 过充作用检查将自动制动阀手柄移置过充位检查 | 过充风缸 $\phi$0.5 mm 小孔应排气 | |
| | | 均衡风缸压力应保持为定值(500±5) kPa | |
| | | 将自动制动阀手柄自过充位移置运转位，列车管压力应能恢复到规定值，且机车不发生自然制动 | |
| | 常用全制动作用检查当列车管及工作风缸压力充至规定压力后，将自动制动阀手柄自运转位移置全制动位检查 | 均衡风缸应减压 140 kPa，减压的排风时间应为 4～6 s | |
| | | 制动缸压力应能上升至 340～360 kPa ，上升时间应为 5～8 s | |
| | 缓解性能检查将自动制动阀手柄自常用全制动位移置运转位检查 | 制动缸压力由 340～360 kPa 降至 35 kPa 的时间应为 5～8 s | |
| | | 均衡风缸、列车管、工作风缸压力均应恢复到规定压力 | |
| | 过量减压位作用检查将自动制动阀手柄移置过量减压位检查 | 均衡风缸及列车管压力应为 240～260 kPa | |
| | | 制动缸压力应为 340～360 kPa | |
| | | 分配阀不得起紧急制动作用 | |
| | 手柄取出位检查将自动制动阀手柄由运转位迅速移置手柄取出位检查 | 均衡风缸压力应为 240～260 kPa | |
| | | 列车管压力仍应为定值(500±5) kPa | |
| | | 中继阀应能可靠自锁 | |

续上表

| 部位 | 零件 | 技术要求 | |
|---|---|---|---|
| | | 设计尺寸(mm) | 限度尺寸(mm) |
| 空气制动装置 | 手柄取出位检查将自动制动阀手柄由运转位迅速移置手柄取出位检查 | 自动制动阀手柄迅速移回运转位应先制动后缓解 | |
| | 紧急制动作用检查将自动制动阀手柄自运转位移置紧急制动位检查 | 列车管自定压下降至0的时间应小于3 s | |
| | | 制动缸压力由0上升到420～450 kPa的时间应为4～7 s | |
| | | 撒砂装置应能自动撒砂 | |
| | | 撒砂管(6号)上的$\phi$1 mm小孔应排风 | |
| | 紧急制动后的单独缓解作用检查将自动制动阀手柄置紧急制动位后，再将单独制动阀手柄移置单独缓解位检查 | 制动缸压力应在12～15 s内开始下降 | |
| | | 制动缸压力下降到0的时间应为25～30 s | |
| | 单独制动或缓解作用检查将自动制动阀手柄置运转位后，再将单独制动阀手柄阶段移向制动区检查 | 阶段制动或阶段缓解作用应稳定 | |
| | | 单独制动阀手柄自运转位直接移置全制动位，制动缸压力由0升至280 kPa的时间应小于3 s | |
| | | 单独制动阀手柄自全制动位移回运转位，制动缸压力从300 kPa降至35 kPa的时间应小于4 s | |
| | 紧急制动阀作用检查将自动制动阀手柄和单独制动阀手柄均放置运转位，拉开紧急制动阀检查 | 列车管压力应能下降 | |
| | | 将自动制动阀手柄移置制动区，列车管压力应能下降至0 | |

续上表

| 部位 | 零件 | 技术要求 | | |
|---|---|---|---|---|
| | | 设计尺寸(mm) | | 限度尺寸(mm) |
| JZ7<br>制动<br>机 | 自阀、单阀手把心轴孔与心轴间隙 | 0.02～0.11 | 0.50 | — |
| | 自阀、单阀心轴与套孔间隙 | 0.016～0.070 | 0.50 | — |
| | 自阀、单阀凸轮方孔与轴的间隙 | 0.005～0.05 | 0.20 | — |
| | 自阀支承杠杆端头磨耗量 | — | 0.30 | — |
| | 各柱塞、柱、塞阀、阀杆、活塞、阀体与阀套或套的间隙：<br>$\phi$12、$\phi$14、$\phi$18、<br>$\phi$20、<br>$\phi$22、$\phi$24、$\phi$30、<br>$\phi$36、$\phi$50、 | <br><br>0.016～0.07<br>0.020～0.076<br>0.020～0.086<br>0.025～0.103 | <br><br>0.12<br>0.12<br>0.15<br>0.18 | <br><br>—<br>—<br>—<br>— |
| | 各阀套与体、体套的间隙：<br>$\phi$20、<br>$\phi$22、$\phi$24、$\phi$30、<br>$\phi$32、$\phi$34、$\phi$36、<br>$\phi$40、$\phi$50、 | 0.020～0.076<br>0.020～0.086<br>0.025～0.103 | 0.18<br>0.18<br>0.20 | — |
| | 各板阀橡胶阀口台阶深度 | — | 0.50 | — |

**附表 3　NPT5 空气压缩机限度表**　　单位：mm

| 序　号 | 名　　称 | 原　形 | 定修限度 | 架修限度 | 大修限度 | 禁用限度 | 附注 |
|---|---|---|---|---|---|---|---|
| 1 | 活塞拉伤限度不大于 | — | — | — | — | 深 0.1<br>长 40 | |
| 2 | 气缸拉伤限度不大于 | — | — | — | — | 深 0.10<br>长 40 | |
| 3 | 曲轴颈拉伤深度不大于 | — | — | — | — | 0.15 | |
| 4 | 低压缸直径 | $125^{+0.06}_{+0.02}$ | — | 125.50 | — | 125.70 | 可采用加大尺寸活塞环 |
| 5 | 高压缸直径 | $101.6^{+0.06}_{+0.02}$ | — | 102.10 | — | 102.30 | 可采用加大尺寸活塞环 |

续上表

| 序　号 | 名　　称 | 原　形 | 定修限度 | 架修限度 | 大修限度 | 禁用限度 | 附注 |
|---|---|---|---|---|---|---|---|
| 6 | 气缸椭圆度、不柱度 | 0.02 | 0.22 | 0.17 | 0.06 | — | |
| 7 | 曲轴连杆颈直径 | 65 | — | — | 63 | — | 与连杆互配分级修复 |
| 8 | 大头连杆瓦与曲轴连杆颈径向间隙 | 0.06～0.105 | 0.25 | 0.20 | — | — | |
| 9 | 连杆小头衬套与活塞销间隙 | 0.11～0.038 | 0.15 | 0.12 | 0.011～0.05 | — | |
| 10 | 活塞裙部与气缸间隙 | 一级<br>0.32～0.40<br>二级<br>0.302～0.341 | 0.60 | 0.55 | — | — | |
| 11 | 活塞环开口间隙 | 一级<br>0.35～0.55<br>二级<br>0.25～0.45 | 2.0<br>2.0 | 1.50<br>1.50 | — | — | |
| 12 | 活塞环与活塞环槽间隙 | 一级<br>0.025～0.05<br>二级<br>0.025～0.047 | 0.20 | 0.15 | 0.025～0.10 | — | |
| 13 | 油泵齿轮轴与衬套径向间隙 | 0.016～0.070 | 0.12 | 0.10 | 0.016～0.070 | — | |
| 14 | 油泵齿轮端面与油泵体和盖之间间隙 | 0.01～0.048 | 0.15 | 0.10 | 0.01～0.048 | — | |
| 15 | 油泵齿轮副侧隙 | 0.04～0.17 | — | 0.30 | 0.04～0.25 | — | |
| 16 | 油泵齿轮与体径向间隙 | 0.04～0.17 | — | 0.30 | 0.04～0.25 | — | |
| 17 | 排气阀片(一)外圆与阀座径向间隙 | 0.15～0.365 | 0.90 | 0.80 | — | — | |
| 18 | 排气阀片(二)外圆与阀座径向间隙 | 0.05～0.21 | 0.90 | 0.80 | — | — | |

续上表

| 序　号 | 名　　称 | 原　形 | 定修限度 | 架修限度 | 大修限度 | 禁用限度 | 附注 |
|---|---|---|---|---|---|---|---|
| 19 | 排气阀片(三)外圆与阀座径向间隙 | 0.095～0.255 | 0.90 | 0.80 | — | — | |
| 20 | 排气阀片(四)外圆与阀座径向间隙 | 0.032～0.15 | 0.90 | 0.80 | — | — | |
| 21 | 排气阀片(五)外圆与阀座径向间隙 | 0.075～0.21 | 0.90 | 0.80 | — | — | |

**附表 4　3W-1.6/9 空气压缩机限度表**　　单位:mm

| 部　别 | 部件名称 | 原　形 | 限　度 | |
|---|---|---|---|---|
| | | | 中　修 | 定　修 |
| 3W 1.6 -9 型空气压缩机 | 高压气缸直径 | $90^{+0.035}$ | 90.34 | — |
| | 低压气缸直径 | $115^{+0.035}$ | 115.34 | — |
| | 气缸内孔的椭圆度、锥度 | 0～0.027 | 0.10 | — |
| | 高压缸活塞与气缸的径向间隙 | 0.30～0.385 | 0.55 | 0.70 |
| | 低压缸活塞与气缸的径向间隙 | 0.35～0.435 | 0.55 | 0.70 |
| | 活塞销的椭圆度、锥度 | 0～0.01 | 0.02 | — |
| | 活塞销与座孔的过盈量 | −0.008～0.03 | — | — |
| | 高压气环自由开口间隙 | 11±1 | 11±1 | — |
| | 高压油环自由开口间隙 | 8±1 | 8±1 | — |
| | 低压气环自由开口间隙 | 14±1 | 14±1 | — |
| | 低压油环自由开口间隙 | 15±1 | 15±1 | — |
| | 活塞环工作开口间隙 | 0.05～0.25 | 0.60 | 0.80 |
| | 活塞环与活塞环槽侧面间隙 | 0.017～0.06 | 0.08 | 0.10 |
| | 曲轴连杆颈椭圆度、锥度 | 0～0.0085 | 0.05 | — |
| | 连杆大端孔的椭圆度 | 0～0.025 | 0.06 | 0.10 |
| | 连杆小端孔的椭圆度 | 0～0.022 | 0.04 | — |
| | 连杆颈与连杆大端孔的径向间隙 | 0.01～0.052 | 0.15 | 0.20 |
| | 活塞销与连杆小端孔的径向间隙 | 0.008～0.044 | 0.070 | 0.10 |

## 附表 5　车体、走行部限度表

单位:mm

| 部别 | 部件名称 | 原形 | 限度 | |
|---|---|---|---|---|
| | | | 中修 | 定修 |
| 13 号车钩及缓冲装置 | 13 号钩钩舌销与钩耳套内孔的径向间隙 | 1.0～2.4 | 3.0 | 4.0 |
| | 13 号钩钩舌销与钩舌销孔的径向间隙 | 1.0～1.8 | 3.0 | 4.0 |
| | 13 号钩钩舌与钩耳上、下面的间隙 | 1～6 | 10 | — |
| | 13 号钩钩舌与钩体上、下承力面的间隙 | 1～3 | 4 | — |
| | 13 号钩钩与钩腕内侧面距离;闭锁状态 | 112～122 | 110～127 | 110～130 |
| | 13 号钩钩与钩腕内侧面距离;全开状态 | 220～235 | 245 | 250 |
| | 13 号钩钩体扁销孔的尺寸 | 44+2×110+3 | 49×118 | — |
| | 13 号钩钩扁销与钩体孔的间隙 | 3.0～7.0 | 11.0 | — |
| | 13 号钩钩尾框扁销孔长度 | 106+3 | 115 | — |
| | 13 号钩头肩部与缓冲座的距离 | 80±5 | ≥60 | — |
| | 13 号钩从板的磨耗量 | 58±1 | 2 | 3 |
| | 13 号钩钩尾框内两侧磨耗量 | — | 7 | — |
| | 13 号钩钩尾框内尾端磨耗量 | — | 6 | — |
| 轮对轴箱 | 轮箍厚度 | 75 | ≥45 | — |
| | 轮箍宽度 | 140 | ≥135 | — |
| | 轴箱孔椭圆度 | 0～0.05 | 0.15 | — |
| | 轴承径向间隙(组装后) | 0.08～0.179 | 0.30 | — |
| 油压减振器 | 活塞杆与导向套的径向间隙 | 0.008～0.045 | — | 0.20 |
| | 缸筒的锥度、椭圆度 | 0～0.02 | 0.05 | 0.10 |
| | 活塞与缸套的径向间隙 | 0.03～0.09 | — | 0.20 |
| | 芯阀与套阀的径向间隙 | 0.016～0.07 | 0.20 | — |
| | 阀瓣与阀体的间隙 | 0.10～0.30 | 0.60 | — |
| | 套阀与阀座的间隙 | 0.016 | 0.07 | 0.20 |

续上表

| 部别 | 部件名称 | 原形 | 限度 | |
|---|---|---|---|---|
| | | | 中修 | 定修 |
| 油压减振器 | 胀圈的自由开口间隙 | 8.0 | ≥4.0 | — |
| | 胀圈的工作开口间隙 | 0.2～0.3 | 0.4 | — |
| 转向架 | 构架旁承止挡板磨耗深度 | — | 1.0 | — |
| | 制动杠杆、拉杆侧平面磨耗深度 | — | 2.0 | — |
| | 车轴齿轮箱拉臂销直径减少量 | — | 0.5 | — |
| | 花键轴与花键套侧面间隙 | — | 0.4 | — |
| 万向轴 | 同一轴承体内滚针直径差 | — | 0.005 | — |
| | 组装后十字销轴的轴向间隙 | 0.03～0.05 | 0.10 | — |
| | 十字销头的椭圆度、锥度 | 0～0.005 | 0.015 | — |

**附表6　6240ZJ型柴油机限度表**　　单位：mm

| 序号 | 名称 | 设计要求 | | 限度 |
|---|---|---|---|---|
| | | 尺寸 | 间隙或过盈量 | |
| 1 | 机体与气缸套装配<br>机体上部孔径<br>水套上部孔径<br>机体下部孔径<br>水套下部孔径 | $\phi 300H7(^{+0.052}_{0})$<br>$\phi 300f7(^{+0.056}_{-0.108\ 0})$<br>$\phi 299H7(^{+0.052}_{0})$<br>$\phi 299f7(^{-0.08}_{-0.12})$ | 间隙<br>0.056～0.160<br>0.008～0.172 | 圆柱度0.05<br>间隙：<br>纵向0.28<br>横向0.22 |
| 2 | 凸轮轴孔与轴承<br>机体凸轮轴孔直径<br>凸轮轴承外径 | $\phi 140H7(^{+0.04}_{0})$<br>$\phi 140g6(^{-0.014}_{-0.039})$ | 间隙<br>0.014～0.079 | |
| 3 | 凸轮轴承与凸轮轴<br>轴承内径<br>凸轮轴轴颈直径 | $\phi 82G7H7(^{-0.047}_{-0.012})$<br>$\phi 82e8(^{-0.072}_{-0.126})$ | 间隙<br>0.084～0.173 | 0.30 |
| 4 | 凸轮轴轴向间隙<br>凸轮轴轴颈长<br>止推轴承长<br>止推法兰厚 | $92H8(^{+0.054}_{0})$<br>$80h9(^{0}_{-0.074})$<br>$12(^{-0.10}_{-0.14})$ | 间隙<br>0.014～0.079 | 0.45 |
| 5 | 主轴瓦与曲轴主轴径<br>主轴瓦厚度<br>主轴颈直径 | $7.40^{+0.02}_{0}$<br>$\phi 220^{0}_{-0.029}$ | 选配间隙<br>铝合金瓦0.22～0.26<br>铜铅瓦0.20～0.26<br>（相邻间隙差0.02，全长间隙差0.03） | 间隙0.35 |

续上表

| 序号 | 名称 | 设计要求 | | 限　度 |
|---|---|---|---|---|
| | | 尺寸 | 间隙或过盈量 | |
| 6 | 曲轴轴向间隙<br>止推轴承盖宽<br>止推挡圈厚<br>曲轴止推挡宽 | <br>$110^{+0.05}_{0}$<br>$2\times14^{-0.10}_{-0.16}$<br>$82^{-0.09}_{-0.14}$ | 选配间隙<br>0.25～0.35 | 0.50 |
| 7 | 连杆轴瓦与曲轴<br>连杆轴瓦厚度<br>连杆颈直径 | <br>$4.908^{+0.019}_{0}$<br>$\phi195h6^{0}_{-0.029}$ | 选配间隙<br>0.17～0.24 | 0.35 |
| 8 | 连杆体与连杆小头衬套<br>连杆小头孔内径<br>连杆小头衬套外径 | <br>$\phi112H7^{-0.035}_{0}$<br>$\phi112^{-0.10}_{-0.065}$ | 选配间隙<br>0.045～0.069 | |
| 9 | 连杆小头衬套与活塞销<br>连杆小头衬套内径<br>活塞销外径 | <br>$\phi100^{+0.14}_{+0.08}$<br>$\phi100^{-0.01}_{-0.03}$ | 间隙<br>0.09～0.17 | 0.30 |
| 10 | 连杆小头与活塞销座<br>活塞销座开挡宽<br>连杆小头宽 | <br>$60^{+0.45}_{+0.030}$<br>$60^{-0.01}_{-0.35}$ | 间隙<br>0.40～0.80 | |
| 11 | 气缸套与活塞<br>气缸套内径<br>活塞顶外径<br>第1-3环槽间外径<br>油环以上裙部外径<br>裙部最大外径 | <br>$\phi240H7^{+0.046}_{0}$<br>$\phi238.5^{0}_{-0.1}$<br>$\phi239.1^{0}_{-0.05}$<br>$\phi239.40^{0}_{-0.05}$<br>$\phi239.67^{0}_{-0.05}$ | 间隙<br><br>1.5～1.646<br>0.9～0.996<br>0.60～0.696<br>0.33～0.426 | |
| 12 | 活塞环槽与环<br>第1道气环槽宽<br>第1道气环厚<br>第2道气环槽宽<br>第2道气环厚<br>第3道气环槽宽<br>第3道气环厚<br>油环槽宽<br>油环厚 | <br>$5^{+0.13}_{+0.10}$<br>$5^{-0.02}_{-0.04}$<br>$5^{+0.11}_{+0.08}$<br>$5^{-0.02}_{-0.04}$<br>$5^{+0.09}_{+0.06}$<br>$5^{-0.02}_{-0.04}$<br>$8^{+0.08}_{+0.06}$<br>$8^{-0.01}_{-0.04}$ | 间隙<br>0.12～0.17<br>0.10～0.15<br>0.08～0.13<br>0.07～0.12 | 0.28<br>0.25<br>0.25<br>0.20 |
| 13 | 活塞销座孔与活塞销<br>活塞销座孔径<br>活塞销外径 | <br>$\phi100H6^{+0.022}_{0}$<br>$\phi100^{-0.01}_{-0.03}$ | 间隙<br>0.01～0.052 | 0.08 |

续上表

| 序号 | 名称 | 设计要求 | | 限　度 |
|---|---|---|---|---|
| | | 尺寸 | 间隙或过盈量 | |
| 14 | 活塞环闭口间隙<br>第一、二活塞环<br>第三活塞环<br>组合油环 | | 间隙<br>1～1.3<br>1～1.3<br>0.8～1.1 | <br>3.0<br>3.0<br>2.5 |
| 15 | 曲轴齿轮与曲轴<br>曲轴齿轮孔径<br>曲轴轴径 | <br>$\phi192_{-0.16}^{-0.13}$<br>$\phi192_{0}^{-0.02}$ | 过盈<br>0.13～0.18 | |
| 16 | 减振器与曲轴<br>减振器孔径<br>曲轴轴径 | <br>$\phi170_{-0.14}^{-0.11}$<br>$\phi170_{0}^{+0.02}$ | 过盈<br>0.11～0.16 | |
| 17 | 泵主动齿轮与过渡法兰<br>泵主动齿轮定位孔径<br>过渡法兰外径 | <br>$\phi218\text{H}7_{0}^{+0.046}$<br>$\phi218\text{h}8_{-0.072}^{0}$ | 间隙<br>0～0.118 | |
| 18 | 泵支承箱与高温水泵<br>泵支承箱孔径<br>高温水泵定位台外径 | <br>$\phi170\text{H}7_{0}^{+0.04}$<br>$\phi170\text{e}8_{-0.148}^{-0.085}$ | 间隙<br>0.085～0.188 | |
| 19 | 泵支承箱与中冷水泵<br>泵支承箱孔径<br>中冷水泵定位台外径 | <br>$\phi170\text{H}7_{0}^{+0.04}$<br>$\phi170\text{e}8_{-0.148}^{-0.085}$ | 间隙<br>0.085～0.188 | |
| 20 | 泵支承箱与机油泵<br>泵支承箱孔径<br>机油泵定位台外径 | <br>$\phi245\text{H}7_{0}^{+0.052}$<br>$\phi245\text{h}6_{-0.032}^{0}$ | 间隙<br>0～0.084 | |
| 21 | 飞轮与曲轴输出法兰<br>飞轮孔径<br>曲轴输出法兰外径 | <br>$\phi230\text{H}6_{0}^{+0.029}$<br>$\phi230\text{g}3_{-0.03}^{-0.015}$ | 间隙<br>0.015～0.059 | |
| 22 | 齿轮啮合间隙<br>曲轴齿轮与中间齿轮<br>泵传动齿轮与水泵齿轮<br>泵传动齿轮与机油泵齿轮<br>调控传动内、外齿轮<br>其余齿轮 | | 间隙<br>0.20～0.45<br>0.20～0.45<br>0.15～0.35<br>0.05～0.17<br>0.15～0.35 | <br>0.7<br>0.7<br>0.6<br>0.5<br>0.6 |

续上表

| 序号 | 名称 | 设计要求 | | 限　度 |
|---|---|---|---|---|
| | | 尺寸 | 间隙或过盈量 | |
| 23 | 控制机构中横臂的轴向间隙 | | 0.10～0.30 | |
| 24 | 输出端密封盖与曲轴颈<br>输出端密封盖孔径<br>曲轴轴径 | $\phi 220.6^{+0.09}_{0}$<br>$\phi 220e8^{0}_{-0.09}$ | 间隙<br>0.6～0.78 | |
| 25 | 密封盖与泵传动齿轮<br>密封盖孔径<br>泵传动齿轮轴头外径 | $\phi 129^{-0.70}_{-0.60}$<br>$\phi 129h9^{0}_{-0.100}$ | 间隙<br>0.6～0.80 | |
| 26 | 气缸盖与气门导管<br>气缸盖导管孔径<br>气门导管外径 | $\phi 28^{+0.025}_{0}$<br>$\phi 28^{+0.036}_{+0.015}$ | 选配过盈<br>0.01～0.025 | |
| 27 | 气门导管与气门<br>气门导管内径<br>气门杆外径 | $\phi 18^{+0.035}_{0}$<br>$\phi 18C8^{-0.095}_{-0.122}$ | 选配过盈<br>0.095～0.157 | 进气门 0.30<br>排气门 0.35 |
| 28 | 气门座孔与气门座<br>气门座孔径<br>气门座外径 | $\phi 90H7^{+0.035}_{0}$<br>$\phi 90t7^{+0.126}_{+0.091}$ | 选配过盈<br>0.08～0.10 | |
| 29 | D型机进气门座孔与气门座<br>D型机进气门座孔径<br>D型机进气门座外径 | $\phi 80H7^{+0.030}_{0}$<br>$\phi 80t7^{+0.121}_{+0.075}$ | 选配过盈<br>0.08～0.10 | |
| 30 | D型机排气门座孔与气门座<br>D型机排气门座孔径<br>D型机排气门座外径 | $\phi 75H7^{+0.030}_{0}$<br>$\phi 75t7^{+0.121}_{+0.075}$ | 选配过盈<br>0.08～0.10 | |
| 31 | 摇臂轴座与摇臂座<br>摇臂轴座孔径<br>摇臂轴径 | $\phi 50G7^{+0.034}_{+0.009}$<br>$\phi 50h7^{0}_{-0.025}$ | 选配过盈<br>0.009～0.059 | |
| 32 | D型机摇臂轴座与摇臂轴<br>D型机摇臂轴孔径<br>D型机摇臂轴径 | $\phi 50G7^{+0.034}_{+0.009}$<br>$\phi 50h7^{0}_{-0.016}$ | 选配过盈<br>0.009～0.050 | |

续上表

| 序号 | 名称 | 设计要求 | | 限　度 |
|---|---|---|---|---|
| | | 尺寸 | 间隙或过盈量 | |
| 33 | 摇臂与衬套<br>摇臂孔径<br>衬套外径 | $\phi60\pm0.03$<br>$\phi60H8^{+0.046}_{0}$ | 选配过盈<br>0.015～0.03 | |
| 34 | 摇臂装配与摇臂轴<br>摇臂装配衬套内径<br>摇臂轴外径 | $\phi50F8^{+0.064}_{+0.025}$<br>$\phi50h7^{0}_{-0.025}$ | 选配过盈<br>0.025～0.089 | 0.20 |
| 35 | 进排气摇臂轴装配与摇臂轴座的轴向总间隙 | | 间隙<br>0.15～0.586 | 1.0 |
| 36 | 机体与滚轮推杆装配<br>机体孔径<br>滚轮推杆装配外径 | $\phi76H7^{-0.030}_{0}$<br>$\phi76f7^{-0.030}_{-0.060}$ | 间隙<br>0.03～0.09 | |
| 37 | 推杆导筒与导块<br>推杆导筒内径<br>导块外径 | $\phi60H7^{+0.030}_{0}$<br>$\phi60f7^{-0.030}_{-0.060}$ | 间隙<br>0.03～0.09 | 0.20 |
| 38 | 导块与滚轮轴<br>导块孔径<br>滚轮轴径 | $\phi25H7^{+0.021}_{0}$<br>$\phi50h5^{0}_{-0.009}$ | 间隙<br>0～0.03 | |
| 39 | 滚轮与衬套<br>滚轮孔径<br>衬套外径 | $\phi34H7^{+0.025}_{0}$<br>$\phi34f7^{-0.025}_{-0.050}$ | 间隙<br>0.025～0.075 | 0.12 |
| 40 | 衬套与滚轮轴<br>衬套内径<br>滚轮轴径 | $\phi25E8^{+0.073}_{+0.040}$<br>$\phi25h5f7^{0}_{-0.009}$ | 间隙<br>0.04～0.082 | 0.15 |
| 41 | 气门横臂与导杆<br>气门横臂孔径<br>导杆轴径 | $\phi22H8^{+0.033}_{0}$<br>$\phi22d9^{-0.065}_{-0.117}$ | 间隙<br>0.065～0.150 | 0.30 |
| 42 | 导杆与气缸盖<br>气缸盖孔径<br>导杆轴径 | $\phi22H7^{+0.021}_{0}$<br>$\phi22r6^{+0.041}_{+0.028}$ | 间隙<br>0.07～0.041 | |
| 43 | 机体与喷油泵下体<br>机体孔径<br>喷油泵下体外径 | $\phi92H7^{+0.035}_{0}$<br>$\phi92^{-0.04}_{-0.075}$ | 间隙<br>0.04～0.11 | |

续上表

| 序号 | 名称 | 设计要求 | | 限　度 |
|---|---|---|---|---|
| | | 尺寸 | 间隙或过盈量 | |
| 44 | 喷油泵下体与上体<br>下体孔径<br>上体外径 | $\phi 76^{+0.06}_{0}$<br>$\phi 76^{-0.04}_{-0.12}$ | 间隙<br>0.04～0.18 | |
| 45 | 机油泵座板与轴套<br>前、后座板孔径<br>轴套外径 | $\phi 65H7^{+0.03}_{0}$<br>$\phi 65s6^{-0.072}_{-0.053}$ | 间隙<br>0.03～0.05 | |
| 46 | 机油泵轴套与齿轮轴颈<br>机油泵轴套内径<br>齿轮轴颈 | $\phi 55H7^{+0.030}_{0}$<br>$\phi 55d6^{-0.100}_{-0.119}$ | 间隙<br>0.10～0.149 | |
| 47 | 机油泵体与齿轮<br>机油泵体孔径<br>齿轮外径 | $\phi 123.62E8^{+0.148}_{+0.055}$<br>$\phi 123.61e8^{-0.085}_{-0.148}$ | 间隙<br>0.17～0.296 | |
| 48 | 机油泵齿轮轴向间隙 | | 0.21～0.305 | |
| 49 | 传动齿轮与机油泵主动齿轮轴 | 1∶50 锥度配合 | 过盈 0.06～0.10<br>(压入行程 3～5) | |
| 50 | 高压水泵水轮与密封圈<br>密封圈内径<br>水轮外径 | $\phi 100^{+0.07}_{0}$<br>$\phi 99.4^{0}_{-0.07}$ | 间隙<br>0.6～0.74 | |
| 51 | 高温水泵水轮与轴<br>水轮内径<br>轴外径 | $\phi 25^{+0.023}_{0}$<br>$\phi 25\ m6^{+0.021}_{+0.008}$ | 间隙 0.015 ～ 过盈 0.021 | |
| 52 | 高温水泵齿轮与轴<br>齿轮内径<br>轴外径 | $\phi 30H7^{+0.021}_{0}$<br>$\phi 30g6^{-0.007}_{-0.020}$ | 间隙 0.041 ～ 过盈 0.007 | |
| 53 | 中冷水泵水轮与密封圈<br>密封圈内径<br>水轮外径 | $\phi 110H9^{+0.087}_{0}$<br>$\phi 109.7h8^{0}_{-0.054}$ | 间隙<br>0.30～0.441 | |
| 54 | 中冷水泵水轮与轴<br>水轮内径<br>轴外径 | $\phi 25H7^{+0.025}_{0}$<br>$\phi 25\ m6^{+0.021}_{+0.008}$ | 间隙 0.017 ～ 过盈 0.021 | |
| 55 | 中冷水泵齿轮与轴<br>齿轮内径<br>轴外径 | $\phi 30H7^{+0.021}_{0}$<br>$\phi 30g6^{-0.007}_{-0.020}$ | 间隙 0.041 ～ 过盈 0.007 | |

附表 7　6240ZJ 型柴油机螺栓扭紧力矩及润滑剂

| 序号 | 紧固零件名称 | 扭紧力矩或拉长量 | 润滑剂 | 备注 |
|---|---|---|---|---|
| 1 | 气缸盖螺栓载入机体 | 800 N·m | 二硫化钼 | |
| 2 | 气缸盖螺母(螺栓) | 1 300～1 350 N·m或 0.45±0.03 mm | 二硫化钼 | 分三次、按对角顺序均匀扭紧 |
| 3 | D型机气缸盖螺母(螺栓) | 1 400～1 450 N·m或 0.48～0.53 mm | 二硫化钼 | 分三次、按对角顺序均匀扭紧 |
| 4 | 主轴承螺母(螺母) | 1 000～3 000 N·m或 0.65～0.70 mm | 二硫化钼 | 分二次、与横拉螺钉交错、按顺序扭紧 |
| 5 | 主轴承横拉螺钉 | 500～1 000 N·m | 二硫化钼 | 分二次、与主轴承螺母交错、按顺序扭紧 |
| 6 | 支承与机体连接螺栓 | 450 N·m | 二硫化钼 | |
| 7 | 油底壳与机体连接螺栓 | 98 N·m | 二硫化钼 | |
| 8 | 平衡块螺栓 | 686 N·m | 二硫化钼 | 分二次均匀扭紧 |
| 9 | 曲轴法兰与飞轮(一)连接螺栓 | 343～363 N·m | 二硫化钼 | |
| 10 | 飞轮(一)与飞轮(二)连接螺栓 | 180～190 N·m | 二硫化钼 | |
| 11 | 飞轮(二)与弹性联轴节连接螺栓 | 120～130 N·m | 二硫化钼 | |
| 12 | 输出端支承轴圆螺母 | 294～314 N·m | 二硫化钼 | |
| 13 | 泵主动齿轮与减振器连接螺栓 | 250～300 N·m | 二硫化钼 | |
| 14 | 连接螺钉 | 0.54～0.58 mm | 二硫化钼 | 均与地分三次交替把紧,使螺钉和连杆盖上的刻线对齐 |
| 15 | 活塞顶连接螺栓载入 | 70 N·m | 二硫化钼 | |
| 16 | 活塞顶连接螺母 | 73～76 N·m | 二硫化钼 | 按 40、70 N·m,分两次均与预紧,第三次拧到规定力矩 |

续上表

| 序号 | 紧固零件名称 | 扭紧力矩或拉长量 | 润滑剂 | 备注 |
| --- | --- | --- | --- | --- |
| 17 | 摇臂轴座紧固螺栓载入 | 200～220 N·m | 二硫化钼 | |
| 18 | 摇臂轴座紧固螺母 | 393～442 N·m | 二硫化钼 | |
| 19 | 喷油器压紧螺母 | 180～200 N·m | 二硫化钼 | |
| 20 | 凸轮轴段连接螺母 | 135 N·m | 二硫化钼 | |
| 21 | 凸轮轴齿轮连接螺栓 | 200 N·m | 二硫化钼 | |
| 22 | 凸轮轴止推轴承连接螺母 | 135 N·m | 二硫化钼 | |

**附表 8　GK1C 型机车液力传动箱、车轴齿轮箱限度表** 单位:mm

| 部位 | 名　　称 | 原形(一) | 限度(一) | 附　注 |
| --- | --- | --- | --- | --- |
| 传动系统各部位所选用的轴承 | 3E32220QT | 0.080～0.105 | 0.135 | 径向游隙 |
| | 3E32320QT | 0.080～0.105 | 0.135 | 径向游隙 |
| | 3D32222QT | 0.095～0.120 | 0.180 | 径向游隙 |
| | 3D32224EQT | 0.095～0.120 | 0.180 | 径向游隙 |
| | 3E42620EQT | 0.080～0.105 | 0.135 | 径向游隙 |
| | 3E32322QT | 0.095～0.120 | 0.180 | 径向游隙 |
| | 3E32328EQT | 0.105～0.135 | 0.185 | 径向游隙 |
| | 3E32144QT | 0.155～0.200 | 0.250 | 径向游隙 |
| | 3E32312QT | 0.055～0.075 | 0.090 | 径向游隙 |
| | 3E32313QT | 0.055～0.075 | 0.090 | 径向游隙 |
| | 3E32226EQT | 0.105～0.135 | 0.190 | 径向游隙 |
| | 3G32622EQT | 0.095～0.120 | 0.180 | 径向游隙 |
| | 3E32148QT | 0.170～0.215 | 0.280 | 径向游隙 |
| | 3E32308HT | 0.045～0.055 | 0.085 | 径向游隙 |
| | 3E407HT | 0.015～0.033 | 0.064 | 径向游隙 |
| | 3E307HT | 0.015～0.033 | 0.064 | 径向游隙 |
| | 32312 | 0.025～0.065 | 0.100 | 径向游隙 |

续上表

| 部位 | 名　　称 | 原形(—) | 限度(—) | 附　注 |
|---|---|---|---|---|
| 传动系统各部位所选用的轴承 | 32222 | 0.040～0.090 | 0.140 | 径向游隙 |
| | 224 | 0.020～0.046 | 0.085 | 径向游隙 |
| | 311 | 0.013～0.033 | 0.053 | 径向游隙 |
| | 3E176220QTK | 0.140～0.200 | 0.320 | 轴向游隙 |
| | 3D176224QTK | 0.160～0.220 | 0.340 | 轴向游隙 |
| | 3E176144QTK | 0.200～0.260 | 0.380 | 轴向游隙 |
| | 3E176322QTK | 0.160～0.220 | 0.340 | 轴向游隙 |
| | 3E176313QTK | 0.130～0.180 | 0.300 | 轴向游隙 |
| | 3E176224QTK | 0.160～0.220 | 0.340 | 轴向游隙 |
| | 3E176148QTK | 0.220～0.300 | 0.420 | 轴向游隙 |
| | 3E176228QTK | 0.160～0.220 | 0.340 | 轴向游隙 |
| 液力变速箱齿轮齿厚 | ZJJ8 -31-01-010 齿轮 Mn3 8 齿公法线 | $69.154_{-0.134}^{-0.104}$ | 68.35 | |
| | ZJJ8 -31-01-013 齿轮 Mn5 16 齿公法线 | $240.606_{-0.180}^{-0.130}$ | 240.176 | |
| | ZJJ10 -31-01-002 齿轮 Mn3 9 齿公法线 | $78.346_{-0.150}^{-0.110}$ | 78.046 | |
| | ZJJ10 -31-01-004 齿轮 Mn5 18 齿公法线 | $271.469_{-0.160}^{-0.120}$ | 271.129 | |
| | ZJJ8 -31-02-006 齿轮 Mn7 6 齿公法线 | $120.27_{-0.187}^{-0.143}$ | 119.827 | |
| | ZJJ8 -31-02-022 齿轮 Mn4 7 齿公法线 | $80.173_{-0.160}^{-0.120}$ | 79.850 | |
| | ZJJ8 -31-02-023 齿轮 Mn5 8 齿公法线 | $116.79_{-0.170}^{-0.130}$ | 116.360 | |
| | ZJJ10 -31-02-001 齿轮 Mn4 7 齿公法线 | $80.061_{-0.241}^{-0.180}$ | 79.680 | |
| | ZJJ8 -31-02-002 齿轮 Mn5 6 齿公法线 | $85.627_{-0.140}^{-0.096}$ | 85.230 | |
| | ZJJ8 -31-03-004 齿轮 Mn7 6 齿公法线 | $120.27_{-0.187}^{-0.143}$ | 119.827 | |
| | ZJJ8 -31-03-001 齿轮 Mn3 6 齿公法线 | $50.68_{-0.140}^{-0.100}$ | 50.380 | |
| | ZJJ10 -31-03-001 齿轮 Mn3 6 齿公法线 | $50.643_{-0.163}^{-0.108}$ | 50.335 | |
| | ZJJ8 -31-04-003 齿轮 Mn8 6 齿公法线 | $185.575_{-0.163}^{-0.108}$ | 185.145 | |
| | ZJJ8 -31-05-006 齿轮 Mn8 6 齿公法线 | $138.154_{-0.163}^{-0.108}$ | 137.720 | |
| | ZJJ8 -31-05-008 齿轮 Mn7 10 齿公法线 | $207.221_{-0.163}^{-0.108}$ | 206.791 | |
| | ZJJ8 -31-05-001 齿轮 Mn8 6 齿公法线 | $138.179_{-0.140}^{-0.100}$ | 137.779 | |

续上表

| 部位 | 名　　称 | 原形(—) | 限度(—) | 附　注 |
| --- | --- | --- | --- | --- |
| 液力变速箱齿轮齿厚 | ZJJ8 -31-06-009A 齿轮 Mn3 8 齿公法线 | $69.406_{-0.205}^{-0.150}$ | 69.056 | |
| | ZJJ8 -31-06-033-1 齿轮 Mn8 11 齿公法线 | $262.00_{-0.180}^{-0.130}$ | 261.580 | |
| | ZJJ8 -31-06-025-1 齿轮 Mn7 10 齿公法线 | $206.562_{-0.180}^{-0.130}$ | 206.130 | |
| | ZJJ10 -31-06-001 齿轮 Mn8 12 齿公法线 | $285.597_{-0.210}^{-0.160}$ | 285.137 | |
| | ZJJ8 -31-07-004 齿轮 Mn5 8 齿公法线 | $115.111_{-0.140}^{-0.100}$ | 114.711 | |
| | ZJJ8 -31-07-004A 齿轮 Mn5 8 齿公法线 | $115.111_{-0.140}^{-0.100}$ | 114.711 | |
| | ZJJ8 -31-07-004B 齿轮 Mn5 9 齿公法线 | $131.985_{-0.163}^{-0.123}$ | 131.562 | |
| | ZJJ10 -31-07-003 齿轮 Mn5 6 齿公法线 | $84.165_{-0.150}^{-0.110}$ | 83.755 | |
| | ZJJ8 -33-01-011 齿轮 Mn4 6 齿公法线 | $67.86_{-0.188}^{-0.127}$ | 67.533 | |
| | ZJJ10 -33-02-001 齿轮 Mn3 3 齿公法线 | $23.065_{-0.12}^{-0.09}$ | 22.775 | |
| | ZJJ10 -33-04-001 齿轮 Mn3 6 齿公法线 | $50.685_{-0.160}^{-0.130}$ | 50.355 | |
| | ZJJ1 -33-14-010 齿轮 Mn3 4 齿公法线 | $32.25_{0}^{-0.04}$ | 32.05 | |
| | ZJJ1 -33-15-006 齿轮 Mn3 6 齿公法线 | $50.643_{0}^{-0.03}$ | 50.443 | |
| 惰行泵 | 前泵泵体孔与齿轮齿顶圆配合间隙 | 0.155～0.235 | 0.155～0.300 | |
| | 前泵齿轮端面间隙(两侧之和) | 0.048～0.100 | 0.048～0.120 | |
| | 后泵泵体孔与齿轮齿顶圆配合间隙 | 0.155～0.235 | 0.155～0.300 | |
| | 后泵齿轮端面间隙(两侧之和) | 0.048～0.100 | 0.048～0.120 | |
| 控制泵 | 前泵泵体孔与齿轮齿顶圆配合间隙 | 0.155～0.235 | 0.155～0.300 | |
| | 前泵齿轮端面间隙(两侧之和) | 0.048～0.100 | 0.048～0.120 | |
| | 后泵泵体孔与齿轮齿顶圆配合间隙 | 0.155～0.235 | 0.155～0.300 | |
| | 后泵齿轮端面间隙(两侧之和) | 0.036～0.075 | 0.036～0.090 | |

续上表

| 部位 | 名　　称 | 原形(一) | 限度(一) | 附　注 |
|---|---|---|---|---|
| 变扭器轴 | ZJJ8-31-02-014 B45 泵轮 | 0.40～0.52 | 0.40～0.80 | |
| | ZJJ3-31-02-011 B45 油封 | | | |
| | ZJJ8-31-02-014 B45 泵轮 | 0.40～0.582 | 0.40～0.80 | |
| | ZJJ8-31-02-019 B45 涡轮油封 | | | |
| | ZJJ8-31-02-019 B45 涡轮油封 | 0.40～0.582 | 0.40～0.80 | |
| | ZJJ8-31-02-018 B45 导向轮芯环 | | | |
| | ZJJ8-31-02-013 B45 轴端油封 | 0.40～0.508 | 0.40～0.80 | |
| | ZJJ8-31-02-012 定位套(B45 端) | | | |
| | ZJJ8-31-02-002 输出轴 | | | |
| 组成 | ZJJ8-31-02-020 B45 进油体油封 | 0.389～0.465 | 0.389～0.80 | |
| | ZJJ8-31-02-024 泵轮轴 | | | |
| | ZJJ8-31-02-032 B85 进油体油封<br>ZJJ8-31-02-024 泵轮轴 | 0.389～0.465 | 0.389～0.80 | |
| | ZJJ8-31-02-500 B85 泵轮<br>ZJJ8-31-02-034 B85 涡轮油封 | 0.50～0.73 | 0.50～0.90 | |
| | ZJJ8-31-02-500 B85 泵轮<br>ZJJ8-31-02-033 B85 导向轮芯环 | 0.40～0.58 | 0.40～0.80 | |
| | ZJJ8-31-02-033 B85 导向轮芯环<br>ZJJ8-31-02-034 B85 涡轮油封 | 0.40～0.561 | 0.40～0.80 | |
| | ZJJ8-31-02-500 B85 泵轮<br>ZJJ8-31-02-040 定位套(B85 端)<br>ZJJ8-31-02-041 B85 轴端油封(H 向)<br>ZJJ8-31-03-011 B85 轴端油封(Q 向) | 0.40～0.518 | 0.40～0.80 | |
| 车轴齿轮箱齿厚 | ZJJ8B -36-01-007 齿轮 Mn9 4 齿公法线 | $98.416^{-0.104}_{-0.159}$ | 97.910 | |
| | ZJJ8B -36-02-002 齿轮 Mn9 9 齿公法线 | $236.228^{-0.183}_{-0.257}$ | 235.645 | |
| | ZJJ5 -36-03-007 齿轮 Mn3 15 齿公法线 | 139.70～0.05 | 139.50 | |
| | ZJJ5 -36-04-004 齿轮 Mn3 4 齿公法线 | 32.04～0.05 | 31.84 | |
| | 关节轴承内外套间隙 | — | 0.12 | |
| | 伞齿轮啮合间隙 | 0.35～0.55 | 0.35～0.70 | |

## 表 1-9　302Y-D 调速器主要零件配合尺寸

| 302Y-D 调速器主要零件配合尺寸 | | |
|---|---|---|
| 配合部位 | 原值(mm) | 限度(mm) |
| 动力活塞与伺服马达体间隙 | 0.02～0.035 | 0.055 |
| 储油室活塞与中体间隙 | 0.02～0.035 | 0.055 |
| 补偿衬套与滑阀座间隙 | 0.025～0.045 | 0.07 |
| 柱塞与滑阀座间隙 | 0.02～0.035 | 0.055 |
| 柱塞与补偿衬套间隙 | 0.02～0.035 | 0.055 |
| 柱塞与滑阀衬套间隙 | 0.02～0.035 | 0.055 |
| 滑阀座与中体间隙 | 0.02～0.035 | 0.055 |
| 缓冲活塞与中体间隙 | 0.02～0.035 | 0.055 |
| 配速活塞与配速伺服器体间隙 | 0.02～0.035 | 0.055 |
| 配速滑阀与配速旋转套间隙 | 0.02～0.035 | 0.055 |
| 配速旋转套与上体间隙 | 0.02～0.035 | 0.055 |
| 油泵主动齿轮与中体 $\phi$27 孔间隙 | 0.02～0.035 | 0.055 |
| 油泵主动齿轮与中体 8 字孔面间隙 | 0.02～0.035 | 0.055 |
| 油泵主动齿轮与下体面间隙 | 0.02～0.035 | 0.055 |
| 油泵齿轮间间隙 | 0.02～0.035 | 0.055 |
| 柱塞控制台与控制油孔重叠量 | 0.02～0.04 | 0.005～0.055 |

## 表 1-10　302Y-Z 调速器主要零件配合尺寸

| 302Y-Z 调速器主要弹簧检修要求值 | | | | | | | | |
|---|---|---|---|---|---|---|---|---|
| 调速弹簧 | 高度(mm) | 自由高度 98±2 | 94.3 | 90.3 | 86.3 | 82.3 | 78.3 | 74.3 |
| | 弹力(N) | 0 | 10±3 | 22±6 | 42±10 | 69±10 | 101±12 | 139±15 |
| 缓冲弹簧 | 高度(mm) | 自由高度 80±1.5 | 68±1 | 55 | 44±1 | | | |
| | 弹力(N) | 0 | 10 | 20±2 | 30±2 | | | |
| 储油室内弹簧 | 高度(mm) | 自由高度 163±2 | 114 | | | | | |
| | 弹力(N) | 0 | 451±25 | | | | | |

续上表

| 302Y-Z 调速器主要弹簧检修要求值 | | | | | | |
|---|---|---|---|---|---|---|
| 储油室外弹簧 | 高度(mm) | 自由高度 178±2 | 111 | | | |
| | 弹力(N) | 0 | 971±25 | | | |
| 配速伺服器弹簧 | 高度(mm) | 自由高度 77±2 | 47 | 33 | | |
| | 弹力(N) | 0 | 157±20 | 235±20 | | |
| 伺服马达器弹簧 | 高度(mm) | 自由高度 244±2 | 163.5 | | | |
| | 弹力(N) | 0 | 629±30 | | | |
| 扭簧 | 刚度 | (4.5±1) N·m/(°) | | | | |

# 冶金企业铁路车辆检修规程

# 目　　录

第一章　总　　则 …… 462

第二章　通用工艺技术要求 …… 463

第三章　车辆备件的寿命管理 …… 468

第四章　转向架技术要求 …… 469

第一节　轮　　对 …… 470
第二节　轴箱及油润 …… 478
第三节　构　　架 …… 485
第四节　心盘及旁承 …… 486
第五节　转向架的组装 …… 488

第五章　车钩及缓冲装置 …… 490

第一节　2号短钩及板式车钩 …… 490
第二节　13号、13A型、13B型、17号车钩缓冲装置 …… 492

第六章　车体与底架 …… 515

第一节　车 底 架 …… 515
第二节　车　　体 …… 516
第三节　自翻车车体的检修 …… 525
第四节　混铁车车体检修 …… 530
第五节　新型普通车体的检修 …… 532
第六节　车体附属品 …… 555

第七章　倾翻装置及车门开闭机构 …… 555

第一节　渣罐车倾翻装置 …… 556

第二节　混铁倾翻装置 …………………………………………………… 559
第三节　混铁车电气维修 ……………………………………………… 561

**第八章　制动装置的检修** …………………………………………… 563

第一节　基础制动 ……………………………………………………… 563
第二节　空气制动机 …………………………………………………… 567
第三节　三通阀及分配阀 ……………………………………………… 571
第四节　手制动机 ……………………………………………………… 586
第五节　单车试验 ……………………………………………………… 587

**第九章　总装落成** …………………………………………………… 589

**第十章　轴检工作** …………………………………………………… 591

**第十一章　检修及运用限度** ………………………………………… 592

# 第一章　总　　则

**第 1 条**　冶金车辆指铁水车(含鱼雷型混铁车)、渣罐车、铸锭车、切头车、烧结车、平板车、保温车等。根据《冶金企业铁路技术管理规程》的规定,要确保冶金车辆状态完好,延长使用寿命,必须贯彻周期性预修制度和加强生产、技术管理,提高检修质量。

**第 2 条**　车辆检修周期,根据车辆的技术状态及零部件磨损来确定。周期性预修实行分级检修制度,即大修、年修、辅修、轴检等。四级检修制既有合理的区别,又紧密衔接。大修的任务旨在恢复基本性能,必须进行全面检查分解,彻底修理,恢复设备的几何设计尺寸;年修的任务在于保持车辆的基本性能,应全面检查修理好磨损部分;辅修是介于两年修周期中辅助性修理,重点检查修好磨损部分并进行注油润滑;轴检是确保轴箱油润状态完好,应全面检查注油。

冶金车辆的大修、年修、辅修、轴检检修周期见表 1。

**表 1　冶金车辆检修周期**

| 车　　种 | 周　　期 | | | |
|---|---|---|---|---|
| | 大修<br>(年) | 年修<br>(年) | 辅修<br>(月) | 轴检<br>(月) |
| 铁水车 | 4 | 1 | 6 | 3 |
| 混铁车 | 3 | 1 | 6 | 3 |
| 倾翻渣罐车 | 4 | 1 | 6 | 3 |
| 烧结车 | 5 | 1 | 6 | 3 |
| 保温车 | 4 | 1 | 6 | 3 |
| 烧结车 | 5 | 1 | 6 | 3 |
| 铸锭车 | 3 | 1 | 6 | 3 |
| 切头车 | 3 | 1 | 6 | 3 |

续上表

| 车　　种 | 周　　期 | | | |
|---|---|---|---|---|
| | 大修<br>（年） | 年修<br>（年） | 辅修<br>（月） | 轴检<br>（月） |
| 吊翻渣罐车 | 4 | 1 | 6 | 3 |
| 自翻车 | 4 | 1 | 6 | 3 |
| 漏斗车 | 4 | 1 | 6 | 3 |
| 敞车 | 6 | 1 | 6 | 3 |

注：1. 根据车辆的实际运用工况，需提前或延后实行大修、年修、辅修时，其周期允许偏差为大修±6个月，年修±2个月，辅修±1.5个月；

2. 直轴滚动轴承轮对取消轴检，但必须保证润滑良好，零部件安装完好；

3. 冶金车辆检修周期也可以按点检定修、生产运输次数等确定。

**第3条**　本规程是冶金车辆大修、年修、辅修和验收工作的基本技术依据，各厂、车辆检修部门编制的检修工艺须符合本规程规定的技术要求、限度及标准。冶金企业应认真负责地处理一切生产和技术问题，并对检修质量负全部责任。对于规程中无明确数据或无具体要求者，各厂、段可根据具体情况在保证质量的前提下加以处理。

**第4条**　本规程中的技术规定和限度，基本上是根据ZZD-16-1、ZZD-11-1电动渣罐车，ZZF-14-1、ZZF-11-1、ZZF-8-1吊翻渣罐车，ZL-40-1、ZL-40-2料槽车，ZQ-70-1切头车，ZD-120-1、ZD-200-1铸锭车，ZT-65-1、ZT-100-1、ZT-140-1铁水车，ZS50烧结车，鱼雷型混铁车等15种车型制定的。对其他型冶金车辆，凡能适用本规程者，亦应按本规程执行。冶金车辆中对于与普通货车相同的部分如制动装置的检修，可按普通货车检修规程规定执行。

**第5条**　大修、年修完成后，其车辆限界应符合《冶金企业铁路技术管理规程》规定的限界要求。在变更载重、构造或增减影响性能的部件及安全装置时应报上级部门审批后执行。

# 第二章　通用工艺技术要求

冶金车辆的零、部件和金属结构件，通常是以圆销、螺栓、铆钉、焊接等方式组合连结，为使零部件结合牢固，符合配合要求和需要的表面粗糙度 $Ra$，必须制定相应的工艺技术要求，以保证车辆检修质量和增强结合强度。

**第 6 条**　冶金车辆检修的一般工艺技术要求

1. 各金属零件接触安装面，在用螺栓、焊接铆接连接前应清除锈垢，并涂防锈底漆。焊接组合之接触面，当其四周为焊接密封时，则在清扫后不涂防锈底漆。

2. 用各种压延钢材制作配件时，其切割边的残渣及毛刺需清理干净，各螺栓孔、铆钉孔需钻孔加工。

3. 各连接螺栓不得松动，其露出部分不得少于一扣或多于一个螺母厚度。

4. 各开口销需加平垫，开口销劈开角度为 60°～70°，带有制动装置的转向架其下拉杆采用扁开口销卷在拉杆圆销上，下作用钩提杆圆开口销卷在圆销上。

5. 各螺栓上插开口销时，开口销需在距离螺母或锁紧螺母 3 mm 处。

**第 7 条**　冶金车辆铆接技术要求

1. 铆接零件变形后应预先矫正，其接触面应保持平整密切。

2. 铆接时铆钉孔应光洁，不得有裂纹和缺口，凡相邻（纵、横）铆钉孔中心线之偏差，不应超过表 2 中的偏差和数量。

**表 2　车辆部件铆接偏差表**

| 偏差(mm) | 数　　量 |
|---|---|
| ≤0.5 | 不限制 |
| 0.5～1 mm | ≤铆钉孔数/2 |
| 1.0～1.5 mm | ≤铆钉孔数/10 |

3. 装配时多层钢板重叠经扩孔后顶孔之椭圆度不得超过上述标准偏差之两倍与铆钉偏差之和。

**表 3　铆合后的铆钉与铆接件缺陷与允许误差**　　单位：mm

| 顺号 | 缺陷名称 | 简　　图 | 允许误差 | 缺陷发现方法 | 修正方法 |
|---|---|---|---|---|---|
| 1 | 铆钉松动（跳动或位移） | | 不允许有 | 用 0.25～0.4 kg 的检查小锤向各方向敲击两面的铆钉头 | 更换 |

续上表

| 顺号 | 缺陷名称 | 简　图 | 允许误差 | 缺陷发现方法 | 修正方法 |
| --- | --- | --- | --- | --- | --- |
| 2 | 铆钉头和铆钉件贴合不紧密 | 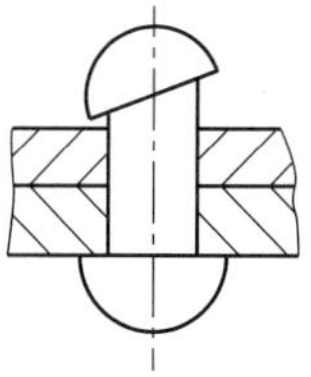 | 在铆钉头周围 1/2 范围内用 0.1 mm(不加工铸件用 1 mm)塞尺检查不得触及铆钉根部 | (1)外观检查<br>(2)用 0.1 mm(或 1 mm)塞尺检查 | 烤修 |
| 3 | 铆钉头裂纹 | 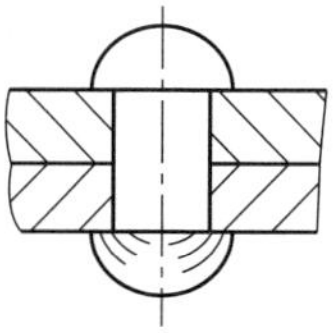 | 不允许有(铆钉头边缘的毛细裂纹除外) | 外观检查 | 更换 |
| 4 | 铆钉头部刻伤 | 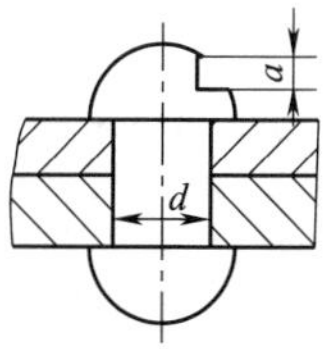 | $a \leqslant 0.1\ d$ | 外观检查 | 超过限度时更换 |
| 5 | 铆钉头偏移 | 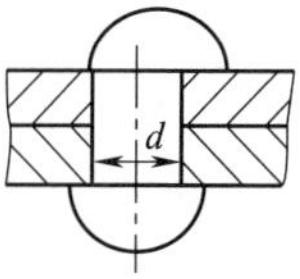 | 不得露孔 | 外观检查 | 超过限度时更换 |
| 6 | 铆钉头周围或局部残缺不完满 | 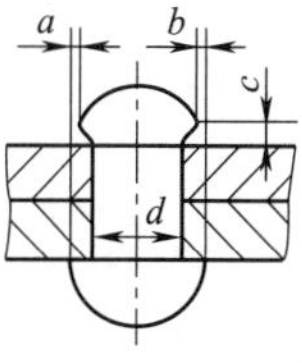 | $a+d \leqslant 0.2\ d$<br>$c \leqslant 0.15\ d$ | 外观检查或用样板检查 | 超过限度时更换 |
| 7 | 铆钉头周围有帽缘 | 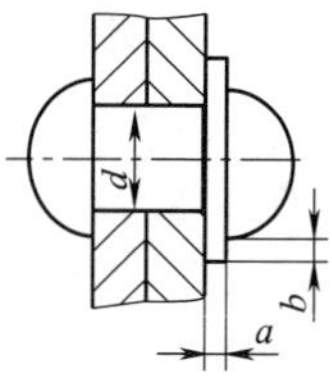 | $a \leqslant 0.2\ d$<br>$b \leqslant 0.25\ d$ | 外观检查 | 超过限度或影响组装时更换 |

续上表

| 顺号 | 缺陷名称 | 简　图 | 允许误差 | 缺陷发现方法 | 修正方法 |
|---|---|---|---|---|---|
| 8 | 铆钉头有麻坑 | 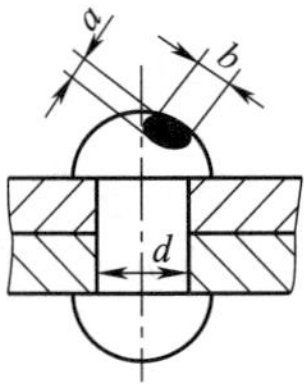  | $a \leqslant 1$ mm<br>$0.1d < b \leqslant 0.2d$<br>允许一处 | 外观检查 | 超过限度时更换 |
| 9 | 铆钉头周围的铆接件有刻痕 | 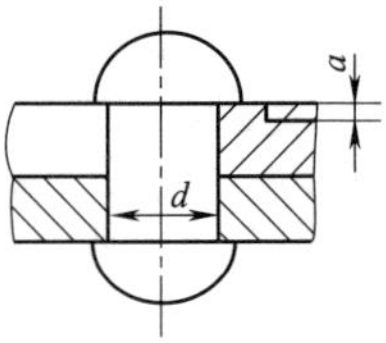  | $d$(mm)<br>6～8<br>10～14<br>16～20<br>22～27 | $a \leqslant$(mm)<br>0.2<br>0.5<br>0.7<br>0.8 | 超过限度时更换铆钉、修补铆接件 |
| 10 | 埋头过高 | 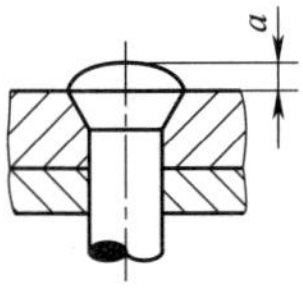  | 凸出部分不妨碍组装 | 外观检查 | 铲、磨 |
| 11 | 铆合不严密 | 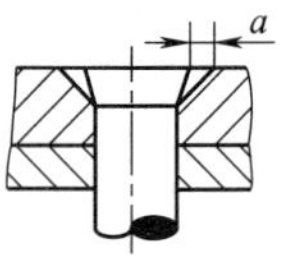  | $a \leqslant 0.1$ mm | 用 0.1 mm 塞尺检查 | 超过限度时烤修 |
| 12 | 埋头过低 | 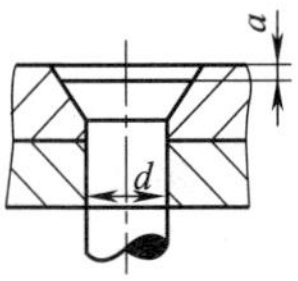  |  |  |  |

**第 8 条**　冶金车辆配件的磨损堆焊加修的技术要求

1. 焊件应在 5 ℃以上实施冷焊接，冷却时亦应在 5 ℃以上空气中实施冷却，禁止用水急剧冷却。

2. 焊波应为焊条直径的 2～3 倍，焊波重叠应在 30%以上，并充分融合。

3. 同一部件相对称面补焊时，不得焊偏。

4. 焊波凹凸不平高低差不得超过 2 mm,其咬边不得超过 0.5 mm,并留有 1～3 mm 的加工余量,堆焊面不得有凹痕、夹渣、裂纹等缺陷。

**第 9 条** 冶金车辆配件裂纹焊修技术要求

1. 裂纹末端必须钻 8～10 mm 的直径扩散孔;制作"V"或"X"型坡口,坡口深度及长度视裂纹情况而定,消除裂纹痕迹。

2. 焊件焊接前应预热,预热温度 250～300 ℃,并在室温 5 ℃以上实施焊接。

3. 裂纹长度超过 150 mm,应采用逆向分段焊接;第一层焊波充分焊透。第二层焊波接头与第一层焊波接头错开 20 mm 以上。

4. 焊后应在 5 ℃以上的静态空气中冷却,禁止用水快速冷却。

5. 焊波不得有夹渣、气孔、裂纹未焊透等缺陷,焊波应保持高处基准面,便于后续加工工序。

**第 10 条** 配件焊修后的热处理

1. 热处理温度应在 850～900 ℃,保温 1～1.5 h,并随炉冷却。

2. 热处理件不得出现过烧、热裂、变形等缺陷。

**第 11 条** 套销的加工

1. 冶金车辆用的套销应以 Q235、Q345 等材质制成。

2. 销、套的表面粗糙度 $Ra$3.2,内表面 6.3,厚底 3～6 mm。

3. 销套的过盈量一般为 0.05～0.1 mm,其长度允许比孔短 0～2 mm。

4. 衬套镶好后其不圆度小于 0.5 mm,衬套与孔间不得有间隙。

5. 销套热处理后不得变形,其硬度大于 HRC40。

**第 12 条** 配件测量方法及部位:除专用的检查器,磨耗处的测量规定

1. 测量孔径磨耗以深入孔内 10 mm 为基准,钩舌的钩舌销孔以深入孔内 30 mm 为基准。

2. 测量钢板厚度以深入边缘 20 mm 为准(包括铸钢件平直处厚度)。

3. 测量装配间隙时,需贯通。

**第 13 条** 金属梁柱、盖板截换时,需采用 30°～45°斜接。

**第 14 条** 铸钢制配件焊后应进行退火或局部退火处理,退火处理时不得有过烧、脱碳热裂、扭曲和变形等缺陷,带衬套的配件经热修或热处

理后，应换新衬套。

**第 15 条** 车辆配件装配技术要求

1. 滑动轴承

(1)轴瓦的刮削研点在(25×25) $mm^2$ 内应有 6～8 个刮研点。

(2)轴瓦的刮削面不得有凹坑、撕痕、震痕等缺陷。刮削时，需矫正轴瓦前后端(孔和弧面)与端面的垂直度。

2. 热胀过盈配合

(1)过盈量一般选取 0.001～0.002 $d$($d$ 为配合直径)。

(2)用于做介质时加热温度应较其闪点低 20～30 ℃，加热温度控制在 90～150 ℃。

3. 齿轮与蜗杆传动部件的装配

接触斑点沿齿高方向，7、8 级精度达到 50%以上，5、6 级精度达到 70%以上，沿齿长方向达到 75%～95%。

4. 键连接

(1)键长与键宽之比大于或等于 8 时，键的不直度应小于或等于键宽公差之半。

(2)轴槽与毂槽对轴及轮毂轴心线的不对称度小于等于 0.05 mm。

(3)轴槽与毂槽中心线对轴及轮毂轴心线的歪斜度应小于或等于 0.05 mm/100 mm。

**第 16 条** 转向架、车钩、制动装置等新换衬套或圆销需经表面硬化处理，其硬度在 HRC38～56 之间。

# 第三章 车辆备件的寿命管理

**第 17 条** 冶金铁道运输车辆实行寿命管理，实行寿命管理的零部件无制造单位、时间标记时不得使用，寿命期限以零件的制造时间为准，时间精确到月，实行寿命管理的备件有下列情况之一时报废。

**表 4 车辆主要备件寿命表**

| 序号 | 备件名称 | 规 格 | 使用寿命(年) | 备 注 |
| --- | --- | --- | --- | --- |
| 1 | 车钩 | 2 号 | 12 | |
| 2 | 钩舌 | 2 号 | 6 | |

续上表

| 序号 | 备件名称 | 规　　格 | 使用寿命(年) | 备　　注 |
| --- | --- | --- | --- | --- |
| 3 | 钩尾框(鱼雷罐) | 2 号 | 10 | |
| 4 | 车钩 | 13 号 | 30 | |
| 5 | 钩舌 | 13 号 | 20 | |
| 6 | 钩尾框 | 13 号 | 30 | |
| 7 | 钩尾扁销 | 13 号 | 6 | |
| 8 | 钩尾圆销(2 号) | 2 号 | 2 | 铸锭车、鱼雷罐车 |
| 9 | 钩舌 | 17 号 | 12 | |
| 10 | 弓板及连接螺栓 | 铸车 | 2 | |
| 11 | 板式车钩 | 铸车 | 2 | |
| 12 | 指状插销及连接螺栓 | 铸车 | 2 | |
| 13 | 钩座螺栓 | 铸锭车 | 2 | |
| 14 | 闸调器 | 漏斗车 | 6 | |
| 15 | 120 主阀 | 石灰漏斗车 | 6 | |
| 16 | 120 中间体 | 石灰漏斗车 | 8 | |
| 17 | 120 紧急阀 | 石灰漏斗车 | 8 | |
| 18 | 120 缓解阀 | 石灰漏斗车 | 8 | |
| 19 | 限压阀 | 石灰漏斗车 | 8 | |
| 20 | 传感阀 | 石灰漏斗车 | 8 | |
| 21 | 闸调器 | 石灰漏斗车 | 6 | |
| 22 | 摇枕 | | 25 | |
| 23 | 侧架 | | 25 | |
| 24 | 旁承橡胶体 | | 6 | |
| 25 | 磨耗盘 | | 6 | |
| 26 | 编织制动软管 | | 6 | |

注:无缓冲器车辆之车钩备件寿命较标准时间缩短 40%,各厂根据自己运用工况适当调整,确保车辆运行安全。

# 第四章　转向架技术要求

转向架是车辆的重要组成部件,转向架大修、年修时,其螺栓结合件均需分解检修(铆钉组装部分,状态良好者除外)清除锈垢;拱架柱螺栓、拱板弯角处进行探伤检查。

在大修、年修时,轮对必须清除锈垢,并对轴颈、防尘(板)座、轴身等部位进行探伤检查。

转向架各安装组成部分应结合牢固,间隙符合要求,弹簧性能及油润状态良好。

辅修时,转向架可做外观检查,更换磨损;打开轴箱检查内部接触、润滑状态,实施给油、紧固连接螺栓等。

无轴箱滚动轴承轮对确认内外圈、保持架、滚珠等状态良好、润滑状态,实施给油,局部更换油卷、紧固连接螺栓等。8 年分解一次。

**第 18 条** 转向架检修一般技术要求

1. 同一车辆使用同一类型转向架;同一转向架须使用同一类型的轮对及与轮对匹配的附件。

2. 同一转向架两铸钢侧架的固定轴距之差不得大于 2 mm。

3. 心盘自由高较公称尺寸低时允许在心盘与摇枕间加整体钢垫板一块。钢垫板厚度大于 13 mm 时,需将垫板焊接在摇枕上;焊接钢垫板不得超过 50 mm,仅限一块。心盘与摇枕一体者,可在心盘内加厚度小于 5 mm 的整体磨耗板一块。

4. 构架上各销孔需镶嵌表面硬化的衬套,原衬套磨耗超过 2 mm 需更换。

5. 大修、年修防尘板应预先浸润,其孔径在大修时允许较车轴防尘做加大 2 mm,年修时允许较车轴防尘座加大 6 mm。

6. 转向架之侧架、摇枕、轮对、轴箱大修时需涂刷清漆。各接触面涂防锈漆。

## 第一节 轮　　对

**第 19 条** 轮对检修时一般技术要求

1. 轮对有下列缺陷之一时须更换

(1)车轴烧损、电焊打火深度超过 2.5 mm;

(2)车轮、车轴受热发蓝;

(3)车轮、车轴无制造日期、厂家、代码的;

(4)车轴、车轮磨耗缺陷、烧损等无法恢复者。

2. 对有下列缺损时上须修理或更换

(1)车轴有横裂纹时;

(2)车轴纵裂纹超过规定限度时;

(3)轴身有磨、碰伤、电焊引弧痕迹、烧损等缺陷,经处理后痕迹深度达2.5 mm及以上者;

(4)整体车轮有裂纹时;

(5)轮对的磨耗部位超过规定限度时;

(6)轴颈、防尘板座有磨、碰或因燃轴拉伤时;

(7)轮缘垂直磨耗、辗堆、锋芒或缺损时;

(8)轮座与轮毂、轮心与轮箍接缝处透油、透锈或移时;

(9)车辆脱线的轮对以及车辆因脱线而造成轴身弯曲使内距三点差超过规定限度时。

**第20条** 轮对在向车辆安装前,须按下列规定施行电磁探伤检查

(1)车轴各部(轮座除外);

(2)修复加工后,车轴的加工部位进行复探;

(3)轮对分解后,轮座部以及该部加工后须进行复探。

**第21条** 轮对组装后,年修回库检修时进行一次超声波探伤检查;超声波探伤检查包括直探头的穿透探伤、斜探头的轮座镶入部探伤、小角度探头轴径探伤。遇有下列情况时须进行超声波探伤:

(1)轮座部有透油、透锈现象时;

(2)车辆脱轨时。

**第22条** 轮对有下列缺陷时须退轴检查

(1)经超声波探伤确认轮座上有横裂纹时,以及轮毂孔与轮座表面接触有不良状态在轴向长度一处或二处之和超过80 mm时;

(2)超声波探伤难以判断或透声不良时;

(3)轮座与轮缘内侧面的铅油标记有移动迹象时。

**第23条** 轮对有下列缺陷之一时,须更换车轴

(1)车轴弯曲或轴颈、防尘板座、轮座、轴身超过限度时;

(2)轴端螺纹部位除外轴身,或防尘板座、轮座有电焊引弧痕迹时;

(3)轴颈由于燃轴使表面损伤成蜂窝并表面积超过1/2时;

**第 24 条**　轮对经检查符合下列条件之一时报废

(1)车轴及一个整体轮磨耗或缺陷不能修复时；

(2)带箍轮对、冷铸轮对车轴磨损到限度时；

(3)非标准轮对不能修复时。

**第 25 条**　轮对组装应按下列规定执行

1. 轮对组装的一般技术要求：

(1)同一车轴上须组装同类型、同材质的车轮。

(2)同一车轴上两车轮轮辋宽相差不得超过 5 mm，其最小轮辋宽不得小于 127 mm，但其内侧距离应按最小的轮辋宽的规定组装。

(3)C 型辗钢轮可用于轮座直径 180 mm 及以下的 D 型车轴上，D 型辗钢轮可用轮座直径 197 mm 及以下的 E 型车轴上。

(4)车轴与车轮应在同一温度下组装。

(5)轮对组装后的轮位差不得超过 8 mm。

(6)轮对组装后的内侧距离，须符合下列规定：

①轮辋宽 135 mm 及以上者为(1 353±2) mm；

②轮辋宽 127 mm 至不足 135 mm 者为 $1\ 355^{+2}_{-1}$ mm；

③内侧距离三处相差不得超过 1 mm。

(7)车轴端部不得有缩孔、夹层或夹渣的痕迹。

(8)轮对以轴颈面为基准时，车轮踏面同一直径的径向跳动不得超过 0.6 mm。

2. 轮、轴旋配技术要求

(1)轮座与轮毂孔加工后不圆度不得超过 0.05 mm，圆柱度不得超过 0.1 mm，但大端须在中央部之一端，轮座表面粗糙度 $Ra$ 为 1.6，轮毂孔内径面粗糙度 $Ra$ 为 3.2；

(2)轮座加工时，应向轴中央加旋长不小于 180 mm、表面粗糙度 $Ra$ 为 3.2；

(3)轮毂孔内端须旋成半径 5 mm 的圆弧，外端须旋成半径 3 mm 圆弧；

(4)车轴与车轮组装过盈量采用 0.1～0.25 mm 为宜；

(5)轮座上带有肩背时须旋除，轴身尺寸不得大于轮座尺寸；

3. 轮对组装中的技术要求

(1)轮座表面及轮毂孔内径面应抹擦干净,并均匀涂抹纯植物油。压装时车轴中心线与压力机活塞中心线须一致,并使车轴与车轮成垂直时,方可组装。

(2)轮对组装终点压力按轮毂孔直径计算,每 100 mm 最小不得低于 350 kN,最大不得超过 550 kN。

(3)压力曲线须符合下列规定:

①曲线应逐渐上升,起点陡升不得超过 100 kN。

②曲线中部不得有降吨;平直线长度不得超过该投影长度的 10%,平直线的两端均应平滑过渡。

③曲线末端平直线长度不得超过该曲线投影长度 15%,末端压力下降不得超过 10%,其压力下降值不得超过按该轮孔直径计算的最大压力的 5%,如末端平直线和降跑同时在,而压力下降值又不超过规定时,其合并长度不得超过 15%。

④曲线最高点压力,不得大于按该轮毂孔直径计算的最大压力数。

⑤曲线终点最小压力不得小于按该轮毂孔直径计算的最小压力数。曲线开始上升的一点与末端处的一点(按该轮毂孔计算的最小压力吨数的一点)连成一直线,压力曲线须全部在此直线以上。

⑥曲线投影长度应不小于其理论长度的 80%。

⑦压力机的自动记录器及压力表应保持作用良好每 6 个月校正一次。在压装过程中,自动记录器的压力表与压力曲线的压力数应一致,如不一致时,以压力曲线的压力数为准。其误差允许曲线吨数小于压力表压力读数,但不得超过 50 kN。

⑧轮对组装压力曲线图表上应记载组装年、月、日、轴型、轴号、左或右、轮座直径、压力数、操作者、检查员、验收员签章,该图表应保存 6 年。

⑨轮对组装后如因压力曲线不合格时,在原轴原孔的表面无擦伤的情况下,允许重装一次;如超过规定最大压力数时应加修,达到质量要求后,准许再装一次,第一次组装小于规定的最小压力数或过盈不足时,均不得重装。

⑩轮对组装后,内距小于规定时,不得向外压调。

**第 26 条** 轮对分解时,车轴中心线与压力机活塞中心必须调整一致,方可进行退压。以最大许可压力不能退压时,可在车轮轮毂部分均匀加热至200 ℃后。再进行退压仍不能退下时，可将不良的车轮或车轴用气割切除，但不得损伤保留良好配件。

**第27条** 车轴有纵裂纹时按下列规定执行

1. 纵裂纹指与车轴轴向中心线夹角成45°以下的裂纹

(1)车轴各圆弧部分不得有纵裂纹。

(2)轴颈、防尘板座及轮座的表面上允许存在纵细纹，其长度25 mm以内者，不得超过5条，同一断面上不超过3条，但长度不超过4 mm的可以不计算在内。

(3)轴身纵裂纹，其长度不超过100 mm时可不处理，超过时铲除。

2. 横裂纹指与车轴轴向中心线夹角超过45°以上的裂纹。

(1)轮座毛细纹铲除深度不超过0.3 mm，经电磁伤检查，确认无裂纹时旋除，并加旋0.5 mm，继续使用。

(2)裂纹深度超过0.3 mm，而不超过2.5 mm时，旋除裂纹后，再加旋0.5 mm，可组装货车轮对，裂纹深度不超过8 mm的允许改轴，超过时报废。经旋修或改制的裂纹车轴，须在轴端部组装钢印“ϕ”字右边刻打“+|+”钢印，以资识别。有“+|+”钢印的车轴，经探伤再发现横裂纹时，不论其深度多少，均须报废。

**第28条** 轮对下列各项不得焊修

1. 车轴(轴领与顶针孔除外)；
2. 含碳量超过0.7%的整体车轮；
3. 有“S、P”高标记的铸钢轮；
4. 辗钢整体轮的轮毂孔。

**第29条** 轮对加修技术条件

(1)轴颈直径须按三个等级加修，其加工粗糙度 $Ra$ 为1.6，在轴颈端部起15 mm以内允许小0.3 mm，并应平滑过渡，以利套装轴承内圈。

(2)防尘板座的加工粗糙度 $Ra$ 不低于3.2，轴颈及防尘板座的后肩圆弧应按规定过渡。

(3)在轴颈上距防尘板座端部50 mm以上部分，纵向凹痕、划伤的深度不超过1.5 mm或擦伤总面积在60 $mm^2$ 以内，其深度不超过1.0 mm时，均允许清除毛刺后继续使用。在轴颈上距防尘板座端面80 mm以上部分横向划痕其深和宽均不超过0.5 mm的，经修理、探伤确认无裂纹时允许使用，超过时旋修。

(4)防尘板座上允许有深度不超过 2 mm 的擦伤、凹痕及纵向划痕存在，应将棱角、毛刺清除后方可使用。

(5)轴端螺纹变形或损伤时焊修，轴颈弯曲能旋至规定等级限度的方可使用。

**第 30 条** 凡经检修的轮对，须在轴身和钢质车轮内、外侧涂刷清油，并涂打下列标记：在轮毂内侧面与车轴接缝处涂 50 mm 宽白铅油一圈，两者各占一半，和长 50 mm、宽 50 mm 的红铅油三条相垂直。

**第 31 条** 车轴检修的技术要求

1. 轴颈旋修后的椭圆度不得超过 0.05 mm，圆柱度不得超过 0.2 mm；加工表面粗糙度 *Ra* 为 0.8。轴领和防尘板座表面粗糙度 *Ra* 为 3.2。同一轴相对轴颈直径之差不得超过 3 mm。

2. 轴颈有疵痕时，经旋修后发现无亮斑者可继续使用。

3. 禁止将轮座长度旋短，防尘板座直径须较轴颈直径大 20 mm。

4. 车轴上与纵向中心线成 45°以上的横裂纹，其深度不超过 2.5 mm 的旋去裂纹后，须加旋 0.5 mm，旋修后的直径，如不小于规定限度者，可继续使用。

5. 滚动轴承带锥度之轴颈旋修表面粗糙度 *Ra* 应为 1.6；其锥度公差不得超过 20″。

**第 32 条** 车轮检修的技术要求

1. 车轮旋修后用样板检查轮缘内外侧和踏面部分与样板板的间隙应各不超过 0.5 mm，轮缘顶点与样板的间隙应不过，如因轮缘旋至原形而轮辋的厚度不足检修限度时其轮缘厚允许按限度旋削。

2. 未经堆焊的轮缘，旋修后距面点 15 mm 内允许留有宽不超过 5 mm 的残沟。

3. 旋修后车轮踏面外形表面粗糙度 *Ra* 为 12.5。

**第 33 条** 车轮与车轴组装时须符合以下技术要求

1. 轮座与轮毂孔的椭圆度不得超过 0.05 mm，圆柱度不得超过 0.1 mm，大端须在中央部之一端。轮座的表面粗糙度 *Ra* 为 1.6。轮毂孔表面粗糙度 *Ra* 为 3.2，轮孔内端应旋成 5 mm 圆弧，外端应旋成 3 mm 的圆弧或 2×45°倒角。

2. 车轴与车轮组装过盈量 0.10～0.35 mm 为宜。轴身尺寸不得大于轮座尺寸。

3. 同一车轴须使用同型、同材质的车轮；车轴轮座及加工部位均须探伤。

4. 轮对压装时在轮座部须涂植物油。

5. 轮对组装压力按轮毂孔直径计算，钢轮每 100 mm 为 350～550 kN，轮心每 100 mm 为 270～450 kN。

6. 轮对内侧距离小于规定时，不得向外压调内侧距离同一圆周测量三处，其差不得超过 1 mm。

7. 轮对压装时的压力曲线应符合下列要求：

(1)曲线应逐渐上升，但起点陡升的压力不得超过 100 kN；

(2)曲线中部不得有平直线或降吨，末端的平直线不得超过投影长度的 15%，降吨不得超过 10%，其降吨数不得超过最大计算压力的 5%，如平直线和压力下降同时存在，而压力下降值不超过规定时其合并长度不得超过 15%；

(3)曲线的投影长度不得小于理论长度的 80%；

(4)曲线开始上升的一点与末端(按计算最小压力)连成直线，曲线全部应在此直线。

**第 34 条** 轮对分解时车轴中心线与压力机活塞中心线必须调整一致后进行退压，退压时最大许可压力不得超过表 5 的规定。如以最大压力无法压出时可在车轮轮毂部分均匀加热 200 ℃，再进行退压。如还不能退出，可将不良的车轴或车轮用气体切割，但不得损伤保留良好的备件。

**表 5 轮对退卸压力表**

| 轴径直径<br>(mm) | 最大许用压力<br>(kN) | 轴径直径<br>(mm) | 最大许用压力<br>(kN) |
|---|---|---|---|
| 82～83 | 1 600 | 111 | 2 900 |
| 84 | 1650 | 112 | 2 950 |
| 85～86 | 1700 | 113 | 3 000 |
| 87～88 | 1 800 | 114～115 | 3 100 |
| 89～90 | 1 900 | 116～117 | 3 200 |

续上表

| 轴径直径(mm) | 最大许用压力(kN) | 轴径直径(mm) | 最大许用压力(kN) |
|---|---|---|---|
| 91 | 1 950 | 118～119 | 3 300 |
| 92～93 | 2 000 | 120～121 | 3 400 |
| 94～95 | 2 100 | 122 | 3 500 |
| 96～97 | 2 200 | 123～124 | 3 600 |
| 98～99 | 2 300 | 125～126 | 3 700 |
| 100 | 2 350 | 127 | 3 800 |
| 101 | 2 400 | 128～129 | 3 900 |
| 102 | 2 450 | 130～131 | 4 000 |
| 103～104 | 2 500 | 132 | 4 100 |
| 105～106 | 2 600 | 133～134 | 4 200 |
| 107～108 | 2 700 | 135～136 | 4 300 |
| 109 | 2 800 | 137 | 4 400 |
| 110 | 2 850 | 138～160 | 5 600 |

**第 35 条** 轮对加修的技术要求

1. 滑动轴承的轴颈、轴领、防尘座

(1)轴颈滚压前加工表面粗糙度 *Ra* 为 3.2,滚压后为粗糙度 *Ra* 为 0.8,圆柱度不超过 0.2 mm,椭圆度不超过 0.05 mm。

(2)轴领及防尘板座加工表面粗糙度 *Ra* 为 3.2,轴领内侧面达到 *Ra* 为 1.6,轴领顶部内外侧需旋成半径 1～3 mm 圆弧,轴领前肩圆弧半径小于等于 3 mm,后肩圆弧半径小于等于 20 mm,大于等于 9.5 mm。

(3)轴领焊修后加工后,其厚度须达到原形尺寸。轴颈及防尘板座直径之差大于 20 mm。

(4)新制、改制滑动轴承车轴的两端面按规定钻旋带护锥的中心孔。依据中心孔划基准圆,通过基准圆中心刻划十字线,把端面分成四等分。刻画线宽、深均为 0.2～0.5 mm,各型车轴基准圆直径按表 6 规定执行。

表 6　各型车轴基准圆直径表　　单位:mm

| 轴　型 | 基准圆直径 | 轴　型 | 基准圆直径 |
|---|---|---|---|
| B | 110 | D | 140 |
| C | 130 | E | 150 |

2. 滚动轴承车轴的轴颈及防尘板座

(1)轴颈直径需按三个等级加修,其加工表面粗糙度 $Ra$ 为 0.8,在轴颈端部起 15 mm 内允许小 0.3 mm,并平滑过渡。

(2)防尘板座的加工粗糙度 $Ra$ 不低于 1.6,轴颈及防尘板座的的后肩圆弧按规定过渡。

(3)在轴颈上距防尘板座端部 50 mm 以上的部分纵向凹痕,划痕深度不超过 1.5 mm 或擦伤面积在 60 $mm^2$ 以内,其深度不超过 1 mm 时,允许清理毛刺后继续使用。在轴颈上距防尘板座端部 80 mm 以上的横向划痕其深度、宽度不超过 0.5 mm 时,经旋修、探伤确认无裂纹允许使用。

(4)防尘板座上有深度不超过 2 mm 的擦伤、凹痕及纵向划痕,将擦伤、凹痕及纵向划痕清理后探伤,无裂纹时继续使用。

3. 车轮踏面及轮缘

(1)车轮踏面及轮缘的加工按图执行其表面粗糙度 $Ra$ 为 12.5. 轮缘旋修后轮缘高度(25±1) mm,轮缘厚度 $32^{+0}_{-2}$ mm。

(2)轮对内侧距三点差超过规定时允许旋修轮缘内侧面与轮缘同时加工。

**第 36 条**　凡经过检修的轮对,需在轴身和车轮内外侧涂刷清油并打标记:在轮毂内侧面与车轴接缝处涂 50 mm 宽的白铅油一圈,两者各占一半,长 50 mm、宽 50 mm 的红铅油三条与白铅油圈等分垂交。

## 第二节　轴箱及油润

**第 37 条**　轴箱检修的技术要求

1. 轴箱体铸钢制品裂纹时焊修,可锻铸铁制品在防尘板孔水平中心线以上的后壁裂纹及轴箱口部裂纹可焊修。

2. 轴箱耳子折损铆修,铸钢制品可焊修,轴箱盖螺栓不良时更换。

3. 轴箱对顶面耗,大修超过 6 mm、年修超过 1 mm 时加修,轴瓦垫板指处磨耗,大修超过 2 mm、年修超过 5 mm 时加修。

4. 钢轴箱后壁磨耗剩余厚度，大修小于 7 mm、中修小于 5 mm 时加修，非铸钢制品者更换。

5. 滚动轴承轴体内部锈蚀时加修，内孔圆度超过 0.20 mm、不圆柱度超过 0.10 mm 时加修。

6. 滚动轴承箱体及盖有裂纹时焊修，轴箱盖变形时调修。

7. 80-1 型转向架大修、年修时，其防尘挡圈须紧固在防尘板座上。

8. 大修、年修时，防尘环有裂纹时更换，拉伤时修理。

**第 38 条**　滚动轴承检修技术要求

1. 滚动轴承不得有下列缺陷

(1)零件裂纹、破损。

(2)内外圈滚道与滚柱表面剥离、擦伤或过热变色。

(3)保持架磨损、裂纹、变形、滚柱脱落。

(4)同一组滚柱直径差超过 0.02 mm 时。

2. 滚动轴承修配时，应按规定选配合格的零件，滚动轴承组装后，径向间隙应在 0.05～0.35 mm 之间。

3. 滚柱轴承箱组装须符合下列要求

(1)滚柱轴承装入前应检配合公差($D_d$)及在轴箱体内面涂变压器油。

(2)无锥套静配合滚柱轴承的内圈与轴颈的过盈量为 0.025～0.05 mm，带锥套的滚动轴承共锥套不得有撞伤、凹陷及划伤，锥套和轴颈应有 70%以上的平均接触面。

(3)锥套组装时，应用专用压机压入，其压力为 190～250 kN。锥套压入后内端面与防尘环的间隙应为 3～5 mm。

(4)组装锥套时，内外面均应涂上变压器油。

(5)轴颈组装轴承时，需在轴承内面涂上变压器油以防擦伤轴颈。

(6)内圈、防尘挡圈热配合组装时，加热温度不超过 120 ℃，使用感应加热器者须彻底退磁。

(7)轴端止动卡子与圆螺母固定时，不准以圆螺母级扣定位。

(8)轴箱前盖、后压盖与轴箱体端面需加 1～2 mm 的密封垫。

**第 39 条**　无轴箱滚动轴承的检修

滚动轴承及轴箱应全部分解检修，年修时，轴承应从轴颈上卸下，清洗及检查，大修、年修时，短圆柱轴承带铆钉的保持架其状态良好者可不分解，只做外观检查。货车无轴箱轴承及客、货车热配合的内圈和防尘挡圈，状态良好时，年修可不分解，只作外观检查。凡有轴箱滚动轴承的轴检，每六个月施行一次，其轴检范围为：清除轴箱尘垢，检查轴箱体及各配件有无裂纹、松动、破损或甩油；检查前轴承的保持架及内圈有无破损；紧定螺母、防松板及键板；检查油脂，不足时给油。如油脂中有混砂、混水、变质及有金属粉末时应分解检查、清洗、换新油。货车无轴箱双列圆锥滚子轴承与年修同时施行轴检，轴检时应：

1. 检查密封罩与外圈配合不得有松动、漏油；

2. 前盖螺栓不得松动，后挡不得松动或漏油；

3. 鞍座与前盖、后挡之间不得有摩擦；

4. 轴承各部不得有裂纹、破损。转动轴承时应灵活无异常音响；

5. 轴承及密封装置等各部状态不良时须分解检修，好时应填加润滑油脂。

**第 40 条** 滚动轴承检修一般技术要求

1. 带轴承的货车轮对，严禁煮洗或高压喷洗。

2. 凡退下内圈和防尘挡圈的轴颈、防尘板座以及轮座露出部分均需施行电磁探伤，同时对轮座镶入部施行超声波探伤检查。

3. 加热分解后的内圈须施行退磁。

4. 滚动轴承应填充润滑油脂，其填充量规定为：

(1)经分解组装后的有轴箱滚动轴承：

$RC_0$、$RC_{01}$　　0.5～0.7 kg

$RD_0$、$RD_1$　　0.7～0.9 kg

(2)经分解组装后的无轴箱双列圆锥滚子轴承：

97720T、197720　　0.3～0.4 kg

97726T、197726　　0.5～0.6 kg

97730T、197730　　0.6～0.7 kg

$352132X_2/HAC_3$　　0.5～0.6 kg

(3)不分解的无轴箱滚动轴承轴检填加量 0.2～0.3 kg。

**第 41 条** 滚动轴承检修的技术要求

1. 轴承各部配件不得有破损、裂纹等缺陷。

2. 轴承的内、外圈工作表面及滚子有擦伤、剥离或严重的锈蚀、麻点及过热变色等缺陷时更换。但对于变色的内、外圈、滚子其硬度在HRC58～62者可继续使用。对于深度不超过0.1 mm的少量浅压痕、锈点及清除锈斑后残留的痕迹允许使用。

3. 轴承的非工作表面上允许存在锈痕及深度不超过0.3 mm的划痕、擦伤，超过时须清除。

4. 钢制或铜制保持架有严重的磨耗、扭曲变形或铆钉松动及折损时，须修理或更换，保持架横挡处棱角不得有毛刺。

**第42条** 滚动轴承的轴箱按下列规定修理

1. 轴箱体内径面有纵向擦伤或划伤的深度不超过1 mm时，允许将边沿之棱角磨除后使用。局部磨耗深度不得超过0.3 mm，超过时加修或报废，如有锈蚀应磨除。

2. 轴箱体密封沟槽上不得凹陷、变形，有锈蚀、夹角及毛刺时应磨除。

3. 轴箱的弹簧座或导槽及磨耗板有破损、裂纹、磨伤时焊修或更换。

**第43条** 滚动轴承及轴箱的组装须符合下列技术要求

1. 轴承及轴箱配件的组装温度应一致，轴承组装车间的室温须在10 ℃以上，所有各种量具应定期校对，保持其准确性。

2. 防尘挡圈热配合时的过盈量为0.041～0.15 mm，安装后应紧靠轴肩，不得有翘曲变形，其端面与内圈的接触须严密，如有间隙时不得超过0.05 mm。使用感应加热器时须退磁。

3. 圆柱轴承及轴箱的组装应符合下列要求

(1)轴承内圈与轴颈组装过盈量

①42724T、152724T新制为0.03～0.06 mm，检修为0.025～0.06 mm。

②42726T、152726T新制为0.04～0.07 mm，检修为0.03～0.07 mm。

(2)内圈加热温度符合加热要求。组装后两内圈紧密切，使用感应加热器时需退磁。

(3)轴箱后盖与轴箱体接触面需涂变压器油，嵌入需密切，如有间隙不得超过 0.5 mm，防尘毡条应浸油后，均匀地塞满垫槽内，并应凸出 0.5 mm以上。轴箱迷宫环形曲路处须涂少量油脂。

(4)轴承与轴箱组装时，轴承外径、轴承内径面须涂变压器油后，轻轻放入轴箱孔内，严禁用铁锤敲打(允许用紫铜棒轻敲外端面)。两轴承外圈的非打字面必须相靠，不得装反；对外圈滚道上有局部擦伤、磨耗等缺陷修理后，可以将修理处放在轴箱底部。

(5)紧固螺母需拧紧防松板螺栓应加弹簧垫圈。

(6)轴箱前盖与轴箱端面密封良好。

(7)轴箱前后盖应加弹簧垫圈紧固。

4. 无轴箱双列圆锥滚子轴承组装应符合下列技术要求：

(1)轴颈直径测量应在距轴端 30～40 mm 及 150～170 mm 两处，测量每处相互垂直两直径取其平均值。

(2)轴承的径向间隙应符合要求其配合过盈量：

97720T、197720　　0.12～0.32 mm

97726T、197726　　0.15～0.33 mm

97730T、197730　　0.16～0.33 mm

352132X2/HAC3　　0.065～0.108 mm

压装力不低于 5 000 kN，保证密贴牢固。

(3)轴承与轴颈选配时，其过盈量应按表 7 执行。

**表 7　轴承与轴径装配过盈量**　　单位：mm

| 序号 | 轴承型号 | 车轴型号 | 配合过盈量 | |
|---|---|---|---|---|
| | | | 新组装 | 大修、年修 |
| 1 | 97720T | RB2 | 0.03～0.065 | 0.025～0.065 |
| 2 | 197720 | RB2 | 0.05～0.077 | 0.04～0.097 |
| 3 | 97726T | RD2 | 0.05～0.102 | 0.04～0.077 |
| 4 | 197726 | RD2 | 0.05～0.097 | 0.04～0.102 |
| 5 | 97730T | RE2 | 0.05～0.093 | 0.04～0.092 |
| 6 | 197730 | RE2 | 0.05～0.095 | 0.04～0.095 |
| 7 | 352132 | RG | 0.065～0.108 | 0.05～0.10 |

(4)轴承向轴颈压装时，压入力应施加在前密封座上，压入力应平稳上升，压装力应符合表 8 的规定范围，压装力小于规定时，需退下轴承另行选配，压装终止时轴承后挡与轴肩的切合压力约比原压装力大 100 kN 左右即可。

**表 8　轴承配合公差与过盈量、压装压力表**　　单位：mm

| 轴型 | 轴承型号 | 轴承内径公差 | 轴颈直径公差 | 设计过盈量 | 组装过盈量 | 轴承与轴箱间隙 | 组装压力（kN） |
| --- | --- | --- | --- | --- | --- | --- | --- |
| $RC_0$ | 47724T<br>152724T | $120_{-0.02}$ | $120^{+0.045}_{+0.023}$ | 0.023～0.065 | 0.03～0.06<br>0.025～0.06 | 0.1～0.2 | 700～1 600 |
| $RD_0$<br>$RD_{10}$ | 42726T<br>152726T | $130_{-0.052}$ | $130^{+0.052}_{+0.025}$ | 0.025～0.077 | 0.04～0.07<br>0.03～0.07 | 0.1～0.2 | 700～1 600 |
| $RB_2$ | 97720T | $100_{-0.02}$ | $100^{+0.045}_{+0.023}$ | 0.023～0.065 | 0.03～0.065 | 0.1～0.2 | 500～1 200 |
| $RB_2$ | 197720 | $100^{-0.027}_{-0.052}$ | $100^{+0.045}_{+0.023}$ | 0.05～0.097 | 0.05～0.097 | 0.1～0.2 | 600～1 300 |
| $RD_2$ | 97726T | $130_{-0.025}$ | $130^{+0.052}_{+0.025}$ | 0.025～0.077 | 0.045～0.077 | 0.1～0.2 | 700～1 600 |
| $RD_2$ | 197726 | $130^{-0.025}_{-0.005}$ | $130^{+0.052}_{+0.025}$ | 0.05～0.102 | 0.05～0.102 | 0.1～0.2 | 700～1 600 |
| $RE_2$ | 97730T | $150_{-0.025}$ | $150^{+0.043}_{+0.093}$ | 0.043～0.093 | 0.05～0.093 | 0.1～0.2 | 800～1 900 |
| $RE_2$ | 197730 | $150_{-0.025}$ | $150^{+0.043}_{+0.093}$ | 0.043～0.093 | 0.05～0.093 | 0.1～0.2 | 800～1 900 |
| $RG_0$ | 352132 | $160_{-0.025}$ | $160^{+0.083}_{+0.065}$ | 0.065～0.108 | 0.07～0.108 | 0.1～0.2 | 900～2 100 |

(5)轴承压装后应转动灵活，防松板止动耳应翘起。

(6)车轴的防尘板座、承载鞍、轴承外部及表面需涂刷清油。

(7)转向架落成，承载鞍应安放正位，承载鞍挡边外侧与前盖、后挡凸起外侧间隙应不小于 2 mm 承载鞍倒槽与转向架侧架导框前后间隙之和应为 2～5 mm，轴箱间隙之和应为 3～7 mm。

**第 44 条**　滚动轴承用的润滑脂机械、物理性能符合表 9 和表 10 的规定。

**表 9　滚动轴承用润滑油脂**

| 序号 | 项　　目 | 质量指标 | 试验方法 |
| --- | --- | --- | --- |
| 1 | 颜色及外观 | 黄-绿褐色油性油膏 | 目测 |
| 2 | 滴点不低于 | 120 ℃ | GB 270—64 |
| 3 | 针入度(25 ℃) | 250～290 | GB 270—64 |
| 4 | 0 ℃不小于 |  | SYB2T01—62 乙 |

续上表

| 序号 | 项　　目 | 质量指标 | 试验方法 |
|---|---|---|---|
| 5 | 腐蚀(钢片 100 ℃,3 h) | 合格 | SYB2T01—62 乙 |
| 6 | 热安定性(100 ℃,2 h) | 合格 | SY1514—65 |
| 7 | 化学安定性(100 ℃,7 h) | 合格 | SY1514—65 |
| 8 | 游离碱 NaOH 含量不大于(%) | 0.2 | SY1514—65 |
| 9 | 游离有机酸 | | SY1514—65 |
| 10 | 机械杂质 | 无 | GB 512—65 |
| 11 | 水含量不大于(%) | 0.75 | GB 512—65 |

**表 10　三号工业锂基脂机械物理性能标准**

| 序号 | 项　　目 | 质量指标 | 试验方法 |
|---|---|---|---|
| 1 | 颜色及外观 | 黄褐色油膏 | |
| 2 | 滴点不低于 | 190 ℃ | |
| 3 | 针入度(25 ℃) | 220～250 | |
| 4 | 游离碱 NaOH 含量不大于(%) | 0.15 | |
| 5 | 游离有机酸 | 无 | |
| 6 | 胶体安全性不大于(%) | 15 | |
| 7 | 水分 | 无 | |
| 8 | 腐蚀(钢片 100 ℃,3 h) | 合格 | |
| 9 | 机械杂质(酸分解) | 无 | |

**第 45 条**　车辆大修、年修,轮对进行轴承的振动检测

1. 正常状态(轴承能正常工作的状态)的判断条件:$W_{有效} \leqslant 0.015$ g 或 $W_{峭度} \leqslant 3.6$ 或 $W_{峰值因子} \leqslant 10$。

2. 警戒状态(该状态轴承仍然能工作一段时间,但要密切观察维护)的判断条件:0.015 g$< W_{有效} \leqslant 0.030$ g 或 $3.6 < W_{峭度} \leqslant 7.2$ 或 $10 < W_{峰值因子} \leqslant 20$。

3. 故障状态(轴承已经不能继续工作)的判断条件:$W_{有效} > 0.030$ g 且 $W_{峭度} > 7.2$ 且 $W_{峰值因子} > 20$。

(1)当检测指标超过 3 内的指标时需进行共振解调分析。

(2)部件的故障频率是固有频率的 5 倍等频线时,该轴承部件可能损

坏,需分解更换。

(3)当出现不规则等频线,可通过轴承润滑使等频线消失。若未消失,分解轴承进行检修。

## 第三节　构　　架

**第46条**　铸钢侧架与摇枕检修的技术要求

1. 铸钢侧架弯角处的横裂纹,不得超过裂纹处断面的1/6,其他部位不得超过裂纹处断面的1/3,限度以内者允许焊修并焊后热处理。

2. 箱形铸钢摇枕侧面横裂纹不超过周长1/时焊修,底面横裂不超过该处宽度1/6时焊修,工型摇枕底面横裂纹不超过该处宽度1/6时焊修,立板有放射性裂纹时焊修,焊后应热处理。

3. 侧架、摇枕在原焊处出现裂纹时更换。

4. 侧架与摇枕挡的前后或左右游间之和应符合下列规定:

大修时不得小于4 mm或大于8 mm,年修时不得小于4 mm或大于12 mm。

大修时若游间之和超过限度时,侧架与摇枕应各自堆焊加修恢复至原形尺寸;年修可焊装磨耗板。

5. 三轴转向架摇枕与摇枕挡游间之和:前后为2~6 mm,左右为3~8 mm。

**第47条**　构架连接件检修的技术要求

1. 上拱板螺栓须设防转止铁,拱架柱螺栓、轴箱螺栓下部防转止垫须用3 mm的铁板制作,安装时须正位劈开角度适当,不得有裂损。

2. 轴箱托板或铸钢侧架与轴箱上、下面之间准许加20 mm以内的铁垫板。

3. 拱架柱螺栓、轴箱螺螺纹直径耗超过3 mm时焊修截换。杆头部长度小于螺杆直径的0.65倍时更换杆曲或螺杆受剪的径向位移均不得超过1 mm,超过的需更换。

4. 拱架柱螺栓和轴箱螺栓截换的技术要求如下:

(1)截换位置应距头部或螺纹100 mm以上。

(2)接口处应切成45°~55°X形坡口。

(3)焊波应大于原形直径 2～4 mm，长度压过坡口左右 3～5 mm。

(4)焊后应加工到原形尺寸，表面粗糙度 *Ra* 为 12.5。

## 第四节　心盘及旁承

**第 48 条**　心盘检修的技术要求

1. 上心盘体根部破损时更换。裂纹时拆下焊修，裂纹长度超过周长 1/2 时，须全周焊修，焊后热处理。

2. 上心盘体平面磨耗，大修超过 2 mm、年修超过 6 mm 时焊后旋修。

3. 上心盘以螺栓安装者，须卸下检查，并确认良好。上心盘铆接者需确认铆接良好。

4. 下心盘摩擦面磨耗，大修超过 2 mm、年修超过 6 mm 时焊后加修，立棱厚度不足 11 mm，脐部厚度不足 7 mm 时焊后加修。平面下心盘磨耗超限时焊修，直径磨耗时须采用自动焊，堆焊后加工恢复原形；变形时调修；裂纹长度之和不大于 100 mm 且未延及心盘弯角时钻止裂孔清除裂纹后焊修，焊后须热处理，大于时更换；下心盘立面及弯角、圆脐根部、螺栓孔裂纹时更换。

5. 下心盘与铸钢摇枕一体者，其立棱裂纹时焊修，脐部裂纹或破损时焊后加修或镶套处理。

6. 中心销弯曲时加热调直。裂纹时焊后磨光。直径磨耗，大修超过 3 mm、年修超过 5 mm 时堆焊旋修。

7. 心盘变形时可加热调修，调修后其不平度不大于 1 mm。

**第 49 条**　旁承检修的技术要求

1. 铸钢旁承盒裂纹时焊修，破损时更换。非钢制旁承盒裂纹、破损时更换。

2. 旁承滑块磨耗使旁承游间超越规定限度时焊修或更换。

3. 下旁承固定螺栓需加背帽，不能加装者应加弹簧垫圈。

4. 同一转向架两旁承高度差，大修时不得超过 8 mm，年修时不得超过 12 mm。

**第 50 条**　弹性旁承的要求

1. 弹性旁承体和尼龙磨耗板须更换新品;JC 系列旁承座与滚子轴接触凹槽磨耗大于 2 mm 时焊修,恢复原形;旁承滚子、滚子轴径向磨耗或腐蚀深度大于 1 mm 或严重变形影响作用时更换。旁承滚子与滚子轴的间隙不大于 2 mm;旁承座底面、侧面磨耗深度大于 2 mm 时,堆焊后加工或更换。

2. 铸铁旁承体裂纹或破损时更换,JC 系列旁承座裂纹或破损时焊修或更换。

3. JC 系列弹性旁承磨耗板与旁承体组装时,磨耗限度凹槽应向上,采用垂直面力平行压入。组装后旁承磨耗板不得松动,磨耗板的上表面平面度不大于 0.5 mm,用厚度为 0.5 mm、宽度为 10 mm 的塞尺检查,插入深度不大于 30 mm。

4. JC 系列弹性旁承体与旁承座组装(拆装)时,JC、JC-2、JC-3 型弹性旁承须纵向压缩旁承体两侧板后垂直向下(上)平行装入(取出)旁承座;JC-1 型可直接从侧板上部垂直向下(上)平行装入(取出)旁承座。旁承体侧板与旁承座定位槽内侧面须密贴,旁承体顶板和侧板不得产生永久变形。JC、JC-2、JC-3 型弹性旁承组装(拆装)时两侧板纵向压缩后的尺寸不小于 195 mm,JC-1 型不小于 166 mm。JC、JC-2、JC-3 型旁承体纵向压缩侧板时其侧面承压面积不小于 45 mm(宽)×30 mm(高),JC-1 型弹性旁承体为 23 mm×23 mm。垂向压缩侧板顶面时其接触长度不小于 40 mm。

5. 须逐个检测旁承磨耗板上平面至滚子上部(JC-1 型为支承磨耗板上平面中部)的垂直距离,新品 JC 系列弹性旁承垂直距离应符合表 11 的规定。

**表 11　新品 JC 系列旁承磨耗板距滚子垂直距离**　　单位:mm

| 旁承型号 | 旁承磨耗板上平面至滚子上部(JC-1 型为支承磨耗板上平面中部)垂直距离 | 备注 |
|---|---|---|
| JC | $15_{-1}^{+2}$ | |
| JC-1 | $15_{-1}^{+2}$ | |
| JC-2 | $20_{-1}^{+2}$ | |
| JC-3 | $15_{-1}^{+0.5}$ | |

**第 51 条**　弹簧须按下列技术要求检修

1. 弹簧支承圈剩余长度不足 5/8 圈时更换。

2. 以 1.5 倍常用荷重试压产生永久变形时热修，热修后以最大试验荷重试压三次，不得产生永久变形，测量误差以 1 mm 为限；以图纸规定常用荷重将弹簧压缩后，测量弹簧高度与图纸规定的常用荷重高度差不应超过常用荷重压缩量。

3. 同一套圆弹簧相邻内外圈卷绕方向须相反；同一侧摇枕圆弹簧各外圈的自由高相差不得超过 3 mm。

4. 同一转向架，同型圆簧各公称尺寸允差应符合表 12 的规定。

**表 12　同一转向架同型圆弹簧各公称尺寸允差**　　单位：mm

| 项目 | 钢材直径 | | 圆簧直径 | | 自由状态下的节距 | | | | | | 外斜度 |
|---|---|---|---|---|---|---|---|---|---|---|---|
| 规格 | ≤25 | ＞25 | ≤150 | ＞150 | 4 | 5～6 | 6～8 | 8～10 | 10～15 | ＞15 | |
| 允差 | 2 | 3 | 4 | 6 | 1 | 1.5 | 2.0 | 2.5 | 3.2 | 0.2 备节距 | 自由高×1% |

**第 52 条**　弹簧托板按下列技术要求检修

1. 纵裂纹时焊修，横裂纹时焊后补强，补强板的厚度为原板厚的 80%～90%，并使用菱形板。

2. 腐蚀深度超过原板厚的 30%时须更换或截换。截换时须采用 30°～40°的斜接。

3. 局部腐蚀或烧损面积应在 25 $cm^2$ 以内，但其长度在大修时为弹簧托板宽度的 1/3，年修时为弹簧托板宽度的 1/2。

4. 局部弯曲时可冷调，弯曲、变形严重者加热调修，调修后须平整。

## 第五节　转向架的组装

**第 53 条**　客车转向架年修装配

1. 均衡梁上部与转向架侧梁下部距离不得小于 25 mm。

2. 同一转向架的摇枕扁簧内高差不得超过 10 mm，同组两外侧弹簧内高差不得超过 6 mm，摇枕扁簧与侧梁下部间隙不得小于 7 mm。

3. 偏重车加的铁垫板厚度不得超过 12 mm，两枕簧的内高差不得超过 20 mm，扁簧与摇枕及弹簧座间不得压片。

4. 摇枕与横梁间隙应为 3～8 mm。

5. 转向架构架四角与轨面的垂直距离左右相差不得超过 10 mm，前后差不得超过 12 mm。

**第 54 条** 货车转向架大修、年修装配技术要求

1. 心盘磨耗面至下旁承面高度差应符合表 13 的规定。

**表 13 心盘磨耗面至下旁承面高度差** 单位:mm

| 转向架型别 | 36 甲 | 46 | 1 | 15、37、38 | 3、4、6、8 A、17 | 5 | 7 |
|---|---|---|---|---|---|---|---|
| 高度差 | 24 | 45 | 53 | 58 | 60 | 68 | 92 |

2. 下心盘(包括客车)应涂适量的混合黑铅粉的软干油。摇枕挡摩擦面须涂软干油,拱架柱与弹簧托板、上下拱板的结合面须涂防锈底漆。

3. 枕簧盖板的突起包、螺栓与摇枕孔窝应对正,各卷枕簧和减振器应对正位。

4. 轴箱须安装正位,不得倾斜。轴距左右差不得大于 5 mm。导框式转向架轴箱上部圆脐(包括铁垫板)与侧架支承面左右须接触(即轴瓦的前、后方向),大修时局部间隙不得超过 0.5 mm,长度不得超过圆脐周长的 1/4。

5. 拱型转向架轴箱中心对角线之差大修不得超过 6 mm、年修不得超过 8 mm。

6. 相对侧架成八字形,超过以下规定时调修。测量同一轮对两侧的轮辋外侧面与侧架内侧面两点距离之和与另一轮对上述距离之和相差超过 15 mm 时须调修,即要求:$(A_1+A_2)-(B_1+B_2)\leqslant 15$。

7. 拱架柱与上拱板间,允许加厚不超过 4 mm 的铁垫板,下拱板、组合式侧架与轴箱顶部间,允许加厚不超过 20 mm 的铁垫板。转向架各螺栓均须均匀紧固,不得过紧,防转垫均须齐全,组装正确。

8. 下旁承座入量不得少于 35 mm,螺栓组装的下旁承体与摇枕间不得使用木垫板。

9. 心盘销插入量不得少于 150 mm,露出长度不得少于 250 mm。

10. 各部圆销加一个垫圈后,横向移动量不超过 5 mm。

11. 闸瓦中心与车轴中心水平线垂直距离应为 40～110 mm 间。各垂下品与轨面距离不小于 50 mm,但闸瓦插销应为 25 mm 以上。上翻车机的煤、敞车闸瓦插销须安装铁环。

12. 转向架须用同型转向架互换。

# 第五章　车钩及缓冲装置

## 第一节　2号短钩及板式车钩

**第55条**　车钩级冲装置是车辆摘解和连挂的重要部分。大修、年修时须全部分解；钩舌、钩舌销及钩尾扁销应施行探伤检查。检修后车钩三态作用及防跳装置的作用须良好，保证行车安全。辅修应彻底检查三态作用，并卸下钩舌、钩舌销、钩锁清扫给油和修理。其他各部施行外观检查。

**第56条**　车钩级冲装置检修的一般技术要求

1. 同一车辆车钩形式须一致，三态作用须良好。

2. 钩舌销、钩尾扁销有横裂纹、烧损时更换。焊修后的车钩、钩舌及铸钢钩尾框须进行热处理。

3. 钩舌尾端与钩锁铁接触面须平整。

4. 无衬套的钩耳孔及钩舌销孔磨耗过限或原衬套磨耗过限时，镶上经表面硬化处理的衬套。钩舌销套允许用两节，但每节套长不短于钩舌高度的1/3。

**第57条**　车钩及钩尾框大修、年修时须符合下列技术要求

1. 钩颈(自钩肩部算起50 mm范围内)有裂纹时更换；钩身其他各部有横裂时在同断面上总长度不超过50 mm时焊修。

2. 2号、13号车钩下锁销孔筋部以及距其根部20 mm处的裂纹允许焊修。

3. 钩耳孔边缘横裂纹不超过钩耳壁高度：大修不超过1/3、年修不超过1/2时焊修；超过时更换。

4. 钩舌内侧弯角处上、下部裂纹长度之和不超过30 mm时焊修。

5. 钩舌销孔凸起边缘裂纹时，延至钩舌体的长度不得超过15 mm限度以内者焊修，超过时更换。

6. 钩颈磨耗深度，大修超过3 mm、年修超过5 mm时焊修；短颈钩尾部销孔磨耗，大修超过2 mm、年修超过3 mm时，扩孔后镶套，衬套允许用两节，每节套长不短于钩颈高度的1/3。

7. 钩尾框厚度磨耗，大修时超过 2 mm、年修时超过 3 mm；宽度磨耗，大修时超过 3 mm、年修时超过 4 mm，焊修后磨平。

8. 钩尾框扁销孔或圆销孔磨耗，大修时超过 2 mm、年修时超过 3 mm 应焊后加修。

9. 钩尾扁销磨耗，大修超过 2 mm、年修超过 3 mm 时焊后加修。

10. 锻钢钩尾框尾部垫板，铆钉松弛时更换；钩尾气角处有裂纹时，其长度不超过钩尾框的 1/3 者焊后补强。中隔板有裂纹磨耗时焊修。

**第 58 条**　缓冲器大修、年修须符合下列技术要求

1. 2 号缓冲器盒端部弯角处裂纹长度不超过 50 mm 时焊修，超过时截换。组装后自由高不足时，大修可加 5 mm 铁垫板，年修可加 10 mm 的铁垫板。

2. 3 号缓冲器铸钢弹簧盒及导板磨耗、裂纹时焊修；弹簧盒裂纹长度超过 100 mm 时焊后应热处理；弹簧盒摩擦斜面磨耗时堆焊加修或加修后镶装磨耗板。

3. 各缓冲器圆簧部分，可按圆簧规定施修，但 3 号缓冲器瓦片簧以不低于 13 700 kN 的荷重进行试验，压缩三次后测量其自由曲度，低于 27 mm 者须热修。凡经热修后的瓦片簧，按上述规定进行永久变形试验，其自由曲度应为 28.5～31 mm。

4. 缓冲器往车上安装时，须有 2 mm 以上的压缩量。

**第 59 条**　板式车钩大修、年修须符合下列技术要求

1. 板式车钩连结板弯曲，大修、年修时不得超过 5 mm；横裂纹时更换。

2. 板式车钩两孔中心距不得超过(430±5) mm。

3. 板式车钩冲击座磨耗，大修时不得超过 10 mm，年修时不得超过 15 mm，超过时须补焊至原形。钩座孔磨耗，大修时不应超过 5 mm，年修时不应超过 8 mm，超过时焊修或镶壁厚不少于 15 mm 的衬套。

4. 指状销须探伤检查，有裂纹更换；局部磨耗，大修时不得超过 3 mm，年修时不得超过 5 mm，辅修时不得超过 7 mm，超过时焊后加修。

5. 板式车钩连接弓板变形时调质调直，裂纹焊修或更换。

**第 60 条**　车钩缓冲装置的组合须符合下列技术要求

1. 车钩下垂或上翘不得超过 5 mm。补充防上翘装置。

2. 钩体托板及钩尾框托板上须装厚 3 mm 以上的磨耗垫板。

3. 车钩上部与冲击座下部之游间应在 10～20 mm 之间。辅修时不得小于 10 mm。

4. 钩头肩部与冲击座的距离最小不得少于 50 mm。钩颈与冲击座左右游间之和,四轴车不得少于 50 mm。

5. 钩舌与钩腕内侧距离,在闭锁位置:大修时不得超过 127 mm,年修时不得超过 130 mm,辅修时不得超过 135 mm;在全开位置:大修时不得超过 242 mm,年修时不得超过 245 mm,辅修时不得超过 250 mm。

6. 钩锁销链的松余量应为 30～45 mm。

7. 提钩杆孔与上锁销孔两垂线的前后水平距离不得超过 15 mm(如图 3 所示)。

8. 钩舌与钩耳间隙,大修时超过 4 mm,年修时超过 6 mm,辅修时超过 8 mm 加垫调整。钩舌销与销孔间隙,大修时不得大于 3 mm,年修时不得大于 4 mm,辅修时不得大于 5 mm。

9. 从板弯曲不得超过 5 mm,超过时调修;磨耗度,大修时超过 2 mm、年修时超过 3 mm、辅修时超过 5 mm 须焊后加修。

10. 从板与从板座不贯通间隙允许有 1 mm,缓冲装置安装后必须保持正位。

## 第二节　13 号、13A 型、13B 型、17 号车钩缓冲装置

**第 61 条**　分解、除锈及探伤

1. 车钩须分解,钩尾框、钩舌、上锁销组成、下锁销组成、钩锁、钩舌推铁、钩舌销、钩尾销、钩尾销插托须进行抛丸除锈,外表面清洁度须达到 $Sa_2$ 级,局部不低于 $Sa_1$ 级。钩尾销螺栓须清除表面污垢。

2. 钩舌、钩舌销、钩尾销、钩尾销插托、钩尾销螺栓、16 号转动套须磁粉探伤检查,钩尾框须整体复合次磁化磁粉探伤检查,对钩体疑似裂纹部位进行磁粉探伤。探伤部位如下:

(1)钩舌内侧面及上、下弯角处,如图 1、图 2 所示阴影部位。

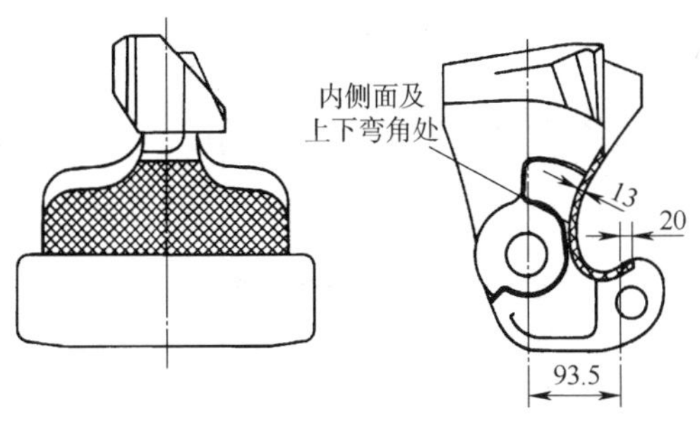


图 1　17 号钩舌探伤部位示意图

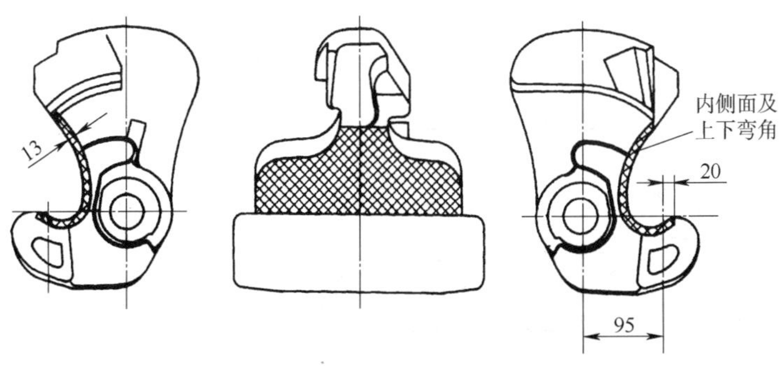


图 2　13 号、13A 型、13B 型钩舌探伤部位示意图

(2)16 号、17 号钩尾框前、后端上、下内弯角 50 mm 范围内及钩尾框两内侧面,如图 3、4 所示阴影部位。13 号、13A 型、13B 型钩尾框后端上、下弯角 50 mm 范围内及钩尾框两内侧面,如图 4～图 6 所示阴影部位。

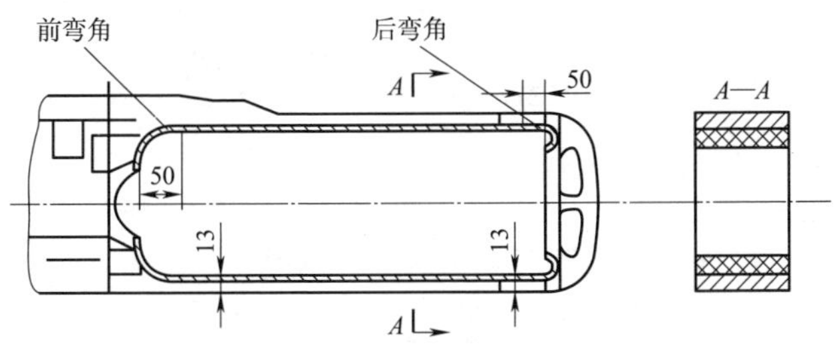


图 3　16 号钩尾框探伤部位示意图

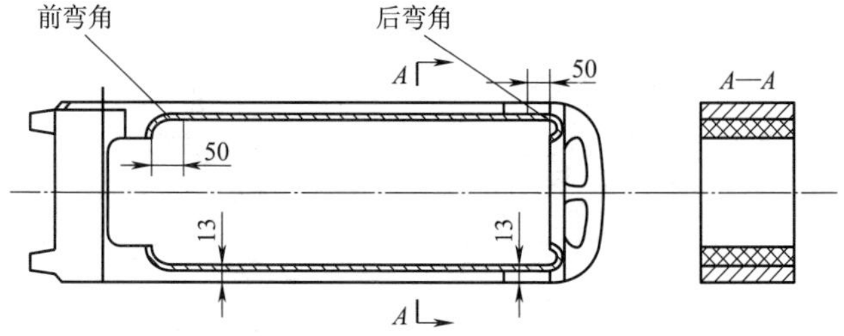

图 4　17 号钩尾框探伤部位示意图

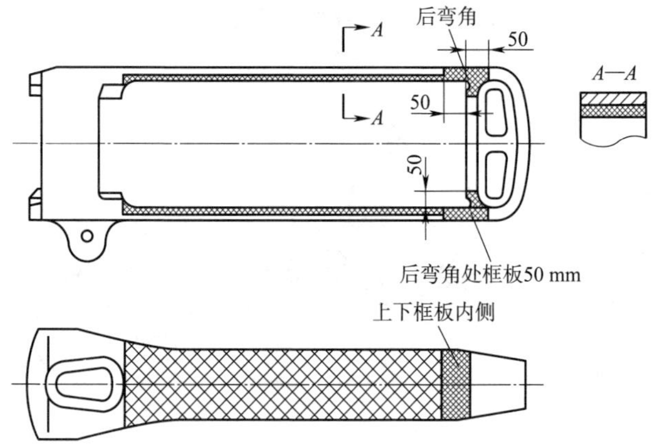

图 5　13 号钩尾框探伤部位示意图

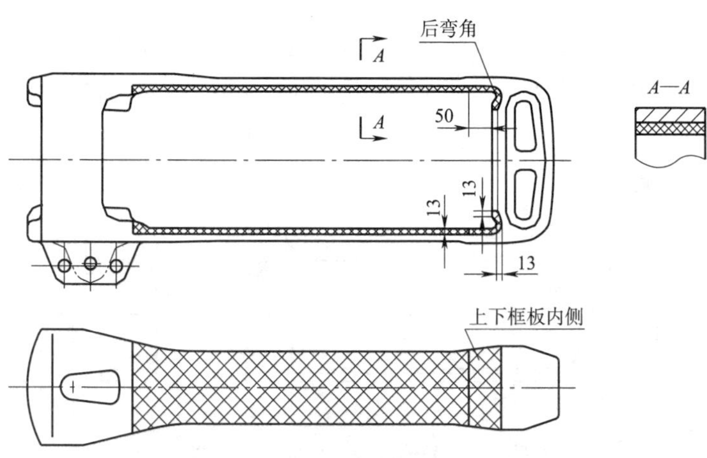

图 6　13A 型、13B 型钩尾框探伤部位示意图

(3)钩舌销、钩尾销、钩尾销螺栓探伤部位如图 7～图 10 所示阴影部位。

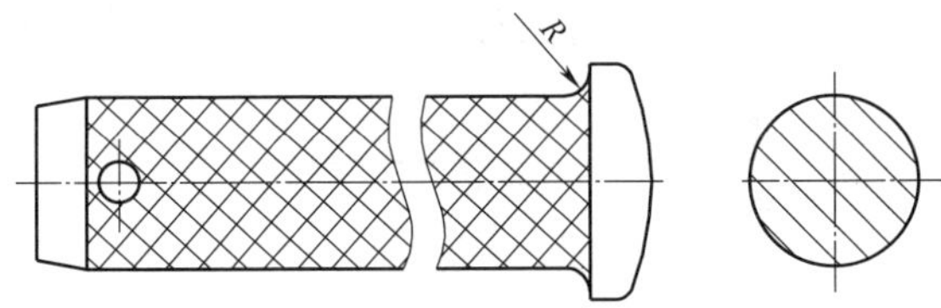


图 7　钩舌销探伤部位示意图

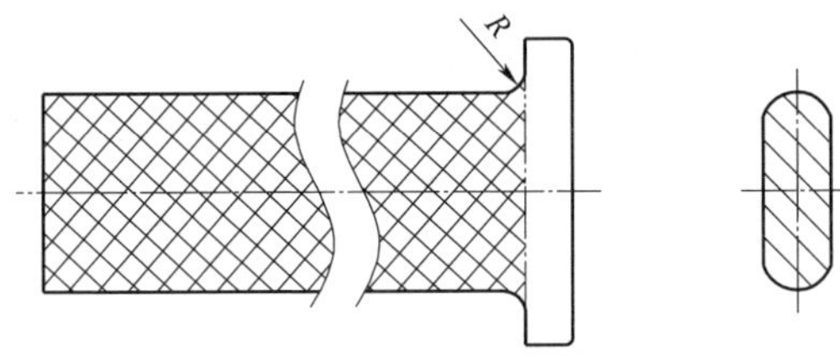


图 8　13 号钩尾销探伤部位示意图

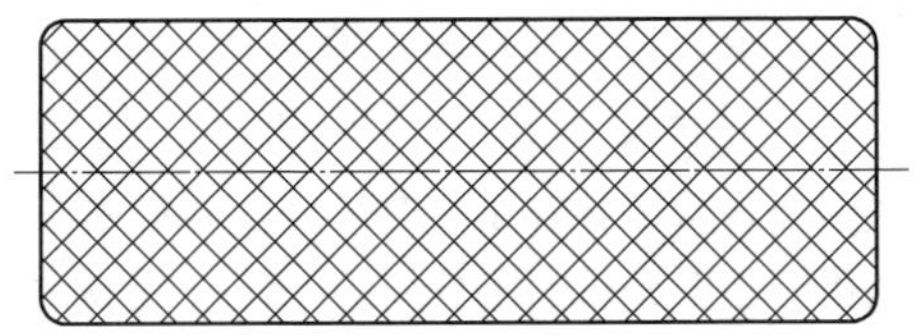

图 9　17 号钩尾销探伤部位示意图

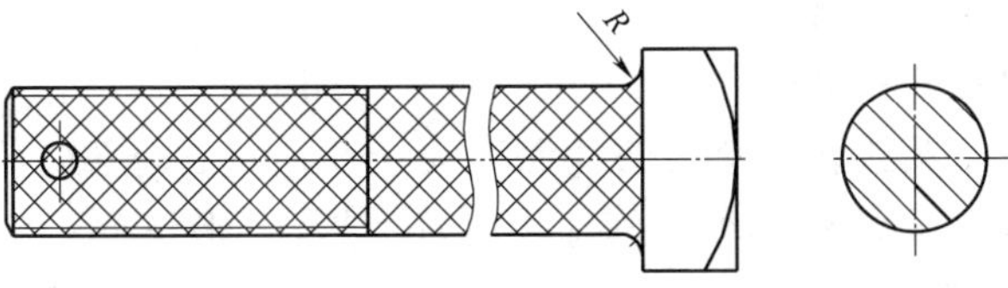


图 10　钩尾销螺栓探伤部位示意图

(4)13B 型钩尾销插托弯角处、立面及上、下面，如图 11 所示粗线部位。

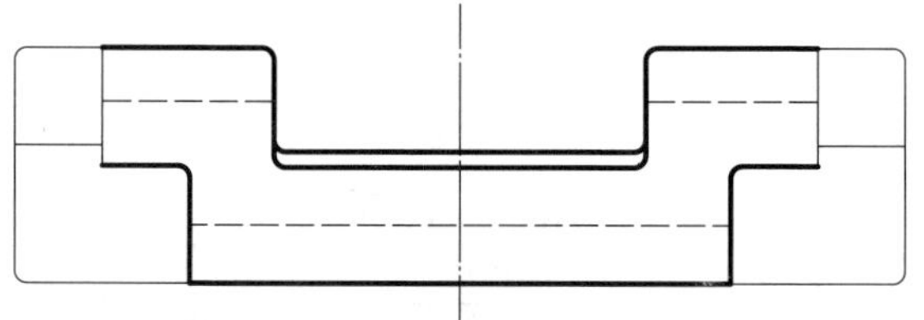

图 11　13B 型钩尾销插托探伤部位示意图

**第 62 条　钩体**

1. 钩体裂纹

(1)须清除钩腔内污垢,对钩体翻转检查。

(2)钩颈、钩身横裂纹在同一断面长度之和不大于 50 mm 时焊修,大于时更换。

(3)钩耳裂纹长度不大于 15 mm 时焊修,大于时须更换。钩耳内侧弧面上、下弯角处裂纹长度之和不大于 25 mm 时焊修,大于时更换。牵引台、冲击台根部裂纹长度不大于 20 mm 且裂纹未延及钩耳体时焊修,裂纹长度大于 20 mm 或裂纹延及钩耳体时更换。

(4)17 号钩体钩尾销孔周围 25 mm 范围内裂纹时焊修,超过范围的裂纹深度不大于 3 mm 时铲磨清除,大于时更换。联锁套头、联锁套口裂纹长度不大于 50 mm 且深度不大于 5 mm 时,焊后磨修,大于时更换。

(5)13 号、13A 型、13B 型钩体钩尾销孔后壁与钩尾端面间裂纹长度不大于 20 mm 时焊修,大于时更换。

2. 钩体磨耗

(1)16 号、17 号钩体

①钩耳孔直径磨耗大于 3 mm 时堆焊后加工。

②联锁套头或联锁套口磨耗深度大于 6 mm 或局部碰伤深度大于 5 mm时,堆焊后磨平,但禁止修理联锁辅助支架外形轮廓。

③16 号车钩尾端高度小于 151 mm 或 17 号车钩尾端高度小于 166 mm,钩尾销孔长、短轴磨耗大于 2 mm 时,可堆焊后磨修光滑。钩尾端部到钩尾销孔后壁的距离小于 83 mm 时,堆焊后磨修光滑,小于 77 mm 时更换;钩身长度小于 567 mm 时堆焊后磨修光滑,小于 561 mm 时更换。

(2)13 号、13A 型、13B 型钩体

①钩耳孔或衬套孔直径磨耗大于 3 mm 时可扩孔镶套或换套；原有衬套松动、裂纹、缺损时更换。钩耳孔直径大于 $\phi$54 mm 时可堆焊后加工，钩耳孔壁厚小于 22 mm 时更换。新衬套壁厚须为 4～6 mm，材质须为 45 钢，硬度须为 HRC38～50；衬套须压紧并与孔壁密贴，局部间隙不大于 1.5 mm，深度不大于 5 mm，衬套不得有边缘裂纹。钩耳孔的异型衬套，长、短径方向不得错位，长径方向与钩体纵向中心线偏差不大于 5°。

②上锁销孔前后磨耗之和大于 3 mm 时可堆焊后磨修并恢复原形尺寸。钩腔上防跳台磨耗大于 2 mm 时堆焊后磨修并恢复原形尺寸，前导向角须恢复 6 mm 凸台原形尺寸，如图 12 所示；钩腔下防跳台磨耗大于 2 mm 时堆焊后磨修并恢复原形尺寸，长度方向应为 16 mm。

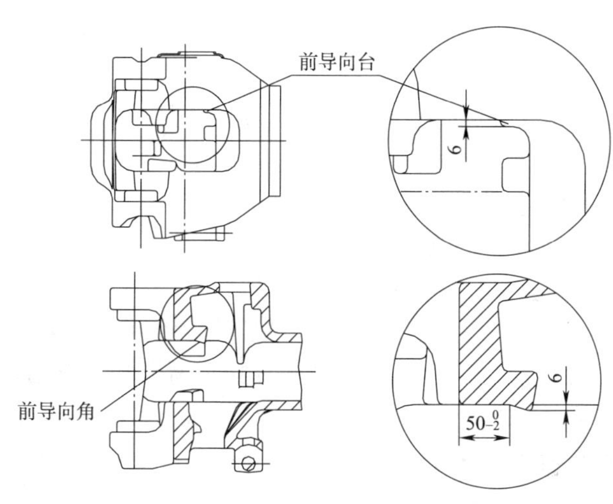


图 12　前导向凸台示意图

③钩尾端部与钩尾销孔边缘的距离上、下面之差大于 2 mm 或钩尾销孔长径方向磨耗大于 3 mm 时堆焊后加工；钩尾端面与钩尾销孔边缘的距离小于 40 mm 时，可在钩尾端面堆焊或焊装磨耗板后四周满焊后磨平。

3. 钩体变形

(1)钩身弯曲大于 10 mm 时更换。钩耳上、下弯曲影响钩舌组装或

三态作用时更换。

(2)13 号、13A 型、13B 型钩体钩腕端部外胀大于 15 mm 时更换;影响钩舌与钩腕内侧距离时调修、堆焊或焊装厚度为 5～15 mm、高度为 60～70 mm 的梯形钢板,钢板须有 2 个 $\phi$20 mm 的塞焊孔,焊后磨修平整。

4. 钩身金属磨耗板

(1)钩身下部有磨耗板凹槽或原焊装金属磨耗板者仍须焊装磨耗板;13B 型、17 号车钩钩身下部无金属磨耗板凹槽且原未焊装磨耗板者,不得焊装磨耗板;磨耗板裂纹或磨耗超限时更换为新品,丢失时补装。钩身磨耗时须堆焊磨平后焊装磨耗板。

(2)磨耗板须焊装在钩身下平面距钩肩 50 mm 处。有金属磨耗板凹槽的,磨耗板焊修后焊缝处应磨修光滑、边缘倒钝,清除棱角和毛刺。

(3)13 号、13A 型、13B 型下作用式车钩钩体须有防跳插销安装孔,无防跳插销安装孔时加工。

(4)13 号、13A 型钩体补充新品时须为 13B 型。

**第 63 条** 钩舌

1. 钩舌裂纹

(1)普碳钢钩舌各部位裂纹时更换。

(2)C 级钢、E 级钢钩舌弯角处裂纹时更换;内侧面的裂纹长度不大于 30 mm 时焊修,大于时更换。牵引台根部圆弧裂纹长度不大于 30 mm 时焊修,大于时更换。钩舌护销突缘部分缺损时更换;裂纹向销孔内延伸,除突缘高度外的长度不大于 10 mm 时焊修,大于时更换;钩舌护销突缘处焊修时,焊波须高于基准面 1～2 mm。冲击台缺损或销孔边缘裂纹延及钩舌体时更换,未延及时焊修。

2. 钩舌磨耗

(1)钩舌锁面磨耗大于 3 mm 时,须堆焊后磨平。

(2)16 号钩舌鼻部厚度磨耗大于 5 mm 或钩舌销孔内径磨耗大于 2 mm 时更换。钩锁承台高度须不小于 45 mm,小于时加工修理后恢复原形尺寸,如图 13 所示。

(3)13 号钩舌内侧面和正面磨耗剩余厚度小于 68 mm 时更换。13A 型、13B 型钩舌内侧面和正面磨耗剩余厚度小于 69 mm 时,须采用埋弧焊或气体保护焊等自动焊接工艺堆焊，焊后加工并恢复原形。钩锁承台高度须为 45～52 mm，大于 52 mm 时堆焊后加工，小于 45 mm 时加工修理，如图 13 所示。

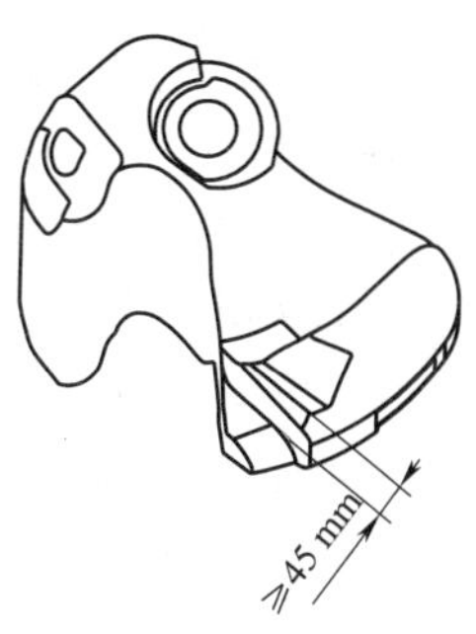

图 13　钩舌钩锁承台示意图

(4)13 号、13A 型、13B 型钩舌销孔或衬套内径磨耗大于 3 mm 时换套或扩孔镶套；钩舌销孔直径大于 54 mm 时堆焊后加工或更换。原有衬套松动、裂纹、缺损时更换；须双向镶套，每个衬套长度不小于 60 mm，销孔镶套厚度应为 4～6 mm，材质为 45 钢，硬度为 HRC38～50；衬套须压紧并与孔壁密贴，局部间隙不大于 1.5 mm，深度不大于 10 mm，衬套不得有边缘裂纹。

(5)钩舌销孔或衬套孔测量部位由突缘顶部深入孔内 20 mm 为准。

(6)钩舌外胀大于 6 mm 时更换。

(7)16 号钩舌补充新品时须补充标记为“16H”的钩舌。13 号、13A 型钩舌补充新品时须为 13B 型。

**第 64 条**　钩尾框

1. 钩尾框裂纹

(1)普碳钢的钩尾框裂纹时更换。16 号、17 号钩尾框前、后端上、下内弯角 50 mm 范围内，其他型钩尾框后端上、下弯角 50 mm 范围内裂纹时更换。

(2)锻造钩尾框横裂纹时更换；铸造钩尾框横裂纹长度不大于 30 mm 时焊修，大于时更换。

(3)钩尾框其他部位纵裂纹时焊修或更换。

2. 钩尾框磨耗

(1)普碳钢的钩尾框各部磨耗过限时更换。

(2)钩尾框各部位碾堆时须磨修，并与周围表面平滑过渡。C 级钢、E 级钢的钩尾框框身厚度磨耗大于 3 mm，其他部位大于 4 mm 时，须纵向堆焊后磨平；16 号、17 号钩尾框框身剩余厚度小于 22 mm 时更换。测量部位：框身厚度深入边缘 10 mm 为准，其他部位比照未磨耗部位测量。钩尾框销孔磨耗超限时堆焊后加工。

(3)16 号钩尾框距前唇内侧 95 mm 范围内任意点直径大于 277 mm 时更换;前唇厚度磨耗大于 2 mm 时更换;前唇内侧到尾部内侧距离大于 845 mm 时须在尾部内侧面堆焊后加工,大于 862 mm 时更换。17 号钩尾框前端内腔高度磨耗大于 3 mm 时须堆焊后磨修光滑。

(4)13A 型、13B 型钩尾框的螺栓孔磨耗大于 3 mm 时堆焊后加工,内外侧面须平整;13B 型铸造钩尾框的钩尾销固定挂耳缺损时焊后磨修。13B 型锻造钩尾框插托凹槽宽度或高度磨耗大于 3 mm 时更换。

3. 钩尾框变形

(1)普碳钢钩尾框一侧弯曲大于 3 mm 时更换。

(2)C 级钢、E 级钢钩尾框一侧弯曲大于 3 mm 时加热后调修。

4. 钩尾框金属磨耗板

(1)13B 型钩尾框及 17 号锻造钩尾框不得焊装框身磨耗板,原装有磨耗板者须铲除后磨平;17 号铸造钩尾框无框身磨耗板者,不得焊装磨耗板。

(2)13 号、13A 型钩尾框须焊装框身磨耗板;17 号铸造钩尾框原有磨耗板者,仍须焊装磨耗板。框身下平面磨耗时须纵向堆焊磨平后焊装磨耗板;磨耗板裂纹或磨耗超限时须更换为新品,丢失时补装。

(3)磨耗板焊装位置:13 号、13A 型钩尾框磨耗板后端距钩尾框后端内壁 130 mm,17 号钩尾框磨耗板以钩尾框后端内壁为基准面焊装。

(4)13 号、13A 型钩尾框补充新品时须为 13B 型;17 号钩尾框补充新品时须为锻造钩尾框。

**第 65 条** 钩尾销插托

1. 钩尾销插托裂纹时焊修更换;焊修后磨修平整,并进行热处理。

2. 两侧承台厚度磨耗大于 3 mm 或钩尾销承台磨耗深度大于 3 mm 时更换。

**第 66 条** 下锁销组成及销轴状态检查

1. 各零部件裂纹、变形时更换。

2. 17 号下锁销杆与下锁销间须转动灵活。下锁销杆处于工作位置时摆动下锁销,下锁销能够自由转动至极限位置,铆钉与下锁销杆间不应转动,如图 14、图 15 所示。

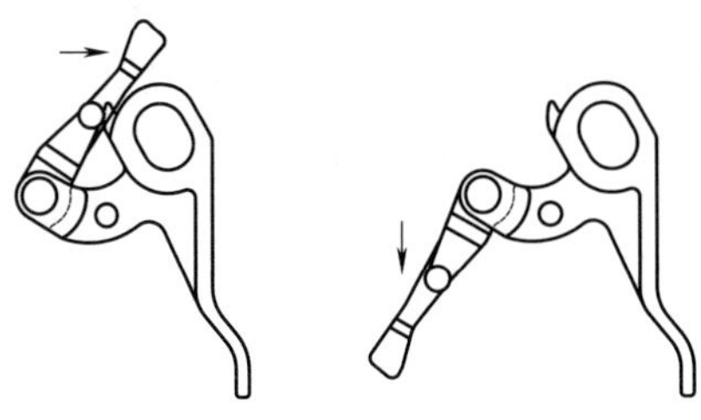

图 14　16 号下锁销组成检查示意图

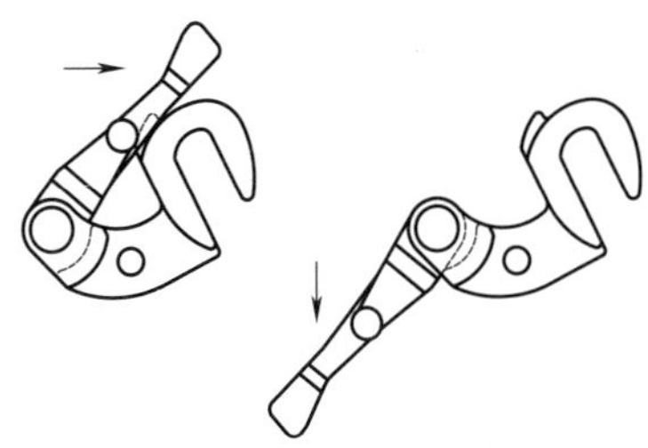

图 15　17 号下锁销组成检查示意图

3. 13 号下锁销、下锁销体、下锁销钩间须转动灵活。提起下锁销体，下锁销及下锁销钩能够自由下垂，如图 16(a)所示；翻转下锁销体，下锁销及下锁销钩能够自由转动至极限位置，如图 16(b)所示。下锁销无防跳插销孔时加工。

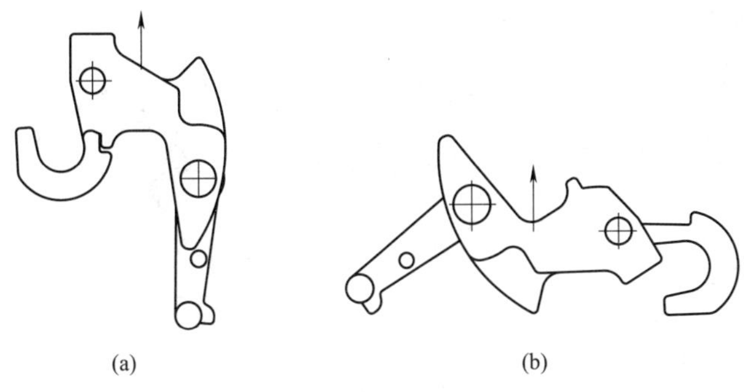


图 16　13 号下锁销组成检查示意图

4. 下锁销组成及销轴磨耗。

5. 下锁销轴直径磨耗大于 2 mm 或长度磨耗大于 3 mm 时更换。

6. 17 号下锁销杆防跳台须符合原形尺寸，下锁销组成其他部位磨耗后不能满足防跳性能或影响车钩三态作用时整套更换。

7. 17 号下锁销转轴直径磨耗大于 2 mm 或影响车钩三态作用时更换。

8. 13 号下锁销组成其他各部须恢复原形，不能恢复原形时更换。

9. 下锁销组成补充新品时，配件材质须为 E 级钢，并有制造厂代号及材质标记。

**第 67 条** 上锁销组成

1. 上锁销组成状态检查

(1)上锁销组成须为三连杆机构，应精密铸造，并有制造厂及材质代号、制造年月标记。

(2)各部位裂纹、变形时更换。

(3)上锁销组成须连接正确，三个组件间应转动灵活。提起上锁提，上锁销组成能够自由下垂，如图 17(a)所示；举起上锁销杆，向工作位摆动时，上锁销与上锁提能够自由转动，如图 17(b)所示；提起上锁销，上锁提与上锁销杆应自由转动下垂，如图 17(c)所示。

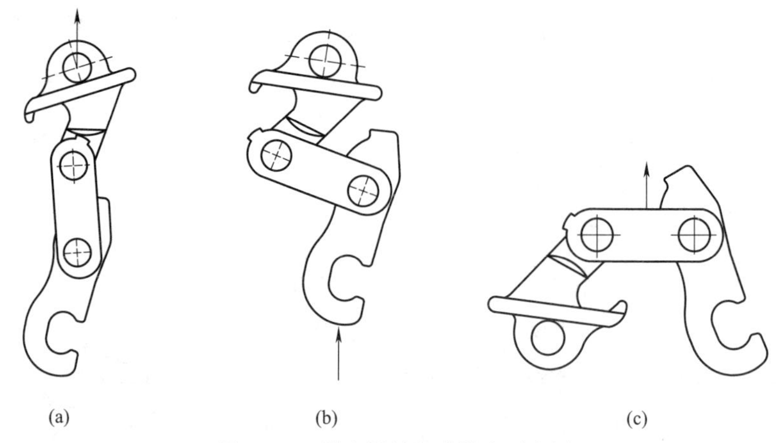


图 17　13 号上锁销组成检查示意图

2. 上锁销组成磨耗

(1)上锁销杆上端面防跳部位磨耗大于 3 mm 时更换。

(2)上锁销杆挂钩口磨耗大于 2 mm 时更换。

(3)上锁销防跳台磨耗大于 2 mm 时更换。

(4)上锁销组成铆钉轴直径小于 13 mm 时更换。

(5)上锁销与上锁销杆组装间隙小于 2.5 mm 时更换。

(6)上锁销铆钉露出长度大于 0.5 mm 时更换或将超出部分磨平。

**第 68 条** 上锁销组成须成套检修,不得拼修。

1. 钩锁

(1)变形、裂纹或止动块丢失时更换。

(2)锁面磨耗、碾堆时须堆焊后磨修并恢复原形尺寸。

(3)13 号钩锁上部左、右导向面磨耗大于 2 mm 时焊修,焊后磨修恢复原形;13 号钩锁挂钩轴磨耗大于 1 mm 时更换。

(4)开锁座锁面磨耗大于 2 mm 或影响开锁作用时,焊后磨修并恢复原形。

(5)补充新品时,材质须为 E 级钢。

2. 钩舌推铁

(1)裂纹时更换,变形时调修。

(2)各部磨耗过限时更换或焊修后恢复原形。

(3)补充新品时,材质须为 E 级钢。

3. 钩舌销

(1)裂纹时更换,变形时调修。

(2)直径磨耗大于 2 mm 时更换。

(3)补充新品时须符合 TB/T 2943.1—2007《机车车辆车钩组件 第 1 部分:钩舌销和钩尾销技术条件》,并须有制造标记。

4. 钩尾销

(1)裂纹时更换。

(2)17 号钩尾销变形或磨耗超限时更换。

(3)哑铃形状的 13 号钩尾销不再使用。13 号钩尾销变形时加热后调修。钩尾销头部厚度须为(15±1) mm,须表面平整,磨耗时堆焊后磨平或机械加工,表面粗糙度 $Ra$ 为 12.5 μm;钩尾销宽度磨耗大于 3 mm 时,焊修后采用仿型或数控加工并恢复原形。

(4)补充新品时,须符合 TB/T 2943.1—2007《机车车辆车钩组件

第1部分：钩舌销和钩尾销技术条件》。

5. 从板

(1)裂纹时更换。

(2)17号从板弯曲大于4 mm时更换；长度、宽度或厚度磨耗大于3 mm时堆焊后加工并恢复原形尺寸；车钩支承球面及缓冲器支承平面磨耗深度或凹痕深度大于3.5 mm时更换，局部碾堆时磨修光滑。

(3)13号从板弯曲时调修；各部磨耗大于3 mm时堆焊后加工；长度方向磨耗大于3 mm时可焊装磨耗板并四边满焊。

6. 钩尾销防脱装置

(1)钩尾销螺栓裂纹、弯曲或直径磨耗大于1 mm时更换。

(2)钩尾销衬套规格应为$\phi$32 mm×5 mm×50 mm，直径磨耗大于2 mm或有裂纹时更换。

(3)钩尾销防脱装置吊架、止挡各孔直径磨耗大于2 mm或裂纹时更换。

(4)13B型钩尾框防护板须更换为新品。

**第69条** 缓冲器检查及修理

1. MT-2型缓冲器

(1)状态良好者可不分解、修理。

(2)在寿命期内，新造、大修后使用时间满9年或有下列情况之一者须大修：

①自由高小于572 mm时；

②箱体裂损、严重变形、高度小于482 mm或口部对应于中心楔块安装部位最薄处厚度小于15 mm时；

③木槌锤击动板端头，中心楔块松动、中心楔块顶面至动板顶面的距离平均值小于4.5 mm时；

④其他外露零部件裂损或丢失时。

2. ST型缓冲器

(1)状态良好者可不分解、修理。

(2)在寿命期内，新造、大修后使用时间满6年或有下列情况之一者须大修：

①自由高小于568 mm时；

②箱体裂损、严重变形时；

③其他外露零部件裂损或丢失时。

3. HN-1 型缓冲器

(1)状态良好者可不分解、修理。

(2)在寿命期内，新造、大修后使用时间满 9 年或有下列情况之一者须大修：

①外观检查壳体和预压板裂纹，零部件丢失时；

②缓冲器的自由高小于 570 mm 时；

③预压板与钩尾框接触部位的磨耗大于 15 mm 时；

④壳体与钩尾框接触部位的平面磨耗大于 5 mm 时。

**第 70 条** 车钩缓冲装置组装

1. 车钩组装

(1)车钩组装前，须清除各零部件表面及腔内的钢丸。各零部件摩擦面间须涂干性润滑脂。

(2)13 号、13A 型、13B 型车钩的钩体、钩舌和钩腔内配件材质、型号须匹配，并符合表 14 要求；钩体与钩舌型号不一致时，车钩型号以钩体型号为准。

**表 14 车钩配件材质及型号对应表**

| 钩体 | 钩舌 | | | 钩锁材质 | 上锁销组成材质 | 下锁销组成材质 |
|---|---|---|---|---|---|---|
| 型号 | 材质 | 型号 | 材质 | | | |
| 13 号 | 普碳钢 | 13 号、13A 型 | 普碳钢 C 级钢 | 普碳钢、E 级钢 | B 级钢 | 普碳钢、B 级钢 |
| | C 级钢 | 13 号、13A 型 | C 级钢 | E 级钢 | B 级钢 | 普碳钢、B 级钢 |
| 13A 型 | C 级钢 | 13A 型、13B 型 | C 级钢 | E 级钢 | B 级钢 | 普碳钢、B 级钢 |
| | E 级钢 | 13A 型、13B 型 | E 级钢 | E 级钢 | B 级钢 | E 级钢 |
| 13B 型 | E 级钢 | 13B 型 | E 级钢 | E 级钢 | B 级钢 | E 级钢 |
| 17 号 | E 级钢 | 16 号、17 号 | E 级钢 | E 级钢 | E 级钢 | E 级钢 |

(3)测量车钩组装间隙，须符合下列要求：

①钩舌与上钩耳的间隙：13 号、13A 型、13B 型不大于 8 mm，17 号不大于 10 mm，大于时在钩舌与下钩耳间安装垫圈调整。

②钩舌销与钩耳孔短径方向的间隙不大于 6 mm。

(4)16 号、17 号车钩尾部球面处应涂干性润滑脂。

2. 车钩三态作用试验

(1)全开试验:在闭锁位时,持续稳定地转动钩提杆的手把(或扳动 16 型车钩下锁销杆),钩舌应达到全开位置。

(2)闭锁试验:在全开位时,持续稳定地推动钩舌鼻部,钩舌应转动到闭锁状态,同时钩锁落到闭锁位置,此时向外扳动钩舌鼻部,钩舌呈牵引状态时,须符合:

①17 号车钩闭锁位钩舌鼻部与钩体正面距离不大于 97 mm;

②13A 型、13B 型车钩闭锁位钩舌与钩腕内侧距离不大于 127 mm;

③13 号车钩闭锁位钩舌与钩腕内侧距离:装用 13 号钩舌时不大于 130 mm,装用 13A 型钩舌时不大于 127 mm。

(3)开锁试验:在闭锁位时,转动钩提杆的手把(或扳动 16 号车钩下锁销杆),使钩锁坐锁面抬高到钩舌尾部以上。在此过程中钩舌不应转动,钩舌仍处在闭锁位置;当回转钩提杆(或放开 16 号车钩下锁销杆)并落下钩锁时,钩锁应坐在钩舌推铁的锁座面上;此时用手扳动钩舌鼻部,钩舌应能转动到全开位置,钩舌张开最大量时,须符合:

①17 号车钩全开位钩舌鼻部与钩腕的内侧距离不小于 219 mm;

②13A 型、13B 型车钩全开位钩舌鼻部与钩腕的内侧距离不大于 242 mm;

③13 号车钩全开位钩舌鼻部与钩腕的内侧距离:装用 13 号钩舌时不大于 245 mm,装用 13A 型钩舌时不大于 242 mm。

④13 号、13A 型、13B 型车钩全开位钩舌鼻部与钩腕的内侧距离超限时,可堆焊钩舌全开位止挡进行调整,但禁止焊修钩耳根部弯角。

3. 车钩防跳性能检查

①17 号车钩防跳性能检查:在闭锁位置时,车钩闭锁显示孔须全部露出。使用“钩锁托具”向上托起钩锁,并使钩锁腿贴靠后壁,如图 18(a)所示;此时使用专用量具测量下锁销顶面与钩舌座锁台下面的搭接量,须为 6.5～14.5 mm,如图 18(b)所示。搭接量小于 6.5 mm 时,更换钩锁或下锁销组成等进行调整;搭接量仍不足 6.5 mm 时,可将钩腔钩锁导向台堆焊后磨平,如图 18、图 19 所示。

②16 号、17 号车钩下锁销杆防跳性能检查:将下锁销杆向上托起,使

下锁销杆的防跳台与钩体的防跳台贴靠，此时向开锁方向转动下锁销，如图 20 所示，下锁销不得转动，下锁销、钩锁上移不得使车钩开锁。

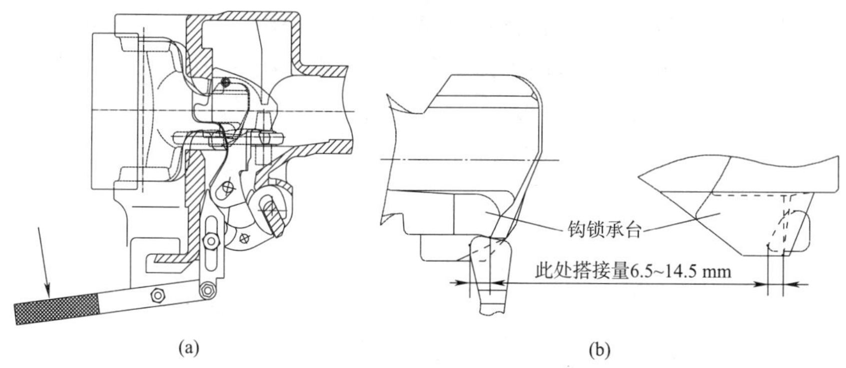


图 18　16 号、17 号车钩防跳性能检查示意图

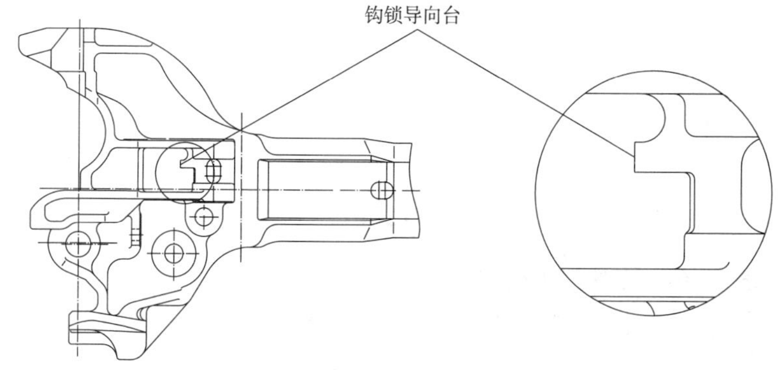


图 19　16 号、17 号车钩钩锁导向台示意图

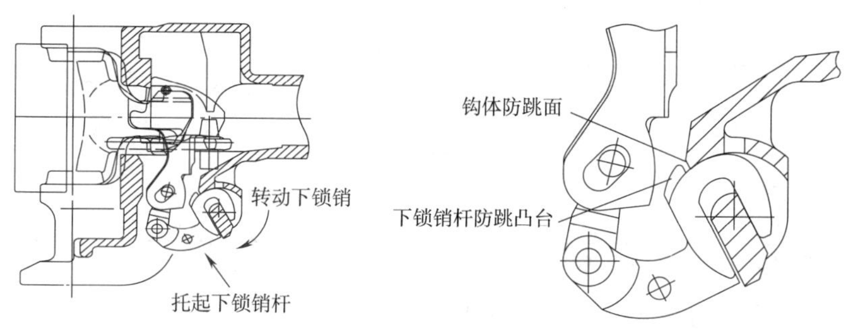


图 20　16 号、17 号车钩下锁销杆防跳性能检查示意图

③13号、13A型、13B型车钩防跳性能检查：闭锁位置时使用“钩锁托具”向上托起钩锁至极限位置，并使钩锁腿贴靠下锁销孔后壁，不得开锁，如图21(a)所示；此时钩锁移动量须为：上作用车钩3～11 mm，下作用车钩3～22 mm。下作用车钩须有二次防跳性能，摆动下锁销组成时，防跳性能应良好，如图21(b)所示。

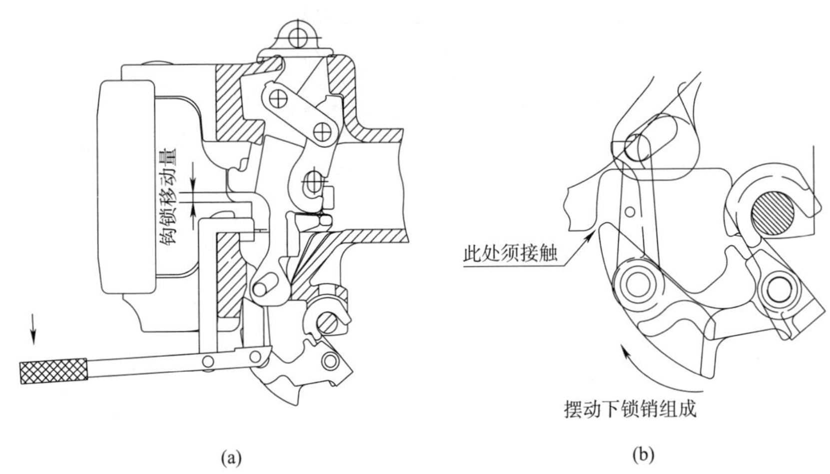


图21　13号、13A型、13B型车钩防跳性能检查示意图

**第71条**　车钩缓冲装置组装

1. 车钩缓冲装置同套零部件型号须匹配，并符合表15要求。

**表15　车钩缓冲装置型号匹配表**

| 序号 | 车钩型号 | 钩尾框型号 | 缓冲器型号 |
|---|---|---|---|
| 1 | 17号 | 17号 | MT-2型、HM-1型、HM-2型、HN-1型 |
| 2 | 13号普碳钢 | 13号、13A型、13B型 | 2号、ST型、MT-3型 |
| 3 | 13号C级钢 | 13号C级钢、13A型、13B型 | 2号、ST型、MT-3型 |
| 4 | 13A型 | 13A型、13B型 | ST型、MT-3 |
| 5 | 13B型 | 13A型、13B型 | ST型、MT-3 |

注：其他型缓冲器按照原车辆构造装用。

2. 17号钩尾框与缓冲器、从板组装须符合下列要求：

(1)MT-2型、HM-1型、HM-2、HN-1型缓冲器须加装材质为10号钢的缩短销钉。

(2)组装后在从板球面处涂干性润滑脂。

3. 13 号、13A 型、13B 型车钩缓冲装置组装须符合下列要求：

(1)组装时车钩尾部与前从板间、缓冲器或后从板与钩尾框间不得加装工艺垫。

(2)钩尾销螺栓须使用材质为 20MnTiB、机械性能为 8.8 级的半圆头专用螺栓。用于 13B 型铸造钩尾框时，钩尾销螺栓须有开口销安装孔。

4. 组装钩尾销防脱装置

(1)钩尾销螺栓与衬套间应涂抹润滑脂。

(2)钩尾框为 13 号、13A 型时，钩尾销螺栓不装开口销及垫圈。安全吊螺栓规格为 M20×160 mm、机械性能为 8.8 级，组装时须装弹簧垫圈及 $\phi$4×40 mm 开口销，开口销须盘紧；安全吊螺栓紧固后将螺母与螺栓点焊牢固。

(3)钩尾框为 13B 型铸造材质时，钩尾销螺栓须装 2 个平垫圈和 $\phi$5×40 mm 开口销，螺栓紧固扭矩为 40～80 N·m。安全吊螺栓为机械性能 8.8 级 M20 的方头螺栓，组装时不装垫圈及开口销；组装后翘起防护板，须有一个面紧靠螺母，螺母与防护板须点焊牢固。

5. 13B 型锻造钩尾框的钩尾销插托螺栓须符合 GB/T 5782—2000《六角头螺栓》中机械性能 8.8 级的规定，规格为 M18×180 mm，紧固后将螺栓与螺母点焊牢固。

**第 72 条** 17 号车钩弹性支承装置

1. 车钩弹性支承装置状态良好时可不分解，须清除支撑座腔内杂物。下列情况时须分解检修：

(1)支撑弹簧座腔内磨耗板磨耗深度大于 1.5 mm 或磨耗板开焊、丢失须更换或补装时；

(2)车钩支撑座或支撑座腔裂纹时；

(3)止挡铁丢失或止挡铁磨耗剩余厚度小于 25 mm，须补装或更换时；

(4)支承弹簧折损或弹簧衰弱造成车钩安装后支撑座与止挡铁接触部位有间隙时；

(5)更换冲击座时；

(6)组装间隙超限或其他原因须分解车钩弹性支承装置时。

2. 车钩弹性支承装置分解后按下列要求检修：

(1)车钩支撑座或支撑座腔裂纹时更换。

(2)车钩支撑座两外侧面磨耗深度大于 2 mm 时堆焊后磨平。

(3)支承弹簧自由高为(238±5) mm，超下限时须更换，超上限时可每端同高配套使用，组装时每组 3 个支承弹簧自由高差不大于 2 mm。

(4)同一辆车同端止挡铁形式须一致，厚度差不得大于 2 mm。

(5)支撑座顶部金属磨耗板磨耗深度大于 2 mm 时更换，新磨耗板厚度应为 4～16 mm。

3. 其他零部件

(1)钩尾框托板、钩尾销托梁、安全托板弯曲时调修，裂纹时更换。车钩托梁纵裂纹时焊修，横裂纹时更换；磨耗大于 3 mm 时堆焊后磨平，变形大于 5 mm 时调修。

(2)17 号钩尾框托板金属磨耗板及钩尾销托梁金属磨耗板磨耗深度大于 3 mm 时更换；更换磨耗板时，须四周满焊。16 号钩尾销托表面磨耗大于 6 mm 时须更换。

(3)13 号钩托梁金属磨耗板、钩尾框托板上焊装的磨耗板或活动槽形金属板剩余厚度小于 50%时更换；钩尾框托板上焊装的磨耗板更换时，两侧端部各施以 30 mm 长的段焊。

(4)钩提杆、提钩链及钩提杆座检修须符合下列要求：

①钩提杆弯曲时调修，裂纹时更换。

②提钩链及链蹄环裂纹或腐蚀、磨耗大于直径的 30%时更换。

③钩提杆座腐蚀或磨耗严重时更换。

(5)防跳插销及制动软管吊链检修须符合下列要求：

①防跳插销开口间距大于 8 mm 时调修。

②链环对接焊缝处开焊时须使用氧-乙炔焰焊接；链环及插销裂纹或腐蚀、磨耗大于直径的 30%时更换。

③装有制动软管吊链的铁路货车，防跳插销可安装在制动软管吊链的第一个链环中；无制动软管吊链的铁路货车，防跳插销安装在车钩的防跳插销安装孔内。

④非金属磨耗板检修须符合下列要求：磨耗板裂纹、破损、磨耗超限时更换。安装时，须清除与非金属磨耗板间配合部位金属件的尖角和

毛刺。

**第 73 条** 车钩缓冲装置油漆标记

1. 车钩、钩舌、钩尾框、缓冲器须涂打检修车间简称、检修年月标记。

2. 钩舌、钩尾框表面须涂清漆；钩舌销、钩尾销、上锁销组成、下锁销组成、钩锁、钩舌推铁、下锁销转轴不得涂漆。

3. 表 16 为车钩缓冲装置检修限度表。

**表 16 车钩缓冲装置检修限度表** 单位：mm

| 序号 | 名称 | 限度 | | | 备注 |
|---|---|---|---|---|---|
| | | 原形 | 大修 | 段修 | |
| 1 | 钩舌与钩腕内侧距离<br>13 号不大于<br>(1)闭锁位：<br>全开位<br>(2)13A 型、13B 型不大于闭锁位<br>全开位：<br>(3)17 号钩舌鼻部与钩体正面距离<br>闭锁位不大于<br>全开位不大于： | 112～122<br>220～235<br>110～120<br>218～233<br>82～89<br>220～235 | 127<br>242<br>125<br>240<br>93<br>219 | 130<br>245<br>127<br>242<br>97<br>219 | |
| 2 | 钩舌与上钩耳间隙不大于：<br>(1)13 号、13A 型、13B 型<br>(2)17 号 | 6<br>8 | 8<br>10 | | 可在下钩耳处安装垫圈 |
| 3 | 钩舌销与钩耳孔、钩舌销孔间隙不大于 | 4 | 6 | | 按短径计算 |
| 4 | 钩耳孔与衬套孔直径磨耗不大于<br>(1)13 号、13A 型、13B 型<br>长径<br>短径<br>(2)16 号、17 号<br>长径<br>短径 | 44<br>42<br>45.5<br>44 | 2<br>3<br>2<br>3 | 3<br>3<br>3<br>3 | |
| 5 | 钩尾端部与钩尾销孔后边缘距离<br>(1)13 号、13A 型、13B 型不小于<br>(2)13 号、13A 型、13B 型钩体<br>上下面差不大于<br>(3)17 号不小于 | 50<br>89 | 47<br>2<br>85 | 40<br>2<br>83 | |
| 6 | 钩尾端面磨耗深度不大于 | | 2 | | |

续上表

| 序号 | 名　　称 | 限　度 | | | 备　注 |
|---|---|---|---|---|---|
| | | 原形 | 大修 | 段修 | |
| 7 | 钩尾销孔磨耗不大于<br>13号、13A型、13B型<br>17号<br>上下长轴<br>上下短轴<br>中部长轴<br>中部短轴 | <br>110<br><br>114<br>98<br>110<br>94 | <br>3<br><br>2<br>2<br>2<br>2 | <br>3<br><br>2<br>2<br>2<br>2 | |
| 8 | 上下销孔磨耗之和不大于 | 66 | 3 | 3 | |
| 9 | 钩腔内上下防跳台磨耗<br>13号、13A型、13B型不大于<br>上防跳台<br>下防跳台<br>17号(借外力测量下锁销与钩舌落钩台搭载量)不小于 | <br><br>55<br>16<br>6.5 | <br><br>2<br>2<br>6.5 | <br><br>2<br>2<br>6.5 | 超限时堆焊后磨修 |
| 10 | 17号钩尾端部高度不小于 | 171.5 | 169.5 | 166 | 钩尾孔横向中心线两侧测量 |
| 11 | 17号钩连锁套头及套口磨耗不小于<br>套口<br>套头 | <br>174<br>186 | <br>6<br>6 | <br>6<br>6 | |
| 12 | 17号钩身长度不小于 | 572 | 567 | 567 | |
| 13 | 钩身磨耗板剩余厚度不小于<br>(1)13号<br>(2)17号、13A型、13B型 | <br>4<br>6 | <br>2<br>3 | <br>2<br>3 | |
| 14 | 钩身弯曲不大于 | | 5 | 10 | |
| 15 | 钩尾框销孔不大于<br>(1)13号、13A型、13B型<br>(2)17号 | <br>106<br>92 | <br>3<br>2 | <br>3<br>2 | |
| 16 | 13号、13A型、13B型钩尾框螺栓孔不大于 | $\phi$22 | 2 | 3 | |
| 17 | 钩尾框磨耗深度不大于<br>13号<br>13A型、13B型铸造钩尾框<br>13A型、13B型锻造钩尾框<br>17号铸造钩尾框<br>17号锻造钩尾框 | <br>25<br>28<br>31.5<br>28.5<br>28/31.5 | <br>2<br>2<br>2<br>2<br>3 | <br>3<br>3<br>3<br>3<br>4 | |

续上表

| 序号 | 名　　称 | 限　　度 | | | 备　注 |
|---|---|---|---|---|---|
| | | 原形 | 大修 | 段修 | |
| 18 | 钩尾框磨耗剩余厚度不大于(框身厚度)<br>13号、13A型、13B铸造钩尾框<br>13B锻造钩尾框<br>17号铸造钩尾框<br>17号锻造钩尾框<br>其他部位 | 25<br>28<br>31.5<br>28.5<br>28/31.5 | 2<br>2<br>2<br>2<br>2<br>3 | 3<br>3<br>3<br>3<br>3<br>4 | |
| 19 | 钩尾框磨耗板剩余厚度不小于<br>(1)13号<br>(2)13A型、13B型、17号 | 4<br>6 | 2<br>4 | 2<br>5 | |
| 20 | 13B型锻造钩尾框插脱凹槽磨耗不大于<br>宽度<br>高度 | 4<br>6 | 2<br>3 | 2<br>4 | 超限时更换 |
| 21 | 钩舌磨耗剩余厚度不小于<br>(1)13号<br>(2)13A型、13B型 | 72<br>73 | 70<br>71 | 68<br>69 | 距上下边缘13号为50 mm，13A型、13B型为60 mm处测量 |
| 22 | 钩舌锁面磨耗不大于13号、13A型、13B型 | 170 | 2 | 3 | |
| 23 | 钩尾销磨耗不大于<br>13号、13A型、13B型<br>17号<br>直径<br>长度 | 100<br><br>$\phi$89<br>303.5 | 2<br><br>2<br>3 | 3<br><br>3<br>4 | |
| 24 | 钩舌销孔或衬套孔径向磨耗不大于 | | 2 | 3 | |
| 25 | 钩舌销径向磨耗不大于 | $\phi$41 | 2 | 2 | |
| 26 | 从板磨耗不大于<br>(1)13号、13A型、13B型<br>长<br>宽<br>厚<br>(2)17号<br>长<br>宽<br>厚 | 319<br>225<br>57<br><br>318<br>229<br>57 | 2<br>2<br>2<br><br>2<br>2<br>2 | 3<br>3<br>3<br><br>3<br>3<br>3 | |

续上表

| 序号 | 名　　称 | 限　　度 | | | 备　注 |
|---|---|---|---|---|---|
| | | 原形 | 大修 | 段修 | |
| 27 | 钩托梁不大于<br>(1)弯曲<br>(2)磨耗深度 | | <br>5<br>2 | <br>5<br>3 | |
| 28 | 2 号缓冲器弹簧盒内壁磨耗深度不大于 | | 2 | 3 | |
| 29 | 组装后的缓冲器自由高<br>(1)2 号<br>(2)MT-3\MT-2 不小于<br>(3)ST 型 | <br>514±3<br>572<br>$568^{+5}_{+3}$ | <br>514±3<br>572<br>$568^{+5}_{+3}$ | <br>514±3<br>572<br>$568^{+5}_{+3}$ | |
| 30 | ST 缓冲器箱体内六方摩擦面磨耗不大于 | $22^{+3}_{0}$ | 3 | | |
| 31 | ST 缓冲器摩擦楔块<br>(1)厚度不小于<br>(2)磨耗深度不大于<br>(3)支承面局部凹陷深度不大于 | <br>22±1<br>51°31′<br>11° | <br>20<br>2<br>2 | | |
| 32 | ST 缓冲器推力锥斜面与圆周相交点磨耗深度不大于 | R12 | 2 | | |
| 33 | ST 缓冲器限位垫圈磨耗不大于 | 80 | 80 | | |
| 34 | ST 缓冲器推力锥顶面至箱体顶面距离不小于 | 400 | 393 | | |
| 35 | ST 缓冲器自由高<br>(1)外圆弹簧自由高<br>(2)内圆弹簧自由高 | <br>369 | <br>362 | | |
| 36 | ST 缓冲器组装后各楔块与箱体局部面间隙不得大于 | | 1.5 | | |
| 37 | ST 缓冲器组装后螺栓杆露出不少于 | | 2 扣<br>(7 mm) | | |
| 38 | ST 缓冲器组装后推力锥面与箱体顶部距离 | | $68^{+4}_{-1}$ | | |
| 39 | MT 缓冲器箱体<br>(1)箱体口部不大于<br>(2)箱体高度不小于<br>(3)箱体口部中间圆弧直径不大于<br>(4)箱体口部对应中心楔块安装部位最薄处不小于<br>(5)缓冲器组装后锁销顶高度不大于<br>(6)箱体外形长不大于<br>(7)箱体外形宽不大于 | <br>276±0.8<br>487±1.6<br>$68^{+2}_{0}$ | <br>277.8<br>482<br>15<br>561<br>553<br>322<br>230 | | |

续上表

| 序号 | 名　　称 | 限　　度 | | | 备　注 |
|---|---|---|---|---|---|
| | | 原形 | 大修 | 段修 | |
| 40 | MT 缓冲器箱体弹簧座与缓冲器内、外弹簧接触面检修不大于 | | 1 | | |
| 41 | MT 缓冲器箱体中心楔块两挂耳最外不小于 | $568^{+0.8}_{-1.5}$ | 192 | | |
| 42 | MT 缓冲器箱体中心楔块顶面至动板顶面的距离平均值不小于 | | 4.5 | | |
| 43 | MT 缓冲器：<br>楔块磨耗深度不大于<br>固定斜板磨耗深度不大于<br>动板磨耗深度不大于<br>外固定板磨耗深度不大于 | | <br>1<br>1<br>0.5<br>1 | | |

# 第六章　车体与底架

车底架和车体是车辆的主体，是承载货物的重要部分。大修时钢结构均须分解（状态良好者除外），除锈见铁，彻底检查修理裂纹、锈蚀、变形等。年修时对外露部分须仔细检查，局部有锈蚀、裂纹、变形须截换、挖补、调修或补强。辅修仅作外观检查。车体附属品，不论大修、年修、辅修，均须构造完整，组装牢固。

## 第一节　车　底　架

**第 74 条**　车底架检修的一般技术要求

1. 抽换梁柱时，车底架各梁之结构原为铆装者仍应铆装，原为焊接者仍为焊接。

2. 上心盘上部可垫厚度不超过 16 mm 的铁垫板一块。上心盘铆装后与心盘上垫板须密贴，局部贯通间隙不得大于 0.5 mm；但距铆钉（或螺栓）周围 20 mm 以内不得有间隙。

3. 两上旁承纵向中心线与心盘纵向中心线的允许偏差±2 mm；上旁承横向中心线与心盘横向中心线允许偏差±3 mm。

**第 75 条**　车底架各梁腐蚀、裂纹、夹锈检修技术要求

1. 大修时各梁的腐蚀或聚集点腐蚀的深度不超过原板厚度的30%，宽度不超过原梁宽度的1/2时挖补；如深度超过原板厚度的40%，宽度超过原梁宽度的1/2时，截换或更换。

2. 大修时各梁上、下盖板的腐蚀深度不得超过原板厚的40%，超过时挖补或更换。

3. 年修时各梁的腐蚀或聚集点腐蚀的深度超过原板厚的50%时需焊修或挖补。

4. 底架各梁裂纹时焊后补强。铁水车、渣罐车、混铁车裂纹长度超过100 mm以上时更换。

5. 底、体架各结合处夹锈：大修时超过3 mm分解除锈。铆装的各柱、铁墙板、冲击座、从板座、心盘座等各连结部分的接触面间，锈层厚度超过3 mm时铲钉除锈。

**第76条** 底架各梁截换补强的技术要求

1. 中梁须截换时，可采用斜接或对接形式，但对接接口两梁不得在同一断面上，须错开250 mm以上，中梁与下盖板接口须错开150 mm以上。

2. 铆接补强时，一侧补强板厚度应较原梁板厚增加10%；两侧补强时，每侧板厚应为原梁厚的60%～80%。补板宽度应与原梁相同。补板长度一般应为原梁高度的2～3倍。铆钉总面积不得少于补板的断面积。

3. 焊接补强时，补强板的厚度应为原梁厚度的90%，高度应小于原梁高10～20 mm，长度为补板高度的1.5倍以上。

**第77条** 大修时，牵引梁内侧距为330 mm者，须加焊3 mm以上的对称磨耗板。

**第78条** 底架扭曲（同一端梁两端距轨道垂直距离之差），大修不得超过8 mm，年修不得超过12 mm。

## 第二节　车　　体

**第79条** 渣罐车车体检修应符合下列技术要求

1. 端板检修时的技术规定：

(1)端板有裂纹、折损时焊修后补强或更换。

(2)端板弯曲，大修时超过5 mm、年修时超过10 mm、辅修时上超过

13 mm 须调修。

(3)端板与固定板的间隙,大修超过 1 mm、年修超过 4 mm、辅修超过 6 mm 时修理。

2. 雨棚盖板锈蚀的剩余厚度不得小于 1.5 mm。烧结车同。

3. 机械传动防护罩丢失者须补齐,破损或变形时须修理,安装要牢固,与车体之间采用螺栓连接,不得焊接。

4. 吊翻渣罐车车体及罐架须按下列规定检修。

(1)罐架外侧板弯曲,大修超过 5 mm、年修超过 10 mm、辅修超过 12 mm 时修理或更换;内侧板弯曲,大修超过 10 mm、年修超过 14 mm 时修理或更换。

(2)转动轮局部磨耗,大修超过 2 mm、年修超过 5 mm、辅修超过 10 mm 时焊修或更换。

(3)转动轮轴孔直径磨耗,大修超过 3 mm、年修超过 5 mm、辅修超过 10 mm 时镶套或更换。

(4)转动轮架轴孔裂纹时焊修或更换。

(5)转动轮的轴直径磨耗,大修超过 2 mm、年修超过 3 mm 时修理或更换。

(6)7.5 $m^3$渣罐车之链轮座磨耗、破损时更换;链轮框磨耗、弯曲时更换;链轮各销轴磨耗时更换。链条线径磨耗 3 mm 或裂纹时更换。

5. 渣罐车、铁水车车体下垂或上翘,大修时最大不超过 15 mm、年修时不超过 20 mm、辅修不超过 25 mm,超过时调修。其他铆焊结构的车体架上翘、下垂按限度表规定执行。

6. 支框变形超过 30 mm 时加垫调整或更换,裂纹时焊修并补强。支框与罐接触的四个面应平坦;支铁座与支框的焊缝不得有裂纹。

7. 渣罐装入支框时应符合下列技术要求:

(1)4 个接触面应均匀接触,如有不平允许加垫调整,罐底面与弯梁距离不得小于 40 mm。16.5 $m^3$渣罐允许在支框 4 点处或在罐的 4 个接触面加垫调整,垫板最多为 2 层。

(2)支铁与罐耳的间隙最大不得超过 5 mm 超接长支铁,最多为两块,应焊接牢固,保持平直。但渣罐除外。

(3)止铁销弯曲时调修或更换。

8. 支框滚轮轴装入支框时,必须牢固,螺栓不得松动。齿轮、轴不得缺损。滚轮轮缘裂纹与缺损必须焊修。

9. 支框轴套与轴间隙,大修时不超过 2 mm,年修不超过 3 mm。支框轴油孔油路要畅通,支框轴允许有局部伤痕,大修时深度为 1 mm,年修时深度为 1.5 mm,超时加修。

**第 80 条** 铁水、铸锭、切头、烧结等冶金车辆车体修技术要求

1. 铸钢车体裂纹焊修时须按通用工艺技术要求第 8 条执行。但横裂纹超过构件宽度的 1/2 时更换,车体变形(包括焊后)不得超过车体长度及宽度的 1%。

2. 切头车的车体裂纹时焊修;裂纹长度超过高度的 1/2 时须加补强板,一处折断时焊后补强,两处折断时更换在厢与车体连结处的挡铁须焊接牢固或镶键及压板焊接。

3. 切头车车厢外胀时,挡铁可焊在低架两侧面上,若翘起时,可在翘曲面上加垫调整,并将铁板垫焊于车体上。

4. 烧结车斜地板腐蚀磨耗(或局部烧伤)深度超过 30%～50%时抽换。

5. 烧结车侧板通风板腐蚀、烧伤深度超过 50%时更换。烧结车底开门间隙,大修超过 4 mm、年修超过 6 mm 时调修。

6. 料槽车铸钢车体防热板应齐全,转动灵活。

**第 81 条** 渣罐检修的技术要求

1. 铁制渣罐的裂纹长度超过 200 mm 时须进行补修,裂线宽超过 20 毫米时须填塞铁条或石棉绳后再行补修。

2. 渣罐锔补用补板的厚度应在 10 mm 以上,铆钉的直径应在 25 mm 以上,但用射钉枪铆补时铆钉直径可为 6～10 mm。

3. 渣罐锔补应符合下列技术要求:

(1)裂纹之末端须钻孔,并用铆钉堵严,堵严后焊补。

(2)罐体与补强板铆接时,在裂纹的每侧须用双排钉铆接,但钉距需在 200 mm 以内,并应交错分布,埋头深度不小于 20 mm。

(3)渣罐有裂纹、烧漏等缺陷进行补修时,可采用拼接抢补,挖补后仍按一般铆补方法进行铆接。

(4)补板与罐壁的局部间隙不得超过 3 mm。

(5)补板之长度一般应为裂纹长度的 1.3 倍。

4. 钢制渣罐凹入一侧不超过 150 mm，超过时更换。

5. 渣罐横断纹长度超过周长的 1/3 时更换。

**第 82 条** 底架及车体检修一般技术要求

1. 底架上的制动管、制动杠杆穿过孔，可先在两端钻孔后，再用气割法切割。

2. 更换梁、柱和盖板时，原为铆装者，仍用铆装，原为焊接者，仍用焊接。原为铆装如需焊接，须经化验鉴定，硫和磷超过 0.07%时不得焊修。

3. 木制地板托梁，应以螺钉固定于地板托梁托铁上，不准以圆钉代替。

4. 客车上心盘可垫一块厚度不超过 16 mm 的铁垫板。

货车用螺栓组装的上心盘，其垫板厚度大修时不得大于 30 mm，年修时不得大于 50 mm，铁垫和木垫可以混装；但垫板厚度不足 12 mm 时，须用铁垫板，总层数不得超过二层。

**第 83 条** 底体架大修技术要求

1. 底体架各结合处夹锈厚度超过 8 mm 时，分解除锈。铆装的各柱、铁墙板、冲击座、从板座、上心盘与各结合部分的接触面间锈层厚度超过 2 mm 时，铲钉除锈。

2. 上心盘铆装后与上心盘垫板须密贴，局部贯通间隙不得大于 0.5 mm，距铆钉周围 20 mm 以内不得有间隙。

3. 每侧上旁承纵向中心线与心盘纵向中心线的偏差允许±2 mm，横向中心线与心盘横向中心线偏差允许±8 mm。

**第 84 条** 各型普通货车的牵引梁检修技术要求

1. 牵引梁与从板接触处，须加焊厚 8 mm 以上的对称磨耗板，若加焊后与从板的间隙两侧之和小于 5 mm 时可不加装。

2. 牵引梁内侧面耗磨深度大修超过 2 mm，年修超过 3 mm 全部焊修；若磨耗高度超过梁高 1/2 时堆焊、挖补或截换，并在外侧加较原厚 10%的补强板，采用斜接截换时除外。

3. 牵引梁与枕梁结合处附近下翼板裂纹未延及腹板时，焊后应加焊（10～12）mm×200 mm×200 mm 三角形补板若延及腹板时，应补角形补强板，如补板需铆接时，可按相关要求进行补强。

4. 从板座裂纹时焊修(裂纹长度超过断面积的时须拆下);磨耗年修超过 5 mm 时焊修。大修两前后从板座内距大于 628 mm 时,可在从板座的从板接触面加焊钢板,焊后内距须为 $625^{+0}_{-2}$ mm,前后从板座对角线之差不得超过 2 mm;从板座其他部分磨耗大修超过 3 mm、年修超过 8 mm。

5. 焊装的从板座大修时须改为铆装。引梁无钩尾上挡板者大修时加装,但铁地板、通长中梁上盖板、缓 8 及缓 9、一体从板座者除外。

6. 牵引梁根部外胀超过规定限度时,调修;扩大超过 20 mm 时,调修后在后从板座的后端牵引梁腹板中部焊装[18 槽钢,长度与牵引梁内距相同。或更换一体后从板座。

**第 85 条** 各梁裂纹时检修要求

1. 中梁横裂纹的长度小于 1/2 梁高时,其材质符合焊接要求者,铲坡口焊修后按规定加角形补强板,超过时应截换或更换。

2. 侧、端、枕、横梁翼板裂纹未延及腹板者,焊后补扁钢,延及腹板者,补角形钢板。

3. 腹板上的制动主管孔、杠杆孔四周裂纹时,补环形补强板,焊补时,内外四周须满焊。

4. 枕、横梁与中、侧梁结合处裂纹时,加补与腹板等高的角形补强板,但铆接的枕、横梁裂纹距侧梁不足 100 mm 时,须截换端头。

5. 各梁纵裂纹或焊缝开焊时,焊修或补强;枕梁下翼板与上旁承结合处裂纹焊后加焊三块三角形补强板。

6. 各梁盏板横裂纹时焊后补强,下盖板燕尾部裂纹,在燕尾根部者焊后加装马蹄形补强板,厚度与原板厚相同,长度在裂纹每侧不少于 200 mm;在燕尾者,焊后加装厚度和宽度与原板相同,长度在裂纹每侧不少于 200 mm 的补强板。

7. 枕、横梁下盖板横裂纹的位置在中梁下方或两侧各 100 mm 以内时,须加装元宝形补强板,长度须盖过中梁两侧,每侧不少于 200 mm。

**第 86 条** 各梁锈蚀时加修要求

1. 各梁腹板腐蚀深度较原梁厚减少量大修超过 30%时,挖补、截换或更换,年修超过 50%时,堆焊、挖补或补强;腐蚀麻点直径在 20 mm 以上时,深度大修超过原板厚 30%、年修超过 50%,或直径小于 20 mm 深度大修超过 50%，年修穿孔时，堆焊、挖补或补强；各梁翼板及盖板大修腐蚀深度超过 30%时，堆焊或补强，超过 35%时截换或更换。

2. 各梁腐蚀过限需补强时，补板厚度须为原梁厚的 90%以上，四周须盖过腐蚀边缘 50 mm 以上。

3. 各梁上下盖板腐蚀深度大修超过 30%时，堆焊或补强，超过 40%时，截换或更换。更换中，枕梁盖板时：原盖板不足 8 mm 者，须用 8 mm 以上的钢板。单层中梁下盖板腐蚀，年修超过 50%时补强，其他各梁盖板年修腐蚀严重时，挖补、补强或截换。

**第 87 条**　各梁补强时技术要求

1. 中、侧梁补强时，须将加修部位调修至水平线在无自重弯曲应力条件下，施行补强。

2. 中、侧梁裂纹在同一断面位置时，其补强板须 300 mm，不受原梁接口限制。

3. 补强板与梁或盖板须紧贴，焊装的补强板高度超过梁高 1/2 时，除四周满焊外，应在补板中部以间距 150 mm，钻入 20～25 mm 的孔施行塞焊。

4. 中梁上、下盏板补强板块数大修时不得超过 2 块，超过时截换或更换。

5. 翼板补强板之厚度应不小于原翼板之厚度，其宽度可比翼板宽减少 8～10 mm，长度须盖过裂纹每侧 300 mm 或腐蚀边缘 50 mm 以上；中梁焊接补强板，其端部距主管孔，杠杆孔边缘应超过 50 mm 以上，中、侧梁补强板端部须盖过裂纹不少于 300 mm。

6. 中、侧梁裂纹，其材质不符合焊接要求者，应按下列规定施行铆补：

(1)补强板之厚度：一侧铆补时，补板厚度须较原梁厚度增加 10%；两侧铆补时，每侧补强板厚度为原梁厚度的 60%～80%。

(2)补强板的宽度，应与原梁高相同，有裂纹的翼板，须相应地撼边。

(3)补强板的长度应为腹边高的 2.5 倍以上。

(4)铆钉的排列，应尽量减少在同一断面上。

**第 88 条**　各梁弯曲时检修技术要求

1. 各梁弯曲超过表 17 规定限度时冷直加热调修。

表 17　各梁弯曲测量表　　单位:mm

| 各梁状态 | 大修限度 | 年修限度 | 修理方法 | 附注 |
| --- | --- | --- | --- | --- |
| 中、侧梁下垂 | 15 | 40 | 冷直或加热调修 | 调修不得低于水平线 |
| 中、侧梁左、右旁弯 | 13 | 35 | 冷直或加热调修 | |
| 端、枕、横梁弯曲 | 10 | 25 | 冷直或加热调修 | |
| 牵引梁下垂 | 13 | 25 | 调修后补强 | 包括上翘 |
| 枕梁外侧的侧梁下垂 | 13 | 25 | 冷直或加热调修 | |
| 底架扭曲 | 15 | 25 | 冷直或加热调修 | |

2. 大修中梁调直后,其下盖板为单层者,应加厚 8 mm 的双层下盖板或更换厚不小于 10 mm 以上的单层下盖板。

**第 89 条**　中、侧梁及盖板截换时接口位置规定

1. 中梁及其下盖板直接者:由枕梁中心线起 600 mm 以内和车体横中心线左、右各 1 200 mm 以内不允许有接口。

2. 侧梁直接者:由枕梁中心线起 300 mm 以内和车体横中心线左、右各 800 mm 以内不允许有接口。

3. 各梁接口不得在同一断面位置上,相邻梁接口须错开 250 mm 以上,中梁与下盖板接口须错开 150 mm 以上,双层下盖板接口位置须错开 100 mm 以上。

4. 中、侧梁在两枕梁间接口不得超过 2 个。

**第 90 条**　各梁辅助装置检修要求

1. 中梁隔板、心盘座隔板裂纹时,焊后补强或更换;隔板四周焊波开焊或未满焊时,须满焊。

2. 各金属辅助梁裂纹时,焊后补强;腐蚀深度大修超过 40%、年修超过 50%时更换。金属辅助梁端部与枕、横梁腹板直接焊装者,在大修以及年修焊缝开焊时,须加装(6～8)mm×752 mm 的 90°角钢托,角钢托与腹板四周须满焊。

**第 91 条**　底架大修组装完后,中央部应有 2～12 mm 向上的自然挠度(自两端枕梁处测量);全长旁弯不得超过 10 mm;对角线之差不得超过 15 mm;扭曲(四角不水平)不得超过 10 mm。

**第 92 条** 上心盘大修，年修检修技术要求

1. 上心盘裂纹时，除心盘筋板裂纹未延及心盘体者外，须拆下焊修，根部裂纹长度超过圆周长的 1/2 时，焊后加工，并圆弧半径不得少于 15 mm。突起部破损时更换。上心盘拆下时背面无筋者，加筋。

2. 心盘面磨耗大修超过 2 mm、年修超过 6 mm，径向磨耗大修超过 3 mm、年修超过 4 mm 时，焊后旋修。

3. 下心盘与摇枕一体者，上心盘可改为螺栓组装。以螺栓组装的上心盘，大修时须卸下检查，并确认状态良好，螺栓向上安装者，须加开口销，向下安装者，须加锁紧螺帽。

**第 93 条** 车体检修综合技术要求

1. 门口地板边缘无护铁者加装，更换或加装时，应使用厚 4 mm 及以上的铁板；木托梁紧靠侧梁边缘者，可不加装；各木质侧门的上、下边缘无角铁者加装。

2. 钢制侧、端、顶板的检修：

(1)钢板裂纹时焊修。端、侧、门板腐蚀剩余厚度大修不足 70%，年修不足 50%时，挖补或截换，修换时，钢板厚度不得薄于原形；棚车及代用座车各板腐蚀深度大修超过 40%、年修超过 50%时，挖补或截换。各板凸凹不平时调修。

(2)$C_{62}$、$C_{65}$型侧板截换或更换时，用厚 4 mm 钢板的原压型件或用厚 5 mm 平钢板；端板截换或更换时，用厚 5 mm 钢板的原压型件或用厚 6 mm 的平钢板，焊后加筋板；端板全部更换时，焊装三根槽钢作筋板用，按[18、[24、[24 从上至下排列；端板截 1/2 时，压筋高为 60 mm 或原为两根压筋者须在下部焊两根[24 槽钢，原筋高为 70 mm 者，须焊装一根[24 槽钢。

(3)侧、端板腐蚀或破损部分距梁、柱铆钉 100 mm 以内时，须连同铆钉铲去挖补或截换。

3. 铁地板裂纹时焊修，与底架结合焊波开焊时重焊。铁地板与侧、横梁焊波长度不足 20 mm 时，须焊补至 200 mm 以上。铁地板破损、腐蚀、磨耗深度超过规定限度时，挖补截换或更换，钢板厚度应与原地板厚度相同。更换新地板时，钢板厚度应不小于 8 mm。

**第 94 条** 端、侧、角柱检修技术要求

1. 各柱铆钉有松动时，须切钉重铆；钉孔腐蚀脱钉者，须切钉补强。

2. 各柱外胀年修超过 30 mm，辅修超过 60 mm 或弯曲、扭曲时应调修，侧柱连接铁弯曲、扭曲时调直。

3. 各柱裂纹时、焊修或焊后补强；腐蚀大修超过 30%年修超过 50%时(包括客车立柱)，须补强。

4. 各柱挖补、截换、补强应按下列技术要求办理。

(1)端、侧柱挖补或截换时，接口须距侧、端柱下部 500 mm 以上处斜接，并双面施焊。相邻侧柱接口须错开 75 mm 以上。

(2)侧柱根部补强时，补板应为抹角搣弯的角形补板，其厚度为 6～8 mm，下部与柱下端平齐，高度须超过梁上平面 200 mm 以上，同一侧柱根部两侧补强时，高度须错开 50 mm，其他部位补强时，应盖过裂损部位，每侧不少于 150 mm。

(3)端柱补强板应用 L752×8 mm 角钢制成；$C_{50}$、$C_{13}$ 型敞车角柱补强板须用厚 8 mm 的钢板压制，$C_{62}$、$C_{65}$型敞车角柱应为 L1 402×10 mm 角钢制成。各柱补强板须与柱密贴，其局部间隙不得超过 1 mm；同一柱的补强板不得超过 8 块，超过时截换或更换。

(4)新压制侧柱，其钢板厚度应不少于 6 mm，其他各柱按原形配制。

**第 95 条** 敞车车体大修、年修技术要求

1. 侧柱内背柱裂纹时焊修，腐蚀深度大修超过 30%、年修超过 50%时，焊修、截换或更换。

2. 钢板压制的矮内背柱更换时，须换铸钢品。高内背体柱截换或更换时，须用厚 8 mm 钢板压制，接口距侧梁上平面不少于 300 mm，与侧柱接口须错开 50 mm 以上。高内背柱座板及根部加强筋板腐蚀剩余厚度不足 5 mm 时，更换。内背柱及其附件焊缝开焊时重焊。高内背柱与侧柱的两例焊缝须由下向上满焊 400 mm 以上，剩余处分段焊接，座板与侧柱翼板接触处须焊接。

3. 上部侧、端梁及腰带横裂纹时焊后补强、腐蚀深度大修超过 30%、年修超过 50%时，堆焊、补强或截换。截换时，接口须双面施焊，并规定如下：

(1)补强板厚度不小于原板厚度，宽度与补强处相同，长度在裂纹两侧不少于 150 mm 或盖过腐蚀边缘 50 mm 以上。

(2)上部侧、端梁及腰带在两柱间补强总长度超过该处梁长(或腰带)

的时须截换，但在两门柱间不准有接口。

4. 上部侧、端梁弯、扭曲年修超过 40 mm，腰带弯曲年修超过 20 mm 时须调修。

5. 敞车中部侧门开闭杆上、下锁销连杆及插销装置须齐全，作用良好，$C_{62}$、$C_{62M}$、$C_{65}$开闭杆原为开口销组装者，须将圆销直接与杆座焊接固定。

6. 钢制各车门与地板、梁、柱及车门之间的间隙大修超过 6 mm、年修超过 8 mm 时修理。

## 第三节　自翻车车体的检修

**第 96 条**　自翻车检修的总体要求

(1)侧板、端板、地板腐蚀严重时补强、挖补、截换或更换。

(2)传动轴、传动杆弯曲时调修，裂纹、折损时焊修或更换。连杆、杠杆、倾翻气缸架、车体顶柱、支柱、抑制肘轴承及座，圆销及开口销、侧门锁闭装置、弹簧等传动装置配件须齐全，无弯曲、折裂，圆销直径磨耗大于 3 mm 时更换，销孔直径磨耗大于 3 mm 时焊修、镶套或更换，各摩擦转动部分须注油。

**第 97 条**　侧门的检修

1. 侧门板的检修：

(1)侧门板裂纹每空间不得超过 4 处，总长度在 800 mm 以内时焊修，树状裂纹或破损时挖补，但不得超过两处，超过时截换或更换。

(2)侧门板不平度不得超过 10 mm/m²。超过时调修。

(3)侧门更换时板厚应为 6～8 mm。

2. 外檐板、里外盖板的检修：

(1)外檐板裂纹每空间只允许有 1 处，长度在板宽 1/4 内焊修，超过或破损时补强截换或更换。

(2)里外盖板裂纹时焊修，边缘破损时更换。

3. 上下檐梁的检修：

(1)上下檐梁裂纹每空间只允许有 1 处，焊后补强，超过或破损时补强截换或更换。

(2)上下檐梁变形时调修，更换时上檐梁采用[16 槽钢。

4. 侧柱顺裂纹时焊修，横裂纹超过端面 1/2 时焊后补强，变形调修。筋板侧柱每空间不少于 6 个，筋板需间隔均匀。

5. 上下檐梁与折页连接处需铆接，连接铁裂纹时更换。

**第 98 条** 端帮的检修

1. 端帮板需按下列规定检修：

(1)端帮板裂纹时焊修，树状裂纹或破损时挖补、截换或更换。

(2)端帮板不平度不得超过 10 $mm/m^2$。超过时调修。

(3)端帮板截换时有一个接口，挖补不得超过每张面积的 1/2，超过时更换，其板厚不得小于 6 mm。

2. 端帮里外角钢变形时调修，破损时挖补、截换或更换。

3. 端柱顶梁的检修：

(1)端柱顶梁变形时调修，纵裂纹时焊修，横裂纹超过 1/2 焊后补强。

(2)端柱应分别铆接于中、侧大横梁上。

**第 99 条** 车底的检修

1. 地板的检修：

(1)地板每空裂纹总长度不超过 500 mm 焊修，超过时挖补、截换或更换。

(2)地板每空允许有 2 处，其每处面积不得大于 0.1 $m^2$，横向焊缝必须搭接于横梁上。

(3)地板截换每空允许有 1 处，其面积不得大于每空面积的 1/2，接口须有三边同时搭于中、侧、大梁上，盖板下的对缝可不焊接，其余一边的焊缝须错开小横梁 40 mm 以上。

(4)地板对缝在两根大横梁中心时须加接缝盖板。

(5)地板挖补截换时须与现车地板厚度相等，更换新地板时板厚不得小于原板厚度。

(6)地板不平度不得超过 10 $mm/m^2$，超过时调修。

2. 接缝板裂纹时焊修，破损时更换，其板厚不得小于 8 mm。

3. 大横梁下盖板裂纹时焊修，破损时更换，更换时其板厚不得小于 12 mm。

4. 中、侧梁的检修：

(1)中、侧梁纵裂纹总长度不超过 2 m 时焊修，超过截换或更换。

(2)中、侧梁横裂纹总长度不超过 30 mm 时焊修，超过焊后补强，补强板总长度不得超过原梁总长度 20%，超过时截换或更换。

(3)中、侧梁同一端面出现横裂纹时，其一必须截换处理。

(4)各梁接口不得在同一断面上，相邻两梁接口必须错开 300 mm 以上。

5. 横梁的检修：

(1)大小横梁裂纹时焊修，延伸至腹板时焊后补强，破损时挖补、截换或更换。

(2)大横梁原为[20 槽钢的，若全车更换超过 50%时，一律更换为[30 槽钢或钢板压制大横梁。

(3)用钢板压制的角钢小横梁与地板焊接的，全车更换时采用槽钢与地板铆接。

6. 各梁与地板结合面在铆钉边缘应密切，其余处间隙不得大于 3 mm。

7. 车厢安装后两对角线之差不得超过 20 mm。

**第 100 条**　底梁的检修

1. 上下盖板按下列规定检修：

(1)上下盖板操作孔裂纹，长度在 350 mm 以内者焊修，超过时焊后沿四周焊接补强板或截换，下盖板裂纹长度在 50 mm 以内者焊修，超过时焊后补强板或截换。

(2)上下盖板截换时斜接，截换位置距车体中心线 600 mm 以上。

(3)上下盖板更换时上盖板厚度不小于 10 mm，下盖板厚度不小于 12 mm。

2. 端梁裂纹焊修或挖补，枕梁裂纹时焊后补强。

3. 枕梁盖板、起动缸架盖板裂纹长度在 40 mm 以内时焊修，超过时更换八字盖板。

4. 牵引梁按照下列规定处理：

(1)牵引梁腹板内侧磨耗过限时堆焊，局部磨漏以磨耗深度或高度超过原梁的 1/2 时挖补，并在外侧加补强板。

(2)牵引梁内侧距大于 330 mm 时，增设(6～8) mm×80 mm×240 mm 的对称磨耗板。

5. 腹板在心盘座及枕梁根部裂纹时，如不超过两条，总长在 200 mm 以内时焊修，超过或树状裂纹时截换，截换位置须距中心线 400 mm 以上，相对腹板的接口，以及和盖板接口须错开 200 mm 以上。

**第 101 条　倾翻装置的检修**

1. 倾翻管路须全部拆下检修，清除内外锈垢后，螺纹不良修复腐蚀深度超过 1 mm 或裂纹时更换，焊缝状态良好者可不处理。

2. 管子安装不得松动或别劲，组装时使用密封材料密封。

3. 各管路组装后，卡子、吊架不得松动，卡子必须垫有浸油的木垫。

4. 各阀门及阀类全部分解检修须作用良好不得泄漏。

5. 贮风缸凹痕深度超过 30 mm 修平。检修后须做 1 200 kPa 的水压试验。

6. 起动缸需全部分解检查进行外部清扫内部擦洗，检修组装后以 400～500 kPa 做风压试验，每分钟泄漏不得超过 30 kPa。

7. 起动缸缸体和中间活塞内径不得有划痕，裂纹时焊后加修，两端轴裂纹时更换。

8. 起动缸体通气孔螺纹腐蚀损伤时加修。

9. 活塞杆变形时调修，裂纹时更换，一侧两风缸活塞杆直径规格需一致。

10. 胀圈变形时修理，钢材直径 8～10 mm 在自由状态时对口须为 25～35 mm 间隙。

11. 皮碗压圈裂纹时更换，变形时调修；皮碗老化或边缘破损偏磨时更换新品。

12. 气动缸轴承裂纹时焊修。

13. 风缸顶铁变形时加热调修裂纹和损伤超过 20 mm 时更换。顶铁轴承裂纹或破损时更换。

14. 凸圆盘和气动缸盖螺栓螺母须带背母或加弹簧垫圈。

15. 起动缸架裂纹时焊修横裂纹长度超过该出断面 1/4 时更换。

16. 同一侧气动缸架水平之差调整，可在轴承底部加垫调整，垫板厚度不得超过 10 mm。

17. 上侧座裂纹时焊修，破损时更换。

18. 下侧座变形时加热调修，裂纹时焊修，裂纹延伸至销孔时更换。

19. 马鞍座变形时加热调修，裂纹时焊修，破损时更换。

20. 折页变形时加热调修，裂纹时焊修，裂纹延伸至销孔 25 mm 范围内更换。

21. 折页轴承裂纹不得超过两处，裂纹长度 120 mm 以内焊修，超过或贯穿铆钉延伸至销孔 25 mm 范围以内者更换。

22. 抑制肘变形时加热调修，纵裂纹时焊修，横裂纹超过断面 1/4 时更换。

23. 支承变形时加热调修，裂纹时焊修，破损或裂纹延伸至铆钉孔者更换。

24. 门折页销孔需镶套，两端用开口销者应更换为螺母紧固销轴。

25. 抑制肘吊板变形时加热调修，裂纹时焊修。孔磨耗过限时允许挖补镶套，吊板外侧加板厚 8 mm 补强圈补焊。

26. 抑制肘弹簧裂纹时更换，调整丝杆弯曲或螺纹不良时更换，弹簧座裂纹时焊修。

**第 102 条** 气缸倾翻机构的检修要求

1. 倾翻气缸须分解检修，配件清洗或擦拭干净，皮碗、填料须更换为新品。

2. 缸体裂纹或泄漏时更换。皮碗、内活塞、外活塞、气缸外套在组装前涂润滑脂，皮碗上下滑动不得有翻转现象。

3. 缸体底部、中部处内径磨耗大于 2 mm 时更换；局部划伤深度不大于 0.5 mm 时打磨光滑。

4. 倾翻气缸卸下修理时，须进行性能试验，内外活塞要动作灵活，不得有跳动现象；须进行泄漏试验，其风压力为 300 kPa，每分钟泄漏不得大于 30 kPa。

5. 储风缸排水堵须分解，缸体裂纹时焊修或更换，焊修后须进行 750 kPa 的水压试验，保压 5 min 不得泄漏。

6. 截阀须分解、检查、清洗、修理、注油，经 500 kPa 风压试验，保压 1 min 不得漏泄。操纵阀作用良好时可不分解。

7. 组装后须进行倾翻性能试验，当压力达到 500 kPa 前，倾翻气缸须达到全行程，倾翻后停止充风，保压 1 min，测量总漏泄量漏泄量不大于 50 kPa，排风后须自动复位，无卡滞。

8. 变位阀作用良好时可不分解，漏泄时研磨修理，弹簧折损、衰弱时更换。修理后在定压 500 kPa 时进行各通路性能试验，充风、排风作用须良好；分别在各位置进行试验，保压 1 min 漏泄量不大于 5 kPa。

## 第四节　混铁车车体检修

**第 103 条**　混铁车车架

1. 上车架(大连接架)检修，上车架如图 22 所示。

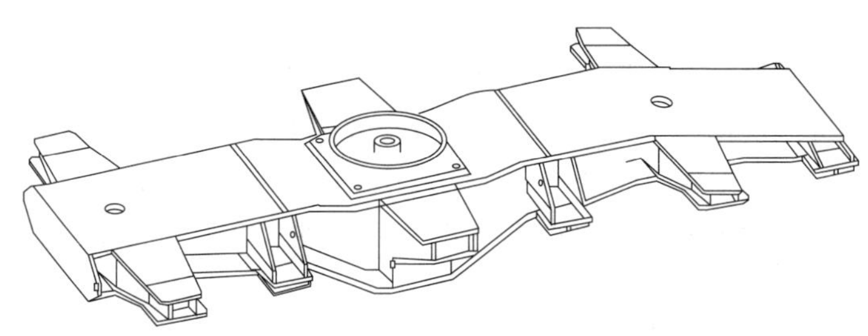

图 22　上车架结构图

(1)车架各部焊缝开裂时须铲除原开裂焊缝重新焊接，并加焊角形补强板。

(2)车架各翼板腹板裂纹时应首先分析裂纹形成原因。若是事故冲撞造成，且裂纹长度低于单侧翼板或腹板的 10％时开坡口施焊，焊后补强；若裂纹原因不明或裂纹长度超限，应进行会诊后决定处理方式。

2. 下车架检修，下车架如图 23 所示。

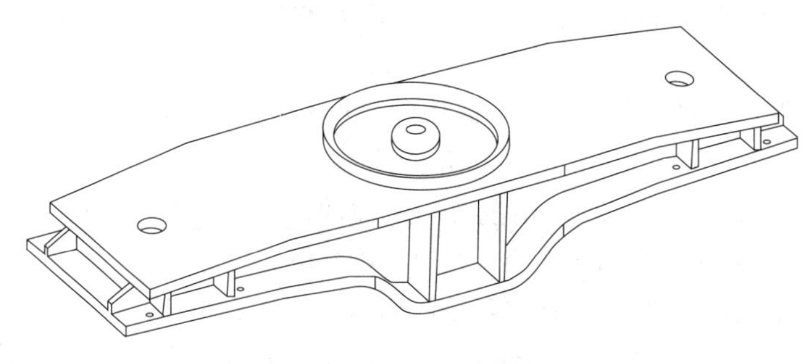

图 23　下车架结构图

(1)车架各部焊缝开裂时须铲除原开裂焊缝重新焊接,并加焊角形补强板。

(2)车架各翼板腹板裂纹时应首先分析裂纹形成原因。若是事故冲撞造成,且裂纹长度低于单侧翼板或腹板的10%时开坡口施焊,焊后补强;若裂纹原因不明或裂纹长度超限,应进行会诊后决定处理方式。

**第104条** 混铁车心盘检修

上下心盘装配如图24所示。

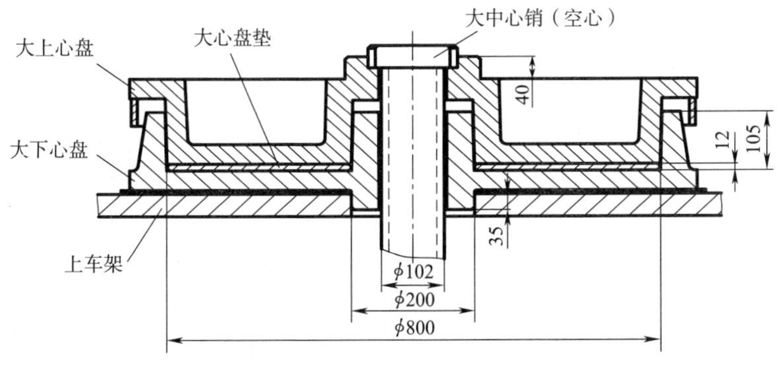


图24 大上下心盘装配图(单位:mm)

1. 检查大下心盘,凸脐不得有变形或裂纹,否则更换大下心盘;更换下的心盘由区域工程师进行鉴定是否修复。大下心盘修复工艺标准见附件1。

2. 检查心盘垫厚度,大心盘垫原形14 mm,小于8 mm更换;中心盘垫原形12 mm,小于6 mm更换;小心盘垫原形9 mm,小于4 mm更换。心盘面局部拉毛时进行打磨。心盘垫有裂纹须更换。

3. 检查各心盘销,无弯曲、变形,大端不得有脱焊、断裂现象,板销孔不得开裂。各螺栓、螺母连接须紧固。

4. 各心盘垫安放前应正反两面各均匀涂抹5 mm厚2号二硫化钼锂基润滑脂一层。

5. 大下心盘各挡块应与心盘密接,焊接牢固。装配如图25、图26所示。

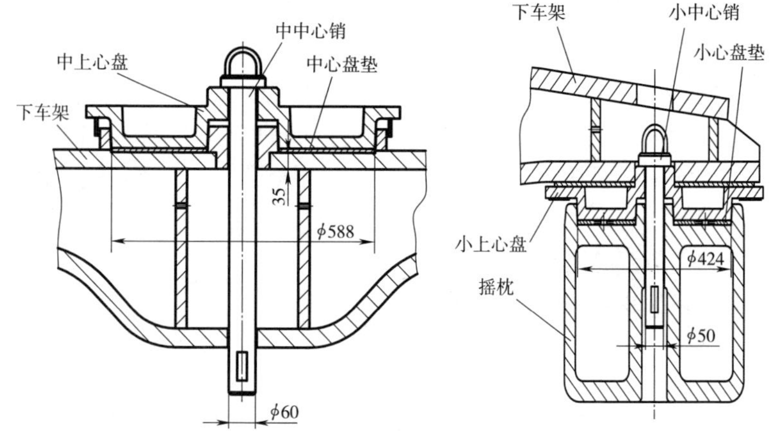


图 25　大上心盘与上车架装配图(单位:mm)

图 26　下车架上心盘与下心盘装配图(单位:mm)

**第 105 条**　平台及栏杆检修项目

1. 平台和四周铁板无严重锈蚀、孔洞、变形,和支撑梁之间无脱焊现象。平台铁板损坏,须补焊、更换,矫正铁板变形处,对脱焊部分进行补焊。

2. 注意检查平台栏杆桩脚处,不牢固处更换或加固。栏杆变形应进行矫正。最后涂黄色漆。

3. 提钩杆是否完好,无变形、脱焊。矫正变形,脱焊补焊,检查提钩环是否变形和磨损,环直径磨损 3 mm 以上须更换。检查各梯子是否变形、脱焊,有问题加以处理。

4. 登乘棚是否变形、开焊,螺栓是否缺损,如有则须恢复备件功能。

**第 106 条**　混铁车牵引梁检修

1. 牵引梁上各摩擦面磨损在 2 mm 以上时,应补焊磨耗板。

2. 牵引梁上各小横梁加强板有变形、脱焊,必要时加以矫正、补焊,薄弱处增补加强板。

3. 前后从板座距离超标,堆焊加固,焊后找平。前后从板座磨耗板磨损变形过大,应更换。

## 第五节　新型普通车体的检修

**第 107 条**　通用要求

1. 车体各配件裂损、腐蚀、变质、变形、松动、焊缝开裂时修理或更换，丢失时补装。

2. 扶手、扶手座及各圆钢制杠杆托裂纹或弯角处损伤时更换。

3. 挖补、截换时，须符合原设计材质、形状和厚度的要求。

4. 侧梁、枕梁、枕梁盖板、敞车上侧梁、侧柱截换时须斜接，接口与梁、柱纵向中心线夹角为：侧梁、枕梁、上侧梁腹板、侧柱不大于 45°；枕梁下盖板不大于 60°。

5. 原为拉铆结构组装的配件，重新铆装时仍须为拉铆结构。铆接后零部件的接触面间须严密，在距铆钉中心 50 mm 范围内用厚 0.5 mm 的塞尺测量，不得触及铆钉杆。

**第 108 条** 底架各梁及盖板检修要求

1. 中梁或鱼腹形侧梁有下列情况之一时补强：

(1)下翼板横裂纹，上翼板横裂纹长度大于单侧翼板宽的 50%时，补角形补强板。

(2)腹板横裂纹端部至上、下翼板的距离不大于 50 mm 或裂纹长度大于腹板高的 20%时，补角形补强板。

(3)上翼板横裂纹长度不大于单侧翼板宽的 50%，腹板横裂纹端部至上、下翼板的距离大于 50 mm 或裂纹长度不大于腹板高的 20%时，补平形补强板。

(4)侧梁、端梁、枕梁、横梁、斜撑梁翼板横裂纹长度不大于翼板宽的 50%时焊修；横裂纹长度大于翼板宽的 50%但未延及腹板时，补平形补强板；延及腹板时补角形补强板。

(5)各梁纵裂纹时焊修。枕梁、横梁与中梁(包括牵引梁)、侧梁连接处焊缝开裂时，须割除原焊波重焊，焊波高于基准面 2 mm。

(6)中梁(包括牵引梁)翼板与枕梁上、下盖板连接处(指枕梁盖板覆盖处)横裂纹未延及腹板时，焊修后在两翼板间、中梁的两侧对称水平焊装厚度为 10～12 mm 的三角形补强板，其直角边长度不小于 150 mm，如图 27 所示。

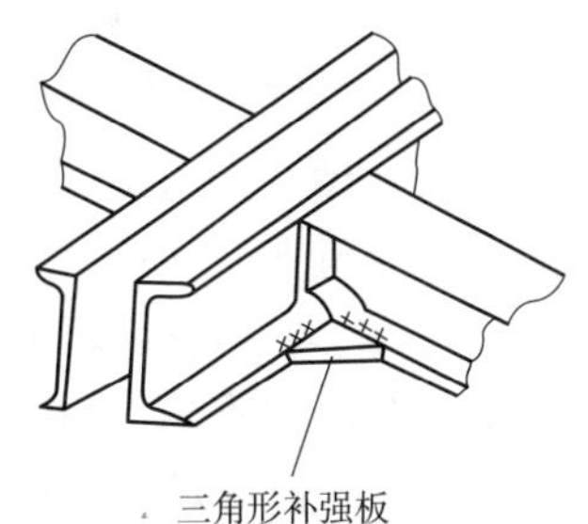


图 27 中梁焊装三角形补强板示意图

2. 牵引梁接长部分的对接焊缝裂纹时重新焊接，焊后对焊缝进行磁粉探伤检查。

3. 铸造牵引梁其余各部裂纹时焊修。

4. 上心盘座隔板裂纹时焊修,如图 28 所示,上心盘座两隔板焊缝开裂或裂纹延及中梁时,腹板横裂纹长度小于 30 mm 时焊修;焊缝开裂时,补焊成 8 mm×8 mm 的焊角。上、下翼板横裂纹长度不大于翼板宽的 50%时焊修,焊波须高于基准面 2 mm。G70B 型罐车心盘座隔板裂纹时,按照图 28 进行焊接补强。

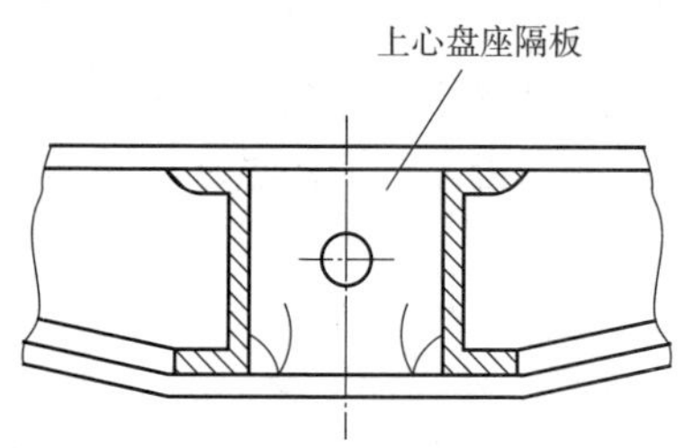


图 28 上心盘座隔板裂纹焊修示意图

5. 各梁上、下盖板裂纹时焊修、截换或补强,中梁下盖板横裂纹(包括对接焊缝开裂)时须补强。燕尾形盖板根部裂纹时,焊装马蹄形补强板;尾部裂纹时,两侧对称焊装平形补强板,如图 29 所示。

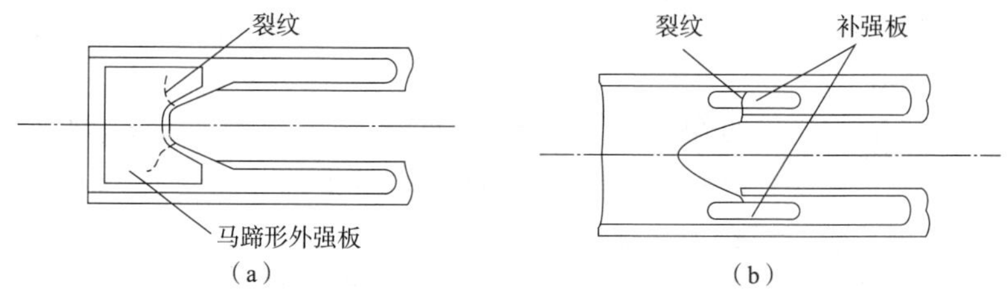


图 29 燕尾形盖板裂纹补强示意图

6. 各梁及盖板腐蚀、磨耗修理时须符合下列要求:

(1)腐蚀测量部位:翼板以全宽的 50%处为准,腹板以腐蚀最深处为准,均测量原厚度的减少量。边缘腐蚀或个别腐蚀凹坑超限时,不做腐蚀深度的测量依据,但须焊修。

(2)中梁下翼板、腹板腐蚀深度大于 50%时,堆焊或补平形补强板;侧梁、端梁、枕梁、横梁下翼板、腹板、斜撑梁腐蚀深度大于 50%或金属辅助梁腐蚀严重时,堆焊、挖补、截换或更换。

(3)牵引梁内侧局部磨耗深度大于 3 mm 时堆焊或挖补。牵引梁腹板内侧面的磨耗深度在同一横断面大于梁厚的 50%,高度大于梁高的 50%时,堆焊或挖补,挖补后在外侧焊装补强板,同一侧前、后从板座处均磨耗超限需补强时,须连接两从板座,补通长补强板(如图 30、图 31、图 32 所示)。

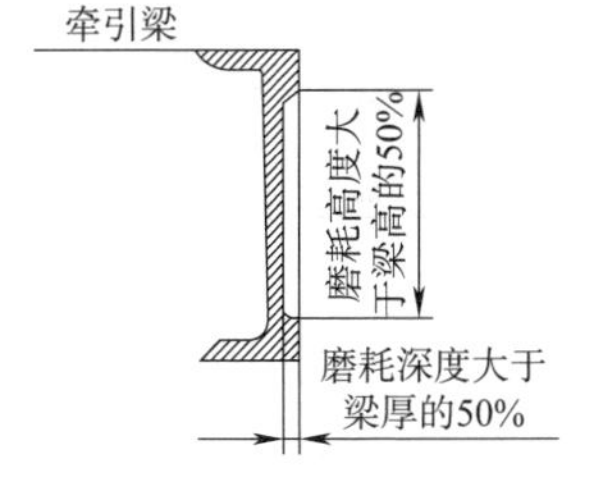


图 30　牵引梁磨耗补强示意图

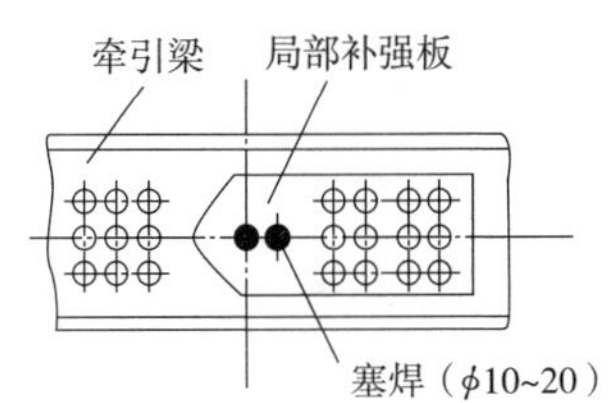


图 31　牵引梁磨耗局部补强示意图(单位:mm)

(4)无中梁铁路货车牵引梁接长部分腐蚀深度大于 30%时堆焊、挖补或补强,大于 50%时挖补、截换或更换;挖补时不能两面焊时须开单面坡口焊。

(5)中梁、侧梁下翼板、腹板及中梁下盖板麻点腐蚀直径大于 20 mm 且深度大于原板厚度的 50%,或直径小于 20 mm 且穿孔时,堆焊或补强。

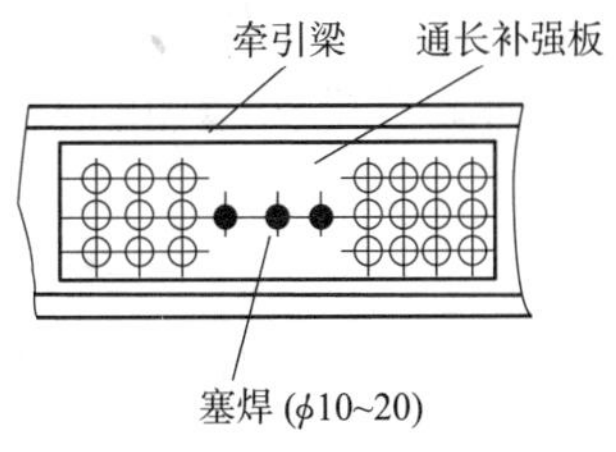


图 32　牵引梁磨耗通长补强示意图(单位:mm)

(6)中梁下盖板腐蚀深度大于 50%时补强。其他梁盖板腐蚀严重时,补强、挖补或截换。

(7)翼板平形补强板:厚度、宽度与翼板相同,长度须盖过裂纹每侧 300 mm 以上或盖过腐蚀部位边缘两端各 50 mm 以上。

(8)腹板补强板(平形、角形)厚度须大于原梁腹板厚度的 90%,高度须大于腹板高度的 50%,且须盖过腹板上的裂纹或腐蚀边缘 50 mm 以上,长度大于梁高的 1.5 倍,补强板四角须倒角。

(9)中梁上的补强板距主管孔、杠杆孔、枕梁、横梁腹板小于 50 mm 时,长度须盖过上述孔或腹板外侧 50 mm 以上,高度须大于腹板高度的 80%(如图 33、图 34 所示)。

(10)两根中梁(牵引梁除外)的相对补强板两端部均须错开150 mm 及以上(如图 34 所示)。同一根中梁相邻两补强板内端部距离须不小于300 mm,同一根侧梁相邻两补强板内端部距离须不小于 100 mm。

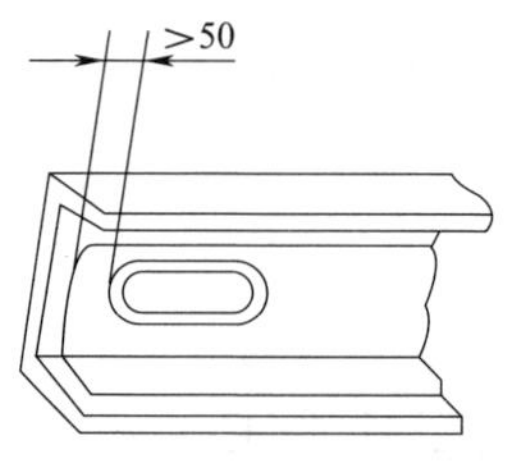


图 33　中梁补强板位置示意图

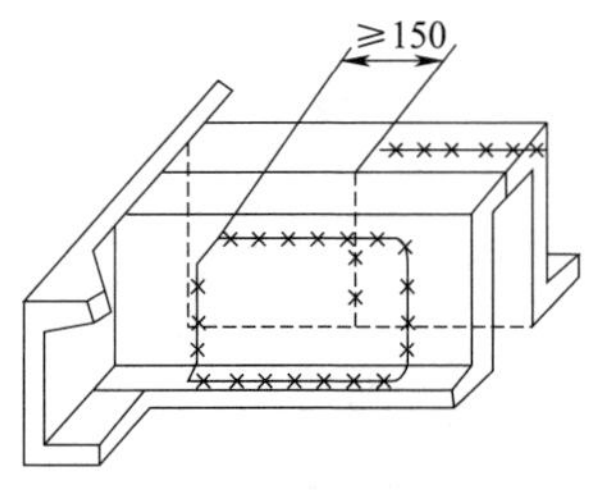


图 34　两根中梁相对补强板位置示意图

(11)侧梁在侧柱内侧局部腐蚀穿孔时，补强板须穿过枕梁、横梁，长度盖过侧柱两翼板边缘各 50 mm 以上，宽度与侧梁腹板高度相同；侧梁横裂纹、腐蚀距枕梁、横梁腹板大于 100 mm 时，补强板可不穿过枕梁、横梁，可与枕梁、横梁相连接(如图 35 所示)。

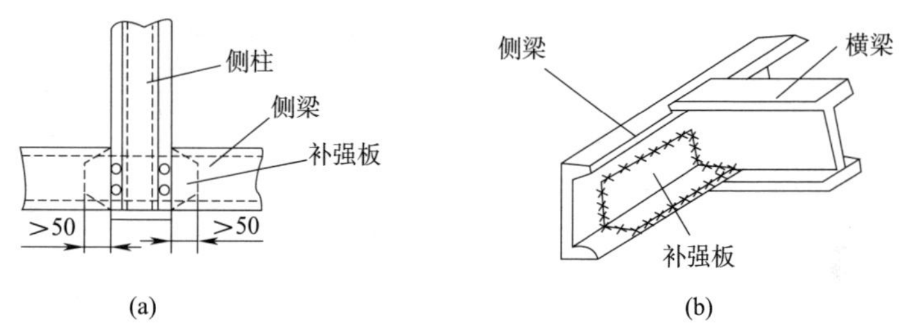


图 35　侧梁补强示意图

(12)角形补强板须与下翼板密贴。补强板穿过枕梁、横梁的，焊修后须用角钢将补强板与枕梁、横梁相连接，并焊接牢固。

(13)上、下盖板补强板须符合下列要求：各梁上、下盖板补强板厚度不小于原盖板厚度，宽度与原盖板相同，补强板长度须盖过裂纹每侧 300 mm 及以上。腐蚀补强时，须盖过腐蚀边缘 50 mm 以上。

(14)燕尾形盖板尾部的补强板长度须盖过裂纹每侧 200 mm 及以上。枕梁或跨过中梁的横梁下盖板横裂纹位于中梁下方或两侧各 100 mm 以内时，须焊装元宝形补强板，长度盖过中梁两侧 200 mm 及以上(如图 36 所示)。

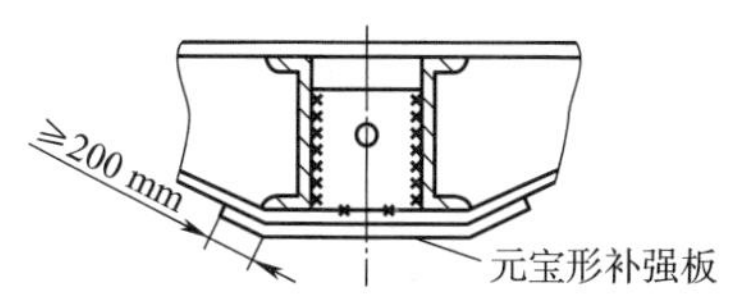


图 36　枕梁或跨过中梁的横梁下盖板补强示意图

**第 109 条**　现车原有的补强板及接口位置，虽不符合上述规定，但经鉴定状态良好能确保安全的，可不处理。

1. 中梁、侧梁补角形补强板时，以补强部位为支撑点，将修理部位调修到水平线以上，在没有自重弯曲应力条件下焊修后补强，裂纹末端延及腹板时，须钻 $\phi8\sim10$ mm 的止裂孔(止裂孔不焊堵)。

2. $X_{6BK}$、$X_{6BT}$型集装箱车心盘座前加强板为搭接者，裂纹或焊缝开裂时更换，更换时须符合图样 ECH33 A-01-05-103。

**第 110 条**　底架附属配件检修要求

牵引梁内侧磨耗板、上部磨耗板焊缝开裂时焊修，裂纹或磨耗超限时更换；牵引梁内侧磨耗板、上部磨耗板规格、材质须符合表 18 的要求。装用 13 号、13A 型、13B 型车钩的各型铁路货车钩尾框挡板焊缝开裂时焊修，裂纹或磨耗后剩余厚度不足 50%时更换。

**表 18　各型铁路货车牵引梁磨耗板及钩尾框挡板规格、材质表**

<table>
<tr><th rowspan="2">车型</th><th colspan="2">牵引梁内侧磨耗板</th><th colspan="2">牵引梁上部磨耗板或钩尾框挡板</th></tr>
<tr><th>规格(mm)</th><th>材质</th><th>规格(mm)</th><th>材质</th></tr>
<tr><td>60 t 级铁路货车</td><td>250×140×10(3)</td><td>Q235-A</td><td>见图 36</td><td>Q235-A</td></tr>
<tr><td>$C_{63(A)}$</td><td rowspan="2">250×140×10</td><td>Q345B</td><td rowspan="2">204×204×12</td><td>Q345B</td></tr>
<tr><td>装用 16 号、17 号车钩的其他型铁路货车</td><td>Q215-AF</td><td>27SiMn</td></tr>
</table>

**第 111 条**　从板座检修要求

1. 前、后从板座工作面磨耗深度大于 3 mm 时焊修，其他部位磨耗深度大于 8 mm 时焊修后恢复原形；内距为 $625_{-3}^{0}$ mm，超限时，不分解者，可焊装厚度不大于 4 mm 的钢板调整，同一断面上的两从板座工作面位置度为 2 mm；分解者，须堆焊后加工。修理后同一断面上的两从板座工作面位置度为 1 mm。

2. 裂纹时焊修，但横裂纹长度大于该处截面高的 50%时更换，弯曲时调修。

3. 新热铆从板座与牵引梁间隙不大于 1 mm。

4. B 型后从板座侧面裂纹延及上平面或下平面时，焊修后在裂纹处下平面补平形补强板，补强板规格为 250 mm×80 mm×10 mm，中间部分裂纹时焊修，不得改为 A 型后从板座。

5. 原设计前、后从板座有磨耗板者，内距超限时更换磨耗板，材质为 27SiMn，工作面位置度为 1 mm；$C_{63A}$($C_{63}$)型敞车后从板座磨耗板剩余厚度小于 4 mm 时更换，磨耗板材质为 Q345B；$C_{100A}$ 型敞车后从板座磨耗板磨耗深度大于 3 mm 时更换，磨耗板厚度可以在 10～12 mm 之间调整，磨耗板材质为 Q345-E，尺寸为 220 mm×65 mm，更换时须同时更换两侧磨耗板，组焊后两侧磨耗板工作面位置度小于等于 2 mm。

6. $P_{63K}$型棚车、进口 $C_{62BK}$ 型敞车后从板座横裂纹与工作面的距离不大于 300 mm，长度大于该处截面高的 30%时，须更换后从板座；横裂纹与工作面的距离不大于 300 mm，长度不大于该处截面高的 30%时，或横裂纹与工作面的距离大于 300 mm，长度大于该处截面高的 30%时焊修后须在裂纹处下平面补平形补强板。与后从板座一体的上心盘座裂纹时焊修或更换。

**第 112 条**　冲击座检修要求

1. 冲击座裂纹长度不大于裂纹部位截面宽度的 50%时焊修，大于时更换；变形大于 20 mm 时分解后调修。

2. 与冲击座一体的车钩弹性支撑装置座腔裂纹长度不大于 50 mm 时焊修，大于时更换；变形大于 5 mm 或影响车钩支撑装置作用时调修。

3. 装用活动车钩托梁的冲击座，插托梁的方孔下角裂纹时焊修后补强或更换，侧框上、下内侧距离差大于 8 mm 时修理。

**第 113 条**　可拆卸式平面上心盘检修要求

1. 外圆周裂纹总长度大于 200 mm 或其他平面处裂纹大于 80 mm 时分解焊修，圆周裂纹焊修后须加工恢复原形；不大于时，可不分解，但须焊修后磨修光滑。上心盘圆周裂纹总长度大于周长的 50%时分解后焊修并加工恢复原形。

2. 直径磨耗大于 3 mm 或平面磨耗大于 6 mm 时分解修理，须使用自动焊机堆焊，焊后热处理并加工恢复原形。

3. 上心盘更换为新品时，须采用锻钢上心盘。原装用低合金高强度钢者，须装用原材质或锻钢上心盘。

**第 114 条** 整体平面上心盘检修要求

1. 上心盘与中梁下翼缘、隔板组成或枕梁下盖板间的焊缝开裂时重新焊修，焊角为 10 mm×10 mm；上心盘与中梁内顶面的段焊缝须补焊为连续焊缝。

2. 外圆周裂纹总长度大于 300 mm 或其他平面处裂纹大于 100 mm 时更换；小于时焊修，焊后加工或磨修光滑。

3. 直径磨耗大于 3 mm 或平面磨耗大于 6 mm 时机械焊修后加工。

4. $C_{100A}$ 型敞车三位心盘销套裂损或磨耗剩余厚度小于 5 mm 时更换。装用摆式、交叉支撑转向架时磨耗套材质为含油尼龙。

**第 115 条** 球面上心盘检修要求

1. 平面裂纹未延及球面时焊修，焊前须钻止裂孔，焊修后须热处理并磨平。但外圆周裂纹长度大于周长的 30%时更换。

2. 球面局部磨耗深度不大于 2 mm，且面积不大于总面积的 30%时，须消除棱角；大于时须堆焊后加工或更换。

3. 球面局部剥离深度不大于 1.5 mm，且 1 处面积不大于200 $mm^2$ 或多处面积之和不大于总面积的 20%时，须消除棱角；大于时堆焊后加工或更换。

4. 球面剩余厚度小于 26 mm 时堆焊后加工或更换。

**第 116 条** 上旁承检修要求

1. 状态良好者可不分解，裂损时更换。

2. 装用转 8 AG、转8G、转 8 AB、转8B、转 K 2、转 K 5、转 K 6型转向架的铁路货车，上旁承横向中心线至上心盘中心距离应为(760±2) mm；同一端两上旁承下平面与上心盘下平面平行度为 1.5 mm，两上旁承下平面高度差不大于 1 mm。

3. 同一端两上旁承磨耗板下平面至上心盘下平面的垂直距离宜符合表 19 的要求。

**表 19　上旁承磨耗板下平面至上心盘下平面的垂直距离表**

| 下旁承型号 | 旁承间隙(mm) | 装用转向架型号 | 上旁承磨耗板下平面至上心盘下平面的垂直距离(mm) |
|---|---|---|---|
| JC | 5±1 | 转 K2、转 K6 型 | 76±2 |
| | 6±1 | 转 K2、转 K6 型 | 77±2 |
| JC-1 | 5±1 | 转 8B、转 8AB 型 | 83±2 |
| JC-2 | 7±1 | 转 K2、转 K6 型 | 78±2 |
| | 10±1 | 转 K2、转 K6 型 | 81±2 |
| JC-3 | 5±1 | 转 K2、转 K6 型 | 76±2 |

4. 上旁承焊缝开裂时焊修,磨耗板磨耗大于 2 mm 或裂纹时更换。上旁承磨耗板、调整垫板、上旁承体间的组装间隙均不得大于 0.5 mm,组装螺栓下面不得超出磨耗板下平面,组装螺栓与螺母须点焊固。

**第 117 条**　脚蹬检修要求

1. 裂纹时焊修后补强或截换、更换,弯曲时调修。

2. 棚车车门处脚蹬原为铆结构者仍须铆装。1、4 位脚蹬的最下一阶处须有护板,焊装的踏板下面须有筋板。

**第 118 条**　防火板检修要求

1. 棚车、木(竹)质地板车及其他原设计装有防火板的铁路货车须安装防火板,PB 型棚车和 B15E 型代用棚车除外。

2. 防火板为平板型或曲折型,其厚度应为 2～3 mm,长度大于 850 mm,宽度大于 400 mm。

3. 防火板纵向中心线与中梁纵向中心线的间距为 720～800 mm,与地板下面的间距须大于 35 mm(原结构小于 35 mm 的除外),与枕梁上盖板重合量不小于 20 mm,防火板以螺栓组装或分段焊接牢固,段焊长度为 30～50 mm。

4. 现车防火板不符合上述规定的须更换,剩余厚度小于 1 mm 时更换。

**第 119 条**　制动吊架与底架焊缝开裂时重新焊固。

**第 120 条**　安全吊、托滚吊裂纹或吊板厚度小于 2 mm 时更换。

**第 121 条**　缓解阀拉杆吊座须按原形式检修,60 t 级各型敞、棚车的缓解阀拉杆吊座的长度为 150 mm,不符时更换,四周满焊,焊角为5 mm。缓解阀拉杆吊座孔边缘距离小于 7 mm 时堆焊补孔。

**第 122 条** 人力制动机踏板或支架弯曲、变形时调修，裂纹、腐蚀严重时更换；组装螺栓须紧固后点焊；NX70 系列平集共用车型装用的新型防滑踏板组成须符合图样 Q/EC30-082-2006 要求。人力制动机靠近滑轮的拉杆托架采用 50 mm 等边角钢与牵引梁焊接者，须焊装三角形加强筋（如图 37 所示）。

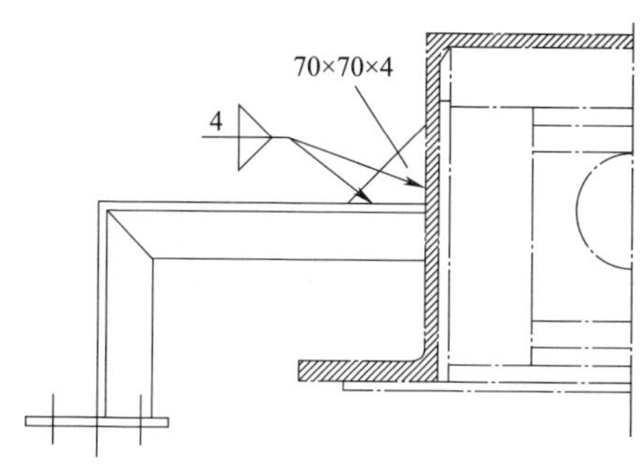


图 37 人力制动机拉杆托架焊装加强筋示意图（单位：mm）

**第 123 条** JC 系列弹性旁承永久性标识牌检修要求

1. 标识牌焊缝开裂时补焊。

2. 标识牌丢失时补装。

3. 旁承形式根据现车装用型号，标识为：JC-2、JC-3。

4. "落成间隙"标识为间隙范围值。装用转 K2、转 K6 型转向架的铁路货车旁承标识牌标识应符合表 20 要求。

**表 20 装用转 K2、转 K6 型转向架的铁路货车旁承标识牌标识**

| 旁承型号 | 旁承间隙(mm) | 适用车型 |
|---|---|---|
| JC-2 | 7±1 | 装用转 K2 型、转 K6 型转向架的 $GY_{95K}$、$GY_{95}$ AK、$GY_{95SK}$、$GY_{100K}$、$GY_{100SK}$ 等铁路货车 |
| | 10±1 | 装用转 K 2型、转 K 6型转向架的 $SQ_6$、$SQ_5$ 等铁路货车 |
| JC-3 | 5±1 | 装用转 K 2型转向架的 $X_{6K}$、$G_{60BLK}$ 等铁路货车 |

5. 标识在 1、4 位枕梁内侧、旁承上方枕梁上盖板下部 100 mm 处腹板上。

6. 其他附属件腐蚀、磨耗深度大于 30％时更换。

**第 124 条**　各型车车体检修要求

1. 上端梁、上侧梁、柱、斜撑、侧柱连铁、侧板、端板、顶板、遮阳板、门、窗、扶梯等钢质配件弯曲、腐蚀严重、丢失、裂纹、破损时调修、焊修、补装、挖补、补强或更换。

2. 车门口处竹质地板边缘护铁或压铁须完整，不良时修理或更换(原结构无护铁者除外)。

3. 车顶走板、端走板须安装牢固，螺栓连接者须将螺母与螺栓点焊固。新换装的拉网板厚度不小于 4 mm，腐蚀大于 50%或破损时，截换或更换；截换时须为搭接，并不小于 2 个网孔长度。

4. 车体钢结构、各部钢板裂纹、腐蚀严重、破损时焊修、挖补、补强或截换；补强板须盖过腐蚀处边缘 20 mm 以上，其厚度不小于原板厚度。

5. 各配件须齐全良好，门、窗开闭灵活，门与柱、板间隙或搭接量须符合规定。

6. 各型有棚铁路货车和专用车的操纵室、押运间，车体门、窗须进行透光检查。车顶金属板修补处须进行漏雨试验或渗漏试验。

7. 内墙板、内顶板的压条用螺栓紧固的，每根压条上至少点焊 2 条螺栓或使用自锁螺母。

**第 125 条**　漏斗车舱板检修要求

1. 漏斗板变形大于 50 mm 时调修或挖补，腐蚀或磨耗大于 30%时挖补或截换。

2. 舱内隔板、撑板、撑杆、拉杆、分砟梁裂纹或变形、腐蚀大于 50%时焊修、调修或更换。

**第 126 条**　漏斗车车顶检修要求

1. 车顶下垂大于 30 mm 时调修；装料口盖弯曲时调修，关闭须严密，折页、止卡、锁铁须作用良好，密封垫变质、破损时更换。

2. 车顶板、装料口盖腐蚀深度大于 50%或裂纹时补强或更换。车顶积垢须清除。

**第 127 条**　漏斗车底门及开闭装置检修要求

1. 抽拉式底门及框架腐蚀、磨耗大于 30%更换。底门、开闭轴及开闭轴座、齿轮、齿条、转陀、裂损或变形时修理或更换。抽拉式底门须进行开闭作用试验，作用灵活，封闭严密，锁闭装置作用良好。各吊架裂纹时焊修并补强。

2. 流砟板腐蚀、磨耗大于30%时截换或更换；变形大于20 mm时调修、截换或更换。

3. 机械开闭装置状态良好时可不分解。传动轴、连杆、曲拐、钩锁、支点、圆销、齿条、齿轮、离合器机构变形时调修或更换，裂纹时更换；轴承及轴承座裂损时更换；圆销直径磨耗大于3 mm时更换；带有注油孔的轴承座须注3号钙基润滑脂。

4. 蜗轮蜗杆表面要清除油污，涂抹适量3号钙基润滑脂。

5. 减速箱须进行外观检查及性能试验。箱体、蜗杆裂损时更换减速器，箱盖、透盖裂损时更换，手轮丢失时补装，蜗杆、蜗轮、齿轮啮合处及承油盘上应均匀涂抹润滑脂(软干油)；性能试验须符合要求。

**第128条** 底门开闭机构空转性能试验要求

1. 拨动离合器拨叉将离合器脱开减速器离合器，打开减速器箱盖。旋转减速器手轮，顺时针、逆时针各转动三圈，转动无滞阻现象和异响，空转性能试验作用良好的减速器补充润滑脂，组装减速器箱盖后，可继续使用。

2. 蜗杆、蜗轮、齿轮磨损、断齿、轴承破损时更换减速器。

3. 手动底门开闭性能试验：拨动离合器拨叉将离合器与减速器离合器合上，旋转减速器手轮，底门应能灵活打开和关闭。

**第129条** 风动装置检修要求

1. 各塞门须分解、检查、清洗、修理、注油。

2. 储风缸排水堵须分解，缸体裂纹时焊修或更换，焊修后须进行750 kPa的水压试验，保压5 min不得漏泄。

3. 通风管系按制动管系检修标准检修。卸车通风用的软管按制动软管进行试验和涂打标记；连接器堵丢失时补装。

4. 通风管系须进行漏泄试验。与制动装置连通的通风管系，在420 kPa时，关闭制动主管与风控装置储风缸之间的截断塞门，制动管压力降为零后保压1 min内制动管压力不得上升，通风管系漏泄量不得大于5 kPa。与制动装置独立的通风管系，在420 kPa时保压1 min，通风管系漏泄量不得大于 5 kPa。

**第 130 条** 双向风缸检修要求

1. 旋压式双向风缸须进行外观检查和性能试验,状态良好时可不分解;缸体裂纹、缺损时更换,导向套裂损时更换为新品。非旋压双向风缸须分解、清洗、注油,缸体及前后盖裂纹或砂眼漏泄时更换。皮碗、盖垫、密封圈状态良好时可不分解,裂损、变质、变形及压板裂损时更换。

2. 旋压式双向风缸进行现车性能试验时须开放风控系统截断塞门,关闭空气制动截断塞门,操纵阀手把置保压位,将离合器置于风动位,离合器与减速器脱开。风控系统充压至 260 kPa 时,将操纵阀手把依次置于开门位、关门位,底门应能灵活开启、关闭。

3. 旋压式双向风缸漏泄或作用不良时须分解、清洗、检修,缸体腐蚀深度大于 1 mm 时更换,小于时磨修;内径磨耗大于 2 mm 时更换。活塞杆弯曲、裂损时更换为新品;活塞裂纹时更换为新品;压板裂纹、变形时更换。组装时须在缸体内壁、活塞、皮碗、导向套内壁均匀涂抹 89D 制动缸脂。组装 254 mm×220 mm 旋压式双向风缸时,调整活塞杆头销孔中心至缸体中心的距离为(440±10) mm。组装后须进行性能试验:

(1)向双向风缸内充入 600 kPa 的压力空气,活塞达到全行程后,保压 1 min,双向风缸压力不得下降。

(2)向双向风缸内充入 400 kPa 的压力空气,在活塞行程为 80 mm、120 mm、160 mm、200 mm、240 mm(356 mm×280 mm 旋压式双向风缸)时,分别保压 1 min,双向风缸压力均不得下降。

(3)向双向风缸任一侧充入 50 kPa 压力空气时,活塞杆应平稳移动,无卡滞现象。

**第 131 条** 给风调整阀作用良好时可不分解,分解检修要求

1. 外观检查各零部件外观不得有裂纹等缺陷,滤尘网不破损。裂纹及破损时更换为新品。螺纹须良好,缺损时更换阀体。弹簧锈蚀、变形、裂纹、折断或检测不合格时更换。检测时弹簧全压缩三次后须恢复至如表 21 要求自由高。

表 21　给风调整阀弹簧规格　　单位:mm

| 名　　称 | 自由高 |
| --- | --- |
| 调整弹簧 | 37～41.5 |
| 针阀弹簧 | 12～13.5 |
| 止回阀弹簧 | 16～17.5 |

2. 弹簧座无裂纹、磨痕时可不与弹簧盒分解，阀座无明显损伤时可不与阀体分解，与针阀接触面划伤时打磨修理。针阀总长小于 31.5 mm 时更换为新品。阀内橡胶件须更换为新品。

3. 分解后的给风调整阀在进风压力达到 400～420 kPa 时，调整调整螺丝，调整到给风调整阀开通，其出风孔处有压力空气排出时关闭截断塞门。反复开启关闭操纵阀三次，给风调整阀都能开启通风时，将固定螺母和螺母紧固，并将螺母与弹簧盒用 $\phi$0.5～$\phi$0.9 mm 铁丝进行铅封。

4. 进行性能试验时须符合下列要求：

(1)作用性能试验:将试验台操纵阀手把置开启位，当给风调整阀进风孔处进风压力达到 400～420 kPa 时，给风调整阀应开通，其出风孔处应有压力空气排出;给风调整阀应关闭不得低于 400 kPa。

(2)止回阀逆止试验:当给风调整阀两端压力空气接近平衡时，将操纵阀手把置减压位，在进风孔处压力低于出风孔处压力 40 kPa 时，将手把置于中立位 1 min，进风孔处压力不得上升。

(3)漏泄试验:当阀内压力达 500 kPa 时，涂防锈检漏剂检查阀体各结合部及排气孔处，不得漏泄。

(4)充气时间试验:在出风孔处接容积为 200 L 的储风缸，从进风孔处充入 500 kPa 的压力空气，储风缸内压力由零上升至 400 kPa 的时间应在 15 min 以内。

**第 132 条**　橡胶件须更换为新品，零件须清洗

(1)管座上平面、旋转阀下平面接触不严密及有划伤时研磨。管座工作面、旋转阀工作面磨耗大于 2 mm 时更换。阀体、阀杆、定位销、手把、手把掣子有裂纹、破损、锈蚀及磨损严重时更换。

(2)弹簧锈蚀、变形、裂纹、折断或检测不合格时更换。检测时弹簧全压缩三次后须能恢复自由高至:旋转阀弹簧 24～26 mm，手把弹簧 43～46 mm。

(3)O 型橡胶密封圈须涂适量 GP-9 硅脂或 7057 硅脂，组装后手把须

转动灵活，掣子作用良好。

**第 133 条** 漏泄和通路试验要求

1. 试验准备：操纵阀各风口接试验器接口，手把左右扳动三四次后置于保压位，打开试验器阀门，将进风口压力调整为 500 kPa。手把及管孔位置如图 38 所示。

2. 漏泄试验：将操纵阀手把置于中立位，涂防锈检漏剂检查阀体各结合部不得漏泄，排气孔处 15 s 内气泡高度不得大于 15 mm。保压 1 min 时，通双向风缸前、后盖管孔处压力上升不大于 10 kPa。

3. 通路试验：将操纵阀手把置开通位，通双向风缸后盖管孔处压力与进风口压力一致，保压 1 min 时，通双向风缸后盖管孔处压力下降不大于 10 kPa；将操纵阀手把置关闭位，通双向风缸前盖管孔处压力与进风口压力一致，保压 1 min 时，通双向风缸前盖管孔处压力下降不大于 10 kPa（如图 38 所示）。

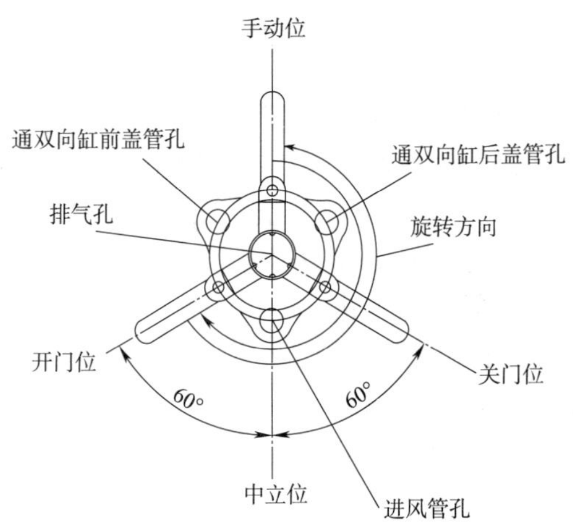


图 38 手把及管孔位置示意图

**第 134 条** 底门开闭性能试验要求

1. 底门机械开闭系统须进行手动及风动开闭性能试验，作用灵活。曲拐在开闭门时，不得拉成死点，各曲拐与传动轴连接不得松动。不符合时，可通过调整曲拐处连接拉杆进行调整。

2. 手动关门应作用灵活。矿石漏斗车、石砟漏斗车底门、煤炭漏斗车底门开度须符合表 22 的规定；风动底门关闭后安全装置须起作用，形成自锁状态。开门压力不大于 150 kPa，关门压力不大于 260 kPa。

**表 22　各型漏斗车底门开度表**

| 车　型 | 底门开度(mm) |
|---|---|
| $K_{18}$、$K_{18F}$ | ≥550 |
| $K_{18D}$ | 470～520 |
| $K_{18DA}$、$K_{18AT}$、$K_{18AK}$、$K_{18BK}$ | 520±20 |
| $KM_{70}$ | 460±20 |
| $K_{13}$、$K_{13N}$、$K_{13NA}$、$K_{13NT}$、$K_{13NK}$、$K_{13B}$、$K_{13BK}$ | ≥190 |
| $K_{14T}$、$K_{14K}$ | ≥170 |
| $K_{16}$、$K_{16A}$ | $450^{+25}_{-10}$ |

3. 底门关闭后，煤炭漏斗车左、右锁体滑槽端面应与底门销密贴，间隙不大于 2 mm；石砟、矿石漏斗车底门与流砟板间隙大于 6 mm 时，可在底门包板处焊装厚度为 6 mm 的钢板条，两面交错对称段焊，段焊长度 30～50 mm。

附：车体检修限度表(见表 23)

**表 23　车体检修限度表**

| 序号 | 名　称 | 限　度 | | 备　注 |
|---|---|---|---|---|
| | | 原形 | 段修 | |
| 底架各梁及盖板 | | | | |
| 1 | 下翼板、上翼板横裂纹长度不大于单侧翼板宽 | | 50% | |
| 2 | 侧梁、端梁、枕梁、横梁、斜撑梁翼板横裂纹长度不大于翼板宽 | | 50% | |
| 3 | $C_{76}$ 型车整体铸造牵引梁腹板横裂纹端部至顶部、下翼板的距离不大于<br>或裂纹长度大于腹板高的 | | 50<br>20% | |
| 4 | 中梁、侧梁在枕梁间下垂不大于 | | 30 mm | 超过时调修至(0±12) mm；中梁不超限，侧梁超限时可将侧梁调至中梁现有挠度 |

续上表

| 序号 | 名　　称 | 限度 | | 备　注 |
|---|---|---|---|---|
| | | 原形 | 段修 | |
| 5 | 金属辅助梁弯曲不大于 | | 20 mm | |
| 6 | 牵引梁或枕梁外侧的侧梁上挠或下垂不大于 | | 20 mm | 以两枕梁中心为测量基准，超过时调修至水平线±5 mm |
| 7 | 中梁左、右旁弯不大于<br>侧梁左、右旁弯不大于 | | 30 | |
| 8 | 牵引梁左、右旁弯不大于 | | 20 | 可调修至≤5 mm |
| 9 | 牵引梁单侧扩张不大于 | | 20 | |
| 10 | 牵引梁两侧扩张之和不大于 | | 30 | |
| 11 | 牵引梁内侧磨耗板磨耗深度不大于 | 10<br>3 | 3<br>1 | |
| 12 | 中梁下盖板腐蚀深度不大于 | | 50% | |
| 13 | 无中梁铁路货车牵引梁接长部分腐蚀深度不大于 | | 30% | 大于30%时堆焊、挖补或补强，大于50%时挖补、截换或更换 |
| 底架附属件 | | | | |
| 14 | 牵引梁内侧磨耗板磨耗深度不大于<br>(1)60 t级铁路货车<br>(2)70 t级铁路货车 | 10<br>3<br>10 | 3<br>1<br>3 | |
| 15 | 各型钩尾框挡板磨耗深度不大于 | | 50% | |
| 16 | 牵引梁上部磨耗板磨耗深度不大于<br>(1)60 t级铁路货车<br>(2)70 t级铁路货车 | <br>12<br>12 | <br>2<br>2 | |
| 17 | 前、后从板座工作面磨耗不大于 | | 3 | 大于时焊修 |
| 18 | 前、后从板座其他部位磨耗深度不大于 | | 8 | 大于时焊修后恢复原形 |
| 19 | 同一断面上的两从板座工作面位置度不大于 | | 2 | 修理后工作面位置度为1 mm |
| 20 | 从板座弯曲后与牵引梁贯通间隙不大于 | | 5 | |
| 21 | 前、后从板座内距 | | $625_{-3}^{0}$ mm | |

续上表

| 序号 | 名　　称 | 限　度 | | 备　注 |
|---|---|---|---|---|
| | | 原形 | 段修 | |
| 22 | 新热铆从板座与牵引梁间隙不大于 | | 1 | |
| 23 | 后从板座磨耗板<br>(1)$C_{100A}$型敞车磨耗深度不大于<br>(2)其他型车剩余厚度不小 | 10～12 | 3<br>4 | $C_{100A}$型车组焊后两侧磨耗板工作面位置度不大于2 mm |
| 24 | $P_{63K}$、进口$C_{62BK}$型车后从板座横裂纹与工作面的距离不大于<br>长度不大于该处截面高的 | | 300<br>30% | |
| 25 | 冲击座变形不大于 | | 20 | |
| 26 | 冲击座裂纹长度不大于 | | 50% | |
| 27 | 与冲击座一体的车钩弹性支撑装置<br>(1)座腔裂纹长度不大于<br>(2)变形不大于 | | 50<br>5 | |
| 28 | 装用活动车钩托梁的冲击座侧框上、下内侧距离差不大于 | | 8 | |
| 29 | 平面上心盘直径磨耗不大于<br>(1)转8A、转8AG、转8G、转8AB、转8B型<br>(2)转K1、转K2、转K4、D21型<br>(3)转K5、转K6、转K7、转E21、转E22型、$C_{76B}$型敞车 | $\phi$295<br>$\phi$338<br>$\phi$358 | 3<br>3<br>3 | |
| 30 | 平面上心盘平面磨耗深度不大于<br>(1)70 t级平车<br>(2)其他型 | 72<br>70 | 6<br>6 | |
| 31 | 可拆卸式平面上心盘裂纹<br>(1)外圆周裂纹总长度不大于<br>(2)其他平面处裂纹不大于 | | 200<br>80 | |
| 32 | 整体平面上心盘裂纹<br>(1)外圆周总长度不大于<br>(2)其他平面处不大于 | | 300<br>100 | |
| 33 | 球面上心盘<br>(1)外圆周裂纹长度不大于周长的<br>(2)球面剩余厚度不小于<br>(3)球面局部磨耗深度不大于<br>且面积不大于总面积的<br>(4)球面局部剥离深度不大于<br>且1处面积不大于<br>或多处面积之和不大于总面积的 | | 30%<br>26<br>2<br>30%<br>1.5<br>200 $mm^2$<br>20% | |

续上表

| 序号 | 名　　称 | 限度 | | 备　注 |
|---|---|---|---|---|
| | | 原形 | 段修 | |
| 34 | $C_{100A}$型敞车三位心盘销套磨耗剩余厚度不小于 | | 5 | 大于时更换 |
| 35 | 上旁承横向中心线至心盘中心的距离 | | 760±2 | 转8 AG、8 AB、8G、8B、K2、K5、K6型 |
| 36 | 同一端两上旁承下平面高度差不大于 | | 1 | |
| 37 | 同一端两上旁承下平面与上心盘下平面平行度不大于 | | 1.5 | 装用转8G、转8B、转8AG、转8AB型转向架车辆 |
| 38 | 同一端两上旁承磨耗板下平面与上心盘下平面距离宜为：<br>(1)JC型下旁承<br>转K2、转K6型(旁承间隙5±1)<br>转K2、转K6型(旁承间隙6±1)<br>(2)JC-1型下旁承<br>转8B、转8 AB型<br>(3)JC-2型下旁承<br>转K2、转K6型<br>转K2、转K6型<br>(4)JC-3型下旁承<br>转K2、转K6型 | | <br><br><br>76±2<br>77±2<br><br>83±2<br><br>78±2<br>81±2<br><br>76±2 | |
| 39 | 上旁承磨耗板磨耗不大于 | | 2 | |
| 40 | 上旁承磨耗板、调整垫板、上旁承体间的组装间隙均不得大于 | | 0.5 | |
| 41 | 防火板纵向中心线与中梁纵向中心线的间距 | | 720～800 | |
| 42 | 防火板与地板下面的间距须大于 | | 35 | 原结构小于35 mm者除外 |
| 43 | 防火板与枕梁上盖板重合量不小于 | | 20 | |
| 44 | 防火板剩余厚度不小于 | | 1 | |
| 45 | 安全吊、托滚吊吊板厚度不小于 | | 2 | |
| 46 | 各型敞、棚车缓解阀拉杆吊座<br>(1)长度为<br>(2)吊座孔边缘距离不小于 | | <br>150<br>7 | |

| 序号 | 名　　称 | 限　度 | | 备　注 |
|---|---|---|---|---|
| | | 原形 | 段修 | |
| 车体 | | | | |
| 47 | 车顶、端部拉网板厚度不小于 | | 4 | |
| 48 | 车顶、端部拉网板腐蚀不大于 | 4 | 50% | |
| 49 | 车体各梁、柱腐蚀深度不大于 | | 50% | |
| 50 | 棚车侧柱、端柱、角柱腐蚀深度不大于 | | 50% | |
| 51 | 棚车车门口雨檐盖过门边距离不小于 | | 10 | |
| 52 | 棚车车门与门框搭接量不小于 | | 10 | |
| 53 | 棚车车门手把下弯角底面距侧梁上平面须大于 | | 200 | |
| 54 | 毒品车遮阳板<br>(1)局部凹陷不大于<br>(2)腐蚀深度不大于 | | <br>30<br>50% | |
| 55 | 钢结构侧墙板、端墙板内凹、外胀不大于<br>(1)有盖铁路货车<br>(2)敞车侧墙板<br>(3)敞车端墙板 | | <br>40<br>30<br>50 | |
| 56 | 钢结构敞车上侧梁、上端梁弯曲不大于<br>(1)上侧梁全长内外旁弯<br>(2)上端梁内外旁弯<br>(3)上侧梁、上端梁在两柱间上、下弯曲 | | <br>50<br>50<br>50 | |
| 57 | 钢结构敞车侧柱外胀不大于 | | 30 | |
| 58 | 钢结构敞车侧柱连铁弯曲不大于 | | 20 | |
| 59 | 敞车车门缝隙不大于 | | 8 | |
| 60 | 敞、平车车门组装圆销新焊装垫圈与折页座的距离为 | | 3～8 | |
| 61 | 钢结构敞车同一下侧门门折页接口错开须大于 | | 150 | |
| 62 | 敞车上门锁杆插入量不小于 | | 20 | |
| 63 | 一级闭锁式搭扣处于锁闭位时<br>(1)锁铁顶面至扣铁上平面的距离为<br>(2)锁铁与搭扣座之间搭接量值不小于 | | <br>8～12<br>8 | |

续上表

| 序号 | 名　　称 | 限　度 | | 备　注 |
|---|---|---|---|---|
| | | 原形 | 段修 | |
| 64 | 一级闭锁式搭扣扣铁剩余厚度不小于 | | 8 | |
| 65 | 钢结构敞车门板中部变形不大于 | | 30 | |
| 66 | $C_{76}$ 型系列敞车浴盆板纵向裂纹长度不大于 | | 100 | |
| 67 | 铝合金结构敞车上侧梁、下侧梁在相邻两侧柱间弯曲不大于<br>(1)上下弯曲<br>(2)左右旁弯 | | <br><br>30<br>25 | |
| 68 | 铝合金结构敞车上侧梁上平面磨耗深度不大于 | | 8 | |
| 69 | 铝合金结构敞车下侧梁外平面磨耗深度不大于 | | 6 | |
| 70 | 铝合金结构敞车侧柱<br>(1)左、右弯曲不大于<br>(2)外胀不大于<br>(3)平面磨耗深度不大于 | | <br>25<br>30<br>5 | |
| 71 | 铝合金结构敞车角柱、端柱弯曲不大于 | | 30 | |
| 72 | 铝合金结构敞车撑杆弯曲不大于 | | 50 | |
| 73 | 铝合金、不锈钢结构敞车侧墙板内凹、外胀不大于 | | 30 | |
| 74 | 铝合金、不锈钢结构敞车端墙板内凹、外胀不大于 | | 40 | |
| 75 | 铝合金、不锈钢结构敞车撑杆变形不大于 | | 100 | $C_{80}$、$C_{80B}$ 型大于时调修，$C_{80C}$ 型大于时更换 |
| 76 | 不锈钢结构敞车上侧梁、侧柱、撑杆、枕柱、上端缘和横带<br>(1)裂纹长度不大于<br>(2)腐蚀深度不大于 | | <br>40<br>2 | |
| 77 | 不锈钢结构敞车在全长内<br>(1)上侧梁旁弯不大于<br>(2)上端梁旁弯不大于 | | <br>50<br>40 | |

续上表

| 序号 | 名　　称 | 限　度 | | 备　注 |
|---|---|---|---|---|
| | | 原形 | 段修 | |
| 78 | 不锈钢结构敞车在两柱间上侧梁及上端梁<br>(1)上、下弯曲不大于<br>(2)旁弯不大于 | | <br>30<br>20 | |
| 79 | 不锈钢结构敞车侧柱及枕柱外胀不大于 | | 30 | |
| 80 | 不锈钢结构敞车角柱、端柱、横带弯曲不大于 | | 30 | |
| 81 | 集装箱平车、共用车锁闭装置及门挡各销轴直径磨耗不大于<br>销轴孔径磨耗不大于 | | 2<br>2 | |
| 82 | 集装箱锁头凸台磨耗不大于<br>(1)宽度方向<br>(2)圆弧直径 | <br>54+10<br>$\phi96^{1.5}_{0}$ | <br>4<br>4 | |
| 83 | $NX_{17K}$型平集共用车凸台式锁头磨耗不大于<br>(1)宽度方向<br>(2)圆弧直径 | <br>55+10<br>$\phi96^{+0}_{-2}$ | <br>4<br>4 | |
| 84 | $NX_{17BK}$型平集共用车凸台式锁头磨耗不大于<br>(1)宽度方向<br>(2)圆弧直径 | <br>54±1<br>$\phi96^{+0}_{-2}$ | <br>4<br>4 | |
| 85 | 集装箱平车、共用车锁头与锁头挡铁两侧间隙之和不大于 | | 7 | |
| 86 | $X_{1K}$型集装箱车锁钩工作面磨耗深度不大于 | | 3 | |
| 87 | 共用车国际箱锁头与锁座两侧间隙之和不大于 | | 4 | |
| 88 | 翻板式锁闭装置与横梁接触面局部间隙不大于 | | 1.5 | |
| 89 | 共用车国际箱锁座两面磨耗之和不大于<br>(1)$NX_{17AK}$型系列<br>(2)其他型 | 长 179<br>宽 167<br>长 194<br>宽 174 | 4<br>4<br>4<br>4 | |
| 90 | 共用车装箱工况时，门挡与门挡座的垂直度不大于 | | 6 | |
| 91 | 平车车门与地板间隙不大于 | | 8 | |
| 92 | 平车地板厚度<br>(1)木地板<br>(2)竹地板 | | <br>70<br>50 | |

续上表

| 序号 | 名　　称 | 限　　度 | | 备　注 |
|---|---|---|---|---|
| | | 原形 | 段修 | |
| 93 | 木(竹)相邻地板上平面高低差不大于 | | 10 | |
| 94 | 专用拉铆钉铆接后零部件接触面间隙不大于 | | 0.5 | |
| 95 | 双层运输汽车专用车各销轴直径、销轴孔径磨耗不大于 | | 2 | |
| 96 | 双层运输汽车专用车上、下层底架地板长圆孔部位变形不大于 | | 30 mm/m$^2$ | |
| 97 | 双层运输汽车专用车侧墙板内凹、外胀不大于 | | 30 mm/m$^2$ | |
| 98 | 双层运输汽车专用车上、下层端渡板弯曲、变形每米不大于 | | 8 | |
| 99 | 双层运输汽车专用车端门门板弯曲、变形每米不大于 | | 10 | |
| 100 | 罐车卡带与卡带连接杆焊缝<br>(1)焊缝咬边长度不超过总长度的<br>(2)焊缝咬边深度不超过 | | 1/4<br>0.5 | |
| 101 | 罐车卡带裂损时截换长度每段不小于 | | 300 | |
| 102 | 罐车卡带与连结杆焊接搭接量不小于 | | 100 | |
| 103 | 罐体凹凸量不大于 | | 50 mm/m$^2$ | |
| 104 | 罐车垫木与罐体间隙不大于 | | 6 | |
| 105 | 罐车卡带锁紧螺母外侧螺纹露出长度不小于 | | 10 | |
| 106 | 排油阀盖链环直径不小于 | | $\phi$4 | |
| 107 | A41X型呼吸式安全阀组装高度:<br>(1)定压为(150±20) kPa时宜为<br>(2)定压为(100±20) kPa时宜为 | | 181～187<br>225～229 | |
| 108 | 气卸式散装粉状货物罐车各管路组装后与转向架的距离须大于 | | 60 | |
| 109 | 漏斗车漏斗板变形不大于 | | 50 | |
| 110 | 漏斗车车顶下垂不大于 | | 30 | |
| 111 | 漏斗车流砟板变形不大于 | | 20 | |
| 112 | 煤炭漏斗车左、右锁体滑槽端面与底门销间隙不大于 | | 2 | |

续上表

| 序号 | 名　　称 | 限　度 | | 备　注 |
|---|---|---|---|---|
| | | 原形 | 段修 | |
| 113 | 石砟、矿石漏斗车底门与流砟板间隙不大于 | | 6 | |
| 114 | 双向风缸缸体腐蚀深度不大于 | | 1 | |
| 115 | 组装 254 mm×220 mm 旋压式双向风缸时，调整活塞杆头销孔中心至缸体中心的距离为 | | 440±10 | |
| 116 | 自翻车车体各部<br>圆销直径磨耗不大于<br>销孔直径磨耗大于 | | <br>3<br>3 | |
| 117 | 气缸倾翻机构<br>(1)缸体底部、中部处内径磨耗不大于<br>(2)局部划伤深度不大于 | $\phi$762+10 | <br>2<br>0.5 | $KF_{60}$、$KF_{60AK}$ 型自动倾翻车 |

注：表中除百分数及标注单位的数字外，其余数字单位均为毫米(mm)。

### 第六节　车体附属品

**第 135 条**　车体附属品检修要求

1. 脚蹬应连接牢固，横蹬原焊者须在两端加焊三角撑筋板。
2. 各型扶手裂纹时更换，弯曲变形时修理。

**第 136 条**　渣罐车抓轨器检修要求

1. 抓轨器作用必须灵活；裂纹、折损时更换。
2. 丝杠弯曲时调修，磨耗过限时更换。

## 第七章　倾翻装置及车门开闭机构

倾翻装置及车门开闭机构是机械化卸车的重要系统。大修时渣罐车倾翻传动部分须全部卸下，清除污垢，分解检修烧结车凡螺栓组合的气动、传动等部分均须全部分解检查修理，贮风缸施行水压试验；年修时渣罐车的传动丝杠、丝母、减速机、半部横梁须全部卸下分解检修，电气部分须清扫检查修理；烧结车除贮风缸可不分解检修外，气动、传动部分须分解检修。大修、年修检修后应施行空载倾翻及车门开闭试验。辅修时施行外观检查及注油，丝杠轴承开盖检查，检查修理电气部分。

混铁车大修时更换耳轴、减速机地脚螺栓；抽出耳轴轴瓦检查，测量间隙，电机、连接线老化更换，联轴器调整，更换减速机油脂。

## 第一节　渣罐车倾翻装置

**第 137 条**　渣罐车丝杠有下列情形之一者须修理或更换

1. 丝杠弯曲，大修时每米超过 1 mm，年修时每米超过 2 mm。

2. 丝扣磨耗，大修时超过 1/4，年修时超过 1/3，辅修时超过 1/2（在螺纹中径处测量）。

3. 丝杠端部丝扣不良。

**第 138 条**　导杆有下列情形之一者须修理或更换

1. 每米内导杆弯曲，大修超过 1 mm，年修超过 2 mm 时。

2. 直径磨耗，大修超过 2 mm，年修超过 3 mm 时。

3. 导杆表面有沟或不光滑，影响滑架作用时。

4. 两端螺纹不良时。

**第 139 条**　齿轮有下列情形之一者禁止使用

1. 齿轮掉齿。

2. 齿轮磨耗，大修时弦齿厚超过 1/5，年修时超过 1/4。减速机齿轮弦齿厚磨耗，大修时不得超过 20%，年修时不得超过 25%（支框齿轮除外）。

3. 齿轮同一辐条裂纹两处以上或辐条折损。

4. 轮毂裂纹。

5. 局部裂纹严重或缺损未焊修者。

**第 140 条**　丝杠、丝母检修技术要求

1，传动丝杠与轴套之局部间隙，大修时不得超过 1 mm，年修时不得超过 2 mm，超过时更换。

2. 上、下丝母要紧靠，局部间隙不得超过 1 mm，但组合后转动要灵活。

3. 铜丝母与半部横梁两侧间隙之和，大修时不得超过 8 mm，年修时不得超过 10 mm；上、下丝母与半部横梁间隙应为 6～10 mm。

**第 141 条**　大修、年修时，半部横梁（包括滑架）裂纹、偏磨、缺损时焊修或更换。支框滚轮的轨道出现凹凸不平，在每米内，大修时不得超过 1 mm，年修时不得超过 2 mm，超过时焊后磨平。

**第 142 条** 11 $m^3$渣罐支框、丝杠等传动部位检修技术要求

1. 支框轴衬直径磨耗,大修超过 3 mm,年修超过 4 mm 时更换。

2. 支框轴直径磨耗,大修、年修时超过 5 mm 更换。

3. 丝杠的特殊螺母磨耗过限时更换。

**第 143 条** 减速机、联轴节检修技术要求

1. 减速机体固定螺栓孔裂纹、破损时焊修更换。

2. 减速机各段轴弯曲不得超过 0.5 mm。

3. 组装时各连接处须保持严密,上下箱接口应涂封口胶,不得漏油。

4. 联轴节的螺栓胶圈孔,允许有椭圆度;长径与短径差,大修时不得超过 2 mm,年修时不得超过 4 mm,辅修时不得超过 5 mm。

**第 144 条** 齿轮、丝杠、丝母、轴承等组装时技术要求

1. 齿轮转动要平稳,不得有冲击现象或其他不正常杂音;齿与齿的接触面要达到 60%以上。

2. 上下丝杠传动齿轮与减速机齿轮齿隙(3±0.5) mm,11 $m^3$渣罐齿隙 $2\pm^{0.3}_{0}$ mm。

3. 减速机安装要平稳,螺栓要紧固;不得出现跷脚现象。

4. 两联轴节端面的间隙,大修、年修时需保持 2～4 mm,不同心度应在 0.5 mm 以下,联轴节螺栓齐全紧固,并需有胶圈及开口销。

5. 滑动轴颈与轴套的间隙辅修 1.5 mm;导杆与轴套在大修时最大间隙为 2 mm,年修时 3 mm 超过时更换铜套。

**第 145 条** 电气装置检修要求

1. 大修、年修时须检查、测试绝缘性能、三相电流、电机轴承温度、电机轴承温度、电机转速,辅修时检查电动机状态及绝缘性能,有异常者检修。

2. 车内电气配线电阻不得低于 0.5 MΩ。配线管插座烧损者更换。

3. 限位开关应进行检查、修理,作用良好。凡拆除者应一律配齐恢复。

4. 大修、年修时电机应分解、清扫、检修。定子线圈内外鼓涂绝缘漆并进行干燥;电机轴应实行探伤,线圈损坏应更换并进行耐压试验,风扇应安装牢固。防护罩完整齐全。

5. 电机装于基座上,连接螺栓紧固;与联轴器连接紧固,整体水平。驱动阻力小。

**第 146 条**　车门开闭传动装置按下列技术要求检修

1. 平齿条、立齿条、扇形齿轮和齿轮轴之轮齿不得有裂纹，齿厚磨耗超过原厚度 15%时修理。压辊直径磨耗超过 4 mm 时更换。

2. 立齿上摇臂及长短拉杆用样板检查，弯曲时调修，摇臂裂纹允许不超过断面的 15%时修理；自锁过死量，大修、年修时为 20.8 mm。

3. 轴杠弯曲时矫正，矫正后弯曲度最大不超过 1.5 mm；过轴轴承部磨耗，大修时不得超过 3 mm，年修时不得超过 5 mm；大修时须探伤检查。

4. 侧面拉杆轴的轴颈，大修时须施行电磁探伤；拉杆轴弯曲，大修时不得超过 1 mm，年修时不得超过 2 mm。

5. 车门全开时，开度应为 650 mm，超过或不足时调修并固定安全挡位置。

6. 各轴承油孔须清洗畅通，各油杯组装时须加润滑油脂。

7. 安全挡破损、变形时修理或更换。

**第 147 条**　气动部检修技术要求

1. 通风管路及软管按普通货车制动装置一般技术要求施修。

2. 贮风缸须施行 900～1 000 kPa 的水压试验，保持 5 min 不得漏泄，水压试验后应施行 600～700 kPa 的风压试验，保持 5 min，漏泄不得超过 20 kPa。

3. 操纵阀检修后应施行 500～700 kPa 的风压试验，保持 1 min，不得有漏泄(手柄置于保压位置时)。

4. 气动缸检修应符合以下技术要求：

(1)气动缸内壁局部划伤深度不得超过 0.3～0.5 mm 或椭圆度不得超过 0.2～0.3 mm。加工粗糙度 *Ra*3.2，旋修后的直径不得较原直径大 2 mm。

(2)活塞体轮不得有裂纹，活塞杆弯曲时调修，前后填料盖破损时更换。

(3)胀圈开口间隙超过 1.5 mm 时更换，气动缸旋削时，须更换相应尺寸的胀圈。

(4)气动缸组成后，须施行 600 kPa 的风压试验，保持 5 min，每分钟漏泄不得超过 10 kPa。

## 第二节　混铁倾翻装置

**第 148 条**　主、副从动车罩检查、维修

1. 卸掉主、副从动车罩螺丝，并吊到地面，除去从罩壳外表铁锈。

2. 对损坏、变形的部位进行整修，如无法修理需更新。

3. 将修整好罩壳进行刷漆，底漆防锈为银粉漆（高温），各刷一遍。

**第 149 条**　链条、链轮的检查、维修

1. 将传动链条拆下，对链条和链轮用煤油清洗其表面黏滞的异物。

2. 检查链条和链轮是否损坏、变形，如有毛刺可用锉刀进行整形，链条按图纸要求，链极硬度（HR＜35～42）销孔孔距 $63.5^{\circ}{}^{+0}_{-0.07^{\circ}}$ 在极限位伸载荷 1％的张力作用下，测量节数 16 节，其总长偏差应在 0～0.25％范围内，链条极限位伸载荷 $Q \geqslant 839$ kN 链条和链轮有严重损伤不符合条件需要更换。

3. 链的松弛量与调整，链条长期使用时可能产生松弛，松弛量约为 15 mm，对于高速回转用的链条应定期（2 年）拆下链罩，调整链的松弛量，松弛量的调整可利用电机下面垫片厚度来进行，利用薄钢板增加垫片的厚度，垫片形状如图 39 所示。

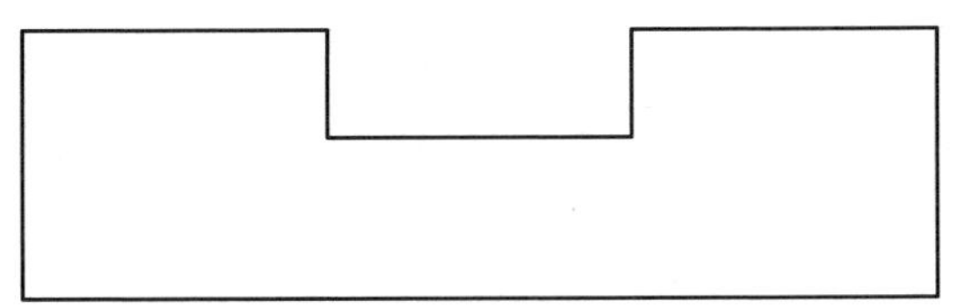

图 39　垫片形状图

**第 150 条**　减速机的检查、维修

1. 减速机箱内的各部件均为油池式润滑方式，润滑油的更换是减速机重要保养项目，应按润滑表进行第一次更换应在运行开始后 6 个月之内进行，更换方法是打开排油阀排出减速机的油，完全排出后将新的润滑油从高速链供油口注入。

另外要从排出的润滑油中检查有没有金属粉末，初次更换时由于齿

轮早期磨损可能发现铁粉，发现异常的金属粉时，应及时更换。

2. 检查减速箱运转时用仪器监听有无异常声音，检查传动齿轮的磨损情况及油封是否损坏，如不符合图纸技术标准需更换或交专业厂检修。

3. 新检修或新更换减速机后，应测试开式齿轮与减速机的啮合情况，卡齿高方向接触面积大于 30%，齿长方向接触面积大于 50%，齿侧间隙 1.37～2.5 mm。

**第 151 条**　电动机制动闸检查

(1)检修维护闸架、制片和制动轮，闸架的弹簧压力必须符合产品说明书的要求，制片的厚度磨损最薄点不得小于原厚度的 85%，制动轮外圆的同心度不得小于 0.5 mm，不符合技术要求需更新。

(2)电磁提闸的间隙调整参照说明书，如 $ZD_2$-016 号参照本章第三节。

**第 152 条**　主传动旋转罐体的滚道检查

(1)是否损坏，缺油和包箍的尼龙板损坏磨损情况，如损坏磨损严重的需要更新。

(2)清洗机油方法如表 24 所示。

**表 24　减速机润滑部位表**

| 充填部件 | 润滑方式 | 充 填 量 | 润滑油(脂)名称 |
|---|---|---|---|
| 齿轮链 | 手涂 | 20 L(10 L×2)3 个月 | 极压锂基润滑脂 2 号 |
| 链轮轴两端轴承 | 手涂 | 0.3 kg　1 年 | 极压锂基润滑脂 2 号 |
| 主令控制器链 | 手涂 | 0.5 kg　3 个月 | 极压锂基润滑脂 2 号 |
| 转向架轴承 | 手涂 | 100 kg　6 个月 | 极压锂基润滑脂 2 号 |
| 高速用制动器 | 干油枪 | 15 kg　1 个月 | 极压锂基润滑脂 2 号 |
| 低速用制动器 | 干油枪 | 15 kg　1 个月 | 极压锂基润滑脂 2 号 |

**第 153 条**　轴瓦配合的需检查耳轴的情况，大修、年修时实施耳轴探伤检查

1. 分解后对耳轴进行检查测量瓦口轴向及径向间隙。

2. 检查轴瓦的状况磨损情况，大修磨损不查过 34 mm，年修不超过 32 mm。油槽深度不小于 2 mm。

## 第三节 混铁车电气维修

**第 154 条** 三相异步电动机的检查(见表 25)

(1)检查电动机及起动设备接地装置是否可靠,接线是否正确,接触是否良好。

(2)检查绕组各相间及对地的绝缘电阻,对绕组转子的电动机,还应检查集电环对地的绝缘电阻,采用 500 V 兆欧表测量,其绝缘电阻不小于 0.5 MΩ。

(3)对绕线转子电动机还应检查集电环上的电刷及提刷装置是否灵活正常,电刷接触是否良好,电刷压强是否合适,一般其压强应为 15~25 kPa。

(4)检查电动机轴承查是否有油,滑动轴承是否达到规定油位。

(5)检查电动机内部有无杂物、积尘。

(6)检查电动机的转轴是否能自由转动。

(7)检查电动机传动装置安装是否紧固。

**表 25 电动机定期大修内容**

| 项　　目 | 检修内容 |
| --- | --- |
| 清理电动机及起动设备 | 1. 清除电动机表面及内部各部分油泥和污垢;<br>2. 清洗电动机轴承 |
| 检查电动机绕组有无故障 | 1. 绕组有无接地、短路、断路现象;<br>2. 转子有无断裂;<br>3. 绝缘电阻是否符合要求 |
| 检查电动机定子、转子、铁芯 | 检查定、转子、铁芯是否有相擦痕迹,如有应修正 |
| 检查传动装置 | 1. 检查联轴器是否牢固;<br>2. 连接螺丝有无松动;<br>3. 检查传动齿轮啮合是否良好 |
| 试车前检查 | 1. 测量绝缘电阻是否符合要求;<br>2. 安装是否牢固;<br>3. 检查各传动部分是否灵活;<br>4. 检查电压、电流是否正常;<br>5. 是否有不正常的振动和噪声 |

**第 155 条** 直流电磁制动器检查修理

(1)直流电磁制动器 $ZD_2$-016 号式为筒型无励磁制动器(线圈不通电时为制动状态),线圈通电时制动松弛,具有外形尺寸小、重量轻、反应迅速、寿命长和维护保养方便等特点,其操作回路采用弦励磁电路,即仅在电磁铁吸合瞬时线圈通过大电流,经过 3～0.5 s 后,回路中串入经济电阻,在保持电磁铁吸合数同时,线圈流过极小的保持电流,从而避免线圈的发热。

(2)安装与调整

安装制动器时,要适当调整制动器座架的安装位置,使两侧制动闸互衬垫接触均匀,若制动器位置调整不良时,易产生单面接触现象,当制动器位置调整好后,再将底脚螺栓拧紧,并在底座适当位置用定位销固定。

使用前应对表 26 部位的间隙和距离进行调整确认。

**表 26　制动器安装与调整**

| 型号 | $M$(冷时)<br>调整值 | $T$(冷时)<br>调整值 | $M$(冷时)<br>最值 | $M$(热时)<br>最大值 | $L$<br>标准值 |
|---|---|---|---|---|---|
| $ZD_2$-016 | 2.5 | 1.0 | 4.5 | 2.0 以上 | $M+36$ |
| ZDL-03 | 2.5 | 1.0 | 4.5 | 2.0 以上 | $M+36$ |

备注:$M$——电磁铁与可动圈极的间隙;

$T$——制动器下部可调支点间隙;

$L$——两弹簧座间距离。

“冷时”是室温相同温度;“热时”是指运转 3 h 以上温度。

转动调整螺母,将两弹簧间距离调整至表 26 的相应数值,当 $L$ 符合表 26 尺寸时,制动弹簧压力便是规定的额定制动力矩。

调整螺母使电磁铁与可动圆极间隙 $T$,并使其符合表 26 数值,当制动器互衬垫中心部位厚度减小到 3 mm 左右时,便已达到使用极限,此时需要更换新的间互衬垫。

制动器铰链处和拉杆头部的油杯,要定期注油润滑。

**第 156 条**　限位 $LK_{4D}$的检查维修

(1)检查各零部件有无损伤及缺少,更换时切勿使输出轴及减速装置受到损伤,安装后应无卡轧现象。接线路要求调整凸轮块后,应使其紧固件无松动现象。

(2)更换调试完成后,应减速装置和机械动处加上润滑油,定期在减速装置以及机械动摩擦处,加上润滑油脂,经常检查凸轮块等固定螺栓是否有松动现象,固定螺栓的松脱会影响触头闭合及断开的准确性,减速装置若发生不正常的噪声应立即检修。触头烧毛,应拆下用细锉修平后再装上使用,如有烧毁现象,应及时更换新的触头。

**第 157 条** 插座检查与维修

(1)触头表面应经济保持清洁,表面受到损坏是应及时更换,在接触压力规定的冲程内,其压力处理 1/2 压力以下则需要更换,耐蚀性电镀脱落后,必须及时更换。

防水垫表面破损及材料变质则需要更换,弹簧当受到损伤以及弹力减弱后,则需要更换。

(2)插座主要部位定期检查见表 27。

**表 27 插座定期检查表**

| 检查部位 | 检查周期 | 保养方法及处理 |
| --- | --- | --- |
| 触头接触压力 | 1 年 | 压力低于 1/2 以下时更换 |
| 防水垫圈 | 2 年 | 更换 |
| 复位弹簧 | 1 年 | 自由高度在 115 mm 以下需要更换 |
| 拉簧 | 1 年 | 自由高度在 635 mm 以上需要更换 |
| 移动随动部位 | 40～50 天 | 清理后稍滴机油 |

(3)电线的连接与插座一样,将电线接到接线柱上,把电线末端从体前倒插入(这时电线出口端的垫圈座紧固密封盖及垫圈等处于分离状态)从装配架电线出口拔出,再等组装完的触头群放在壳体内,装上定位螺丝垫圈等,触头及绝缘板的组装工作完成。

电线出口部位的防水及固定方法,以垫圈紧固密封盖顺序套入电线,先把垫圈按到装配架上,然后把垫圈放到垫圈座上,用坚固密封盖压好,以便防水,最后把电线密封压好,完成电线的固定工作。

# 第八章 制动装置的检修

## 第一节 基础制动

**第 158 条** 制动梁检修技术要求

1. 客车制动梁应改为无套端轴,端轴裂纹时更换,直径磨耗大修超过 2 mm、年修超过 8 mm 时焊修。

2. 制动梁超过下列尺寸时加修：

(1)两闸瓦托中心距离：大修 1 524$^{+6}_{-4}$ mm，年修 1 524$^{+10}_{-4}$ mm。

(2)弓形梁身扭曲超过 5 mm 或形成反挠度、大修时无挠度以及工钢制动梁大修、年修弯曲超过 10 mm 时。

(3)滑槽式制动梁全长：大修时，转 8 A、转 6 A 为(1 770±8) mm，转 9、转 10 为(1 770±8) mm；年修时，转 8 A、转 6 A 为 1 770$^{+3}_{-5}$ mm 转 9、转 10 为1 770$^{+3}_{-5}$ mm。

(4)两闸瓦托中心至支柱中心距离差：大修 6 mm；年修 10 mm。

3. 滑槽式制动梁的端轴垫圈须分解检查，横裂纹时更换，端轴、滑块焊波裂纹时焊修。原为阶梯形的端轴，一律换为直径 36 mm 的端轴和配套的闸瓦托。端轴垫圈剩余厚度大修不足 8 mm、年修不足 4 mm 时更换，并与闸瓦托点焊固。

4. 新组装和经分解检修的制动梁其两闸瓦托中心距应为(1 524±4) mm；两闸瓦托中心与支柱中心距离差不超过 8 mm；槽钢的挠度应为(22±8) mm；工型钢两端及其闸瓦托组装后应有 1∶20 的斜度。

5. 梁 4 型制动梁弓形杆螺母须分解检修，组装后螺母、防转铁垫须点焊固，弓形杆、槽钢、支柱折裂或腐蚀超过 30%需截换及梁 7 型制动梁折、裂或须更换端轴时，均改为梁 5 型制动梁。转 8 使用 U 型吊时，须将侧架立柱内侧割除一部分，割除后距闸瓦托吊座内侧水平距离为 92 mm，并打磨平整

6. 弓形杆裂纹，折断时对接或更换，对接时，接口应距闸瓦托弯角处 160 mm 以上。

7. 锻钢支柱裂纹时应更换为铸钢支柱，焊接时须距槽钢翼板顶部向下 5～8 mm 处起焊。铸钢支柱裂纹大修时更换，年修时裂纹长度不超过该处宽度的时焊修，磨耗大修超过 2 mm、年修超过 8 mm 焊修，腐蚀大修超过 30%时焊修或更换。

8. 制动梁工型钢、槽钢横裂纹大修更换，年修横裂纹未延及腹板者可焊修后补强；工型钢纵裂纹时焊修。工型钢、槽钢腐蚀深度大修超过 30%、年修经拉力试验变形者，应加装厚度 6～8 mm、长度不少于 600 mm 的补强板，并须满焊。

9. 制动梁经补强、截换或更换槽钢、弓形杆后,应按规定进行拉力试验,不得产生永久变形。

10. 制动梁应一律装有安全链(H2E 型转向架有安全托者所用的制动梁除外),40 t 车以上的弓形制动梁须加装下拉杆安全吊及座。

11. 安全链裂纹时切坡口焊修,链条直径不足 7 mm 时更换;环眼螺栓一律用 M16。

12. 制动梁应按转向架类型装配,梁 4 型制动梁不得装用于 GK 型三通阀车上。工钢制动梁按表 28 选配装用的车型。同一转向架不得使用异形制动梁。

**表 28　制动梁弯曲试验值**

| 型　别 | | 试验吨数(t) | 备　注 |
| --- | --- | --- | --- |
| 弓形制动梁 | 平型头或锻钢压制 | 9 | |
| | 斜头行弓形杆 | 7 | |
| | 管子扁钢、三角铁梁 | 5 | |
| 工钢制动梁 | 160 mm 工字钢梁 | 6 | 60 t 车 |
| | 140 mm 工字钢梁 | 5 | 30、40 t 车 |
| | 120 mm 工字钢梁 | 3.5 | 30 t 车 |
| 客车制动梁 | | 7 | |

**第 159 条**　闸瓦托检修技术要求

1. 闸瓦托吊槽横裂纹时更换,非铸钢闸瓦托裂纹、磨耗过限时更换为铸钢品。

2. 闸瓦托与槽钢、弓形杆焊接处焊波开焊时应重焊,转 9 型闸瓦托(滑块铸成一体者)滑块根部有横裂时更换。

3. 闸瓦托磨耗过限时焊修,焊后四爪厚度不小于 8 mm;闸瓦托弯曲变形时调修或更换,检修后雨闸瓦托内弧面须符合 $R$450 mm 样板,两插销座支承面中心线两侧四处须接触,局部缝隙不超过 1.5 mm,四爪的每处间隙不超过 2 mm。闸瓦托吊槽磨耗时,应伸入槽内 15 mm 处测量,剩余厚度不足 9 mm(托 6 号不足 6 mm)时,于焊后加工修整。

4. 闸瓦托复原弹簧衰弱时更换,螺栓应分解、检修、给油。

**第 160 条**　闸瓦托吊检修技术要求

1. 闸瓦托吊须按规定压筋，弯曲变形时调修，横裂纹时更换。桃型、U型吊销孔圆弧接头须焊固；桃型吊两圆环间须点焊固，方型吊组装时，压筋部位须装在闸瓦托处。

2. 闸瓦托吊磨耗部分磨耗大修、年修超过 2 mm 时焊修，非磨耗部分直径小于原形 3 mm 时更换。7 号制动梁用瓦托吊的端轴孔磨耗过限时，焊修或更换，禁止镶套。

3. 闸瓦托吊须按转向架类型装配，同一车辆须一致。

**第 161 条　拉杆、杠杆检修技术要求**

1. 转向架制动杠杆、拉杆大修时应按通用件校对，年修在更换制动杠杆或堵孔新钻时，须按通用件校对孔距，各孔距与图纸规定的尺寸相差超过±5 mm 时，堵孔重钻。堵孔新钻时，各孔距差不得超过图纸规定的±8 mm，销孔须镶套。各型转向架制动杠杆须按表 29 规定。

**表 29　转向架制动杠杆尺寸表**　　单位：mm

| 转向架型别 | $L_1$ | $L_2$ |
|---|---|---|
| 转 8、转 8A、转 6A、转 17 | 182 | 407 |
| 转 6 | 190 | 427 |
| 转 9 | 150 | 305 |
| K6 | 150(固定杠杆)/190(游动杠杆) | 300(固定杠杆)/380(游动杠杆) |

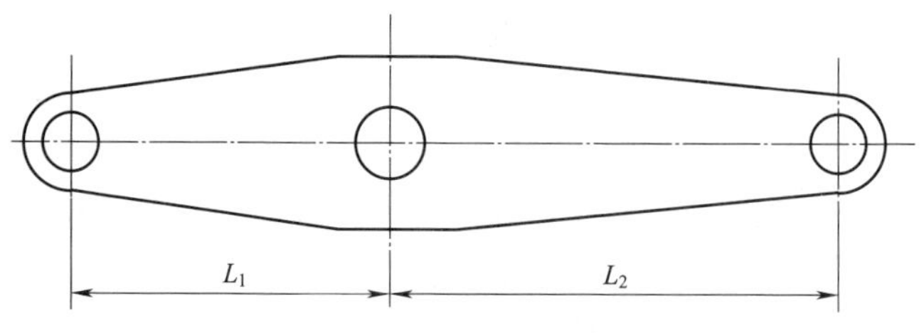


图 40　转向架制动杠杆图

2. 销孔(衬套)磨耗 2 mm 时扩孔镶套或换套，原套松动、裂纹时更换。

3. 各拉杆腐蚀或局部磨耗(包括杠杆)大修超过 2 mm、年修超过 8 mm 时焊修，拉杆折断时可锻接或焊接，对接后须进行 1 200 kPa 的拉力试验。拉杆夹板焊接时搭载量 30～40 t 车不得少于 75 mm，50～60 t 车不得少于 85 mm；拉杆、杠杆托须安装牢固。

4. 固定杠杆支点各相对孔不同轴度偏差不得大于 0.5 mm。转 8、转 4、转 5 固定支点座原铆装在摇枕体上平面者须改焊在摇枕侧壁上。

## 第二节　空气制动机

**第 162 条**　空气制动装置主、支管、连通管检修须符合下列技术要求

1. 制动主、支管大修时须全部分解检修；年修时须吹扫除尘，腐蚀深度超过壁厚 1/2 时更换。

2. 主支管组装后丝扣须拧紧(进 5～8 扣)、外露 8～6 扣，主管两端的短管(辅助管)长度应为 250～300 mm。

3. 折角塞门软管接口中心与车钩中心线的垂直距离应为(50±20) mm，制动管端部中心与钩身纵向中心线之左右水平距离应为(375±3) mm(见图 41)。

4. 折角塞门的中心与钩舌内侧面距离应为 308～373 m(见图 42)。

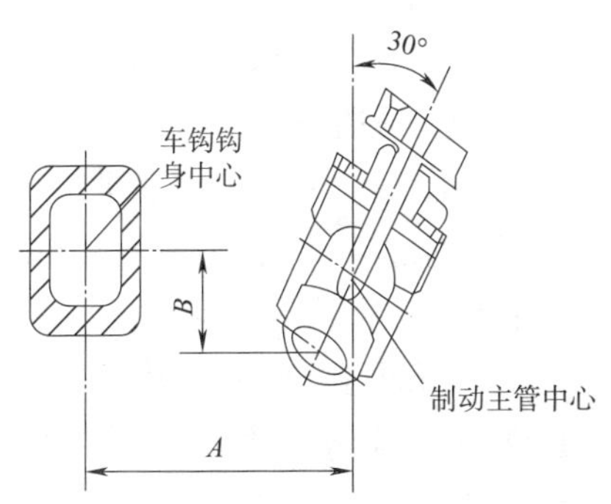


图 41　制动管端部中心与钩身纵向中心线

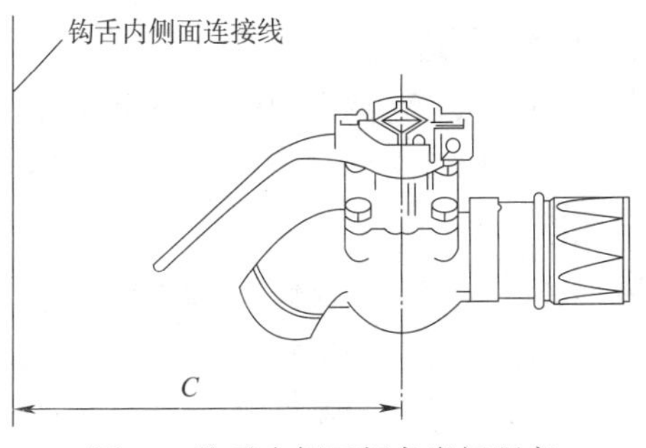


图 42　钩舌内侧面折角塞门距离

5. 大修时制动主、支管及吊架须涂以防锈漆。

6. 制动主支管与卡子吊架之接触部分，客车需用浸润铅油之白布、货车用木块垫紧，不得有松动现象。

7. 各管头连接时在丝扣上应涂以黑铅粉油，严禁缠麻。

8. 主管直径客车原为 32 mm 者可改为 24 mm，货车(包括代用客车)原为 25 mm 者须改为 32 mm。

**第 163 条**　各阀、塞门检修须符合下列技术要求

1. 三通阀、分配阀须卸下分解检修。

2. 三通阀安装座裂纹时更换，安装螺栓处螺纹滑扣时重新改制螺纹或更换。三通阀、安全阀须有滤尘网，材质应为铜质或镀有防尘层，填料应为马鬃、毛尾或同类毛制品，长度在 75 mm 以上，禁止使用树棕，分配阀的滤尘器须卸下清洗。

3. 各阀及塞门检修时，须清洗给油。弹簧衰弱、胶垫裂损、老化变形及阀体裂纹时更换，漏泄时研磨加修或更换。折角塞门、截断塞门阀芯顶面刻线须清晰，有重复刻线时，应磨平后重新刻制。

4. 各阀、塞门检修后，须以 600 kPa 的风压进行漏试验，在阀芯、阀体或塞门体结合部位涂以肥皂水后，10 s 内不发生气泡破裂。

5. 客车高速减压阀及安全阀检修后须进行作用试验，主管定压为 600 kPa 时，压力超过 420 kPa 时排气，370 kPa 时停止。货车安全阀应在 190 kPa 时排气，在 116 kPa 前停止排气，合格后加以铅封。

6. 客车自动间隙调整器掣轮套内须装入黑铅粉，作用须良好，调整螺丝应留出 1/2 以上的调整量。

7. 紧急制动阀检修后须进行作用试验。

8. GK 型制动机空重车圆整装置配件须齐全完好，各阀及远心集尘器安装后须正位，折角塞门安装时，其中心线应与主管中心线成 30°角，折角塞门手把须有手把挡。

**第 164 条**　风缸、气室、制动缸检修技术要求

1. 钢板制副风缸、降压气室、工作风缸裂纹时焊修腐蚀深度大修超过 30%时截换或更换，不得挖补或贴补，大修或经焊修后的副风缸、降压气室、工作风缸，须施行 10 kPa 的水压试验，保持 5 min 不得漏泄；年辅

修须排出水垢。

2. 制动缸裂纹、破损时更换；缸内壁锈蚀应清除掉，漏泄沟须无堵塞。皮碗、缓解弹簧(活塞杆前端镩结者除外)须分解、清洗、给油。活塞杆折裂、腐蚀、皮碗裂损、老化、变形、缓解弹簧折断或自由高度低于规定限度时更换各风缸、吊架裂纹、弯曲，吊卡腐蚀大修超过 30%、年修超过 50%或垫木损坏时修理或更换。组装螺栓须紧固，并有弹簧垫圈或背帽。

3. 制动缸活塞杆上须用白铅油按图 43 及表 30 规定涂打标记。

**表 30　制动缸活塞杆标记位置尺寸**　　单位：mm

| 制动缸规格 | 装用闸器 | | 不装闸调器 | |
|---|---|---|---|---|
| | *A* | *B* | *A* | *B* |
| 356×254 | 115 | 20 | 110 | 50 |
| 305×254 | 145 | 20 | — | — |
| 254×250 | 145 | 20 | — | — |
| 203×254 | 115 | 20 | — | — |

**第 165 条**　制动软管检修技术要求

1. 编织制动软管总成的使用寿命为 6 年。

2. 清除编织制动软管总成外表面尘砂及污物。

3. 连接器体须无裂纹、变形，连接部分状态良好，连接平面无毛刺，连接轮廓符合样板要求。软管垫须更换新品。

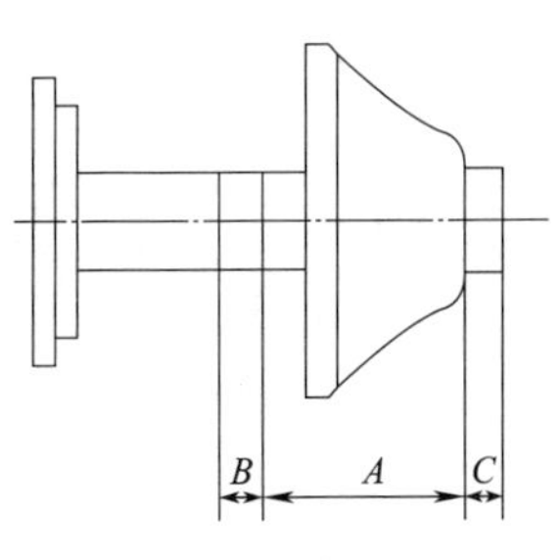


图 43　制动缸活塞杆上白铅油标记图

4. 接头裂纹、缺损、螺纹磨耗超限时更换。

5. 软管体老化、破损、脱层时更换。

6. 编织制动软管总成的外护簧断裂、锈蚀严重时更换。

7. 编织制动软管总成装车前须进行风、水压试验。

8. 风压试验：将编织制动软管总成置于水槽内，通以压缩空气达到 650～700 kPa 后保压 5 min，编织制动软管总成须无漏泄、破裂，软管发生气泡在 10 min 内逐渐减少并消失者可使用。

9. 水压试验：以 1 000 kPa 的水压进行强度试验，保压 2 min 须无破损、外径无局部凸起，软管膨胀后直径大于 57 mm 时须更换。水压试验后须清除管内积水。

10. 编织制动软管总成外观检查或风压、水压试验不合格的须更换。

11. 经风压、水压试验合格的编织制动软管总成，按图 44 涂打检修标记。汉字字号为 20 号，日期字号为 15 号，颜色为白色。

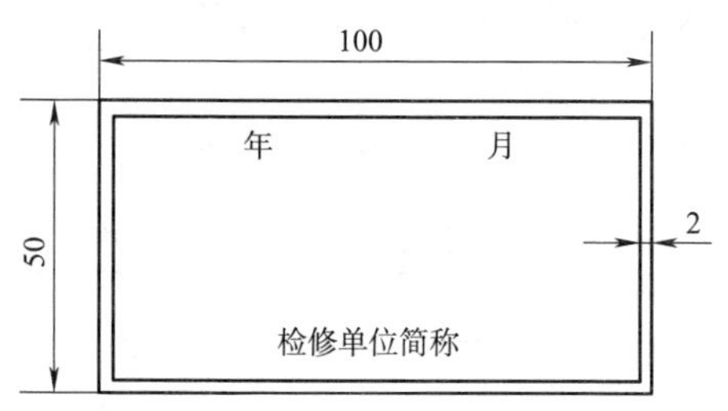


图 44　编织制动软管总成检修标记图(单位:mm)

12. 软管吊链裂纹、变形时修理或更换，链环直径小于 4 mm 时更换。

**第 166 条**　制动附属配件的检修技术要求

1. 风表应施行校对检查，与标准表的公差不得超过 0.1 kPa，经校对合格的风表须加铅封，并贴合格证。风表应使用 1.5 级的风表，分度盘不大于 10 kPa(现有 2.5 级而分度盘不大于 12 kPa 者可继续使用)。风表应安装牢固，在风表下第一节支管或弯头部分须加装防护卡子，卡子为 9 形，并以木螺栓在墙上固定。

2. 紧急阀把手距地板高度应为 1.8 m±50 mm，铅封线应为白线绳，紧急阀排风口应与墙板平行，并焊有铁纱网罩。紧急阀把手旁须有红色“危险勿动”标记。

3. 空重车转换塞门把手、截断塞门把手涂白漆，空重表示牌底涂白漆，字涂红漆。空重车调整装置吊架连接处焊缝开焊或未满焊者须满焊。

4. 缓解阀拉杆把手接口须焊固，直径小于 7 mm 时更换。

5. 水平杠杆、水平杠杆支点裂纹、磨耗过限，销孔磨耗超过 2 mm 时修理，水平杠杆支点组装螺栓更换时须装弹簧垫圈或背帽。

**第 167 条**　制动管系及附属配件检修要求

1. 制动主管和支管

(1)制动主管、支管须清除外部及内部锈垢和尘砂。

(2)钢管裂纹或壁厚腐蚀深度大于 1 mm 时更换。磷化管更换时须更换为磷化管或不锈钢管,不得使用镀锌钢管,管件须在加工成型后磷化处理。

(3)新制钢管切断后,须去除油垢、切屑和毛刺,端口部内径缩小量不大于 1 mm,弯曲部位外径的减少量不大于原外径的 10%。

(4)不锈钢管不得加热调修。其他钢管火焰加热调修后,须清除内、外表面氧化皮。

2. 法兰式制动管

(1)法兰体裂纹或弯曲变形大于 0~5 mm 时更换。

(2)新制法兰式制动管焊接时,须采用工装定位并组焊钢管与接头体,接头体端面与制动管中心线的垂直度在距端部 200 mm 范围内不大于 15 mm。组焊后须采用压缩空气将制动管内部吹净并进行 650~700 kPa 气密性试验。

(3)螺纹管螺纹部分腐蚀、磨损时更换;螺纹管或接头新制时螺纹部分须符合 GB/T 7306 规定。

(4)压紧式快装管接头接头体、开口环及螺母变形、裂纹时更换。

## 第三节　三通阀及分配阀

**第 168 条**　三通阀检修技术要求

1. 清除三通阀外部油垢,分解后洗刷各零部,并用压力空气吹扫各孔(各橡胶垫不得沾浸汽油)。

2. 减速杆、递动杆须无变形、裂纹或弯曲,减速杆须为金属制品;风筒盖须无裂纹(边缘有轻微缺损者除外),垫须无破损、变质;风筒盖及递动螺母丝扣有缺损或松旷时更换。

3. 主活塞胀圈与铜套、胀圈与槽、滑阀与阀座、节制阀与座等接触须严密;胀圈弹力、滑阀弹簧弹力须适当。主活塞杆弯曲时加修或更换。

4. 下体、止回阀有裂纹或缺损时更换,锌基合金制的止回阀须换为铜制品。

5. 紧急阀须无裂纹或阀杆弯曲,胶质无破损,变质需换为铜制品。短杆紧急阀肩部须有 1.5 mm 圆弧。紧急阀大方螺母各对角线不大于 22 mm,紧急阀座须无碰伤。

6. 紧急活塞与紧急阀座、紧急阀与紧急活塞或与止回阀座配合部分须圆滑，紧急活塞胀圈与铜套接触须严密，无胀圈者与铜套应有 0.1～0.3(P 型为 0.4) mm 的间隙；紧急活塞须无锈蚀，非金属制品须换为金属制品。

7. 滑阀组装后，弹簧销子须牢固，滑阀弹簧须调整比滑阀套高出 3 mm 左右，滑阀与主活塞杆之前后间隙须保持：

K、GK　　$5.5^{+0.5}_{-0.1}$ mm

P　　$5.6^{+0.4}_{-0.2}$ mm

L3、GL3　　$8.93^{+0.5}_{-0.05}$ mm

8. 旁通阀杆须无裂纹、弯曲，阀垫须无破损、变质。旁通活塞胀圈与铜套接触须严密，阻力须适当。

9. 各铜套须无松动，滑阀面上须无划伤。

10. 组装时应对各活塞胀圈、铜套、滑阀、节制阀及滑阀弹簧涂以适量的三通阀油，组装后试验阻力适当。

11. 三通阀各弹簧尺寸符合表 31 规定。

**表 31　三通阀各弹簧尺寸**

<table>
<tr><th>弹簧种别</th><th>适用阀型</th><th>自由高(mm)</th><th>加 45 kN 压缩高(mm)</th></tr>
<tr><td>递动弹簧</td><td>K1、K2、GK</td><td>65～68.5</td><td>53～57</td></tr>
<tr><td>递动弹簧</td><td>P1、P2、L2 A</td><td>66～70</td><td>58～62</td></tr>
<tr><td>减速弹簧</td><td>L3</td><td>71～74.5</td><td>68～72</td></tr>
<tr><td>安全间弹簧</td><td>K1、K2、GK</td><td>31.5～34</td><td>24.5～30.9</td></tr>
<tr><td>旁通弹簧</td><td>L3</td><td>21～23</td><td rowspan="6">全压缩三次后应恢复自由高尺寸</td></tr>
<tr><td>紧急外弹簧</td><td>GK</td><td>34.5～35.5</td></tr>
<tr><td>紧急阀弹簧</td><td>GL3</td><td>35～37</td></tr>
<tr><td>放风活塞弹簧</td><td>GL3</td><td>54～57</td></tr>
<tr><td>止回阀弹簧</td><td>GL3</td><td>18～21</td></tr>
<tr><td>放风阀弹簧</td><td>GL3</td><td>31～33</td></tr>
<tr><td>止回阀弹簧</td><td>各型</td><td>41～45</td><td>30～34</td></tr>
</table>

**第 169 条**　三通阀加修技术要求

1. 主活塞铜套和涨圈

(1)主活塞铜套有局部磨耗时研磨，其内径之差超过 0.04 mm 或局部划伤时加修或更换。

(2)选配的胀圈应预先研磨至真圆与所要求的表面粗糙度，胀圈在自由状态下的开口间隙应为0.1～1.0 mm，装入铜套内工作状态时，其搭口间隙须不大于0.5 mm。

(3)胀圈装入槽内须无过松、过紧或无局部卡住现象。

(4)胀圈与铜套对磨时，应经常转动主活塞，直至接触面均匀光亮为止。

(5)组装前须彻底清洗研磨剂。

(6)胀圈禁止以锡焊或电镀，搭口不得改短或加长。

(7)主活塞胀圈槽严禁挤压，不得采用以丝扣或销子铆合的方法局部修换主活塞轮，主活塞后端四爪磨耗时可施行铜焊，并按图纸加工。

2. 滑阀、滑阀座及节制阀

(1)滑阀与滑阀座、节制阀与座接触不严密时研磨。如滑阀底面磨耗而引起漏泄时，允许以机床加工主活塞杆上部(即与滑阀弹簧销子接近部分)按原形尺寸以不超过1 mm，否则应更换滑阀。

(2)滑阀、滑阀座或阀体的常用制动通路小于图纸尺寸引起制动安定作用不良时，应针对故障按图纸加修(GL滑阀下部常用制动孔的宽度可按(47±0.1) mm加修)。不得采用加大紧急活塞与铜套的间隙，或加大紧急活塞孔、撤去胀圈等做法。

(3)锡青铜材质(颜色发红)的滑阀与滑阀座之间阻力较大，如有缓解感作用不良的故障时，可与铝锰黄铜(颜色发白)的滑阀或滑阀座配用。

(4)GK阀在紧急制动时，因滑阀越位引起排气口漏泄时，应按图纸校对滑阀与座各部尺寸，确认符合时可适当加强滑阀弹簧的弹力，或将风筒盖垫反装(气密线向风筒盖侧)，不得焊补滑阀常用制动孔，或使用双层风筒盖胶垫。

(5)制动安定保压试验发生自然缓解时，可在限度内调长递动杆。

3. 各铜套

(1)更换铜套时，按图纸加工，其外径过盈量与内径尺寸按表32办理。

表 32　三通阀各铜套外径过盈量及内径尺寸表　　单位:mm

| 铜套别＼种类 | 过盈量 | 内径 |
|---|---|---|
| GK、K、P 间主活塞铜套 | 0.09～0.28 | 88.6～89.12 |
| L 间主活塞套 | 0.165～0.325 | $12^{+0}_{-0.5}$ |
| 紧急活塞铜套 | 0.09～0.21 | 63.4±0.06 |
| 旁通活塞铜套 | 0.09～0.21 | $50^{+0.05}_{-0}$ |
| 止回阀润套 | 0.09～0.21 | $38^{+0.05}_{-0}$ |
| P2 紧急活塞铜套 | 0.09～0.21 | $61.85^{+0.05}_{-0}$ |

(2)组装铜套时,须在铜套外径面涂以酒精浸泡的漆片溶液,或白磁漆,以压力机压入阀体内,然后以 6～7 kPa 的风压试验须无漏泄。

(3)充气沟须在铜套内径加工后,以样板刀或铣刀按表 33 尺寸加工,装入主活塞后,确认充气沟不得过长或过短(K、GK 型阀应在主活塞杆接触减速杆时检查确认)。

表 33　各型三通阀充气沟尺寸表　　单位:mm

| 项目 | 三通阀型别 | 原形尺寸 | | |
|---|---|---|---|---|
| | | 长 | 宽 | 深 |
| 充气沟 | K1、K2 | 13±0.1 | 2.4±0.2 | 1.2±0.1 |
| | P1、P2 | 10±0.1 | 4.4±0.1 | 2.2±0.1 |
| | L3、GL3 | 11.2±0.1 | 2.4±0.1 | 1.2±0.1 |
| | GK | 12.7±0.1 | 2.5±0.2 | 1.2±0.1 |
| 补充充气沟 | GK | 8.7±0.1 | 2.5±0.2 | 1.2±0.1 |

(4)充气沟尺寸不符合规定所引起的充气过快,或制动感度不良,允许用锡焊焊补充气沟,焊后加工至原形尺寸,不得加长减速杆或在减速杆上螺柱;K、GK 阀因主活塞内侧的环状突起部接触不严,引起充风过快时,须针对故障施修,不得将铜套的充气沟焊小。

4. 紧急部

(1)紧急活塞圆周面磨耗时于,须施行气焊,焊后按图纸加工,并确保同心度。不得用打、压等方法扩大直径。

(2)GK 阀局部减压量超过规定时,可在阀体下面的旁道孔上加装

1.4～1.6 mm 缩孔的铜堵，加修或更换。

（3）紧急阀座厚度大于阀下体的座槽深度时，须按图。

（4）不得在 GK 阀的紧急活塞座的胶垫上开制沟槽。

（5）紧急部的各配件修理时，须按简统化图纸加修，简统件与非简统件不得混装。

（6）三通阀下体丝扣有磨损及乱扣时，须按规定焊修并加工成 M48×8 的公制螺纹。

5. 三通阀各零件研磨及修换标准见表 34。

**表 34　三通阀各零件研磨及修换标准表**　　单位：mm

| 序号 | 名　称 | 原形尺寸 | 技术标准 | 检查及修理方法 |
|---|---|---|---|---|
| 1 | 主活塞铜套的磨耗<br>K、GK、P<br>L3、GL3 | <br>88+0.7<br>120.5+0.08 | <br>89.4<br>120.9 | 内径千分尺，更换铜套 |
| 2 | 主活塞铜套不圆柱度（内径差） |  | 0.04 | 内径千分尺、研磨 |
| 3 | 主活塞轮与铜套间隙 |  | 0.6 | 塞尺、换铜套成主活塞 |
| 4 | 主活塞胀圈在工作状态搭口间隙<br>1. 修换品<br>2. 清洗品 | <br>0.1～0.2 | <br>0.4<br>1.0 | 更换胀圈 |
| 5 | 主活塞四爪磨耗<br>K1<br>K2、GK<br>P1<br>P2<br>P3<br>L3<br>GL3 | <br>$31.6^{-0.08}_{-0.25}$<br>$38^{-0.08}_{-0.25}$<br>$35^{-0.075}_{-0.16}$<br>$44^{-0.08}_{-0.25}$<br>$54^{-0.095}_{-0.195}$ | <br>30.8<br><br>37.2<br>34.2<br><br>43.2<br>53.2 | 用样板检查、铜焊后旋修或更换 |
| 6 | 滑阀在主活塞杆内前后间隙<br>K、GK<br>P<br>L3 GL3 | <br>5.5<br>4.0<br>8.95 | <br>$5.5^{+0.3}_{-0.1}$<br>$4.0^{+0.3}_{-0.1}$<br>$8.95^{+0.35}_{-0.15}$ | 样板检查，修理或更换 |

续上表

| 序号 | 名　称 | 原形尺寸 | 技术标准 | 检查及修理方法 |
| --- | --- | --- | --- | --- |
| 7 | 减速弹簧在与滑阀间隙 | | 0.3～0.5 | 修理或更换 |
| 8 | 递动杆头部长度<br>K、GK、P<br>L(动弹簧套) | <br>7～7.5<br>10.7+0.24 | <br>6.5～7.8<br>$10.7^{+0.3}_{-0.7}$ | 修理或更换 |
| 9 | 紧急活塞与铜套的间隙<br>K、GK、L<br>P | | <br>0.1～0.3<br>0.4 | 用塞尺检查，焊修后旋修或更换 |
| 10 | 安全阀阀体磨耗 | | 22－0.045 | 21.8 |
| 11 | 风筒盖递动杆座的厚度<br>K、GK、P<br>L3、GL3 | | <br>5±0.2<br>3.5±0.1 | 5±0.2<br>3.5±0.2 |
| 12 | 滑阀座或滑阀厚度的磨耗 | | 1.5 | |

**第170条**　103型货车分配阀检修要求

1. 止回阀盖须无裂纹，丝扣无损伤；弹簧无衰弱变形。夹心阀无变质卅胶，阀面应平正及无夹砂、油垢，阀口应无伤痕。

2. 充气阀盖须无裂纹，活塞顶杆须不松动，膜板须无气孔及膨胀变质。

3. 充气阀座密封圈无挤伤、变质，阀口须无伤痕，心阀及弹簧同1项技术要求。

4. 滑阀及节制阀各滑动平面接触须良好，无划伤；弹簧无衰弱变形。上、下压板及活塞无砂眼、裂纹、变形。稳定销作用须灵活。膜板及密封圈须无气孔、划伤及变质。

5. 缓解阀拉杆须无弯曲、裂纹，顶杆须无磨损、碾堆，阀座垫无挤伤、变质，阀口、夹心阀及弹簧同1项技术要求。

6. 下体部下盖须无砂眼、裂纹，下盖垫须无变质，气密线状态须良好，弹簧无衰弱变形。二段阀及局减阀阀口及各导向面须无碰伤，密封圈须无变质挤伤，导向杆顶杆须无松动脱落。

7. 空重车多级调整阀手把须无裂纹、折损，扭力弹簧须无变形，调整轴、导板、滑块及圆销须无磨耗，杠杆及活塞作用杆无锈蚀磨耗；中体须无砂眼、裂纹，均衡活塞杆须无变形、弯曲，杆端、阀口无伤痕，调整螺丝须无松弛、折损，“8”字模板须无变质、破损、划伤。

8. 两级调整式从阀下盖须无裂纹，曲轴转动须灵活，调整套须无裂纹，弹簧无衰耗，膜板须无变质、破损，活塞无变形，中体须无裂纹、砂眼；均衡活塞可不分解，但拉杆须灵活，膜板无变形、变质、挤伤、气孔，活塞杆须无变形弯曲，密封圈须无变质、挤伤。

9. 紧急部下盖须无砂眼、裂纹，密封圈须无变质挤伤，镶套无松动、拉伤。导向杆、弹簧及夹心阀同 6 项技术要求。紧急活塞盖须无砂眼、裂纹，逆流垫须无变质，上、下活塞压板及活塞杆须无砂眼变形，气密圈及膜板须无变质、挤伤及气孔，稳定弹簧须无衰耗，喇叭口须无裂，胶垫须无变质。

10. 均衡部阀盖须无砂眼、裂纹，镶套须不松动、拉伤，密封圈须无变质、挤伤，导向杆及夹心阀连续作用须灵活。

11. 分配阀分解前应清除外部油垢，分解后洗刷各零件和阀体内部，并用压力空气吹扫，洗刷吹扫时，各配件不得相互碰撞，带胶件不得用汽油洗刷。

12. 作用部活塞膜板边缘应完全进入刀槽内，各通道连接处密封圈应有适当压缩量。

13. 充气活塞应有适当活动量，下体部导向杆顶杆的长度应超出阀座面以能压开夹心阀为准。定位挡不得反装。

14. 均衡部夹心阀与导向杆连接处应作用良好灵活。紧急部紧急活塞杆端头应与放风阀保持 1～1.5 mm 的间隙。

15. 103 型分配阀各部尺寸如下，检修时可参照校核。

(1)各孔尺寸。

全充气($a_s$)直径 1 mm；减速缓解限制孔($H$)直径 1.2 mm；减速充气孔($a_4$)直径 0.7 mm 二段阀缩孔($d_4$)直径 1.6 mm；局减室缩孔(Ⅰ)直径 0.8 mm；紧急室充气缩孔(Ⅱ)直径 0.5～0.6 mm；均衡室缩孔(Ⅲ)直径 1.2 mm；紧急活塞杆逆流缩孔直径 0.5～0.6 mm；中直径(20＋

冶金企业铁路车辆检修规程

0.28) mm。侧直径(24+0.28) mm。

(2)各阀口直径

充气阀直径 8 mm,丝扣长 16 mm,均衡阀直径(20+0.28) mm;止回阀直径原为 16 mm,改后为 12 mm;放风阀直径(24+0.28) mm;二段阀直径 12 mm;均衡活塞杆排风阀直径 8 mm;局减止回阀直径 7 mm。

(3)各活塞直径

主活塞直径为 100×24 mm,膜板最大外径 126 mm,充气活塞直径 45 mm,膜板最大外径 70 mm;紧急活塞直径 90×24 mm,膜板最大外径 116 mm;均衡活塞直径 90×24 mm,膜板最大外径116 mm;空车活塞直径 68 mm,膜板最大外径 95 mm。

(4)其他各配件尺寸:

滑阀面:(70±0.2)×24+$^{+0.14}_{0}$ mm;充气活塞顶杆长 $95^{+0.5}_{-0}$ mm;导向杆顶杆长 14 mm(局减二段阀用);紧急活塞杆直径 $100^{+0.05}_{-0.15}$ mm 止回阀六边对角 41 mm。

**第 171 条** 三通阀(分配阀)检修后须进行性能试验首验合格后,在阀体下部应涂打检修日期,其试验标准如下:

1. P、L 在三 T 试验台上的性能试验标准

(1)充气试验:主风缸压力达到 560 kPa 后, A 阀于 1 位,副风缸压力由零升至 490 kPa 的时间:

P　　25~35 s

L　　3~9~12 s

(2)漏泄试验

①紧急制动位的漏泄试验

A 置于 8 位,漏泄测定器水位由 2 格升至 3 格的时间不得少于 20 s。

试验 L 型三通阀时,还要在安全阀座上涂肥皂水,在 5 s 内,肥皂泡直径不得超过 25 mm。制动缸压力下降,在 10 s 内不得超过 35 kPa。

②各接口部的漏泄试验:

堵塞排气口, A 阀于 1 位,在各接合部涂肥皂水,不得漏泄。

③缓解位漏泄试验:

漏泄测定器水位由 2 格升至 3 格的时间,不得少于 20 s(L 型不得少于 10 s)。

④紧急阀漏泄试验：

制动管压力降至 280 kPa 时，开放通制动缸的放气塞门，制动管压力不得下降。

⑤节制阀漏泄试验：

使制动缸压力升至 210 kPa 保压，制动缸压力如有上升，20 s 内不得超过 35 kPa。

(3)制动缓解试验

①缓解试验：制动缸压力升至 210 kPa 时，保压后，A 阀置于 1 位，制动缸压力降至 35 kPa 的时间：P2、Ls 不得超过 2 s。

②阶段缓解试验(L 型阀)：A 阀由 3 位至 2 位，反复 3 次，每次均起阶段缓解作用。

(4)急制动孔试验(P 型阀除外)

副风缸及制动管压力降至 420 kPa，R 阀移至 5 位，制动管压力下降，4 s 应为 20～40 kPa。

(5)主活塞胀圈漏泄试验

将副风缸及制动管压力降至 420 kPa，A 阀于 3 位，R 阀于 4 位，测定制动管压力下降 1 min 不得超过 25 kPa。

(6)制动稳定试验

①P2 型三通阀：A 阀于 7 位，在减压 140 kPa 前不得起紧急制动(R 阀于 2 位)。

②L3 型三通阀：A 阀于 4 位，R 阀于 7 位，在制动减压 140 kPa 前不得起紧急制动。

(7)紧急制动试验

P2 及 L 型三通阀的试验，按下列规定移动 A 阀，在制动管减压 140 kPa 前须起紧急制动作用。(R 阀于 7 位)P2 于 5 位，L3 于 7 位。

(8)旁通部试验

①旁通阀试验。将制动缸及副风缸压力减至 350 kPa 时，制动压力上升，每 10 s 不得超过 65 kPa。

②旁通活塞试验：制动缸压力须达到 490～530 kPa。

(9)安全阀试验：按规定压力调整安全阀后，在安全阀阀体全部涂肥皂水检查各接口及排气孔不得漏泄。

2. K、GK 在三 T 试验台上性能试验标准

(1)充气试验

主风缸压力达到 560 kPa 后，A 阀置 1 位，副风缸压力由零升至 450 kPa 的时间：K：型 90～115 s，K2 型 55～85 s，GK 型 40～60 s。

(2)漏泄试验

①紧急制动漏泄：A 阀于 8 位，测定器水位由 2 格升至 3 格的时间不得少于 20 s。

②止回阀漏泄：制动缸压力下降，10 s 内不得超过 35 kPa。

③各接合部漏泄：堵塞排气口，在各接头部涂肥皂水不得漏泄。

④缓解位漏泄：待制动缸压力排净后，测定器水位由 2 格升至 3 格的时间不得少于 20 s。

⑤紧急阀漏泄：制动管压力降至 280 kPa 时，保压，开 6 号塞门，制动管压力不准下降。

⑥节制阀漏泄：使制动缸压力升至 210 kPa 时 20 s 内制动缸压力上升不得超过 35 kPa。

(3)制动缓解试验

①全缓解试验：制动缸压力升至 210 kPa 后，A 阀于 2 位，制动缸压力降至 35 kPa 的时间：K1 型不得超过 5 s，K2、GK 不得超过 4 s。

②减速缓解试验：A 阀于 1 位，制动缸压力降至 35 kPa 的时间：K1 型 4～20 s，K2 型 8～12 s；GK 型 5～7 s。

(4)紧急制动孔试验

副风缸及制动管压力降至 420 kPa 时，R 阀移至 5 位，测定制动管压力下降 4 s 时应为 20～40 kPa。

(5)主活塞胀圈漏泄试验

副风缸及制动管压力降至 420 kPa 时保压，R 阀于 4 位，制动管压力下降，1 min 不超过 25 kPa。

(6)制动安定试验

A 阀 K1 型于 5 位，K2、GK 型于 6 位，在减压 140 kPa 前不得起紧急制动。

(7)紧急制动试验

A 阀 K1 型于 7 位、K2、GK 型置于 8 位，在减压 140 kPa 前须起紧急制动。

3.103、104 分配阀在 705 试验台上的性能试验

(1)主阀试验

①充气和充气位漏泄试验

操作阀手把置 1 位,工作风缸和副风缸压力上升,并用肥皂水检查各结合部不得漏泄。工作风缸、副风缸压力上升时间要求为:

(a)工作风缸风压由零升至 200 kPa 的时间:修理品 103 阀为 50～60 s、104 阀为 25～30 s;新品 103 阀为 50～55 s,104 阀为 25～27 s。

(b)副风缸压力应与工作风缸压力同时上升。

(c)均衡部与作用部排气口用漏泄测定器测量,水位由 2 格升至 3 格时间不少于 5 s。

(d)局减排气口用肥皂水检查,在 5 s 内肥皂泡直径不得大于 25 mm。

②紧急制动漏泄试验

工作风缸、副风缸风压充至定压后,关闭 1 号塞门、开放 14 号风门,使主阀处于紧急制动位,用肥皂水检查各结合部不得漏泄,并达到下列要求:

(a)用漏泄测定器测量排气口,水位由 2 格上升至 3 格的时间不得少于 10 s。

(b)关闭 4 号风门,开放 10 号风门,制动管压力在 20 s 内不得上升。

(c)局减阀盖小孔涂以肥皂水,不得漏泄。

③全缓解试验

开放 1、4 号风门,关闭 10、14 风门,操纵阀手把置 1 位,待工作风缸与副风缸充满定压后,置 6 位减压 170 kPa,然后置 3 位保压少许,再移至 1 位(103 阀置 2 位),并要求:

(a)容积室压力由 420 kPa 降至 40 kPa 的时间:修理品 6～9 s;新品 6～8 s。

(b)制动缸压力应尾随容积室压力同时下降。

④减速缓解试验(104 阀无此项试验)

待工作风缸和副风缸充满定压后,操纵阀手把置于 6 位减压 170 kPa 后,置 3 位保压少许,再置 2 位缓解,要求:

(a)容积室压力由 420 kPa 降至 40 kPa 的时间:修理品为 23～29 s;

新品为 23～26 s。

(b)制动缸压力应随容积室压力同时下降。

⑤制动灵敏度和缓解灵敏度试验

待工作风缸和副风缸充满定压后，操纵阀手把置于 5 位减压 40 kPa 后，置 3 位保压，然后再置 2 位缓解，要求：

(a)制动灵敏度应在制动管减压 20 kPa 以前发生局减和制动作用。

(b)局减室排风时间：修理品不大于 15 s；新品不大于 12 s。

(c)保压位漏泄：关闭 7 号风门，容积室压力在 20 s 内上升不得超过 10 kPa；开放 7 号风门保压 1 min，不得发生自然缓解。

(d)缓解灵敏度：从操纵阀手把置 2 位起到作用部排气口开始排气的时间，修理品不大于 15 s，新品不大于 12 s。

⑥稳定试验

待工作风缸和副风缸充满定压后，操纵阀手把置 4 位，制动管降压 50 kPa 前，不得发生局减和制动作用。

⑦紧急增压试验(103 阀无此项试验)

待工作风缸和副风缸充满定压后，操纵阀置 6 位，要求制动管降压 200～250 kPa 时，工作风缸压力应从 420 kPa 开始上升。

⑧紧急二段跃升试验(104 阀无此项试验)待工作风缸和副风缸充满定压后，关闭 1 号风门，开放 14 号风门，注意容积室压力上升，要求：

(a)容积室压力应迅速上升至 130～150 kPa，然后缓慢上升至 420 kPa。

(b)容积室压力上升由零至 400 kPa 的时间为 8～14 s。

⑨局减阀试验

关闭 14 号风门，开放 1 号风门，操纵阀手把置 1 位，待工作风缸与副风缸压力充至定压后，关闭 6、7、8 号风门，堵住大排气口。操纵阀手把置 6 位，减压 40 kPa 后移至 3 位保压，注意观测制动缸压力，此压力值即为局减阀关闭压力，然后开放 18 号风门，注意局减阀开放压力，要求：

(a)局减阀关闭压力不大于 0.5 kPa。

(b)保压 20 s，制动缸压力不得上升。

(c)局减阀开放压力不小于 20 kPa。

⑩均衡部灵敏度及补风作用试验

(a)104 阀和 103 阀重车位：

关闭 1 号风门，开放 10、11、18 号风门，操纵阀手把置 2 位，注意观察(单针风表)容积室压力上升，当 18 号风门有排气声时，关闭 18 号风门，待压力上升至 50 kPa 后，操纵阀手把置 3 位，然后开放 18 号风门，使制动缸压力下降 10 kPa 后再关闭 18 号风门，要求：容积室压力应在不大于 15 kPa 时，18 号风门有排气声；制动缸压力下降 10 kPa 应有补风作用。

(b)103 阀空车位：

操纵阀手把置 7 位，排尽容积室余风，将空重车装置移至空车位，开放 18 号风门，操纵阀置于 2 位，注意观察容积室压力上升，当 18 号风门有排气声时，关闭 18 号风门，要求容器室压力不超过 20 kPa。

⑪103 阀空车位压力试验

开放 6、7、8、10 号风门操纵阀置于 2 位，当容器室压力上升达到 420 kPa 时移至 3 位，要求容器室压力为 200～220 kPa。

主阀试验前，先开放试验台控制阀 K1，将主阀卡紧在主阀座上，给风调整法调质 600 kPa，限压阀调整到 80 kPa；开放 1、4、5、6、7、8 号风门，关闭其他风门进行各项试验。

(2)紧急阀试验

①紧急室充气及充气泄漏试验

操作阀手柄置于 1 位，注意紧急室压力的上升，紧急室充值定压后用肥皂水检查各结合部，不得漏泄，要求：

(a)紧急室充气及充气漏泄试验：

紧急室压力由零上升至 200 kPa 时间：修理品 17～22 s，新品 17～20 s。

(b)关闭 2 号风门，在 20 s 内制动管压力不得下降。

②紧急制动的灵敏度及紧急室排气时间试验

开放 2 号风门，操纵阀手柄置 1 位，待紧急室充至定压后，操纵阀手柄置 7 位，注意观察制动管和紧急室压力下降，要求：

(a)在制动管降压 80 kPa 前发生紧急制动作用。

(b)紧急室由开始排气道降压至 40 kPa 的时间为 15～20 s。

③安定试验

紧急室充至定压后，操纵阀手把置6位降压200 kPa，再置3位，要求紧急室压力应尾随制动管压力同时徐徐下降，不得发生紧急制动的作用。

紧急阀试验前，开放控制阀K2，将紧急阀卡紧在紧急阀安装座上，开放1、2号风门，关闭其他风门，给风间调整到600 kPa。

**第172条** 空气制动机用润滑油脂机械物理性能标准应符合表35、表36、表37、表38、表39的规定。

**表35 机车车辆制动缸89 M毛毡浸润脂**

| 检验项目 | 质量指标 | 试验方法 |
|---|---|---|
| 外观 | 棕色至褐色均匀油膏 | 目测 |
| 工作锥入度(25 ℃,0.1 mm) | 380～410 | GB/T 269 |
| 滴点(℃),不低于 | 130 | GB/T 4929 |
| 腐蚀(T3铜片,100 ℃,3 h) | 合格 | SH/T 0331 |
| 氧化安定性(100 ℃,100 h,785 kPa)(kPa):压力降 | ≤0.15 | SH/T 0325 |
| 游离碱(NaOH)(%) | ≤0.15 | SH/T 0329 |
| 显微镜杂质(个/cm³)<br>100 μm以个<br>25 μm以个<br>75 μm以个<br>125 μm以个 | <br>≤5 000<br>≤3 000<br>≤500<br>≤0 | SH/T 0336 |
| 水分(%):不大于 | 痕迹 | GB/T 512 |
| 相似黏度(−50 ℃,10 $s^{-1}$)(Pa·s) | ≤1 500 | SH/T 0048 |
| 橡胶浸脂质量变化率(70 ℃,24 h)(%) | ≤10 | GB/T 1690及注 |
| 橡胶浸脂后压缩耐寒系数保持率(−50 ℃)(%) | ≥80 | GB/T 6034及注 |

注:用符合TB/T 2236—1991规定的JH 83—86特制标准试件。

**表36 机车车辆89D制动缸点**(TB/T 2788—1997)

| 检验项目 | 质量指标 | 试验方法 |
|---|---|---|
| 工作锥入度(25 ℃,0.1 mm) | 280～320 | GB/T 269 |
| 滴点(℃):不低于 | 170 | GB/T 4929 |
| 腐蚀(铜片,100 ℃,3 h) | 合格 | SH/T 0331 |
| 氧化安定性(100 ℃,100 h,0.785 MPa)(MPa):压力降 | ≤0.049 | SH/T 0325 |

续上表

| 检验项目 | 质量指标 | 试验方法 |
| --- | --- | --- |
| 钢网分油(100 ℃,24 h)(%) | ≤10 | SH/T 0324—92 |
| 水淋流失量(38 ℃,1 h)(%) | ≤10 | SH/T 0109 |
| 延长工作锥入度(10 万次,0.1 mm) | ≤380 | GB/T 269 |
| 游离碱(NaOH)(%) | ≤0.75 | GB/T 0329 |
| 显微镜杂质(个/$cm^3$)<br>10 μm 以个<br>25 μm 以个<br>75 μm 以个<br>125 μm 以个 | <br>≤5 000<br>≤3 000<br>≤500<br>≤0 | SH/T 0336 |
| 水分(%):不大于 | 痕迹 | GB/T 512 |
| 相似黏度(−50 ℃,10 $s^{-1}$)(Pa·s) | 1 500 | SB/T 0048 |
| 橡胶浸油增重率(70 ℃,24 h)(%) | 0～10 | GB/T 1690 |
| 橡胶浸脂后压缩耐寒系数保持率(70 ℃,24 h,−50 ℃)(%) | ≥80 | GB/T 6034 |

注:用符合 TB/T 2236—1991 规定的 JH 83—86 特制标准试件。

**表 37　GP-9 硅脂**

| 检验项目 | 质量指标 | 试验方法 |
| --- | --- | --- |
| 工作锥入度(0.1 mm) | 265～295 | GB/T 269 |
| 静态冷冻试验 | 合格 | |
| 滴点(℃):不低于 | 180 | GB/T 4929 |
| 腐蚀(T3 铜,100 ℃,3 h) | 合格 | SH/T 0331 |
| 相似黏度(−50 ℃,10 $s^{-1}$)(Pa·s):不大于 | 1 000 | SH/T 0048 |
| 橡胶浸油后压缩耐寒系灵敏保持率(−50 ℃)(%):不小于 | 80 | GB/T 6034a |
| 橡胶质量变化率(70 ℃,24 h)(%,质量分数) | −3～+3 | GB/T 1390b |
| 水淋(38 ℃,1 h)(%):不大于 | 5 | SH/T 0109 |
| 蒸发度(180 ℃,1 h)(%):不大于 | 20 | SH/T 0337 |
| 钢网分油(100 ℃,24 h)(%):不大于 | 5 | SH/T 0324 |

注:1. 用中国铁道科学研究院有限公司金化所 T-2 橡胶试件。

2. 用中国铁道科学研究院有限公司金化所 T-2 橡胶试件,浸脂条件为 70 ℃,24 h。

* 因篇幅所限,本规则不详细叙述静态冷冻试验的内容。

表 38　改性甲基硅油

| 项　　目 | 质量指标 | 试验方法 |
| --- | --- | --- |
| 外观 | 无色透明液体 | 目测 |
| 运动黏度(25 ℃)($mm^2/s$) | 750～850 | GB/T 265 |
| 闪点(开口)(℃) | 不低于 225 | GB/T 267 |
| 凝点(℃) | 不高于－65 ℃ | GB/T 510 |
| 密度(20 ℃)($g/cm^3$) | 0.96～0.99 | GB/T 2540 |
| 酸值(mgKOH/g) | ≤0.5 | GB/T 264 |
| 橡胶重量变化率(70 ℃,24 h)(%) | ≤5 | GB 1690 及注 |
| 橡胶压缩耐寒系数变化度(－50 ℃)(%) | ≤20 | GB 6034 及注 |
| 腐蚀 T3Cu(100 ℃,3 h) | 合格 | SH/T 0195 |

注:橡胶试样为中国铁道科学研究院有限公司金所化 T-1 配方试样。

1.5　7057 硅脂技术要求(见表 39)

表 39　7057 硅脂(HG/T 250—93)

| 项　　目 | 质量指标 | 试验方法 |
| --- | --- | --- |
| 工作锥入度(0.1 mm) | 250～330 | GB/T 269 |
| 滴点(℃) | 不低于 220 | GB/T 4929 |
| 游离碱(NaOH)(%) | ≤0.2 | SH/T 0329 |
| 钢网分油(100 ℃,30 h)(%) | ≤5 | SH/T 0324 |
| 腐蚀(铜片,100 ℃,3 h) | 合格 | SH/T 0331 |
| 相似黏度(－50 ℃,$D$=10 $s^{-1}$)(Pa·s) | ≤15 000 | SH/T 0048 |
| 蒸发度(180 ℃,1 h)(%) | ≤5 | SH/T 0337 |

## 第四节　手 制 动 机

**第 173 条**　链条式手制动机检修要求

1. 手轮、掣轮、止铁、止铁托、止铁锤、轴链、链导板及滑轮须齐全,裂纹或破损时更换,丢失时补添。轴导架、轴托弯曲、裂损时修换。手轮组装螺栓须加强簧垫圈或背帽,手闸轴下部须加垫圈,开口销须卷起。

2. 手制动轴弯曲时调修,截换时须对接,手轮底部与脚踏板距离为 800～1 100 mm,敞车手轮与车体端部上平面垂直距离应为 80～150 mm,不符时调整。

3. 手制动轴键槽腐蚀或宽度磨损时堆焊后加工,按键连接技术要求执行（见本规程第 15 条第 4 项），大修时须改为铆装。

4. 折叠式手制动机的折叠处铆钉须平整牢固，叉口处裂纹时截换轴。轴套裂纹、变形时更换。轴卡板及销、链须齐全，轴托架（指装于端梁者）裂纹、弯曲时修理或更换，丢失时补装。手制动轴放下后须不得超过车辆限界，超过时修换。

5. 手制动轴链、制动缸链环裂纹或开焊时须拆下修换，焊后须施行拉力试验，拉力试验值为：手制动轴链 9 800 N，制动缸链 14 700 N。手制动轴链的长度应符合标准，须有 0.5～2 圈的卷入量，链环直径小于 8 mm 时更换。

**第 174 条** 丝杠式手制动机检修要求

1. 丝杠式手制动机丝杠处须清扫给油，螺母与丝杠晃动量不得超过 2 mm。螺杆托、罩、连杆、曲杠杆、导板座裂纹、弯曲时修换，丢失时补装。

2. 丝杠式手制动机拧紧后，丝扣须有 75 mm 以上的余量。

## 第五节 单车试验

**第 175 条** 制动装置组装后，按下列规定施行单车试验（103 型、104 型分配阀单车试验与 P、L、K、GK 阀相同）。

1. 客车

（1）各管系漏泄试验

动管压力达 600 kPa 时，以木槌敲打主管将另一端折角塞门开放不少于三次，吹除灰尘后将手把移至 3 位保压，打开截断塞门，待风压达 200 kPa 左右时，取下副风缸排水堵吹扫，然后置手把于 2 位继续充风达 600 kPa 时，用肥皂水涂各结合处，确认无漏泄后厚将手把移至 3 位保压，总漏泄量每分钟不得超过 10 kPa。

（2）制动、缓解感度试验

①制动：制动管压力达 600 kPa 后，于四位减压 40 kPa 前应起制动作用，保压 1 min，制动管局部减压量不得超过 20 kPa，并不得发生自然缓解。

②缓解：于 2 位充气，制动机在 45 s 内须缓解完毕。

（3）制动稳定试验

制动管压力达 600 kPa 后于五位减压 170 kPa，减压过程中不得有紧急制动现象。保压后制动缸漏泄 1 min 不得超过 10 kPa。测量制动缸活塞行程须符合规定。

(4)阶段缓解试验

每次制动管压力达 600 kPa 后于五位减压 170 kPa 时保压，由 3 位至 2 位，反复 3 次以上，均起阶段缓解作用。

(5)紧急制动试验

制动管压力达 600 kPa 后，于 6 位减压 170 kPa 前须起紧急制动作用。

制动缸压力不得少于 420 kPa。各部杠杆、拉杆不得有抗衡。

2. 货车

(1)各管系漏泄试验

制动管压力达 500 kPa 后，以木槌敲打主管，将另一端折角塞门打开不少于 3 次，吹除灰尘后将手把移至 3 位保压，打开截断塞门，待风压达 200 kPa 左右时，卸下副风缸排水堵吹扫，然后置手把于 2 位继续充风达 500 kPa 时，用肥皂水涂各结合处，确认无漏泄后，再将手把移至 3 位保压，总漏泄量不得超过 10 kPa。

(2)制动、缓解感度试验

①制动：于 4 位减压 40 kPa 前，须起制动作用。

②保压：于 3 位保压 1 min 制动管压力继续下降(局部减压量)不得超过：K1、K2 型为 40 kPa，GK 型为 30 kPa，并不得发生自然缓解。

③缓解：于 2 位充风，在 45 s 内缓解完毕。

(3)制动安定试验

于 5 位减压 140 kPa，不得起紧急制动，活塞行程须符合规定。

(4)紧急制动试验

于 6 位减压 140 kPa，须起紧急制动(180 mm 下直径制动缸除外)，GK 型不做重车试验。

(5)空车安全阀试验

于 5 位或 6 位减压，制动压力达 190 kPa 时须起排风作用，降至 160 kPa 前须停止排风。

**第 176 条** 一辆车装有二套及以上空气制动机者，须分别进行性能试验。

**第 177 条** 单车试验同时应进行以下试验

1. 手制动机须进行作用试验，拧紧手制动机后，止铁须起作用，各闸瓦须抱紧车轮。

2. 装有紧急制动阀的车辆，须进行作用试验，在全部拉开紧急制动阀后，应发生紧急制动作用，试验良好后，须施行铅封。

**第 178 条** 客车油漆的技术要求

1. 外皮油漆

(1)油漆剥离、鼓泡、腐蚀、透锈须局部铲除，重新补漆。

(2)油漆颜色须与原漆近似，不得有流绉、鼓起、划伤，面漆须平整、光洁、美观。

2. 内部油漆

(1)状态良好者，经擦拭后，可不涂油漆。

(2)内顶板有鼓起、裂纹、不良油漆时须局部铲除，重新补漆。

(3)内墙板有脱漆或经木工修理部位应擦净并用砂纸主打磨(旧墙板可用少量松香水除掉表面尘垢、脏物)，涂刷油色及清漆；补漆颜色须均匀，不得有气泡和疙瘩。

(4)座席经木工修饰后应擦净并用砂纸打磨，涂刷油色及清漆。

3. 转向架须全部涂清漆。

**第 179 条** 货车油漆技术要求

1. 中年修油漆脱落处所及木制、钢制配件修换后须补漆(装热货的普通车辆除外)。大修底、体架均须涂刷防锈底漆(木制车体除外)并在防锈底漆上涂刷黑调合漆，但下列部位可不涂油：

(1)敞车、平车、煤车、砂石车的木端、侧、门板内侧面；

(2)木地板的下面及地板木托梁的侧面及下面；

(3)各型车铁地板上面及铁块车的内侧面。

2. 防锈漆须干燥后(以不黏手为准)铺木地板或涂刷其他油漆。

**第 180 条** 车辆标记须按规定涂打清晰，定检标记在低修程时应将高修程补全，客车外部一律使用乳黄色，货车使用白色。

# 第九章 总 装 落 成

**第 181 条** 冶金车辆落成后须施行清扫，并应填写技术履历簿或卡片。

**第 182 条** 冶金车辆落成后技术要求

1. 同一端梁上面与轨面的垂直距离差，大修不得超过 12 mm，年修不得超过 15 mm。

2. 车钩中心线至轨面的垂直距离标准为(880±10) mm，但同一车辆两端车钩高度差不得超过 10 mm；板式车钩中心标准高度为(517±5) mm，辅修为 517 mm。

3. 转向架及轮对最高点与车底架相对垂直距离不得小于 45 mm，吊翻渣罐车为 35 mm。

4. 同一转向架左右旁承游间之和应为 4～12 mm，辅修为 4～14 mm，但每侧游间应不小于 2 mm(球型心盘除外)。

5. 烧结车车体倾斜，辅修时不得超过 50 mm。

6. 同一转向架车轮直径之差不得超过 15 mm，同一车辆不得超过 30 mm。

7，渣罐车角度为 116°±2°反复试验三次，控制器作用可靠。

8. 烧结车并时并度符合规定，应复试监三次要求作用灵活。

**第 183 条** 车辆检修落成后，须施行清扫，各部尺寸须符合车辆限界。检验合格后填写技术履历簿。

**第 184 条** 客车年修落成

1. 转向架上部与车底架下部零件的垂直距离，在补助横梁外侧不少于 15 mm，内侧不少于 50 mm，暖气管包扎防寒材后与摇枕的距离不少于 10 mm。

2. 车钩中心线与轨面的垂直距离应为 870～890 mm，下心盘为铁垫板者为 860～890 mm，同一车辆两钩相差不得超过 10 mm，车钩三态及防跳作用须良好。

3. 轴箱底部与托板的距离不得小于 10 mm。

4. 同一转向架上、下旁承间隙最小不得密贴，两侧之和为 4～6 mm。

5. 闸瓦与车轮间隙不得小于 5 mm。

6. 手制动机作用须良好，紧急制动阀须有铅封和“危险勿动”标牌。

7. 车内设备备品须牢固、齐全、作用须良好。

**第 185 条** 货车大修、年修落成

1. 同一端梁上平面与轨面的垂直距离相差，大修时不得超过 12 mm，年修时不得超过 20 mm。

2. 转向架的侧架、拱架柱螺栓，轮缘的上部与底架相对部分的距离不得小于 50 mm，手闸拉杆及托与摇枕之间、固定支点与牵引梁之间应有间隙。

3. 上、下心盘组装螺栓或铆钉垂直相对，或处于两个相同回转半径线上的垂直距离不得小于 5 mm，上心盘底座平面与下心盘立棱间的距离不得小于 8 mm。

4. 同一制动梁两端水平差大修不得大于 10 mm，年修不得大于 15 mm，下拉杆与安全吊之间隙为 5～10 mm。

5. 转 8 A 斜楔块弹簧支承面的上方与摇枕上的斜楔挡底面间隙不得少于 10 mm。

6. 同一转向架旁承左右游间之和应为 10～16 mm，侧最小为 4 mm。

7. 车钩中心高至轨面垂直距离应为 870～890 mm。

**第 186 条** 车辆检修后在正常运用保养情况下，应负责下列技术质量的保证期限：

1. 底架加修部位在一个大修期内不裂损，未修部分在一个年修期内不裂损，罐车罐体所焊修部分在一个大修期内不漏泄，未修部分在一个年修期内不漏泄。

2. 车钩缓冲装置在一个年修期内不发生裂损，车钩在一个辅修期内不因检修不当造成脱钩。

3. 铸钢转向架构架、侧架、摇枕、摇枕吊、吊轴、均衡梁在一个年修期内不得发生裂损。

4. 轴箱油润在一个轴检期内不得发生燃轴。

5. 车轮在一个年修期内不发生裂纹，轴颈、防尘板座、轴身不发生旧痕横裂纹；轮座在一个超声波探伤有效期内不发生横裂纹（年修时轮对超声波探伤剩余有效期须达到下一次年修期）。

6. 空气制动装置（主、支管除外）及基础制动装置在个辅修期内不裂损及发生故障。主、支管在一个年修期内不得发生破损。

7. 车门开闭机构气动部分在一个年修期内不发生故障。传动部分在一个辅修期内须保证作用灵活，锁闭有效。

# 第十章 轴 检 工 作

**第 187 条** 轴箱检查每三个月对轴箱油润部分进行检修，其他各部作外观检查，不良修理，对超过运用限度的配件应予以更换。轴检可不摘车施修，必要时可在指定的专用修车线进行。施修部分须保证辅修到期不发生故障，并涂打轴检日、月标记。

**第 188 条**　长江以南地区的车辆，可不换冬油，但长江以南地区的过轨车辆和长江以北地区的车辆按下列规定更换轴油。

1. 自 10 月 1 日起至 12 月 31 日止为更换冬油期，可随定检一并进行，超过换油期仍未换油者，应继续更换。

2. 在换冬油期内，大修、年修、辅修时应换冬油油卷，轴检时仅加注冬油。

3. 自 4 月 1 日起更换夏油，大修、年修时全部换油卷，辅修、轴检时浇注夏油。

# 第十一章　检修及运用限度

**第 189 条**　车辆检修及运用限度应按表 40 规定执行。

**第 190 条**　车辆检修规程检修及运用限度说明：

1. 本规程中的一般技术要求为大修、年修、辅修通用标准。大修技术要求仅适用于大修，年修技术要求仅适用于年修。

2. 超过限度表内所规定的数字须修理、更换或报废。

3. 限度表内的数字，系名义尺寸，不包括公差。

4. 允许加修的配件，应恢复至原形或相应的限度标准。

5. 限度表栏内无数据的可不掌握，低级修程有数据，高级修程无数据的，高级修程不得发生。

**表 40　冶金工况车辆检修限度**　　单位：mm

| 序号 | 项　目 | 原形尺寸 | 限　度 | | | | 备注 |
|---|---|---|---|---|---|---|---|
| | | | 大修 | 年修 | 辅修 | 运用 | |
| 1 | 轴颈长度 | | | | | | |
| | 1. 客车标准型 | | | | | | |
| | B 型 | 203 | 212 | 213 | 214 | 215 | |
| | C 型 | 229 | 238 | 239 | 240 | 241 | |
| | D 型 | 254 | 263 | 264 | 266 | 266 | |
| | 2. 货车标准型 | | | | | | |
| | B 型 | 203 | 214 | 215 | 216 | 217 | |
| | C 型 | 229 | 240 | 241 | 242 | 243 | |
| | D 型 | 254 | 265 | 266 | 267 | 268 | |
| | E 型 | 279 | 290 | 291 | 292 | 293 | |

续上表

| 序号 | 项目 | 原形尺寸 | 限度 | | | | 备注 |
|---|---|---|---|---|---|---|---|
| | | | 大修 | 年修 | 辅修 | 运用 | |
| 1 | 45-1 | 343 | | | | | |
| | 60-1 | 146 | | | | | |
| | 60-2 | 146 | | | | | |
| | 80-1 | 183 | | | | | |
| | 110-1 | 167 | | | | | |
| | 110-2 | | | | | | |
| | 70-1 | 122 | | | | | |
| | 90-1 | 185 | | | | | |
| | ZL-1-40-1 | 110 | | | | | |
| 2 | 滑动轴承车轴轴颈直径<br>B 型<br>C 型 | <br>108<br>127 | <br>99<br>113 | <br>98<br>112 | <br>97<br>111 | <br>96<br>110 | |
| | 轴颈直径 D 型 | 145 | 135 | 134 | 130 | | |
| | E 型 | 155 | 140 | 139 | 138 | | |
| | 45-1 | 152 | 141 | 139 | | | |
| | 7.5 $m^3$渣车内直径 | 146 | 136 | 134 | 132 | | |
| | 60-1 转向架<br>70-1 转向架 | 101 | 98 | 95 | 95 | | |
| | 80-1 转向架 | 150 | 150 | 146 | 141 | | |
| | 60-1 转向架 | 116 | 106 | 103 | 103 | | |
| | 110-1 转向架 | | | | | | |
| | 90-1 | 143 | 140 | 137 | 137 | | |
| | ZL-1-40-1 | 120 | | | | | |
| | 同一轮对轴颈之差 | | 3 | 3 | | | |
| 3 | 同一轴颈的不圆柱度不超过<br>未旋修者<br>经旋修者 | | <br>0.5<br>0.2 | <br>0.5<br>0.2 | | | |
| 4 | 轴领厚度不小于<br>1. E 型<br>2. D 型<br>3. 其他型 | <br>22<br>19<br>16～19 | <br>15<br>12<br>11 | <br>12<br>9<br>8 | <br>10<br>7<br>6 | | |

续上表

| 序号 | 项　　目 | 原形尺寸 | 限　　度 | | | | 备注 |
|---|---|---|---|---|---|---|---|
| | | | 大修 | 年修 | 辅修 | 运用 | |
| 5 | 轴领高度不小于 | 12.5 | | 10 | | | |
| 6 | 轴颈前肩弧度最小半径 | 3.5 | 3 | 3 | | | |
| 7 | 轴颈后肩弧度最小半径 | 20 | 9.5 | 9.5 | | | |
| 8 | 轮座前肩弧度最小半径 | 40 | 12 | 10 | | | |
| 9 | 滚动轴承车轴的轴颈直径<br>$R_{B2}$<br>$R_{D2}/R_{D0}$<br>$R_{E2}$ | $100^{+0.045}_{+0.023}$<br>$130^{+0.052}_{+0.025}$<br>$150^{+0.068}_{+0.043}$ | $100^{+0.06}_{+0.02}$<br>$99.5^{+0.06}_{+0.03}$<br>$99^{+0.06}_{+0.02}$<br>$130^{+0.06}_{+0.02}$<br>$129.5^{+0.06}_{+0.02}$<br>$129^{+0.06}_{+0.02}$<br>$150^{+0.08}_{+0.035}$<br>$149.5^{+0.08}_{+0.04}$<br>$149^{+0.08}_{+0.04}$ | | | | |
| 10 | 滚动轴承车轴的轴颈<br>椭圆度<br>圆柱度 | <br>0.011<br>0.015 | <br>0.03<br>0.03 | | | | |
| 11 | 滚动轴承车轴的防尘座<br>1. 直径<br>$R_{B2}$<br>$R_{C0}$<br>$R_{D0}$<br>$R_{E2}$<br>2. 椭圆度不大于 | $127^{+0.07}_{+0.045}$<br>$145^{+0.15}_{+0.11}$<br>$165^{+0.2}_{+0.12}$<br>$180^{+0.085}_{+0.058}$<br>0.02 | 123 以上<br>143 以上<br>163 以上<br>178 以上<br>0.05 | | | | 大修、年修时根据防尘板座直径修配挡圈 |

续上表

| 序号 | 项　　目 | 原形尺寸 | 限　度 | | | | 备注 |
|---|---|---|---|---|---|---|---|
| | | | 大修 | 年修 | 辅修 | 运用 | |
| 12 | 轮座直径较原形尺寸减小量 | | | | | | |
| 13 | C 型 | | 6 | 6 | | | |
| 14 | D 型 | 182 | 10 | 10 | | | |
| 15 | E 型、110-1 | 200 | 12 | 12 | | | |
| 16 | 45-1 | 149 | 6 | 6 | | | |
| 17 | 80-1 | 230 | 12 | 12 | | | |
| 18 | 60-1 | 200 | 6 | 6 | | | |
| 19 | 70-1、ZL-1-40-1 | 180 | 3 | 3 | | | |
| 20 | 90-1 | 220 | 12 | 12 | | | |
| 21 | 轮毂壁最小厚度<br>新车轮<br>旧车轮 | <br>34<br>32 | <br>34<br>32 | | | | |
| 22 | 轮毂壁后相差不超过 | | 10 | 10 | | | |
| 23 | 碾钢车轮重皮铲槽不超<br>1. 轮辋外侧沿圆周方向<br>2. 腹板沿圆周方向 | | <br>5<br>3 | <br>5<br>3 | | | |
| 24 | 圆柱轴承的径向间隙<br>1. 组装前<br>2. 组装后 | <br>0.12～0.17<br>0.06～0.14 | <br>0.10～0.30<br>0.05～0.25 | | | | |
| 25 | 同一轴箱两圆柱轴承的径向间隙差 | 0.03 | 0.03 | | | | |
| 26 | 同一轴颈两圆柱轴承的径向间隙 | 0.8～1.4 | 0.8～1.8 | | | | |
| 27 | 双列圆锥轴承径向间隙<br>1. 压装前<br>97720T<br>197720<br>97726T<br>197726<br>97730<br>197730<br>2. 压装后 | <br><br>0.4～0.5<br>0.57～0.67<br>0.5～0.6<br>0.57～0.67<br>0.45～0.6<br>0.55～0.7<br>0.075～0.050 | <br><br>0.4～0.8<br>0.57～0.9<br>0.5～0.9<br>0.57～0.9<br>0.45～0.9<br>0.55～1.0<br>0.075～0.75 | | | | |

续上表

| 序号 | 项　　目 | 原形尺寸 | 限度 | | | | 备注 |
|---|---|---|---|---|---|---|---|
| | | | 大修 | 年修 | 辅修 | 运用 | |
| 28 | 轴箱内径<br>1. $R_{C0}$<br>2. $R_{D0}$<br>3. 圆柱度<br>4. 锥形长、短颈差 | <br>$240^{+0.09}_{+0.02}$<br>$250^{+0.09}_{+0.02}$<br>0.04<br>0.04 | <br>$240^{+0.40}_{+0.02}$<br>$250^{+0.40}_{+0.02}$<br>0.10<br>0.20 | <br>$240^{+0.50}_{+0.10}$<br>$250^{+0.5}_{+0.1}$<br>0.15<br>0.30 | | | |
| 29 | 轴身磨损、烧损、<br>电焊打火深度不大于 | 2.5 | 2.5 | 2.5 | | | |
| 30 | 轮辋厚度无腹板孔 | 65 | 44 | 44 | | | |
| 31 | 客车轮辋厚度有腹板孔<br>1. 客车<br>2. 货车 D 型、E 型<br>3. 其他货车 | <br>65<br>65<br>65 | <br>30<br>28<br>26 | <br>28<br>28<br>24 | <br>23<br>22<br>22 | | |
| 32 | 货车踏面圆周磨耗 | | 3 | 5 | 8 | 9 | |
| 33 | 客车踏面圆周磨耗 | | | 3 | 5 | | |
| 34 | 轮缘厚度 | 32 | 26 | 25 | 25 | 22 | |
| | | 22、23、24 | 19 | 17 | 17 | 14 | 三轴转向架中间轮对 |
| 35 | 轮缘垂直磨耗不大于 | | | | | 15 | |
| 36 | 轮辋宽不小于 135 mm<br>轮对内侧距最大 | 1 355 | 1 356 | 1 356 | 1 356 | | |
| 37 | 轮辋宽不小于 135 mm<br>轮对内侧距最小 | 1 351 | 1 350 | 1 350 | 1 350 | | |
| 38 | 轮辋宽 127～135 mm<br>轮对内侧距最大 | 1 357 | 1 359 | 1 359 | 1 359 | | |
| 39 | 轮辋宽 127～135 mm<br>轮对内侧距最小 | 1 354 | 1 354 | 1 354 | 1 354 | | |
| 40 | 轮对内侧距三处之差最大 | 1 | 3 | 3 | | | |
| 41 | 轮位差 | | 3 | 3 | | | |
| 42 | 检修车轴卸荷槽<br>或轴颈根部圆弧锈<br>蚀打磨后凹陷深度<br>不大于 | | | 0.05 | | | |

续上表

| 序号 | 项　　目 | 原形尺寸 | 限　　度 | | | | 备注 |
|---|---|---|---|---|---|---|---|
| | | | 大修 | 年修 | 辅修 | 运用 | |
| 43 | 直径与原形公称直径的减小量不大于 | | 4 | 4 | | | |
| 44 | 新压装轮对三处之差最大 | | 1 | 1 | | | |
| 45 | 同一转向架 | | 15 | 20 | | | |
| 46 | 同一车辆 | | 30 | 40 | | | |
| 47 | 轮缘内侧缺损长度 | | | | 30 | 30 | |
| 48 | 轮缘内侧缺损宽度 | | | | 10 | 10 | |
| 49 | 滚动轴承车轮踏面擦伤深度 | | | 1 | 1 | 1 | |
| 50 | 滑动轴承车轮踏面擦伤深度 | | | 1 | 2 | 2 | |
| 51 | 踏面剥离一处 | | | 40 | 60 | 70 | |
| 52 | 踏面剥离一处 | | | 30 | 50 | 60 | |
| 53 | 轮缘垂直磨耗不大于 | | | | | 15 | |
| 54 | 轮缘烧损剩余高度 | | 10 | 10 | 10 | 10 | |
| 55 | 车轮踏面外侧辗宽 | | 5 | 5 | | | |
| 56 | 轴箱导框与轴箱游间之和前后 | | 2～6 | 2～8 | 2～10 | | |
| 57 | 轴箱导框与轴箱游间之和左右 | | 2～6 | 2～8 | 2～10 | | |
| 58 | 铸钢及铸钢组合构架<br>1. 各均衡弹簧的高低差<br>2. 各摇枕吊耳高低差<br>3. 同一横梁两摇枕吊耳距离与相对横梁两摇枕吊耳孔的距离差<br>4. 同一吊耳两摇枕吊耳孔距离相对吊轴两摇枕吊耳孔的距离之差<br>5. 两闸瓦托吊耳高低差 | | <br>3<br>3<br>4<br>4<br>5 | | | | |
| 59 | 货车轴箱导框中心线与摇枕中心线水平距离之差不大于<br>(图：A′、a′、b′、L′、c、A、a、b、L)<br>左、右轴箱导框中心线至侧架中心线距离之差($A-A'$)不大于 | | 4.5 | | | | $L=(a+b)/2$<br>$L'=(a'+b')/2$<br>$A=L+C/2$<br>$A'=L'+C/2$ |

续上表

| 序号 | 项　　目 | 原形尺寸 | 限　　度 | | | | 备注 |
|---|---|---|---|---|---|---|---|
| | | | 大修 | 年修 | 辅修 | 运用 | |
| 60 | 轴箱导框与轴箱前后<br>或左右间隙之和<br>1. 客车<br>2. 转 8、转 8 A<br>3. 转 11 | 4 | 3～5<br>2～6<br>4～10 | 3～8<br>2～8<br>4～15 | 2～11 | 3～12 | |
| 61 | 无轴箱轴承承载鞍与导框间隙<br>前后之和<br>左右之和 | | | 2～5<br>3～7 | | | |
| 62 | 同一转向架左右<br>旁承游间之和 | | 10～16 | 10～16 | 4～18 | 2～20 | 每侧不小于 4 mm |
| 63 | 铸钢侧架摇枕导框内<br>上下水平距离之差 | | 3 | 3 | | | |
| 64 | 同一转向架固定<br>轴距之差不大于 | | | 5 | | | |
| 65 | 弹簧托板腐蚀 | | 30% | 30% | | | |
| 66 | 轴箱导框之磨耗 | | 2 | 3 | | | |
| 67 | 摇枕扭曲或中间旁弯 | | 5 | | | | |
| 68 | 摇枕上平面与侧架<br>落成后的间隙 | | >10 | >10 | >10 | | |
| 69 | 侧架螺栓磨耗 | | 1 | 3 | | | |
| 70 | 侧架螺栓孔与螺栓间隙 | | 4 | 4 | | | |
| 71 | 货车上、下心盘<br>平面磨耗<br>直径 | | 2<br>3 | 6<br>4 | | | 1. 含偏磨；<br>2. 测量平面磨耗以深度计算；<br>3. 测量直径磨耗部位：装用心盘磨耗盘的由平面向上 10 mm 处计算；其他型由平面向上 5 mm 处计算 |

续上表

| 序号 | 项　　目 | 原形尺寸 | 限　　度 | | | | 备注 |
|---|---|---|---|---|---|---|---|
| | | | 大修 | 年修 | 辅修 | 运用 | |
| 72 | 上、下心盘的游间 | 5 | 9 | 13 | | | 测量径向间隙 |
| 73 | 客车平底心盘上、下心盘的直径差 | 5 | 8 | 10 | | | |
| 74 | 货车心盘垫板总厚度不大于:<br>1. 螺栓组装上心盘<br>2. 下心盘 | | <br>30<br>50 | <br>50<br>60 | | | 铁木垫均可以混用,铁垫板防御下层 |
| 75 | 客车上、下心盘配合后边缘的垂直间隙不小于 | | 5 | 3 | | | |
| 76 | 客车摇枕吊轴 U 型螺栓腐蚀、磨耗 | | 2 | 3 | | | |
| 77 | 客车摇枕吊轴轴颈磨耗 | 50～52<br>55～60 | 5 | 6<br>9 | | | |
| 78 | 货车摇枕扭曲或中间弯曲 | | 5 | | | | |
| 79 | 减震装置各部件磨耗<br>1. 摇枕磨耗面的磨耗<br>转 8 A(凸台)<br>转 8、转 11(壁厚)<br>转 9(壁厚)<br>2. 侧架立柱磨耗板的磨耗<br>转 6 A<br>转 8 A<br>转 11<br>3. 斜楔磨耗<br>转 8 A 立面/斜面<br>转 8 立面/斜面<br>转 11 立面/斜面<br>4. 转 6 摩擦块的磨耗<br>5. 转 9 顶块磨耗板的磨耗 | <br><br>5<br>18<br>16<br><br>10<br>10. 12<br>10<br><br>16<br>16/14<br>16/14<br><br>8 | <br><br>2<br>2<br>2<br><br>2<br>2<br><br><br>2<br>2<br>2 | <br><br>3<br>3<br>3<br><br>3<br>3<br>3<br><br>3<br>3<br>3<br>4<br>4 | | | |
| 80 | 侧架制动梁滑槽磨耗板剩余厚度 | 7～12 | 8 | 3 | 1 | | 滑槽高度不足 64 mm 时允许用 6 mm 钢板 |

续上表

| 序号 | 项　　目 | 原形尺寸 | 限　　度 | | | | 备注 |
|---|---|---|---|---|---|---|---|
| | | | 大修 | 年修 | 辅修 | 运用 | |
| 81 | 摇枕挡磨耗板剩余厚度 | 4～6 | 2 | 1 | | | |
| 82 | 铸钢侧架与摇枕挡<br>前后左右间隙之和<br>转6A<br>转9、转10<br>其他 | <br><br>14±3<br>8 | <br><br>14<br>8～10<br>2～8 | <br><br>11～18<br>8～12<br>2～8 | | | |
| 83 | 下心盘立棱剩余厚度 | | 11 | 11 | | | |
| 84 | 心盘脐部剩余厚度 | | 7 | 7 | | | |
| 85 | 心盘销与孔游间 | | ≤8 | ≤10 | | | |
| 86 | 弹簧托板弯曲<br>1. 纵向<br>2. 头部 | | | <br>10<br>3 | | | |
| 87 | 客车摇枕与构架横梁<br>前后间隙之和 | 4 | 3～6 | 3～8 | 3～10 | 3～10 | |
| 88 | 弹簧托板腐蚀深度<br>不得超过原厚度 | | 30% | 30% | | | |
| 89 | 弹簧托板螺栓磨耗 | | 2 | 3 | | | |
| 90 | 同一套内外卷自由高<br>与原形规定差 | | | | | | |
| 91 | 自由高＜250 | | －2～＋5 | －4 | | | |
| 92 | 自由高≥250 | | －3～＋7 | －4 | | | |
| 93 | 同一组外卷自由高差 | | 3 | 3 | | | |
| 94 | 圆弹簧腐蚀、磨耗 | | 8% | 8% | | | |
| 95 | 轴箱内部磨耗<br>轴箱顶部<br>轴瓦耳挡处<br>客车<br>货车<br>轴瓦垫板挡处<br>客车<br>货车<br>轴箱内侧壁 | | 0.6<br><br><br>1<br>5<br><br>1<br>5<br>2 | 1<br><br><br>3<br><br><br><br><br>4 | | | |

续上表

| 序号 | 项目 | 原形尺寸 | 限度 | | | | 备注 |
|---|---|---|---|---|---|---|---|
| | | | 大修 | 年修 | 辅修 | 运用 | |
| 96 | 轴箱后壁磨耗剩余厚度 | 10 | 7 | 5 | | | |
| 97 | 轴箱防尘槽孔与车轴防尘板座的最小间隙<br>1. 上部<br>2. 左右每侧 | | <br>10<br>6 | <br>10<br>6 | | | |
| 98 | 轴瓦瓦胎剩余厚度<br>B型<br>C型、D型<br>E型 | <br>22<br>25<br>28 | <br>18<br>19<br>22 | <br>16<br>17<br>19 | | | |
| 99 | 同一轴瓦两耳长度差<br>B型(129.6)<br>C型(147.5)<br>D型(160)<br>E型(184) | | 3 | 3 | | | |
| 100 | 轴瓦磨耗 | | 2 | 5 | | | |
| 101 | 7.5 $m^3$渣罐车 | | 22 | 20 | | | |
| 102 | 轴瓦垫板背面圆弧剩余高度 | 2 | 1.5 | 1.3 | 1.3 | | |
| 103 | 轴瓦耳磨耗 | | 2 | 5 | | | |
| 104 | 轴瓦与轴瓦两侧间隙之和 | | 1～3 | 1～3 | 1～3 | | |
| 105 | 轴瓦体前端纵向磨耗 | | 2 | 8 | 8 | | |
| 106 | 轴瓦体后端纵向磨耗 | | 3 | 5 | | | |
| 107 | 轴瓦中央白合金厚度 | 4～5 | 4 | 3～5 | | | |
| 108 | 轴瓦与轴领间隙 | 6 | 9 | 13 | 14 | | |
| 109 | 轴瓦中央白合金剩余厚度 | 4+1 | 4～5 | 4～5 | 3～5 | | |
| 110 | 轴瓦垫板磨耗剩余厚度<br>B型<br>C型、D型<br>E型 | <br>22<br>26<br>29 | <br>16<br>20<br>21 | <br>14<br>18<br>19 | | | |
| 111 | 轴瓦垫背面圆弧剩余高度<br>客车<br>B型<br>其他型 | <br>2<br>2<br>2 | <br>1.5<br>1.0<br>1.5 | <br>1<br>0.8<br>1.3 | <br><br>0.5<br>1 | | |

续上表

| 序号 | 项　　目 | 原形尺寸 | 限　　度 | | | | 备注 |
|---|---|---|---|---|---|---|---|
| | | | 大修 | 年修 | 辅修 | 运用 | |
| 112 | 轴瓦与垫板两侧间隙和 | | 1～3 | 1～3 | 1～3 | | |
| 113 | 轴箱防尘板槽孔与车轴防尘板座之间上下间隙 | | ≥10 | ≥10 | ≥10 | | |
| 114 | 轴箱防尘板槽孔与车轴防尘板座之间上下间隙 | | ≥6 | ≥6 | ≥6 | | |
| 115 | 轴瓦定位销与孔间隙 | | 2 | 3 | 5 | | |
| 116 | 轴箱侧壁与螺栓之间隙 | | | 5 | 5 | | |
| 117 | 轴箱螺栓孔磨耗 | | 1 | 3 | | | |
| 118 | 防尘挡与轴箱后壁之间隙 | | | 2 | 3 | | |
| 119 | 轴箱给油量 | | 1/3 | 1/3 | 1/3 | 1/3 | |
| 120 | 锥套内部与轴颈的接触面 | | 70% | 70% | | | |
| 121 | 锥套凸起的伸出量 | | $10^{+6}_{-4}$ | $10^{+6}_{-4}$ | $10^{+6}_{-4}$ | | |
| 122 | 车钩中心高度 | 880 | | | | | |
| 123 | 最高 | 890 | 890 | 890 | 890 | 890 | |
| 124 | 最低 | 875 | 870 | 870 | 850 | 835 | |
| 125 | 重车最低 | | | | | 815 | |
| 126 | 板式车钩中心高度 | 517±5 | 517±5 | 517±5 | 507～522 | 507～522 | |
| 127 | 同一车辆前后车钩高度差 | | 10 | 10 | 10 | | |
| 128 | 2号车钩钩舌与钩腕内侧距离闭锁位置 | 112～122 | 127 | 130 | 130 | 135 | |
| 129 | 2号车钩钩舌与钩腕内侧距离全开位置 | 220～235 | 242 | 245 | 250 | 250 | |
| 130 | 钩舌内侧面磨耗剩余厚度 | 72 | 70 | 68 | | | |
| 131 | 钩舌与上钩耳之最大间隙 | 2 | 6 | 8 | 10 | | |
| 132 | 钩耳孔与钩舌销孔之直径磨耗 | 42 | 2 | 3 | | | |
| 133 | 钩舌销与钩耳孔或钩舌销孔的间隙<br>1.13号车钩<br>2.2号车钩 | | <br>4<br>3 | <br>6<br>4 | <br>7<br>5 | | |
| 134 | 钩提杆与座槽之间隙 | | ≤2 | ≤2 | ≤3 | | |

续上表

| 序号 | 项　目 | 原形尺寸 | 限　度 | | | | 备注 |
|---|---|---|---|---|---|---|---|
| | | | 大修 | 年修 | 辅修 | 运用 | |
| 135 | 货车钩身下面磨耗深度<br>客车钩身下面磨耗深度 | | 3<br>3 | 3<br>3 | 7 | <br>6 | |
| 136 | 钩身弯曲<br>1. 客车<br>2. 货车 | | <br>3<br>5 | <br>3<br>5 | <br><br>7 | <br>6 | |
| 137 | 钩腕外胀 | | 15 | 20 | | | |
| 138 | 钩尾侧面磨耗 | | | 5 | | | |
| 139 | 钩尾端部磨耗 | | 2 | 3 | | | |
| 140 | 钩腔内防跳台磨耗<br>1. 2 号磨耗<br>2. 13 号磨耗 | | <br>2<br>3 | <br>3<br>4 | | | |
| 141 | 钩锁铁、钩舌推铁、钩锁销磨耗 | | | 2 | 2 | | |
| 142 | 钩尾扁销孔磨耗<br>2 号<br>13 号 | | <br>2<br>2 | <br>3<br>3 | | | |
| 143 | 钩尾扁销螺栓直径磨耗 | 20 | | 1 | | | |
| 144 | 钩尾框磨耗<br>框身厚度<br>其他部分 | | <br>2<br>3 | <br>3<br>4 | <br>6<br>6 | | |
| 145 | 铸钢弹簧盒及导板磨耗 | | 2 | 3 | | | |
| 146 | ST 缓冲器组装自由高 | 568 | $^{+3}_{-5}$ | $^{+3}_{-5}$ | | | |
| 147 | MT-2 缓冲器组装自由高 | 555 | ±2 | ±2 | | | |
| 148 | 2 号缓冲器自由高 | 514 | $^{+2}_{-3}$ | $^{+2}_{-3}$ | | | |
| 149 | MX-1 缓冲器自由高 | 568 | $^{+3}_{-2}$ | $^{+3}_{-2}$ | | | |
| 150 | 从板座磨耗<br>长度<br>其他 | | <br>2<br>3 | <br>5<br>8 | | | |
| 151 | 从板与牵引梁两侧之和最大<br>最小 | | 20<br>5 | 22<br>5 | | | |
| 152 | 从板座弯曲与牵引梁间隙 | | 2 | 5 | | | |

续上表

| 序号 | 项　　目 | 原形尺寸 | 限　　度 | | | | 备注 |
|---|---|---|---|---|---|---|---|
| | | | 大修 | 年修 | 辅修 | 运用 | |
| 153 | 钩身上部与冲击座间隙<br>1. 客车<br>2. 货车 | | <br>10～25<br>10 | <br>10～25<br>10 | <br><br>8 | | |
| 154 | 钩托板弯曲 | | | | 8 | | |
| 155 | 冲击座裂纹长度 | | | | | 30 | |
| 156 | 两连接车钩中心互钩差 | | | | | 75 | |
| 157 | 同一车辆两钩高度差<br>1. 客车<br>2. 货车 | | <br><br>10 | <br>10<br>20 | <br><br>35 | | |
| 158 | 车钩上翘与下垂 | | | 5 | | | |
| 159 | 钩舌弯角横裂纹<br>上下之和 | | | 30 | 30 | 30 | |
| 160 | 钩舌纵裂纹 | | | 20% | 20% | 20% | |
| 161 | 指状插销孔磨耗 | 5 | 8 | | | | |
| 162 | 板式车钩两孔<br>中心距 | 430±5 | 430±5 | 430±5 | 430±5 | | |
| 163 | 板式车钩弯曲 | | 5 | 5 | 10 | 10 | |
| 164 | 指状插销弯曲 | | 3 | 5 | 7 | | |
| 165 | 从板座裂纹长度 | | 30 | 30 | 50 | | |
| 166 | 钩头肩部与冲击座<br>间隙 | 70 | 50 | 50 | 50 | 50 | |
| 167 | 钩尾框纵裂纹长度 | | 30 | 30 | 30 | 30 | |
| 168 | 钩尾框磨耗<br>1. 框身宽度<br>2. 其他部位 | | <br>2<br>3 | <br>3<br>4 | <br>6<br>6 | | |
| 169 | 短颈钩孔磨耗 | | 2 | 3 | 3 | | |
| 170 | 板式车钩钩尾销孔磨耗 | 120 | 5 | 8 | | | |
| 171 | 钩尾扁销磨耗 | | 2 | 3 | 4 | | |
| 172 | 钩锁销弯曲 | | | | 3 | | |
| 173 | 钩锁销的磨耗 | | 2 | 2 | | | |

续上表

| 序号 | 项　　目 | 原形尺寸 | 限　　度 | | | | 备注 |
|---|---|---|---|---|---|---|---|
| | | | 大修 | 年修 | 辅修 | 运用 | |
| 174 | 钩舌尾部与钩锁铁<br>接触面磨耗 | | 1 | 2 | | | |
| 175 | 钩锁铁磨耗 | | 1 | 2 | 3 | 4 | |
| 176 | 钩腕内侧面磨耗 | | 3 | 4 | | | |
| 177 | 板钩冲击座磨耗 | | 10 | 15 | | | |
| 178 | 钩身与冲击座<br>左右间隙之和 | | ≥50 | ≥50 | | | |
| 179 | 车钩扁销孔与扁销间隙 | | 6 | 6 | | | |
| 180 | 钩尾框螺栓直径磨耗 | 20 | 2 | 2 | 3 | | |
| 181 | 钩尾框螺栓直径与孔间隙 | | 3 | 4 | 6 | | |
| 182 | 钩尾框托板磨耗 | | 3 | 4 | 6 | | |
| 183 | 钩提杆与钩提杆凹槽间隙<br>1. 客车<br>2. 货车 | | <br>2<br>2 | <br>2<br>2 | <br>3<br>3 | | |
| 184 | 钩提杆松余量 | | 30～45 | 30～45 | 30～45 | | |
| 185 | 中梁下垂或上翘 | | 15 | 20 | 25 | | |
| 186 | 中梁左右旁弯 | | 10 | 20 | 25 | | |
| 187 | 牵引梁内侧磨耗 | | 2 | 3 | | | |
| 188 | 底架扭曲 | | 8 | 12 | | | |
| 189 | 铁地板凹凸不平每平方米深度 | | 20 | 30 | | | |
| 190 | 铁地板腐蚀深度超过原厚度 | | 20% | 30% | | | |
| 191 | 渣车罐架外侧板弯曲 | | 5 | 10 | 12 | | |
| 192 | 渣车罐架外侧板弯曲 | | 10 | 14 | 15 | | |
| 193 | 转动轮局部磨耗 | | 2 | 5 | 10 | | |
| 194 | 转动轮孔磨耗 | | 3 | 5 | 10 | | |
| 195 | 转动轮轴磨耗 | | 2 | 3 | | | |
| 196 | 转动轮轴弯曲 | | 2 | 3 | | | |
| 197 | 转动轮架轴孔之磨耗 | | 2 | 3 | | | |
| 198 | 支框轴套与轴之间隙 | | 2 | 3 | | | |
| 199 | 支框支铁与罐耳之间隙 | | 5 | 5 | 5 | | |

续上表

| 序号 | 项　　目 | 原形尺寸 | 限　　度 | | | | 备注 |
|---|---|---|---|---|---|---|---|
| | | | 大修 | 年修 | 辅修 | 运用 | |
| 200 | 100 t 铁水车罐架内侧距离 | | $3\,110^{+10}_{-0}$ | $3\,110^{+10}_{-5}$ | | | |
| 201 | 140 t 铁水车罐架内侧距离 | | $3\,224^{+10}_{-0}$ | $3\,224^{+15}_{-5}$ | | | |
| 202 | 烧结车底门缝隙 | | | 4 | 6 | | |
| 203 | 传动丝杠齿轮弦齿厚之磨耗 | | 1/5 | 1/4 | 1/3 | | |
| 204 | 支框齿轮弦齿厚之磨耗 | | 1/6 | 1/4 | | | |
| 205 | 渣车丝杠传动齿轮齿隙 ZZD-16-1 | | $3^{+0.5}_{-0}$ | $3^{+0.5}_{-0}$ | | | |
| 206 | 渣车丝杠传动齿轮齿隙 ZZD-11-1 | | $2^{+0.3}_{-0}$ | $2^{+0.3}_{-0.5}$ | | | |
| 207 | 减速机外小齿轮齿弦齿厚之磨耗 | | 1/5 | 1/4 | 1/3 | | |
| 208 | 减速机轴弯曲 | | 0.5 | 0.5 | | | |
| 209 | 减速机内各齿轮齿弦后之磨耗 | | 1/5 | 1/4 | | | |
| 210 | 丝杠弯曲(每米) | | 1 | 2 | | | |
| 211 | 丝杠丝扣厚度之磨耗 | | 1/4 | 1/3 | | | |
| 212 | 丝杠特殊螺母丝扣之磨耗 | | 1/3 | 2/5 | | | |
| 213 | 导杠的弯曲 | | 1 | 2 | | | |
| 214 | 导杠与套的最大间隙 | | 1 | 2 | 3 | | |
| 215 | 支框轴与套的最大间隙 | | 2 | 4 | | | |
| 216 | 丝杠轴颈与套的最大间隙 | | 1 | 2 | | | |
| 217 | 铜丝母与半部横梁两侧之间隙之和 | 6 | 8 | 10 | | | |
| 218 | 铜丝母与半部横梁上面、下面之间隙 | | +6<br>+10 | +10<br>+6 | | | |
| 219 | 联轴节螺栓孔长径与短径之差 | | 0.5 | 1 | 1 | | |
| 220 | 两联轴节之间隙 | | 2～4 | 2～4 | | | |
| 221 | 车门开闭气动缸缸壁划伤深度 | | 0.3 | 0.5 | | | |

续上表

| 序号 | 项　　目 | 原形尺寸 | 限　　度 | | | | 备注 |
|---|---|---|---|---|---|---|---|
| | | | 大修 | 年修 | 辅修 | 运用 | |
| 222 | 车门开闭气动缸<br>缸壁划伤宽度 | | 1 | 2 | | | |
| 223 | 车门开闭气动缸缸体椭圆度 | | 0.2 | 0.3 | | | |
| 224 | 货车中梁、侧梁在枕梁<br>间下垂不大于<br>空车<br>重车 | | 15 | 30 | 50 | 50<br>80 | 水平线 0～12 mm；中梁不超限，侧梁超限时可将侧梁调至中梁现有挠度 |
| 225 | 客车中梁、侧梁在枕梁<br>间下垂不大于<br>中部<br>端部 | | 30<br>25 | | | | |
| 226 | 牵引梁或枕梁外侧的侧梁<br>上挠或下垂不大于 | | 13 | 20(25) | | | 为测量基准，超过时调修至水平线$^{+5}_{-2}$ |
| 227 | 中梁、侧梁左右旁弯不大于 | | 13 | 30 | | | 以两枕梁中心线为基准 |
| 228 | 敞、煤车体外胀<br>空车<br>重车 | | | 30 | 60 | 80<br>150 | |
| 229 | 棚车体外胀 | | 20 | 40 | | | |
| 230 | 车体倾斜<br>客车<br>货车 | | 20 | 30 | <br>50 | 50<br>75 | |
| 231 | 货车车体各梁柱腐蚀深度 | | 30% | 50% | | | |
| 232 | 中梁单层下盖板腐蚀深度 | | 30% | 50% | | | |
| 233 | 敞车铁制端、侧地<br>板腐蚀剩余厚度 | | 70% | 50% | | | |

续上表

| 序号 | 项　　目 | 原形尺寸 | 限　　度 | | | | 备注 |
|---|---|---|---|---|---|---|---|
| | | | 大修 | 年修 | 辅修 | 运用 | |
| 234 | 制动缸活塞行程<br>1. 单闸瓦式<br>2. 双闸瓦式<br>3. 有两个制动缸<br>4. GK 型<br>空<br>重<br>5. 120 型<br>空<br>重 | <br>155<br>190<br>95<br><br><br><br><br>155 | <br>140～160<br>185～195<br>85～105<br><br>85～115<br><br><br>145～165 | <br>140～160<br>180～200<br>85～105<br><br>85～115<br><br><br>145～165 | 140～165<br>180～200<br>85～105<br>85～115<br>145～165 | 130～180<br>175～205<br>80～110<br>85～135<br>110～160<br>145～195 | |
| 235 | 闸瓦厚度 | 45 | 40 | 30 | 20 | 10 | |
| 236 | 同一制动梁闸瓦厚度差 | | 5 | 5 | 10 | 20 | |
| 237 | 货车滑槽式制动梁磨耗<br>轴端直径磨耗<br>滑块铁板磨耗<br>滚轴套壁磨耗剩余厚度 | <br>36<br>8<br>8 | <br>2<br><br>8 | <br>3<br>3<br>5 | <br>4 | | |
| 238 | 货车制动梁或弓形杆磨耗 | | 2 | 2 | | | |
| 239 | 弓形杆制动梁两闸瓦中心距差 | 1 524±4 | 1 524$^{+6}_{-4}$ | 1 524$^{+10}_{-4}$ | | | |
| 240 | 闸瓦托中心至支柱中心差 | 3 | 6 | 10 | | | |
| 241 | 滑槽式制动梁转 8 A 长度 | 1 770±3 | 1 770±3 | 1 770$^{+3}_{-5}$ | | | |
| 242 | 闸瓦托吊非磨耗<br>部分直径减少量 | | 2 | 3 | | | |
| 243 | 各拉杆与杠杆磨耗 | | 2 | 3 | | | |
| 244 | 闸瓦插销磨耗剩余厚度<br>1. 头部<br>2. 中部 | <br>13<br>8 | <br>10<br>6 | <br><br>4 | | | |
| 245 | 各开口销磨耗<br>1. 圆开口销<br>2. 扁开口销剩余厚度 | | | | <br>0.25<br>1.5 | | |
| 246 | 货车制动梁安全链磨耗剩余量 | | 10 | 7 | 7 | | |
| 247 | 制动梁安全链的松余量 | | 20～50 | 20～50 | | | |

续上表

| 序号 | 项　　目 | 原形尺寸 | 限　　度 | | | | 备注 |
|---|---|---|---|---|---|---|---|
| | | | 大修 | 年修 | 辅修 | 运用 | |
| 248 | 同一制动梁水平高度差<br>货车<br>客车 | | <br>10<br>8 | <br>15<br>12 | | | |
| 249 | 各下垂品与轨面距离不小于 | | | | 50 | | 闸瓦插销为 25 mm,电气装置为 100 mm |
| 250 | 客车制动梁下部与缓解弹簧间隙不小于 | | 10 | 10 | | | |
| 251 | 手制动轴链直径磨耗剩余量 | 10 | 8 | 8 | | | |
| 252 | 均衡梁两端上部与转向架侧梁之上、下距离不小于 | | 25 | 25 | | 20 | |
| 253 | 圆弹簧自由高度<br>1. 客车<br>250 mm 以下者<br>250 mm 以上者<br>2. 货车<br>170 mm 以下者<br>171～240 mm<br>241～330 mm<br>331～450 mm | | <br><br>2<br>3<br><br>$^{+4}_{-2}$<br>$^{+5}_{-2}$<br>$^{+7}_{-3}$<br>$^{+9}_{-4}$ | <br><br>2<br>3<br><br>−4<br>−4<br>−5<br>−6 | | | |
| 254 | 圆弹簧的腐蚀磨耗<br>1. 客车<br>2. 货车 | | <br>5%<br>7% | <br>7%<br>8% | | | |
| 255 | 圆弹簧的自由高度差<br>同一套内外卷簧<br>同一组各外卷 | | <br>3<br>3 | <br>3<br>3 | | | 扁弹簧与圆弹簧合组的限度依此为据办理 |
| 256 | 弹簧片厚度腐蚀、磨耗 | | 10% | 10% | | | |
| 257 | 弹簧片宽度腐蚀、磨耗 | | 3% | 3% | | | |
| 258 | 货车扁簧主片在支垫处的磨耗<br>1. 厚度<br>2. 宽度 | | <br>2<br>3 | <br>3<br>4 | | | |
| 259 | 扁弹簧各片侧面错位 | | 4 | 4 | | | |
| 260 | 扁弹簧主片中心与弹簧箍中心偏移 | | 3 | 3 | | | |

续上表

| 序号 | 项　　目 | 原形尺寸 | 限　　度 | | | | 备注 |
|---|---|---|---|---|---|---|---|
| | | | 大修 | 年修 | 辅修 | 运用 | |
| 261 | 混铁车心盘垫厚度<br>小心盘<br>中心盘<br>大心盘 | <br>9<br>12<br>15 | <br>6<br>9<br>12 | <br>6<br>9<br>12 | | | |
| 262 | 混铁车旁承间隙<br>小旁承<br>大旁承 | | <br>6～8<br>8～10 | <br>6～8<br>8～10 | | | |
| 263 | 混铁车心盘销直径<br>大心盘销<br>中心盘销<br>小心盘销 | <br>102<br>60<br>50 | <br>97<br>55<br>45 | <br>97<br>55<br>45 | | | 油毡不缺油 |
| 264 | 混铁车轮直径 | 760 | 690 | 690 | | | |
| 265 | 混铁车轮径差<br>(新旋修的)同一轮对<br>未旋修同一轮对<br>同一转向架<br>同一走行装置<br>同一车辆 | | <br>1<br>3<br>6<br>10<br>20 | <br>1<br>3<br>6<br>10<br>20 | | | |
| 266 | 钩舌销直径 | 41 | 41 | 38 | | | 2 号大摆角 |
| 267 | 混铁车钩尾销直径 | 61 | 61 | 58 | 58 | | 2 号大摆角 |
| 268 | 混铁车钩尾销孔直径 | 62 | 64 | 64 | | | 2 号大摆角 |
| 269 | 混铁车钩舌与钩耳最大间隙 | | 4 | 6 | | | 2 号大摆角 |
| 270 | 混铁车钩身磨耗深度 | | 3 | 5 | | | 2 号大摆角 |
| 271 | 钩身弯曲 | | 5 | 10 | | | 2 号大摆角 |
| 271 | 混铁车复位弹簧与钩身间隙 | 10 | 20 | 30 | | | 2 号大摆角 |
| 273 | 混铁车复位弹簧自由高 | 220 | 220 | 220 | 215 | | 2 号大摆角 |
| 274 | 混铁车摇枕与侧架之间间隙<br>沿摇枕方向总间隙<br>沿侧架方向总间隙 | | <br>2<br>2 | <br>10<br>10 | | | |
| 275 | 混铁车轴箱与侧架导框间间隙<br>沿车轴方向<br>沿侧架方向 | | <br>2<br>2 | <br>10<br>6.5 | | | |
| 276 | 混铁车耳轴与轴瓦的径向间隙 | 2 | 2～6 | 2～6 | | | |
| 277 | 混铁车耳轴与轴瓦的轴向间隙 | | 2～6 | 2～6 | | | |
| 278 | 混铁车轴瓦厚度 | 38 | 34 | 30 | 28 | | |

## 表 41　混铁车维护标准

设备名称:320 t 混铁车　　　　设备编号:303601　　　　分部装置名称:走行部

| 部件(略图) | 件　名 | 材料 | 维修标准(单位:mm) | | | 点检或检修 | | 更换周期 | 备注 |
|---|---|---|---|---|---|---|---|---|---|
| | | | 基准尺寸 | 标准间隙 | 许用值 | 方法 | 周期 | | |
| 大连接梁 | 全长 | Q235 | 8205 | 运用纵向裂纹长≤50,中部下沉弯曲≤5 | 8 213～8 197 | 测量 | 1 100 L | N | 无裂纹、变形、锈蚀、积尘与杂物,黑色油漆 |
| | | 外侧宽 | | 2 800 | | 2 805～2 795 | 测量 | 1 100 L | N |
| | | 内侧宽 | | 900 | | 903～897 | 测量 | 1 100 L | N |
| 同一端梁上平面与轨面 | 垂直间距差 | | 0 | | ≤15 | 测量 | 1 100 L | N | |
| 连接梁与炉体 | 垂直间距(重车) | | 65 | | ≥20 | 测量 | N | N | |
| 接电装置导向柱 | 高度(空载) | | 1 580 | | ±5 | 测量 | 600 L | N | 导向柱无弯曲、连接牢靠 |
| 小连接梁 | 全长 | Q235 | 2 890 | 运用纵向裂纹长≤30,中部下沉弯曲≤3 | 2 895～2 885 | 测量 | 1 100 L | N | 无裂纹、变形、锈蚀、积尘与杂物,黑色油漆 |
| | 全宽 | | 650 | | 653～647 | 测量 | 1100 L | N | |
| | 中、小心盘平面垂直距离 | | 287 | | 290～284 | 测量 | 1 100 L | N | |
| 大心盘 | 垫厚度 | | 20 | | 15 | 测量 | 1 100 L | N | 心盘无变形、裂纹、缺损,连接可靠无松动 |

续上表

| 部件(略图) | 件　名 | 材料 | 维修标准(单位:mm) | | | 点检或检修 | | 更换周期 | 备注 |
|---|---|---|---|---|---|---|---|---|---|
| | | | 基准尺寸 | 标准间隙 | 许用值 | 方法 | 周期 | | |
| 大心盘 | 销直径 | | $\phi$101.6 | | $\phi$96.6 | 测量 | 1 100 L | N | 销与孔无裂纹、弯曲 |
| 中心盘 | 垫厚度 | | 15 | | 10 | 测量 | 1 100 L | N | 垫平整,无变形、裂纹 |
| | 销直径 | | $\phi$65 | | $\phi$60 | 测量 | 1 100 L | N | 销、孔、盖板无变形、破损,销无弯曲 |
| 小心盘 | 垫厚度 | | 10 | | 5 | 测量 | 1 100 L | N | 垫平整,无变形、裂纹 |
| | 销直径 | | $\phi$50 | | $\phi$45 | 测量 | 1 100 L | N | 销与孔无变形、破损、弯曲 |
| 心盘 | 加油 | 二硫化钼0号极压脂 | 见油溢出 | | 适量 | | 1S | N | |
| 大旁承 | 间隙 | | | 4 | 7～9 | 测量 | 1W | N | |
| | 座高度 | | 220 | | 215 | 测量 | 600 L | N | 平面无偏斜,毛毡无破碎、丢失、干燥,连接可靠 |
| 小旁承 | 间隙 | | | 2 | 4～6 | 测量 | 1W | N | 毛毡湿润,同一转向架左右旁承间隙之和为4～12 |

续上表

| 部件(略图) | 件　名 | 材料 | 维修标准(单位:mm) | | | 点检或检修 | | 更换周期 | 备注 |
|---|---|---|---|---|---|---|---|---|---|
| | | | 基准尺寸 | 标准间隙 | 许用值 | 方法 | 周期 | | |
| 小旁承 | 座高度 | | 33 | | 28 | 测量 | 600 L | N | |
| 侧架 | 中侧厚度 | | 200 | | 201～197 | 测量 | 1 100 L | N | 无裂纹、变形、缺损 |
| | 两端厚度 | | 160 | | 156 | 测量 | 1 100 L | N | |
| | 轴箱座中心间距 | | 1 200 | | 1 204～1 196 | 测量 | 1 100 L | N | |
| | 摇枕座宽度 | | 390 | | 393～389 | 测量 | 1 100 L | N | |
| | 轴箱座宽度 | | 292 | | 296 | 测量 | 1 100 L | N | |
| 摇枕 | 两侧宽度 | | 384 | | 385～381 | 测量 | 1 100 L | N | 无裂纹、变形、缺损 |
| | 两侧槽宽 | | 206 | | 209～205 | 测量 | 1 100 L | N | |
| | 两枕簧座中心距 | | 2 000 | | 2 004～1 996 | 测量 | 1 100 L | N | |
| | 摇枕与侧架前后间隙 | | | | 6～13 | 测量 | 1 100 L | N | |
| | 摇枕与侧架左右间隙 | | | | 12～19 | 测量 | 1 100 L | N | |
| 外摇枕弹簧 | 自由高度 | | 240 | | 235 | 测量 | 1 100 L | N | 无折断,枕簧座平整,枕簧罩连接可靠 |
| 内摇枕弹簧 | 自由高度 | | 245 | | 230 | 测量 | 1 100 L | N | |
| 轴箱 | 槽侧宽度 | | 290 | | 284 | 测量 | 1 100 L | N | 盖、罩连接可靠无变形,轴托螺栓连接可靠、无丢失 |

续上表

| 部件(略图) | 件　名 | 材料 | 维修标准(单位:mm) | | | 点检或检修 | | 更换周期 | 备注 |
|---|---|---|---|---|---|---|---|---|---|
| | | | 基准尺寸 | 标准间隙 | 许用值 | 方法 | 周期 | | |
| 轴箱 | 槽轴向宽 | | 160 | | 166 | 测量 | 1 100 L | N | |
| | 轴箱导框与轴箱前后左右间隙 | | | | 2～9 | 测量 | 1 100 L | N | 轴箱体内径270.052～270，密封套内径195.046～195，隔片内径160.245～160.145 |
| 轮对轴承 | 径向间隙 | | | 0.04 | 0.75 | 测量 | 1 100 L | N | 轴承无破损、 |
| | 润滑油 | 2号极压锂基脂 | 空间的2/3 | | 2 kg | 更换或添加 | 600 L | 600 L | 老油清除干净、无杂质进入 |
| 轮对 | 轮径 | | $\phi$760 | | $\phi$690 | 测量 | 1 100 L | N | |
| | 车轮宽度 | | 135 | | ≤140 | 测量 | 1 100 L | N | |
| | 车轮踏面圆度 | | 0 | | ≤0.5 | 测量 | 1 100 L | N | 隔120°测三处 |
| | 车轮与车轴过盈量 | | $\phi$220 | | 0.15～0.26 | 测量 | N | N | 轮毂内孔直径220～219.97，车轴外径220.15～220.23 |
| | 踏面剥离长度 | | 0 | | ＜40 | 测量 | 1 W | N | |
| | 踏面剥离深度 | | 0 | | ＜1 | 测量 | 1 W | N | |
| | 内侧距 | | 1 353 | | ±1 | 测量 | 1 100 L | N | |

续上表

| 部件(略图) | 件　名 | 材料 | 维修标准(单位:mm) | | | 点检或检修 | | 更换周期 | 备注 |
|---|---|---|---|---|---|---|---|---|---|
| | | | 基准尺寸 | 标准间隙 | 许用值 | 方法 | 周期 | | |
| 轮对 | 轮缘厚度 | | 32 | | 25 | 测量 | 1 100 L | N | |
| | 轮缘高度 | | 25 | | 30 | 测量 | 1 100 L | N | |
| | 轮辋厚度 | | 65 | | 30 | 测量 | 1 100 L | N | |
| | 同一轮对直径差 | | ≤1 | | | 测量 | 1 100 L | N | |
| | 同一转向架直径差 | | ≤5 | | | 测量 | 1 100 L | N | |
| | 同一车辆直径差 | | ≤20 | | | 测量 | 1 100 L | N | |
| | 轴承组装温度 | | ≤120 ℃ | | | 加温 | N | N | |
| | 轴径 | | $\phi$160 | | +0.052～0.027 | 测量 | N | N | |
| | 轴承内径 | | $\phi$160 | | 0～−0.025 | 测量 | N | N | |
| 转向架及轮对最高点与连接梁 | 垂直间距 | | 70 | | ≥45 | 测量 | 1 100 L | N | |
| 车钩 | 闭锁内侧距 | | 119 | | 128 | 测量 | 600 L | N | |
| | 开锁内侧距 | | 229 | | 248 | 测量 | 600 L | N | |
| | 高度(距轨面) | | 880 | | 870～890 | 测量 | 600 L | N | |
| | 两端高度差 | | 0 | | ≤10 | 测量 | 600 L | N | |
| | 钩舌销 | | $\phi$41 | | $\phi$38 | 测量 | 600 L | N | 销与孔间隙≤10 |
| | 钩舌销孔 | | $\phi$42 | | $\phi$48 | 测量 | 600 L | N | |

续上表

| 部件(略图) | 件　名 | 材料 | 维修标准(单位:mm) | | | 点检或检修 | | 更换周期 | 备注 |
|---|---|---|---|---|---|---|---|---|---|
| | | | 基准尺寸 | 标准间隙 | 许用值 | 方法 | 周期 | | |
| 车钩 | 钩身高度 | | 130 | | 127 | 测量 | 1 100 L | N | 无弯曲,钩身裂纹长达 30 mm、深 8 mm 时应报废 |
| | 钩背至尾销中心距 | | 452 | | 462～442 | 测量 | 1 100 L | N | |
| | 钩尾销 | | $\phi$60 | | $\phi$56 | 测量 | 1 100 L | N | 销与孔间隙≤10 |
| | 钩尾销孔 | | $\phi$62 | | $\phi$66 | 测量 | 1 100 L | N | |
| | 上锁销孔长 | | 56 | | 60 | 测量 | 1 100 L | N | |
| | 钩舌嵌合部高 | | 189 | | 185 | 测量 | 1 100 L | N | 钩舌嵌合部与上下钩耳间隙超过 10 mm 时,允许垫 6 mm 衬垫 |
| | 上下钩耳内间距 | | 190 | | 195 | 测量 | 1 100 L | N | |
| | 钩舌磨损 | | 0 | | 2 | 测量 | 1 100 L | N | |
| | 钩舌推铁 | | 0 | | 2 | 测量 | 1 100 L | N | |
| | 钩锁铁 | | 0 | | 2 | 测量 | 1 100 L | N | |
| | 锁销 | | 0 | | 2 | 测量 | 1 100 L | N | |
| 提钩杆链 | 松余量 | | 30 | | 50 | 测量 | 1W | N | |
| 钩提杆与座 | 间隙 | | 2 | | 4 | 测量 | 600 L | N | |

续上表

| 部件(略图) | 件　名 | 材料 | 维修标准(单位:mm) | | | 点检或检修 | | 更换周期 | 备注 |
|---|---|---|---|---|---|---|---|---|---|
| | | | 基准尺寸 | 标准间隙 | 许用值 | 方法 | 周期 | | |
| 缓冲装置 | 钩尾框内侧高度 | | 234 | | 236 | 测量 | 1 100 L | N | 尾框无裂纹、变形 |
| | 钩尾框内侧长度 | | 699 | | 700～696 | 测量 | 1 100 L | N | 裂纹贯穿时应报废 |
| | 尾框下部磨损 | | 0 | | ≤8 | 测量 | 1 100 L | N | |
| | 钩尾销座内侧间距 | | 132 | | 135 | 测量 | 1 100 L | N | |
| | 外托磨耗板厚度 | | 16 | | 10 | 测量 | 1 100 L | N | 托板无扭曲，连接可靠 |
| | 内托磨耗板厚度 | | 9 | | 4 | 测量 | 1 100 L | N | |
| | 前后从板厚度 | | 57 | | 53 | 测量 | 1 100 L | N | 无变形 |
| 橡胶缓冲器 | 自由长度 | | 590 | | 585 | 测量 | 1 100 L | N | 老化更换 |
| 车钩复心装置与钩身 | 间隙和 | | 20 | | 30 | 测量 | 1M | N | |
| 复心弹簧 | 自由高度 | | 220 | | 215 | 测量 | 1 100 L | N | 无折断 |
| 运转台 | 踏板离轨面间距 | | 300 | | 350～280 | 测量 | 1 100 L | N | |
| | 侧板倾斜 | | 0 | | 100 | 测量 | 600 L | N | |
| | 背板倾斜 | | 0 | | 100 | 测量 | 600 L | N | |
| 轮缘干式润滑装置 | 润滑棒长度 | | 300 | | ≥150 | 测量 | 1W | N | 润滑棒接触轮缘可靠、接触点在轮缘内圆弧上；滑槽无变形、槽内无异物；支架连接可靠 |

**表 42　混铁车倾动部维修标准**

| 部件(略图) | 件　名 | 材料 | 维修标准(单位:mm) | | | 点检或检修 | | 更换周期 | 备注 |
|---|---|---|---|---|---|---|---|---|---|
| | | | 基准尺寸 | 标准间隙 | 许用值 | 方法 | 周期 | | |
| 炉体本体 | 炉体转动主被动啮合间隙 | | 0.37 | | ≤1 | 测量 | 1 100 L | N | |
| | 炉体转动主被动啮合接触面积 | | 65～70 | | ≥40 | 测量 | 1 100 L | N | |
| | 炉体主轴径 | | $\phi$750 | | $\phi$740 | 测量 | 5 000 L | N | |
| | 主轴承下衬瓦磨损 | | 0 | | ≤5 | 测量 | 5 000 L | N | 年修出修≤3 |
| | 主轴颈与瓦间隙 | | 2 | | ≤6 | 测量 | 5 000 L | N | |
| | 辅助轴径 | | $\phi$350 | | $\phi$345 | 测量 | 5 000 L | N | |
| | 辅轴承下衬瓦磨损 | | 0 | | ≤3 | 测量 | 5 000 L | N | 年修出修≤2 |
| | 辅助轴颈与瓦间隙 | | 2 | | ≤6 | 测量 | 5 000 L | N | |
| 减速机 | 润滑油 | N150 | 重负荷工业齿轮油 | | 标线范围 | 目视 | 1M | N | 无缺少、渗漏与过量,无异常发热 |
| | 油更换周期 | | 1N | | | | 1 100 L | N | 清除旧油 |
| | 高速减速比 | | 1∶6 500 | | | | 1W | N | 润滑油更换周期建议 |
| | 低速减速比 | | 1∶50 000 | | | | 1W | N | 减速机无异响、运转平稳,各部连接可靠、无松动 |
| 凸轮限位链条 | 松余量 | | ≤10 | | ≤15 | 测量 | 1 100 L | N | 链条锁止正常,锁销无丢失 |

表 43　混铁车润滑部维修标准

| 部件(略图) | 件　名 | 材料 | 维修标准(单位:mm) | | | 点检或检修 | | 更换周期 | 备注 |
|---|---|---|---|---|---|---|---|---|---|
| | | | 基准尺寸 | 标准间隙 | 许用值 | 方法 | 周期 | | |
| 油脂泵 | 储油箱油位 | | 30 L | | ≥1/3 | 目视 | 1W | N | 无杂质入内 |
| | 油泵排油 | GP-20 R-14/12 | 每口排油量 | | 0.45～0.5 mL | 目视 | 1W | N | 14 个排出口,泵输出压力 30 MPa |
| | 炉体每旋转或 1 位油泵启动一次 | | 总出油量 | | 270～280 mL | 目视 | 1 100 L | N | 轴瓦、心盘润滑正常,无干燥现象 |
| 各部清洁 | 油管、油箱、各类阀件、过滤器等 | | 无杂质 | | | 目视 | 1 100 L | N | 拆解清洗、无杂质,油管无堵塞、渗漏、接头无松动,连接可靠 |
| | 出油工作压力 | | 10 MPa | | ≥10 MPa | 目视 | 600 L | N | 以重车出油为准 |
| | 系统溢流压力 | | 20 MPa | | ≥18 MPa | 目视 | 600 L | N | 观察压力表 |
| 1 位侧 | 联轴器接叉磨损 | | 0 | | ≤3 | 测量 | 1 100 L | N | 联轴器无松动、脱开等现象 |
| 2 位侧 | 链条下沉量 | | ≤15 | | ≤25 | 测量 | 600 L | N | 无变形,锁片、连接片等无丢失 |
| | 增速机 | | 油量 | | 无缺少 | 观察 | 600 L | N | 日常检查无渗漏,油量充足,无杂质、异响 |

## 表 44　混铁车电器设备维修技术标准

| 部件(略图) | 件　名 | 材料 | 维修标准(单位:mm) | | | 点检或检修 | | 更换周期 | 备注 |
|---|---|---|---|---|---|---|---|---|---|
| | | | 基准尺寸 | 标准间隙 | 许用值 | 方法 | 周期 | | |
| 电机 | 高速电机 | | YZR160L-6 A | | | | 5 000 L | N | 分解维护 |
| | 低速电机 | | ZBL4-132-3 | | | | 5 000 L | N | 分解维护 |
| | 油泵电机 | | YS7124-J | | | | 5 000 L | N | 分解维护 |
| | 测速电机 | | ZYS-100 A | | | | 5 000 L | N | 分解维护 |
| | 电机绝缘 | | ＞1 MΩ | | ＞0.5 MΩ | 测量 | 600 L | N | 500 V 兆欧表 |
| | 三相线圈内阻差 | | ≤3% | | ≤10% | 测量 | 1 100 L | N | 励磁绕组电阻与出厂值比较在±10%内 |
| | 温升(除环境温) | | 国标 | | | 测量 | N | N | 绝缘等级：A≤65 ℃、E≤80 ℃、B≤90 ℃、F≤115 ℃、H≤140 ℃ |
| | 电机前后温差 | | 热态 | | 15～20 ℃ | 测量 | 1M | N | |
| | 换向火花 | | 无 | | ≤1.25 级 | 目视 | 1 100 L | N | 换向器上无黑痕与电刷上无灼痕 |
| | 电刷磨损 | | | | ≥5 | 测量 | 1 100 L | N | 注:刷辨固定件以下有效厚度 |
| | 电刷背压力 | | 160～240 g/cm² | | ≥150 g/cm² | 测量 | N | N | 根据材质不同选择 |

续上表

| 部件(略图) | 件名 | 材料 | 维修标准(单位:mm) | | | 点检或检修 | | 更换周期 | 备注 |
|---|---|---|---|---|---|---|---|---|---|
| | | | 基准尺寸 | 标准间隙 | 许用值 | 方法 | 周期 | | |
| 电机 | 电刷接触面积 | | | | ≥90% | 目视 | 1 100 L | N | 电刷接触表面光滑,无偏磨 |
| | 刷屋与整流子表面间隙 | | | 2～3 | | | 1 100 L | N | 周围无杂质堆积 |
| | 滑环磨损限度 | | 0 | | ≤5 | | 1 100 L | N | 修理限度≤4 |
| | 滑环滑动面偏差 | | 0 | | 0.07～0.08 | | 1 100 L | N | |
| | 刷屋与滑环表面间隙 | | | 2～4 | | | 1 100 L | N | 周围无杂质堆积,刷屋、刷架无变形、扭曲 |
| | 滚动轴承径向间隙 | 滚柱 | | 0.015～0.1 | | 测量 | 1 100 L | N | 润滑正常,旋转无阻尼现象 |
| | | 滚珠 | | 0.008～0.046 | | 测量 | 1 100 L | N | 润滑正常,旋转无阻尼现象 |
| | 滚动轴承工作温度 | | | | ≤95 ℃ | 测量 | 1W | N | |
| 高速制动器(RcA544-4) | 制动弹簧自由高 | | 85 | | 82 | 测量 | 1 100 L | N | 弹簧丝直径$\phi8$,中径55,有效圈数4 |
| | 电磁吸盘间隙($M$) | | 冷态 | | 2.5～4.5 | 测量 | 600 L | N | 吸盘清洁、防尘正常 |
| | | | 热态 | | ≥2 | 测量 | 1W | N | |

续上表

| 部件(略图) | 件　名 | 材料 | 维修标准(单位:mm) | | | 点检或检修 | | 更换周期 | 备注 |
|---|---|---|---|---|---|---|---|---|---|
| | | | 基准尺寸 | 标准间隙 | 许用值 | 方法 | 周期 | | |
| 高速制动器（$R_CA$ 544-4） | 弹簧座间宽($L$) | | 56+$M$ | | 58.5～60.5 | 测量 | 600 L | N | 无折断,异物卡滞 |
| | 挡塞间隙 | | 1 | | ≤1.5 | 测量 | 600 L | N | 螺杆适当润滑 |
| | 电磁线圈绝缘 | | | | >1MΩ | 测量 | 1 100 L | N | |
| | 制动闸瓦间隙 | | 0.5 | | 0.5～0.8 | 测量 | 1W | N | 固定牢靠,销连接无松旷 |
| | 闸瓦厚度 | | 10 | | ≥5 | 测量 | 1 100 L | N | |
| 低速制动器（RcA544-2） | 制动弹簧自由高 | | 60 | | 57 | 测量 | 1 100 L | N | 弹簧丝直径 $\phi$6,中径 30,有效圈数 5 |
| | 电磁吸盘间隙($M$) | | 冷态 | | 2.5～4.5 | 测量 | 600 L | N | 吸盘清洁、防尘正常 |
| | | | 热态 | | ≥2 | 测量 | 1W | N | |
| | 弹簧座间宽($L$) | | 36+$M$ | | 38.5～40.5 | 测量 | 600 L | N | 无折断,异物卡滞 |
| | 挡塞间隙 | | 1 | | ≤1.2 | 测量 | 600 L | N | 螺杆适当润滑 |
| | 电磁线圈绝缘 | | | | >1 MΩ | 测量 | 1 100 L | N | |
| | 制动闸瓦间隙 | | 0.5 | | 0.5～0.8 | 测量 | 1W | N | 固定牢靠,销连接无松旷 |
| | 闸瓦厚度 | | 10 | | ≥5 | 测量 | 1 100 L | N | |

续上表

| 部件(略图) | 件　名 | 材料 | 维修标准(单位:mm) | | | 点检或检修 | | 更换周期 | 备注 |
|---|---|---|---|---|---|---|---|---|---|
| | | | 基准尺寸 | 标准间隙 | 许用值 | 方法 | 周期 | | |
| 电磁铁 | 吸合保持电压 | | ≥11.5 V | 初始吸合电压≥110 V | ≥10 V | 检测 | 1 100 L | N | 用“高速制动器”在线检测仪 |
| 接线排 | 主线 | 胶木 | 50 A | | 50 A | 目视 | 1W | N | 接线端子无氧化、电蚀、松动、灰尘堆积,接线排无龟裂、变形 |
| | 辅线 | 胶木 | 20 A | | 50 A | 目视 | 1W | N | 接线端子无氧化、电蚀、无松动、灰尘堆积,接线排无龟裂、变形 |
| 高速插座 | 翻盖回位弹簧自由高度 | | 190 | | ≥182 | 测量 | 1 100 L | N | 弹簧丝直径 $\phi$3.5,中径 35,有效圈数 6;翻盖无变形,开启灵活 |
| | 复位拉簧 | | 50 | | ≤62 | 测量 | 1 100 L | N | |
| | 插座开启机构 | | 齐全 | | 齐全 | 目视 | 1W | N | 各部固定无松动,大小触头清洁、无电蚀、无缺损,绝缘板无裂损、密封条无老化 |

续上表

| 部件(略图) | 件　名 | 材料 | 维修标准(单位:mm) | | | 点检或检修 | | 更换周期 | 备注 |
|---|---|---|---|---|---|---|---|---|---|
| | | | 基准尺寸 | 标准间隙 | 许用值 | 方法 | 周期 | | |
| 高速插座 | 插座连接柱(14 mm)接触压力 | | 80(N) | | ≥60(N) | 测量 | 1 100 L | N | 连接柱伸缩自如、无卡滞 |
| | 插座连接柱(14 mm)行程 | | 7 | | ≥5.5 | 测量 | 1 100 L | N | |
| | 插座连接柱(10 mm)接触压力 | | 50(N) | | ≥40(N) | 测量 | 1 100 L | N | |
| | 插座连接柱(10 mm)行程 | | 5 | | ≥4 | 测量 | 1 100 L | N | |
| 低速插座 | 插座开启机构 | | 齐全 | | 齐全 | 目视 | 600 L | N | 各部固定无松动，大小触头清洁、无电蚀、无磨损，绝缘板无裂损、密封条无老化 |
| | 插座连接柱(10 mm)行程 | | 5.2 | | ≥4 | 测量 | 1 100 L | N | |
| | 插座连接柱(10 mm)接触压力 | | 50(N) | | ≥30(N) | 测量 | 1 100 L | N | |
| 连接柱 | 对地绝缘 | | >1 MΩ | | >0.5 MΩ | 测量 | 600 L | N | 500 V 兆欧表 |
| 导向柱 | 与插座中心距 | | 220 | | ±0.1 | 测量 | 600 L | N | |
| 对接两柱 | 高度差 | | ≤2 | | ≤5 | 测量 | 1M | N | |

续上表

| 部件（略图） | 件　名 | 材料 | 维修标准（单位：mm） | | | 点检或检修 | | 更换周期 | 备注 |
|---|---|---|---|---|---|---|---|---|---|
| | | | 基准尺寸 | 标准间隙 | 许用值 | 方法 | 周期 | | |
| 炉体垂直 | 控制角度 | | 0° | | ±5° | 测量 | 600 L | N | 以炉口水平为标准，在辅助轴承链轮上打水平钢印；再在凸轮限位的链轮上打水平与垂直标记，最后与分度盘比较 |
| 凸轮限位开关 | 垂直信号互差 | | 2°～−2° | | 3°～−3° | 测量 | 1 100 L | N | 凸轮与夹板无变形，螺栓连接可靠 |
| | 活、固两触点间距 | | 4 | | ≤5 | 测量 | 1 100 L | N | |
| | 触点接触压力 | | 11(N) | | 10～14(N) | 测量 | 1 100 L | N | |
| | 活、固触点中心偏 | | 0 | | ≤0.5 | 测量 | 1 100 L | N | |
| 限位行程开关 | 垂直限位垂直信号互差 | | 1°～−1° | | 2°～−2° | 测量 | 1 100 L | N | |

注：周期及更换周期栏中“W”表示周，“M”表示月，“N”表示年。